现代交换原理与通信网技术

卞佳丽　等编著

北京邮电大学出版社
·北京·

内 容 简 介

本书系统地阐述了现代通信所采用的各种交换方式的基本原理和相关通信网技术，注重在较普遍的意义上阐明交换的实质以及交换技术与通信网技术的有机结合。

全书共分 10 章，主要内容包括：交换的基本概念；各种交换方式的基本特点；电信交换系统的基本构成和功能；通信网的基本概念；交换网络的基本构成、功能、特性以及工作原理；基于电路交换技术的数字程控交换系统；电话通信网的基本原理和技术；信令的基本概念；No. 7 信令系统与信令网；分组交换及分组交换网；ISDN交换与 ISDN；ATM 交换与 B-ISDN；IP 交换技术；软交换与下一代网络(NGN)；光交换的基本原理和技术。

本书可作为通信、电子和信息类专业的本科生和研究生的教材，也可作为通信工程技术人员的培训教材和参考书。

图书在版编目(CIP)数据

现代交换原理与通信网技术/卞佳丽等编著. —北京：北京邮电大学出版社，2005(2024.12 重印)

ISBN 978-7-5635-1055-9

Ⅰ. 现…　Ⅱ. 卞…　Ⅲ. ①通信交换②通信网　Ⅳ. TN91

中国版本图书馆 CIP 数据核字(2005)第 023420 号

书　　名：现代交换原理与通信网技术
编　　著：卞佳丽　等
出版发行：北京邮电大学出版社
社　　址：北京市海淀区西土城路 10 号(邮编：100876)
发 行 部：电话：010-62282185　传真：010-62283578
E-mail：publish@bupt. edu. cn
经　　销：各地新华书店
印　　刷：保定市中画美凯印刷有限公司
开　　本：787 mm×1 092 mm　1/16
印　　张：25.25
字　　数：569 千字
版　　次：2005 年 5 月第 1 版　2024 年 12 月第 23 次印刷

ISBN 978-7-5635-1055-9　　　　定　价：46.00 元

前 言

进入21世纪的人类已经迈入了一个全新的信息化时代，通信网作为国家信息基础设施的主体和骨干，发挥着越来越重要的作用，成为社会发展、人类活动必不可少的重要组成部分，并成为信息时代各个国家战略意义上的竞争点。通信网技术发展极为迅猛，手段越来越现代化，应用领域越来越广阔。

交换技术是通信网的核心技术。交换类课程是通信与信息专业以及计算机与通信专业中有特色、必不可少的重要的专业基础课程。

早在20世纪70年代，北京邮电大学计算机学院就开设了交换课程，该课程是在国内院校中开设的第一个交换类课程。由国内著名的交换技术专家叶敏教授编写的第一本交换教材多次再版，每一版教材都被北京邮电大学和国内其他几十所大学交换类课程所采用，具有广泛的影响和很好的效果。20世纪90年代初由卞佳丽副教授研制开发的交换课程配套系列实验，其设计思想巧妙，方法独特，国内独树一帜，将不可能进行的实验变为可能，填补了交换类课程实验教学的空白。1997年该系列实验荣获北京市普通高等学校教学成果二等奖，被国内近20多所高校采用，使用多年，取得了很好的效果。

通信技术正处于当代科学技术发展的前沿，交换技术无疑是30年来发展最快的通信技术之一。30多年来，围绕教学队伍、教学内容、教材建设、实验建设和教学手段等方面，我们坚持不懈地进行了一系列的课程建设，取得了丰硕的成果。其成果覆盖精品教材建设、仿真实验系统开发、多媒体课件制作、课程体系建设、立体化教材建设等一系列内容。北京邮电大学计算机学院开设的“现代交换原理课程”2004年被评为北京市精品课程，2005年被评为国家级精品课程；该课程的配套教材《现代交换原理与通信网技术》是2001年北京市精品教材建设立项项目2006年该教材被评为北京市精品教材；该课程的配套系列实验“现代交换原理仿真实验系统”是2001年北京市教委教改立项项目；该课程的多媒体教学课件是2002—2003年度北京邮电大学重点立项建设的网络多媒体教学课件和2005年北京邮电大学重点立项建设的精品多媒体教学课件。30多年来，北京邮电大学计算机学院开设的交换课程一直成为全国高校交换类课程教学中的“领头羊”。

在本教材的编写过程中，我们始终遵循一个原则：在较普遍的意义上阐明“交换”的实质。教材不局限于对各种交换技术和交换设备的具体介绍，而是注重对各种交换方式进行横向分析比较，归纳总结出交换的基本原理和各种交换方式的特点，以利于学生掌握不断发展的交换技术，力求使学生学到的知识是有效的，从而构成其终身学习的知识基础。我们形象地将其比喻为教会学生配钥匙的技术，即不是只教会学生认识几把现成的钥匙，而是当学生遇到这几把钥匙无法打开的锁时，学生都能自己配钥匙打开它。

教材所构建的知识基础平台内容丰富,覆盖了电路交换、ISDN交换、分组交换、帧交换、ATM交换、IP交换、软交换和光交换等多种交换技术,并且与现代通信网技术有机结合,注重从通信网的全视角阐述交换原理,知识体系科学合理、循序渐进、重点突出。

教材在构建科学合理知识体系的同时,更注重学生认知能力的培养,在传授知识的同时,注重阐述分析和解决问题的方法和思路,注重知识的综合,使学生掌握科学的研究方法,培养良好的科研素质。

参加本教材编写的老师具有多年丰富的交换与通信网教学经验,曾经主持并参与了多项国家级、省部级等相关通信领域的科研项目,具有丰富的实际研发经验,并取得了突出的科研成绩。由于网络与交换国家重点实验室所进行的科学和技术研究代表着我国交换与通信网技术发展的前沿水平,其研究成果达到了我国乃至世界交换技术领域的先进水平,而参加本教材编写的老师在网络与交换国家重点实验室承担着前沿技术与理论研究,所以该教材能够反映本学科发展的最新成果和最高技术水平,具有前沿性和时代性。

我们于2004年底完成的全新版本的“现代交换原理仿真系列实验系统”已投入教学使用,它是交换课程的配套实验,覆盖了教材的各主要知识点,包括程控交换实验、分组交换实验、ISDN交换实验、ATM交换实验、MPLS实验等。构建了多层次(基础型实验模块、提高型实验模块、专业型实验模块)、系列化(提供了覆盖教学内容各个重要知识点和难点的实验达17个之多)的实验教学体系,将不可能进行的实验变为可能,节省了大量昂贵通信设备的投入。该仿真实验系统无需各类昂贵的通信设备,在最普及的微机系统上即可开设。实验的设计思想采用“嵌入-替换的方法”,使学生灵活、直观、方便地进行覆盖各知识点的多种实验,具有交互性强、实时动态检错、技术含量高(涉及各种交换技术和通信网复杂协议)的特点。任课教师可根据教学安排,适当选取实验指定学生完成,配合课堂教学内容的学习。

本书可作为通信、电子和信息类专业本科生和研究生使用的教材,也可作为通信工程技术人员的培训教材和参考书。建议课堂教学学时数为51~68学时,也可根据不同专业或不同层次的教学进行相应学时的调整和内容的取舍。

本书由卞佳丽教授主编,全书共有10章,其中第1~5、7、8、10章由卞佳丽教授编写;第6章由邝坚教授编写;第9章由杨放春教授编写。全书由卞佳丽教授统稿。参加本书编写工作的还有当时在校的研究生王慧琳、周岚、李东华、门卓、国枚、马元英,他们完成了书中大部分的插图制作和前期的资料收集工作,在此对他们的辛勤工作表示衷心的感谢。

由于作者水平有限,加之内容涉及面较广,书中疏漏与不当之处在所难免,恳请同行和读者指正。

该书配套的多媒体教学课件及其他教学资源请参见“现代交换原理”国家级精品课程网站(http://www.cs.bupt.cn:9000/Jiao HuanWeb2.0/index.jsp)。

编者

2005年4月

2009年1月修改

目　　录

第1章　交换概论

在学习交换原理和相关通信网技术之前，一定会有这样的一些问题：什么是交换，为什么在通信网中一定要引入交换的功能，通信网中交换设备究竟完成哪些功能，在现有通信网中都有哪些交换方式，不同交换方式之间的区别是什么。本章主要介绍交换及通信网的一些基本概念，并回答上述问题，使读者掌握通信中一些基本、重要的概念，为后续章节的学习打下基础。

1.1　交换的引入

通信就是在信息的源和目的之间进行信息传递的过程。人们的社会活动离不开通信，尤其是在一个信息化的社会，现代通信技术的飞速发展使人与通信的关系变得密不可分。在现代通信网络中，为满足不同通信需求而采用的通信方式各不相同，通信手段多种多样，通信内容丰富多彩，从而使通信系统的构成不尽相同。一个最简单的通信系统是只有两个用户终端和连接这两个终端的传输线路所构成的通信系统，这种通信系统所实现的通信方式称为点到点通信方式，如图1.1所示。

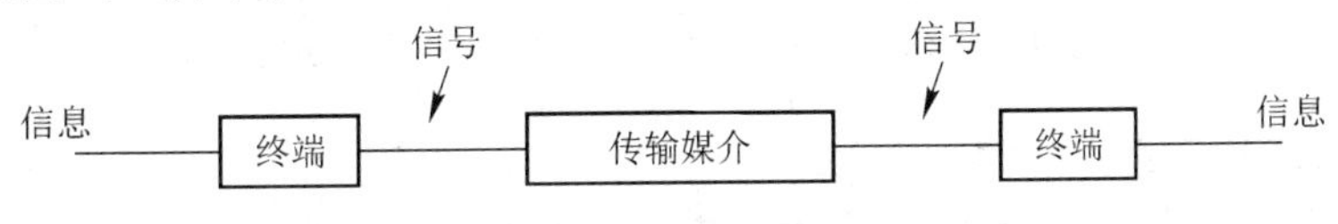

图1.1　点到点通信方式

点到点通信方式满足仅能与一个用户终端进行通信的最简单的通信需求。比如，两个人要通话，最简单的办法就是各自拿一个话机，用一条双绞线将两个话机连接起来，即可实现话音通信，如图1.2(a)所示。同样，两个人要传送文件，可各自使用一台计算机，通过串口线将两台计算机连接起来，即可实现数据的传送，如图1.2(b)所示(图中未画出电源供电)。

然而，现实的通信更多的是要求在一群用户之间能够实现相互通信，而不是仅仅与一个用户进行通信。以电话通信为例，人们当然希望能与电话网内任何一个用户在需要时进行通话。那么，要想实现多个用户终端之间的相互通话，最直接的方法就是用通信线路将多个用户终端两两相连，如图1.3所示。

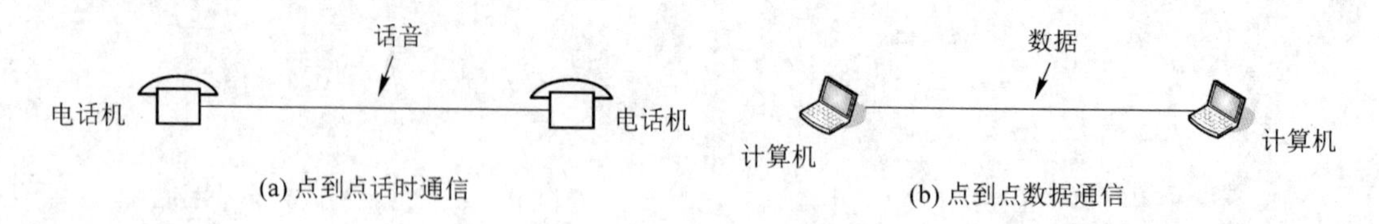

图 1.2　点到点通信举例

在图 1.3 中，6 个电话终端通过传输线路两两互连，实现了任意终端之间的相互通话。由此可知，采用这种互连方式进行通信，当用户终端数为 6 时，每个用户要使用 5 条通信线路，将自己的电话机分别与另外的 5 个话机相连。不仅如此，每个电话机还需配备一个 5 选 1 的多路选择开关，根据通话的需要选择与不同话机相连，以实现两两通话，如图 1.4 所示。若不采用这种多路选择开关，则每个用户就要使用 5 个电话终端实现与任意终端的通话。

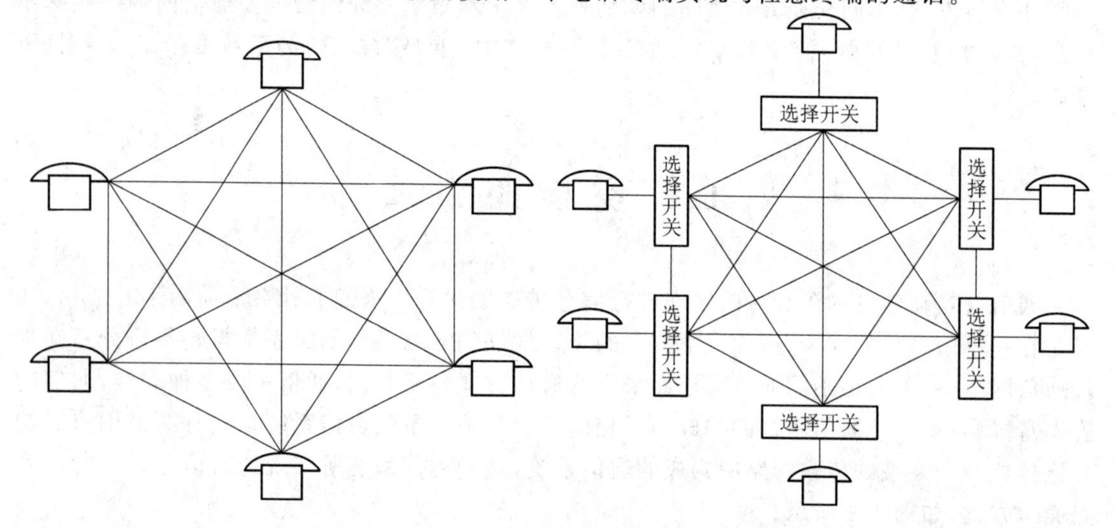

图 1.3　两两互连的电话通信　　图 1.4　两两互连电话通信中的选择开关

两两互连的通信连接方式的特点是：

- 若用户终端数为 N，则两两相连所需的线对数为 $C_N^2 = N(N-1)/2$。
- 每个用户终端需要配置一个 $N-1$ 路的选择开关。

例如，有 100 个用户要实现任意用户之间相互通话，采用两两互连的方式，终端数 $N=100$，则需要的线对数为 $N(N-1)/2 = 100\times(100-1)/2 = 4\,950$ 条，而且每个用户终端需要配置一个 99 路的选择开关。显而易见，这种方式的缺点是：

- 两两互连所需线对数的数量很大，线路浪费大，投资大，很不经济。
- 要配置多路选择开关，且主、被叫终端之间需要复杂的开关控制及控制协调。
- 增加一个用户终端的操作很复杂。

因此，当用户终端数 N 较大时，采用这种方式实现多个用户之间的通信是不现实的，无法实用化。

为实现多个终端之间的通信，引入了交换节点，各个用户终端不再是两两互连，而是分别经由一条通信线路连接到交换节点上，如图 1.5 所示。该交换节点就是通常所说的交换机，它完成交换的功能。在通信网中，交换就是在通信的源和目的终端之间建立通信信道，实现通信信息传送的过程。引入交换节点后，用户终端只需要一对线对与交换机相连，节省了线路投资，组网灵活方便。用户间通过交换设备连接方式使多个终端的通信成为可能。

由一个交换节点组成的通信网，如图 1.5 所示，它是通信网最简单的形式。实际应用中，为实现分布区域较广的多终端之间的相互通信，通信网往往由多个交换节点构成，这些交换节点之间或直接相连，或通过汇接交换节点相连，通过多种多样的组网方式，构成覆盖区域广泛的通信网络。图 1.6 所示为由多个交换节点构成的通信网。

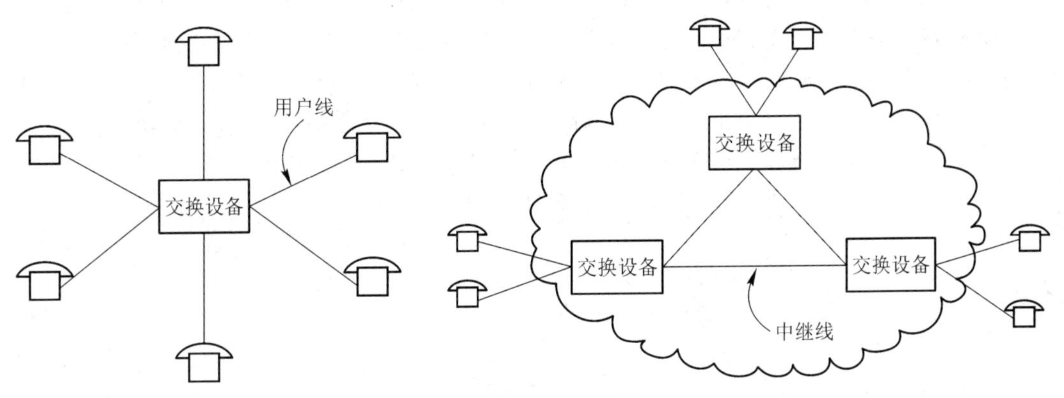

图 1.5　引入交换节点的多终端通信　　图 1.6　多个交换节点构成的通信网

用户终端与交换机之间的连接线路叫做用户线，交换机与交换机之间的连接线路叫做中继线(trunk)，通信网的传输设备主要由用户线、中继线以及其他相关传输系统设备构成。交换设备、传输设备和用户终端设备是通信网的基本组成部分，通常称为通信网的三要素。

1.2　各种交换方式

在通信网中，交换功能是由交换节点即交换设备来完成的。不同的通信网络由于所支持业务的特性不同，其交换设备所采用的交换方式也各不相同，目前在通信网中所采用的或曾出现的交换方式主要有以下几种：

- 电路交换
- 多速率电路交换
- 快速电路交换
- 分组交换
- 帧交换

• 帧中继
• ATM 交换
• IP 交换
• 光交换
• 软交换

对于上述交换方式，通常按照信息传送模式和交换信息类型的不同进行分类。若按照信息传送模式的不同，可将交换方式分为电路传送模式(CTM:circuit transfer mode)、分组传送模式(PTM:packet transfer mode)和异步传送模式(ATM:asynchronous transfer mode)三大类，如电路交换、多速率电路交换、快速电路交换属于电路传送模式；分组交换、帧交换、帧中继属于分组传送模式；而 ATM 交换则属于异步传送模式。这种分类下的各种交换方式如图 1.7 所示，图中左边属于 CTM 的交换方式，右边属于 PTM 的交换方式，ATM 在图的中间。ATM 交换方式面向宽带多媒体应用，它是在 CTM 和 PTM 的基础上，避免了它们的缺陷，又借鉴了它们的优点，而产生的一种交换技术。在 ATM 交换方式之后又出现了一些新的交换方式和技术，如 IP 交换、光交换和软交换。

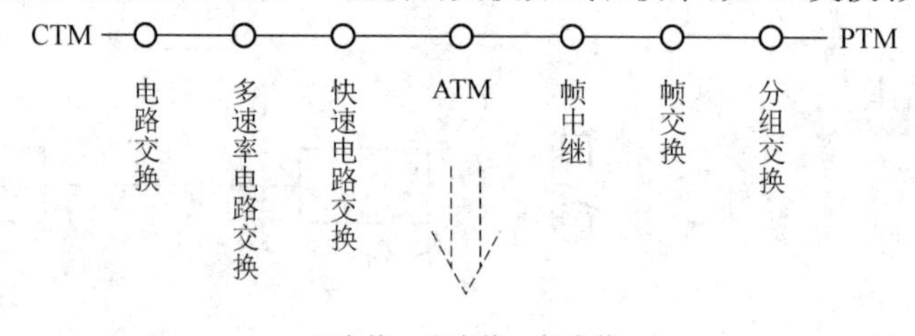

图 1.7　各种交换方式

此外，按照交换信息类型的不同，可将交换方式分为基于电信号的交换方式和基于光信号的交换方式，光交换是基于光信号的交换方式。还有其他对交换方式的分类，在此不一一说明。

1.2.1　电路交换

电路交换(CS:circuit switching)是通信网中最早出现的一种交换方式，也是应用最普遍的一种交换方式，主要应用于电话通信网中，完成电话交换，已有 100 多年的历史。

电话通信的过程是：首先摘机，听到拨号音后拨号，交换机找寻被叫，向被叫振铃同时向主叫送回铃音，此时表明在电话网的主被叫之间已经建立起双向的话音传送通路；当被叫摘机应答，即可进入通话阶段；在通话过程中，任何一方挂机，交换机会拆除已建立的通话通路，并向另一方送忙音提示挂机，从而结束通话。从电话通信过程的简单描述不难看出，电话通信分为三个阶段：呼叫建立、通话、呼叫拆除。电话通信的过程也就是电路交换的过程，因此电路交换的基本过程可分为连接建立、信息传送和连接拆除三个阶段，如图 1.8 所示。

电路交换具有 6 个特点。

(1) 信息传送的最小单位是时隙

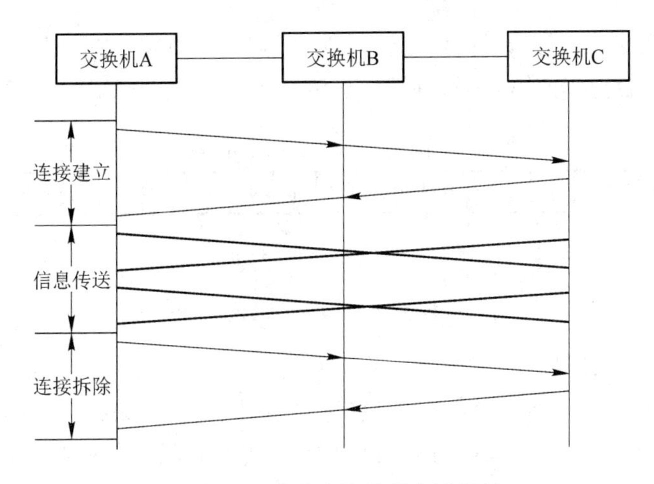

图 1.8　电路交换的基本过程

电路交换基于 PCM 传输系统中的时隙，在 PCM30/32 路传输系统中，每路通信的信道为一个时隙（TS：time slot），每个 TS 为 8 bit，每路通信的速率为 64 kbit/s。TS 是电路交换传输、复用和交换的最小单位，且长度固定。

（2）面向连接的工作方式（物理连接）

电路交换的基本过程可分为连接建立、信息传送和连接拆除三个阶段，即在传送信息之前，先建立通信的源和目的之间信息通路的连接，它是一条物理连接通路，只要通信即刻就可传送信息。

（3）同步时分复用（固定分配带宽）

同步时分复用的基本原理是把时间划分为等长的基本单位，一般称为帧，每个帧再划分为更小的单位叫做时隙。时隙依据其在帧中的位置编号，假设一帧划分为 n 个时隙，编号可以顺序记为 0，1，2，…，$n-1$。对一条同步时分复用的高速数字信道，采用这种时间分割的办法，可以把不同帧中各个编号相同的时隙组成一个恒定速率的数字子信道，那么这条高速的同步时分复用数字信道上就存在 n 条子信道，每个子信道也可以对应编号为 0，1，2，…，$n-1$。这些子信道有一个共同的特征，就是依据数字信号在每一帧中的时间位置来确定它是第几路子信道，因此，这些子信道又可以称为位置化信道，即通过时间位置来识别每路通信。这条同步时分复用的高速数字信道也称为同步时分复用线，其基本原理如图 1.9 所示。

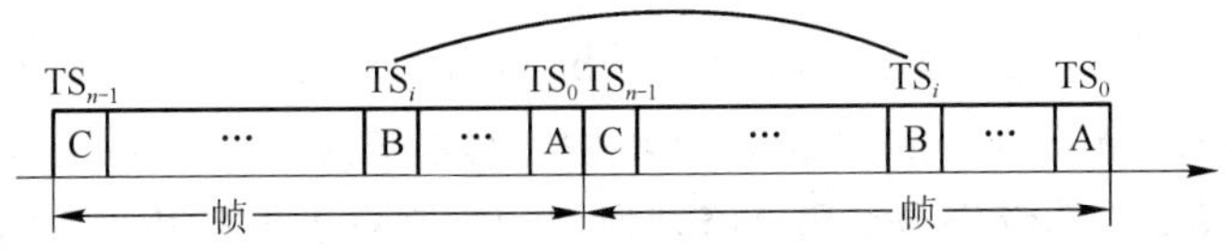

图 1.9　同步时分复用的基本原理

如图 1.10 所示，电路交换基于 PCM30/32 路同步时分复用系统，每秒传送 8 000 帧，每帧

32 个时隙，每个时隙 8 bit，每路通信信道（TS）为 64 kbit/s 恒定速率，即对每路通信所分配的带宽是固定的。在信息传送阶段不管有无信息传送，都占用这个 TS 子信道，直到通信结束。

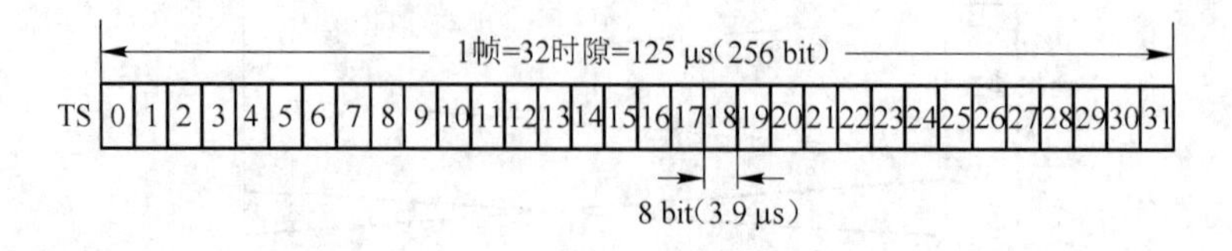

图 1.10　PCM30/32 路同步时分复用系统

（4）信息传送无差错控制

电路交换是专门为电话通信网设计的交换方式。话音业务的特点是实时性要求高，对可靠性要求没有数据通信高，因此，在电路交换中为减少话音信息的时延，对所传送的话音信息没有 CRC 校验、重发等差错控制机制，以满足业务特性的需求。

（5）信息具有透明性

为满足话音业务的实时性要求，快速传送话音信息，电路交换对所传送的话音信息不做任何处理，而是原封不动地传送，即透明传送。当用于低速数据传送时也不进行速率、码型的变换。

（6）基于呼叫损失制的流量控制

在电路交换中，当过负荷时，再到来的呼叫不是采用排队等待的方式，而是直接呼损掉，从而达到流量控制的目的，因此过负荷时呼损率增加，但不影响已建立的呼叫。采用这样基于呼叫损失制的流量控制方法，符合它所支持的实时业务特性。

通过上述对电路交换特点的分析，不难看出，通信网的业务特性决定了采用交换方式的特点，换句话说，通信网采用的交换方式一定要适应其业务特性。电话通信网中的话音业务具有实时性强、可靠性要求不高的特点，而电路交换无论是其面向连接的特点，还是对信息无差错控制、透明传输以及基于呼叫损失制的流量控制特点，都符合话音业务的特性，所以电话通信网采用电路交换方式。

由于的电路交换的无差错控制机制，所以对数据交换的可靠性没有分组交换高，不适合差错敏感的数据业务，同时，由于电路交换采用固定带宽分配方式，其电路利用率低，不适合突发（burst）业务。电路交换适合于实时性、恒定速率的业务。

1.2.2　多速率电路交换

为了克服电路交换只提供单一速率（64 kbit/s）的缺点，人们提出了多速率电路交换（MRCS：multi-rate circuit switching）方式。多速率电路交换本质上还是电路交换，具有电路交换的主要特点，可以将其看作是采用电路交换方式为用户提供多种速率的交换方式。

多速率电路交换和电路交换都采用同步时分复用方式，即只有一个固定的基本信道速率，如 64 kbit/s。多速率电路交换的一种实现方式是：将几个这样的基本信道捆绑起来构成一个速率更高的信道，供某个通信使用，从而实现多速率交换。很明显，这个更高的速率一定是基本信道速率的倍数。窄带综合业务数字网(N-ISDN)中对可视电话业务的交换就采用这种方法。

上述实现方法的关键是能够保证捆绑起来的多个信道保持同步,否则通信将无法进行,这无疑增加了交换系统的复杂性。其难点是如何确定基本速率的大小,基本速率定得低,难以实现高速的业务;基本速率定得高,低速业务会造成带宽浪费。比如,高清晰度电视(HDTV)业务的传输速率为 140 Mbit/s 左右,如果将基本速率定为 2 Mbit/s,则需要捆绑 70 个基本速率信道,而这对于 1 kbit/s 的遥测业务和 64 kbit/s 的话音业务在带宽上将造成极大浪费。

实现多速率电路交换的另一种方式是设置多种基本信道速率,这样,一个帧就被划分为不同长度的时隙。在图 1.11 所示的帧结构中,定义了 3 种基本信道 n_1、n_2、n_3 和 1 个 SYNC 同步信道,同步信道用于确定帧的边界,它们的速率之和为 $N=8n_1+n_2+n_3+n_S$。

采用这种方式实现多速率电路交换的交换设备,其交换网络是由多个不同速率的子交换网络叠加而成,每个子交换网络专门完成相应基本信道速率的交换,图 1.12 所示为采用多种基本信道速率的多速率电路交换系统。从各个端口来的信息经复用/分路进入不同速率的信道,不同速率的信道分别连到相应的子交换网络上,在该图中有三个子交换网络分别完成 n_1、n_2、n_3 基本速率的交换。

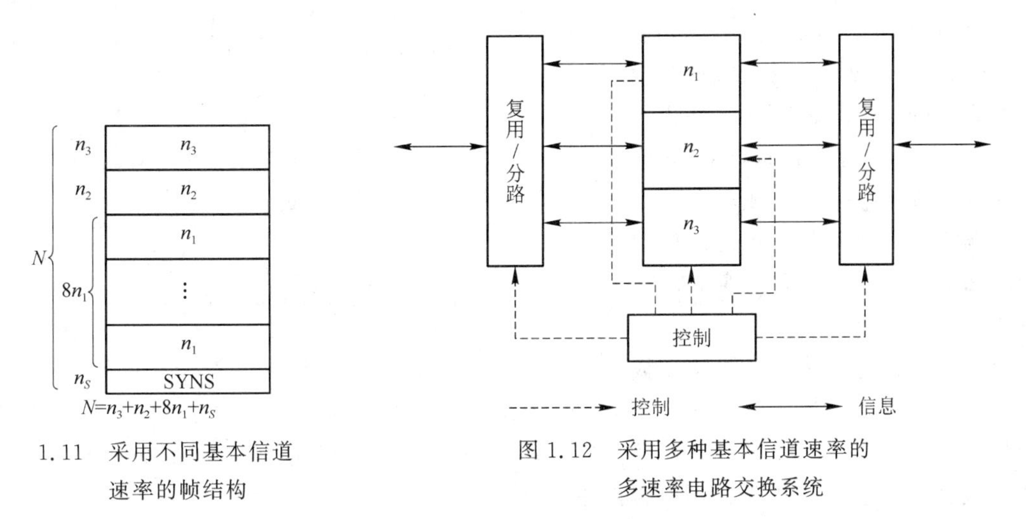

1.11 采用不同基本信道速率的帧结构

图 1.12 采用多种基本信道速率的多速率电路交换系统

从上述多速率电路交换实现的方法来看,该交换方式是基于固定带宽分配的。虽然能提供多种速率,但这些速率是事先定制好的,而且速率类型不能太多,否则其控制和交换网络会非常复杂,甚至无法实现,因此,这种交换方式不能真正灵活地适应突发业务。

1.2.3 快速电路交换

为了克服电路交换固定分配带宽不能适应突发业务的缺点,人们提出了快速电路交换(FCS:fast circuit switching)方式。在快速电路交换中,当呼叫建立时,在呼叫连接上的所有交换节点要在相应的路由上分配所需的带宽。与电路交换不同的是交换节点只记住所分配的带宽和相应路由连接关系，而不完成实际的物理连接。当用户真正要传送信息时，才根据事先分配的带宽和建立的连接关系建立物理连接；当没有信息传送时，则拆除该物理连接。由此可知，快速电路交换是传送用户信息时才连接物理传输通道，即只在信息要传送时才使用所分配的带宽和相关资源，因此提高了带宽的利用率。

由于快速电路交换只在信息需要传送时才建立物理连接，所以所传送信息的时延要比电路交换大。为减少这种时延，保证信息的实时性，要求其物理连接建立和拆除的速度非常快，相应地也对软件控制和硬件电子器件动作的速度提出了较高的要求。

快速电路交换虽然提高了带宽的利用率，但控制复杂，其适应突发业务的灵活性不如帧中继和 ATM 交换，因此未得到广泛应用。

1.2.4 分组交换

分组交换(PS：packet switching)将用户要传送的信息分割为若干个分组(packet)，每个分组中有一个分组头，含有可供选路的信息和其他控制信息。分组交换的本质就是存储转发(store and forward)，它将所接收的分组暂时存储下来，在目的方向路由上排队，当它可以发送信息时，再将信息发送到相应的路由上，完成转发。其存储转发的过程就是分组交换的过程，图 1.13 所示为分组交换的基本过程。

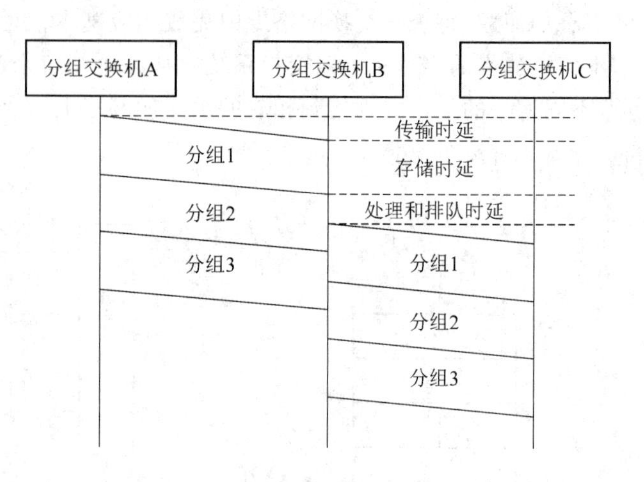

图 1.13　分组交换的基本过程

分组交换的思想来源于报文交换(message switching)，报文交换也称为存储转发交换，它们交换过程的本质都是存储转发，所不同的是分组交换的最小信息单位是分组，而报文交换则是一个个报文。由于以较小的分组为单位进行传输和交换，所以分组交换比报文交换快。报文交换主要应用于公用电报网中。

分组交换有两种方式：一种是虚电路(VC：virtual circuit)方式；另一种是数据报(DG：datagram)方式。

虚电路采用面向连接的工作方式(OC：oriented connection)，其通信过程与电路交换相似，具有连接建立、数据传送和连接拆除三个阶段：在用户数据传送前先建立端到端的虚连接；一旦虚连接建立后，属于同一呼叫的数据分组均沿着这一虚连接传送；通信结束时拆除该虚连接。虚连接也称为虚电路，即逻辑连接，它不同于电路交换中实际的物理连接，而是通过通信连接上的所有交换节点保存选路结果和路由连接关系来实现连接，因此是逻辑的连接。虚电路方式的特点如图 1.14 所示。

数据报采用无连接工作方式(CL:connection less),在呼叫前不需要事先建立连接,而是边传送信息边选路,并且各个分组依据分组头中的目的地址独立地进行选路。数据报方式的特点如图 1.15 所示。

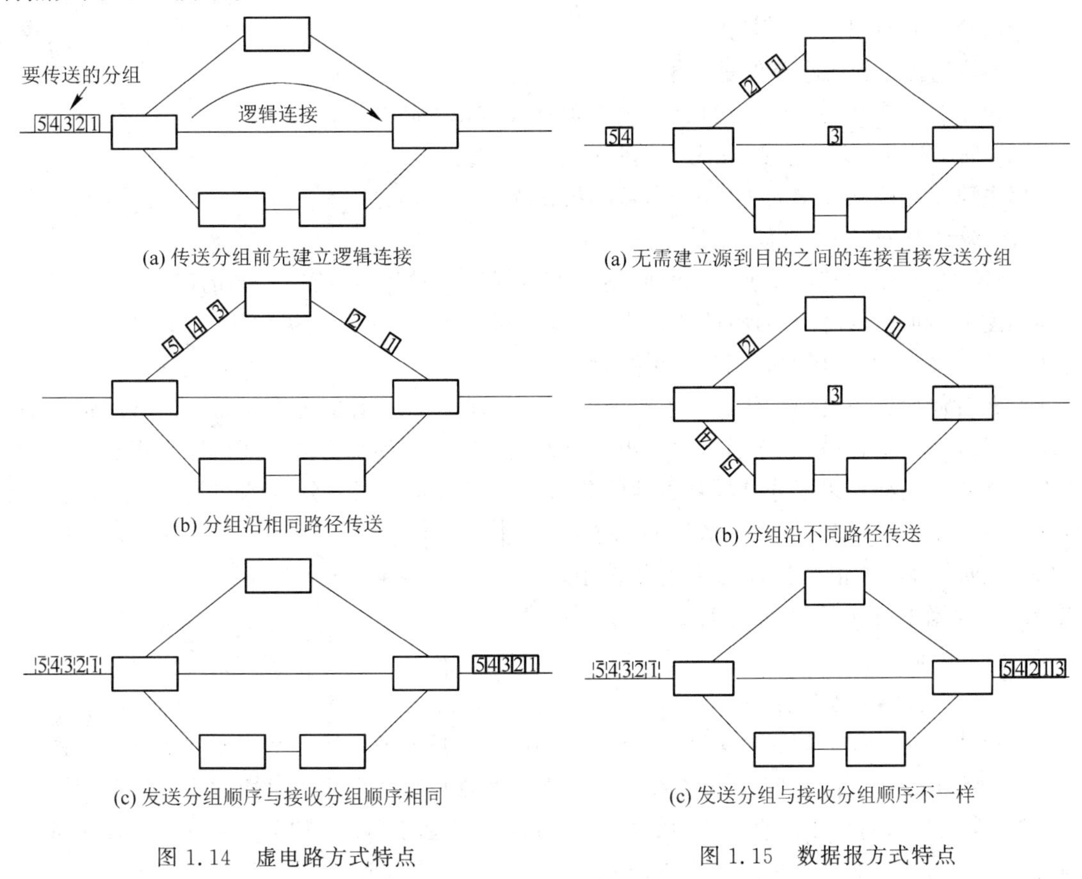

图 1.14　虚电路方式特点　　　图 1.15　数据报方式特点

由此可总结出面向连接工作方式和无连接工作方式的特点。

(1) 面向连接工作方式的特点

• 不管是面向物理的连接还是面向逻辑的连接,其通信过程可分为三个阶段:连接建立、传送信息、连接拆除。

• 一旦连接建立,该通信的所有信息均沿着这个连接路径传送,且保证信息的有序性(发送信息顺序与接收信息顺序一致)。

• 信息传送的时延比无连接工作方式的时延小。

• 一旦建立的连接出现故障,信息传送就要中断,必须重新建立连接,因此对故障敏感。

(2) 无连接工作方式的特点

• 没有连接建立过程,一边选路、一边传送信息。

• 属于同一个通信的信息沿不同路径到达目的地,该路径事先无法预知,无法保证信息的有序性(发送信息顺序与接收信息顺序不一致)。

- 信息传送的时延比面向连接工作方式的时延大。
- 对网络故障不敏感。

分组交换具有以下 6 个特点。

(1) 信息传送的最小单位是分组

分组由分组头和用户信息组成,分组头含有选路和控制信息。

(2) 面向连接(逻辑连接)和无连接两种工作方式

虚电路采用面向连接的工作方式,数据报是无连接工作方式。

(3) 统计时分复用(动态分配带宽)

统计时分复用的基本原理是把时间划分为不等长的时间片,长短不同的时间片就是传送不同长度分组所需的时间,对每路通信没有固定分配时间片,而是按需使用。当某路通信需要传送的分组多时,所占用的时间片的个数就多;传送的分组少时,所占用的时间片的个数就少。这就意味着使用这条复用线传送分组时间的长短,由此可见统计时分复用是动态分配带宽的。在统计时分复用中,识别每路通信的分组不能像同步时分复用那样靠时间位置来识别,而必须依据分组头中的标志来区分是哪路通信的分组。具有相同标志的分组属于同一个通信,也就构成了一个子信道,识别这个子信道的标志也叫做信道标志,该子信道被称为标志化信道。统计时分复用的基本原理如图 1.16 所示,其中,X、Y、Z 为标志。

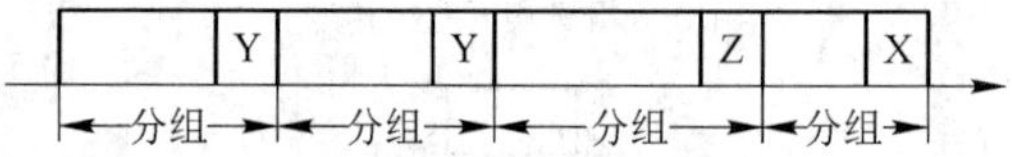

图 1.16　统计时分复用的基本原理

(4) 信息传送有差错控制

分组交换是专门为数据通信网设计的交换方式,数据业务的特点是可靠性要求高,对实时性要求没有电话通信高,因而在分组交换中为保证数据信息的可靠性,设有 CRC 校验、重发等差错控制机制,以满足数据业务特性的需求。分组交换基于 X.25 协议,其协议栈有 3 层,分别对应 OSI 参考模型的 1～3 层,在 X.25 的 2 层 LAPB 协议和 3 层分组层协议中,都设有差错控制机制。

(5) 信息传送不具有透明性

分组交换对所传送的数据信息要进行处理,如拆分、重组信息等。

(6) 基于呼叫延迟制的流量控制

在分组交换中,当数据流量较大时,分组排队等待处理,而不像电路交换那样立即呼损掉,因此其流量控制基于呼叫延迟。

分组交换的技术特点决定了它不适合对实时性要求较高的话音业务,而适合突发(burst)和对差错敏感的数据业务。分组交换在数据通信网中被广泛采用。

1.2.5　帧交换

随着数据业务的发展,需要更快速、可靠的数据通信,分组交换可支持中低速率的数据通信，但无法支持高速的数据通信，究其原因主要是由复杂的协议处理导致的。分组交换基于X.25协议，该协议包含了三层：物理层、数据链路层和分组层，它们分别对应于OSI参考模型的下三层。分组交换为保证数据传送的高可靠性，它在二层的各段链路上以及三层每个逻辑信道上都进行差错控制和流量控制，从而使信息通过交换节点的时间增加，在整个分组交换网中无法实现高速的数据通信。

为满足高速数据通信的需要，人们提出了帧交换(FS：frame switching)方式。帧交换是一种帧方式的承载业务，为克服分组交换协议处理复杂的缺点，简化了协议，其协议栈只有物理层和数据链路层，去掉了三层协议功能，从而加快了处理速度。由于在二层上传送的数据单元为帧，所以称其为帧交换。

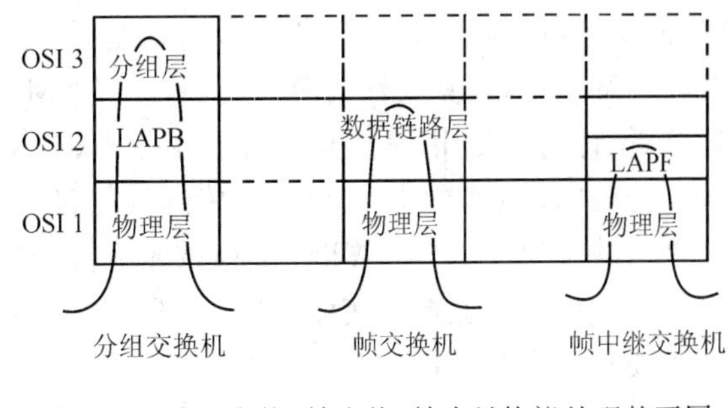

图 1.17　分组交换、帧交换、帧中继协议处理的不同

帧交换与分组交换、帧中继协议处理的不同可参见图1.17，帧交换与分组交换、帧中继的技术特点比较可参见表1.1。

表 1.1　分组交换、帧交换、帧中继技术特点比较

交换类型	分组交换	帧 交 换	帧 中 继
信息传送最小单位	分　组	帧	帧
协　议	OSI 1、2、3(x.25协议)	OSI 1、2	OSI 1、2(核心)
信息与信令传送信道	不 分 离	分　离	分　离

1.2.6　帧中继

帧中继(FR：frame relay)与帧交换方式相比，其协议进一步简化，它不仅没有三层协议功能，而且对二层协议也进行了简化。它只保留了二层数据链路层的核心功能，如帧的定界、同步、传输差错检测等，没有流量控制、重发等功能，以达到为用户提供高吞吐量、低时延特性，并适合突发性的数据业务的目的。

这里需要说明的是，帧中继和帧交换对协议的简化是基于以下两个条件的。

(1) 具有高带宽、高质量的传输线路的大量使用，如光纤系统，使简化差错控制和流量控制成为可能。

(2) 终端系统日益智能化，将智能化的纠错功能放在终端来完成，网络只完成公共的核心功能，从而提高了网络的效率，增加了应用上的灵活性。

帧中继与分组交换、帧交换协议处理的不同参见图1.17，帧中继与分组交换、帧交换的技术特点比较参见表1.1。

1.2.7 ATM 交换

宽带综合业务数字网(B-ISDN)是面向宽带多媒体业务的网络,对于任何业务,不管是实时业务或非实时业务、速率恒定或速率可变业务、高速宽带或低速窄带业务、传输可靠性要求不同的业务都要支持。这就对 B-ISDN 的信息传送模式在语义透明性与时间透明性两个方面同时提出了较高的要求。CTM 技术特点是:固定分配带宽,面向物理连接,同步时分复用,适应实时话音业务,具有较好的时间透明性。PTM 技术特点是:动态分配带宽,面向无连接或逻辑连接,统计时分复用,适应可靠性要求较高,有突发特性的数据通信业务,具有较好的语义透明性。传统的电路传送模式和分组传送模式都不能满足需求,于是人们为 B-ISDN 专门研究了一种新的交换技术——ATM 交换技术。ATM 交换技术是以分组传送模式为基础并融合了电路传送模式的优点发展而来的,兼具分组传送模式和电路传送模式的优点。ATM 交换技术主要有以下 3 个特点。

(1) 固定长度的信元和简化的信头

在 ATM 中,信息传送的最小单位是信元(cell),信元有 53 byte,其中前 5 byte 是信头(cell header),其余 48 byte 为信息域,或称为净荷(payload)。信元的长度固定,使基于硬件的高速交换成为可能。

ATM 信元的信头简化主要针对虚连接标志、优先级标志、净荷类型标志、信头差错检验等字段。信头的简化减少了交换节点的处理开销,加快了交换的速度。此外,ATM 只对重要的信头做差错检验,并没有对整个信元做差错检验,简化了操作,提高了信息处理能力。

(2) 采用了异步时分复用方式

异步时分复用与统计时分复用相似,也是动态分配带宽的,即不固定分配时间片,各路通信按需使用。所不同的是异步时分复用将时间划分为等长的时间片,用于传送固定长度的信元。此外,异步时分复用是依据信头中的标志 X、Y、Z(VPI/VCI)来区分是哪路通信的信元,而不是靠时间位置来识别,这一点与统计时分复用相似。图 1.8 所示为异步时分复用的基本原理。

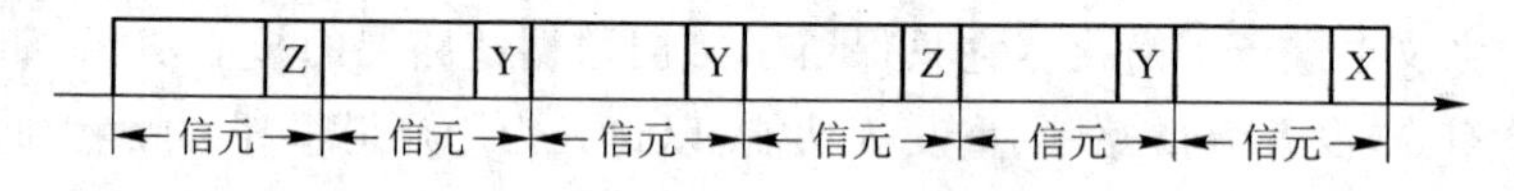

图 1.18 异步时分复用的基本原理

(3) 采用了面向连接的工作方式

ATM 采用面向连接的工作方式,与分组交换的虚电路相似,它不是物理连接,而是逻辑连接,称为虚连接(VC:virtual connection)。为便于管理和应用,ATM 的虚连接分为两级:虚通道连接(VPC:virtual path connection)和虚信道连接(VCC:virtual channel connection)。

从上文对 ATM 技术特点的介绍可看出,ATM 技术是以分组传送模式为基础并融合了电路传送模式高速化的优点发展而成的。采用异步时分复用方式,实现了动态分配带宽,可适应任意速率的业务;固定长度的信元和简化的信头,使快速交换和简化协议处理成为可能,极大地提高了网络的传输处理能力,使实时业务应用成为可能。

1.2.8 IP 交换

随着 Internet 的飞速发展,IP 技术得到广泛应用,ATM 作为 B-ISDN 的核心技术具有高带宽、快速交换和可靠服务质量保证的优点,因此将最先进的 ATM 交换技术和应用最普及的 IP 技术融合起来,成为宽带网络发展的方向。这里所说的 IP 交换是指一类 IP 与 ATM 融合的技术,它主要有叠加模型和集成模型两大类。

属于叠加模型的 IP 交换技术主要有 CIP、IPOA 和 MPOA。在叠加模式中,IP 层运行于 ATM 层之上,实现信息传送需要两套地址——ATM 地址和 IP 地址以及两种选路协议——ATM 选路协议和 IP 选路协议,还需要地址解析功能,完成 IP 地址到 ATM 地址的映射。

属于集成模型的 IP 交换技术主要有 IP 交换、Tag 交换和 MPLS。在集成模式中,只需要一种地址——IP 地址、一种选路协议——IP 选路协议,无需地址解析功能,不涉及 ATM 信令,但需要专用的控制协议来完成 3 层选路到 2 层直通交换机构的映射。

不管是叠加模型还是集成模型,其实质都是将 IP 选路的灵活性和健壮型与 ATM 交换的大容量和高速度结合起来,这也是 IP 与 ATM 融合的目的。

1.2.9 光交换

通信网的干线传输越来越广泛地使用光纤,光纤目前已成为主要的传输介质。网络中大量传送的是光信号,而在交换节点信息还以电信号的形式进行交换,那么当光信号进入交换机时,就必须将光信号转变成电信号,才能在交换机中交换。而经过交换后的电信号从交换机出来后,需要转变成光信号才能在光的传输网上传输,如图 1.19 所示。这样的转换过程不仅效率低,而且由于涉及到电信号的处理,要受到电子器件速率“瓶颈”的制约。

光交换是基于光信号的交换,如图 1.20 所示。在整个光交换过程中,信号始终以光的形式存在,在进出交换机时不需要进行光/电转换或者电/光转换,从而大大提高了网络信息的传送和处理能力。

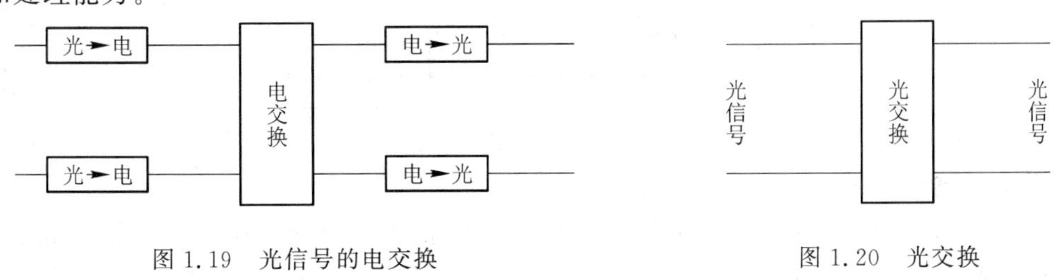

图 1.19 光信号的电交换　　图 1.20 光交换

1.2.10 软交换

NGN(next generation network)即下一代网络,实现了传统的以电路交换为主的电话交换网(PSTN)网络向以分组交换为主的IP电信网络的转变,从而使在IP网络上发展语音、视频、数据等多媒体综合业务成为可能。它的出现标志着新一代电信网络时代的到来。

软交换是下一代网络的控制功能实体,它独立于传送网络,主要完成呼叫控制、资源分配、协议处理、路由、认证、计费等主要功能,同时可以向用户提供现有电路交换机所能提供的所有业务,并向第三方提供可编程能力,它是下一代网络呼叫与控制的核心。软交换最核心的思想就是业务/控制与传送/接入相分离,其特点具体体现在以下几方面:

(1) 应用层和控制层与核心网络完全分开,以利于快速方便地引进新业务;

(2) 传统交换机的功能模块被分离为独立的网络部件,各部件功能可独立发展;

(3) 部件间的协议接口标准化,使自由组合各部分的功能产品组建网络成为可能,使异构网络的互通方便灵活;

(4) 具有标准的全开放应用平台,可为客户定制各种新业务和综合业务,最大限度地满足用户需求。

1.3 交换系统

1.3.1 交换系统的基本结构

电信交换系统的基本结构如图1.21所示,由信息传送子系统和控制子系统组成。

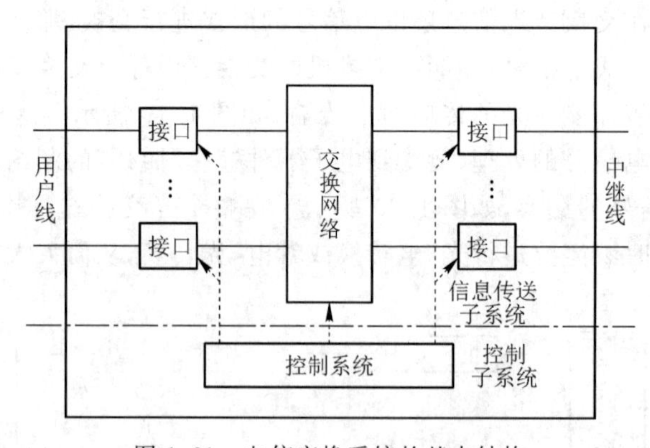

图1.21 电信交换系统的基本结构

1. 信息传送子系统

信息传送子系统主要包括交换网络和各种接口,交换网络也叫做交换机构(switching fabric)。

(1) 交换网络

对于信息传送子系统来说,交换就是信息(话音、数据等)从某个接口进入交换系统经交换网络的交换从某个接口出去。由此可知,交换系统中完成交换功能的主要部件就是交换网络,交换网络的最基本功能就是实现任意入线与出线的互连,它是交换系统的核心部件。构建具有连接能力强、无阻塞、高性能、低成本、灵活扩充、便于控制的交换网络是交换领域重点研究的问题，它涉及到交换网络的拓扑结构、交换网络内部选路策略、交换网络的控制机理、多播方式的实现、网络阻塞特性、网络可靠性等一系列互连技术。交换网络有时分的和空分的，有单级的和多级的，有数字的和模拟的，有阻塞的和无阻塞的，第 2 章将详细介绍交换网络的基本原理和技术。

(2) 接口

接口的功能主要是将进入交换系统的信号转变为交换系统内部所适应的信号，或者是相反的过程，这种变换包括信号码型、速率等方面的变换。交换网络的接口主要分两大类：用户接口和中继接口，用户接口是交换机连接用户线的接口，如电话交换机的模拟用户接口，ISDN 交换机的数字用户接口。中继接口是交换机连接中继线的接口，主要有数字中继接口和模拟中继接口，目前电信网上已很少见到模拟中继接口。

2. 控制子系统

控制子系统是交换系统的“指挥中心”，交换系统的交换网络、各种接口以及其他功能部件都是在控制子系统的控制协调下有条不紊地工作的。控制子系统是由处理机及其运行的系统软件、应用软件和 OAM 软件所组成的。现代交换系统普遍采用多处理机方式。控制子系统的控制方式(如集中控制、分散控制)，多处理机之间的通信机制以及控制系统的可靠性是交换系统控制技术的主要内容。在第 3 章将会详细介绍相关的控制技术。

交换系统的控制子系统使用信令与用户和其他交换系统(交换节点)进行“协调和沟通”，以完成对交换的控制。信令是通信网中规范化的控制命令，它的作用是控制通信网中各种通信连接的建立和拆除，并维护通信网的正常运行。交换系统与用户交互的信令叫做用户信令，交换系统之间交互的信令叫做局间信令。信令技术是交换系统的一项基本技术，将在第 4 章介绍。

1.3.2 交换系统的基本功能

通信网中通信接续的类型，即交换节点需要控制的基本接续类型主要有 4 种：本局接续、出局接续、入局接续和转接(汇接)接续，如图1.22所示。

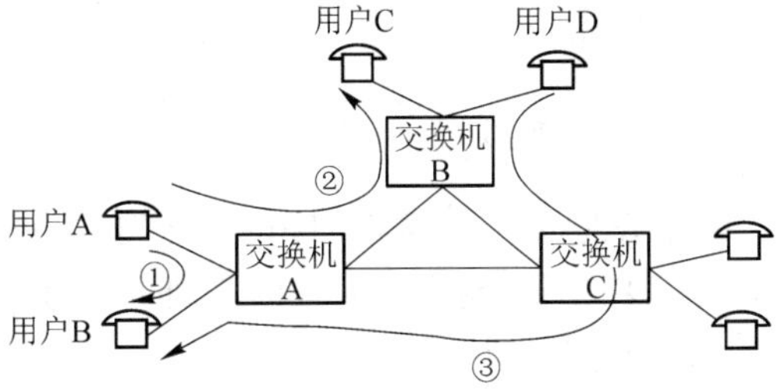

图 1.22 交换系统的接续类型

(1) 本局接续

本局接续是只在本局用户之间建立的接续，即通信的主、被叫都在同一个交换局。如图 1.22 中的交换机 A 的两个用户 A 和 B 之间建立的接续①就是本局接续。

(2) 出局接续

出局接续是主叫用户线与出中继线之间建立的接续，即通信的主叫在本交换局，而被叫在另一个交换局，如图 1.22 中交换机 A 的用户 A 与交换机 B 的用户 C 之间建立的接续②，对于交换机 A 来说就是出局接续。

（3）入局接续

入局接续是被叫用户线与入中继线之间建立的接续，即通信的被叫在本交换局，而主叫在另一个交换局，如图1.22中交换机A的用户A与交换机B的用户C之间建立的接续②，对于交换机B来说就是入局接续。

（4）转接（汇接）接续

转接接续是入中继线与出中继线之间建立的接续，即通信的主、被叫都不在本交换局，如图1.22中的交换机B的用户D与交换机A的用户B之间建立的接续③，对于交换机C来说就是转接接续。

通过分析交换系统所要完成的4种接续类型，可以得出交换系统必须具备的最基本的功能是：

- 能正确识别和接收从用户线或中继线发来的通信发起信号。
- 能正确接收和分析从用户线或中继线发来的通信地址信号。
- 能按目的地址正确地进行选路以及在中继线上转发信号。
- 能控制连接的建立与拆除。
- 能控制资源的分配与释放。

1.4 以交换为核心的通信网

交换设备是构成通信网的核心设备，交换功能是通信网必不可少的。通信网支持业务的能力以及所表现出的特性都与它所采用的交换方式密切相关，交换与通信网密不可分。在介绍每一种交换方式的原理及其技术时，也会介绍它所应用的通信网技术，将交换方式放在通信网的背景下，便于对交换方式有深刻的理解。本节简单介绍通信网的一些基本概念，为通信网技术的学习打下基础。

1.4.1 通信网的分类

对通信网可以从不同角度进行分类，主要有以下5种。

（1）根据通信网支持业务的不同进行分类

- 电话通信网。
- 电报通信网。
- 数据通信网。
- 综合业务数字网等。

（2）根据通信网采用传送模式的不同进行分类

- 电路传送网：PSTN、ISDN。
- 分组传送网：分组交换网（PSPDN）、帧中继网（FRN）。
- 异步传送网：B-ISDN。

(3) 根据通信网采用传输媒介的不同进行分类

- 有线通信网:传输媒介为架空明线、电缆、光缆。
- 无线通信网:通过电磁波在自由空间的传播来传输信号,根据采用电磁波长的不同又可分为中/长波通信、短波通信和微波通信等。

(4) 根据通信网使用场合的不同进行分类

- 公用通信网:向公众开放使用的通信网,如公用电话网、公用数据网等。
- 专用通信网:没有向公众开放而由某个部门或单位使用的通信网,如专用电话网等。

(5) 根据通信网传输和交换采用信号的不同进行分类

- 数字通信网:抗干扰能力强,有较好的保密性和可靠性,目前已得到广泛应用。
- 模拟通信网:早期通信网,目前已很少应用。

1.4.2 通信网的分层体系结构

随着信息科学和信息技术的飞速发展,通信领域的新技术层出不穷,尤其是作为国家信息基础设施的通信网技术更是发展迅猛,通信网的网络结构和技术都发生了深刻的变化,其网络传输从模拟窄带发展为数字宽带,通信网的信令系统由随路信令逐步采用了公共信道信令,所支持的业务从单一的话音业务发展为话音、数据、图像、视频和多媒体业务。通信网技术的飞速发展和支持业务的多样性和复杂性,使得通信网的网络体系结构变得日益复杂。为了更清晰地描述现代通信网的网络结构,引入网络分层的概念,如图 1.23 所示。

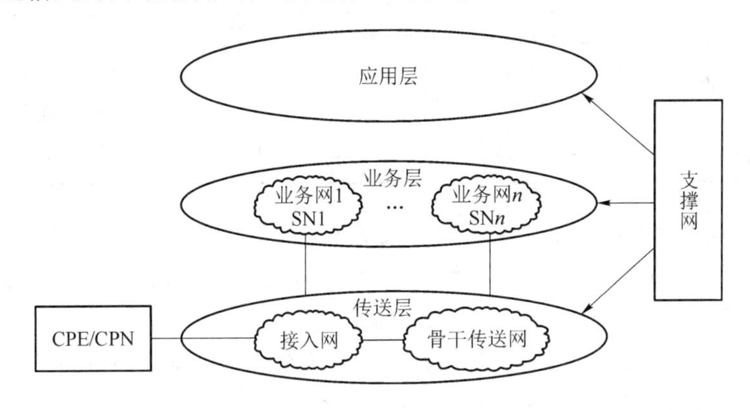

图 1.23 通信网的分层结构

在图 1.23 中,通信网被划分为三个层次:应用层、业务层、传送层,它们分别完成不同的功能。应用层表示各种信息的应用,它涉及到各种业务,如话音、视频、数据、多媒体业务等并支持各种业务应用的通信终端技术。业务层表示支持各种业务应用的业务网,如 PSTN、ISDN、PSPDN、智能网(IN)、公共陆地移动通信网(GSM)等,具体业务网的种类及其特点见表 1.2。采用不同交换技术的交换节点可构成不同类型的业务网,用于支持不同的业务,业务节点(SN)是提供业务的实体,如各种交换机、业务控制点(SCP)、特定配置情况下的视频点播和广播电视业务节点等。传送层表示支持业务层的各种接入和传送手段的基础设施，它由骨干传送网和接入网组成，用户驻地设备(CPE)或用户驻地网(CPN)通过接入网接入到骨干传送网。

表 1.2　业务网的种类及其应用特点

业 务 网	通 信 业 务	业务节点	交换方式	应用特点
电话交换网	模 拟 电 话	数字程控电话交换机	电路交换	应用广泛
分组交换网	中低速数据 (≤64 kbit/s)	分组交换机	分组交换	应用广泛 可靠性高
窄带综合业务数字网	数字电话、传真、数据等 (64～2 048 kbit/s)	ISDN 交换机	电路交换 分组交换	灵活方便 节省开支
帧 中 继 网	永久虚电路 (64～2 048 kbit/s)	帧中继交换机	帧中继	速率高 灵活、价格低
数字数据网(DDN)	数据专线业务 (64～2 048 kbit/s)	数字交叉连接设备	电路交换	应用广泛 速率高、价格高
宽带综合业务数字网	多媒体业务 (≥155.52 Mbit/s)	ATM 交换机	ATM 交换	高速宽带
IP 网	数据、IP 电话	路 由 器	分组交换	应用广泛 灵活简便
智 能 网	智 能 业 务	业务交换点(SSP) 业务控制点(SCP)等	—	快速提供 新业务
数字移动通信网	电话、低速数据(8～16 kbit/s) (GSM、CDMA) 电话、中速数据(<100 kbit/s) (GPRS) 多媒体 2 Mbit/s(3G)	移动交换机	电路交换 分组交换	应用广泛 移动通信

支撑网是现代通信网必不可少的重要组成部分。支撑网支持通信网的应用层、业务层和传送层的工作，提供保证网络正常运行的控制和管理功能。它包括 No.7 信令网、数字同步网和电信管理网(TMN)。

No.7 信令网是现代通信网的“神经网络”，它为现代通信网提供高效、可靠的信令服务，在第 4 章将介绍 No.7 信令系统和 No.7 信令网的基本原理和技术。

数字同步网用于保证数字交换局之间、数字交换局与数字传输设备之间信号时钟的同步，并且使通信网中所有数字交换系统和数字传输系统工作在同一个时钟频率下。

面对越来越复杂多样的通信网络，为了能够全面、有效、协调地管理整个电信网，在现有电信网之上提出了 TMN，将所有电信网的管理都纳入到这个统一的管理网络之中。电信管理网是一个完整、独立的管理网络，在这个网络中各种不同应用的管理系统按照 TMN 的标准接口互连成为一个紧密联系的实体，并且在有限点上与电信网接口、电信网络互通，从而达到控制和管理整个电信网的目的。TMN 是一个标准化的、智能的、综合的电信管理系统。

1.4.3 通信网的组网结构

通信网的基本组网结构主要有星型网、环型网、网状网、树型网、总线型网和复合型网等。

1. 星型网

星型网的结构简单，节省线路，但中心交换节点的处理能力和可靠性会影响整个网络，因此全网的安全性较差，网络覆盖范围较小，适于网径较小的网络，如图 1.24 所示。

2. 环型网

环型网的结构简单，容易实现，但可靠性较差，如图 1.25 所示。

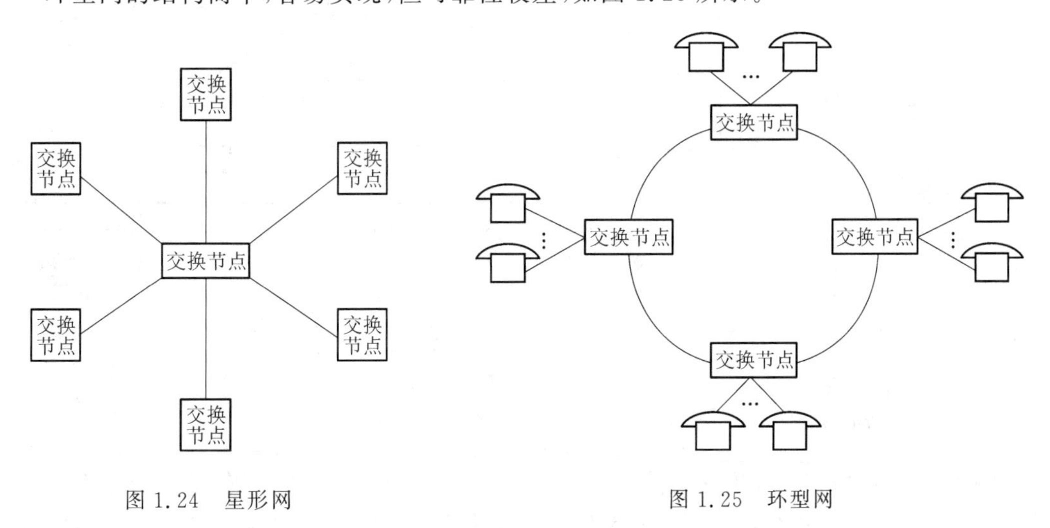

图 1.24　星形网　　　　图 1.25　环型网

3. 网状网

网状网中所有交换节点两两互联，网络结构复杂，线路投资大，但可靠性高，如图 1.26 所示。

4. 树型网

树型网也叫做分级网，网络结构的复杂性、线路投资的大小以及可靠性介于星型网和网状网之间，如图 1.27 所示。

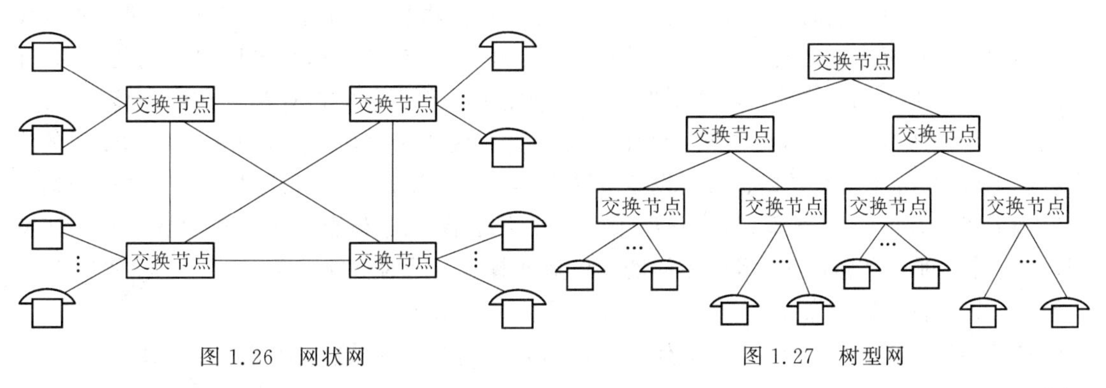

图 1.26　网状网　　　　图 1.27　树型网

5. **总线型网**

在总线型网中，所有交换节点都连接在总线上，这种网络线路投资经济，组网简单，但网络覆盖范围较小，可靠性不高，如图 1.28 所示。

6. **复合型网**

复合型网是上述几种结构的混合形式，是根据具体应用情况的不同采用不同的网络结构组合而成，如图 1.29 所示。

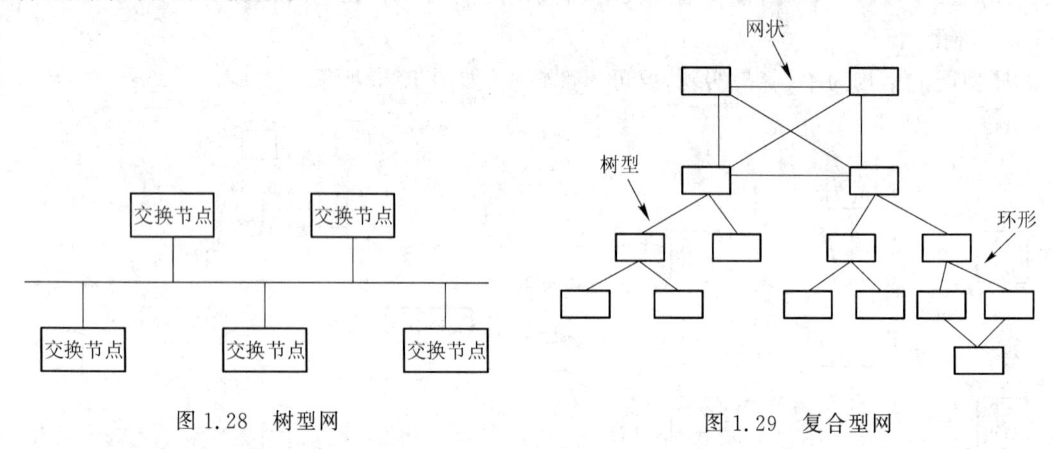

图 1.28　树型网　　　　图 1.29　复合型网

1.4.4　通信网的质量要求

当采用各种通信技术来构建通信网时，应遵循一定的原则，使构建的网络能够快速、有效、经济、可靠地向用户提供各种业务，满足人们通信的需求。这种原则就是对通信网的质量要求，它包含以下 5 方面的内容。

(1) 保证网内任意用户之间相互通信

要求网络能够实现任意转接和快速接通，以满足通信的任意性和快捷性。保证网内任意用户之间能够快速实现相互通信是对通信网最基本的要求。

(2) 保证满意的通信质量

通信网内信息传输时应保证传输质量的一致性和传输的透明性。信息传输质量的一致性是指通信网内任意用户之间通信时，应具有相同或相仿的传输质量，而与用户之间的距离、环境以及所处的地区无关。传输的透明性是指在规定业务范围内的信息都可在网内传输，无任何限制。传输质量主要包括接续质量和信息质量。接续质量表示通信接通的难易和使用的优劣程度，具体指标主要有呼损、时延、设备故障率等。信息质量是信号经过网络传输后到达接续终端的优劣程度，它主要受终端、信道失真和噪声的限制，具体指标主要有数据通信的比特误码率、话音通信的响度当量等。不同的通信业务具有不同的质量标准。

(3) 具有较高的可靠性

通信网应具有较高的可靠性，任何时候都不希望网络出现故障，通信发生中断。为此，不管对交换设备、传输设备还是组网结构,都采取了多种措施来保证其可靠性。对于网络及其网内的关键设备,还制定了相关的可靠性指标,如平均系统中断时间、平均故障间隔时间等。

(4) 投资和维护费用合理

在组建通信网时,除了要充分考虑网络所支持的业务特性、网络应用环境、通信质量要求和网络可靠性等因素之外,还要特别注意网络的建设费用和日后的维护费用是否经济,并处理好两者之间的关系,取得一个平衡点。

(5) 能不断适应通信新业务和通信新技术的发展

通信网的组网结构、信令方式、编码计划、计费方式、网管模式等要能灵活适应新业务和新技术的发展。传统的通信网是为支持单一业务而设计的,不能适应新业务和新技术的发展,面向未来的下一代网络应能适应不断发展的通信技术和许多未知的业务应用。

小　　结

为实现多个终端之间的相互通信,引入了交换节点,各个用户终端分别经通信线路连接到交换节点上,交换节点就是通常所说的交换机,它完成交换的功能。在通信网中,交换就是在通信的源和目的终端之间建立通信信道,实现通信信息传送的过程。实际应用中,为实现分布区域较广的多个终端之间的相互通信,通信网往往是由多个交换节点构成的,这些交换节点之间或直接相连,或通过汇接交换节点相连,通过多种多样的组网方式,从而构成覆盖区域广泛的通信网络。交换设备、传输设备和终端设备是构成通信网的三要素。

目前通信网中的交换方式主要有以下几种:电路交换、多速率电路交换、快速电路交换、分组交换、帧交换、帧中继、ATM 交换、IP 交换、光交换、软交换等。通常按照信息传送模式将其分为:电路传送模式、分组传送模式和异步传送模式。此外,也可按照交换信号的不同,将其分为电交换和光交换。当然还有其他对交换方式的分类。

在电路交换中,信息传送的最小单位是时隙,它采用面向连接的工作方式,并且它所建立的连接是物理的连接。电路交换采用同步时分复用方式,固定分配带宽,对所传送的信息无差错控制,并且不做任何处理,其流量控制是基于呼叫损失制的。电路交换的特点决定了电路交换方式不适合差错敏感的数据业务和突发性业务,它适合实时性、恒定速率的业务。电话通信网采用的就是电路交换方式,用于完成对实时话音业务交换,它也是最早出现并应用最广的一种交换方式。

为克服电路交换只提供单一速率、固定分配带宽、不能适应突发业务的缺点,又提出了多速率电路交换和快速电路交换。多速率电路交换的本质还是电路交换,虽然能提供多种速率,但还是基于固定带宽分配的,速率是事先定制好的,不能真正灵活地适应突发业务。快速电路交换只在信息要传送时才使用所分配的带宽和相关资源,它虽然提高了带宽的利用率,但控制复杂,其适应突发业务的灵活性不如帧中继和 ATM 交换,因此未得到广泛的应用。

分组交换的本质就是存储转发,分组交换有两种方式:虚电路和数据报。在分组交换中,信息传送的最小单位是分组,有面向逻辑连接(虚电路)和无连接(数据报)两种工作方式。采用统计时分复用方式,动态分配带宽,对所传送的信息要进行处理。在信息传送过程中设有差错控制机制,基于呼叫延迟制的流量控制。分组交换的特点决定了它不适合对实时性要求较高的话音业务,而适合对差错敏感的数据业务。分组交换在数据通信网中被广泛采用。

在大量采用光纤进行传输和终端系统日益智能化的前提下,帧交换简化了分组协议,其交换只涉及协议的1、2层。在帧中继中,协议进一步简化,交换只涉及协议的1层和2层的核心功能,从而可实现数据的高速传输和交换。

ATM交换是以分组传送模式为基础并融合了电路传送模式高速化的优点发展而成的。它采用固定长度的信元和简化的信头,使快速交换和简化协议处理成为可能,从而极大地提高了网络的传输处理能力,使实时业务应用成为可能。ATM交换采用异步时分复用方式,实现了动态分配带宽,可适应任意速率的业务。

IP交换技术有两大类:叠加模型和集成模型。CIP、IPOA和MPOA属于叠加模型的IP交换;IP交换、Tag交换和MPLS属于集成模型的IP交换。不管是叠加模型还是集成模型的IP交换,其实质都是将IP选路的灵活性和健壮型与ATM交换的大容量和高速度结合起来。

光交换是基于光信号的交换。通信网采用光信号的传输和交换,可大大提高网络信息传送能力,适应高速信息的传输和处理,是交换技术未来发展的方向。

电信交换系统主要是由信息传送子系统和控制子系统组成的。信息传送子系统主要包括交换网络和各种接口。交换网络完成的最基本的功能就是交换,它实现任意入线与出线的互连,是交换系统的核心部件。接口的功能主要是将进入交换系统的信号转变为交换系统内部所能适应的信号,或者是相反的过程。交换系统的接口主要有两大类:用户接口和中继接口。控制子系统是由处理机系统构成的,它是交换系统的"指挥中心"。接口技术、互连技术、信令技术、控制技术是交换系统的基本技术。

交换系统需要控制的基本接续类型主要有4种:本局接续、出局接续、入局接续和转接(汇接)接续。交换系统的基本功能是能够接收和识别用户线或中继线上的呼叫信令和地址信令,完成连接的建立和拆除、资源的分配和释放。

以交换为核心的通信网有多种分类方法和组网结构。现代通信网的分层结构为:传送层、业务层和应用层。现代通信网的支撑网为No.7信令网、数字同步网和电信管理网。在组建通信网时应满足通信网的质量要求。

习　题

1. 在通信网中为什么要引入交换的功能?
2. 构成通信网的三个必不可少的要素是什么?

3. 目前通信网中存在的交换方式主要有哪几种，它们分别属于哪种传送模式？

4. 电路传送模式、分组传送模式和异步传送模式的特点是什么？

5. 电路交换、分组交换的虚电路方式以及 ATM 交换都采用面向连接的工作方式，它们有何异同？

6. 同步时分复用和异步时分复用的特点是什么？

7. 面向连接和无连接的工作方式的特点是什么？

8. 分组交换、帧交换、帧中继有何异同？

9. 帧中继与 ATM 交换有何异同？

10. 电信交换系统的基本结构是怎样的，各组成部分分别完成哪些功能，它所涉及的基本技术有哪些？

11. 通信网的分类方式有哪些，其网络拓扑结构常见的主要有哪几种类型？

12. 通信网的分层结构是怎样的，主要的业务网有哪些，各支持什么业务？

13. 通信网的支撑网主要包括哪三种网络，它们分别起何种支撑作用？

14. 对通信网的质量要求是什么？

参考文献

1　杜治龙. 分组交换工程. 北京：人民邮电出版社，1993

2　赵慧玲. 帧中继技术及其应用. 北京：人民邮电出版社，1997

3　陈锡生，糜正琨. 现代电信交换. 北京：北京邮电大学出版社，1999

4　马丁·德·普瑞克著. 异步传递方式—宽带 ISDN 技术. 程时端，刘斌译. 北京：人民邮电出版社，1999

5　石晶林，丁炜，等. MPLS 宽带网络互联技术. 北京：人民邮电出版社，2001

6　赵慧玲，叶华. 以软交换为核心的下一代网络技术. 北京：人民邮电出版社，2002

第 2 章　交换网络

在第 1 章中已经介绍了交换系统的基本组成，其中信息传送子系统包括接口电路和交换网络。交换网络是构成交换系统的重要组成部分，它完成信息交换的功能。本章将介绍构成交换网络的交换单元的基本特性、功能和交换网络的构成以及目前广泛使用的主要交换网络的工作原理。

2.1 交换单元

2.1.1 交换单元的基本概念

1. 交换单元

交换单元(SE：switch element)是构成交换网络最基本的部件，若干个交换单元按照一定的拓扑结构连接起来就可以构成各种各样的交换网络。交换单元是完成交换功能最基本的部件。

如图 2.1 所示，一个交换单元从外部看主要由四个部分组成：输入端口、输出端口、控制端与状态端。交换单元的输入端口又称为入线，输出端口称为出线，一个具有 M 条入线，N 条出线的交换单元称为 $M \times N$ 的交换单元，入线编号为 $0 \sim M-1$，出线编号为 $0 \sim N-1$。控制端主要用来控制交换单元的动作，可以通过控制端的控制将交换单元的特定入线与特定出线连接起来，使信息从入线交换到出线而完成交换的功能。状态端用来描述交换单元的内部状态，不同的交换单元有不同的内部状态集，通过状态端口让外部及时了解工作情况。

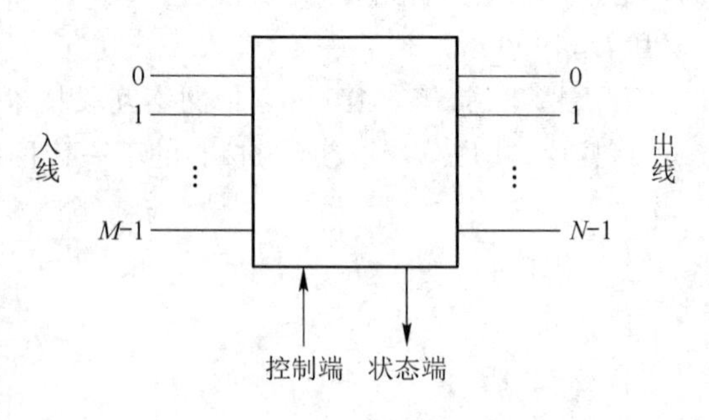

图 2.1　$M \times N$ 的交换单元

从内部看交换单元，其构成是多种多样的，它可以是一个时分总线或是一个空分的开关阵列，各种类型的交换单元将在下文介绍。无论交换单元内部如何构成，它都应该能够完成最基本的交换功能，即能把交换单元任意入线的信息交换到任意出线上。

交换单元有多种分类方法，从不同角度对交换单元进行分类，一般有四种分类方法。

(1) 按照入线与出线上信息传送的方向是单向还是双向可以把一个交换单元分为有向交换单元和无向交换单元，如图 2.2 所示。

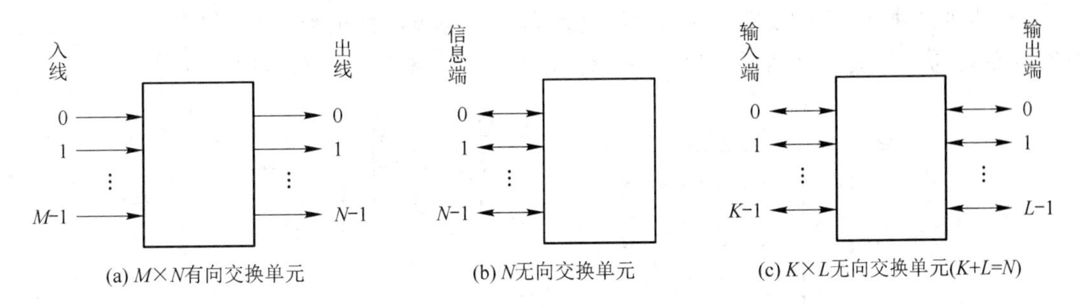

图 2.2　交换单元分类 1——有向与无向

有向交换单元指任何入线或出线上信息的传输是单方向的，即信息只能从入线进入交换单元，从出线上交换出来。如果一个有向交换单元有 M 条入线、N 条出线，那么把这个交换单元称为 $M\times N$ 有向交换单元。

无向交换单元主要有两种类型：N 无向交换单元与 $K\times L$ 无向交换单元。N 无向交换单元并没有入线与出线的区别，它相当于把一个 $N\times N$ 的有向交换单元(入线数与出线数相等的交换单元)相同编号的入线与出线合并在一起，将其看作同时具有发送和接收信息能力的一个信息端，那么这个 $N\times N$ 有向交换单元就变成一个具有 N 个双向通信信息端的 N 无向交换单元。设 $N=K+L$，$K\times L$ 无向交换单元是指在 N 无向交换单元的基础上把 N 个信息端分为一组输入端和一组输出端，输入端假设有 K 个信息端，输出端有 L 个信息端，并且只有在输入的 K 个信息端与输出的 L 个信息端之间才能有信息交换，在输入的 K 个信息端之间不能进行信息交换，同样 L 个输出端之间也不能进行信息交换，满足这种条件的 N 无向交换单元称为 $K\times L$ 无向交换单元。

(2) 按照交换单元入线与出线的数量关系可以把一个 $M\times N$ 的交换单元分为集中型、连接型和扩散型，如图 2.3 所示。

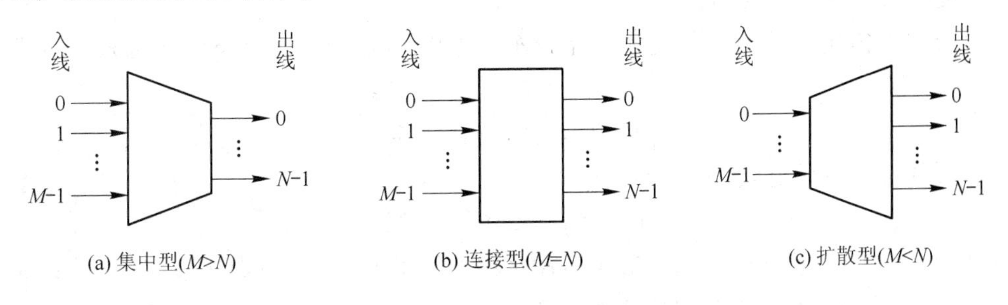

图 2.3　交换单元分类 2——入线与出线数目

集中型交换单元是指入线数大于出线数($M>N$)的交换单元,也叫做集中器(concentrator);连接型交换单元是指入线数等于出线数($M=N$)的交换单元,也称为置换器或连接器(connector);扩散型交换单元是指入线数小于出线数($M<N$)的交换单元,也称为扩展器(expander)。图 2.3 所示为有向交换单元。

(3) 按照交换单元的所有入线和出线之间是否共享单一的通路,可以把交换单元分为时分交换单元与空分交换单元,如图 2.4 所示。这是按照交换单元内部结构进行的分类。

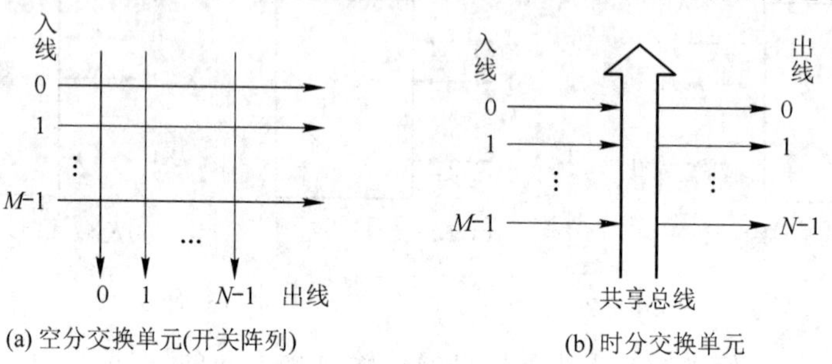

(a) 空分交换单元(开关阵列)　　(b) 时分交换单元

图 2.4　交换单元分类 3——时分与空分

时分交换单元的基本特征是所有的输入端口与输出端口之间共享惟一的一条通路,从入线来的所有信息都要通过这条惟一的通路才能交换到目的出线上去。这条惟一的通路可以是一个共享总线,也可以是一个共享存储器。

空分交换单元的所有入线与出线之间存在多条通路,从不同入线来的信息可以并行地在这些通路上传送,空分交换单元也可称为空间交换单元,典型的空间交换单元就是开关阵列。

(4) 按照交换单元所接收的模拟信号和数学信号,可以把交换单元分为数字交换单元与模拟交换单元。

2. 交换单元的连接特性

交换单元的基本功能就是要在入线与出线之间建立一定的连接,使信息能从入线交换到出线。交换单元的连接特性(connectivity)反映出交换单元从入线到出线的连接能力,是交换单元的基本特性。交换单元的连接特性有集合和函数两种描述方式。

(1) 集合描述方式

用集合方式描述一个 $M\times N$ 交换单元的连接特性,可以把该交换单元所有入线组成一个集合:

$$T=\{0,1,2,\cdots,M-1\}$$

该交换单元的所有出线组成一个集合:

$$R=\{0,1,2,\cdots,N-1\}$$

记入线集合 T 中的元素为 $t(t\in T)$,出线集合 R 中的元素为 $r(r\in R)$,同时记 R_t 为出线集合 R 的一个子集,那么可以把一个连接定义为一个集合:

$$c=\{t,R_t\}$$

该集合表示该 $M\times N$ 交换单元的入线 t 与一组出线 R_t 之间的连接，可以把 t 称为连接的起点，把 $r\in R_t$ 称为连接的终点。如果 R_t 中只含有惟一的一个元素，那么把该连接称为点到点连接；如果 R_t 中包含多个元素，那么把该连接称为点到多点连接。特别地，对于点到多点的连接，如果 $R_t\neq R$，称此连接具有同发功能；如果 $R_t=R$，称此连接具有广播功能。

一个交换单元的连接方式表示了该交换单元在某个时刻建立的所有从入线到出线之间的连接，连接方式可以表示为一个集合：

$$C=\{c_1,c_2,c_3,\cdots\}$$

该集合是由若干个连接组成的一个集合(表示各个连接的集合 c 的下标不代表任何实际意义，只是区分不同的连接)。特别要说明的是一个交换单元的连接方式分别对应某个具体时刻，时刻不同，连接方式也不同。在某一时刻，一个交换单元总是处在一定的连接方式 C 下，即该交换单元的各个入线与各个出线按照该连接方式连接着。一个交换单元的连接方式可以通过该交换单元的控制端口改变，同时也可以通过该交换单元的状态端口反映出来。

对于一个连接方式，可以定义连接方式的起点集，表示该连接方式中所有连接的起点组成的集合，用 T_c 表示：

$$T_c=\{t:t\in c_i,c_i\in C\}$$

同样，也可以定义该连接方式的终点集，表示该连接方式中所有连接的终点组成的集合，用 R_c 表示：

$$R_c=\{r:r\in R_t,R_t\in c_i,c_i\in C\}$$

同时可以判定，当交换单元处于连接方式 C 下，若某条入线 $t\in T_c$，称该入线处于占用状态，否则处于空闲状态；同样，若某条出线 $r\in R_c$，称该出线处于占用状态，否则处于空闲状态。

(2) 函数描述方式

用函数方式描述一个 $M\times N$ 的交换单元的连接特性，可以将其连接方式用函数 $f(t)$ 表示：

$$f(t)=R_t(R_t \text{ 包含于 } R)$$

该函数的自变量为 t，它的定义域为交换单元的入线集合 T，值域为交换单元的出线集合 R 的各个子集组成的集合。一个连接函数对应一种连接，连接函数表示相互连接的入线编号和出线编号之间的一一对应关系，即存在连接函数 f、入线 t 与出线集合 $f(t)$ 中每条出线相连接。如果该入线空闲，那么与它连接的出线的集合为一个空集。对于一个点到点连接，连接函数还可以表示为

$$f(t)=r(r\in R)$$

它的值域变成了出线集合 R。

上述表示连接方式的函数称为连接函数。可以有两种更直观的形式来表示连接函数：一种是排列表示形式；另一种是通过图形来表示。对于点到点连接方式经常采用二进制函数表示方法。

① 排列表达式

交换单元的连接实际上是交换单元的入线与出线之间的一种对应关系，那么可以通过罗列的方式来表达连接方式，称为连接方式的排列表达式，即

$$\begin{pmatrix} t_1, t_2, \cdots, t_n \\ r_1, r_2, \cdots, r_n \end{pmatrix}$$

其中，t_i 为入线编号；r_i 为出线编号。上述的排列表达式表示了入线 t_1 连接到出线 r_1，入线 t_2 连接到出线 r_2，…，入线 t_n 连接到出线 r_n，其中 $n \leqslant N$（注意入线 t_1 并不表示入线 1，出线 r_n 也不表示出线 n）。考虑到存在点到多点的连接，$t_1, t_2, \cdots, t_n$ 中可能有重复的元素存在，因此也可以把排列表达式称为重排表达式。

所谓存在出线竞争，就是指在排列表达式中 $r_1, r_2, \cdots, r_n$ 之间存在着重复的元素，表明在同一时刻，有多条入线共同连接到同一条出线，造成出线的冲突，也就是说从多条入线上来的信息，同时要交换到同一条出线上，共同竞争这条出线。这是应该避免或要采取一定措施来解决的问题。

在点到点连接，并不存在出线竞争的情况下，排列表达式中的 $t_1, t_2, \cdots, t_n$ 之间没有重复的元素，同时 $r_1, r_2, \cdots, r_n$ 之间也没有重复的元素，那么点到点连接方式的排列表达式可以改写为

$$\begin{pmatrix} t_0, t_1, \cdots, t_{N-1} \\ 0, 1, \cdots, N-1 \end{pmatrix}$$

将这种排列表达式称为入线排列表达式，它实际上是使出线的编号按照自然数顺序排列，表示入线 t_0 连接到出线 0，入线 t_{N-1} 连接到出线 $N-1$，由于可能存在空闲的出端，所以 $t_0, t_1, \cdots, t_{N-1}$ 中可能有空的元素存在，可用 φ 表示。上式也可以进一步简化为

$$(t_0, t_1, \cdots, t_{N-1})$$

同样，也可以定义出线排列表达式为

$$\begin{pmatrix} 0, 1, \cdots, N-1 \\ r_1, r_2, \cdots, r_{N-1} \end{pmatrix}$$

它的简化表示为

$$(r_1, r_2, \cdots, r_{N-1})$$

根据排列表示形式，对于一个 $N \times N$ 的交换单元，假设没有空闲的入线和出线，N 条入线与 N 条出线任意进行点到点连接，那么 N 个元素可以有 N！种不同的排列，因此，一个 $N \times N$ 的交换单元最多可以有 N！种不同的点到点连接方式。

② 图形表示

可以通过图形方式来表达连接函数。分别把入线与出线按编号由上到下排列，然后入线与出线之间可以用一条直线连接起来，表示该入线与出线有连接。图 2.5 表示了一个常用的 $N=8$ 的交叉连接方式。

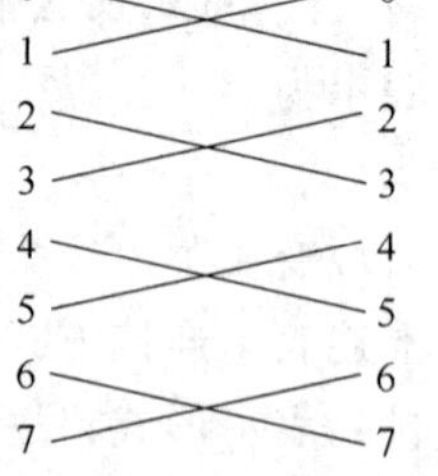

图 2.5　连接函数的图形表示

③ 二进制函数表示

有一种更为常用的方法来表示点到点连接方式。假设入线编号可以用一个 n 位二进制数字 $x_{n-1}x_{n-2}\cdots x_1x_0$ 表示,用该二进制数字作为连接函数的变量,连接函数的值也用一个二进制数字表示,表示与该入线连接的出线的编号。把这种函数表现形式称为二进制函数表示。对于图 2.5 所示的连接方式,用二进制函数表示为

$$E(x_{n-1}x_{n-2}\cdots x_1x_0)=x_{n-1}x_{n-2}\cdots x_1\overline{x_0}$$

下面为 5 种常用的连接方式。

(a) 直线连接

对于连接型交换单元,把相同编号的入线和出线直接连接起来而形成的点到点的连接方式称为直线连接,也称为恒等置换(identity permutation)。一个恒等置换的 8×8 交换单元的排列表达式为

$$\begin{pmatrix}0,1,2,\cdots,7\\0,1,2,\cdots,7\end{pmatrix}$$

入线排列表达式为

$$(0,1,2,\cdots,7)$$

恒等置换的图形表示如图 2.6 所示。

恒等置换(常用 I 表示)的二进制函数表示为

$$I(x_2x_1x_0)=x_2x_1x_0$$

(b) 交叉连接

在交换单元入线数 M 等于出线数 N,并且入/出线数为偶数的情况下,把相邻编号的 2 条入线与 2 条出线交叉连接起来,入线 0 连接出线 1,入线 1 连接出线 0,入线 2 连接出线 3……这种连接方式称为交叉连接,也称为交换置换(exchange permutation),交换置换的入线排列表示式为

$$(1,0,3,2,\cdots,N-1,N-2)$$

交换置换的图形表示如图 2.7 所示。

图 2.6 恒等置换的图形表示

图 2.7 交换置换的图形表示

交换置换(常用 E 表示)的二进制函数表示为

$$E(x_{n-1}x_{n-2}\cdots x_1x_0)=x_{n-1}x_{n-2}\cdots x_1\overline{x_0}$$

(c) 蝶式连接

蝶式连接方式也称为蝶式置换(butterfly permutation),一般用 β 表示,蝶式置换这个名称来自实现 FFT 变换时其图形形状如蝴蝶。这种连接方式被定义为

$$\beta(x_{n-1}x_{n-2}\cdots x_1x_0)=x_0x_{n-2}\cdots x_1x_{n-1}$$

可以看出,蝶式置换是将输入端二进制编号的最高位 x_{n-1} 与最低位 x_0 互换位置而得到输出端的二进制编号。

同样可以定义子蝶式(subbutterfly)置换 $\beta_{(k)}$ 与超蝶式(superbutterfly)置换 $\beta^{(k)}$:

$$\beta_{(k)}(x_{n-1}x_{n-2}\cdots x_{k+1}x_kx_{k-1}\cdots x_1x_0)=x_{n-1}x_{n-2}\cdots x_{k+1}x_0x_{k-1}\cdots x_1x_k$$

$$\beta^{(k)}(x_{n-1}x_{n-2}\cdots x_{n-k}x_{n-k-1}x_{n-k-2}\cdots x_1x_0)=x_{n-k-1}x_{n-2}\cdots x_{n-k}x_{n-1}x_{n-k-2}\cdots x_1x_0$$

图 2.8 所示为 $N=8$ 的 β、$\beta_{(1)}$ 和 $\beta^{(1)}$ 的图形。

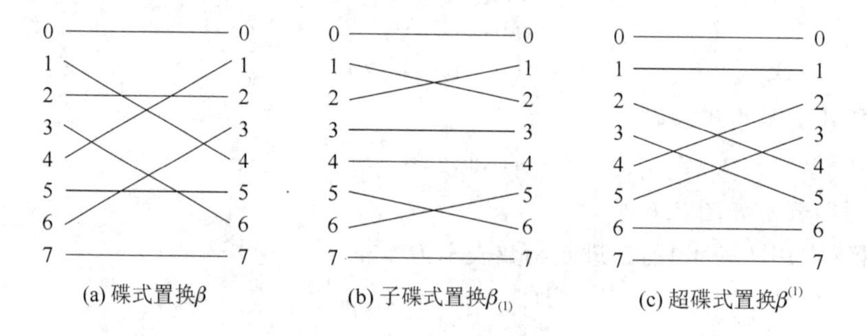

图 2.8 $N=8$ 的蝶式置换

(d) 均匀洗牌连接

均匀洗牌连接也称为均匀洗牌置换(perfect shuffle permutation),正如平时玩扑克牌洗牌一样,它将入线分为两个部分,每个部分入线数目相等,同时前一部分和后一部分按顺序一个接一个交叉地与出线连接。理想的状态是这两部分入线数目相等,然后一个隔一个按顺序与出线对应连接,达到洗牌的最好效果,故称为均匀洗牌置换。均匀洗牌置换一般表示为

$$\delta(x_{n-1}x_{n-2}\cdots x_1x_0)=x_{n-2}x_{n-3}\cdots x_1x_0x_{n-1}$$

由此可见,均匀洗牌置换是将入线二进制地址循环左移一位,得到对应的输出端二进制地址。

还可以定义子洗牌(subshuffle)连接 $\delta_{(k)}$ 与超洗牌(supershuffle)连接 $\delta^{(k)}$:

$$\delta_{(k)}(x_{n-1}x_{n-2}\cdots x_{k+1}x_kx_{k-1}\cdots x_1x_0)=x_{n-1}x_{n-2}\cdots x_{k+1}x_{k-1}\cdots x_1x_0x_k$$

$$\delta^{(k)}(x_{n-1}x_{n-2}\cdots x_{n-k}x_{n-k-1}x_{n-k-2}\cdots x_1x_0)=x_{n-2}\cdots x_{n-k}x_{n-k-1}x_{n-1}x_{n-k-2}\cdots x_1x_0$$

图 2.9 所示为 $N=8$ 的 δ、$\delta_{(1)}$、$\delta^{(1)}$ 变换图形。

均匀洗牌置换有时也称为混洗连接,使用非常广泛。有以下恒等关系:

$$\delta(x)=\delta_{(n-1)}(x)=\delta^{(n-1)}(x)$$

$$\delta_{(0)}(x)=\delta^{(0)}(x)=x$$

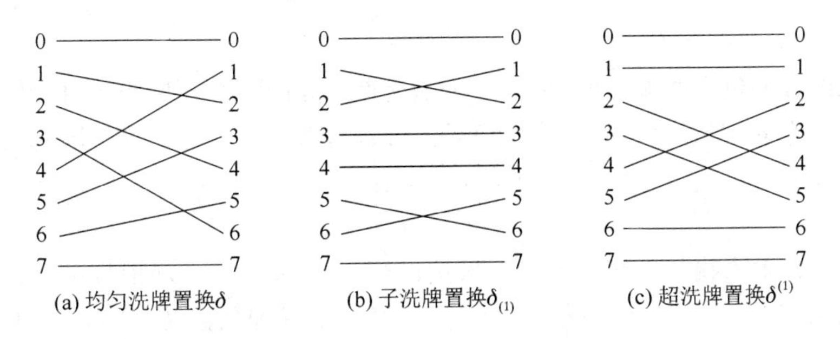

(a) 均匀洗牌置换δ　(b) 子洗牌置换$\delta_{(1)}$　(c) 超洗牌置换$\delta^{(1)}$

图 2.9　$N=8$ 的洗牌置换

在应用中广泛使用的还有逆均匀洗牌置换，它的连接函数实际上是均匀洗牌置换连接函数的逆函数，其定义为

$$\delta^{-1}(x_{n-1}x_{n-2}\cdots x_1x_0)=x_0x_{n-1}x_{n-2}x_{n-3}\cdots x_1$$

$N=8$ 的逆均匀洗牌置换如图 2.10 所示。

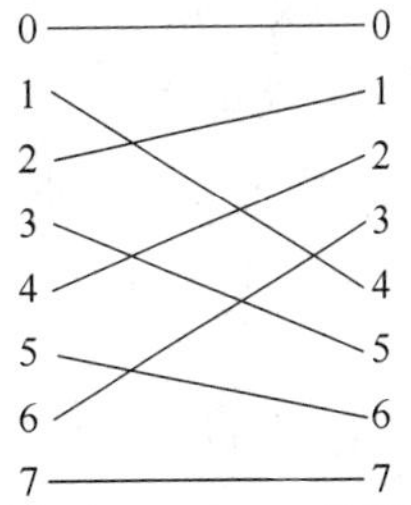

图 2.10　$N=8$ 的逆均匀洗牌置换

(e) 间隔交叉连接

间隔交叉连接也称为方体置换(cube permutation)，实现了二进制地址编号中第 k 位位值不同的输入端和输出端之间的连接，定义为

$$C_k(x_{n-1}x_{n-2}\cdots x_{k+1}x_kx_{k-1}\cdots x_1x_0)=x_{n-1}x_{n-2}\cdots x_{k+1}\overline{x_k}x_{k-1}\cdots x_1x_0$$

以 $N=8$ 为例，共有三种方体置换：

$$C_0(x_2x_1x_0)=x_2x_1\overline{x_0}$$

$$C_1(x_2x_1x_0)=x_2\overline{x_1}x_0$$

$$C_2(x_2x_1x_0)=\overline{x_2}x_1x_0$$

图形表示如图 2.11 所示。

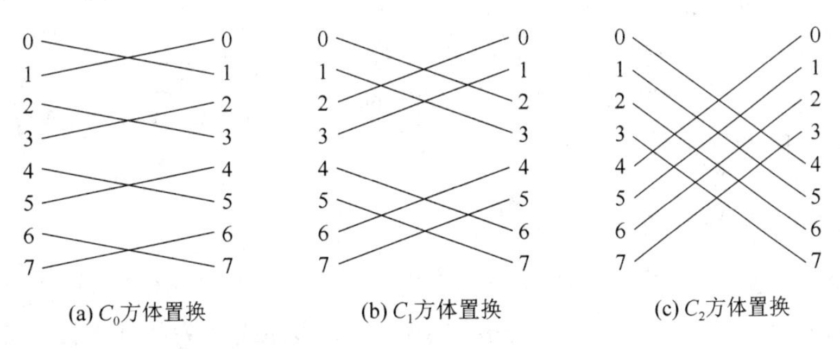

(a) C_0方体置换　(b) C_1方体置换　(c) C_2方体置换

图 2.11　$N=8$ 的方体置换

3. 交换单元的性能

对于交换单元，通过下述几个指标来描述其特性。

（1）容量

交换单元的容量包含两方面的内容：一个是交换单元的入线与出线数目；另一个是每条入线上可以送入交换的信息量大小，如模拟信号的带宽与数字信号的速率。因此，交换单元的容量就是交换单元所有入线可以同时送入的总的信息量。

（2）接口

交换单元的各个入线与出线要规定信号接口标准，如速率大小和信号单、双向等。如果是有向交换单元，那么就有入线与出线的区别，且入线与出线的信息传送方向是单向的，即信息从入线进入然后从出线输出；如果是无向交换单元，可以说没有入线或出线的区别，信息可以经过交换单元进行双向传送。如果是模拟交换单元，那么只能交换模拟信号；如果是数字交换单元，只能交换数字信号；有的交换单元既能交换模拟信号，又能交换数字信号。

（3）功能

交换单元的基本功能是能在入线与出线之间建立连接并传送信息。从外部看交换单元，主要有3个功能：点到点连接功能；同发功能；广播功能。要根据实际情况选择合适的功能。

（4）质量

一个交换单元的质量主要体现在两个方面：一个是完成交换功能的能力，它通常指交换单元完成交换动作的速度以及是否在任何情况下都能完成指定的连接；另一个是信息是否存在损伤，如信息经过交换单元的时延。这里要说明的是，信息经过交换单元的时延（从入线进入交换单元到从出线输出所经历的时间）是衡量交换单元质量的一个重要指标，时延越短越好。此外，信息经交换单元交换时，如果存在出线竞争，交换单元必须设置相应的措施来保证不丢失信息。

图2.12所示为S1240数字程控交换系统的交换网络所采用的交换单元专用芯片，习惯上称它为数字交换单元（DSE：digital switching element）。它有16个双向端口，每个端口接一条双向的32路PCM链路，这个交换单元的容量为512×512，它的接口为双向的PCM数字信号。

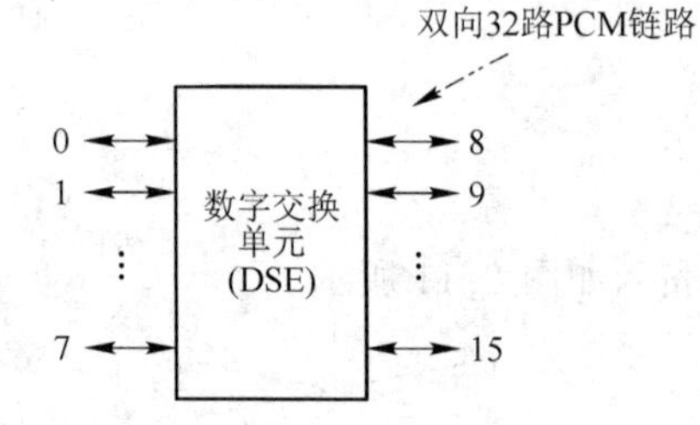

图2.12 数字交换单元的性能

2.1.2 空间交换单元

交换单元可分为空分交换单元和时分交换单元。空分交换单元也称为空间交换单元。一般来说，空间交换单元是由空间上分离的多个小的交换部件或开关部件按照一定的规律连接构成的。从空间交换单元的内部来看，其入线到出线之间存在多条通路，所有的这些通路可以并行地传送信息，即从不同入线上来的信息可以并行地交换到不同的出线上去。下面介绍属于空间交换单元的开关阵列和空间接线器及其结构和特性，以了解它们是如何完成交换功能的。

1. 开关阵列

交换单元完成的最基本的功能就是交换。在交换单元内部，要把某条入线上的信息交换到某条出线上去，最简单最直接的方法就是把该入线与该出线在需要的时候直接连接起来。为了做到在需要的时候直接将入线和出线连接起来，人们自然会想到在入线和出线之间加上一个开关，开关接通，则入线与出线连接；开关断开，则入线与出线连接断开。如此构成的交换单元内部就是一个由大量开关组成的阵列，因此，把这样的交换单元称为开关阵列。

开关阵列的开关一般位于入线与出线的交叉点上，它有两种状态：接通与断开。图 2.13 表示了一个开关的两种不同状态。当开关接通时，入线与出线就连接在一起；当开关断开时入线与出线就不连接。开关阵列的开关分为两种：单向开关和双向开关。单向开关主要用于有向交换单元，只允许信息从入线传送到出线；双向开关一般用于无向交换单元，允许信息双向传送。

对于一个 $M\times N$ 的有向交换单元，其开关阵列的实现如图 2.14 所示。在入线和出线上的每个交叉点都有一个开关，且开关为单向开关，那么它共需要 $M\times N$ 个开关。一般把入线 i 与出线 j 交叉点的开关记为 K_{ij}。如果需要将入线 i 与出线 j 连接，只要把开关 K_{ij} 置为接通状态即可。

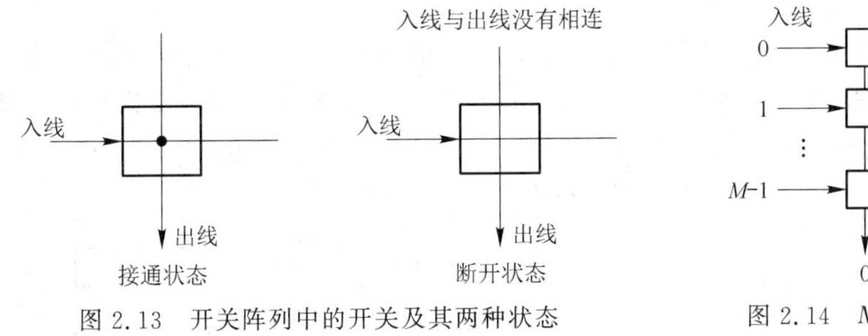

图 2.13　开关阵列中的开关及其两种状态

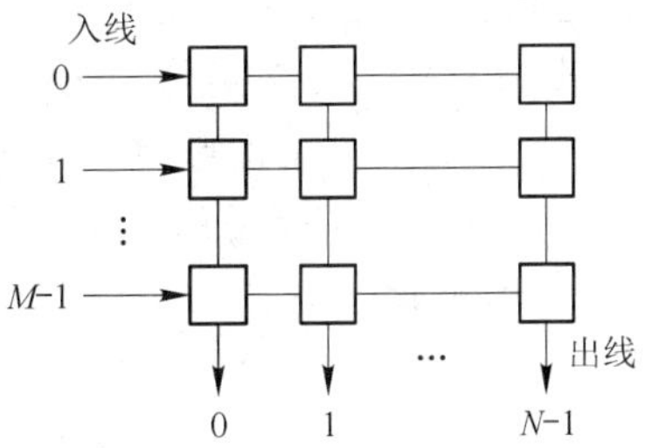

图 2.14　$M\times N$ 有向交换单元的开关阵列实现

一个 N 无向交换单元的开关阵列实现如图 2.15(a)所示。N 无向交换单元没有入线和出线之分，因此无论是横向还是纵向的信息端，只要编号相同就是同一个信息端，该信息端可以双向传送信息。同时其所使用的开关也是双向开关。将实现 N 无向交换单元的开关阵列与实现 $N\times N$ 有向交换单元的开关阵列相比较，它们的功能基本相同，区别主要是对于 N 无向交换单元的开关阵列：①若入线 i 与出线 j 相连，那么入线 j 与出线 i 一定相连；②编号相同的入线与出线之间没有连接关系。N 无向交换单元的开关阵列若采用双向开关实现时，共需要 $N(N-1)/2$ 个开关，即有 $N(N-1)/2$ 个交叉点。

N 无向交换单元的开关阵列若采用单向开关，则其开关阵列的实现如图 2.15(b)所示。相同编号的入线和出线的复合构成了 N 无向交换单元的信息端。与 $N\times N$ 有向交换单元的开关阵列结构相似，相同编号的入线和出线不需要连接，故没有开关。采用单

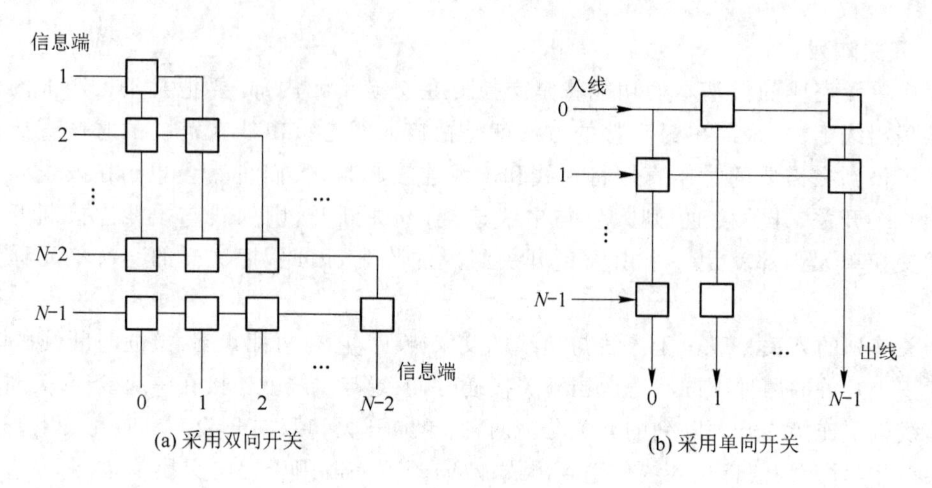

图 2.15　N 无向交换单元的开关阵列实现

向开关实现时，共需要 $N(N-1)$ 个开关，很明显，其开关阵列的开关数比采用双向开关时要多。

一个 $M\times N$ 无向交换单元的开关阵列实现如图 2.16 所示。由图可知，$M\times N$ 无向交换单元的开关阵列与 $M\times N$ 有向交换单元开关阵列的实现结构完全相同，不同的是信息端是双向传送信息，并且所使用的开关是双向的。

若 $M\times N$ 无向交换单元的信息端是由一对单向传送信息的入线和出线复合而成，那么 $M\times N$ 无向交换单元就有 $M+N$ 条单向传送信息的入线和 $M+N$ 条单向传送信息的出线，且其开关阵列的构成需采用单向开关。假设 $L=M+N$，则其开关阵列的另一种实现方式如图 2.17所示，可看作是 $L\times L$ 有向交换单元的一种部分连通情况。

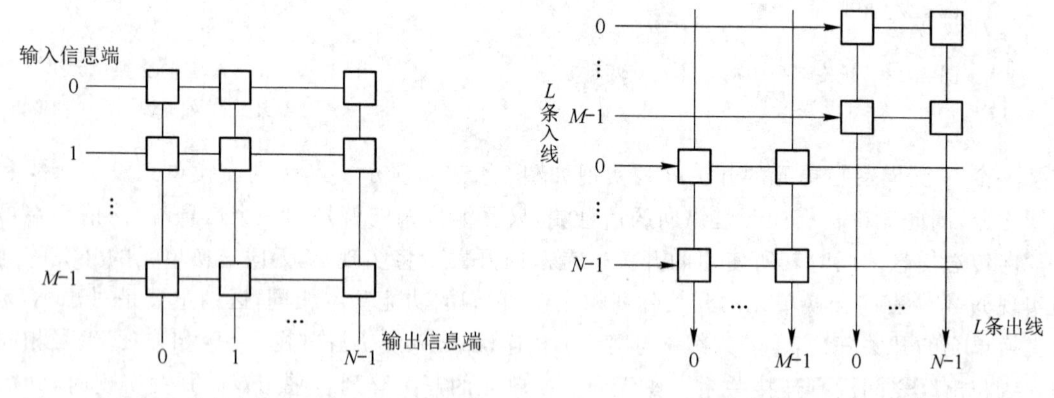

图 2.16　$M\times N$ 无向交换单元的开关阵列实现　　图 2.17　$M\times N$ 无向交换单元的另一种开关阵列实现

如果一个交换单元的每条入线都能够与每条出线相连接，那么称这个交换单元为全连通交换单元；如果一个交换单元的每条入线只能与部分出线相连接，那么称这个交换单元为非全连通交换单元。图 2.14 和 2.16 的交换单元是全连通交换单元，图 2.15 和 2.17 的交换单元是非全连通交换单元。在非全连通交换单元的开关阵列中，如果入线 i 与出线 j 不需要连接，那么开关 K_{ij} 就不存在，显然，如果要用开关阵列实现全连通的交换单元，那么所需要的开关数目会比非全连通的多。

开关阵列的特点主要表现在 5 个方面。

(1) 容易实现同发与广播功能。如果一条入线上的信息要交换到多条出线上，那么只要把这条入线与相应的出线所对应的开关打开即可，从而实现了同发和广播；反之，如果不允许同发和广播，那么每一入线与所有出线相对应的开关只有一个处于连接状态即可。

(2) 信息从入线到出线具有均匀的单位延迟时间。信息从任一入线到任一出线经过的开关数是相等的，因而经开关阵列构成的交换单元的信息延迟时间是均等的，不存在时延抖动。

(3) 开关阵列的控制简单。构成开关阵列的每一个开关都有一个控制端和一个状态端，以控制和反映开关的通断情况。开关的状态不外乎“通”和“断”，用两值信号表示即可，因此开关阵列的控制简单。

(4) 开关阵列适合于构成较小规模的交换单元。当交换单元的入线数 M 与出线数 N 较大时交叉点数会迅速增加，那么相应所需的开关数也会迅速增加。如要构成一个 100×80 的全连通有向交换单元，其开关阵列的开关数为 8 000 个，这表明实际使用开关数的多少反映开关阵列实现的复杂度和成本的高低，所以应尽量减少开关数。

(5) 开关阵列的性能依赖于所使用的开关。开关是双向还是单向、可传送模拟信息还是数字信息、是电开关还是光开关决定了所构成的交换单元是无向交换单元还是有向交换单元、是可交换模拟信号的交换单元还是可交换数字信号的交换单元、是电交换单元还是光交换单元。

在实际应用中，一般存在 3 种开关阵列：继电器、模拟电子开关与数字电子开关。

继电器一般构成小型的交换单元，所构成的交换单元是无向的，可交换模拟和数字信息，其缺点是干扰和噪声大、动作慢（ms 级）、体积大（cm 级）。

模拟电子开关一般由半导体材料制成，只能单向传送信息，且衰耗和时延较大。但模拟电子开关的开关动作比继电器快得多，构成的交换单元与继电器构成的交换单元相比，体积小，一般用来代替继电器构成小型的交换单元。

数字电子开关由简单的逻辑门构成，开关动作极快且无信号损失，用于完成数字信号的交换，目前得到广泛的应用。

需要说明的是，开关阵列的物理实现不一定是由一个个的开关构成，可以由多路选择器构成。一个$M\times N$的交换网络可以由 N 个 M 选一的集中器实现，也可以由 M 个一选 N 的分路器构成，如图2.18所示。

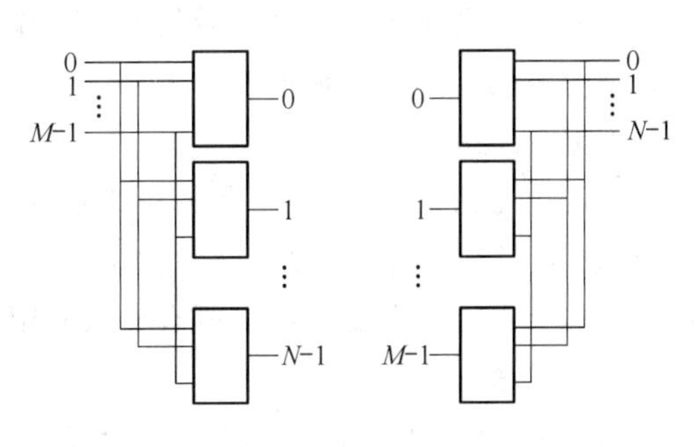

图 2.18 开关阵列的多路选择器等效实现

2. 空间接线器

空间接线器(space switch)也称为 S 接线器,用来完成多个输入复用线与多个输出复用线之间的空间交换,而不改变其时隙位置。

(1) 基本结构

空间接线器主要由交叉点矩阵与一组控制存储器构成,如图 2.19 和 2.20 所示。

空间接线器的交叉点矩阵即开关阵列,一般具有相同数量的入线和出线。一个 $N \times N$ 的空间接线器有 N 条输入复用线与 N 条输出复用线。N 条输入复用线与 N 条输出复用线共同组成一个开关阵列,这个开关阵列有 N^2 个交叉点,每个交叉点有接通与断开两种状态,这些交叉点的状态由该输入复用线或输出复用线所对应的控制存储器来控制。实际的空间接线器的交叉点矩阵多使用选择器构成,例如一个 8×8 的空间接线器的交叉点矩阵可由 8 个 8 选 1 的选择器构成。

空间接线器的控制存储器(CM:control memory)控制每条输入复用线与输出复用线上的各个交叉点开关在何时打开或闭合。空间接线器控制存储器的数量等于输入线数或输出线数,而每个控制存储器所含的单元数等于输入线或输出线所复用的时隙数。一个 $N \times N$ 的空间接线器具有 N 条输入复用线与 N 条输出复用线,则其需要 N 个控制存储器,每个控制存储器对应一条输入复用线或输出复用线,控制该输入复用线或输出复用线上的所有交叉点的接续和断开。假设每条复用线上一帧有 n 个时隙,那么每个控制存储器就应该具有 n 个单元。假设每个控制存储器单元的比特数为 m,则 m 应该满足 $2^m = N$。例如一个 4×4 的空间接线器有 4 条输入复用线和 4 条输出复用线,每条入线与出线复用了 32 个时隙,那么需要 4 个控制存储器,且每个控制存储器有 32 个单元,每个单元的大小为 2 bit。

(2) 控制方式

空间接线器的控制存储器控制交叉点矩阵的工作有两种方式:输入控制方式与输出控制方式。如果控制存储器按照输入复用线配置,即控制每条输入复用线上应该打开的交叉点开关,把这种控制方式叫做输入控制方式;如果控制存储器按照输出复用线配置,即控制每条输出复用线上应该打开的交叉点开关,把这种控制方式叫做输出控制方式。空间接线器的这两种控制方式分别对应空间接线器的两种工作方式。

空间接线器具有两种控制方式。

① 输入控制方式

在输入控制方式下,控制存储器的数量取决于输入复用线数,每条输入复用线对应着相同编号的控制存储器,控制存储器所含有的单元数等于输入复用线所复用的时隙数,每个存储器单元的内容表示输入复用线与所有输出复用线的交叉点开关哪一个在该单元所对应的时隙内接通。

图 2.19 为输入控制方式的空间接线器。该空间接线器的大小为 $N \times N$,其控制存储器有 N 个,图中每一列代表一个控制存储器,用来控制编号相同的输入复用线上的所有开关。每

个控制存储器的单元数为 n，标号为 $0\sim n-1$，分别对应 $TS_0\sim TS_{n-1}$。在 TS_0 到来时，对于入线 0 来说，从第 0 号控制存储器（图中 CM 左起第一列）第 0 号单元（图中第一列第一个单元）读出数据 1，表明在 TS_0 到来时，应该打开输入复用线 0 与输出复用线 1 相交叉的开关，关闭其他开关，使入线 0 上 TS_0 时隙的信息 a 交换到出线 1 的 TS_0 上（注意，空间接线器只能实现不同复用线之间的空间交换，时隙不变）。由此还可以看到，在 TS_0 内，入线 1 上的信息 b 交换到出线 $N-1$ 上，而入线 $N-1$ 上的信息 c 交换到出线 0 上。各条入线上 TS_{n-1} 时隙上的信息同样在控制存储器的控制下完成了交换。

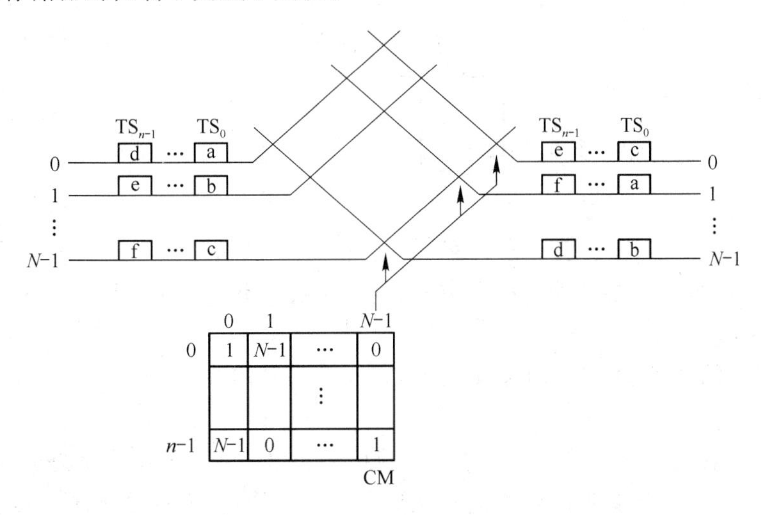

图 2.19 空间接线器的输入控制方式

② 输出控制方式

在输出控制方式下，控制存储器的数量取决于输出复用线的数量，每条输出复用线对应着相同编号的控制存储器，控制存储器所含有的单元数等于输出复用线所复用的时隙数，每个控制存储器单元的内容表示对应输出复用线上的所有交叉点哪一个在该单元所对应的时隙内接通。

图 2.20 为输出控制方式的空间接线器。该空间接线器的大小为 $N\times N$，其控制存储器有 N 个，图中每一列代表一个控制存储器，用来控制编号相同的输出复用线上的所有开关。每个控制存储器的单元数为 n 个，标号为 $0\sim n-1$，分别对应 $TS_0\sim TS_{n-1}$。图中出线 0 由第 0 号控制存储器（图中 CM 左起第一列）控制其与入线的所有交叉点，当 TS_0 到来时，其对应的第 0 号单元（图中第一列第一个单元）的数据为 1，表明在 TS_0 时隙内，应该打开出线 0 与入线 1 相交叉的开关，关闭其他开关，使入线 1 上 TS_0 时隙的信息 b 交换到出线 0 的 TS_0 上。由此还可以看到，在 TS_0 内，入线 0 上的信息 a 交换到出线 $N-1$ 上，而入线 $N-1$ 上的信息 c 交换到出线 1 上。

输出控制方式的优点是可以实现多播，即某一条入线的某个时隙的信息可以同时在多条出线上输出。

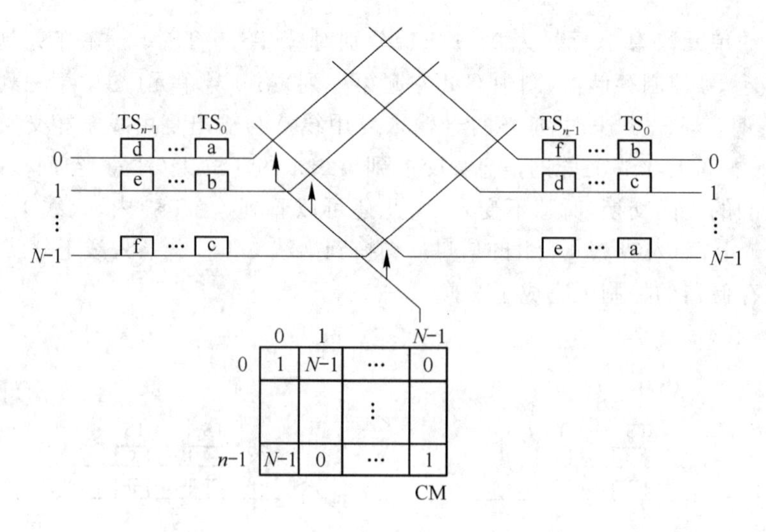

图 2.20　空间接线器的输出控制方式

上面介绍了空间接线器的两种控制方式,空间接线器不管工作在哪种方式下,都具有两个特点。

① 只完成空间交换,不进行时隙交换,即完成输入复用线与输出复用线相同时隙内信息的空间交换。

② 空间接线器按时分方式工作。空间交换单元的输入线和输出线都是时分复用线,交叉点矩阵的各个开关均按照复用时隙而高速接通和闭合,因而它按照时分方式工作。

空间接线器一般用于构成数字电话交换系统中的交换网络,以完成对 PCM 信号的交换。

2.1.3　时分交换单元

1. 时分交换单元的一般构成

相对于空间交换单元而言,时分交换单元的内部只存在一条惟一的通路,该通路由输入复用线上各子信道分时共享,从入线上来的各子信道的信息都必须通过这个惟一的通路才能完成交换。通常人们根据时分交换单元内这个惟一的公共通路是存储器还是总线,将时分交换单元划分为两种类型:共享存储器型交换单元和共享总线型交换单元。

(1) 共享存储器型交换单元

共享存储器型交换单元的一般结构如图 2.21 所示。交换单元具有 N 路输入信号和 N 路输出信号。作为交换单元核心部分的存储器被划分为 N 个区域,N 路输入信号被放在存储器的 N 个区域中,不同区域的 N 路信号被读出,形成 N 路输出信号。

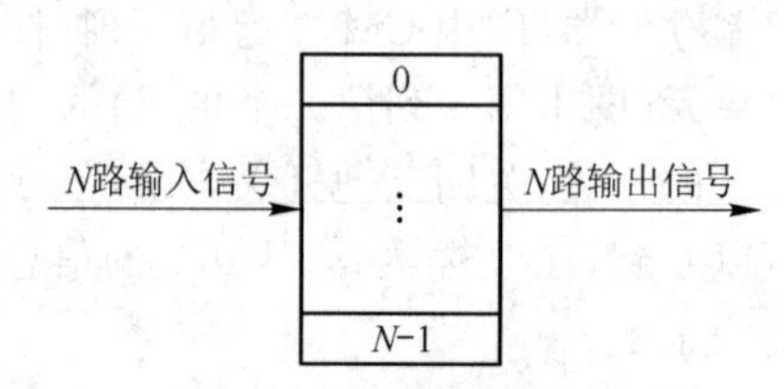

图 2.21　共享存储器型交换单元的一般结构

通常共享存储器有两种工作方式:输入缓冲方式和输出缓冲方式。

输入缓冲方式是指存储器中 N 个区域与 N 路输入信号一一对应，即 $0 \sim N-1$ 路输入信息分别对应存放在存储器的 $0 \sim N-1$ 个区域中，并在适当的时候输出到目的输出信道上。

输出缓冲方式是指存储器中 N 个区域与 N 路输出信号一一对应，即存储器的 $0 \sim N-1$ 个区域分别对应 $0 \sim N-1$ 路输出信息。从不同输入信道来的信息如果要交换到输出信道中，就把信息放在这个输出信道所对应存储器的相应区域中，当输出时刻到来时输出信息。

(2) 共享总线型交换单元

共享总线型交换单元的一般结构如图 2.22 所示。总线型交换单元有 N 条入线与 N 条出线，每条入线都经过各自的输入部件连接到总线上，同时每条出线也都经过各自的输出部件连接到总线上。共享总线的工作原理是把总线的工作时间划分为 N 个时间片(称其为时隙)，在每一个时隙内把总线分给相应入线所对应的输入部件，当一个输入部件获得总线上的输入时隙后，就把入线上的信息送到总线上。与此同时，信息的目的出线相对应的输出部件将总线上的信息读入，然后从出线上输出信息。

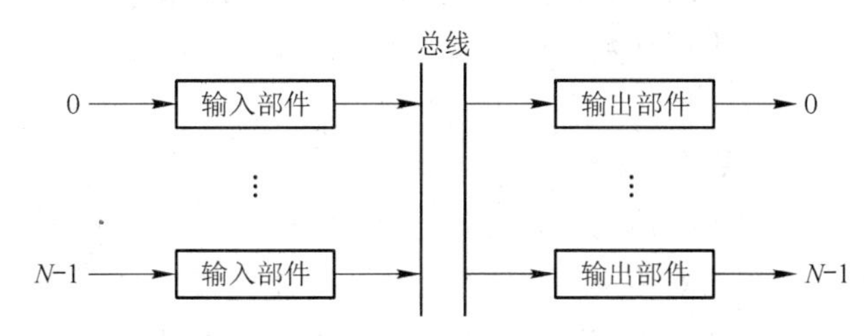

图 2.22　共享总线型交换单元的一般结构

输入部件的功能是接收入线信号，进行信号的格式变换，在相应时隙到来时将输入信号发送到总线上暂时存储输入线上的连续信号，输入部件一般具有缓冲存储器。设输入部件每隔 τ 时间获得一个时隙，输入端输入的信号速率为 V bit/s，则输入部件缓冲存储器的容量至少应为 $V\tau$ bit。

输出部件的功能是检测总线上的信号，将属于本端口的信息读出，进行格式变换，在出线上输出。由于出线上输出的是连续的比特流，所以输入部件应设置缓冲存储器。设输出部件每隔 τ 时间获得一组信息量，且该组信息量为常数，输出端输出的信号速率为 V bit/s，则输出部件的缓冲存储器的容量至少应为 $V\tau$ bit。

总线主要包括数据总线和控制总线，总线的宽度是指所包含的信号线数。由于数据线数的多少与交换单元的容量密切相关，所以通常把总线含有的数据线数称为总线的宽度。设总线型交换单元有 N 条入线，每条入线上传送的同步时分复用信号的速率为 V，则总线上的信号速率就是 NV。因此，当 N 增大时，总线上传送的信息速率会增大。由于该速率以及入、出线控制电路的工作速率是有极限的，所以入、出线数以及所传送的信号速率不能超过一定的值。由于上述因素的限制，设总线上的一个时隙长度不能超过 T，并且在一个时隙中只能传送 B 个比特，则下式成立：

$$kNV = B/T$$

其中 k 为总线时隙分配规则因子。当采用简单的固定分配时隙规则时，$k=1$；当采用复杂的按需分配时隙规则时，$k<1$。$1/k$ 反映了总线的利用程度。可以通过增加 B、减少 T 以及减少 k 来增加交换单元的容量。为了增加 B，最直接的方法就是增加总线的宽度，即增加数据线的数量，但这会使交换单元变得复杂。为了减少 T，最直接的方法就是使用快速的器件如较高存储速率的存储器。

2. 时间接线器

时间接线器也称为 T 接线器，是一个典型的共享存储器型的交换单元，它的输入是一条同步时分复用线，简称入复用线；它的输出也是一条同步时分复用线，简称出复用线。时间接线器主要应用在数字电话交换系统中，用于完成一条同步时分复用线上各个时隙之间话音信息的交换。

(1) 基本结构

时间接线器由话音存储器(SM：speech memory)和控制存储器构成，如图 2.23 所示。其中话音存储器用来暂时存放数字编码的话音信息，话音存储器的大小与入复用线(或出复用线)上的时隙数相关。如果一条入复用线(或出复用线)上有 n 个时隙，那么话音存储器对应地必须有 n 个单元。由于每个时隙上传输的是 8 位编码，所以话音存储器每个单元的大小也应该是 8 位。例如，一个时间接线器的入复用线(或出复用线)上的时隙数为 512，那么该接线器的话音存储器有 512 个存储单元，每个单元的大小为 8 bit，话音存储器的容量为 512×8 bit。

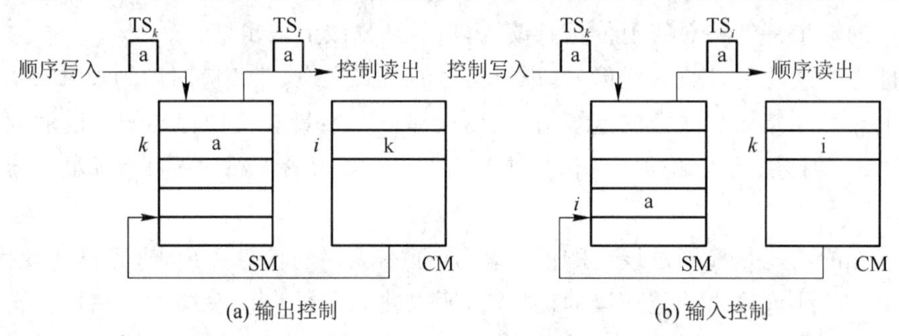

图 2.23　时间接线器

控制存储器用来控制话音存储器的读或写，它存放的内容是话音存储器在当前时隙内应该写入或读出的地址。控制存储器与话音存储器的大小相等，假设话音存储器有 n 个单元，那么控制存储器也应该有 n 个单元。但是每个单元的大小与控制存储器的单元数目 n 有关系。设控制存储器每个单元为 c bit，那么 c 至少应该满足条件 $2^c=n$，才能控制寻址到话音存储器的所有单元。假设输入输出复用线上的时隙数为 512，那么话音存储器就应具有 512 个单元，控制存储器也有 512 个单元，且每个单元为 9 bit，控制存储器的容量就应该为 512×9 bit。

(2) 控制方式

对于时间接线器，通常按照其控制存储器存储的内容是输出话音在话音存储器中的存储地址，还是输入话音在话音存储器中的存储地址，把控制存储器对话音存储器的控制方式分为输出控制方式和输入控制方式。

① 输出控制方式

在输出控制方式下，时间接线器入复用线上来的信息按照时隙号顺序写入话音存储器相对应的单元中，即第 i 路时隙的 8 bit 话音存入话音存储器地址为 i 的单元。同时对于出复用线来说，第 j 个时隙到来时，总要从话音存储器中某个单元读出信息放到复用线上传输，而从话音存储器中所要读出的这个单元的地址就存储在控制存储器第 j 个单元中。在图 2.23(a)中，第k 个时隙到来时，从入复用线上来的信息 a 存储在话音存储器中的第 k 个单元中；当第 i 个时隙到来时，从控制存储器第 i 个单元中读出地址 k，用这个地址访问话音存储器第 k 个单元，读出信息 a，这样就完成了入复用线上 k 时隙到出复用线上 i 时隙的信息交换，这种将输入线信息顺序写入话音存储器中，在输出时隙到来时控制读出的工作方式就是输出控制方式。

图 2.24 描述了一帧有 4 个时隙的同步时分复用线上各时隙话音信息的交换过程。可以看到，入复用线上的 TS_0、TS_1、TS_2、TS_3 分别交换到出复用线上的 TS_3、TS_2、TS_1、TS_0，接线器采用输出控制方式。在 TS_0 到来时，在该时隙的前半周期，入复用线上 TS_0 的话音信息 a 被写入话音存储器中的第 0 号单元中，同时，控制单元将控制内容 3 写入控制存储器 0 号单元中；在该时隙的后半周期，控制存储器读出单元 0 的内容 3，以此作为读取话音存储器的地址，读出话音存储器 3 号单元的话音 d，因而在出复用线的 TS_0 输出话音 d；……当 TS_3 到来时，在该时隙的前半周期，入复用线上 TS_3 的话音信息 d 被写入话音存储器中的第 3 号单元中，同时，控制单元将控制内容 0 写入控制存储器 3 号单元中；在该时隙的后半周期，控制存储器读出单元 3 的内容 0，以此作为读取话音存储器的地址，读出话音存储器 0 号单元的话音 a，因而在出复用线的 TS_3 输出话音 a。

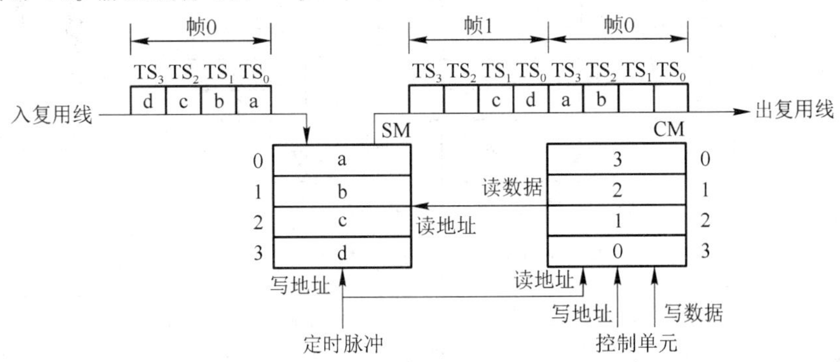

图 2.24 时间接线器的输出控制方式

通过上述过程的描述可以看到，入复用线 TS_0 在完成与出复用线 TS_3 的信息交换时，在 TS_0 将信息 a 写入话音存储器后，需要经过 3 个时隙的延迟时间在 TS_3 才能将信息从话音存储器读出。交换过程中信息延迟的最好情况是在写入时隙后立即被读出，最坏情况是在写入时隙的前一个时隙读出，有将近 1 帧的延迟。此外，在一个时隙内话音存储器和控制存储器都要完成读写各一次的操作。当输入输出线上信号传送的速率增大时，时隙间隔缩小，这就要求存储器读写速率足够快。由于电子器件的操作速度是有限的,所以,交换单元输入线和输出线上信号的速率是有极限的。

输出控制方式实际上是采用输入缓冲的共享存储器型交换单元,它的工作方式可以简单地描述为:顺序写入,控制读出。

② 输入控制方式

如果时间接线器工作在输入控制方式下,当入复用线上第 i 个时隙到来时,接线器从控制存储器第 i 个单元读出一个地址 j,该地址是话音存储器存储 i 时隙信息的地址,随后接线器把输入复用线上第 i 个时隙的信息存储在话音存储器的 j 单元,对于出复用线来说,当第 j 个时隙到来时,话音存储器 j 单元的信息被顺序读出。在图 2.23(b)中,当第 k 个时隙到来时,首先从控制存储器第 k 个单元中读出地址 i。将入复用线上来的信息 a 存储在话音存储器中的第 i 个单元中,当第 i 个时隙到来时,出复用线顺序从话音存储器中读出信息 a,从而完成了入复用线上 k 时隙到出复用线上 i 时隙的信息交换。这种将输入线信息控制写入话音存储器中,在输出时隙到来时顺序读出的工作方式就是输入控制方式。

图 2.25 描述了采用输入控制方式的时间接线器,将入复用线上的 TS_0、TS_1、TS_2、TS_3 分别交换到出复用线上 TS_3、TS_2、TS_1、TS_0 的过程,与图 2.24 所示的输出控制方式相似,该方法在交换过程中同样存在着时间延迟,而且在一个时隙内话音存储器和控制存储器分别读写一次,只是在一个时隙的前半周期控制存储器是写操作,话音存储器是读操作;而在后半周期控制存储器是读操作,话音存储器是写操作。

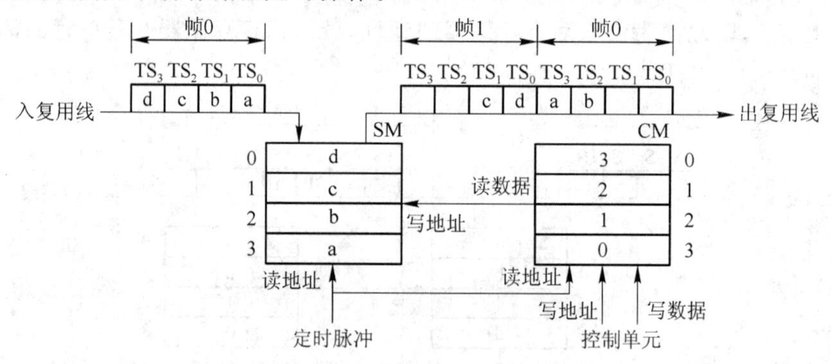

图 2.25 时间接线器的输入控制方式

输入控制方式采用输出缓冲的共享存储器型交换单元,其工作方式可以简单地描述为:控制写入,顺序读出。

对于时间接线器,应注意 3 点。

(a) 时间接线器的控制存储器是由控制单元写入数据的。实际上,控制存储器就相当于一条同步时分复用线上各时隙之间信息交换的交换控制表,向控制存储器写入不同的控制信息,就能实现不同时隙间信息的交换。

(b) 话音存储器需要在一个时隙内完成一次读操作和一次写操作,控制存储器也要在一个时隙内至少完成一次读操作(如果控制单元向控制存储器写数据,那么控制存储器必须在一个时隙内完成一次读操作和一次写操作),所以构成时间接线器的话音存储器与控制存储器的访问速度必须能满足在一个时隙内各完成一次读写操作。

(c) 经过时间接线器交换的信息存在着时延,时延最好的情况是入复用线上第 i 个时隙的信息要交换到出复用线第 i 个时隙;时延最坏的情况是入复用线上第 i 个时隙的信息要交换到出复用线上第 $i-1$ 个时隙,那么从入复用线上来的第 i 个时隙的信息将会存储在话音存储器中,直到下一帧第 $i-1$ 个时隙到来时,才从出复用线上输出,其时延为 $n-1$ 个时隙的时间(n 为 1 帧的时隙数)。

3. 数字交换单元

数字交换单元(DSE)是共享总线型交换单元的典型代表,可以用来组成大规模数字交换网络(DSN)。

(1) DSE 的结构

DSE 可完成 16 条双向 PCM 复用线之间的信息交换,其结构如图 2.26 所示。它的内部有 16 个双向端口,每个双向端口接一条双向 32 路的 PCM 线路,每路子信道 16 bit,该条 PCM 线路速率为 4 096 kbit/s,这 16 个双向端口通过一条时分复用总线(TDM)连接在一起。

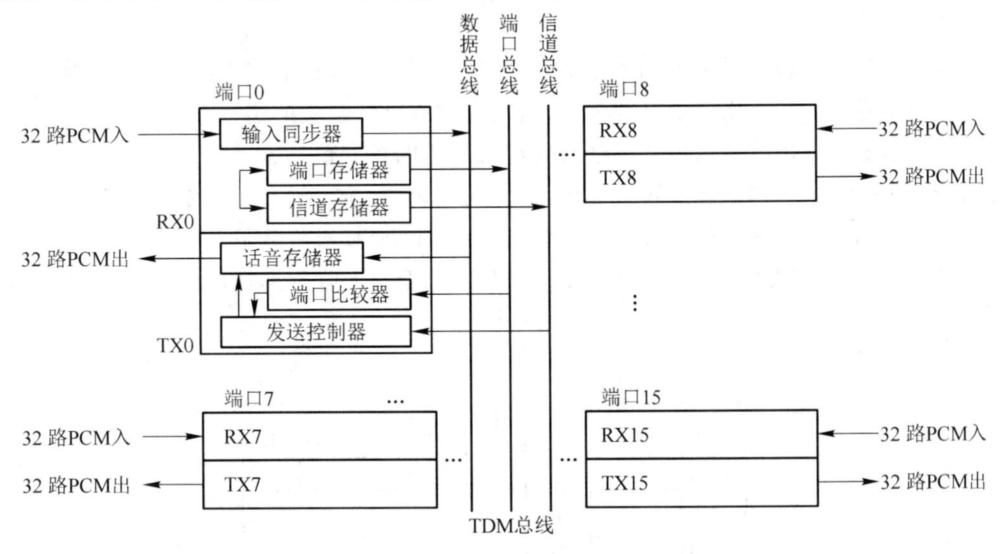

图 2.26 数字交换单元结构

把这 16 个端口从 0～15 编号,把每个双向端口分为 RX(PCM 链路接收部分)与 TX(PCM 链路的发送部分)两个部分,并将 16 个双向端口的 RX 与 TX 分别从 0～15 编号。其中,RX 由输入同步器、端口存储器和信道存储器 3 部分组成;TX 由话音存储器、端口比较器和发送控制器 3 部分构成。RX 的输入同步器用于完成输入信息的帧同步和位同步;端口存储器有 32 个单元,每个单元与该 RX 上输入 PCM 的 32 个时隙相对应,单元大小为 4 bit,用来存储目的端口号；信道存储器有 32 个单元，每个单元 5 bit，用来存储目的信道号。此外，TX 的话音存储器有 32 个单元，每个单元 16 bit，用来存储 TX 上 PCM 线路相应时隙所要输出的数据；端口比较器将 TDM 上的端口号与本端口号相比较，以确定数据总线上的数据是否是到本端口的；发送控制器用于 TX 内部控制。

DSE 中 TDM 时分复用总线主要包括 3 种总线：① 16 位的数据总线。用来传递 PCM 链路上每个时隙的 16 位数据，将 RX 的输入同步器与 TX 的话音存储器连在一起，由 16 个 RX 分时复用；② 4 位的端口总线(共 16 个端口)。用来连接 RX 的端口 RAM、TX 的端口比较器和 TX 的发送控制器；③ 5 位的信道总线(PCM 链路共 32 个时隙，即 32 个信道)。用来连接 RX 的信道存储器和 TX 的发送控制器。此外还有控制总线、时钟线、证实线等。

(2) 工作原理

PCM 链路有 32 个时隙，即 32 个信道，每个信道传输 16 bit 的信息。这 16 bit 的信息中除了 8 bit 的用户话音/数据信息外，还包括用于选路的控制信息。一般把这 16 bit 的信息称为信道字，DSE 就是根据 PCM 链路接收到的信道字进行工作的。信道字主要有以下 4 种类型。

① 选择信道字。由端口号、信道号构成，表明该路信号要交换到哪个端口的哪个信道上去，一般用来建立连接。

② 数据信道字。包含了话音和数据信息，一般只用到 16 bit 中的 8 位以传送数据。

③ 置闲信道字。使占用的话路置为空闲，用来拆除已经建立的连接。

④ 换码信道字。用于表示信道字中有处理机传送的控制信息。

下面举例说明 DSE 的工作原理。如图 2.27 所示，假设 RX5 的 PCM 线路时隙 5(信道 5)上的信息 a 要交换到 TX8 上的时隙 19(信道 19)上输出，交换过程如下：

① 当 RX5 的 TS_5 处于空闲状态时，从 PCM 链路 TS_5 上收到选择信道字，其中包括该信

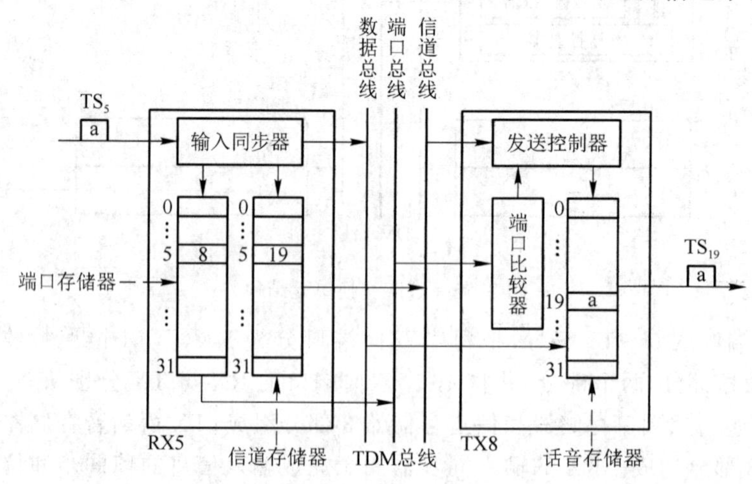

图 2.27 DSE 信息交换过程

道上信息要交换到的目的地址:端口 8 的 TS_{19}。

② RX5 将接收到的选择信道字中的端口号 8 送到端口总线上,当 TX8 的端口比较器从端口总线上得到数据与自己的端口号 8 比较成功后,通过证实线向 RX5 回送一个证实消息。

③ 当 RX5 收到 TX8 的证实后,把选择信道字中的端口号存入端口存储器中的第 5 个单元(单元号与时隙号相对应),同时把信道号 19 存入信道存储器中的第 5 单元(单元号与时隙号相对应)。这样,在 DSE 内部,RX5 的第 5 个信道(TS_5)就与 TX8 的第 19 个信道(TS_{19})之间建立了一条内部通道。

④ 当 RX5 在 TS_5 上接收到数据信道字后,从端口存储器第 5 个单元读出里面的内容 8 送到端口总线,从信道存储器第 5 个单元读出里面的内容 19 送到信道总线,表明 RX5 的 TS_5 上的信息要交换到 TX8 的 TS_{19} 上,同时将数据信道字中的信息 a 送到数据总线。

⑤ 当 TX8 把端口总线上的数据 8 与自己的端口号相比较,发现一致后,先从信道总线上读出信道号 19,把数据总线上的信息 a 存放到话音存储器的第 19 个单元(也就是从信道总线上读出的信道号所对应的单元)中;当 TX8 上 TS_{19} 到来时,就将话音存储器中的第 19 个单元的信息 a 放到 PCM 线上输出,从而完成交换。在这里话音存储器的工作方式是:控制写入、顺序读出。

⑥ 当信息交换完毕后,RX5 的 TS_5 上接收到置闲信道字后,就把该信道置为空闲,直到下次再收到选择信道字重新建立内部通道。

通过对 DSE 工作原理的介绍可知,DSE 具有建立、保持、拆除其内部通道的功能,并且能够在已建立好的内部通道上进行信息交换。DSE 是比较复杂的交换单元,它不仅能完成不同复用线之间信息的交换,还能完成不同时隙之间的信息交换,即它同时具有空间交换功能和时间交换功能,因而也称其为时空结合交换单元。

2.2 交换网络

2.2.1 交换网络的基本概念

前面讲述了各种类型的交换单元,在本节中将对交换网络进行讨论。交换网络的基本结构如图 2.28 所示。交换网络是由交换单元按照一定的拓扑结构扩展而成的,所构成的交换网络也称为互连网络。交换网络从外部看,也有一组输入端和一组输出端,将其分别称为交换网络的入线和交换网络的出线,如果交换网络有 M 条入线和 N 条出线,则把这个交换网络称为 $M\times N$ 的交换网络。

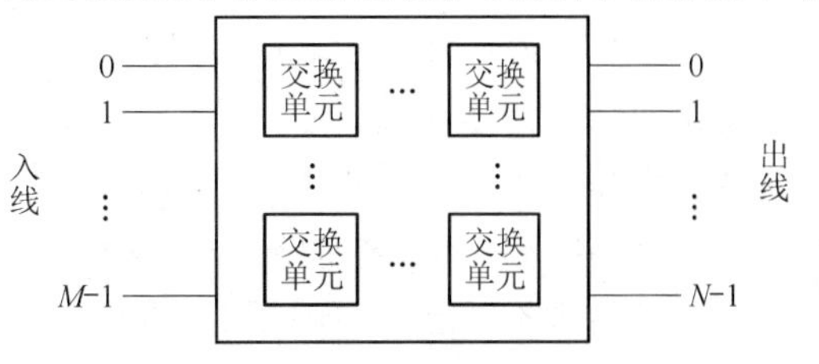

图 2.28 交换网络的一般结构

交换网络也有多种分类方法，主要有以下 4 种分类。

(1) 单级交换网络与多级交换网络

单级交换网络是由一个或者多个位于同一级交换单元所构成的交换网络，即需要交换的信息从交换网络入线到交换网络出线只经过一个交换单元，并且当同一级有多个交换单元构成时，不同交换单元的入线与出线之间可建立连接。图 2.29 所示为一个基于均匀洗牌交换的单级交换网络，该网络由 4 个 2×2 的交换单元构成，需要交换的信息从入线到出线只经过一个交换单元，并且这 4 个交换单元的入线和出线之间可建立连接。

多级交换网络通常称为多级互连网络(MIN：multistage interconection network)，需要交换的信息从交换网络输入端到交换网络输出端需要经过多个交换单元。如果一个多级互连网络的交换单元可以分为 k 级，顺序命名为第 1 级、第 2 级……第 k 级，并且满足以下条件：

- 所有输入端只连接到第 1 级交换单元的入线；
- 所有第 1 级交换单元的出线只连接到第 2 级交换单元的入线；
- 所有第 2 级交换单元的出线只连接到第 3 级交换单元的入线；

  ⋮

- 所有第 $k-1$ 级交换单元的出线只连接到第 k 级交换单元的入线；
- 所有交换网络的输出端只连接到第 k 级交换单元的出线。

称这样的交换网络为 k 级交换网络或者 k 级互连网络。k 级交换网络的应用十分广泛，如 CLOS 网络、banyan 网络、TST 网络以及 benes 网络，就属于 k 级交换网络。图 2.30 所示为一个 3 级的 banyan 网络。

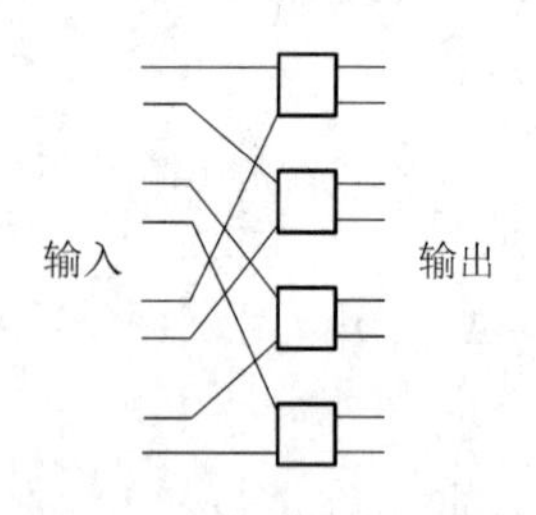

图 2.29　单级交换网络

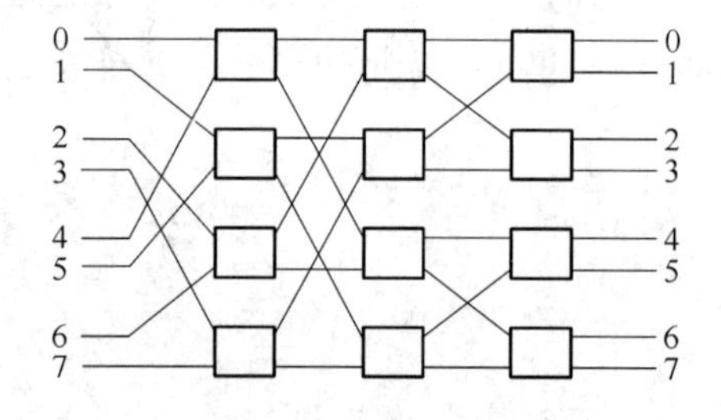

图 2.30　3 级交换网络

(2) 有阻塞交换网络与无阻塞交换网络

交换网络的阻塞是指从交换网络不同输入端来的信息在交换网络中交换时发生了对同一公共资源争抢的情况，这时在竞争资源中失败的信息就会被阻塞，直到这个公共资源被释放。图 2.31 所示为一个两级交换网络，假设在同一时刻，入线 0 有信息要交换到出线 2，入线 1 有信息要交换到出线 3，那么此时就会发生争抢内部链路的情况，在竞争中失败的信息被阻塞。

对同一公共资源的竞争一般有两种情况：一种为内部竞争；一种为出线竞争。图 2.31 所

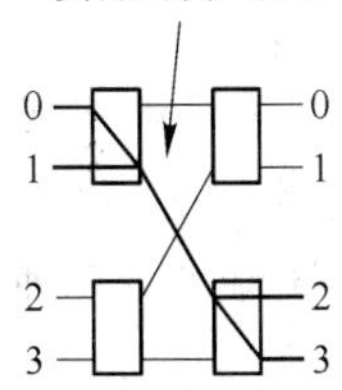

图 2.31 交换网络的阻塞

示的竞争为内部竞争，同时要交换的两路信息同抢交换单元内部的通路资源；出线竞争是不同入端来的信息同时争抢交换网络同一个输出端口而发生的竞争。因为内部竞争而发生的阻塞称为内部阻塞，所以存在内部阻塞的交换网络称为有阻塞交换网络，而不存在内部阻塞的交换网络称为无阻塞交换网络。单级交换网络不存在内部阻塞，多级交换网络有可能存在内部阻塞。

无阻塞交换网络比有阻塞交换网络更有优势，因为不希望出现内部竞争，即使在有阻塞交换网络中，也要想办法解决内部阻塞。对于无阻塞交换网络，一般存在三种不同意义的无阻塞交换网络。

① 严格无阻塞交换网络。交换网络中只要连接的起点与终点是空闲的，则任何时候都可以在交换网络中建立一个连接。

② 可重排无阻塞交换网络。任何时候都可以在交换网络中直接或间接地对已有连接重新选路来建立一个连接，只要这个连接的起点或终点处于空闲状态。

③ 广义无阻塞交换网络。如果在顺序建立各连接时遵循一定的规则选择路径，则任何时候都可在交换网络中建立一个连接，只要这个连接的起点和终点处于空闲状态。

(3) 单通路交换网络与多通路交换网络

在单通路交换网络中，任一条入线与出线之间只存在惟一的一条通路，即从一个输入端口来的信息要交换到一个输出端口，信息只能在惟一的一条通路上传送，没有其他可供选择的通路。

在多通路交换网络中，任一条入线与出线之间存在多条通路。如果信息要从一个输入端口交换到一个输出端口，可以选择多条通路中的一条进行交换，而不像单通路交换结构只有惟一一条通路。

多通路交换网络的概念如图 2.32 所示。图中信息要从交换网络入线 1 交换到出线 5，可以选择多条路径(图中示例出了两条路径)，而不是只有一条。多通路空分交换网络比单通路空分交换网络复杂，但是多通路交换网络有很好的容错性能。

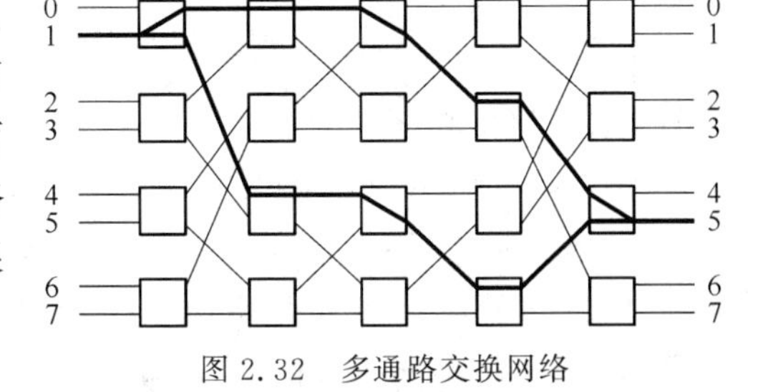

图 2.32 多通路交换网络

(4) 时分交换网络与空分交换网络

与交换单元的分类方法一样，交换网络也可以分为时分交换网络和空分交换网络。时分结构的基本特征是，所有的输入与输出端口分时共享单一的通信通路，具有时隙交换功能。空分结构的基本特征是，可以在多对输入端口与输出端口间同时并行地传送信息，具有空间交换的功能，CLOS 网络与 banyan 网络属于典型的空分交换网络。在电话交换系统中广泛应用的是时空结合的交换网络，既能完成时隙交换也能完成空间交换，如 TST 网络和 DSN 网络。

2.2.2 CLOS 网络

交换网络的成本与网络的交叉点数密切相关，而交叉点数是随着网络的入线和出线数快速增长的。多年来，研究构成交换网络的交叉点数随入线、出线数增长较慢的方法，一直是交换领域研究的重点课题，这些方法的基本思想是，采用多个较小规模的交换单元按照某种连接方式连接起来从而构成多级交换网络，CLOS 网络就是其中的一种，如图 2.33 所示。CLOS 网络由 CLOS 首次提出，一般使用在大型电话交换系统中，属于多级交换网络。假设 CLOS 网络有 M 条入线和 N 条出线，如果 $M=N$，称该 CLOS 网络为对称的 CLOS 网络，否则为非对称的 CLOS 网络。对称的 CLOS 网络使用广泛，下文介绍的 CLOS 网络除特别说明一般指对称的 CLOS 网络。

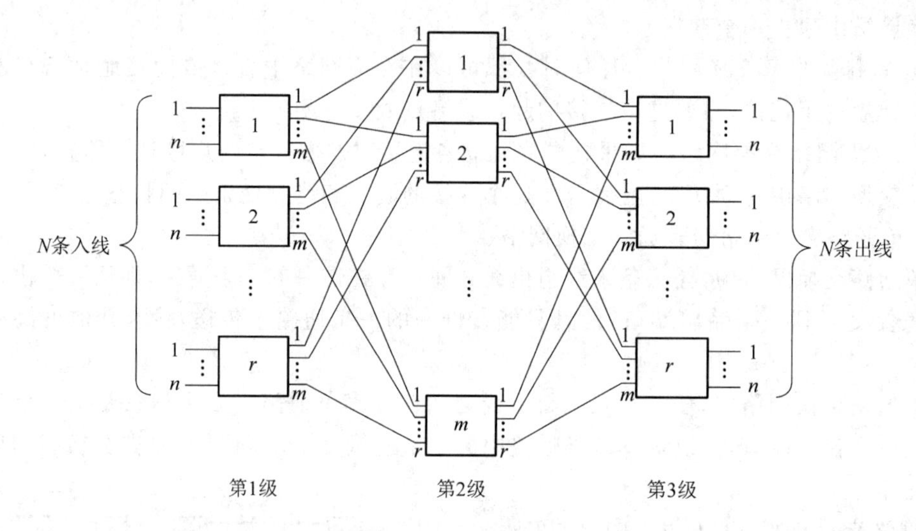

图 2.33 3 级 CLOS 网络

1. 3 级 CLOS 网络

3 级 CLOS 网络非常容易理解，而且应用广泛，除特别说明，一般 CLOS 网络也指 3 级 CLOS 网络，更多级的 CLOS 网络可以由 3 级 CLOS 网络递归构造而成。一个 $N\times N$ 3 级 CLOS 网络的基本结构如图 2.33 所示，N 为入线、出线数。其中，入线 N 被划分为 r 组，每组有 n 条入线，即 $N=r\times n$。第 1 级共有 r 个 $n\times m$ 交换单元，r 组入线正好分别接入交换网络中第 1 级 r 个交换单元；假设第 2 级恰好有 m 个 $r\times r$ 交换单元，那么第 1 级的每一个交换单元就有 m 条输出，分别接到第 2 级中的 m 个交换单元；可以看出，第 2 级每一个交换单元共有 r 条输入线；第 3 级交换单元是 $m\times n$ 规模的，共有 r 个，第 2 级交换单元的 r 个输出分别连接到这第 3 级的 r 个交换单元，这就是一个 3 级 CLOS 网络。

假设 CLOS 网络的第 K 级交换单元的个数为 n_k，k 级每个交换单元的输入线数和输出线数分别为 i_k、o_k，则对于一个 $N\times N$ 的 3 级 CLOS 网络，有下列关系存在：

$$n_1=N/i_1, o_1=n_2, i_2=n_1, o_2=n_3, i_3=n_2, n_3=N/o_3$$

对于一个 $N\times N$ 的 k 级 CLOS 网络，有下列关系存在：

$$n_1=N/i_1, o_k=n_{k+1}, i_k=n_{k-1}, n_k=N/o_k$$

从图 2.33 可知，$n_1=n_3=r, i_1=o_3=n, o_1=i_3=m$，即 $N\times N$ 的 3 级 CLOS 网络是左右对称的，这就是“对称的 CLOS 网络”的由来。CLOS 网络属于多通路交换网络，在一个入线和出线对之间存在多条通路。

2. 3 级 CLOS 网络严格无阻塞条件

单级的交换网络不存在内部阻塞，而多级的交换网络有可能存在内部阻塞。3 级 CLOS 交换网络有一个重要的特征，就是当满足某种关系时，3 级 CLOS 网络不存在内部阻塞，而成为一个无阻塞网络。下面分析推导 3 级 CLOS 网络严格无阻塞的条件。

在图 2.34 中，CLOS 网络的第 1 级交换单元的入线数和第 3 级交换单元的出线数均为 n，即 $i_1=o_3=n$，第 2 级交换单元的个数 $n_2=m$。如果要确立一条从 a～b 的信息交换通路，那么最不利的情况是：第 1 级与 a 相连的交换单元中除去 a 之外所有剩余的 $n-1$ 条入线均有信息要交换，那么第 1 级与 a 相连的交换单元中 $n-1$ 条输出线均处于忙状态，并且所有的 $n-1$ 条输出线都连接到第 2 级不同的交换单元上；最后 1 级与 b 相连的交换单元除 b 以外所有的 $n-1$ 条输出线也均有信息要交换出来，并且对第 2 级来说需要另外的 $n-1$ 个交换单元，且这些交换单元都要有一条出线连接到与 b 相连的交换单元上。那么在最坏的情况下，共需要 $(n-1)+(n-1)=2(n-1)$ 个可供选择的第 2 级交换单元，这时为了确保链路无阻塞，完成 a～b 的信息交换，至少还应存在一条空闲链路，即中间级交换单元要有 $(n-1)+(n-1)+1=2n-1$ 个，因此得出 3 级 CLOS 交换网络严格无阻塞的条件为

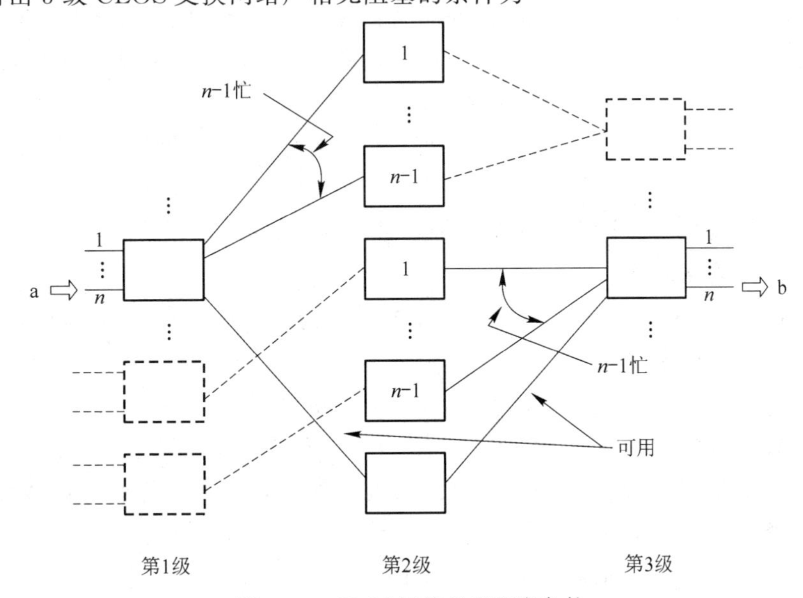

图 2.34　CLOS 网络的无阻塞条件

$$m \geqslant 2n-1$$

其中，m 为 CLOS 网络第 2 级所需要交换单元的个数；n 为 CLOS 网络第 1 级交换单元的入线数和第 3 级交换单元的出线数(对称 CLOS 网络)。上式也称为 CLOS 定理。

一般的 CLOS 网络严格无阻塞的条件为

$$n_2 \geqslant (i_1-1)+(o_3-1)+1=i_1+o_3-1$$

3. 3 级 CLOS 网络可重排无阻塞条件

3 级可重排 CLOS 网络如图 2.35 所示，其中 3 级 CLOS 网络的 $n_2=2, i_1=o_3=2$，显然，不满足严格无阻塞条件。

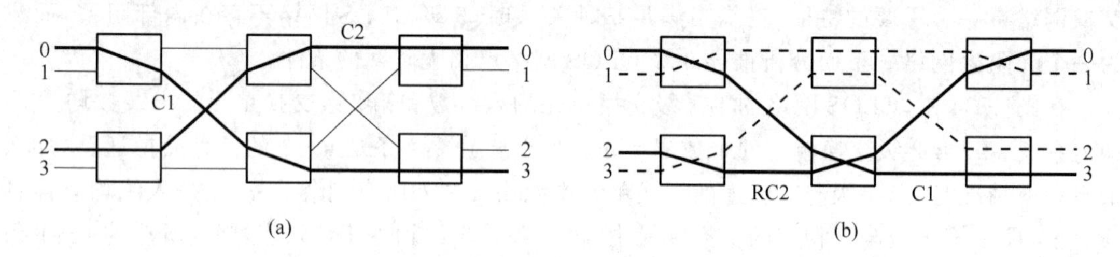

图 2.35　$n_2=i_1=o_3=2$ 的 3 级可重排 CLOS 网络

如图 2.35(a)所示，假设在某一时刻，入线 0～出线 3 的连接经过路径 C1，入线 2～出线 0 的连接经过了路径 C2，假设此时要建立入线 1～出线 1 的连接以及从入线 3～出线 2 的连接，就会发生阻塞。但是有可能重新调整已有的从入线 2～出线 0 的连接，使其由路径 C2 变成路径 RC2，这样就会发现调整后入线 1～出线 1 以及入线 3～出线 2 的连接就能建立了，如图 2.35(b)中虚线所示。这样的网络就是可重排无阻塞的 CLOS 网络，它可对已有路径进行重排使得有阻塞的 CLOS 网络成为无阻塞的网络。图 2.35 所示为 3 级可重排无阻塞 CLOS 网络。

设 $n_2=m, i_1=o_3=n$，Slepian-Duguid 定理给出了对称 3 级 CLOS 网络可重排无阻塞的条件是 $m \geqslant n$，其中，m 为 CLOS 网络第 2 级所需要交换单元的个数；n 为 CLOS 网络第 1 级交换单元入线数或第 3 级交换单元的出线数。有关 Slepian-Duguid 定理的证明这里不做推导。

4. 3 级 CLOS 网络规模

如图 2.33 所示，假设 CLOS 交换网络的交换单元为开关阵列结构，设 3 级 CLOS 交换网络所需要的交叉点数目为 C_3，那么

$$C_3=2Nm+m(N/n)^2$$

其中，N 为入线(出线)数；m 为 CLOS 网络第 2 级所需要的交换单元个数；n 为 CLOS 网络第 1 级交换单元入线数或第 3 级交换单元出线数。假设 CLOS 网络为严格无阻塞交换网络，那么 $m=2n-1$，有

$$C_3=2N(2n-1)+(2n-1)(N/n)^2$$

当 $n=N^{1/2}$ 时有

$$C_3 = 3N(2N^{1/2}-1) = 6N^{3/2} - 3N = O(N^{3/2})$$

采用 3 级 CLOS 交换网络的复杂度为 $O(N^{3/2})$，比全部采用开关阵列实现的 $N \times N$ 交换网络 $O(N^2)$ 要好，并且同样满足无阻塞的需求。3 级 CLOS 交换网络有很高的可靠性，因为它是多通路的，而不是单通路的。

对于 3 级 CLOS 交换网络，有两种方法可以减少内部竞争：一是增加中间级交换单元的数量以增加内部通路数；二是采用随机选路方法，在中间级交换单元内部设置缓冲，但这种方法要求在输出端口采用一定的机制来保证信息的顺序性。

2.2.3 TST 网络

TST 网络是电话交换系统中经常使用的一种 3 级交换网络，它由两级 T 接线器与一级 S 接线器组合而成，能完成不同复用线上的不同时隙内的信息交换。

1. TST 网络结构

TST 交换网络结构如图 2.36 所示，它具有 32 条双向时分复用线，并且每条时分复用线上有 32 个时隙，编号相同的入线与出线共同组成一条双向时分复用线。TST 交换网络的第 1 级有 32 个 T 接线器，分别连在每一条输入线上，第 2 级为一个 32×32 的 S 接线器，第 3 级由 32 个 T 接线器组成，分别连在每一条输出线上。

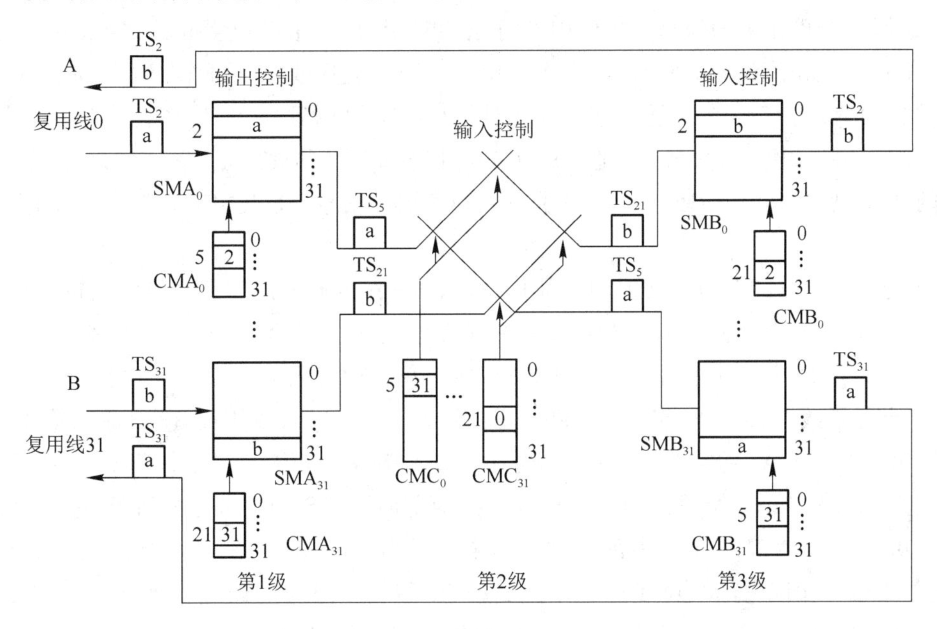

图 2.36 TST 交换网络

在图 2.36 中，TST 交换网络第 1 级的 T 接线器采用的是输出控制方式，第 3 级 T 接线器采用了输入控制方式。一般情况，为了方便交换的控制，TST 网络的两级 T 接线器通常采用不同的工作方式。对于第1级和第3级T接线器也可分别采用输入控制方式和输出控制方式。对于中间级S接线器，采用何种控制方式均可，在图2.36中采用了输入控制方式。

2. TST网络工作原理

下面以图2.36为例来说明TST网络是如何工作的。假设复用线0上TS_2与复用线31上TS_{31}存在信息交换，注意这是两个方向上的信息交换：A→B与B→A方向。

(1) 建立通路的时候，在中间级S接线器上应选择一个其入线0和出线31都空闲的内部时隙进行A→B方向的信息交换，假设这个内部时隙为TS_5；中间级S接线器同时还要选择一个其入线31和出线0都空闲的内部时隙进行B→A方向的信息交换，假设这个内部时隙为TS_{21}。

(2) 第1级与复用线0相连的T接线器的工作目的非常明显，是要将复用线0上TS_2来的信息交换到内部时隙TS_5上，在它的CMA_0第5个单元中写入2；当内部时隙TS_5到来时，中间级S接线器完成该信息从复用线0交换到复用线31，在CMC_0第5个单元中写入31；最后由第3级T接线器完成复用线31上由内部时隙TS_5到最终输出时隙TS_{31}上的信息交换，在CMB_{31}第5个单元中写入31。

(3) 复用线0的TS_2到来时，TS_2上信息a按顺序写入复用线0对应的第1级T接线器(输出控制)SMA_0的第2个单元。当TS_5时隙到来时，从CMA_0第5个单元中读出数据2，即将SMA_0第2个单元中的信息a放到内部时隙TS_5上；同时中间级空间接线器(输入控制)从CMC_0第5个单元中读出数据31，打开入复用线0与出复用线31之间的开关，完成不同复用线上相同内部时隙TS_5的信息交换；复用线31对应的最后一级T接线器(输入控制)从CMB_{31}第5个单元中读出数据31，把TS_5上来的信息a写入SMB_{31}的31号单元；最后，当复用线31的TS_{31}到来时，从SMB_{31}的31号单元中顺序读出信息a输出，完成A→B方向上的信息交换。

(4) 与A→B方向上信息交换的过程相似，从B→A方向上的信息交换将通过内部复用线31和内部复用线0上共同的内部时隙TS_{21}完成信息交换。此时，在CMA_{31}第21个单元中写入31，CMC_{31}第21个单元中写入0，CMB_0第21个单元中写入2。

(5) 当复用线31的TS_{31}到来时，TS_{31}上信息b按顺序写入复用线31对应的第1级T接线器(输出控制)SMA_{31}的第31个单元。当TS_{21}时隙到来时，从CMA_{31}中第21个单元读出数据31，即将SMA_{31}第31个单元中的信息b放到内部时隙TS_{21}上；同时中间级空间接线器(输入控制)从CMC_{31}第21个单元中读出数据0，打开入复用线31与出复用线0之间的开关，完成不同复用线上相同内部时隙TS_{21}的信息交换；复用线0对应的最后一级T接线器(输入控制)从CMB_0第21个单元中读出数据2，把TS_{21}上来的信息b写入SMB_0的2号单元中；最后，当复用线0的TS_2到来时，从SMB_0的2号单元中顺序读出信息b输出，完成B→A方向上的信息交换。

如果第1级T接线器采用输入控制方式，第3级T接线器采用输出控制方式，同时中间级的S接线器采用输入控制方式不变，这时得到TST网络的另一个实现方案，如图2.37所示，它同样可完成复用线0上TS_2与复用线31上TS_{31}的信息交换。

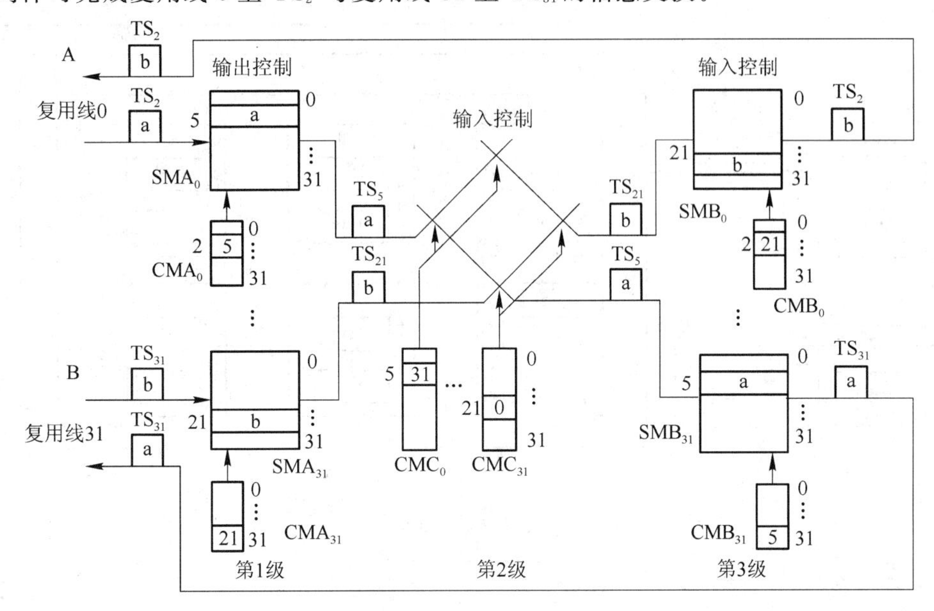

图2.37　TST交换网络的另一种实现方案

关于TST网络，有3个方面必须注意。

(1) 交换网络一般建立双向通路，即除了建立上述A→B方向上的信息传输，还要建立B→A方向上的信息传输，因此，内部时隙的选择一般采用"反相法"，即两个方向的内部时隙相差半个帧(该帧是指TST网络输入线或输出线的复用帧)。在图2.36和2.37的TST网络中，复用帧大小为32，半帧为16时隙，故A→B方向上选择了内部时隙TS_5，那么B→A方向上的内部时隙就是TS_{21}(16+5=21)。一般地，设TST交换网络输入线或输出线的帧为F，选定的A→B方向上的内部时隙为$TS_{A\to B}$，则B→A方向上的内部时隙为$TS_{B\to A}=TS_{A\to B}+F/2$。

(2) 在一般情况下，TST网络存在内部阻塞，但概率非常小，约为10^{-6}。

(3) 构成TST网络的第1级T接线器和第3级T接线器一般采用不同的控制方式，但无论采用输入控制方式，还是输出控制方式，除了操作方式不同外，本质是一样的。

2.2.4　DSN网络

DSN是由DSE构成的多级多平面时空结合的交换网络，应用于S1240数字程控交换系统中。

1. DSN结构

DSN是一个多平面结构网络，其平面最多可有4个，同时它又是一个多级交换网络，级数最多可以达到4级。对于一个4级的DSN，第1级称为入口级，其余3级称为选组级，DSN的每一级都由相同的 DSE 构成。其网络结构如图 2.38 所示。

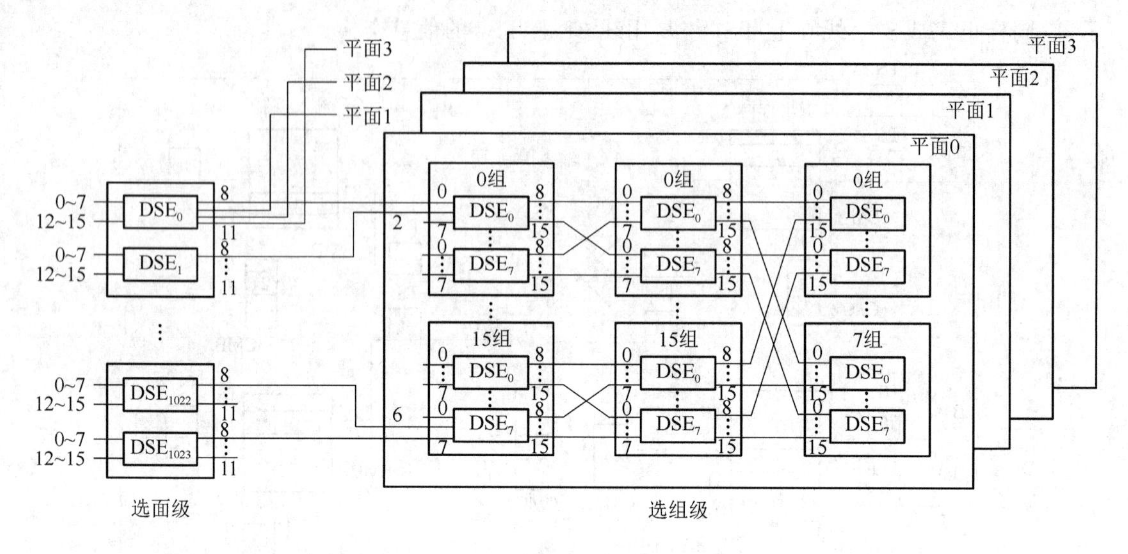

图 2.38 DSN

(1) 入口级

入口级也叫做选面级,它是由若干对 DSE 组成的,这些 DSE 称为接入交换器(AS)。每个 AS 的 16 个端口可以接 16 条 32 时隙的 PCM 线路,其中端口 0～7 与端口 12～15(图中入口级 DSE 左侧标出)用来连接各种终端模块,端口 8～11(图中入口级 DSE 右侧标出)分别接到选组级,也就是第 2 级的 4 个平面。

入口级有 512 对 DSE,共 1 024 个 DSE,每个 DSE 的端口 8、9、10、11 分别接到第 1 个平面、第 2 个平面、第 3 个平面和第 4 个平面的选组级。

(2) 选组级

选组级有 3 级(即 DSN 的第 2、3、4 级),前两级每级有 16 组,每组 8 个 DSE,最后一级只有 8 组,每组 8 个 DSE。前两级 DSE 的端口 0～7 与前一级 DSE 相连,端口 8～15 与后一级 DSE 相连;最后一级 DSE 的 16 个端口都与前一级 DSE 相连。这里,选组级的前两级,即第 2、3 级之间组号相同的两级间进行交叉连接,选组级的后两级即第 3、4 级是不同组之间进行交叉连接。

2. DSN 工作原理及其特点

在 DSN 中,两个终端之间的信息交换,可以只经过入口级,也可以经过选组级。如果两个终端模块同时连接在入口级的同一个 DSE 上,那么信息就可以只通过该入口级的 DSE 交换。如果两个终端模块不是连接在入口级的同一个 DSE 上,那么就要经过 DSN 的选组级进行信息交换。

DSN 入口级的每一个端口都具有惟一的网络地址,不同端口之间连接的建立是根据目的端口的网络地址逐级选路进行的。该网络地址有 13 bit 的编码，分为 A、B、C、D 四部分，分别对应着 DSN 的 1～4 级。

A：4 bit，对应于第 1 级，表示终端模块所连接的入口级 DSE 的输入端口号(0～7,12～15，共 12 个)。

B：2 bit，对应于第 2 级，表示第 1 级 DSE 的出线应连接的第 2 级 DSE 的输入端口号(0～7)。由于第 1 级成对 DSE 连接到第 2 级 DSE 的端口号分别为 n 和 $n+4$，这里 n 为 0～3，所以只需要 2 bit 来区分 4 个地址。

C：3 bit，对应于第 3 级，表示第 2 级 DSE 的出线应连接的第 3 级 DSE 的输入端口号(0～7)。

D：4 bit，对应于第 4 级，表示第 3 级 DSE 的出线应连接的第 4 级 DSE 的输入端口号(0～15)。也等于第 2 级和第 3 级的组号。

当某一终端模块要与另一终端模块通过 DSN 建立通路连接时，就将自己的网络地址与目的端口的网络地址相比较。首先比较的是 D，若不相同，说明源和目地终端模块之间所要建立的连接不在同一组内(位于第 2 级和第 3 级的不同组内)，通路连接要经过第 4 级；若 D 相同，C 不同，说明两个终端模块之间所建立的通路连接位于同一组内，连接的建立只涉及到选组级的第 2、3 级；若 D、C 相同，B 不同，则说明两个终端模块之间所建立的通路连接经过第 2 级的同一个 DSE，该通路的建立折回点在第 2 级；若 D、C、B 相同，A 不同，此时通路的建立只经过网络的第 1 级。这样，通过网络地址的比较确定通路的折回点，并发送选择命令进行逐级选路，从而建立起通路连接，完成交换功能。

DSN 具有以下 4 个特点。

(1) DSN 是一种单侧折叠式网络

DSN 网络与其他网络不同，它的所有端口不像双侧型网络那样分为输入侧和输出侧，而是位于同一侧。DSN 网络的最后一级，如图 2.38 中的第 4 级为网络的折叠中心，DSN 任一端口输入的信息在网络的相应级上折回到目的输出端口。当一个输入端口要与一个输出端口建立连接时，可根据目的输出端口的地址(惟一地址)决定接续通路需要的网络级数，即信息在 DSN 网络中的折回点在哪一级。

(2) DSN 可自选路由

前面章节介绍了构成 DSN 的 DSE 的结构和工作原理，知道 DSE 本身具有通路选择和控制功能，因而它不需要设置交换网络的集中控制处理机来控制其一步步的交换，而是根据分布在各个终端模块中的终端控制单元送来的选择命令字等控制信息，由其硬件来完成选路，进而实现交换功能，因此 DSN 具有自选路由功能。

(3) DSN 的扩展性好

DSN 网络采用多平面、多级结构，当容量增加时可通过扩充 DSN 网络的级数(最多 4 级)来增加端口数，当话务负荷增加时可通过扩充 DSN 网络的平面数(最多 4 个)均匀分担话务负荷，并且这种扩充不影响网络结构和系统运行，可以方便灵活地由较小规模的交换网络扩展为较大规模的交换网络。

(4) DSN 采用逐级推进的选试方式,能承受较大话务量。

DSN 由 1~4 级组成,如果两个终端要进行信息交换,那么 DSN 将采用逐级试选的方式,对每一级进行试选路,直到两个终端所在的端口之间能建立起连接进行信息交换。

2.2.5 banyan 网络

基于 banyan 的交换网络(banyan-based switches)是具有多级结构的交换网络,它覆盖范围较广,包含许多子类。在这类网络中,如果任何一条入线到任何一条出线之间的通路都经过了 L 级,即只有相邻级之间才有链路相连,则称这种 banyan 网络为 L 级(L-level)banyan 网络。在 L 级 banyan 网络中,如果构成网络的所有交换单元都相同,则为规则 banyan(regular banyan)网络,否则为不规则 banyan(irregular banyan)网络。如果规则 banyan 网络的每个交换单元的入线数与出线数相等,那么称此规则 banyan 网络为矩形 banyan 网络。

在实际应用中,使用更多的是由 2×2 的交换单元构成的矩形 banyan 网络,它是多级、空分、单通路的交换网络,一般简称为 banyan 网络。下文中,如果不加特别说明,banyan网络就是指这样的网络。banyan 网络应用广泛,最早应用于并行计算机领域,目前在电信领域的ATM 交换机中得到广泛应用,它适于统计时分复用信号和异步时分复用信号的交换。

1. 交叉连接单元

banyan 网络由若干个 2×2 的最小交换单元构成,这样的 2×2 交换单元也称为交叉连接单元。交叉连接单元是具有 2 条入线和 2 条出线的电子开关元件,它在不同的控制信号作用下,工作在不同的状态,实现 2 条入线和 2 条出线之间的不同互连。交叉连接单元有 5 种工作状态,如图 2.39 所示。

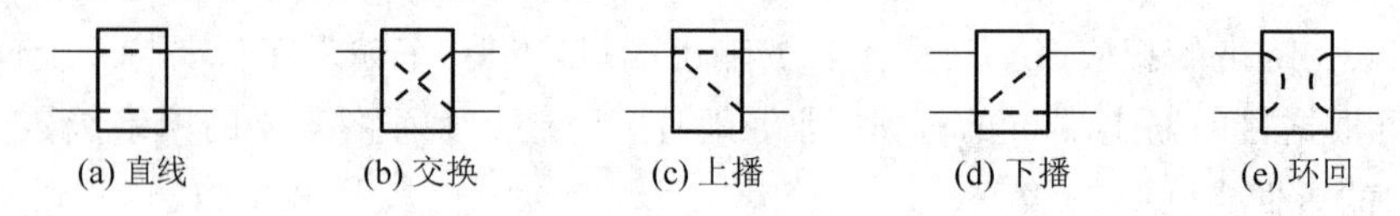

图 2.39 交叉连接单元的工作状态

直连与交换两种状态是交换网络最为常用的,只有这两种功能的交换单元把它称为 2×2 两功能交换开关,在 banyan 网络或其他网络中被广泛使用。

2. banyan 网络及其特性

图 2.40 所示为 $N=8$ 的由 2×2 交换单元构成的 3 级 banyan 网络。从图中可以看出,banyan 网络的第 1 级交换单元与第 2 级交换单元采用蝶式连接,第 2 级交换单元与第 3 级交换单元为子洗牌连接。

banyan 网络结构具有以下 6 个特点。

(1) banyan 是基于树型结构的

每个输入端通过3级交换单元均可以到达任何输出端，构成了以某一输入端为根节点，以所有输出端为叶子节点的树型结构。

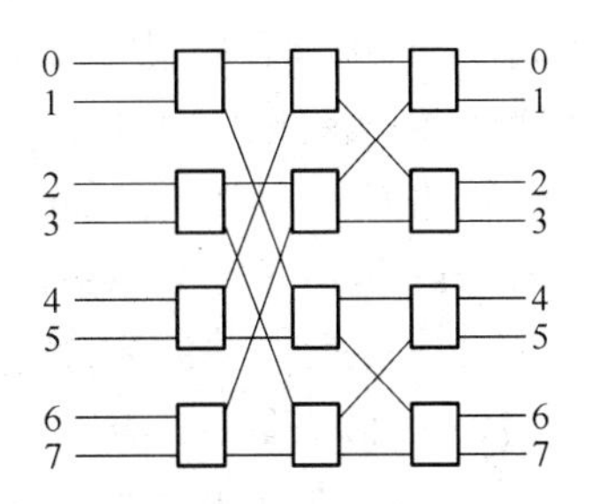

图2.40　8×8的3级banyan网络

(2) banyan网络的级数

banyan网络的级数 $k=\mathrm{lb}\ N$，每级有 $N/2$ 个交换单元。

(3) banyan网络的构成具有一定的规律

观察图2.40所示的8×8 3级banyan网络可以看到，它的第2、3级是由两个4×4的2级banyan网络构成，第1级是由4个2×2的交换单元组成，因而可以采取有规则的方法使用较小规模的banyan网络来构成较大规模的banyan网络。一般的方法是：设已有 $N\times N$ 的banyan网络，要构成 $2N\times 2N$ 的banyan网络，则需要2组 $N\times N$ 的banyan网络以及 N 个2×2的交换单元，并且使第1组 $N\times N$ 的 N 条出线分别与 N 个2×2交换单元的某一入线相连，使第2组 $N\times N$ 的 N 条出线分别与 N 个2×2交换单元的另一入线相连。图2.41所示为将两个8×8的banyan网络扩展成16×16的banyan网络的方法。具体做法是：在2组8×8的banyan网络的基础上，加上了一组8个2×2的交换单元，并且第1个8×8的banyan网络的8条输出线分别与这8个2×2的交换单元的1号入线相连接，而另一个8×8的banyan网络的8条输出线分别与这8个2×2的交换单元的2号入线相连接，从而构成了一个16×16的banyan网络。

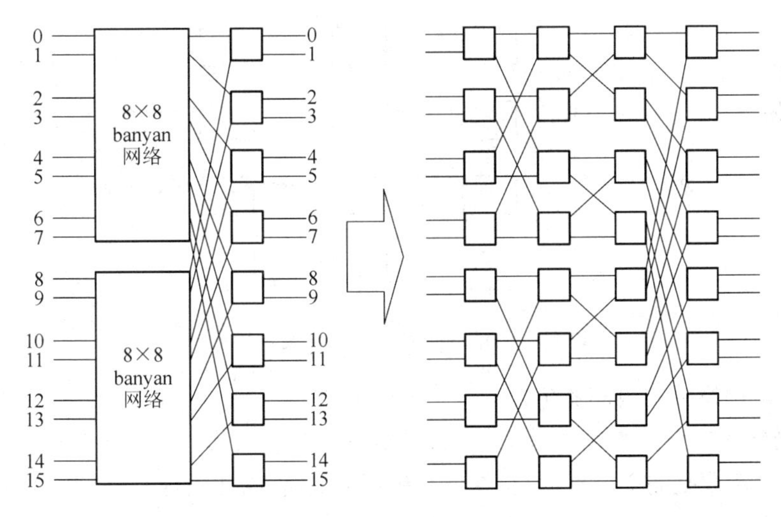

图2.41　banyan网络的扩展

(4) banyan网络具有惟一路径特性

如果网络的任何一条入线与任何一条出线之间都有一条路径并且仅有一条路径，则称该网络具有惟一路径特性。假设 $N\times N$ 的banyan网络具有惟一路径特性，则对于 $2N\times 2N$ 的

banyan 网络，由其有规则的构成方法可知，第 2 级至第 3 级 $2N$ 个 2×2 交换单元的任一条出线有且仅有一条路径，因此，$2N\times2N$ 的 banyan 网络也具有惟一路径特性。又由于最小的 banyan 网络是 4×4 的 banyan，所以，由其按上述方法构成的 banyan 网络具有惟一路径特性，因此 banyan 网络具有惟一路径特性。

（5）banyan 网络具有自选路由的特性

上文介绍了 banyan 网络是基于树型结构的，并且还是二叉树结构，即在任一级的交换单元上，一条输入线上的信息可有两个输出选择，这两个输出选择可用二进制的 0 和 1 来表示。此外，banyan 网络的级数 $k=\mathrm{lb}\ N$，即若用二进制来表示输出线编号 $0\sim N-1$，则所需的二进制位数与网络的级数相等，每一位二进制可与网络的每一级相对应。因此，banyan 网络可实现自选路由，方法是给进入交换网络要进行交换的信息加上选路标签，该标签就是信息要交换到的目的输出线号的二进制值。每一级交换单元根据选路标签中的二进制值的相应位来选路，该位二进制的值为 0 则选 0 号出线，为 1 则选 1 号出线，网络的第 1、2、…、k 级分别与二进制值的由高到低位相对应。在图 2.42 中，入线 4 要将信息交换到出线 5，该信息使用出线 5 的二进制编码 101 作为选路标签。banyan 网络中的第 1、2、3 级交换单元分别根据选路标签中的最高位、第 2 位和最低位二进制代码进行选路，选路标签中相应位为 0 时，交换单元将信息送往上面的那条出线（0 号线），当选路标签中相应位为 1 时，交换单元把该信息送往下面的那条出线（1 号线），就这样 banyan 网络自动把该信息交换到二进制编码为 101 的出线 5 上。

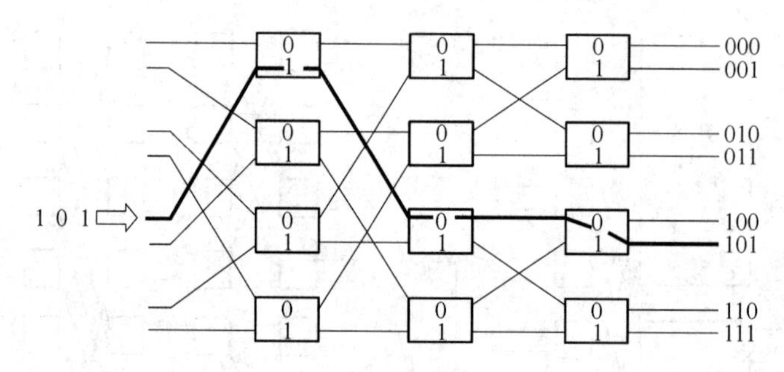

图 2.42　banyan 网络的自选路由特性

（6）banyan 网络具有内部竞争性

banyan 网络的任意一条入线到任意一条出线之间都具有惟一的一条通路，但各入线与出线之间的单通路并非是完全分离的，会有公共的内部链路，因此内部竞争是不可避免的。如图 2.43 所示，在某一时刻，信息要从入线 0 交换到出线 3，同时还有信息要从入线 2 交换到出线 2，所以在这一时刻会在第 2 级与第 3 级的公共链路上产生竞争，发生阻塞。banyan 是有阻塞的网络。

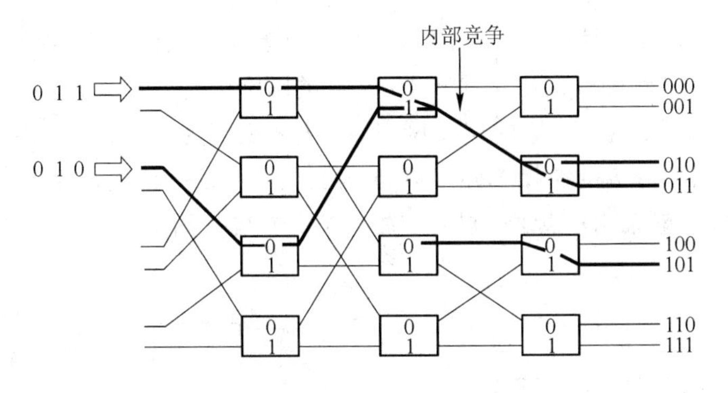

图 2.43　banyan 网络的内部竞争

3. banyan 类网络

广义的 banyan 网络还有很多种类型，它们可以通过变换 banyan 网络级间互连模式或输入/输出端连接方式而得到，这些类型的交换网络也被称为 banyan 网络，但更多时候为了与上文提到的 banyan 网络相区分，而把它们称为 banyan 类网络。所有的 banyan 类网络都具有上文所介绍的 banyan 网络的基本特性。

在图 2.44 中，除了 banyan 网络之外，还介绍了另外 3 种 banyan 类网络。其中，omega 网络（shuffle-exchange network）在级间与输入端都采用了均匀洗牌连接方式，omega 网络也称为混洗交换网络；flip 网络（reverse shuffle-exchange network）是把 omega 网络的输入输出反转过来组成的，它在级间与输出端都使用了逆均匀洗牌方式连接；gen. cube 与 banyan 网络基本相同，只是在输入端加上了混洗连接后形成的。

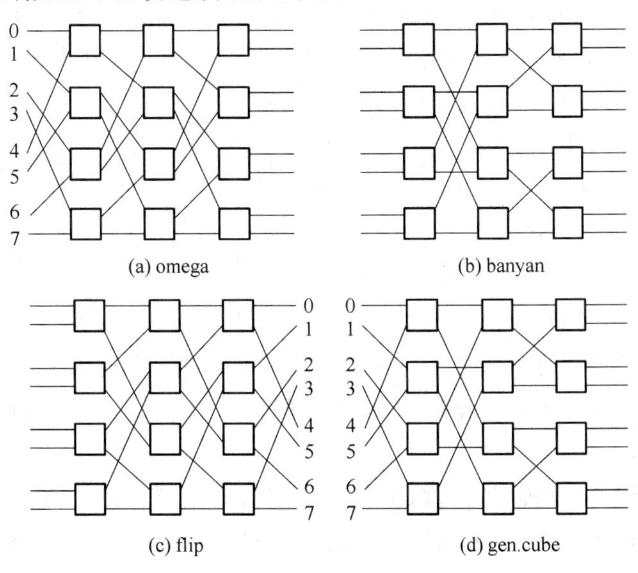

图 2.44　banyan 类网络

如图 2.45 所示，delta 网络是一个由 2×2 的交换单元构成的 3 级网络，该网络的规模是 8×8。这种 8×8 的 3 级 delta 网络也属于 banyan 类网络中的一种。

delta 网络的定义是：具有 k 级的交换网络，其网络规模为 $a^k \times b^k$，a^k 为网络的入线数，b^k 为网络的出线数；它由 $a \times b$ 的交换单元构成，a 为交换单元的入线数，b 为交换单元的出线数。delta 网络级间互连一般采用有规则的均匀洗牌方式连接。图 2.46 中的交换网络就是一个 $3^3 \times 2^2$ 的 delta 网络。

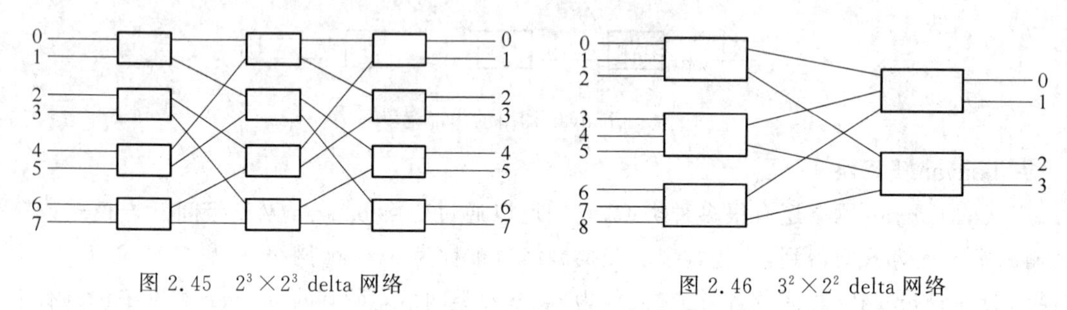

图 2.45　$2^3 \times 2^3$ delta 网络　　　　图 2.46　$3^2 \times 2^2$ delta 网络

由于 delta 网络可以使用 $a \neq b$ 的交换单元，所以，2×2 的交换单元构成的 banyan 网络可以看成是 delta 网络的子集。

4．batcher-banyan 网络

banyan 网络存在着内部竞争，研究表明，如果将 banyan 网络输入的全部信息按交换的出线地址（也就是选路标签）进行单调递增（或递减）排列，那么就可以解决 banyan 网络的内部阻塞。为了满足 banyan 网络的无阻塞条件，可以在 banyan 网络前加入排序网络——batcher 网络，构成 batcher-banyan 网络（B-B 网络）。

batcher 网络是由被称为 batcher 排序器（sorter）的 2×2 排序器构成。batcher 排序器如图 2.47 所示，它实际上是一个两入线/两出线的比较单元，分为向上排序器和向下排序器两种。

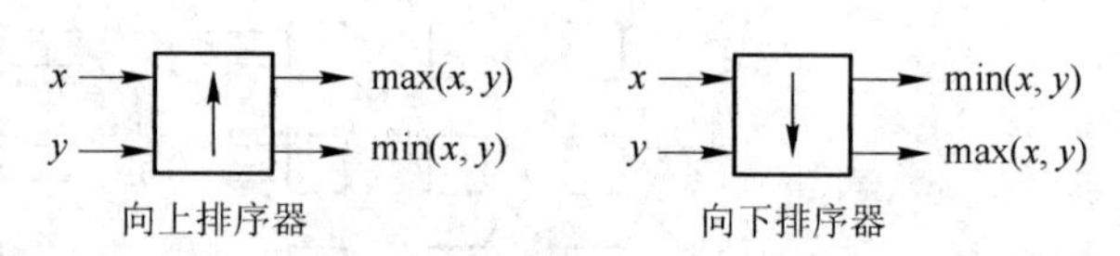

图 2.47　batcher 排序器（路由标签大的信息往箭头方向送）

将入线上信息的选路标签进行比较后，向上排序器将路由标签大的信息送到输出端上面那条输出线，向下排序器将路由标签大的信息送到输出端下面的那条输出线，即前者是按路由标签升序排列，后者是按路由标签降序排列，当排序器的输入只有一个时，则排序器将它作为选路标签小的信息来处理。

有了向上排序器和向下排序器这两种 batcher 排序器，就可以构成 batcher 排序网络；在 batcher 排序网络后面加上 banyan 网络，可构成 batcher-banyan 网络。图 2.48 是一个 8×8 的 Batcher-Banyan 网络，其中 batcher 排序网络是按递增顺序排序的。

假设在入线 0、1、4、6 上同时输入信息，分别要交换到出线 3、7、4、2 上，则信息的选路标签

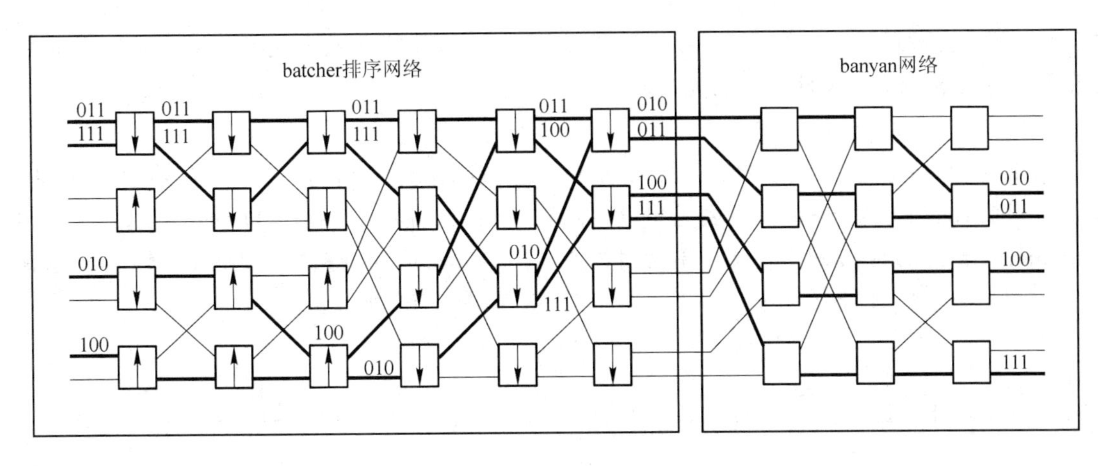

图 2.48　batcher-banyan 网络

分别是 011、111、010、100。若由 banyan 网络完成上述交换，则会发生内部竞争，如图 2.49 所示。若使用 batcher-banyan 网络完成上述的交换，则这 4 路信息经过 batcher 网络后，完全按照递增的顺序排列。信息按照递增顺序进入 banyan 网络，满足了 banyan 网络无阻塞的条件，消除了内部竞争，如图 2.48 所示。通过对比可知，batcher-banyan 网络能够成功消除内部竞争。但需要说明的是 batcher-banyan 网络能够消除内部竞争，但不能消除外部竞争。

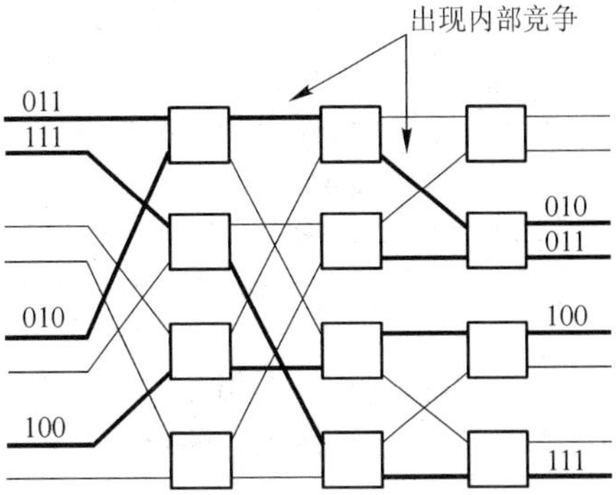

图 2.49　对比 batcher-banyan 网络，banyan 网络出现内部竞争

5. 多通路 banyan 网络

存在内部阻塞的 banyan 网络或各种 banyan 类网络都属于单通路结构，为了减少或消除banyan网络的内部竞争，除了采取上面介绍的batcher-banyan网络外，还可以构成各种多通路banyan网络。下面简要介绍其中几种常见的多通路 banyan 网络。

(1) 增长型 banyan 网络

增长型 banyan 网络(augmented banyan)是在 banyan 网络基础上发展而来的。它在常规 banyan 网络前面加上分配级交换单元，使得信息要交换到目的端口有了更多的通路选择，使单通路网络成为多通路网络，减少了内部阻塞情况的发生。由 banyan 网络的结构可知，每增加一级分配级，每个输入端口与每个输出端口之间的通路数就增加了一倍。图 2.50 是增长型 banyan 交换网络。

增长型 banyan 交换网络的优点是靠增加级数来减少内部阻塞的发生，从而提升了交换网络的性能。它的缺点是：需要复杂的选路，信息到达每一级增长的交换单元都要进行选路以决定通过哪条通路到达输出端口;增长的级数要足够的大,才能使整个交换网络达到满意的性能,但增加级数会增加硬件实现的复杂度。

(2) 扩展型 banyan 网络

banyan 网络中的 2×2 交换单元,有两条出线,这两条出线各自对应一个输出地址,即 banyan 网络的每个输出地址只对应 1 条链路(输出线路)。扩展型 banyan 网络(dilated banyan)扩充了 banyan 网络各交换单元中每个输出地址对应的链路数目,使每个输出地址有 d 条链路,也就是可以任意选择 d 条链路中的一条,如图 2.51 所示。

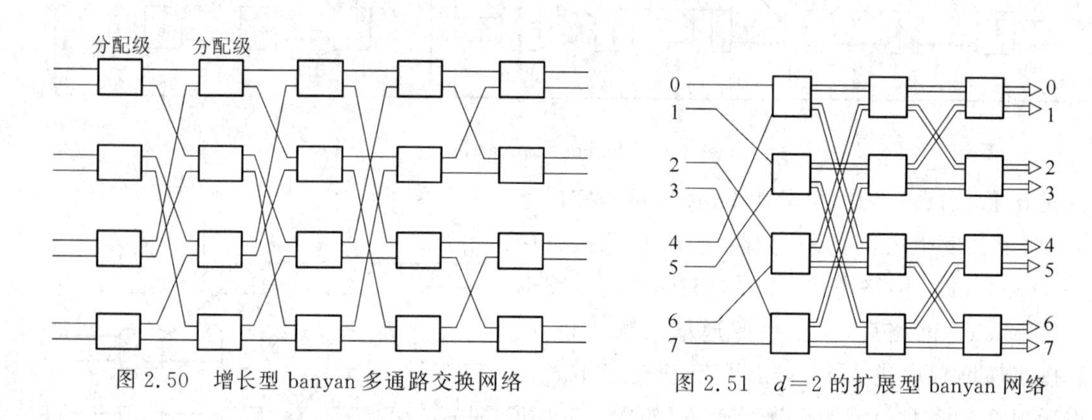

图 2.50 增长型 banyan 多通路交换网络

图 2.51 $d=2$ 的扩展型 banyan 网络

在扩展型 banyan 网络中,2×2 的交换单元变成了 $2d \times 2d$ 的交换单元(第 1 级为 $2 \times 2d$)。但注意每个交换单元的输出地址并非为 $2d$ 个,仍然是 2 个。该网络在任何时刻,最多可有 d 个信息单元被传送到交换单元的同一个输出端;如果对应于同一输出地址同时有多于 d 个信息到达,则只能传送其中的 d 个。把 d 称为扩展度(dilation degree),增大 d,可以减少信元丢失,但缺点也很明显,会增加整个网络的复杂性。

(3) 膨胀型 banyan 网络

膨胀型 banyan(fat banyan)网络是 d 在各级可以变化的扩展型 banyan 网络。图 2.52 所示为一个 8×8 的膨胀型 banyan 网络,它的第 1 级交换单元的 $d=2$,第 2 级交换单元的 $d=3$,第 3 级交换单元的 $d=4$。

(4) 多平面 banyan 网络

多平面 banyan 网络也称为复份型 banyan(replicated banyan)网络,正如字面上的意思,是将若干个相同的 banyan 网络并接在一起,形成多平面的网络结构,如图 2.53 所示。

多平面 banyan 的每个输入端的信息可以随机地选择某个平面,也可以按负荷均分原则分配到各个平面,还可以广播到所有的平面。显然,平面数越多,内部冲突的机会越少。在一定的入线数目(或出线数目)N 值下,平面数增加到一定值后可以得到无阻塞网络。多平面 banyan 网络可显著提高网络的吞吐量,不仅如此,还可提高网络的可靠性,其中一个交换平面出错后,并不会影响到整个交换网络的连接,其缺点是硬件结构复杂。

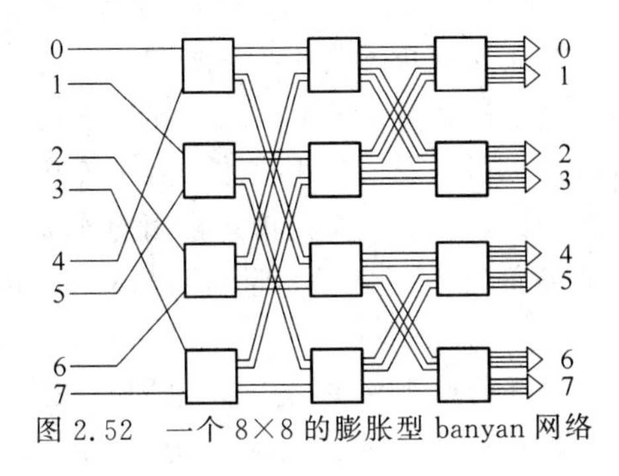

图 2.52　一个 8×8 的膨胀型 banyan 网络

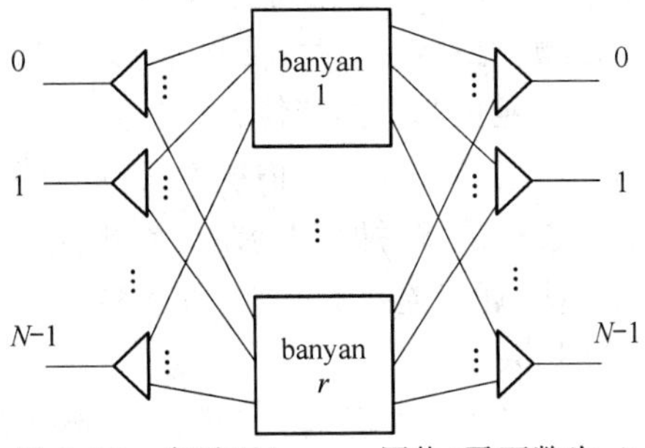

图 2.53　多平面 banyan 网络(平面数为 r)

2.2.6　benes 网络

benes 网络是电路交换中著名的可重排无阻塞网络，由 Benes 于 1960 年发表了关于可重排无阻塞网络的研究后提出的。图 2.54 所示为一个由 2×2 的交换单元构成的 8×8 的 benes 网络。可以看出，benes 网络实际上相当于两个 banyan 类网络背对背相连接，然后将中间两级合并为 1 级。由于每个 banyan 类网络有 lb[①]N 级，因此，benes 网络共有 2lb$N-1$ 级。

benes 网络是一种折叠网络，它的构成也有一定的规律，图 2.55 表示了一个 $N\times N$ 的 benes 网络的构成方法，其中间为两个 $N/2\times N/2$ 的子网络，两侧各有 $N/2$ 个 2×2 的交换单元，这些交换单元都分别以 1 条链路连接到中间每个子网络，输入侧与子网络之间、子网络与输出侧之间的连接关系分别为反转混洗和混洗；然后将中间子网络按上述方法继续分解，直到中间子网络就是 2×2 的交换单元为止。

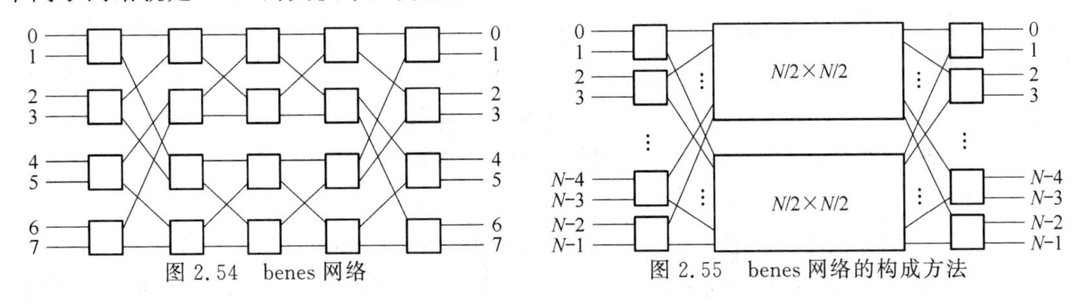

图 2.54　benes 网络

图 2.55　benes 网络的构成方法

小　　结

交换单元是构成交换网络的最基本的部件，若干个交换单元按照一定的拓扑结构连接起来就可以构成各种各样的交换网络。交换单元由一组入线、一组出线、控制端口以及状态端口

---

① lb=$\log_2$

4 部分组成。对交换单元可有多种分类方法:有向交换单元与无向交换单元,集中型、连接型以及扩散型交换单元,时分交换单元与空分交换单元,数字交换单元与模拟交换单元。

交换单元最基本的特性就是连接特性,它反映出交换单元从入线到出线的连接能力。交换单元的连接特性有两种描述方式,可以用集合来描述,也可以用函数来描述。其中连接函数又有 3 种表现形式:排列表示法、图形表示法和二进制函数表示法。交换单元常用的连接方式有交叉连接、蝶式连接、均匀洗牌连接等。交换单元的外部特性可通过容量、接口、功能、质量这几个指标来描述。

空分交换单元主要有开关阵列和空间接线器。开关阵列控制简单,容易实现同发与广播,信息在开关阵列中具有均匀的单位延迟时间。它适合构成较小规模的交换单元,其性能依赖于所使用的开关,开关阵列的交叉点数反映了开关阵列的复杂度。实际的开关阵列主要有继电器、模拟电子开关和数字电子开关。空间接线器是由交叉点矩阵和一组控制存储器构成的,具有空间交换的功能,其工作方式有输出控制方式和输入控制方式。

时分交换单元主要有共享存储器型交换单元和共享总线型交换单元。时间接线器是典型的共享存储器型的交换单元,由话音存储器和控制存储器组成,具有时间交换功能,有输入控制和输出控制两种工作方式。数字交换单元(DSE)是典型的共享总线型交换单元。它主要由输入部件、输出部件和总线构成,可完成 16 条 32 路双向 PCM 信号的交换,同时具有空间交换和时间交换功能,又被称为时空交换单元。

交换网络由交换单元构成,一般分类方法有单级交换网络和多级交换结构、有阻塞交换网络和无阻塞交换网络、单通路交换网络和多通路交换网络、空分交换网络和时分交换网络。其中无阻塞交换网络又可分为严格无阻塞交换网络、可重排无阻塞交换网络和广义无阻塞交换网络。本章介绍了常用的 CLOS 网络、TST 网络、DSN 网络和 banyan 网络。

CLOS 网络是多级多通路的交换网络。3 级 CLOS 网络被广泛应用,其严格无阻塞的条件是 $m \geqslant 2n-1$,此式也称为 CLOS 定理;其可重排无阻塞的条件是 $m \geqslant n$,其中 m 为 CLOS 网络第 2 级交换单元的个数,n 为 CLOS 网络第 1 级交换单元的入线数和第 3 级交换单元的出线数。

TST 网络是 3 级交换网络,它由两级 T 接线器和一级 S 接线器组合而成,能完成不同复用线上的不同时隙内的信息交换。TST 网络的第 1 级 T 接线器和第 3 级 T 接线器一般采用不同的控制方式(输入控制方式或输出控制方式)。交换网络在建立双向通路时,内部时隙的选择一般采用"反相法"。TST 网络存在内部阻塞,但是概率非常小。

DSN 是由 DSE 构成的多级多平面时空结合的交换网络,应用于 S1240 数字程控交换系统中。DSN 是一种单侧折叠式网络,具有自选路由功能,网络扩充方便,可采用逐级推进的选试方式进行接续,能承受较大话务量。

banyan 网络是一种空分交换网络,是由若干个 2×2 交换单元组成的多级交换网络。banyan是基于树型结构的,具有惟一路径特性和自选路由的特性,具有内部竞争性。banyan 网络的级数 $k=\mathrm{lb}\ N$,每级有 $N/2$ 个交换单元。banyan 网络的构成具有一定的规律。由于banyan网络是有阻塞网络,所以可以构成 batcher-banyan 网络与各种多通路 banyan 网络,用来减少并消除阻塞。

习　题

1. 描述交换单元外部特性的指标是什么？举例说明。

2. 用函数、图形、排列三种表示方法，分别表示出 $N=8$ 具有间隔交叉连接、均匀洗牌连接、蝶式连接特性交换单元的连接关系。

3. 试计算构造 16×16 有向交换单元，采用基本开关阵列时需要多少个开关？若构造 16×16无向交换单元，同样采用基本开关阵列时分别需要多少单向开关和双向开关？

4. 试用 8 选 1 的多路选择器构成 8×8 的交换单元，并分析它与 1 选 8 的多路选择器构成的 8×8 的交换单元在控制方式上有何不同？

5. 试计算要构造 16×16 的交换单元，采用 $k=4$ 的绳路开关阵列时需要多少个开关？

6. 一个 S 接线器的交叉点矩阵为 8×8，设有 TS10 要从母线 1 交换到母线 7，试分别按输出控制方式和输入控制方式画出此时控制存储器相应单元的内容，说明控制存储器的容量和单元的大小（比特数）。

7. 时分交换单元主要有共享存储器型和共享总线型两种，试比较它们之间的异同。

8. 一个 T 接线器可完成一条 PCM 上的 128 个时隙之间的交换，现有 TS_{28} 要交换到 TS_{18}，试分别按输出控制方式和输入控制方式画出此时话音存储器和控制存储器相应单元的内容，说明话音存储器和控制存储器的容量和每个单元的大小（比特数）。

9. 根据 T 接线器的工作原理，试分析影响 T 接线器的容量因素有哪些？

10. DSE 的工作原理是怎样的？

11. 总线型交换单元是否能用于统计时分信号和异步时分信号的交换？

12. 什么是多级交换网络？

13. 举例说明什么是严格无阻塞网络、可重排无阻塞网络、广义无阻塞网络？

14. 若入口级选择 8 入线的交换单元，出口级选择 8 出线的交换单元，试构造 128×128 的三级严格无阻塞 CLOS 网络，并画图说明。

15. 已知一个 T-S-T 数字交换网络，每个 T 接线器完成一条 PCM 上的 512 个时隙之间的交换，初级 T 接线器为输出控制方式，次级 T 接线器为输入控制方式，S 接线器为输入控制方式，其交叉点矩阵为 8×8 型。试画图说明 PCM1 的 TS_8 和 PCM7 的 TS_{31} 的交换（内部时隙为 TS_{15} 并采用对偶原理）。

16. 试画图说明用 2×2 的交换单元，构造 16×16 的 banyan 网络。并举例说明其内部阻塞的情况。

17. 对于 8×8 的 banyan 网络，举例说明其自选路由特性。

18. 试用两种方法构造一个 4×4 的无阻塞的 banyan 网络。

参考文献

1 雷振明. 现代电信交换基础. 北京:人民邮电出版社,1995
2 王鼎兴,陈国良. 互连网络结构分析. 北京:科学出版社,1990
3 H. Jonathan Chao, Cheuk H. Lam. Eiji Oki. Broadband Packet Switching Technologies: A Practical Guide to ATM Switches and IP Routers. New York: Wiley, 2001
4 上海贝尔电话设备制造有限公司. S1240 程控数字电话交换系统. 北京:人民邮电出版社,1993
5 陈锡生. ATM 交换技术. 北京:人民邮电出版社,2000
6 叶敏. 程控数字交换与现代通信网. 北京:人民邮电出版社,1998
7 McDonald John C.. Fundamentals of Digital Switching. New York: Plenum Press, 1990

第3章　数字程控电话交换与电话通信网

电话通信是人们使用最普遍的一种通信方式，电话通信网是覆盖范围最广、用户数量最多、应用最广泛的一种通信网络，电话交换采用适于实时、恒定速率业务的电路交换方式。本章将系统地介绍数字程控电话交换原理和电话通信网技术。首先介绍电话通信的产生和电话交换技术的发展；然后介绍数字程控电话交换系统的体系结构，并在此基础上重点阐述电话交换系统硬件系统各组成部分的工作原理、控制系统的构成方式、软件系统的组成以及程控交换软件技术；最后介绍电话通信网的网络结构和工作原理等技术。

3.1　概　　述

3.1.1　电话通信与电话机

电话通信有100多年的历史，电信交换技术是从电话交换技术起源的。到20世纪70年代，人们谈到交换时，仍然是指电话交换。电话交换采用的是电路交换方式，所传送的业务是具有恒定速率的实时话音业务。目前通信网上的业务五花八门，通信手段多种多样，各种交换方式不断涌现，但话音通信仍然是人们乐于采用的主要通信方式，电话交换仍然被普遍应用。

1876年美国人贝尔发明了电话机，这就是原始的电磁式电话机。1877年美国人爱迪生发明了碳精式送话器，将碳精式送话器与手柄、呼叫设备(电铃)、手摇发电机和干电池组合起来构成了磁石式电话机。1882年出现了共电式电话机，这种电话机不需要手摇发电机和干电池，通话所用的电源由交换机供给，这种集中供电的概念一直沿用到今天。1896年美国人爱立克森发明了旋转式电话拨号盘，从而产生了自动电话机——拨号盘电话机。1920年美国人坎贝尔发明了消侧音电路，使电话机话音通信质量大为改善。20世纪60年代电子学飞速发展，70年代大规模集成电路产生，随即出现了电子电话机——按键式电话机。20世纪80年代随着N-ISDN的应用，产生了数字电话机。20世纪90年代随着B-ISDN网络和IP骨干网络的发展和应用，多媒体用户终端和IP电话机相继出现。电话机按照其功能的不同，又可分为扬声电话机、免提电话机、无绳电话机、录音电话机、可视电话机、投币电话机和磁卡电话机等。

电话机的基本构成及通话原理如图3.1所示，其中，送话器是将声音变换为相应电信号的转换装置;受话器是将相应的电信号还原为声音的转换装置;二/四转换是指完成二线和四线转换的混合电路;消侧音电路则用于消除回声改善话音质量。此外,拨号盘和振铃器用于发送通信地址(被叫号码)和呼叫被叫。拨号盘有旋转式拨号盘和按键式拨号盘两种,旋转式拨号盘有三个关键参数。

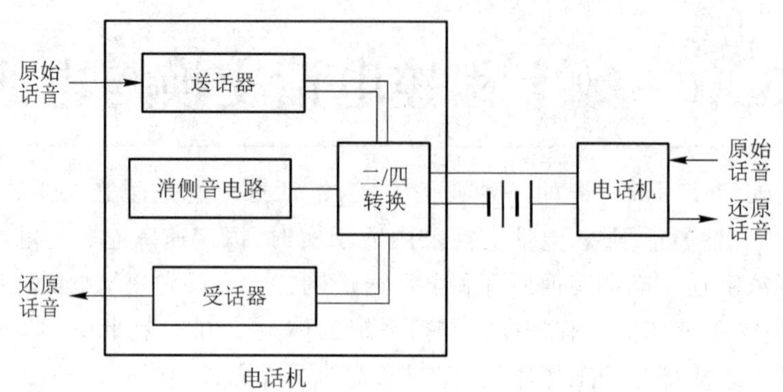

图 3.1 电话机的基本构成及通话原理

(1) 脉冲速度:表示拨号盘每秒钟发生的脉冲个数。按照我国电话交换设备用户信令的相关规定,入网电话机的脉冲速度应为 8～14 个/s。

(2) 脉冲断续比:表示一个脉冲周期里,断开电流的时间与接通电流的时间之比。按照我国电话交换设备用户信令的相关规定,入网电话机的脉冲断续比 t 断/t 续=(1.3～2.5):1。

(3) 位间隔:用户每拨一个数字,拨号盘就发出一串脉冲,脉冲个数与拨号数字相同(0 为 10 个脉冲)。在拨两个数字之间,也就是在发两个脉冲串之间应有一个时间间隔,使交换机能正确区分所拨数字,这个间隔就叫做位间隔。按照我国电话交换设备用户信令的相关规定,位间隔应大于或等于 350 ms。

按键式拨号盘与拨号集成电路配合发出脉冲或双音频(DTMF)信令。振铃器可以是交流铃,也可以是音调振铃器。此外还有叉簧、接插件和二、四线绳等。

3.1.2 电话交换技术的发展

电话交换技术的发展经历了三个阶段:人工交换阶段;机电式自动交换阶段;电子式自动交换阶段。

1. 人工交换阶段

为实现多个用户之间的通信,1878 年人们发明了第一部人工磁石式电话交换机。与磁石式电话机配套使用,即电话机配有干电池作为通话电源,并且用手摇发电机产生呼叫信号。后来又出现了人工共电式电话交换机,与共电式电话机配套使用,通话电源由交换局统一供给。人工电话交换机由人工完成接续,接续速度慢,用户使用不方便,但这一阶段电话机的基本动作原理和用户线上的接口标准直到今天还在使用,如话音二线传输技术、交换局集中馈电、摘挂机和振铃等。

2. 机电式自动交换阶段

1892 年美国人史瑞乔(Strowger)发明了第一个自动交换机,叫做史端乔式自动电话交换机,与之配套使用的是自动电话机。它与人工交换机相比主要有两点不同:为每个用户指定惟一的电话号码,通过拨号盘自动拨号;使用电磁控制的机械触点开关代替人工操作,自动实现线路接续。后来又出现了德国西门子式自动交换机,它与史端乔式自动电话交换机的共同点是机械触点开关动作由拨号盘产生的拨号脉冲直接控制,通过一位位拨号,一步步找到与被叫的接续点。

在这之后出现的旋转式和升降式自动交换机,因其选择被叫接续点是做弧形的旋转动作或上升下降的直线动作而得名,这两种自动交换机采用间接控制的方式完成线路的接续。

不管是直接控制还是间接控制,将这种第一代自动交换机统称为步进制交换机(step by step system),将选择被叫接续点的部件(一步步、旋转、上升下降装置)称为步进选择器。

步进制交换机的特点:由于接续过程是机械动作,噪声大,易磨损,机械维护工作量大,呼叫接线速度慢,故障率高,但系统的电路技术简单,人员培训容易。

在 20 世纪 30 年代末,40 年代初,出现了纵横制交换机(crossbar system)。纵横制交换机与步进制交换机相比主要有两点不同:一是使用纵横接线器替代了步进选择器;二是采用公共控制方式。与步进接线器相比,纵横接线器体积小,开关密度大,无机械旋转动作,接点采用压接触方式,因而噪音小、可靠性高、维护工作量少。采用公共控制方式,使控制部分与话路部分分离,控制部分可独立设计,灵活方便,功能强,接续速度快。

3. 电子式自动交换阶段

机电式交换机的控制系统采用布线逻辑控制方式,即硬件控制方式,这种控制方式灵活性差,控制逻辑复杂,很难随时按需更改控制逻辑。随着电子计算机技术的产生和发展,用计算机完成交换机的控制成为可能。采用计算机软件控制交换的交换机,即存储程序控制的交换机被称作程控交换机(SPC)。

早期的程控交换机是半电子交换机,即准电子交换机,其话路部分采用机械触点,控制部分采用电子器件。随着电子技术的发展,程控交换机的话路部分和控制部分均采用了电子器件,成为全电子交换机。

1965 年 5 月美国开通了第一台程控交换机(ESS No. 1),该交换机为模拟程控交换机,其话路部分传送和交换的信号是模拟信号。随着数字传输技术的发展,人们希望交换机能够直接交换数字信号。1970 年法国开通了第一台数字程控交换机(E10),其话路传送和交换的信号是数字信号。

数字程控交换机能提供许多新的服务,它的维护管理更方便,可靠性更高,灵活性更大,便于采用新技术和灵活增加各种新业务,具有以往任何交换机所无法比拟的优越性,因而在电话网中得到普遍的应用。

我国在 20 世纪 80 年代初开始大力发展程控交换技术,虽然起步较晚,但起点高,发展迅速，大致经历了以下三个阶段。

（1）引进程控交换机

此阶段，我国没有自己研制生产大型程控交换机的能力，而是在电话网上大量引进国外先进的程控交换系统，比较有代表性的有 AXE10、FETEX-150、E10B、5ESS、NEAX61、EWSD 等。

（2）引进程控交换机生产线

此阶段，我国先后引进了多条程控交换机生产线，并对其产品技术消化吸收，比较有代表性的是在上海、北京、天津分别建立的 S1240、EWSD、NEAX61 程控交换机生产线。

（3）自行研制程控交换机

20 世纪 80 年代中到 90 年代初，我国相继推出了自行研制的大型数字程控交换系统，比较有代表性的是华为的 C&C08、中兴的 ZXJ10、巨龙的 HJD-04 和大唐的 SP30 交换机。这些国产交换机在我国电话网上所占比例越来越大，得到了普遍的应用，同时也大量出口到国外，表明我国程控交换技术和产业已经跻身于世界先进的行列。

3.2 数字程控交换机系统结构

第 1 章介绍了电信交换系统的基本结构。数字程控交换机同样是由控制子系统和信息传送子系统构成的。由于电话网中交换设备的信息传送子系统，传送和交换的信息主要是话音，因而通常称之为话路子系统。数字程控交换机的基本结构如图 3.2 所示。

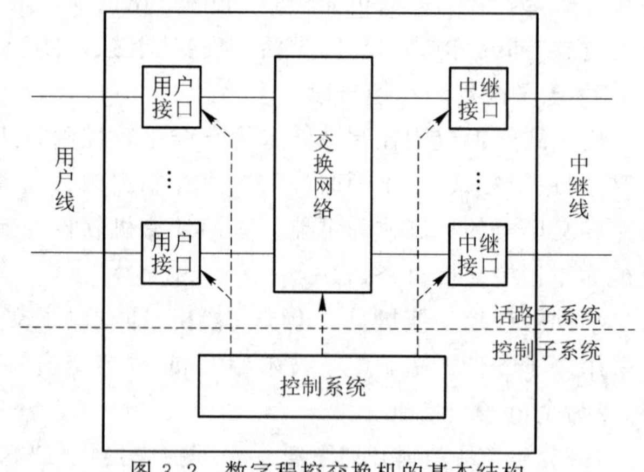

图 3.2 数字程控交换机的基本结构

由图 3.2 可知，数字程控交换机的基本结构是由话路子系统和控制子系统构成的，话路子系统又是由交换网络和接口设备组成的。

一般数字程控交换机实际实现时多采用图 3.3 所示的典型系统结构。在这种实际实现的典型结构中，其基本结构仍由控制子系统和话路子系统构成，但它采用模块化分级控制结构方式。

1. 控制子系统

控制子系统是交换机的"指挥系统"，交换机的所有动作都是在控制系统的控制下完成的。图 3.3 所示的数字程控交换机的典型系统结构，实际上采用的是分级分散控制的方式，其控制

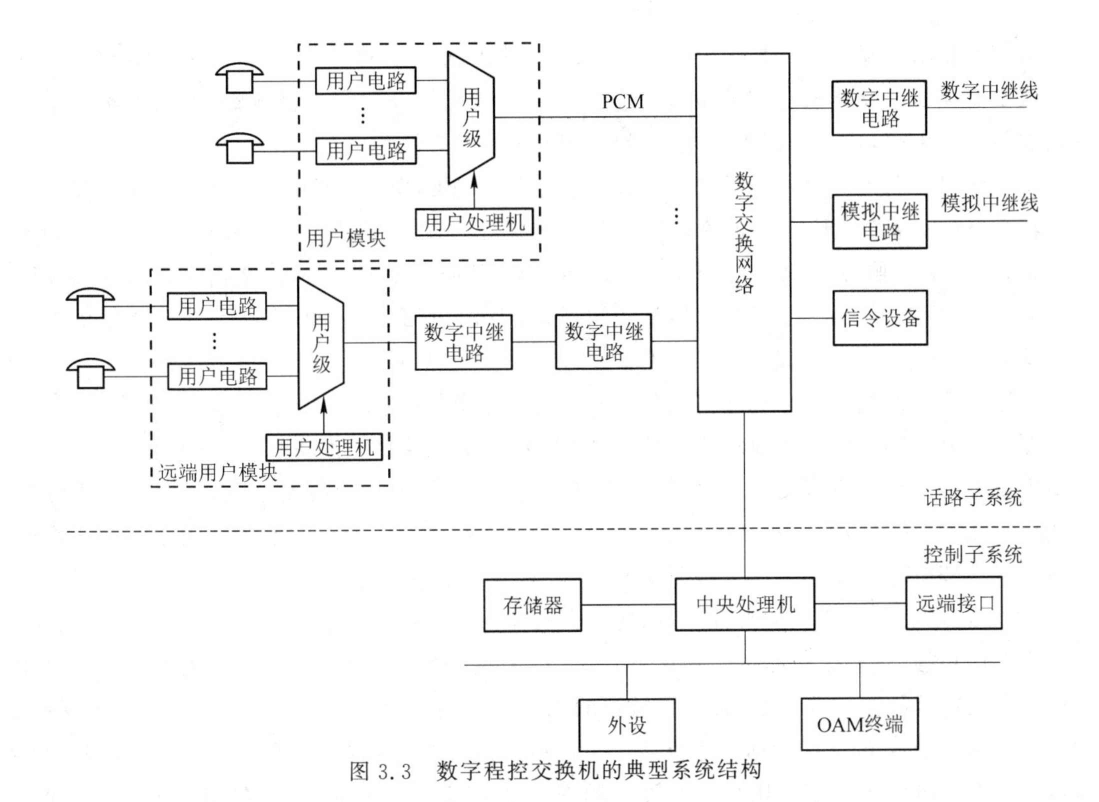

图 3.3　数字程控交换机的典型系统结构

子系统是由中央级(选组级)控制系统和用户级控制系统两级组成的。用户级控制系统即用户级 CPU,一般负责对用户模块内的所有用户线路进行监视扫描,控制用户级交换网络,完成话务的集中,并对相关资源进行分配。中央级控制系统是由处理器(CPU)、存储器、各种 OAM 终端和各种外设组成的,远端接口是控制子系统与集中操作维护中心、网管中心、计费中心等的数据传送接口。中央 CPU 一般负责系统资源的分配、中央交换网络的控制、呼叫处理、信令处理、控制用户级 CPU 以及完成系统的操作、维护、管理等功能。

2. 话路子系统

话路子系统是由中央级(选组级)交换网络和用户级交换网络以及各种接口设备组成的。

交换网络主要完成交换的功能,即在某条入线与出线之间建立连接,从而实现不同线路端口上的话音交换。第 2 章介绍了交换网络的构成以及各种不同交换网络所具有的特性。数字程控交换机的交换网络是数字交换网络,主要采用 T 接线器或 T 和 S 接线器,并按照一定的拓扑结构和控制方式构成,用于完成时分复用信号的交换。

接口设备是数字程控交换机与外围环境的接口,其功能主要是完成外部信号与交换机内部信号的转换。程控数字交换机的接口设备主要有用户电路、中继电路和信令收发设备。

用户电路是用户终端设备与交换机的接口,用户终端通过用户线连接到交换机,因而每条用户线对应一套用户电路。

人们通常将交换机与交换机之间的通信线路叫做中继线，中继电路是连接中继线的接口，它一般是交换机与交换机之间的接口。连接数字中继线的是数字中继电路，连接模拟中继线的是模拟中继电路，模拟中继电路现在已很少使用。

信令收发设备是指信号发生器、DTMF 接收器、MFC 收发器（采用 CAS 信令时）和公共信道信令终端设备（采用 CCS 信令时）。信号发生器完成用户线上信令的发送，如各种音信号的发送；DTMF 接收器负责 DTMF 信号的接收；MFC 收发器负责中继线上随路信令的发送和接收，如中国 No.1 信令的 MFC 信号的收发；公共信道信令终端设备负责 No.7 信令的发送和接收。

话路子系统的交换网络和接口设备在 CPU 的控制下工作。

图 3.3 所示的系统采用模块化的结构，它由中央级（选组级）模块和用户级模块组成。中央级模块主要包括中央级交换网络、信令接口、中继接口和中央级控制系统，完成交换机的核心交换功能和信令处理。用户级模块指用户模块，包括远端用户模块，它主要由用户级交换网络、用户电路和用户 CPU 组成。需要说明的是，有些交换系统为便于管理中继线，设置了中继模块，中继模块配备专门的中继处理机，用于完成监视扫描中继线、控制话音信息传送等功能。

设置用户级，主要完成话务量集中的功能，集中比一般为 2∶1 或 4∶1，这样可将一群用户以较少的链路接至交换网络，提高了链路的利用率。用户模块一般都具有用户级交换网络，该网络大多为单 T 的交换网络。根据各个交换机功能设计的不同，具有用户模块内部交换功能或只具有话务集中功能。用户模块设有用户模块 CPU，专门负责用户线的扫描监视、用户级交换网络的控制等。

远端用户模块的构成与用户模块基本相同，它是放置在远离中央级（选组级，通常称为母局）且用户比较集中的地方。由于远离中央级（选组级），所以远端用户模块与母局之间采用数字 PCM 链路通过数字中继设备相连。远端用户模块的设置，节省了用户线路的投资，将模拟信号传输改为数字信号传输，改善了线路的传输质量。对于远端用户模块，除了要求它完成与用户模块相同的功能外，通常对它还有两点特殊的要求。

(1) 远端用户模块一般具有模块内的交换功能。

(2) 当远端用户模块与母局之间的 PCM 链路出现故障无法进行任何通信时，模块内部的用户之间可以正常通话；能继续提供 119、110、120 和 122 等特种服务；至少能保存最近 24 小时的计费信息，一旦与母局恢复联系，可将计费信息传至母局。

3.3 接口设备

接口设备是数字程控交换机与外围环境的接口，其功能是完成外部信号与交换机内部信号的转换。数字程控交换机的接口设备主要有用户电路、中继电路和信令收发设备。

3.3.1 数字程控交换机的接口类型

ITU-T 对交换设备应具有的接口种类提出了建议，规定了接口的电气特性和应用范围，数字程控交换机的接口类型如图 3.4 所示。

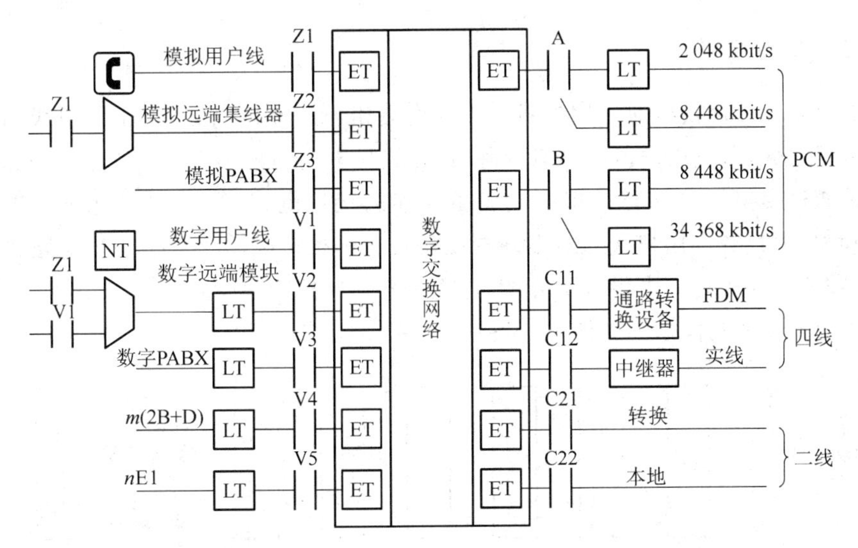

图 3.4 数字程控交换机的接口类型

V 类和 Z 类接口是数字程控交换机用户侧接口，A 类、B 类和 C 类接口是数字程控交换机与其他交换机的接口，是网络侧接口。其中数字接口有用户侧的 V 类接口和网络侧的 A 类、B 类接口；模拟接口有用户侧的 Z 类接口和网络侧的 C 类接口；另外还有网管接口 Q_3 接口。各接口的具体说明如下。

(1) V 接口

- V1：连接数字用户线接口，速率一般为 64 kbit/s，它所连接的终端可为 ISDN 的 2B+D 或 30B+D 的终端，或其他数字终端。
- V2：连接数字远端模块的接口。
- V3：连接数字 PABX 的接口，为 ISDN 的基群速率接口(30B+D)。
- V4：支持多个 2B+D 终端接入的接口。
- V5：接入网第一个标准化的接口，支持 n 条 E1 的接入($1 \leqslant n \leqslant 16$)，V5 接口包括 V5.1 接口和 V5.2 接口。

(2) Z 接口

- Z1 接口：连接单个模拟用户终端的接口。
- Z2 接口：连接模拟远端集线器的接口。
- Z3 接口：连接模拟 PABX 的接口。

(3) A 接口:PCM 一次群接口,速率为 2 048 kbit/s。

(4) B 接口:PCM 二次群接口,速率为 8 448 kbit/s。

(5) C 接口:二线或四线模拟中继接口(目前很少使用)。

(6) Q_3 接口:与电信管理网(TMN)的接口,用于操作、维护、管理和计费等。

3.3.2 用户电路

用户电路是程控交换机通过用户线与用户终端相连的接口电路,由于用户线和用户终端有数字和模拟之分,所以用户电路也有两种:模拟用户电路和数字用户电路。模拟用户电路是程控交换机通过模拟用户线与模拟终端设备相连的接口电路;数字用户电路是程控交换机(ISDN 交换机)通过数字用户线与数字终端设备相连的接口电路。数字用户电路将在第 6 章 ISDN 交换技术的相关内容中做详细介绍,这里只介绍模拟用户电路。

模拟用户电路的功能框图如图 3.5 所示。

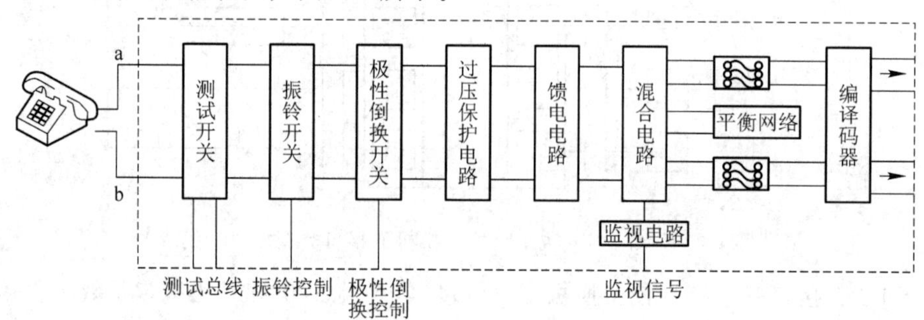

图 3.5 模拟用户电路的功能框图

模拟用户电路的功能可归纳为以下 BORSCHT 七个功能。

(1) B(battery feeding)馈电

(2) O(overvoltage protection)过压保护

(3) R(ringing control)振铃控制

(4) S(supervision)监视

(5) C(CODEC & filters)编译码和滤波

(6) H(hybird circuit)混合电路

(7) T(test)测试

1. 馈电

在电话通信中,交换机通过用户线向用户终端提供通信的电源,这种馈电功能是由交换机的用户电路完成的。

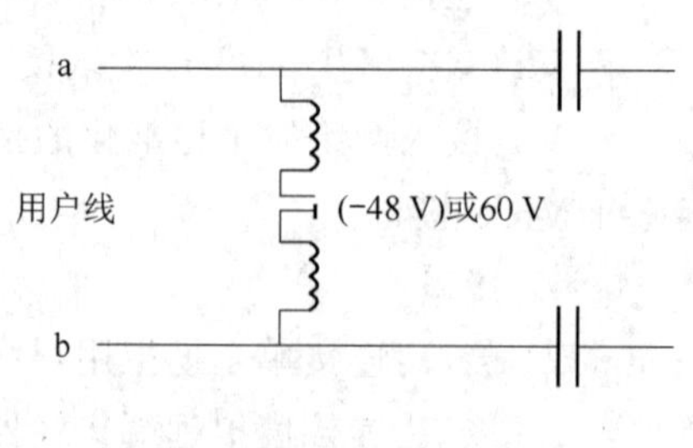

图 3.6 馈电原理

馈电电路的基本结构如图 3.6 所示,其中电容的特性为"隔直流、通交流",电感的特性为"隔交流、通直流",因此图中电感和电容的设置,既可保证向用户供电,减少对话音信号的影响,又可将话音信号传送到交换机内。在我国馈电电压规定为−48 V或 60 V,国外设备一般为−48 V。如果用户线距离增大,馈电电压会有所增加。目前此功能大都由集成电路来实现。

2. 过压保护

由于用户线是外线,所以可能会遭到雷电或高压电等的袭击,交换机内是严禁高压进入的,这会损坏交换机内部设备。

为了防止外来高压的袭击,交换机一般采用两级保护措施:第一级保护是在总配线架上安装避雷设施和保安器(气体放电管),但是这样仍然会有上百伏的电压输出,仍可能对器件产生损伤,还需要采取进一步的保护措施;第二级保护就是用户电路的过压保护。

用户电路的过压保护常采用钳位方法,如图 3.7 所示。从图中可见,平时用户内线的 a、b 线上的电位将保持在−48V 或 60V 状态。若外线电压高于内线电压,则在电阻 R 上产生压降,用户内线电压被二极管钳住在 0;若外线电压低于内线电压,用户内线电压被二极管钳住在−48V 或 60V。此外,两种情况下,在电阻 R 上都会产生压降,R 可以采用热敏电阻,平时 R 具有很小的电阻值,而当高压进入时,R 的电阻值升高,从而降低了内线电压和电流,而且必要时可自行烧毁,内外线断开,从而达到保护内线的目的。

3. 振铃控制

向用户振铃的铃流电压一般较高,我国规定的标准是 90 V±15 V、25 Hz 交流电压作为铃流电压。铃流电压一般是通过继电器控制或高压电子器件向话机提供的。

由振铃继电器控制振铃的原理如图 3.8 所示。从图中可知,由 CPU 送出的振铃控制信号控制继电器的通断,当继电器接通时就可将铃流送往用户,被叫用户摘机后,振铃开关送出截铃信号,CPU 则控制停止振铃。

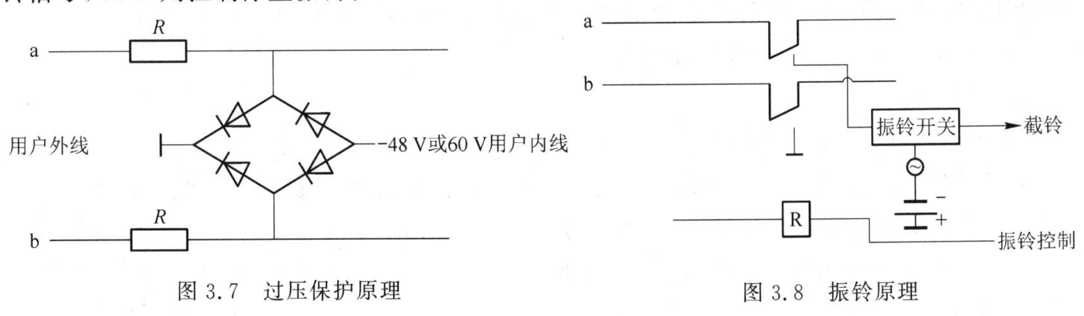

图 3.7　过压保护原理

图 3.8　振铃原理

4. 监视

为完成电话呼叫,交换机必须能够正确判断出用户线上的以下 3 种情况。

(1) 用户话机的摘挂机状态。

(2) 用户话机(号盘)发出的拨号脉冲。

(3) 投币、磁卡等话机的输入信号。

上述用户线的几种情况的判断可通过监视用户线上直流环路电流的通/断来实现。用户挂机空闲时，直流环路断开，没有馈电电流；反之，用户摘机后，直流环路接通，有馈电电流。

用户线监视原理如图 3.9 所示。在图 3.9(a)中，直流馈电电路串联了一个小电阻，通过检测电阻上的直流压降便可得知在 a、b 线上是否形成了直流通路；在图 3.9(b)中，通过从过压保护电阻 R 的内外侧各引出信号进行比较而得知用户线状态，有压降则形成直流通路，无压降则没有直流通路。

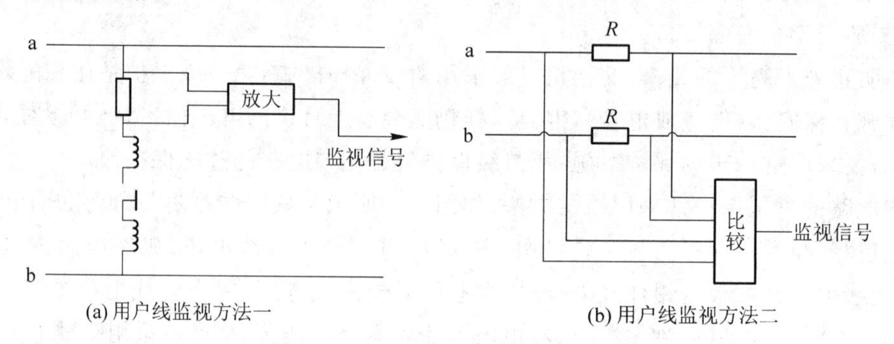

图 3.9　用户线监视原理

5. **编译码和滤波**

编译码器的任务是完成模拟信号和数字信号间的转换。数字交换机只能对数字信号进行交换处理，而话音信号是模拟信号，所以需要用编码器(coder)把模拟话音信号转换成数字话音信号，然后送到交换网络中进行交换，并通过解码器(decode)把从交换网络来的数字话音信号转换为模拟话音信号送给用户。CODEC 是 coder 和 decode 这两个英文单词的缩写。

为避免在模/数变换中由于信号取样而产生的混叠失真和 50 Hz 电源的干扰以及 3 400 Hz 以上的频率分量信号，模拟话音在进行编码以前要通过一个带通滤波器，而在接收方向，从解码器输出的脉冲幅度调制(PAM)信号，要通过一个低通滤波器以恢复原来的模拟话音信号。

编译码器和滤波一般采用集成电路来实现。

6. **混合电路**

混合电路用来完成二/四线的转换。

用户话机的模拟信号是二线双向的，数字交换网的 PCM 数字信号是四线单向的，因此，在编码以前和译码以后一定要进行二/四线转换。

混合电路的平衡网络用于平衡用户线阻抗。

7. **测试**

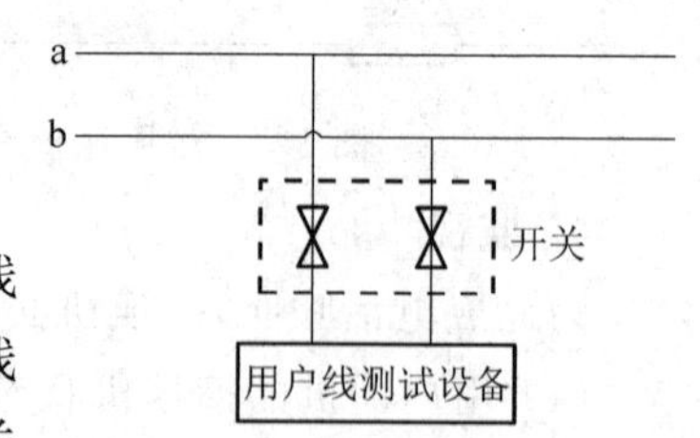

图 3.10　配合外部测试原理

用户电路可配合外部测试设备对用户线进行测试，用户线测试功能的实现如图 3.10 所示，它是通过测试开关将用户线接至外部测试设备实现的。图中的测试开关可采用电子开关或继电器。用户电路也具有配合内部测试的功能，即将 a、b 线内环,通过交换机的软件测试程序进行自测。

用户电路除以上七项基本功能外,还具有主叫号码显示、计费脉冲发送、极性反转等功能。

3.3.3 中继电路

中继电路是交换机和中继线的接口设备,也叫做中继器。交换机的中继电路有数字中继电路和模拟中继电路。模拟中继电路是交换机与模拟中继线的接口,用于连接模拟交换局,模拟中继电路的功能与用户电路的功能基本相似,目前在电话网上已很少使用,在此不作详细介绍。本节重点介绍数字中继电路。

数字中继电路是连接局间数字中继线的接口设备,用于与数字交换局或远端用户模块相连。数字中继电路的功能框图如图 3.11 所示。

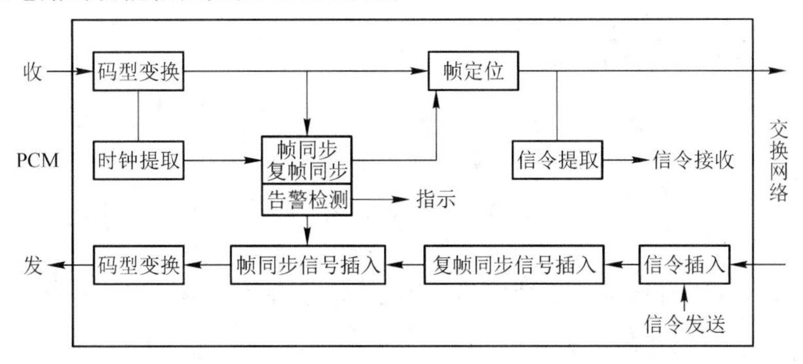

图 3.11 数字中继电路的基本框图

数字中继电路的基本功能主要有 6 个。

(1) 码型变换

由于 PCM 线上使用的传输码型与交换网络内部的码型不同,PCM 线上使用的传输码型一般是 HDB_3 型码(高密度双极性码),交换机内部的码型一般采用单极性不归零码(NRZ码),码型变换的任务就是在接收和发送方向完成这两种码型的相互转换。

(2) 帧同步

数字中继线上的 PCM 信号是以帧方式传输的,其帧格式如图 3.12 所示。

帧同步就是从接收的数据流中搜索并识别到帧同步码,以确定一帧的开始,使接收端的帧结构排列和发送端的完全一致,从而保证数字信息的正确接收。帧同步码 0011011 在 PCM 偶帧的 TS_0 中。

在帧同步的过程中会有两个基本状态:帧同步状态和帧失步状态。在给定的帧同步码位上检测出已知的帧同步码称为帧同步状态。当连续三次(或四次)检测到的码字与帧同步码不相符时,则判定为帧失步状态,这时系统会在奇帧的 TS_0 发出失步告警码通知对端局。系统在帧失步状态下,只有连续两个偶帧都检测到同步码时,才判定为恢复到帧同步状态。

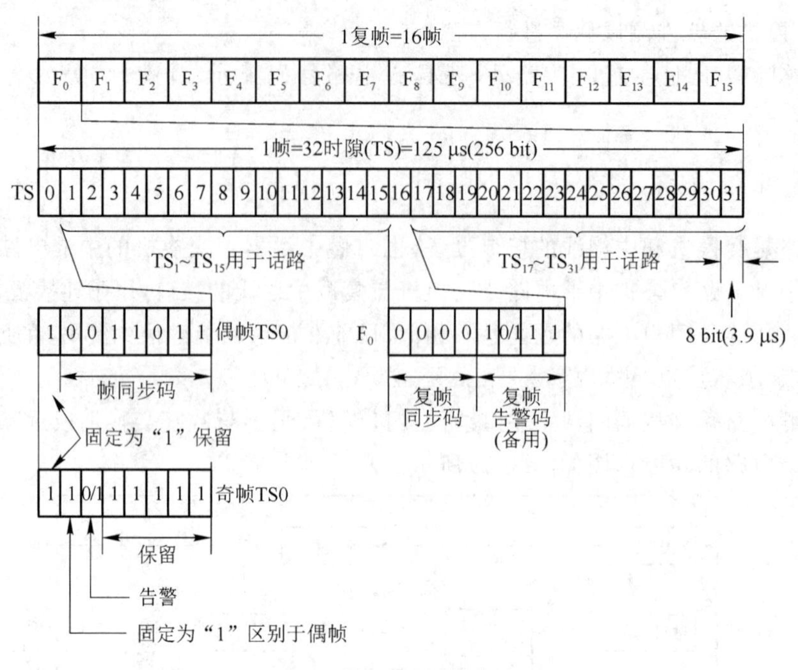

图 3.12　PCM 的帧格式

(3) 复帧同步

如果数字中继线上采用的是随路信令(中国 No.1 信令),则除了帧同步外,还要有复帧同步。

PCM 的 1 个复帧由 16 个帧组成。复帧同步是使接收端与发送端的复帧结构排列完全一致。在随路信令方式中,各话路的线路信令在一个复帧的 TS_{16} 中的固定位置传送,如果复帧不同步,线路信令就会错路。复帧同步就是为了保证各路线路信令不错路。

复帧同步码在 F_0(复帧的第 1 个帧)的 TS_{16} 的高 4 个比特中传送,码字为 0000。

(4) 时钟提取

时钟提取的任务就是从输入的数据流中提取时钟信号,以便与远端的交换机保持同步。被提取的时钟信号将作为输入数据流的基准时钟,用来读取输入数据,同时该时钟信号还可用作本端系统时钟的外部参考时钟源。

(5) 提取和插入信号

提取和插入的信号主要包括帧同步信号、复帧同步信号和告警信息的插入与提取,此外,当数字中继线上采用的是随路信令(中国 No.1 信令)时,在 TS_{16} 还要提取和插入中国 No.1 信令的线路信令。

(6) 帧定位(再定时)

从数字中继线上输入的码流有它自己的时钟信息(它局时钟),而接收端的交换机也有它自己的系统时钟(本局时钟),这两个时钟在频率和相位上不可能完全一致。帧定位就是采用弹性缓存的方式,用提取的时钟控制输入码流写入弹性缓冲器,用本局时钟控制从弹性缓冲器中读出码流,从而把输入数据的时钟调整到本局系统时钟上来,实现系统时钟的同步。

3.3.4 数字音频信号的产生、发送和接收

在电话通信过程中,交换机需要向用户和其他交换局发送各种信号,如拨号音、回铃音、MFC 信号等,同时也能够接收用户线或中继线上来的各种信号,如 DTMF 信号、MFC 信号。数字信号发生器、DTMF 接收器、MFC 发送器和 MFC 接收器分别完成上述相应信号的发送或接收,在本节中将重点介绍数字音频信号的产生、发送和接收的基本原理。

1. 音频信号的种类

交换机的音频信号种类很多,下面介绍用户线和中继线上的信号。

(1) 交换机到用户

交换机到用户的信号主要是各种信号音,交换机需要产生的主要信号音及其时间结构如图 3.13 所示。它们均是单频信号音,信号源为 450 Hz 或 950 Hz 的正弦波。

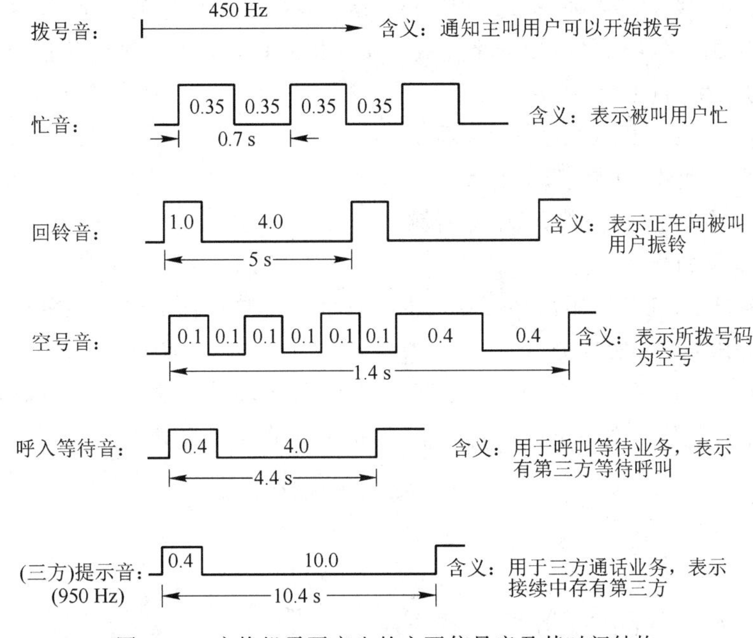

图 3.13 交换机需要产生的主要信号音及其时间结构

(2) 用户到交换机

用户向交换机发送的信号主要是被叫号码,它包括两种形式:直流脉冲和双音多频(DT-MF)。DTMF 信号的构成如表 3.1 所示。因此,交换机应能正确接收这两种信号,直流脉冲一般采用软件收号,也叫做软收号,DTMF 采用 DTMF 收号器来接收。

表 3.1　DTMF 信号

高频/Hz	高频/Hz			
	1 209	1 336	1 477	1 633
697	1	2	3	A
770	4	5	6	B
852	7	8	9	C
941	*	0	#	D

(3) 交换机到交换机

当局间采用中国 No.1 信令时，交换机到交换机之间发送和接收的是局间多频互控(MFC)信号。局间 MFC 信号是双音频信号，全部在音频的范围内，即在 300～3 400 Hz 之间。其高频段(前向)信号频率为 1 380、1 500、1 620、1 740、1 860、1 980 Hz，它采用“六中取二”的频率组合；低频段(后向)信号频率为 1 140、1 020、900、780 Hz，它采用“四中取二”的频率组合。

通过上述分析可知，交换机应具备音频信号接口，既能产生单音频和双音频的信号，也应能接收双音频的信号。无论是信号音还是 DTMF 和 MFC 信号，都是音频模拟信号。由于交换机内部交换和中继线上传输的都是数字信号，所以这些音频信号的产生、发送和接收一般采用数字信号发生器和数字信号收发器来完成。交换机应具有以下 4 种音频信令接口。

(1) 音信号发生器(数字、单音频)。

(2) DTMF 信号接收器(数字、双音频)。

(3) MFC 信号接收器(数字、双音频)。

(4) MFC 信号发生(送)器(数字、双音频)。

2. 单音频信号的产生

在数字交换机中，通常采用数字信号发生器直接产生数字化信号。数字信号发生器是利用只读存储器(PROM)来实现的。

单音频信号产生的基本原理是：按照 PCM 编码原理，将信号按 125 μs 间隔进行抽样(也就是 8 kHz 的抽样频率)，然后进行量化和编码，得到各抽样点的 PCM 信号值，按照顺序将其

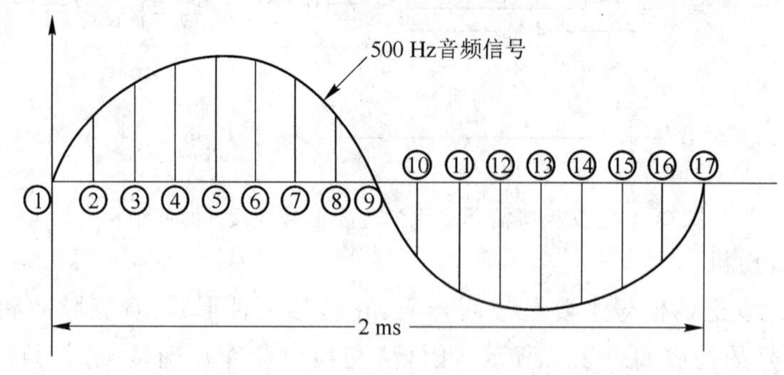

图 3.14　单音频信号产生原理

放到 ROM 中,在需要的时候按序读出。图 3.14 所示为单音频信号的产生原理。

这里以 500 Hz 单音频正弦信号来说明数字信号的产生原理。因为 500 Hz 的信号周期为 2 ms,所以在一个周期内需要取样 16 次,占用 ROM 的 16 个单元来存储这 16 个抽样值。当需要这个正弦信号时,只要每隔 125 μs 读取 ROM 中的内容,就可以得到代表 500 Hz 的数字化音频。

3. **双音频信号的产生**

交换机需要产生的双音频信号是中继线上的 MFC 信号。以多频互控信号为例说明双音频信号产生的基本原理。

产生双音频信号最主要的就是要确定一个"重复周期",使得在这个周期内两个双音频信号和 PCM 的抽样信号都重复了完整的周期,即三个信号的重复次数均为整数。例如要产生 1 500 Hz和 1 620 Hz 的双音频信号,首先在 1 500 Hz、1 620 Hz 和 8 000 Hz 的三个频率中取最大公约数 20 Hz,它是重复频率,重复周期为 50 ms,即在 50 ms 内,1 500 Hz 重复了 75 次,1 620 Hz重复了 81 次,8 000 Hz 重复了 400 次。因此在 50 ms 周期内,要取 400 个抽样值存放在 ROM 中。在需要时按序读出即形成了数字双音频信号。

4. **数字音频信号的发送**

在数字交换机中,各种数字信号一般通过数字交换网络来传送。

图 3.15 所示为通过数字交换网络向用户送信号音的应用举例。在图 3.15 中,交换网络有 16 条入线和 16 条出线,分别标志为 0～15,每条入、出线上传送的是 32 路 PCM 信号,信号音发生器连在交换网络的入线 15 上,它通过入线 15 的 TS1、TS2 固定时隙,通过交换网络分别向用户送忙音和拨号音。在某一时刻,出线 2 上的用户 A 需要送忙音,它所分配的话路时

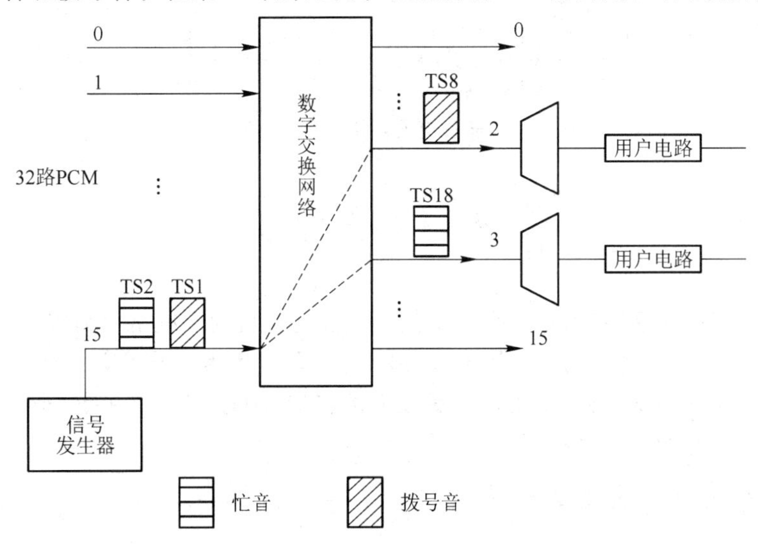

图 3.15　通过交换网络向用户送信号音

隙是 TS8;出线 3 上的用户 B 需要送拨号音,它所分配的话路时隙是 TS18。要实现向用户 A 送忙音和向用户 B 送拨号音,交换机只要将入线 15 的 TS1 与出线 2 的 TS8 相连,同时在入线 15 的 TS2 与出线 3 的 TS18 之间建立连接即可。由于同一时刻需要送音的用户有多个,所以通过交换网络送音要建立的不仅是点到点的连接,还需要点到多点的连接。

数字多频信号的发送原理与数字单频信号相似,不同的是一个数字多频信号发生器对应一路话路,因而它需要交换网络建立的连接仅为点到点方式。

5. 数字音频信号的接收

交换机要接收的信号有 DTMF 信号和 MFC 信号,它们都是多频信号。为实现 DTMF 和 MFC 信号的接收,交换机设有 DTMF 收号器和 MFC 接收器,它们是交换机的公用资源。

通过交换网络实现多频信号的接收是常用的一种方法,这与数字音频信号的发送相类似,所不同的是 DTMF 收号器和 MFC 接收器一般接于交换网络的出线上,即下行母线上。当接收 DTMF 信号时,交换网络只要将拨号用户的话路连接至相应的 DTMF 收号器即可;当接收 MFC 信号时,交换网络只要将入中继线上的话路与相应的 MFC 接收器相连即可。

数字多频信号接收器的工作原理如图 3.16 所示,一般采用数字滤波器滤波后进行识别的方法。

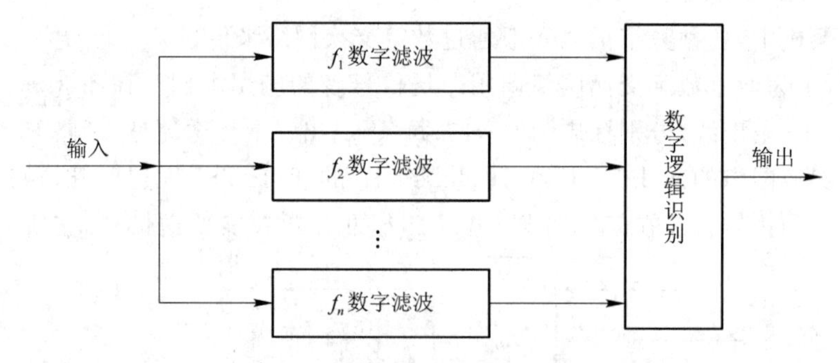

图 3.16 通过交换网络向用户送信号音

3.4 话路建立

第 2 章介绍了交换网络,本章又介绍了数字程控交换机的系统结构和接口部分的内容,到目前为止,读者对话路子系统的各个组成部分的基本原理和相关技术有了深入的了解。本节将详细介绍话路建立的全过程,使读者对话音传送和交换的过程以及在该过程中各组成部分所完成的功能和所起的作用更有深入的理解。

3.4.1 复用器与分路器

PCM 信号传输采用串行码,即一个时隙的 8 位码在一条线路上串行传输,而 T 接线器的话音存储器字长一般为 8 位,其写入和读出是以字长为单位进行的,即 8 位码并行同时写入或读出。数字程控交换系统的交换网络一般由 T 接线器或 T 和 S 接线器组合构成的，因此当话音信号进入交换网络交换时，先要将串行码转换为并行码，这个过程叫做串并变换；当话音信号完成交换从交换网络输出时，也要进行一个反变换，即将并行码转换为串行码，这个过程叫做并串变换。

复用器主要完成两个功能。

(1) 信号的串并变换。

(2) 将多路低速信号进行时分复用，形成高速的时分复用信号。

分路器完成的功能与复用器相反，也称为解复用，它有两个功能。

(1) 信号的并串变换。

(2) 将高速的时分复用信号进行分路，形成多路低速信号。

复用器、分路器与 TST 网络的连接方式如图 3.17 所示。

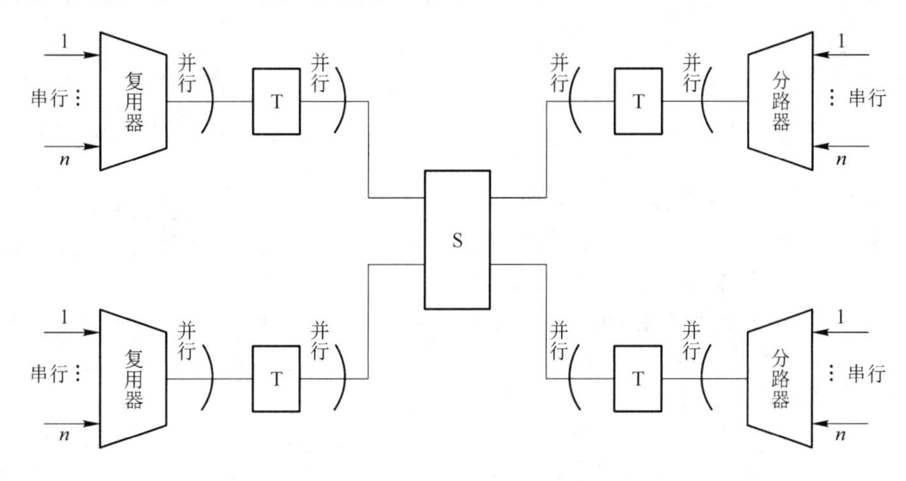

图 3.17　复用器、分路器与 TST 网络

复用器的串并变换与复用如图 3.18(a)所示。分路器的并串变换和分路如图 3.18(b)所

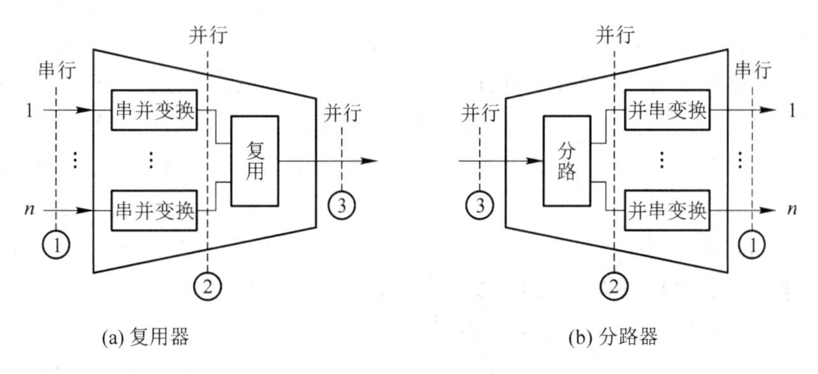

图 3.18　复用器与分路器的工作原理

示。若进入每个复用器的 PCM 线路数为 4，即 $n=4$，并且每条 PCM 线路速率为 2 048 kbit/s，则①点速率为 2 048 kbit/s，传输信号为串行码；②点速率为 256 kbit/s，传输信号为 8 位并行码；③点速率为 1 024 kbit/s，传输信号为 8 位并行码。各点的波形图如图 3.19 所示。分路器完成相反过程的变换，若进入分路器的信号速率为 1 024 kbit/s，分路器输出线数为 4，则各点速率和串并码与复用器相同。

如果复用器输入线数为 n，依次编号为 0、1、…、$n-1$，且 i 号输入线上的 TS_j 信号经复用器串并变换和复用后，在输出线上第 k 个时隙输出，即在 TS_k 出现，则有 $k=jn+i$。

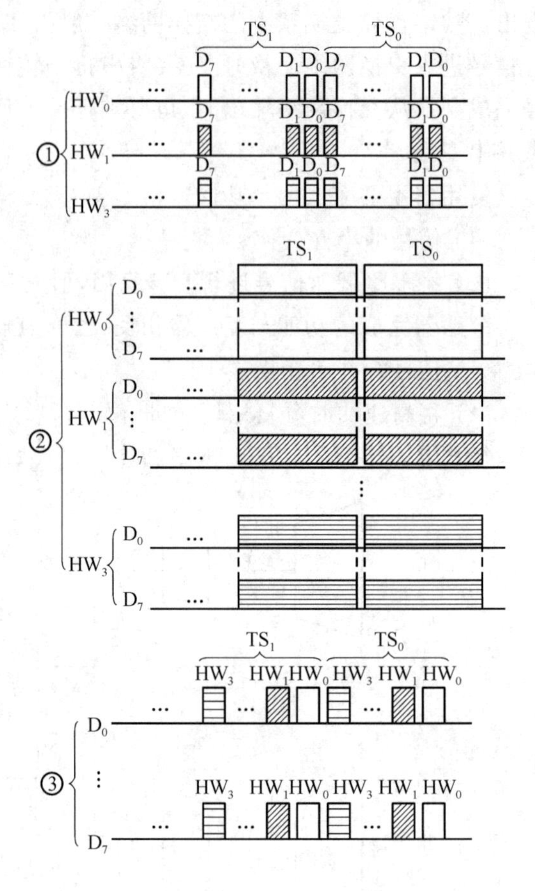

图 3.19　串并、复用各点波形图

3.4.2　话路建立

假设有数字程控交换机如图 3.20 所示。其系统结构采用模块化分级控制方式，由中央级（选组级）和用户级组成。选组级交换网络采用 T-S-T 三级交换网络，由中央处理机来控制。用户级有 4 个用户模块，每个用户模块有 256 个用户，经过用户模块的用户集中器（按 4 : 1），通过两条 2 Mbit/s 的 32 路 PCM 线路与选组级交换网络相连，用户模块由用户处理机控制。话音进入选组级交换网络首先要经过复用器进行串并变换和复用，然后才进入 T 接线器，此时信号速率变为 512 kbit/s，每帧 64 个时隙；话音从交换网络的第 3 级出来还要经过分路器，进行并串变换和解复用，信号速率由 512 kbit/s 变为 2 Mbit/s。选组级交换网络的第 1 级和第 3 级分别由 4 个 T 接线器组成，第 2 级 S 接线器的交换矩阵为 4×4，它可完成 4 条母线之间的空间交换，通常将交换网络或交换单元的入、出线称为母线。整个交换网络有 8 条入线和 8 条出线，分别标志为 0～7，每条入、出线的话路数为 32，交换网络的容量为 256×256。

若用户模块 1＃的用户 A 要与用户模块 4＃的用户 B 进行通话，通话中，A 为主叫用户，B 为被叫用户，这是一个本局呼叫。假设在此次通话中主叫用户 A 分配的时隙为母线 0 上的 TS_8，被叫用户 B 分配的时隙为母线 6 上的 TS_5。

A 用户话音经过复用器 M0 后，话路时隙由 TS_8 变为 TS_{16}。A 话音经上行第一级 T 接线器交换到 ITS_{20}，ITS_{20} 是交换所选的内部时隙。A 话音经 S 接线器完成了母线间的交换，即从

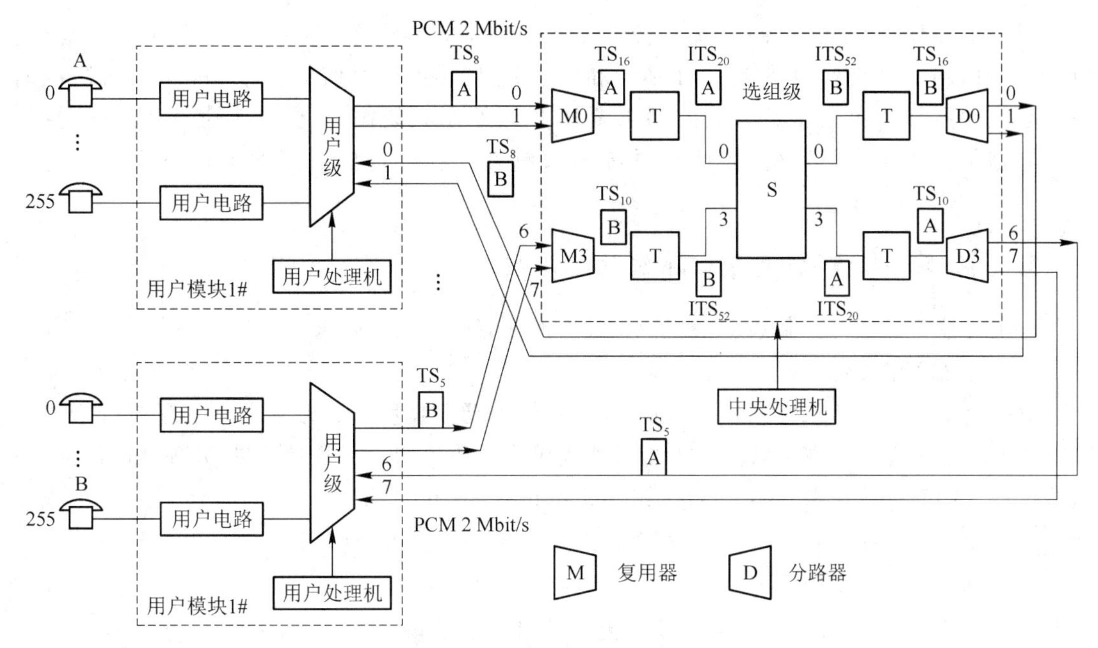

图 3.20 话路建立过程举例

S 的入线 0 交换到了出线 3 上，时隙不变。交换接续到第 2 级的 T 接线器，它完成由内部时隙 ITS_{20} 至 TS_{10} 的交换。再经过分路器 D3 后，这时接续到达被叫用户 B 的话路时隙——母线 6 上的 TS_5。

上面是将话音信号 A 接续到了 B，正常通话还应完成 B→A 的话路接续。B 用户话音经过复用器 M3 后，话路时隙由 TS_5 变为 TS_{10}。B 话音经上行第一级 T 接线器交换到 ITS_{52}，ITS_{52} 是 B→A 交换所用的内部时隙，它是采用反向法计算得到的，即 A→B 方向选择的内部时隙为 ITS_{20}，T 接线器输入信号每帧为 64 个时隙，半帧为 32，故有 20＋32＝52，B→A 方向交换所用的内部时隙为 ITS_{52}。B 话音经 S 接线器从入线 3 交换到了出线 0 上，时隙不变。交换接续进展到第 2 级的 T 接线器，它完成由内部时隙 ITS_{52} 至 TS_{16} 的交换。再经过分路器 D0 后，这时接续到达主叫用户 A 的话路时隙——母线 0 上的 TS_8。

上面所述就是一次通话话路的完整建立过程。

这里只说明了话路部分的接续过程，并没有详细说明在这个过程中控制子系统的软件控制方法和步骤，上述话路接续过程离不开控制系统的控制。此外，图 3.20 简化了交换机的系统结构，省略了中继模块与交换网络的连接关系，只是给出了与本局呼叫话路接续相关的部分。

3.5 控制子系统

程控交换机的控制系统是交换机的“指挥系统”，所有的“命令”从这里发出，交换机执行的每一个操作，都是在控制系统的控制下执行的，控制系统是交换机的重要组成部分。由于对通信网中的交换设备有高可靠性和能处理大量并发通信的要求，所以对交换机的控制系统在可靠性和处理能力上的要求要比其他控制系统高，这使得程控交换机的控制系统有别于一般的控制系统，在控制系统的构成方式和处理机之间的工作方式上具有特殊性。

3.5.1 程控交换机对控制系统的基本要求

对于程控交换机的控制系统，最基本、最关键的有两方面的要求。

1. 呼叫处理能力

程控交换机的核心工作就是处理各类呼叫，因此通常用呼叫处理能力来衡量程控交换机控制系统的处理能力。呼叫处理能力是指在满足服务质量的前提下，处理机处理呼叫的能力。通常用最大忙时试呼次数(BHCA：maximum number of busy hour call attempts)来表示程控交换机的呼叫处理能力，即在单位时间内控制系统能够处理的呼叫次数。

处理机的系统开销组成为

$$系统开销=固有开销+非固有开销$$

系统开销，即处理机时间资源的占用率，是统计时间内处理机运行系统软件和应用软件的时间与统计时长之比。

固有开销是与呼叫处理次数无关的系统开销，如操作系统的任务调度程序和周期执行的各种扫描程序所占 CPU 的时间与统计时长之比。

非固有开销是与呼叫处理次数有关的系统开销，如执行处理呼叫的程序所占 CPU 的时间与统计时长之比。

因此，程控交换机的 BHCA 值可采用下列公式进行粗略的计算：

$$t=a+bN$$

其中，t 为该交换机控制系统的系统开销；a 为该交换机控制系统的固有开销；b 为该交换机控制系统处理一次呼叫的非固有开销(平均值)；N 为单位时间内所处理的呼叫总次数，即呼叫处理能力值(BHCA)；bN 为该交换机控制系统的非固有开销。

下面是计算 BHCA 的一个例子。

某处理机忙时用于呼叫处理的时间开销平均为 0.80，其中固有开销 $a=0.30$，处理一次呼叫平均所用时间为 36 ms，求其 BHCA 值为多少？

这里，$t=0.80$，$a=0.30$，$b=36\times10^{-3}/3\,600$ h，由 $t=a+bN$ 可知

$$N=(t-a)/b=(0.80-0.30)\times3\,600/36\times10^{-3}=50\,000\ 次/h$$

程控交换机的呼叫处理能力与交换机的系统结构、处理机的性能、处理机的负荷分担情况、操作系统的效率、呼叫处理相关软件的编程效率等因素有关，因此，在程控交换机的软硬件设计中要充分考虑这些因素对呼叫处理能力的影响。

如果在一个有效的时间间隔周期内(不包含峰值瞬间),出现在交换设备上的试呼次数,即话务负荷超过了交换机控制系统的设计处理能力时,则称该交换设备运行在过负荷状态。加入到交换设备上的总负荷中,超过它的设计负荷能力部分称为过负荷部分,一般用负荷的百分数来表示。如加入到交换设备上试呼总次数超过它的设计负荷能力的10%时,此时称为10%过负荷。

当交换设备出现过负荷时,交换机要采取过负荷控制,以避免交换机的处理能力大幅下降。过负荷控制采取的方法一般为分级地限制某些用户的呼叫,并且至少应做到分4级进行限制,每级限制25%的用户呼叫,限制用户的顺序从普通用户到优先级用户。当过负荷程度下降时,应逐步减少呼叫限制的用户数。

对交换机过负荷控制的要求是:当出现在交换设备上的试呼次数超过它的设计负荷能力的50%时,允许交换设备呼叫处理能力下降至设计负荷能力的90%,如图3.21(a)所示。

图3.21(b)是有过负荷控制和无过负荷控制的情况对比。从图中曲线可见,如果没有过负荷控制,当交换机出现过负荷时,其控制系统的处理能力下降很快。

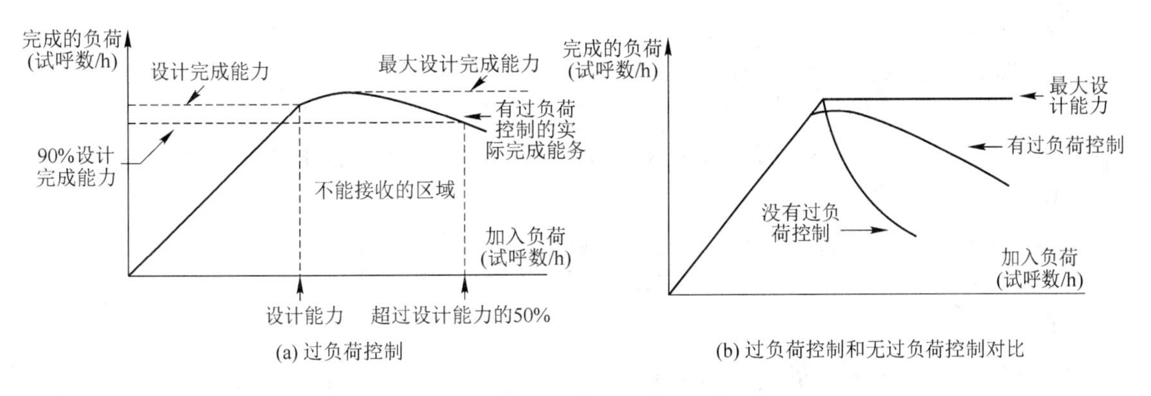

(a) 过负荷控制　　(b) 过负荷控制和无过负荷控制对比

图3.21　呼叫处理能力的特性

2. 高可靠性

程控交换设备是通信网中的核心设备,通信业务的特性决定了对其可靠性的要求比较高。按照国内电话交换设备技术规范要求,程控交换机系统中断的指标是20年内系统中断时间不得超过1 h。系统中断是指由于硬件、软件、操作系统故障以及局数据、程序差错而使系统不能处理任何呼叫且时间大于30 s。

由于控制系统是程控交换机的"神经中枢",所以要求控制系统的可靠性高,故障率低。当出现故障时,处理故障的时间要短。为提高控制系统的可靠性,人们在控制系统的构成方式上多采用多机分散和冗余配置,注重处理机间通信的可靠性和运行软件的可靠性,并增强控制系统的故障防卫和自愈能力。

3.5.2　控制系统的构成方式

程控交换机控制系统的构成方式多种多样,但从控制系统工作的基本原理来看,主要可分为两种基本方式:集中控制和分散控制。

1. 集中控制

集中控制是指处理机可以对交换系统内的所有功能及资源实施统一控制。该控制系统可以由多个处理机构成,每一个处理机均可控制整个系统的正常运作。图 3.22 表明了集中控制方式的控制关系。

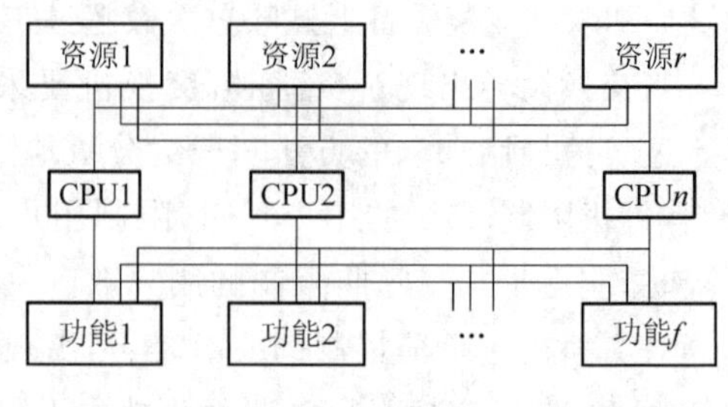

图 3.22　集中控制方式

在图 3.22 中,交换机系统具有 f 个需要完成的功能和 r 个可用资源,其控制系统由 n 个处理机构成,这 n 个处理机中的每一个都能完成交换机的全部 f 个功能,也能应用全部的 r 个资源,因此这种控制方式为集中控制方式。早期的程控交换机功能简单、容量较小,其控制系统一般采用集中控制方式。

集中控制方式具有 3 个特点。

(1) 处理机直接控制所有功能的完成和资源的使用,控制关系简单,处理机间通信接口简单。

(2) 每台处理机上运行的应用软件包含了对交换机所有功能的处理,因而单个处理机上的应用软件复杂、庞大。

(3) 处理机集中完成所有功能,一旦处理机系统出现故障,整个控制系统失效,因而系统可靠性较低。

2. 分散控制

分散控制是指对交换机所有功能的完成和资源使用的控制由多个处理机分担完成的,即每个处理机只完成交换机的部分功能及控制部分资源。该控制系统由多个处理机构成,每个处理机分别完成不同的功能并控制不同的资源,图 3.23 表明了分散控制方式的控制关系。

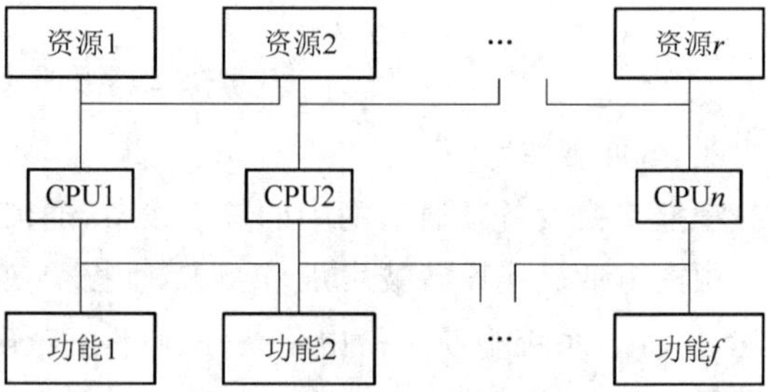

图 3.23　分散控制方式

图 3.23 中,交换机系统具有 f 个需要完成的功能和 r 个可用资源,其控制系统由 n 个处理机构成,每个处理机只完成交换机 f 个功能中的一个或几个,只能应用全部 r 个资源中的一个或几个。由于现代程控交换机功能复杂,容量较大,可靠性要求高,其控制系统一般采用分散控制方式。

分散控制又可分为以下两种方式。

(1) 全分散控制

采用全分散控制方式的控制系统,其多个处理机之间独立工作,分别完成不同的功能和对不同的资源实施控制，这些处理机之间不分等级，不存在控制与被控制关系，各处理机有自主能力。

全分散控制方式具有以下 5 个特点。

① 各处理机处于同一级别。

② 每台处理机只完成部分功能，这就要求各处理机要协调配合共同完成整个系统的功能，因而各处理机之间通信接口较复杂。

③ 每台处理机上运行的应用软件只完成该处理机所承担的功能，故单个处理机上的应用软件相对简单。

④ 功能分散在不同的处理机上完成，某个或某些处理机出现故障，一般不会导致整个控制系统失效，因而系统可靠性比较高。

⑤ 系统具有较好的扩充能力。

S1240 程控数字交换机就是采用全分散控制方式，也叫做分布式分散控制方式。

(2) 分级分散控制

分级分散控制就是控制系统由多个处理机构成，各处理机分别完成不同的功能并对不同的资源实施控制，处理机之间是分等级的，高级别的处理机控制低级别的，协同完成整个系统的功能。

分级分散控制方式具有以下 4 个特点。

① 处理机之间是分等级的，高级别的处理机控制低级别的。

② 处理机之间通信接口较集中，控制方式复杂，但是比全分散方式要简单。

③ 各处理机上应用软件的复杂度介于集中控制方式和全分散控制方式之间。

④ 控制系统的可靠性比集中控制方式高，但比全分散控制方式要低。

目前，程控交换机控制系统多采用这种分级分散控制方式，一般采用 2 级或 3 级分散控制结构。

瑞典爱立信 AXE10 程控交换机的控制系统采用 2 级分散控制结构，图 3.24 为结构示意图，它的控制系统是由中央处理机(CP)和区域处理机(RP)两级构成，高级别处理器 CP 可控制低级别处理器 RP 完成各种功能。

日本富士通 FETEX-150 程控交换机的控制系统采用 3 级分散控制结构，图3.25为其结构示意图。处理器级别从低到高分别为用户处理机(LPR)、呼叫处理机(CPR)和主处理机(MPR)。同级别的多个处理机是话务分担，完成相同的处理功能；不同级别的处理机是功能

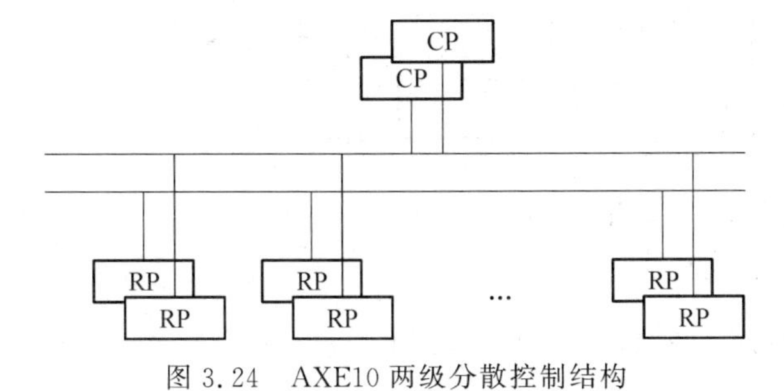

图 3.24 AXE10 两级分散控制结构

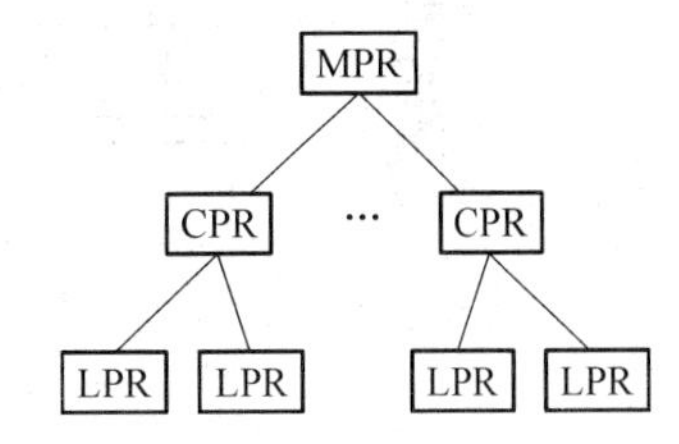

图 3.25 FETEX-150 3 级分散控制结构

分担,完成不同的功能。

3.5.3 多处理机的工作方式

程控交换机的控制系统可采用集中控制方式,或者分散控制方式。不管采用哪种方式,现代程控交换系统尤其是局用交换机,由于其容量大,用户数量多,功能复杂,构成其控制系统的处理机一般都有多个,少的几十个,多的上百个。那么多个处理机之间如何分工协调来完成各种功能,即程控交换机控制系统的多处理机之间的工作方式是什么,是本节要详细介绍的内容。

程控交换机控制系统多处理机之间的工作方式主要有三种:功能分担方式、话务分担方式和冗余方式。

1. 功能分担方式

如果多个处理机分别完成不同的功能,就称该多个处理机采用的是功能分担的工作方式。

图 3.26 为某个局用程控交换机的系统结构示意图。由图可知,该交换机是由用户模块、中继模块、音信号模块和中央模块构成,各模块都有自己的处理机系统,整个控制系统采用的是 2 级分散控制方式,中央模块的中央 CPU 为高级别处理机,各模块 CPU 为低级别处理机。用户模块的用户 CPU 完成对用户线的监视(摘挂机扫描、脉冲拨号的接收)、时隙分配、对用户接口芯片的驱动、对用户级交换网络的控制等功能;中继模块的中继 CPU 完成对中继线的监视、局间信令的收发等功能;信号音模块的信号音 CPU 控制产生各种信号音以及 DTMF 信号的接收;中央模块的中央 CPU 完成对交换网络的控制、呼叫处理、OAM 等功能,并控制其他模块处理机的工作。用户 CPU、中继 CPU、信号音 CPU、中央 CPU 分别完成不同的功能,因此这几种处理机之间是按功能分担方式工作的。

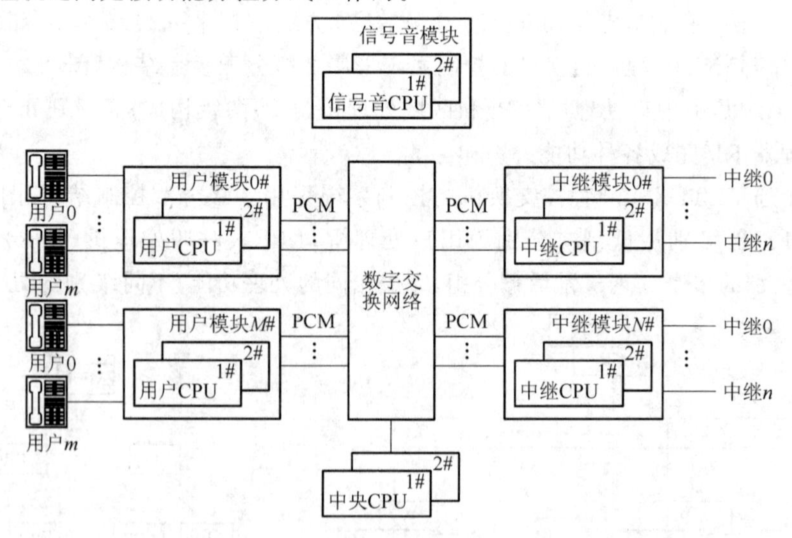

图 3.26 某个局用程控交换机系统结构示意图

2. **话务分担方式**

如果多个处理机分别完成一部分话务功能，就称该多个处理机之间采用的是话务分担的工作方式。

在图3.26中，有M个用户模块，这M个模块的用户CPU分别完成一组用户的话务处理，即各用户模块的用户CPU分别完成对一组用户的用户线的监视、时隙的分配、用户接口芯片的驱动以及各模块用户级交换网络的控制等功能。这些用户模块的用户CPU之间是按话务分担方式工作的。同理，各中继模块的中继CPU之间也是按话务分担方式工作的。

3. **冗余方式**

在现代程控交换机中，为提高控制系统的可靠性，处理机系统一般均采用冗余配置，即除了正常运行的处理机之外，还配置备用的处理机，当原来正常运行的处理机发生故障时，备用机将替代发生故障的处理机继续工作，以保证系统正常运行。通常把正常运行的处理机叫做主用机，把配置备用的处理机叫做备用机。那么这种主用机和备用机之间的工作方式叫做冗余方式。

冗余方式按照配置备用处理机数量和方法的不同，可分为以下两种。

(1) 双机冗余配置

双机冗余配置具有两套处理机系统：一个为主用；一个为备用。双机冗余配置又可根据具体工作方式的不同分为以下三种。

① 同步方式

在同步方式下，主、备用机同步工作，如图3.27所示。主、备用机同时执行一条指令，并对其处理结果进行比较，结果相同则继续执行下一条指令；结果不同则表明至少有一台处理机出现故障，处理机立即退出服务，进入紧急处理状态。主、备用机分别运行系统检测程序，排除偶然性故障或干扰，确定哪台处理机出现了故障，替换发生故障的处理机。同步方式的两台处理机对系统来说，就如同一台处理机在工作。

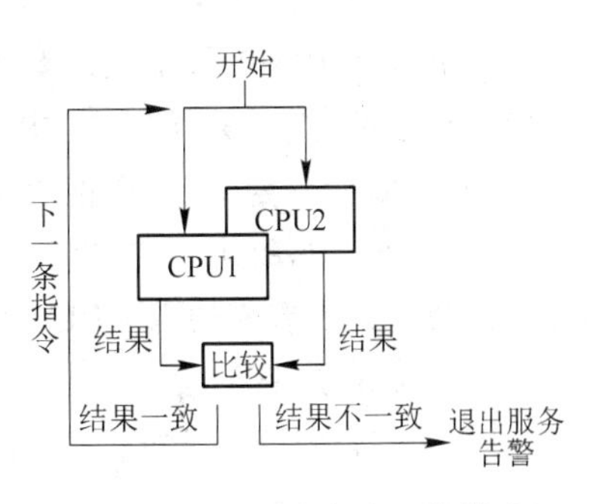

图3.27　同步方式工作模式

同步方式可以及时发现故障，但每执行一条指令都要对结果进行比较，降低了处理机的处理能力，程序执行的效率低，并且对软件故障不敏感。

② 互助方式

在这种情况下，主、备用机之间负荷均分，即主用机和备用机在正常工作时，分别承担一半的话务负荷。当一台处理机出现故障时，另一台处理机要承担全部话务处理工作，直到发生故障的处理机恢复，重新回到负荷分担的模式，如图3.28所示。

采用互助方式，要求每台处理机的处理能力较高，当出现故障时，单台处理机应能够处理所有的话务负荷。由于两台处理机独立工作，所以同时发生软件故障的概率较低，这种方式对软件故障的防卫能力强。互助方式双机通信较频繁，同时要避免资源同抢，因而软件设计较复杂。

③ 主/备方式

在主/备方式下，主用机在线运行，而备用机处于待机状态，也叫做备用状态。备用状态有两种模式：冷备用和热备用。冷备用的处理机内不保存动态的呼叫数据，当发生故障进行切换时，正在进行的呼叫会损失掉；热备用的处理机内保存当前动态的呼叫数据，当发生故障进行切换时，不影响正在进行的呼叫。一般程控交换机都采用热备用模式，尤其是局用交换设备，以保证发生故障进行切换时，正在通话、振铃、拨号的用户能够继续正常进行，满足国家电话交换设备技术规范的要求。其工作方式如图 3.29 所示。

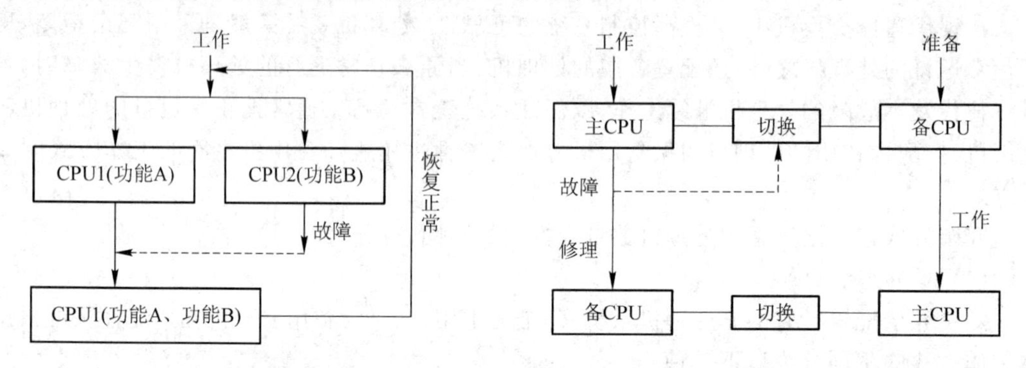

图 3.28 互助方式工作模式

图 3.29 主/备方式工作模式

主/备方式中的热备用模式要求备用机时刻保存当前动态的呼叫数据，因而主、备机之间通信频繁，这种通信机制的实现技术多种多样，一种常见的方式是采用公用存储器。这种通信机制的软件设计较复杂，可靠性要求高。一般程控交换机大多采用主/备方式。

在图 3.26 中，每个用户模块、中继模块、中央模块和信号音模块的处理机系统都是采用双机冗余配置，且所有模块的 CPU1＃ 和 CPU2＃ 工作在主/备方式下。

(2) $N+m$ 冗余配置

$N+m$ 冗余配置方式就是有 N 个处理机在线运行，m 个处理机处于备用状态，较常用的是 $N+1$ 冗余配置方式，即 $m=1$。

3.5.4 多处理机间的通信

对于多处理机方式构成的控制系统，除了多个处理机之间的工作方式外，多处理机之间的通信方式也是人们普遍关心的问题。多处理机之间采用的通信方式的可靠性以及对处理机呼叫处理能力的影响，是人们选择和评价多处理机通信方式的核心问题。

多处理机之间的通信可采用一般计算机网络处理机之间的通信方式，如采用总线方式、环形网等，图 3.30 为一种采用总线方式实现程控交换机多处理机之间通信的示意图。

由于程控交换机技术上的特殊性，如系统结构构成方式、采用同步时分复用的传输方式等，所以多处理机之间可采用 PCM 通信方式，即占用 PCM 线路的一个或多个时隙作为处理机之间的通信信道。这种方式灵活方便,便于远距离通信,如图 3.31 所示。

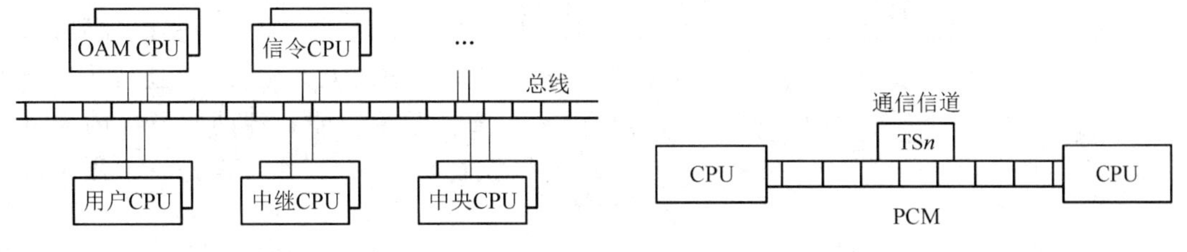

图 3.30　多处理机之间通信采用总线方式

图 3.31　多处理机之间通信采用 PCM 方式

3.6　程控交换软件技术

采用存储程序控制的交换系统可提供许多新的用户服务,并可灵活增加各种功能,使呼叫处理能力和可靠性大大提高,便于对系统进行更新换代,易于操作维护和管理。程控交换机的软件系统是一个庞大而复杂的实时控制软件系统,它是程控交换机设计、研发和维护的核心,涉及计算机领域众多的技术,如操作系统、数据库、数据结构、编程技术等。本节将介绍程控交换软件的特点及其组成,掌握呼叫处理的基本原理和程控交换常用的软件技术。

3.6.1　程控交换软件系统概述

1. 程控交换软件的特点

程控交换机运行的特点是业务量大,实时性和可靠性要求高,因此程控交换软件要具有较高的实时效率,能处理大量的呼叫,而且能够保证通信业务不间断。程控交换软件有 3 个特点。

(1) 实时性

话音业务最大的特点是具有实时性,所以交换机的软件系统在进行呼叫处理过程中必须满足实时性的要求,这在软件编程效率、CPU 的处理能力等方面对软件系统提出了要求。

(2) 多任务并发执行

程控交换机应能处理并发的多个呼叫,因此交换机的软件系统在操作系统、数据管理、多任务程序设计、资源管理等方面应满足这种多任务并发执行的特点。

(3) 高可靠性

程控交换机必须具有高可靠性,因此交换机的软件系统应采取各种措施来保证其业务的不间断,如设置自检程序、测试程序、故障诊断和处理程序、备份 CPU 倒换程序等。

2. 程控交换机软件系统的组成

程控交换机的软件系统主要是由系统软件和应用软件组成,系统软件主要指操作系统;应用软件又包括呼叫处理软件、OAM(操作维护管理)软件和数据库系统,其软件组成如图 3.32 所示。

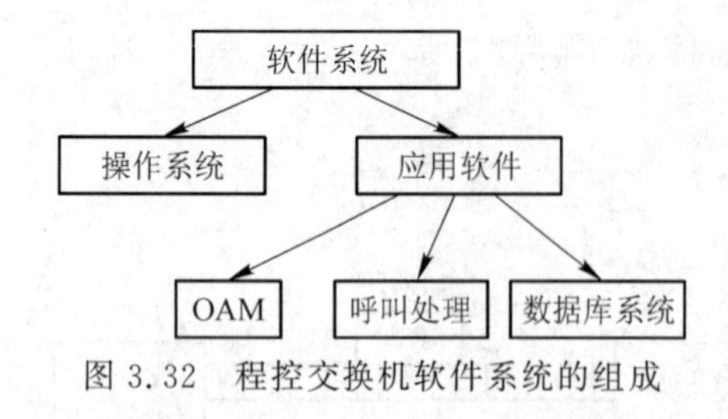

图 3.32 程控交换机软件系统的组成

(1) 操作系统

程控交换机的操作系统是交换机硬件与应用软件之间的接口。程控交换系统是一个实时控制系统，要对随机发生的外部事件及时地做出响应，并进行处理；此外，程控交换系统应能处理同时发生的大量呼叫，因此要求程控交换机的操作系统是一个实时多任务的操作系统。

实时多任务操作系统能对随机发生的外部事件及时地响应，并进行处理。虽然事件的发生时间是无法预知的，但必须在事件发生时能够在严格的时限内做出响应，即使是在负荷较大的情况下。实时多任务操作系统支持多任务(task)并发处理，多任务的并发性必然会带来任务的同步、互斥、通信以及资源共享等问题。这就是实时多任务操作系统最重要的两个特性：实时性和多任务性。

程控交换机的操作系统对任务调度一般采用基于优先级的抢占式调度算法，即系统中的每个任务都拥有一个优先级，任何时刻系统内核将 CPU 分配给处于等待队列中优先级最高的任务运行。所谓抢占式是指如果系统内核一旦发现有优先级比当前正在运行的任务的优先级高的任务，则使当前任务退出 CPU 进入等待队列，立即切换到高优先级的任务执行。在处理同优先级别的任务时采用先来先服务或轮转调度的算法。

在程控交换系统中，可按照紧急性和实时性的要求将任务分为三种。

① 故障级任务。完成故障紧急处理等功能的任务，具有最高优先级。

② 周期级任务。由时钟中断周期性启动执行的任务，如每隔 10 ms 周期性启动的拨号脉冲识别程序，启动周期为 100 ms 的用户群扫描程序等。周期级任务的优先级较故障级任务低、比基本级任务高。

③ 基本级任务。由事件启动的、实时性要求不高、可以适当延迟执行的任务，其优先级最低。

不同级别的任务调度与处理如图 3.33 所示。

图 3.33 中，设每隔 10 ms 产生一次中断，在第一个 10 ms 中断周期内，处理机已执行完周期级和基本级任务，暂停并等待下一个中断的到来；在第二个 10 ms 周期内，先执行周期级任务，然后执行基本级任务，但基本级任务没有执行完就被中断了，进入第三个 10 ms 周期；在第三个 10 ms 周期内，由于发生了故障，周期级任务被中断，转去处理故障级任务。故障级任务执行完后，才再执行周期级任务。

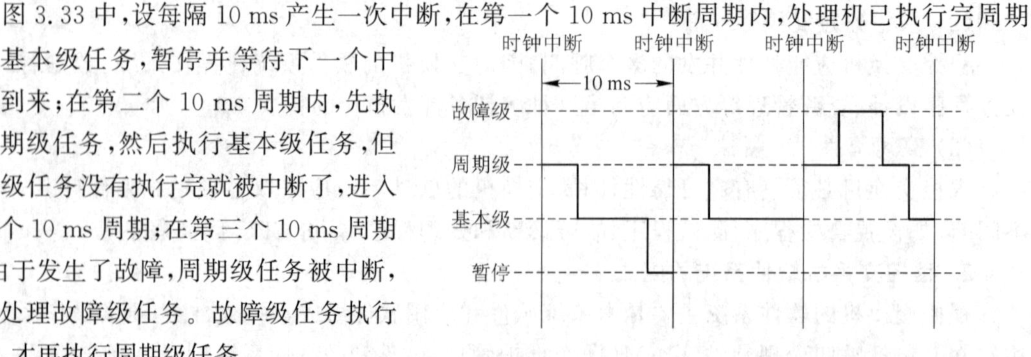

图 3.33 不同级别的任务调度与处理

此外，由于程控交换系统的控制系

统多采用分布式多处理机结构，所以其操作系统也具有网络操作系统和分布式操作系统的特点。

(2) 程控交换机的应用软件

程控交换机的应用软件包括呼叫处理软件、OAM 软件和数据库系统。

① 呼叫处理软件

呼叫处理软件主要完成呼叫连接的建立与释放以及业务流程的控制，它是整个呼叫过程的控制软件，具有以下功能：

- 用户线和中继线上各种输入信号（呼叫信号、地址信号）的检测和识别，如对用户摘机、挂机信号以及被叫号码的检测和识别。
- 呼叫相关资源的管理，如控制对时隙、中继电路、DTMF 收号器、MFC 接收器和发送器等的分配和释放。
- 对用户数据、呼叫状态以及号码等进行分析。
- 路由选择。
- 控制呼叫状态迁移。
- 控制计时、送音和交换网络的连接。
- 信令协议的处理等。

② OAM 软件

OAM 软件是程控交换机用于操作、维护和管理的软件，以保证系统高效、灵活、可靠地运行，具有以下功能：

- 用户数据和局数据的操作和管理。
- 测试。
- 告警。
- 故障诊断与处理。
- 动态监视。
- 话务统计。
- 计费。
- 过负荷控制等。

③ 数据库系统

程控交换机在进行呼叫处理和操作维护管理过程中，会使用并生成大量的数据，这些数据包括系统数据、用户数据和局数据。系统数据与交换机的硬件体系结构和软件程序有关，不随交换局的应用环境而变化。不同的电话局采用同一类型的交换系统，它们的系统数据是相同的，不同的是用户数据和局数据，用户数据和局数据随着交换机的应用环境和开局条件的不同而不同。

用户数据是每个用户所特有的，它反映用户的具体情况，有静态用户数据和动态用户数据之分，用户数据主要包括以下几种。

- 用户类别。住宅用户、公用电话用户、PABX 用户、传真用户等。

• 话机类别。PULSE 话机、DTMF 话机。

• 用户状态。空闲、忙、测试、阻塞等。

• 限制情况。呼出限制、呼入限制等。

• 呼叫权限。本局呼叫、本地呼叫、国内长途、国际长途等。

• 计费类别。定期、立即、免费等。

• 优先级。普通用户、优先用户。

• 使用新业务权限。表示用户是否有权使用呼叫转移、会议电话、三方通话、呼叫等待、热线电话、闹钟服务等新业务。

• 新业务登记的数据。闹钟时间、转移号码、热线号码等。

• 用户号码。用户电话簿号码、用户设备号等。

• 呼叫过程中的动态数据。呼叫状态、时隙、收号器号、所收号码、各种计数值等。

局数据是反映交换局设置和配置情况的数据,主要包括以下几种:

• 交换机硬件配置情况。用户端口数、出/入中继线数、DTMF 收号器数、MFC 收发器数、信令链路数等。

• 各种号码。本地网编号及其号长、局号、应收号码、信令点编码等。

• 路由设置情况。局向、路由数。

• 计费数据。呼叫详细话单(CDR)等。

• 统计数据。话务量、呼损、呼叫情况等。

• 交换机类别。C1～C5,C5 又分为市话端局、长市合一等。

• 复原方式。主叫控制、被叫控制、互不控制。

为了有效地管理这些庞杂的数据,交换机采用数据库技术,使用数据库管理系统实现对数据高效、灵活、方便地操作。由于目前交换机多采用分散控制方式,所以交换机的数据库系统多采用分布式数据库。

3.6.2 呼叫处理的基本原理

1. 呼叫处理过程及其特点

设用户 A 和用户 B 位于同一个交换机内,且两个用户均处于空闲状态。在某个时刻,用户 A 要发起与用户 B 的一个呼叫,即主叫为 A、被叫为 B,则交换机对这个本局呼叫的基本处理过程如表 3.2 所示。

表 3.2 一个本局呼叫的基本处理过程

呼叫进展状况	交换机相应的处理动作或状态变化
主叫 A 摘机呼叫	(1) 交换机检测到用户 A 的摘机信号 (2) 交换机检查用户 A 的类别,识别普通电话、公用电话或用户交换机等 (3) 交换机检查用户呼叫限制情况 (4) 交换机检查话机类别,以确定是 PULSE 还是 DTMF 收号方式

续表

呼叫进展状况	交换机相应的处理动作或状态变化
向A送拨号音 准备收号	(1) 交换机选择一个空闲收号器和空闲的时隙(路由) (2) 交换机向主叫A送拨号音 (3) 监视主叫A所在用户线的输入信号(拨号),准备收号
收号与 号码分析	(1) 交换机收到第一位号码后停拨号音 (2) 交换机按位存储收到的号码 (3) 交换机对号首进行分析,即进行字冠分析,判定呼叫类别(本局、出局、长途、特服等),并确定应收号长 (4) 交换机对"已收号长"进行计数,并与"应收号长"比较 (5) 号码收齐后,对于本局呼叫进行号码翻译,确定被叫 (6) 交换机检查被叫用户是否空闲,若空闲,则选定该被叫
建立连接 向B振铃 向A送回铃音	(1) 交换机将路由接至被叫B (2) 向被叫B振铃 (3) 向主叫A送回铃音 (4) 主、被叫通话路由建立完毕 (5) 监视主、被叫用户状态
被叫应答 进入通话	(1) 被叫摘机应答,交换机检测到后,停振铃和停回铃音 (2) A、B通话 (3) 开始计费 (4) 监视主、被叫用户状态
一方用户挂机 向另一方送忙音	(1) 如果主叫A先挂机,交换机检测到后,复原路由,停止计费,向被叫B送忙音 (2) 如果被叫B先挂机,交换机检测到后,复原路由,停止计费,向主叫A送忙音
通话结束	被催挂的用户挂机,释放占用的所有资源,通话结束

通过上面对一个本局呼叫的基本呼叫过程的描述,不难发现,整个呼叫处理过程就是处理机在某个状态监视、识别外部来的各种输入信号(例如用户摘挂机、拨号等),然后进行分析、执行任务和输出信号(例如振铃、送各种信号音等),进入另外一个状态,再进行监视、识别输入信号、再分析、执行、输出信号……的过程,可以通过图3.34进一步说明这种呼叫处理的特点。

从图3.34可知,一个呼叫处理的过程可以分为几个阶段,每个阶段对应一个稳定的状态,在每个稳定状态下,只有当交换机检测到输入信号时,才进行分析处理并执行任务,任务执行的结果往往要产生一些输出信号,然后跃迁到另一个稳定的状态,如此反复。因此不难总结出呼叫处理的过程具有以下7个特点。

(1) 呼叫处理过程可分为若干个阶段,每个阶段可以用一个稳定的状态来表示。

(2) 呼叫处理的过程就是在一个稳定状态下,处理机监视、识别输入信号,进行分析处理,执行任务并输出命令,然后跃迁到下一个稳定状态的循环过程。

(3) 两个稳定的状态之间要执行各种处理。

(4) 在一个稳定状态下,若没有输入信号,状态不会迁移。

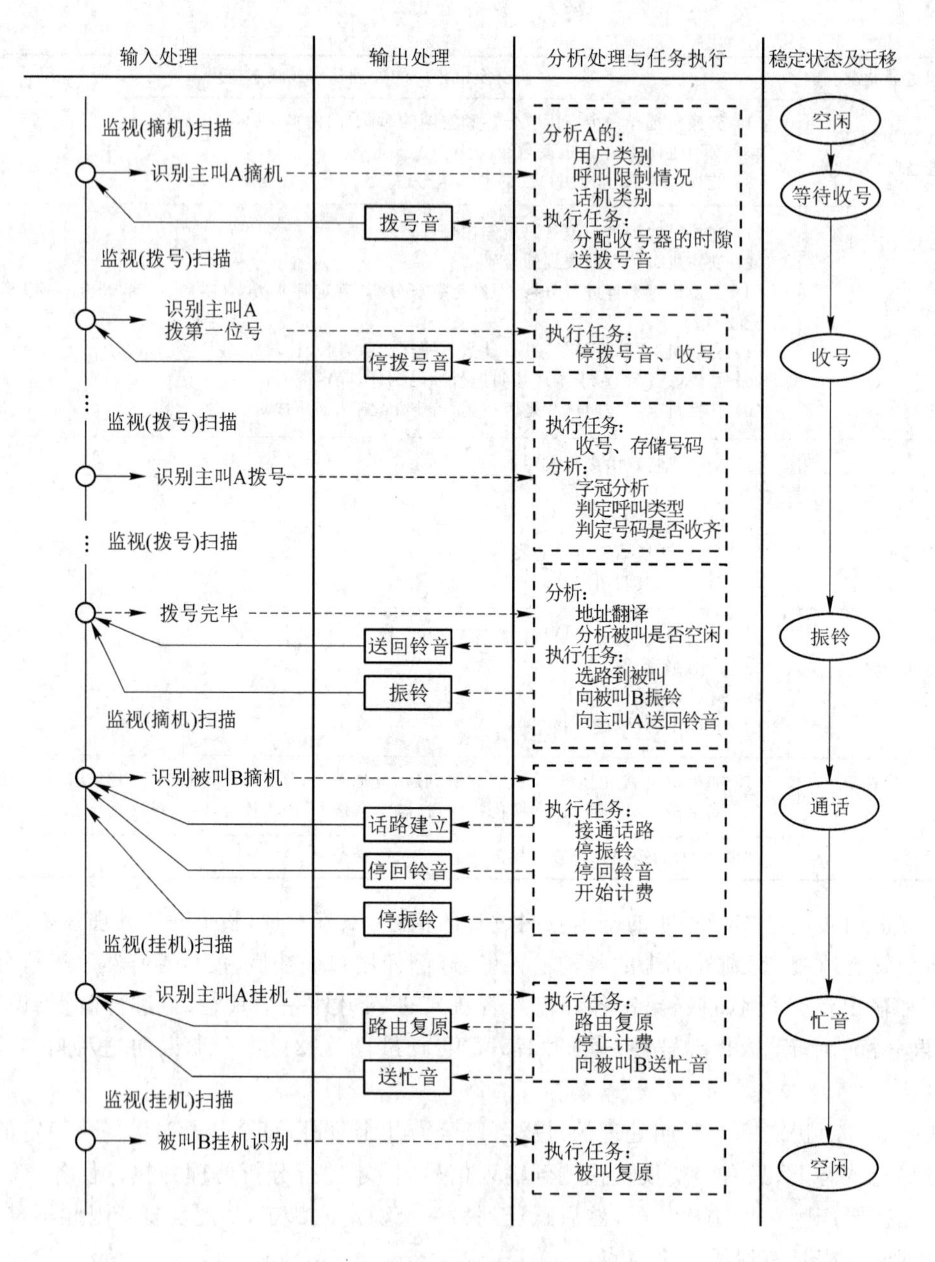

图 3.34　呼叫处理过程的特点分析

(5) 相同的输入信号在不同的状态下会有不同的处理,并迁移到不同的状态。

(6) 在同一状态下,对不同输入信号的处理是不同的。

(7) 在同一状态下,输入同样信号,也可能因不同情况得出不同结果。

通过对呼叫处理过程特点的分析,可以将呼叫处理过程划分为以下三个部分。

(1) 输入处理

在呼叫处理的过程中，输入信号主要有摘机信号、挂机信号、所拨号码和超时信号，这些输入信号也叫做事件，输入处理就是指识别和接收这些输入信号的过程，在交换机中，它是由相关输入处理程序完成的。

(2) 分析处理

分析处理就是对输入处理的结果(接收到的输入信号)、当前状态以及各种数据进行分析，决定下一步执行什么任务的过程，如号码分析、状态分析等。分析处理的功能是由分析处理程序完成的。

(3) 任务执行和输出处理

任务执行是指在迁移到下一个稳定状态之前，根据分析处理的结果，完成相关任务的过程。它是由任务执行程序完成的。在任务执行的过程中，要输出一些信令、消息或动作命令，如 No.7 信令、处理机间通信消息以及送拨号音、停振铃和接通话路命令等，将完成这些消息的发送和相关动作的过程叫做输出处理，输出处理由输出处理程序完成。

2. 用 SDL 图表示的呼叫处理过程

呼叫处理的过程实际上就是在事件(输入信号)的作用下，从一个稳定状态跃迁到另一个稳定状态的过程，具有有限个状态和输入事件，具有一个初始状态，输入事件引起状态的迁移，因此，对于程控交换系统处理呼叫的行为，可以用扩展的有限状态机(EFSM)来描述。规范说明和描述语言(SDL：specification and description language)不仅对系统的行为能用扩展的有限状态机来描述，而且能够清楚表达 EFSM 难以表达的通信系统中的两个主要概念——功能部件之间的通信关系和定时器功能。因而采用 SDL 可以方便、直观、准确地表达呼叫处理过程。

SDL 是一种应用较广泛的形式化描述语言，由 ITU-T 通过 Z.100 建议提出。从 1976 年 SDL 首次被提出到 1999 年更新为 SDL-2000 版，SDL 被不断扩展和完善，其应用也在不断扩大。

SDL 主要应用于电信领域，它是为描述复杂的实时系统而特别设计的。只要系统的行为能用扩展的有限状态机来描述，并且其重点在于交互方面，就能够用 SDL 来说明该系统所具有的行为，也可描述其实际具有的行为。SDL 具有两种不同的形式：文本表示法(PR)和图形表示法(GR)。PR 是基于类似程序的语句，适合计算机使用。GR 基于一套标准化的图形符号，直观易懂，能够清晰地表示系统结构和控制流程，适于设计开发人员使用。SDL 是形式化定义的，可以对其进行分析、模拟和验证。

SDL 图形表示法中常用的图形符号如图 3.35 所示。

图 3.36 是用 SDL 图来描述的一个本局呼叫的处理过程，描述过程省略了细节的分析判断以及用户听忙音状态之后呼叫处理行为的描述。

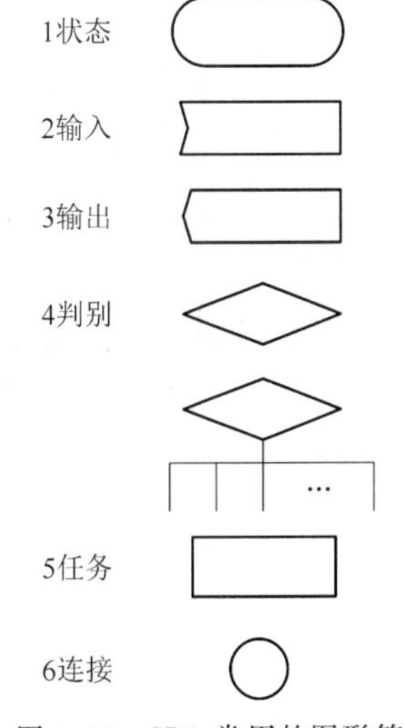

图 3.35　SDL 常用的图形符号

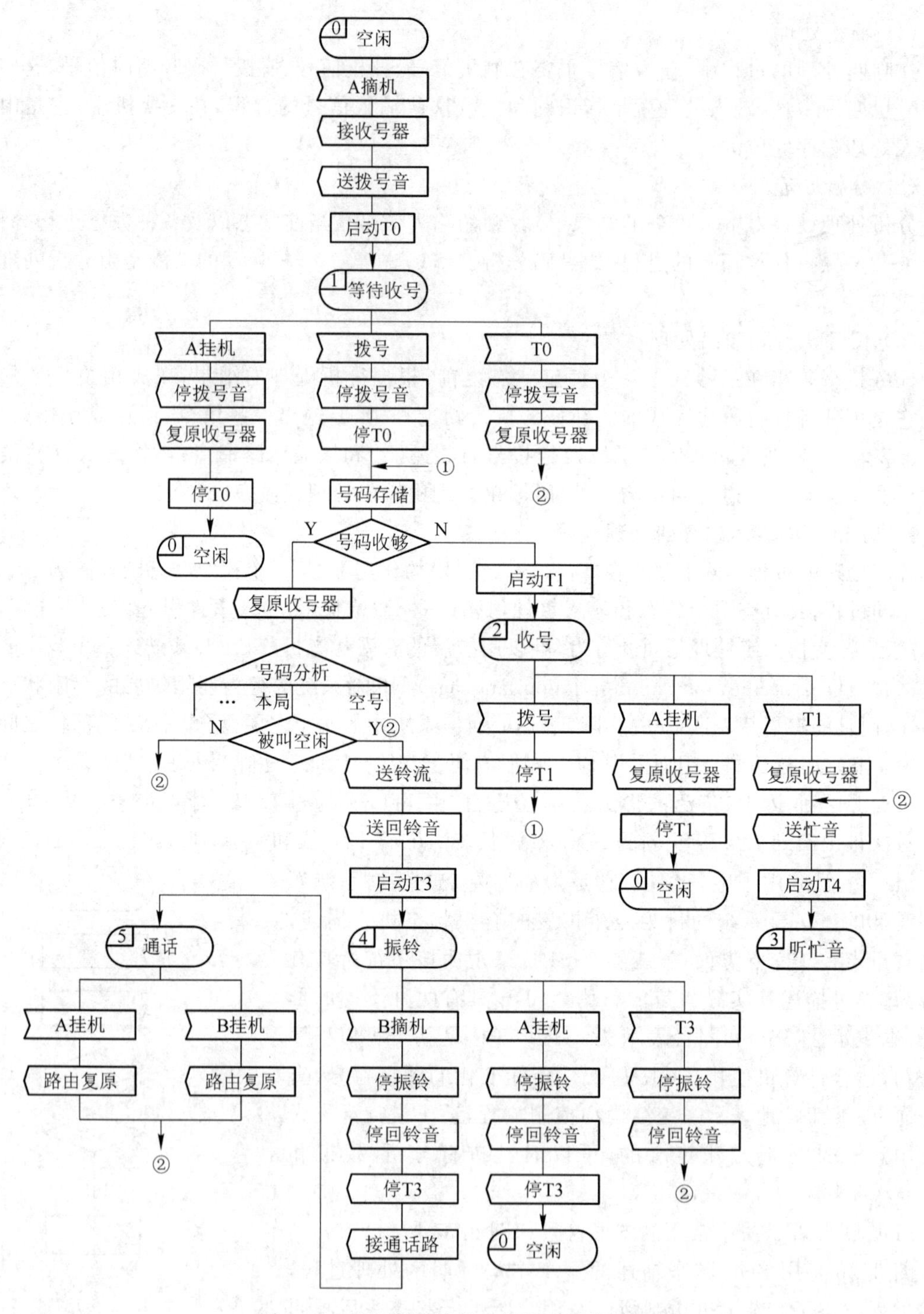

图 3.36 SDL 图描述的本局呼叫的处理过程

3. **输入处理**

输入处理的主要功能就是要及时检测外界进入到交换机的各种信号，如用户摘/挂机信号、用户所拨号码(PULSE、DTMF)、中继线上的中国 No.1 信令的线路信号、No.7 信令等，将这些从外部进入到交换机的各种信号称为事件。输入处理是由输入处理程序来完成的。在一次呼叫过程中，会产生许多这样的随机事件，当事件发生时，输入处理程序要及时、准确地检测和识别这些事件，报告给分析处理程序。

输入处理程序需完成的功能主要有五个。

- 用户线扫描监视。监视用户线状态是否发生了变化。
- 中继线线路信号扫描。监视采用随路信令的中继线的状态是否发生了变化。
- 接收各种信号。包括拨号脉冲、DTMF 信号和 MFC 信号等。
- 接收公共信道信令。
- 接收操作台的各种信号等。

(1) 用户线扫描分析

用户线扫描监视程序完成检测和识别用户线的状态变化，其目的就是要检测和识别用户线上的摘机/挂机信号和用户拨号信号。

用户线有两种状态："续"和"断"。"续"是指用户线上形成直流通路，有直流电流的状态；"断"是指用户线上直流通路断开，没有直流电流的状态。用户摘机时，用户线状态为"续"；用户挂机时，用户线状态为"断"；用户拨号送脉冲时，用户线状态为"断"；脉冲间隔时，用户线状态为"续"。因此通过对用户线上有无电流，即对这种"续"和"断"的状态变化进行监视和分析，就可检测到用户线上的摘/挂机信号及脉冲拨号信号。

此外，为了能够及时检测到用户线上的状态变化，处理机必须周期性地去扫描用户线。周期的长短视具体情况而定，用户摘挂机扫描周期一般为 100～200 ms，拨号脉冲识别周期一般为 8～10 ms。因此，用户线扫描监视程序是周期级程序。

(2) 摘挂机识别原理

用户线的状态不外乎有两种："续"和"断"，如果用"0"来表示"续"状态，"1"来表示"断"状态，则用户摘机状态为"0"，用户挂机状态为"1"。设程控交换机摘挂机扫描程序的执行周期为 200 ms，那么摘机识别就是在 200 ms 的周期性扫描中找到从"1"到"0"的变化点，挂机识别就是在 200 ms 的周期性扫描中找到从"0"到"1"的变化点。摘挂机识别原理如图 3.37 所示。

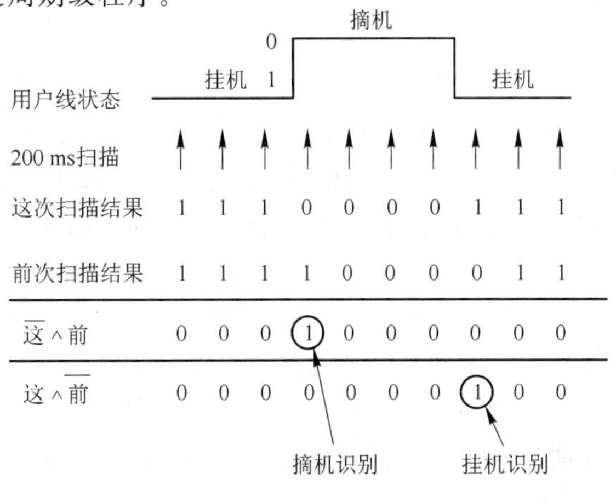

图 3.37 摘挂机识别原理

在图 3.37 中，每隔 200 ms 处理机调用摘挂机扫描监视程序对用户线状态进行扫描，图中每个箭头代表一次 200 ms 扫描监视程序的执行。由于摘机时用户线状态从"1"变为"0"，挂机时用户线状态从"0"变为"1"，所以只要将前一个200 ms 周期的扫描结果，即"前次扫描结果"，与当前 200 ms 周期扫描的结果，即"这次扫描结果"进行比较，确定用户线状态从"1"到"0"的变化点和从"0"到"1"的变化点，就可识别出摘机信号和挂机信号。

用户摘挂机识别的流程图如图 3.38 所示。

一般在实际实现时通常采用"群处理"的方法，对一组用户进行检测，而不是逐个用户地检测，这样可大大提高扫描效率。"群处理"技术是程控交换软件设计中经常采用的技术之一，可参见下一节"程控交换软件技术"相关内容。

中国 No.1 信令的线路信令在交换机的输入端一般表现为电位的变化，因此可采用与用户线监视扫描相同的方法监视扫描线路信令的变化。

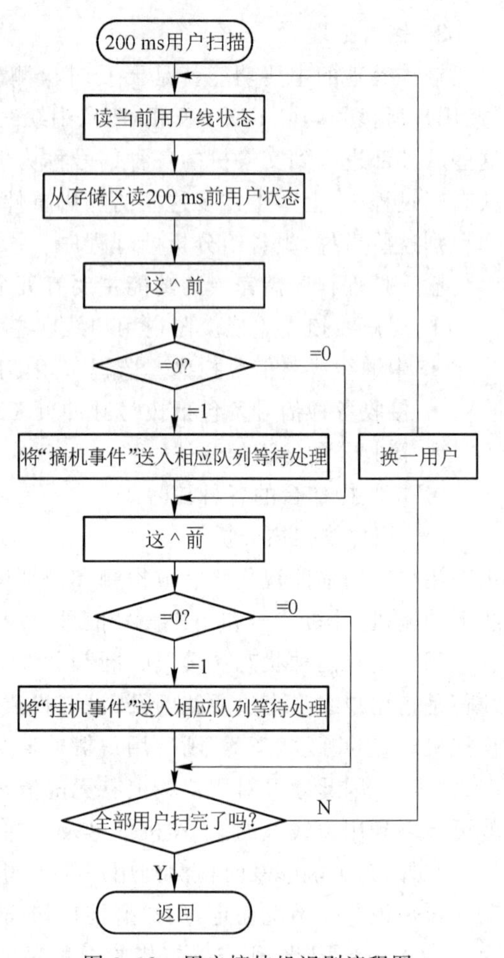

图 3.38　用户摘挂机识别流程图

(3) 脉冲拨号识别原理

脉冲拨号识别包括脉冲识别和位间隔识别。脉冲识别就是识别用户拨号脉冲，位间隔识别是识别出两位号码之间的间隔，即相邻两串脉冲之间的间隔。

① 脉冲识别

由于用户拨号送脉冲时为"断"，脉冲间隔时为"续"，所以脉冲识别的本质与摘挂机识别是一样的，都是要识别出用户线状态的变化点。若要及时检测到用户线状态的变化，必须确定合适的脉冲识别扫描周期。在第 3.1 节已经介绍过，与脉冲拨号方式相关的参数有三个：脉冲速度、脉冲断续比和位间隔，由此可以计算出脉冲拨号时最短的变化间隔时间。

由于号盘每秒发出的最快脉冲个数为 14 个，脉冲周期 $T=1\,000/14=71.43$ ms，在这种情况下若脉冲断续比为 2.5∶1，则脉冲"续"的时间最短，为$(1/3.5)T$，那么拨号期间最短的变化周期为 $T_{\min}=(1/3.5)T=(1/3.5)\times71.43$ ms$=20.41$ ms。只要脉冲识别扫描程序的周期$T_s<T_{\min}$，就能保证在识别过程中不漏掉每一个脉冲。脉冲识别原理如图 3.39 所示。

在图 3.39 中，脉冲识别扫描周期为 10 ms，其中"变化识别"用于表示用户线状态是否发

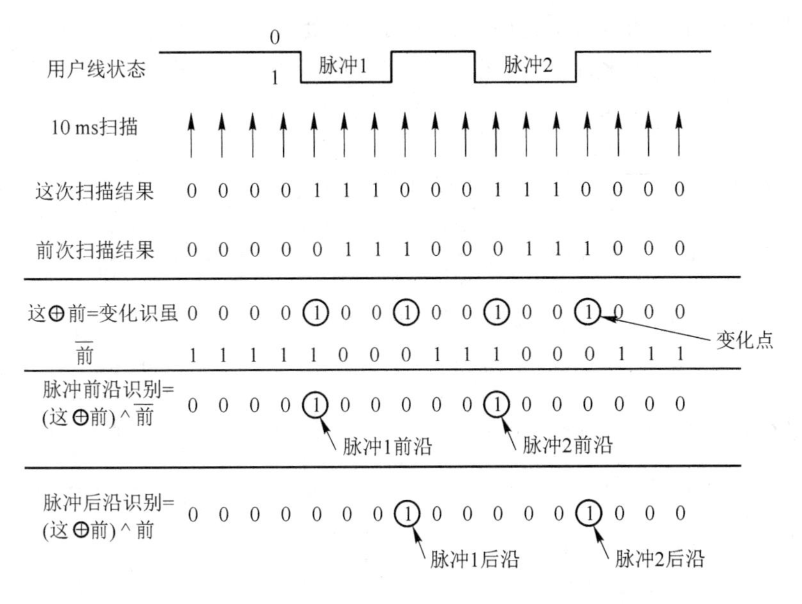

图 3.39 脉冲识别原理

生了变化,即标识出用户线状态的变化点。识别脉冲的方法有两个:脉冲前沿识别和脉冲后沿识别,脉冲前沿识别相当于摘挂机识别中的挂机识别,即

$$(这\oplus前)\wedge\overline{前}=这\wedge\overline{前}$$

脉冲后沿识别相当于摘挂机识别中的摘机识别,即

$$(这\oplus前)\wedge前=\overline{这}\wedge前$$

这里引入“变化识别”这个中间结果进行稍微复杂的计算,是因为在位间隔识别中要用到“变化识别”。通常脉冲识别和位间隔识别程序是协同工作的。

② 位间隔识别

进行位间隔识别首先要确定位间隔识别的扫描周期。

首先讨论最长的脉冲断续时间间隔。由于最慢的脉冲速度为每秒 8 个脉冲,所以脉冲周期 $T=1\,000/8=125$ ms,若脉冲断续比为 2.5∶1,则脉冲断的时间是用户线状态无变化的最大间隔,设其为 T_{max},则 $T_{max}=(2.5/3.5)T=2.5/3.5\times125=89.29$ ms,为了不将脉冲断续时间间隔误识别为位间隔,位间隔识别的扫描周期 T_s 应大于 T_{max}。

另一方面,脉冲拨号的位间隔时间 $T_w\geqslant350$ ms,位间隔识别扫描周期只有小于$(1/2)T_w$,即 175 ms,按照下述识别原理才能不漏识位间隔。因此,位间隔识别的扫描周期 T_s 应满足下列条件:

$$T_{max}<T_s<(1/2)T_w$$

当位间隔识别扫描周期满足上述条件时,若在一个位间隔扫描周期内,用户线状态没有发生变化,则这个间隔肯定不是脉冲断续的间隔,因为脉冲断续的时间间隔肯定小于位间隔识别扫描时间,它有可能是一个位间隔。在具体识别过程中,为保证及时识别所发生的位间隔,并且不重复识别同一个位间隔，通常将两个扫描周期结合起来进行判定识别，即若在一个扫描周期内，用户线状态发生了变化，而在紧接着下一个扫描周期内，用户线状态没有发生变化，就判定有可能检测到了一个位间隔。位间隔识别原理如图 3.40 所示。

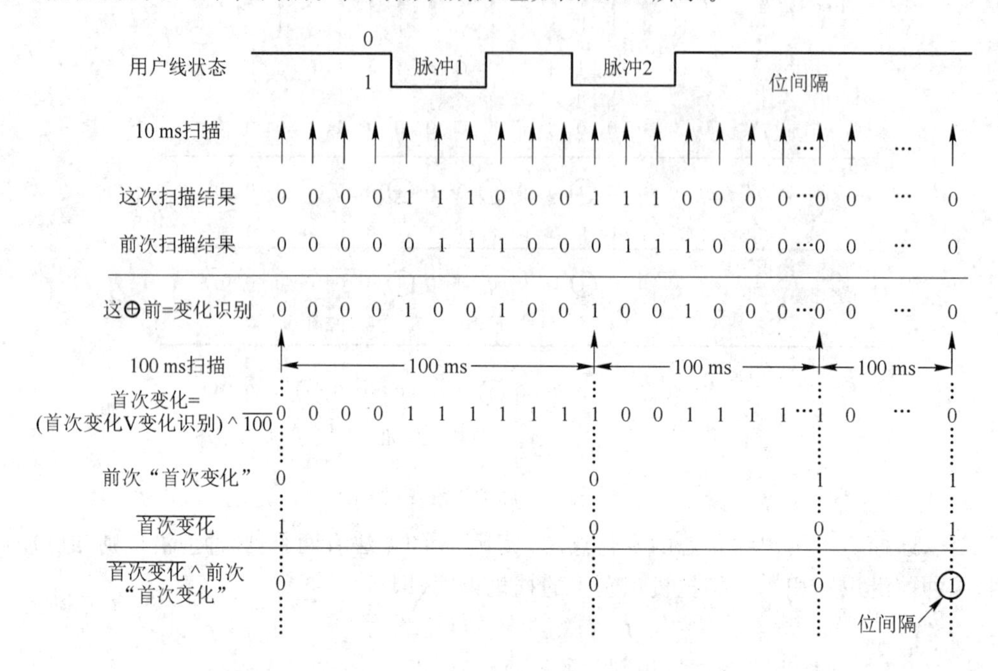

图 3.40　位间隔识别原理

在图 3.40 中，取位间隔扫描周期为 100 ms。为了表示在一个位间隔扫描周期内用户线状态是否发生了变化，引入了“首次变化”这个变量。对于“首次变化”这个变量，其操作有两个特点。

(1) 在每个位间隔扫描周期开始时，“首次变化”初始化为“0”。

(2) 当一个扫描周期内遇到用户线状态发生了变化，则“首次变化”的值被置为“1”，并且在这个扫描周期内保持“1”不变，表明在这个扫描周期内用户线发生了变化。

可以用下面的逻辑关系来表示这种操作的特点：

$$首次变化=(首次变化 \vee 变化识别) \wedge \overline{100}$$

在执行每次 100 ms 位间隔扫描程序时，都要检查“首次变化”这个变量。若“首次变化”为“0”，则表明在前 100 ms 周期内用户线状态没有发生过变化；若“首次变化”为“1”，则表明用户线状态发生了变化，但此时还不能确定为何种变化，既可能为脉冲变化，也可能为位间隔变化，还需要看下一个 100 ms 周期内是否有变化。若仍有变化，则该变化属于“脉冲变化”；若无变化，则为“位间隔变化”，即判定有可能为位间隔。在下一个周期内有可能还识别出用户线无变化，但已经识别出一次了，不再作重复识别。

对于上述的判断结果，需要进一步确认是否为“位间隔”，因为如果用户拨号时中途挂机，用户线也会有类似于“位间隔变化”的结果，所以通常还要再判断“当前用户线状态”，以区别是用户中途挂机还是位间隔。若当前用户线状态为“1”，则说明用户已挂机，那么识别的就是“中途挂机”，否则即为“位间隔”。

脉冲识别程序和位间隔识别程序的流程图如图 3.41 所示。

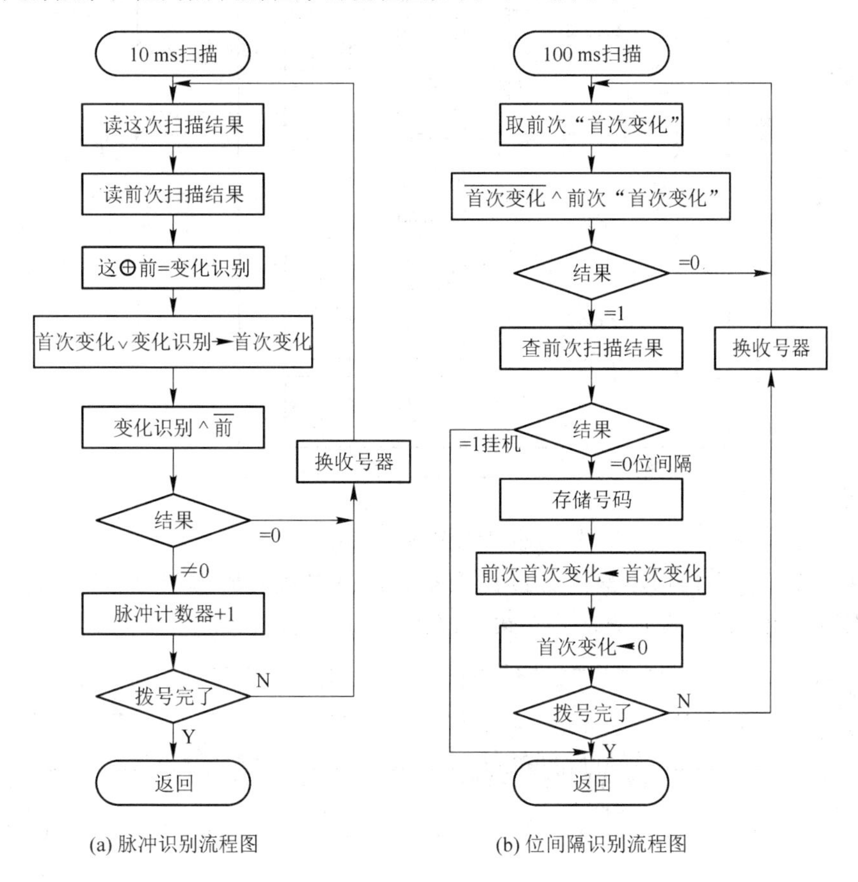

(a) 脉冲识别流程图　　(b) 位间隔识别流程图

图 3.41　脉冲识别和位间隔识别流程图

(4) DTMF 号码接收原理

在本章的第 1 节已经介绍了 DTMF 方式号码与频率的对应关系，它有两组频率：高频组和低频组。每个号码分别用一个高频和一个低频表示，因此 DTMF 号码识别实际上就是要识别出是哪两个频率的组合。程控交换机使用 DTMF 收号器(硬件收号器)接收 DTMF 信号，DTMF 收号器的示意图如图 3.42 所示。

在图 3.42 中，输出端用于输出某个号码的高频信号和低频信号，信号标志用于表示 DTMF 收号器是否在收号。当信号标志 SP＝0 时，表示 DTMF 收号器正在收号，可以从收号器读取号码信息；当信号标志 SP＝1 时，表示 DTMF 收号器没有收号，无信息可读。为了及时读出号码，对信号标志 SP 要进行检测监视，一般 DTMF 信号传送时间大于 40 ms，通常取该扫

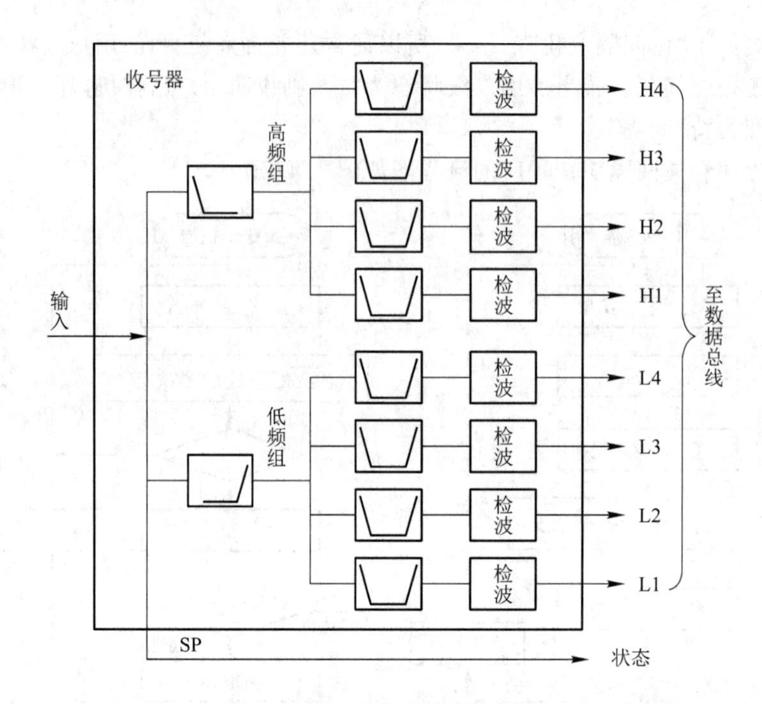

图 3.42 DTMF 收号器示意图

描监视周期为 20 ms,以确保不漏读 DTMF 号码。DTMF 收号原理如图 3.43 所示。其基本原理与上面所介绍的脉冲识别方法是一致的,在此不再赘述。

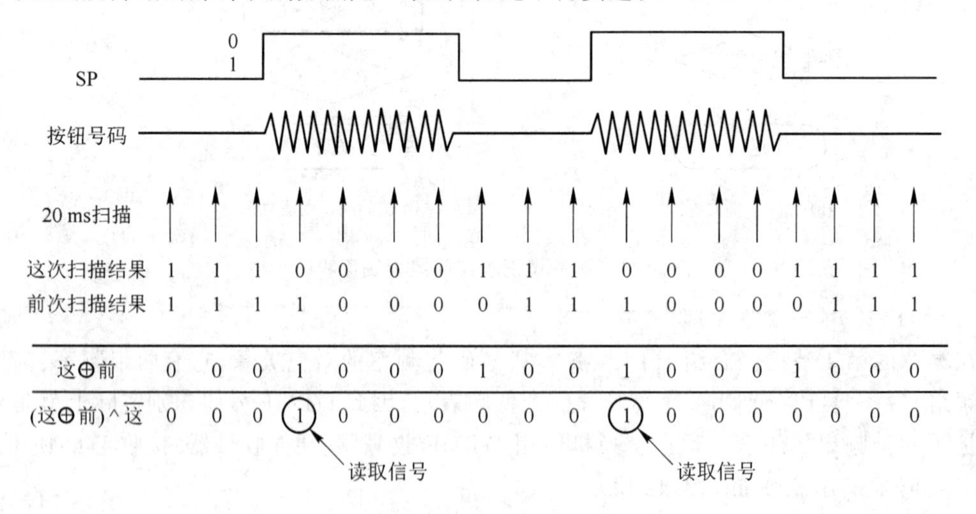

图 3.43 DTMF 收号原理

中国 No. 1 信令多频互控信号(MFC)的接收原理与 DTMF 信号的接收原理一样,也是识别两个频率,监视扫描“标志信号”,以确定读取信号的时机。

4. 分析处理

分析处理就是对各种信息(当前状态、输入信息、用户数据、可用资源等)进行分析,确定下一步要执行的任务和进行的输出处理。分析处理由分析处理程序来完成,它属于基本级程序。按照要分析的信息,分析处理具体可分为去话分析、号码分析、来话分析、状态分析。

(1) 去话分析

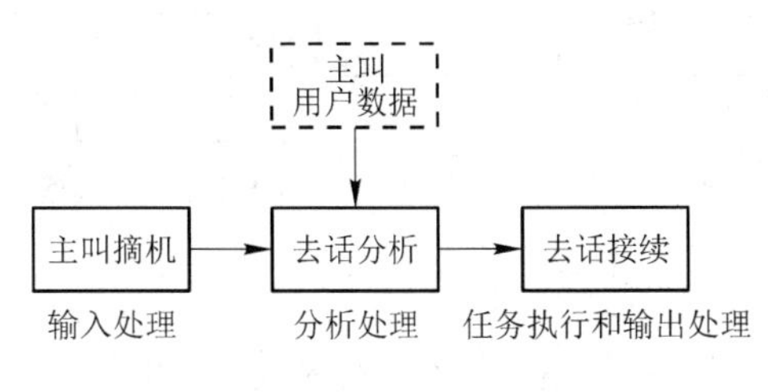

图 3.44 去话分析

输入处理的摘挂机扫描程序检测到用户摘机信号后,交换机要根据用户数据进行一系列分析,决定下一步的接续动作。将这种在主叫用户摘机发起呼叫时所进行的分析叫做去话分析,去话分析基于主叫用户数据,其结果决定下一步任务的执行和输出处理操作。图 3.44 所示为去话分析示意图。

图 3.45 是去话分析的一般流程,它给出了主要的去话分析内容。交换机检测到用户摘机后,首先要核实用户当前的状态,只有在空闲状态才允许发起呼叫。用户呼叫限制的检查排除了因欠费等情况引起的呼出限制。对话机类别的分析,是判定用户拨号采用 DTMF 方式,还是 PULSE 方式,如果是 DTMF 方式,就要分配 DTMF 收号器来接收号码;如果是 PULSE 方式,则无需分配硬件收号器而是由软件来实现收号。还要获知用户是普通用户还是优先用户,在某些情况下交换机对两类用户会区别对待,如当进行过负荷控制时,会首先限制普通用户的呼出。用户计费方式的分析与是否计费以及呼叫过程所产生的话单密切相关。只有本地呼叫权限的用户,不允许其拨打长途,在呼叫处理过程中像这样的控制是依据对用户呼叫权限的分析结果而进行的。图 3.45 所示的流程中没有考虑新业务如热线服务的情况,仅给出了一般情况的分析流程,在具体实现时应根据交换机的实际情况来确定去

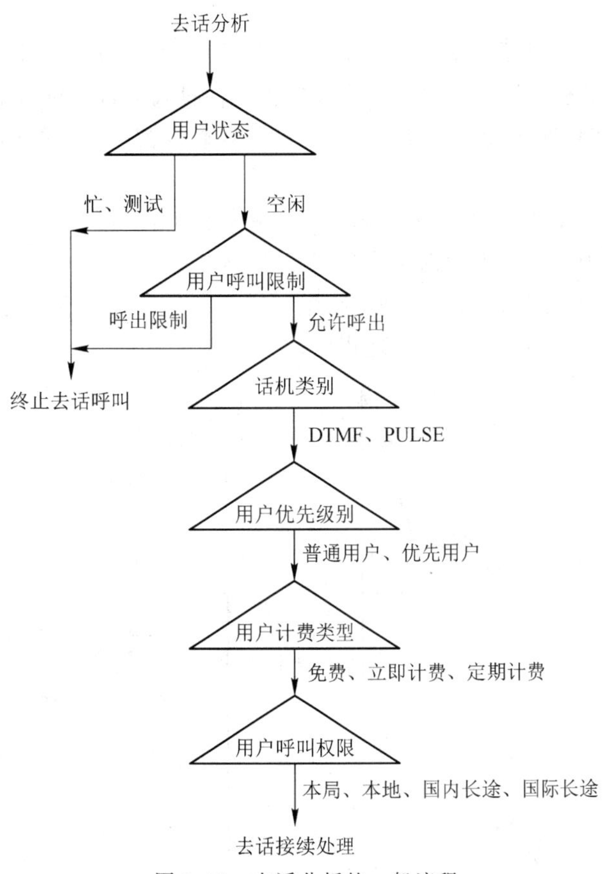

图 3.45 去话分析的一般流程

话分析的内容和流程。

(2) 号码分析

号码分析是在收到用户的拨号号码时所进行的分析处理,其分析的数据来源就是用户所拨的号码。交换机可从用户线上直接接收号码,也可从中继线上接收它局传送来的号码。号码分析的目的是确定接续方向和应收号码的长度以及下一步要执行的任务。图 3.46 所示为号码分析示意图。

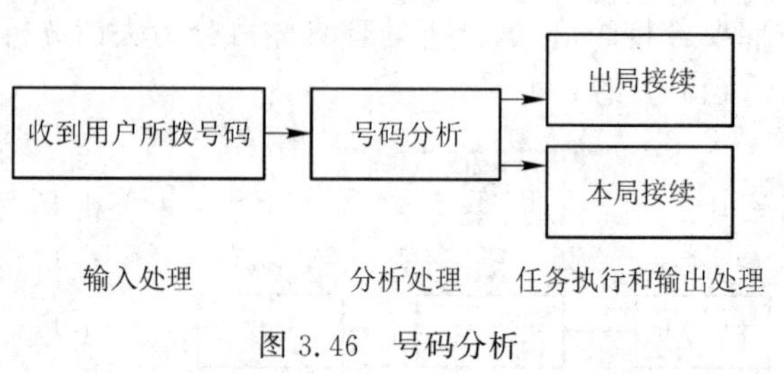

图 3.46 号码分析

号码分析可分为两个步骤进行:号首分析和号码翻译。

接收到用户所拨的号码后,首先进行的分析就是号首分析。号首分析是对用户所收到的前几位号码的分析,一般为 1～3 位,以判定呼叫的接续类型,获取应收号长和路由等信息。

号码翻译是接收到全部被叫号码后所进行的分析处理,它通过接收到的被叫号码找到对应的被叫用户。每个用户在交换机内都具有惟一的标志,通常称为用户设备号,通过被叫号码找到对应的被叫用户,实际上就是要确定被叫用户的用户设备号,从而确定其实际所处的物理端口。

图 3.47 所示为号码分析及相应任务执行的流程。例如,按照我国电话网编号计划,若号首为"0",则为国内长途呼叫;号首为"00",则为国际长途呼叫;号首为"800",则为智能网业务呼叫;号首为"119",则为特服呼叫。通过号码分析确定了呼叫类型并获取了相关信息,进而转去执行相应的呼叫处理程序。

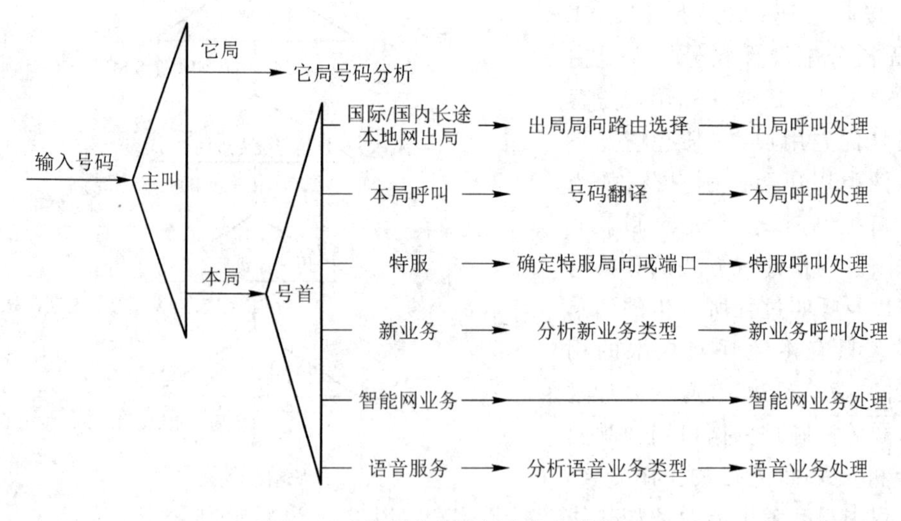

图 3.47 号码分析及相应任务的执行

(3) 来话分析

来话分析是有入呼叫到来时在叫出被叫之前所进行的分析,分析的目的是要确定能否叫出被叫和如何继续控制入局呼叫的接续。来话分析是基于被叫用户数据进行的。图 3.48 所示为来话分析示意图。

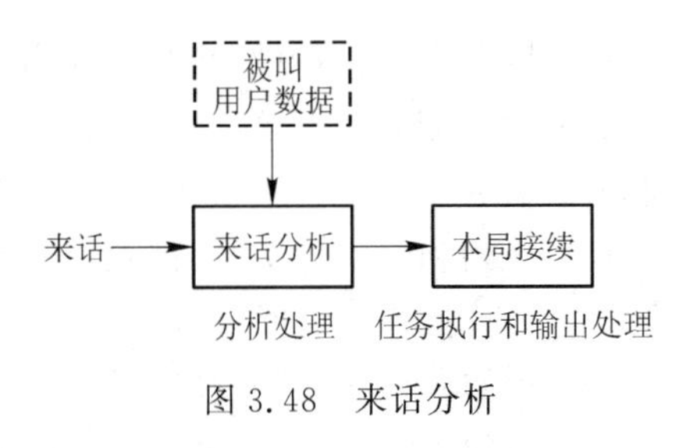

图 3.48 来话分析

图 3.49 所示为来话分析的一般流程。值得注意的是,当被叫忙时,应判断用户是否登记了呼叫等待、遇忙无条件转移和遇忙回叫业务。

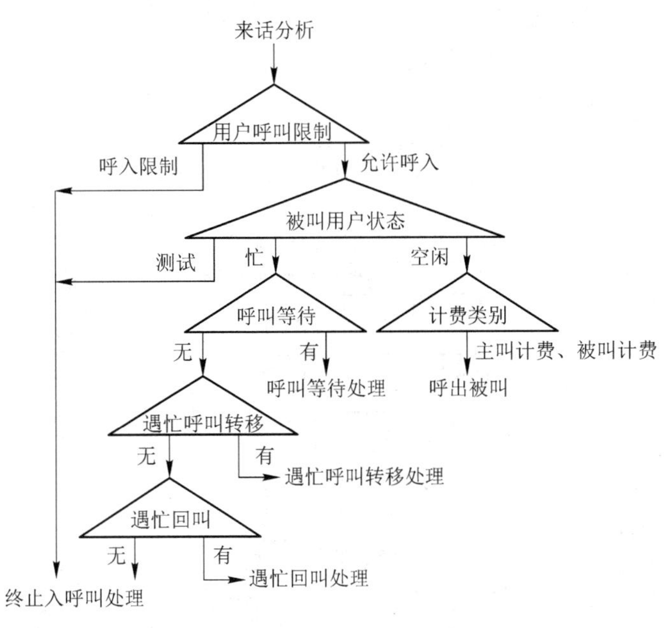

图 3.49 来话分析的一般流程

(4) 状态分析

对呼叫处理过程特点的分析可知,整个呼叫处理过程分为若干个阶段,每个阶段可以用一个稳定状态来表示。整个呼叫处理的过程就是在一个稳定状态下,处理机监视、识别输入信号,并进行分析处理、执行任务和输出命令,然后跃迁到下一个稳定状态的循环过程。在一个稳定状态下,若没有输入信号,状态不会迁移。在同一状态下,对不同输入信号的处理是不同的。因此在某个稳定状态下,接收到各种输入信号,首先要进行的分析就是状态分析,状态分析的目的是要确定下一步的动作,即执行的任务或进一步的分析。状态分析基于当前的呼叫状态和接收的事件。

呼叫状态主要有空闲、等待收号、收号、振铃、通话、听忙音、听空号音、听催挂音、挂起等,可能接收的事件主要有:摘机、挂机、超时、拨号号码、空错号(分析结果产生)等。这里要强调的是,事件不仅包括从外部接收的事件。还包括从交换机内部接收的事件。内部事件一般是由计时器超时、分析程序分析的结果、故障检测结果、测试结果等产生的。

具体状态分析流程可参见图 3.36 所示的呼叫处理过程。

5. 任务执行和输出处理

任务执行是指从一个稳定状态迁移到下一个稳定状态之前,根据分析处理的结果,处理机完成相关任务的过程。在呼叫处理过程中,当某个状态下收到输入信号后,分析处理程序要进行分析,确定下一步要执行的任务。在呼叫处理状态迁移的过程中,交换机所要完成的任务主要有七种。

(1) 分配和释放各种资源,如对 DTMF 收号器、时隙的分配和释放。

(2) 启动和停止各种计时器,如启动 40 s 忙音计时器,停止 60 s 振铃计时器等。

(3) 形成信令、处理机间通信消息和驱动硬件的控制命令,如接通话路命令、送各种信号音和停各种信号音命令。

(4) 开始和停止计费,如记录计费相关数据等。

(5) 计算操作,如计算已收号长,重发消息次数等。

(6) 存储各种号码,如被叫号码、新业务登记的各种号码等。

(7) 对用户数据、局数据的读写操作。

在任务执行的过程中,要输出一些信令、消息或动作命令,输出处理就是完成这些信令、消息的发送和相关动作的过程。具体来说,输出处理主要包括:

(1) 送各种信号音、停各种信号音,向用户振铃和停振铃。

(2) 驱动交换网络建立或拆除通话话路。

(3) 连接 DTMF 收号器。

(4) 发送公共信道信令。

(5) 发送线路信令和 MFC 信令。

(6) 发送处理机间通信信息。

(7) 发送计费脉冲等。

3.6.3 程控交换软件技术

程控交换系统是一个复杂而庞大的实时系统,它要能够处理可能同时发生的大量呼叫,并具有高可靠性,因此程控交换软件具有实时性,能够支持多任务并发处理和具有高可靠性。程控交换软件的特点和呼叫处理的基本原理决定了程控交换系统的软件设计具有其特殊性,本节将介绍在程控交换软件设计中经常使用的一些技术。

1. 群处理

为提高效率,在软件设计中尽可能地对一群对象同时进行逻辑运算和处理,将这种方法称作群处理。下面以用户线摘挂机扫描为例说明群处理的基本方法。

设处理机的字长为 16 位,由于每个用户摘挂机扫描的状态只用一个二进制比特就可表示,所以每次可以同时对一组 16 个用户进行摘挂机检测。图 3.50 所示为用户

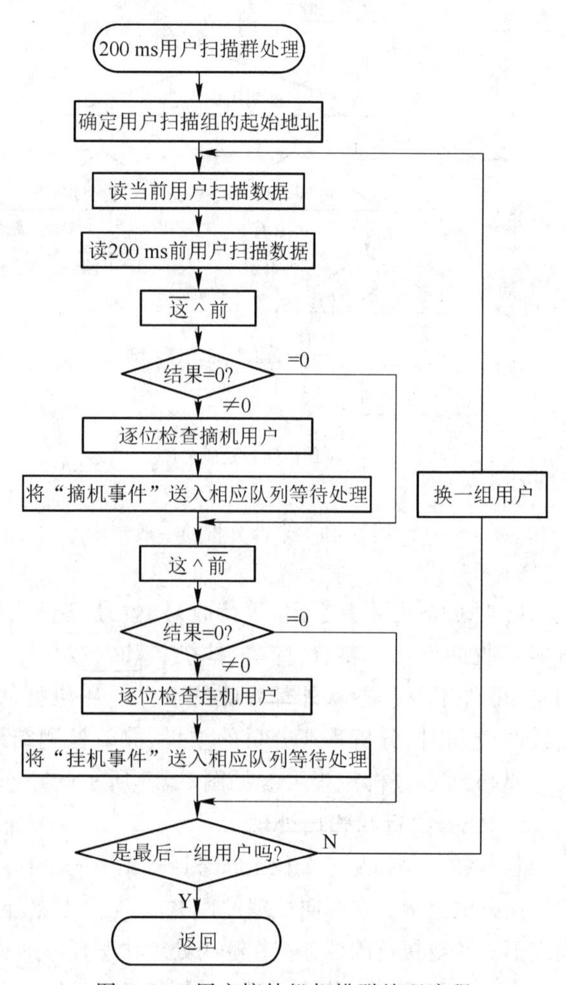

图 3.50 用户摘挂机扫描群处理流程

摘挂机扫描的群处理流程。

在群处理过程中，设交换机对 16 个用户扫描的状态数据和运算数据如图 3.51 所示。在群处理的流程中，逐位检查摘机、挂机用户实际上就是逐位检查相应运算结果哪一位为“1”，16 位比特分别对应 16 个用户。对摘机运算结果的检测，可知用户 8 和 10 摘机；对挂机运算结果的检测，可知用户 1 和 15 挂机。

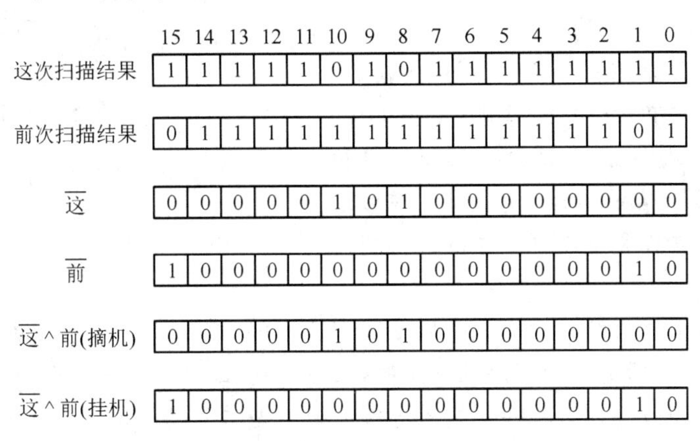

图 3.51 群处理举例

不仅对用户线扫描可采用群处理技术，对中继线状态扫描、按键号码标志信号扫描等都可采用群处理技术，群处理技术在程控交换软件设计中应用广泛。

2. 逐次展开法

在分析处理过程中，需要对各种数据进行分析。由于分析对象的复杂性，所以在分析表的设计和相应的分析方法上会采取一些有效的措施，逐次展开分析表和相应的分析方法就是一种常用的有效方法。下面以号首分析为例详细介绍逐次展开法。

逐次展开法基于逐次展开分析表，该表为多级检索表，呈树型结构，如图 3.52 所示。每一级表对应一位号码，即收到第一位号码，查第 1 级表，收到第二位号码，查第 2 级表等等。表中每个单元由两部分组成：指示位和地址字段。指示位用以指示地址字段存放的是

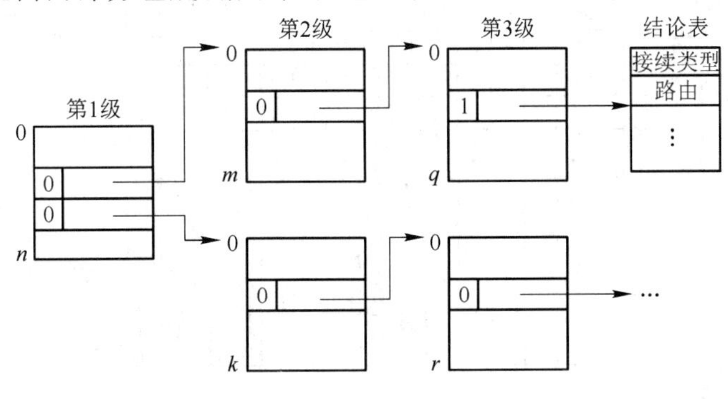

图 3.52 逐次展开法

下一级(位)检索表首地址,还是结论表首地址。前者表示号首分析还没有结果,还得继续收号、分析,后者表示号首分析完成,分析结果可在结论表中查到,它包括呼叫的接续类型、应收号长和路由等信息,如可用"0"来表示分析还没有结论,用"1"表示分析已有结论。

号首分析也可以采用图 3.53 所示的方法,即第 1 级表对应 3 位号首,大多数情况下,通过第 1 级表就可以分析出结果,这时地址字段指向结论表。如果不能分析出结果,则继续进行下一级表的分析。可以将其看作是逐次展开法的一种变形。

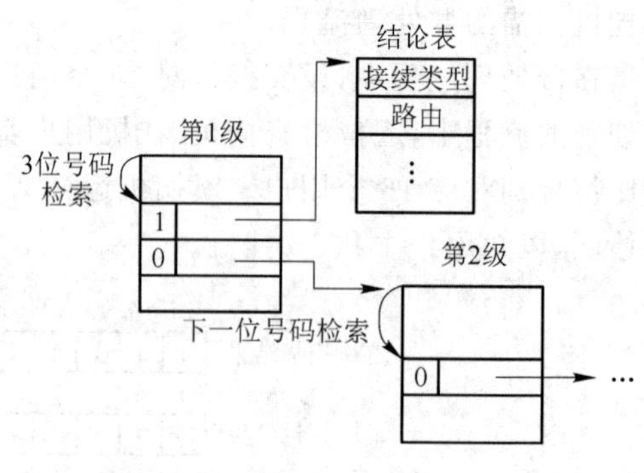

图 3.53　号首分析的另一种方法

3. 表格驱动

表格驱动就是根据所给参数查表来启动程序执行的方法,它是程控交换软件设计中经常采用的一种技术,可灵活地实现程序的调用执行。表格驱动技术包括两部分内容:驱动表格和调度管理程序。下面以周期级程序的调度为例来说明表格驱动技术。

图 3.54 是周期级程序调度的驱动表格结构,它是由时间计数器、屏蔽表、时间表和程序地址表组成的。

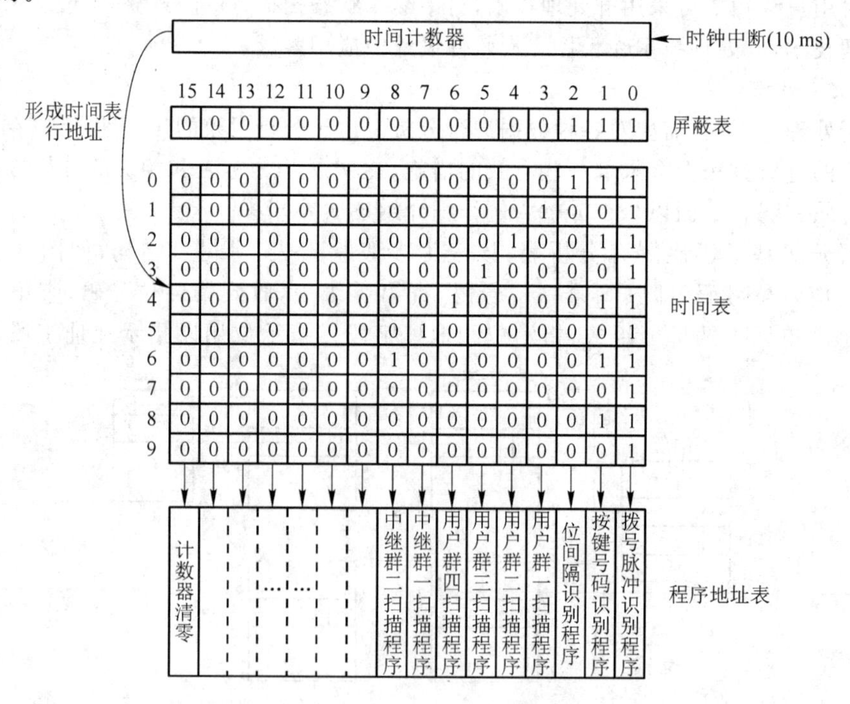

图 3.54　驱动周期级程序调度执行的表格结构

时间表的每一行代表时间，每一列为一个比特，代表一个程序。若在第 i 行第 j 列的比特位的值为“1”，则表示在这个时刻该程序被调用；若为“0”则不被调用。每次时间中断到来时，都要对时间计数器做加“1”操作，时间计数器的值形成了时间表的行地址。程序地址表保存被调用程序的入口地址。屏蔽表用于控制在该时刻该程序是否被调用执行，屏蔽表的每一位对应一个程序，如果某一位为“1”则表示该程序可执行，否则不执行。屏蔽表提供了一种灵活控制程序调用的机制，不用频繁更改时间表了。

若时间中断周期为 10 ms，则由上述表格结构的设计可知：

- 拨号脉冲识别程序每隔 10 ms 被调用执行。
- 按键号码识别程序每隔 20 ms 被调用执行。
- 位间隔识别程序每隔 100 ms 被调用执行。
- 用户线扫描程序每隔 100 ms 被调用执行。
- 中继线扫描程序每隔 100 ms 被调用执行。

图 3.55 是基于表格驱动调度管理程序的流程图。

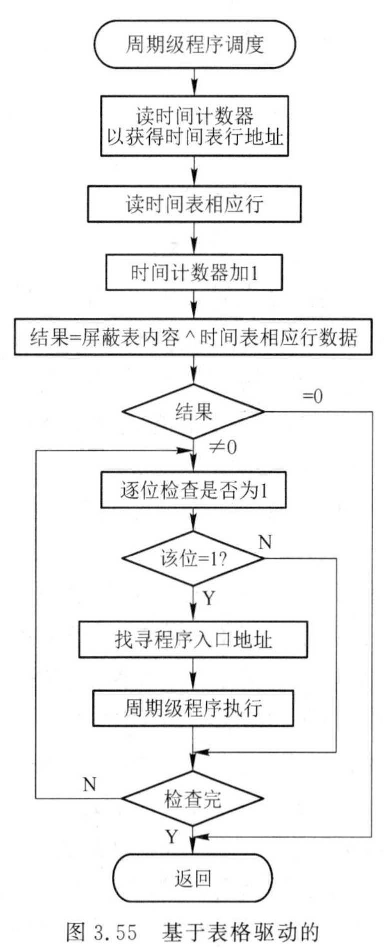

图 3.55 基于表格驱动的调度管理程序流程图

4. 有限状态机的实现

呼叫处理过程可以用扩展的有限状态机来描述，因而呼叫处理程序的实现，就是实现呼叫处理的有限状态机。设计实现有限状态机的方法有很多，在这里介绍常用的两种实现方法：二维数组法和多级表法。

基于二维数组的有限状态机的实现如图 3.56 所示。二维数组下标分别由状态号和事件号构成，下标(n,m)所对应的数组元素则是在 n 状态下接收到 m 事件时，应进行的下一步工作的执行程序入口地址，该程序完成相应的分析、任务执行和输出处理，并跃迁到下一个状态。

基于多级表的有限状态机的实现如图 3.57 所示，该多级表的第 1 级为状态索引表，通过状态号可检索到该状态下可能接收的事件索引表的地址，再由所接收的事件号检索到该状态下收到该事件完成下一步工作的程序地址，调用相应程序执行，即可完成相应的呼叫处理。

需要说明的是，基于二维数组和多级表的有限状态机的实现方法实质上也是表格驱动，在这里查表的参数是状态号和事件号。

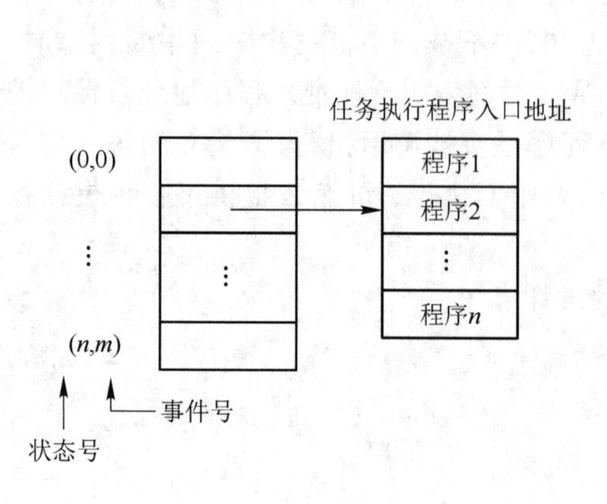

图 3.56　基于二维数组的有限状态机的实现

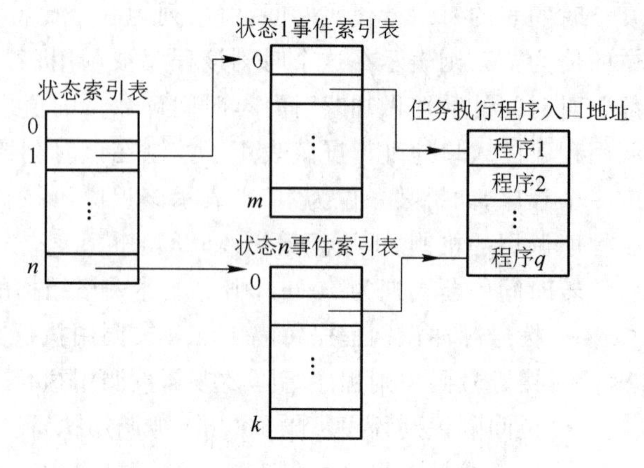

图 3.57　基于多级表的有限状态机的实现

3.7　电话通信网

3.7.1　概述

电话通信网已有100年历史了，它是最早建立的电信网络之一，是为满足处于不同地理位置用户间的通信而建立的。自电话发明以来，电话通信一直是人们乐于采用的最基本的通信方式，在电话通信100多年的发展过程中，电话通信网随着电话通信技术的不断发展及电话用户的飞速增长，其覆盖范围不断扩展，遍及全球各个角落，成为与人们日常工作和生活联系最紧密的电信网络。

电话通信网技术发展迅速，目前其交换设备普遍采用数字程控交换技术，除了采用电路交换模式，还引入了ATM交换模式。其传输系统不仅采用数字传输技术，而且逐渐采用现代的传送网技术，传输媒介也从单一的有线电缆转为采用有线电缆和光缆以及无线通信手段。用户终端不仅指单一的终端，还有用户驻地网，在用户环路上，即最后1 km的建设上，接入网技术的发展和应用如火如荼。智能网能够向用户方便、快速地提供各类新型业务。电话网的交换节点可改造为智能网中的业务交换点(SSP)，即具有业务交换功能。此外，对于电话网的"神经系统"——信令系统，逐渐摒弃了原有的随路信令，而采用公共信道信令——No.7信令，以支持更多的业务和功能，实现大容量信令传送。现代电话通信网需要现代化的网络管理，保证网络高效、可靠、经济地运行，从而提供高质量的通信，因此电信管理网要实施对电话网的管理。电话通信网传输和交换采用同步时分复用方式，因此必须保证全网的交换设备和传输设备工作在同一个时钟下，数字同步网可保证电话通信网的时钟同步。因此，No.7信令网、电信管理网和数字同步网是现代电话通信网不可缺少的支撑网络。

电话通信网是由本地电话网和长途电话网构成的。本地电话网是由一个长途编号区内的若干市话端局和市话汇接局、局间中继线、长市中继线、用户接入设备以及用户终端设备组成的电话网络，主要用于完成本地电话通信。长途电话网又可分为国际长途电话网和国内长途电话网。国际长途电话网是由分布在全球不同地理位置的国际交换中心以及它们之间的国际长途中继线路组成，范围覆盖全球，负责全球的国际通信。国内长途电话网是由各个国家地理范围内的长途汇接局和长途终端局以及它们之间的国内长途中继线路、国内长途交换局到国际长途局的长途中继线路组成，主要负责国内长途通信。

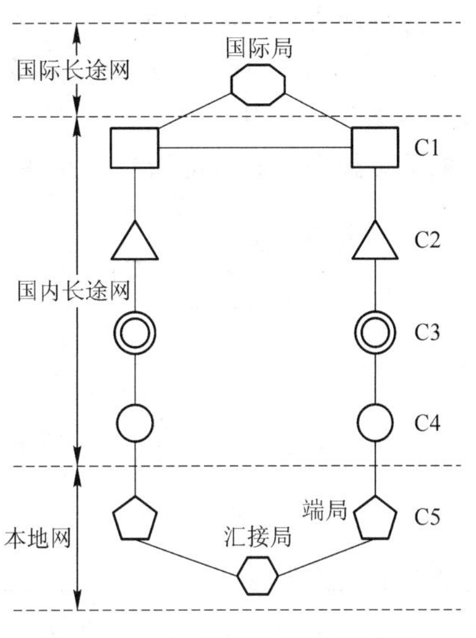

图 3.58　我国电话通信网的结构

我国电话通信网目前是全球最大的电话网，其网络结构如图 3.58 所示。

我国电话通信网采用 5 级结构，其网络拓扑为分层的树形结构。国内长途电话网由 4 个等级的长途交换中心 C1、C2、C3、C4 和长途中继线路构成。本地网由长途编号区内的 C5 交换中心、用户终端设备、中继线路构成。具体的网络结构将在下文介绍。

3.7.2　本地电话网

本地电话网是指在同一个长途编号区范围内，由若干端局和汇接局、局间中继线、长市中继线、用户接入设备以及用户终端设备组成的电话网。

本地电话网按照所覆盖区域的大小和服务区域内人口的多少可分为以下五类。

(1) 特大城市本地电话网(一般为 1 000 万人口以上)。

(2) 大城市本地电话网(一般为 100 万人口以上)。

(3) 中等城市本地电话网(一般为 30 万～100 万人口之间)。

(4) 小城市本地电话网(一般为 30 万人口以下)。

(5) 县本地电话网(县城及所辖农村范围)。

1. 本地电话网的网络结构

本地电话网按照所覆盖区域的大小和服务区域内人口的多少采用不同的组网方式，主要可采用单局制、多局制和汇接制组网方式。

(1) 单局制电话网

单局制电话网顾名思义就是由一个电话局，即一个交换节点构成的电话网，其拓扑结构为星型网，其网络结构如图 3.59 所示。

由图 3.59 可知，单局制电话网只有一个中心交换局，其覆盖范围内的所有用户终端通过用户线与中心交换局(C5)相连。一些用户交换机可通过中继线路与中心交换局相连,中心交换局与长途端局(C4)通过长途中继线相连,还可通过专线与特服中心,如119、110、120等相连。

这种网络组网简单,覆盖范围较小,适用于小城镇或县级的电话网。缺点是网络的可靠性较差,一旦中心交换局出现故障,全网瘫痪,网内任何用户无法进行电话通信。因此,一般在星型网中设置2个中心局,平时采用负荷分担方式,当一个交换局出现故障时,另一个可承担全网的话务处理。其结构如图3.60所示。

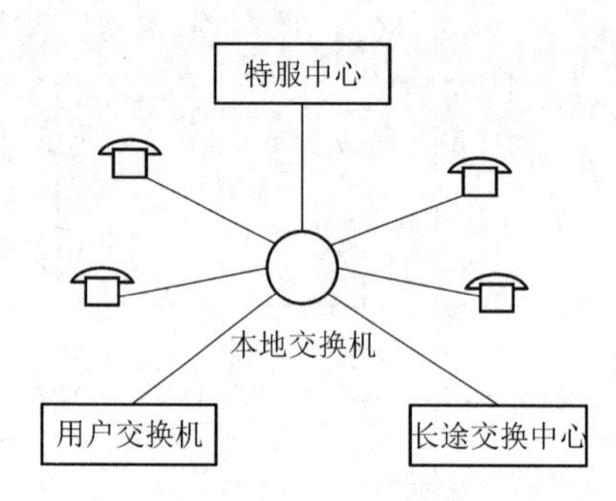

图3.59 单局制电话网

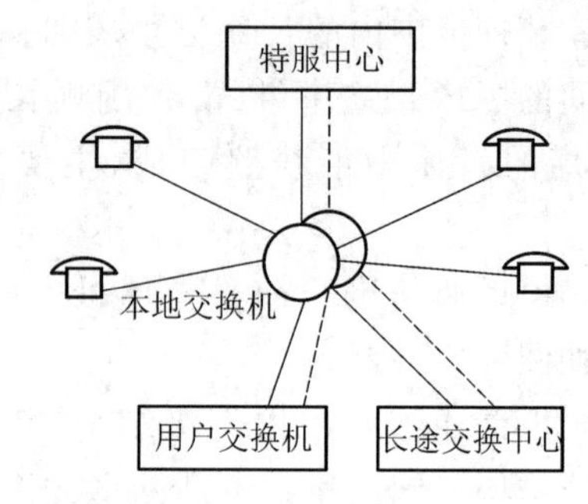

图3.60 双星型电话网

(2) 多局制电话网

多局制电话网是由多个电话局,即多个交换节点构成的电话网,其拓扑结构为网状互连结构,网络结构如图3.61所示。

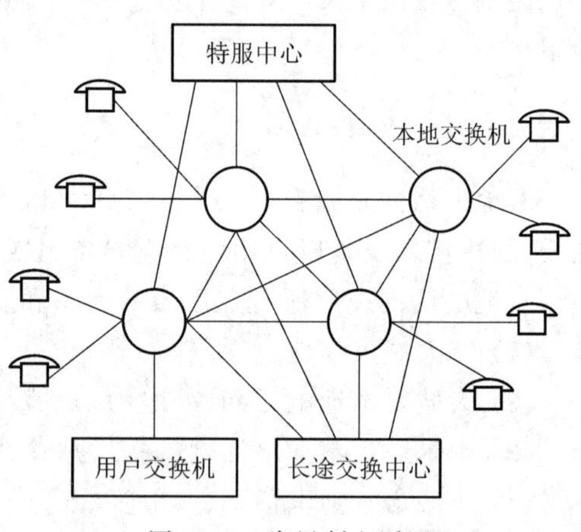

图3.61 多局制电话网

多局制电话网设有多个交换局(C5),交换局之间通过中继线互连,网络所覆盖范围内的用户终端通过用户线就近与交换局相连,一些用户交换机可通过中继线路就近与交换局相连;多个交换局与长途端局(C4)通过长途中继线相连,或某个交换局与长途端局(C4)通过长途中继线相连,其他交换局的长途话务通过该交换局汇接至长途端局;多个交换局与特服中心通过专线相连,或某个交换局与特服中心通过专线相连,其他交换局的特服话务通过该交换局汇接至特服中心。

多局制电话网覆盖范围比单局制电话网大,适用于中等城市的电话网。与单局制电话网相比,多个交换局有效地分散了话务量,因而对各交换局的容量可降低要求,用户线的平均长度缩短,节省了网络投资,网络的可靠性得到提高。

在实际构建多局制电话网,即网状网时,为了减少多个交换局之间的两两互连的中继线数量,也可以采用部分互连的方式,这样,当处于两个不同交换局内的用户要求通话时,若两个交换局间没有中继线路,则需经与这两个中心交换局均相连接的交换局进行汇接,间接建立话路。

(3) 汇接制电话网

当一个本地电话网需要覆盖的范围较大、用户数量较多时,不可能采用单局制。若采用多局制网状互连,则随着交换局个数的增加,局间中继线剧增,因而提出了以分区汇接的组网方式建立汇接制电话网。汇接制电话网是将本地电话网分为若干个汇接区,每个汇接区设置一个汇接局,该汇接局与该区内的所有交换局相连,各汇接区的汇接局互连,这样位于不同汇接区的用户间通话,要通过汇接局来完成。如果汇接区的用户数较多,覆盖范围较大,则还可以进一步分区,形成子汇接区,这样就形成了多级汇接。汇接制电话网的拓扑结构为分层的树形结构,如图 3.62 所示。

分区汇接方式解决了大城市中分局过多,局间互连导致中继线路剧增的问题,分区汇接方式适用于较大本地电话网。

我国本地电话网采用的是二级本地电话网结构,这里所说的"二级"是指每个汇接区设置一级汇接局,端局和汇接局形成了二级本地电话网。

2. 汇接方式

汇接制电话网可采用的汇接方式主要有去话汇接、来话汇接、来去话汇接和主辅汇接等。

(1) 去话汇接

汇接区内的汇接局只汇接去话,而不汇接到本汇接区的来话,这种汇接方式就叫做去话汇接,如图 3.63 所示。若汇接区 1 的端局发起一个呼叫(A→B),则汇接区 1 的汇接局对该去话进行汇接,并且直接接续到被叫所在的端局;同理,若汇接区 2 的端局发起一个呼叫(C→D),则汇接区 2 的汇接局对该去话进行汇接,并且直接接续到被叫所在的端局。去话汇接是实际电话网实现中普遍采用的一种汇接方式。

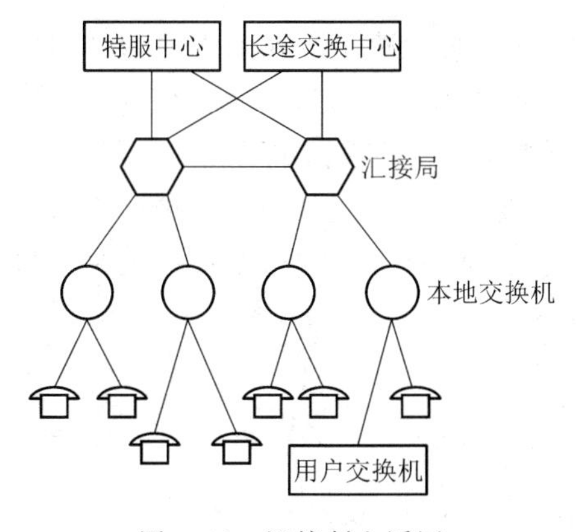

图 3.62　汇接制电话网

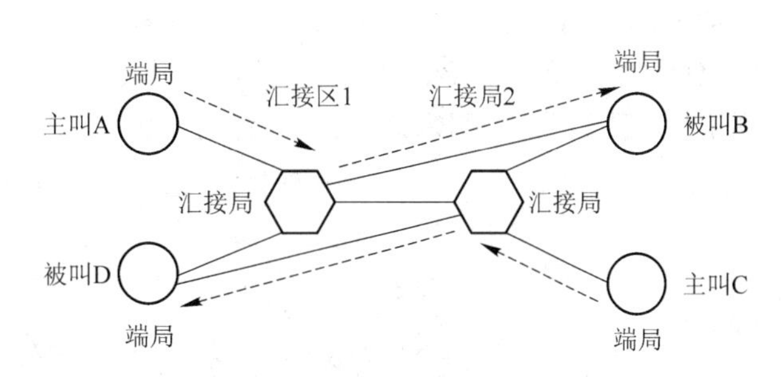

图 3.63　去话汇接

(2) 来话汇接

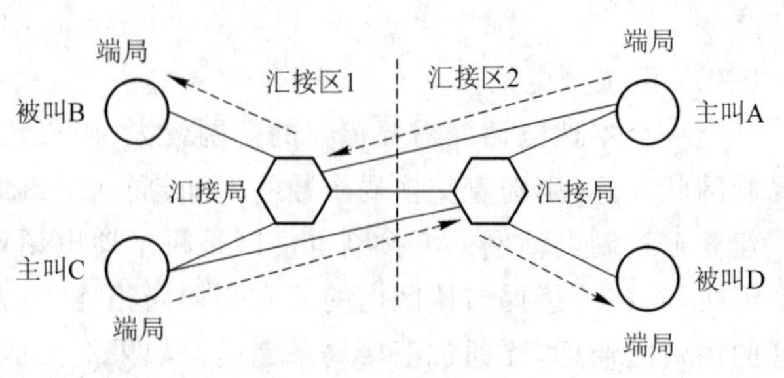

图 3.64 来话汇接

来话汇接与去话汇接相反，只对来自其他汇接区的来话进行汇接。在来话汇接方式中，所有来自其他汇接区的来话均通过本区内的汇接局汇接才能够接续到被叫所在的端局，而所有通向其他汇接区的去话则不经过本汇接区的汇接局，如图 3.64 所示。若汇接区 2 的端局发起一个呼叫(A→B)，则 A 所在的端局直接将话路接续到汇接区 1 的汇接局，该汇接局对该来话进行汇接，然后将呼叫接续到被叫 B 所在的端局；若汇接区 1 的端局发起一个呼叫(C→D)，则汇接区 2 的汇接局对该来话进行汇接，再将呼叫接续到被叫 D 所在的端局。

(3) 来去话汇接

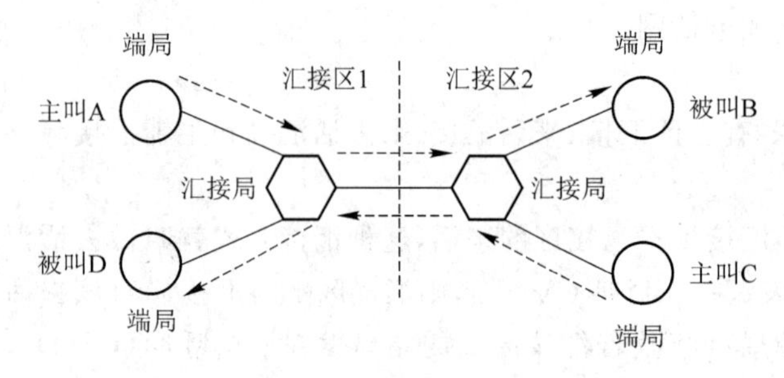

图 3.65 来去话汇接

来去话汇接是指区内的所有来去话业务均通过本汇接区内的汇接局汇接完成。如图 3.65 所示，A→B 的呼叫对于汇接区 1 是去话呼叫，对于汇接区 2 为来话呼叫，需经过汇接区 1 和 2 的汇接局进行汇接。同理，C→D 的呼叫也要经过汇接区 1 和 2 的汇接局汇接。来去话汇接是实际电话网实现中普遍采用的一种汇接方式。

(4) 主辅汇接

汇接区内的始发呼叫可通过本汇接区的汇接局汇接，也可通过被叫所在的汇接区的汇接局汇接，主叫所在的汇接区叫做主汇接区，被叫所在的汇接区叫做辅汇接区。主汇接区汇接采用去话汇接，辅汇接区汇接采用来话汇接，这样的汇接方式叫做主辅汇接，如图 3.66 所示。对于汇接区 1 发起的 A→B 的呼叫，汇接区 1 是主汇接区，汇接区 2 是辅汇接区，汇接区 1 采用去话汇接，汇接区 2 采用来话汇接；同样对于汇接区 2 发起的 A→B 的呼叫，主汇接区是汇接

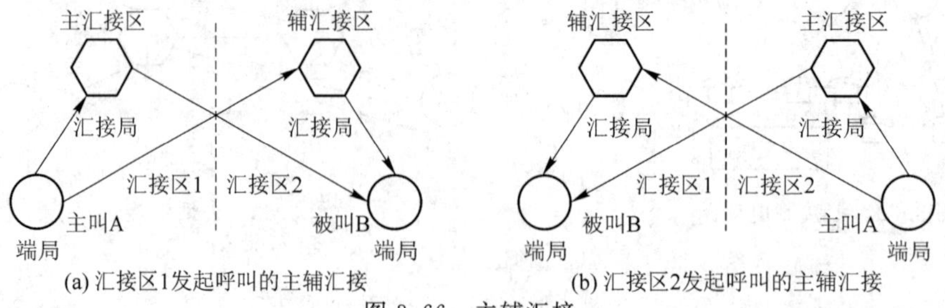

(a) 汇接区1发起呼叫的主辅汇接　(b) 汇接区2发起呼叫的主辅汇接

图 3.66 主辅汇接

区 2,辅汇接区是汇接区 1,汇接区 2 采用去话汇接,汇接区 1 采用来话汇接。

3.7.3 国内长途电话网

1. 国内长途电话网的网络结构

长途电话网相对于本地电话网覆盖面积更大,距离更长,服务的用户数量以及所需的交换设备也更多,因此在组建长途电话网时多采用分级分区汇接方式。我国国内长途电话网就是采用分级分区汇接方式组建的。

由图 3.58 可知,我国长途电话网由四级长途交换中心 C1～C4 构成,其中 C1～C3 是长途汇接局,C4 是长途终端局。一级交换中心 C1 设置在各大区中心(如东北地区,华北地区),负责汇接大区内的长途话务,具有转接话务的功能。二级交换中心 C2 设置在省级中心(如沈阳、济南),负责汇接省内的长途话务,具有转接话务的功能。三级交换中心 C3 设置在省内的较大城市和地区,负责汇接地区内的长途话务,具有转接话务的功能。四级交换中心 C4 设置在县、市,一般为一个长途编号区内,负责汇接县、市内的长途话务。

国内长途电话网的网络构成采用分级的树型结构。C1 之间采用网状互连方式,每个大区的 C1 与其所辖区域内的所有 C2 之间都设有直达电路群。同样,C2 与其所辖区域内的所有 C3 之间以及 C3 与其所辖区域内的所有 C4 之间也都设有直达电路群。C4 与本地网的市话端局或市话汇接局相连。

在建立我国长途电话网时,当时的长途话务流量及流向与行政管理的从属关系密切相关,话务量几乎是行政机关间联系的话务,其流向与行政从属关系一致,呈纵向的流向,因此,长途电话网的等级结构中,各长途交换中心的设置和行政区域与等级密切相关。随着我国经济建设的飞速发展,电话普及率不断提高,长途话务的流量增长迅猛,长途话务的横向流向不断增长。同时人们对电话网的服务质量也提出了更高的要求,即快速、高质量地实现电话通信。现有等级结构的长途电话网已不能适应电话业务的需求。与此同时,通信网技术日新月异,数字传输与交换、电信管理网、智能网(IN)、No.7 信令等技术得到了广泛的应用。在这样的技术背景下,提出了无级动态网的实施蓝图。无级网络相对于等级网络而言,电话网的各个交换中心不分等级,处于同一级别。动态是指电话网中的路由选择是不固定的,是根据网络情况而定,它是相对于静态路由选择,即固定路由选择而言。

鉴于我国长途电话网覆盖范围较大,交换中心之间相距较远以及业务需求和技术发展的状况,我国长途电话网向无级动态网过渡的策略是:采取逐步实现的方法,即由现在长途四级网的 C1 与 C2 合并为 DC1,C3 与 C4 合并为 DC2,形成扩大的本地网,这样,DC1、DC2 构成了长途 2 级电话网,最终两级合并成为无级长途电话网,如图 3.67 所示。

2. 国内长途电话网的路由选择

(1) 路由定义及其分类

在电话通信网中,路由是指两个交换局之间建立一个呼叫连接或传送消息的途径。它可以由一个电路群组成,也可以由多个电路群经交换局串接而成。一条路由由一个全利用度的

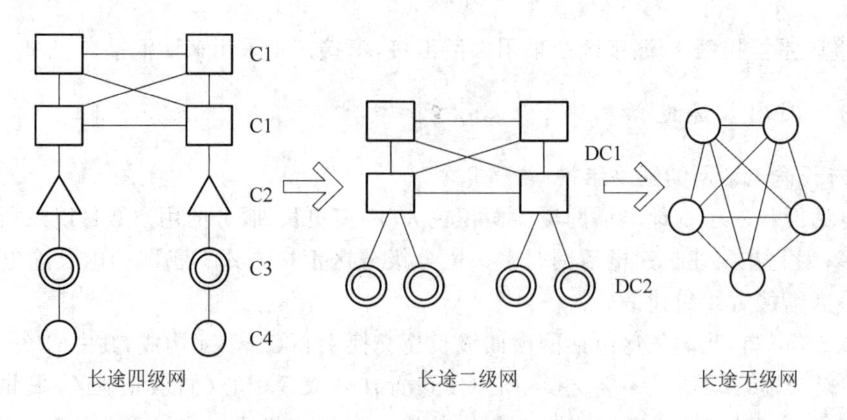

图 3.67　从等级电话网到无级电话网的过渡

电路群组成。

路由按其特征和使用场合的不同可有多种分类方法,以下是三种常见的分类方法。

① 按呼损分类

可将路由按呼损分为高效路由和低呼损路由。所谓高效路由就是该路由上的呼损会超过规定的呼损指标,其话务量可以溢出到其他路由上。所谓低呼损路由就是指组成该路由电路群的呼损不大于规定的标准,其话务量不允许溢出到其他路由上,它是由任意两个等级交换中心之间的低呼损电路构成的。

② 按路由选择顺序分类

可将路由按路由选择顺序分为直达路由、迂回路由、多级迂回路由和最终路由。所谓直达路由就是指两个交换中心之间的路由由一段电路群组成,是最短的路由,也是路由选择中首选的路由。迂回路由就是由两段及两段以上电路群串接而成的路由,它是相对于首选路由而言,是首选路由遇忙时更换的路由。如果是进行多次更换选择的路由,则为多级迂回路由。在路由选择过程中,遇到低呼损路由时,不再溢出,路由选择终止,称这样的路由为最终路由。最终路由可由基干路由和低呼损路由构成。

③ 按路由连接两个交换中心在网中的地位分类

可将路由按路由连接的两个交换中心在网中的地位分为基干路由、跨区路由和跨级路由。基干路由是构成网路基干结构的路由,是一级交换中心 C1 之间、一级交换中心 C1 与二级交换中心 C2 之间、二级交换中心 C2 与三级交换中心 C3 之间、三级交换中心 C3 与四级交换中心 C4 之间的路由。基干路由上电路群的呼损小于等于 1%,其话务量不应溢出到其他路由上。基干路由是最基本的路由,可使全国任意两地用户通话。跨区路由是指路由连接的两个交换中心位于不同的大区。跨级路由是指路由连接的两个交换中心相差的级别大于等于 2 级。跨区路由和跨级路由是为了有效疏通路由连接的两个交换中心的话务而设置的。

图 3.68 表示了电话网中的主要路由。基干路由构成了网络的基本结构,一般是低呼损路由。L1 是高效直达路由,L2 是跨区路由,L3 是跨级路由,L4 路由(虚线所示)是相对于 L1 的

迂回路由。

(2) 路由选择

① 路由选择的基本原则

路由选择的基本原则是:

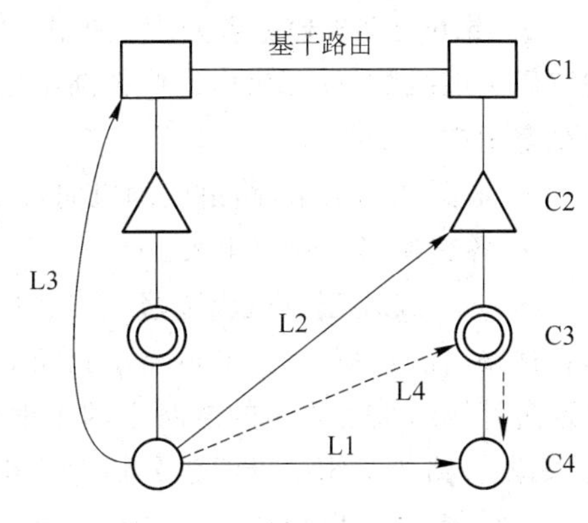

图 3.68 电话网中的路由类型

- 路由选择应保证通信质量,首选串接电路群段数少的路由,所选路由最大串接电路群段数不超过7段;
- 路由选择应有规律性,避免死循环的发生;
- 能在低等级交换中心疏通的话务尽量不在高等级交换中心疏通;
- 路由选择不应使网络和交换设备的设计过于复杂。

② 静态路由选择

静态路由选择也叫做固定路由选择,即事先设定好各种路由和选路顺序,选路方式固定不变。针对上述路由选择的基本原则,我国等级结构长途电话网的固定路由选择方法是:

- 先选高效直达路由;
- 当高效直达路由忙时,选迂回路由,迂回路由选择顺序是在受话区"自下而上"选择,在发话区"自上而下"选择,这样可保证所选路由是到受话方最短的路由;
- 最后选择最终路由。

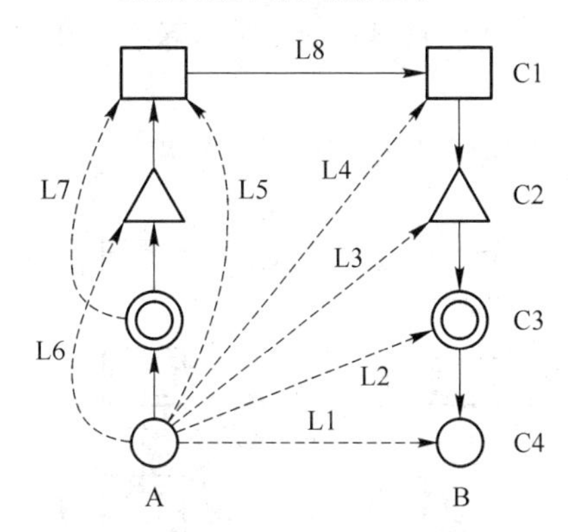

图 3.69 静态路由选择举例

在图 3.69 中,发话方 A 与受话方 B 之间有 8 条事先设定好的路由,其中 L1 为直达路由,L2~L7 为迂回路由,L8 为基干路由。按照路由选择方法,在进行路由选择时,应首选直达路由 L1;若 L1 不能使用,则从受话方自底向上选择到受话方最近的迂回路由 L2、L3 和 L4;若 L2~L4 均不可用,则从发话方自顶向下选择迂回路由 L5、L6、L7;若上述路由均不可用,则只能选择基干路由 L8 完成话路接续,它也是最终路由。

③ 动态路由选择

动态路由选择是指选择路由的方式不是固定的,是随网上话务状况或其他因素而变化的。动态选路方式有很多,动态自适应选路方式是其中的一种,也是应用较多的一种动态选路方式。

动态自适应选路方式的工作机制如下:

- 设置"路由处理机"对路由进行集中控制和管理;
- 路由处理机不断地向各交换局查询路由数据,以便了解全网路由状况;
- 各交换节点向路由处理机提交中继线数、空闲出中继线数等数据;

• 路由处理机根据各处理机提供的数据确定每条链路上的空闲中继线数，再根据链路上的空闲中继线数，计算出由这些链路组成的路由上的空闲中继线数（取组成路由的各段链路的最小空闲中继线数）；

• 根据计算结果，路由处理机向每个主叫交换局建议一个可能的迂回路由。

• 各交换局更新路由表。

图 3.70 是动态自适应选路方式。当 A 局用户呼叫 B 局用户时，先选 A→B 的直达路由，当直达路由满负荷时，话务可溢出到经 C、D、E、F 局转接的迂回路由上。选择哪条迂回路由，可通过计算组成各路由的链路空闲中继线数而定。图中 A—C—B 由两段链路 AC 和 CB 组成，每段链路的空闲中继线数分别为 7 和 2，则取该段路由的空闲中继线数的最小值 2，依此类推，可计算出各条路由的空闲中继线数，然后选择空闲中继线数最多的路由，本例中为 A—E—B。

动态自适应选路方式的主要特点是根据网络的话务负载情况选择出最佳路径，不断改变路由表。这种路由选择方式对话务变化有很强的适应能力，并提高了网络资源的利用率。由于这种方式要求交换机及时检测中继状态，不断更新路由表，所以额外增加了交换机的工作量。

3.7.4 国际电话网

为了实现不同国家电话用户之间相互通话，每个国家除了本国的本地电话网、国内长途电话网之外，还要设定国际交换中心，各国的国际交换中心连接形成国际电话网，完成国际电话通信。因此，国际电话网是一个覆盖范围更大、用户相距更远的电话通信网，它实际上是由各国的国内长途电话网互连而成。

国际电话网采用树形分层结构，由三级国际转接局 CT1、CT2、CT3 构成，如图 3.71 所示。

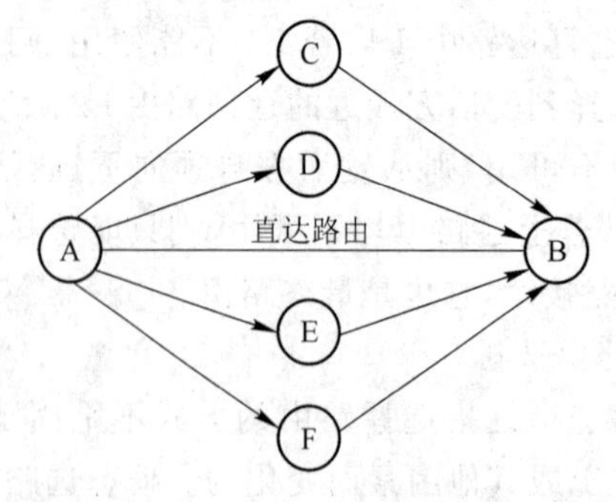

链路	总中继数	占用	空宋	链路	总中继数	占用	空闲	路由空宋中继
AC	10	3	7	CB	5	3	2	2
AD	12	6	6	DB	9	6	3	3
AE	8	1	7	EB	11	2	9	7
AF	5	2	3	FB	5	4	1	1

图 3.70 动态自适应选路方式

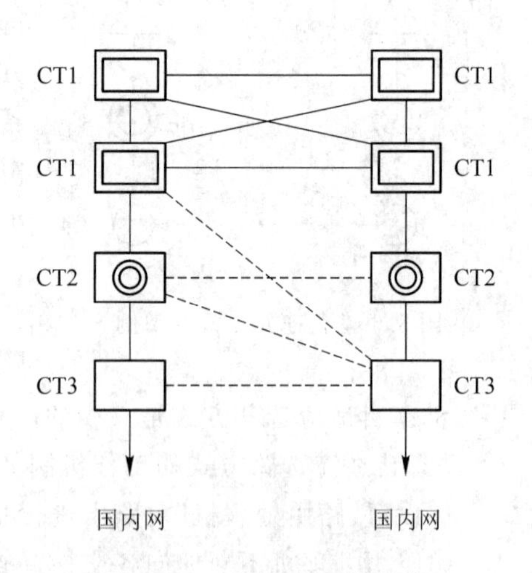

图 3.71 国际电话网的结构

一级国际交换中心 CT1 在全球按地理位置设置共有 7 个，采用分区汇接的方式，分别负责所管辖范围内各国和地区的国际话务的汇接，即汇接 CT2 和 CT3 的话务，CT1 之间采用网状互连方式。表 3.3 所示为一级国际交换中心 CT1 的设置情况。

表 3.3　一级国际交换中心 CT1 的设置

一级国际交换中心	所辖地区	一级国际交换中心	所辖地区
纽约 CT1	北美、南美	东京 CT1	东　　亚
伦敦 CT1	西欧、地中海	新加坡 CT1	东 南 亚
莫斯科 CT1	东欧、北亚、中亚	印巴 CT1	南亚近东、中东
悉尼 CT1	澳　　洲		

二级国际交换中心 CT2 是设置在具有较大国际话务国家内的国际交换中心，负责汇接所辖区域内 CT3 的国际话务，并将其转接到相应的 CT1。

三级国际交换中心 CT3 设置在各个国家，该国家的国际电话局一般为 1 到多个，视该国家的地理范围和国际话务的多少而定。CT3 负责将各个国家的国际话务汇接到国际电话网上。CT3 与各国国内长途电话网的交换中心相连，形成了一个覆盖全球的电话通信网。我国设有三个国际交换中心，即三个 CT3。

我国三个国际交换中心分别设置在北京、上海、广州，这三个国际交换中心以网状网方式相连，三个国际交换中心均具有转接和终端话务的功能。

三个国际交换中心对国内的国际话务采用分区汇接的方式。三个国际交换中心与各大区 C1 之间均设有低呼损电路群与之直接相连，与它所管辖汇接区内的 C2 之间设置了低呼损电路群，并且与汇接区内的一些经济发达城市、旅游地区、港口城市等所在地区的长途交换中心设置高效或低呼损电路群。例如，北京国际交换中心与现有八个大区中心的 C1，与北京、沈阳、西安大区所属的 C2，以及相应的经济发达城市、旅游地区、港口城市等所在地区的长途交换中心相连。上海国际交换中心与现有八个大区中心的 C1，与上海、南京、武汉、成都大区所属的 C2，以及相应的经济发达城市、旅游地区、港口城市等所在地区的长途交换中心相连。广州国际交换中心与现有八个大区中心的 C1，与广州大区内的长沙、南宁、海口的 C2，以及相应的经济发达城市、旅游地区、港口城市等所在地区的长途交换中心相连。随着国内长途电话网由 5 级到 2 级再到无级网络的发展，现有国际电话接续网络结构也在发生着变化。

3.7.5　编号计划

编号计划是对电话网中的本地、国内长途、国际长途、特服、新业务、测试和网间互通等各种呼叫拨号号码的编排和拨号流程的规定。

1. 电话号码的构成及拨号流程

一个本地电话网的电话号码采用统一的编号计划，一般情况下采用等位编号，但应能适应在同一本地网中号码位长相差一位编号的要求。本地电话号码由局号和用户号两部分构成。

局号可以由1～4位构成，一般用PQRS来表示；用户号为4位，一般用ABCD表示。本地电话号码最长为8位，其拨号流程为：PQRS(局号)＋ABCD(用户号)。

国内长途呼叫的拨号号码及其流程为：0(国内长途字冠)＋$X_1X_2X_3X_4$(长途区号)＋PQRSABCD(本地网电话号码)，其中，长途区号一般为1～4位，用X_1～$X_1X_2X_3X_4$表示。

国际长途呼叫的拨号号码及其流程为：00(国际长途字冠)＋$I_1I_2I_3$(国家号码)＋X_1X_2(国家内长途区号)＋PQRSABCD(本地网电话号码)，其中，国家号码为1～3位，可用I_1～$I_1I_2I_3$表示。各国国家内长途区号编号不尽相同，这里举例为2位编号。

2. 字冠及首位号码的分配使用

“0”为国内长途全自动电话冠号。

“00”为国际全自动电话冠号。

“1”为长途、本地特种业务号码、新业务号码、网号的首位号码、无线寻呼号码、网间互通号码、话务员座席群号码的首位号码等。

“2～9”为本地电话号码的首位号码，其中首位9包括模拟移动电话号码等的首位号码。

3. 国内长途区号的编号

国内长途自动交换网采用不等位编号逐步向等位编号过渡的策略，目前国内长途区号有2～4位3种位长编号，其规律为：

• 首位为“2”的长途区号，号码长度为两位，即2X。

• 首位为“3”、“4”、“5”、“7”、“8”、“9”的长途区号长度为3位或4位，其中第2位为奇数时号码长度为3位，如：3 X_1 X，X_1为奇数1，3，5，7，9；X为0～9；第2位为偶数时，号码长度为3位或4位，如：3 X_2X或3 X_2XX，X_2为偶数0、2、4、6、8；X为0～9。目前4位区号的数量逐步减少，3位区号的数量逐步增加。

• 首位为“1”的长途区号号码分为两类：一类作为长途区号；另一类作为网号或业务的接入码。其中“10”为两位，其余号码根据需要分别为2位、3位或4位。

• 首位为“6”的长途号码除60和61留作台湾使用外，其余号码为62X～69X共80个号码作为3位区号使用。

3.7.6 计费方式

程控交换机的计费方式主要有3种。

(1) 本地网自动计费方式(LAMA：local automatic message accounting)。

(2) 集中式自动计费方式(CAMA：centralized automatic message accounting)。

(3) 专用自动计费方式(PAMA：private automatic message accounting)。

LAMA用于本地网内用户通话计费，它采用复式计次方式，即按用户的通话时长和通话距离计费，并且可按时段制定不同的费率。本地网电话呼叫由发端局计费，即主叫所在局计费。

CAMA用于长途呼叫计费，国内长途自动电话一般对主叫用户计费，其计费方法也是按通话距离和通话时长进行计费,长途发端局负责长话计费。

PAMA 也叫做用户交换机计费方式。当用户交换机有条件计费时,可配合长途发端局和本地发端局对分机用户进行计费,此时用户交换机要能够从端局接收到被叫摘机和挂机信号。

上述三种计费方式如图 3.72 所示。

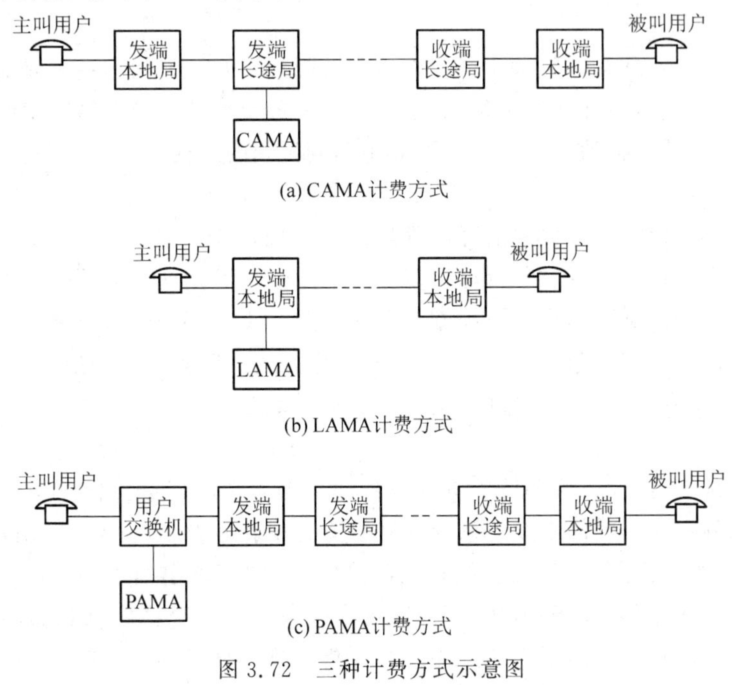

图 3.72 三种计费方式示意图

小 结

电话通信是人们使用最普遍的一种通信方式,电话通信网是覆盖范围最广、用户数量最多、应用最广泛的一种通信网络,电话交换采用适于实时、恒定速率业务的电路交换方式。

电话交换技术的发展经历了三个阶段:人工交换阶段、机电式自动交换阶段、电子式自动交换阶段。程控交换机是采用存储程序控制的交换机。数字程控交换机交换的是数字信号,它维护管理方便,可靠性高,灵活性大,便于采用新技术和灵活增加各种新业务,具有以往任何交换机所无法比拟的优越性,目前在电话通信网上得到了普遍的应用。

数字程控交换机的系统结构由控制子系统和话路子系统构成,控制子系统采取分级分散控制方式,设有中央处理机和模块处理机;话路子系统由各种接口、用户级交换网络和选组级交换网络组成。整个系统分为两级:中央级(选组级)和用户级。用户级由用户模块和远端用户模块等组成。远端用户模块的设置可节省线路投资,变模拟信号传输为数字信号传输。

接口设备是数字程控交换机与外围环境的接口,其功能是完成外部信号与交换机内部信号的转换。数字程控交换机的接口设备主要有用户电路、中继电路和信令收发设备。模拟用户电路具有馈电、过压保护、振铃、监视、编译码与滤波、混合电路和测试功能,数字中继电路具有码型变换、时钟提取、帧同步、复帧同步、插入和提取随路信号、帧定位等功能,信令收发设备应能产生各种信号音和 MFC 信令,并且能够产生 DTMF 信令和 MFC 信令,还应支持公共信道信令的收发。

程控交换机的交换网络一般采用 T—S—T 的网络结构,话音信号在进入交换网络进行交换时要经过复用器进行串/并变换和复用,话音信号完成交换从交换网络输出时要经过分路器进行并/串变换和分路。话路建立不仅要建立主叫到被叫的通话连接,还要建立被叫到主叫的通话连接。

交换机的控制系统应具有较强的呼叫处理能力和较高的可靠性,程控交换机控制系统的实际构成方式多种多样,但从控制系统工作的基本原理来看,可分为两种基本方式:集中控制和分散控制。分散控制又分为全分散控制和分级分散控制。不管是集中控制还是分散控制,现代交换系统一般采用多处理机工作方式,这种工作方式主要有话务分担、功能分担和冗余配置,其中冗余配置又有双机冗余配置(双机同步方式、双机互助方式、双机主备方式)和 $N+m$ 冗余配置。

程控交换软件具有实时性、多任务并发执行和高可靠性的特点。程控交换机的软件系统主要是由系统软件和应用软件组成。系统软件主要指操作系统,应用软件又包括呼叫处理软件、OAM 软件和数据库系统。程控交换机一般采用实时多任务操作系统。

一个呼叫处理的过程可以分为几个阶段,每个阶段对应一个稳定的状态。在每个稳定状态下,只有当交换机检测到输入信号时,才进行分析处理和任务执行,任务执行的结果往往要产生一些输出信号,然后跃迁到另一个稳定的状态,如此反复。因此,呼叫处理过程可分为三个阶段:输入处理、分析处理、任务执行和输出处理。采用 SDL 可以方便、直观、准确地表达呼叫处理过程。

输入处理的主要功能就是要及时检测外界进入到交换机的各种信号,如用户摘/挂机信号、用户所拨号码(PULSE、DTMF)、中继线上的中国 No. 1 信令的线路信号、No. 7 信令等。分析处理就是对各种信息(当前状态、输入信息、用户数据、可用资源等)进行分析,以确定下一步要执行的任务和进行的输出处理,分析处理具体可分为去话分析、号码分析、来话分析和状态分析。任务执行是指从一个稳定状态迁移到下一个稳定状态之前,根据分析处理的结果,处理机完成相关任务的过程。输出处理就是完成信令、消息的发送和相关动作的过程。

群处理技术、逐次展开技术、表格驱动技术和有限状态机的实现技术是程控交换软件经常采用的技术。

电话通信网是由本地电话网、国内长途电话网和国际长途电话网构成的。我国电话通信网采用 5 级结构,其网络拓扑为分层的树形结构。国内长途电话网由 4 个等级的长途交换中心 C1、C2、C3、C4 和长途中继线路构成,本地网由长途编号区内的 C5 交换中心、用户终端设备、中继线路构成。这种等级结构的通信网络最终要变为无级通信网。

本地电话网的组网结构主要有单局制、多局制和汇接制，汇接制电话网可采用的汇接方式主要有去话汇接、来话汇接、来去话汇接和主辅汇接等。

电话网中的路由按照不同分类方式有直达路由、迂回路由、多级迂回路由和低呼损路由、高效路由以及基干路由、跨级路由、跨区路由等。国内长途电话网的路由选择有两种基本方式：静态路由选择和动态路由选择。静态路由选择是指选择路由的方式是固定的，动态路由选择是指选择路由的方式不是固定的，而是随网上话务状况或其他因素而变化的。动态选路方式有很多，动态自适应选路方式是应用较多的一种。

国际电话网采用树形分层结构，由三级国际转接局 CT1、CT2、CT3 构成，CT1 之间呈网状连接，CT1 与 CT2 之间以及 CT2 与 CT3 之间采用分区汇接的连接方式。

我国电话网的编号计划对本地网号码的长度、组成、长途区号、字冠和首位号码的分配以及拨号流程做了详细规定。

程控交换机的计费方式主要有：LAMA、CAMA 和 PAMA，分别用于本地呼叫计费、国内长途呼叫计费和用户交换机分机呼叫计费。

习　　题

1. 电话通信的基本原理是怎样的?

2. 电话交换技术发展的三个阶段是什么，各个阶段交换设备的技术特点是什么?

3. 程控交换系统是由哪几部分组成的，各组成部分完成的功能是什么?

4. 设置远端用户模块有什么好处，远端用户模块与用户模块相比其工作特点有何不同?

5. 数字程控交换机的接口类型都有哪些?

6. 用户电路的 BORSCHT 七大功能是什么，还有哪些功能在一些特殊应用时会用到?

7. 数字中继电路完成哪些功能?

8. 设计出产生频率为 1 380 Hz 和 1 500 Hz 的信号发生器框图，并给出 ROM 存储器的大小、重复周期以及在重复周期内各频率的重复次数。

9. 试画出 6 条输入母线和 6 条输出母线经过 T 接线器的串并变换的波形图。

10. 什么是集中控制，什么是分散控制，它们各有什么优缺点?

11. 多处理机系统的工作方式有哪些，各自的特点是什么?

12. 控制系统几种备用方式的工作特点是什么?

13. 某程控交换机装有 24 个模块，已知每 8 个模块合用一台处理机，处理机完成一次呼叫平均需要执行 18 000 条指令，每条指令平均执行时间为 2 μs，固定开销 $a=0.15$，最大占用率 $t=0.95$，试求该交换机总呼叫处理能力 N 为多少?

14. 程控交换机软件的特点是什么?

15. 程控交换机软件系统的组成及各部分完成的功能是什么?

16. 程控交换机操作系统的特点是什么？

17. 图 3.37 是用 SDL 图描述的一个局内呼叫的处理过程，请根据该图续画出从听忙音状态到用户完全释放的 SDL 图。

18. 根据图 3.44 的 DTMF 收号原理，给出 DTMF 收号处理的流程图。

19. 在图 3.55 的时间表中加上一个执行周期为 200 ms 的程序，而不扩展时间表的容量，如何实现？

20. 试给出基于图 3.58 所示的多级表的有限状态机的处理流程图。

21. 目前我国电话网的结构是怎样的，其中长途电话网向无级网过渡的策略是什么？

22. 本地电话网的范围和构成是怎样的？

23. 本地电话网的汇接方式有哪几种？

24. 某城市本地网采用分区汇接方式，主叫在 A 汇接区，被叫在 B 汇接区，两个汇接区之间采用去话汇接方式，试画出主被叫通话的汇接方式。

25. 长途电话网的路由选择原则是什么？

26. 国际电话网的网络结构如何？

27. 我国电话网的编号计划是怎样的？

28. 电话网中可能采用的计费方式有哪几种？

参考文献

1 叶敏. 程控数字交换与通信网. 北京：北京邮电大学出版社，1998

2 邮电部电话交换设备总技术规范书，YDN 065—1997

3 唐宝民. 电信网技术基础. 北京：人民邮电出版社，2001

4 王承恕. 通信网基础. 北京：人民邮电出版社，1999

5 王鸿生，龚双瑾. 电话自动交换网. 北京：人民邮电出版社，1995

6 陈锡生，糜正琨. 现代电信交换. 北京：北京邮电大学出版社，1999

7 李令奇，胡广成. 电话机原理与维修. 北京：人民邮电出版社，1992

8 Wilkinson R I. The Beginnings of Switching Theory in the United States. Teleteknik, 1957, 1:14～31

第4章　信令系统

通信网中任意两个通信终端之间的通信都离不开信令，终端与交换节点之间、各交换节点之间以及不同网络之间的互通，都必须在信令的控制下进行。信令系统是通信网的重要组成部分，是保证通信网正常运行必不可少的，信令技术是通信网的基本技术。本章首先介绍信令的一些基本概念，然后重点介绍目前通信网中普遍采用的 No.7 信令系统和 No.7 信令网的相关原理与技术。

4.1　信令的基本概念

信令系统是通信网的重要组成部分，在了解通信网中所采用的信令系统技术之前，首先应知道什么是信令，它的作用是什么，什么是信令方式，什么是信令系统等一系列基本概念，为后续章节的学习打下基础。

4.1.1　信　令

电话网中两个用户终端通过两个端局进行电话呼叫的基本信令流程如图 4.1 所示，它描述的是在一个完整的呼叫过程中经简化了的信令交互过程。

电话通信过程分为三个阶段：呼叫建立、通话、呼叫拆除。在呼叫建立和呼叫拆除过程中，用户与交换机之间、交换机与交换机之间都要交互一些控制信息，以协调相互的动作，这些控制信息称为信令。

在图 4.1 中，主叫用户摘机，发出一个“摘机”信令，表示要发起一个呼叫。该信令送到发端交换机，发端交换机收到主叫用户的摘机信令后，经分析允许它发起这个呼叫，则向主叫用户送拨号音，该“拨号音”信令告知主叫用户可以开始拨号。主叫用户听到拨号音后，开始拨号，发出“拨号”信令，将被叫号码送到发端交换机，即告知发端交换机此次接续的目的终端。

发端交换机根据被叫号码进行号码分析，确定被叫所在的交换局，然后在发端交换机与终端交换机之间选择一条空闲的中继电路，向终端交换机发“占用”信令，发起局间呼叫并告知终端交换机所占中继电路。接着向终端交换机发送“被叫号码”信令，以供终端交换机选择被叫。

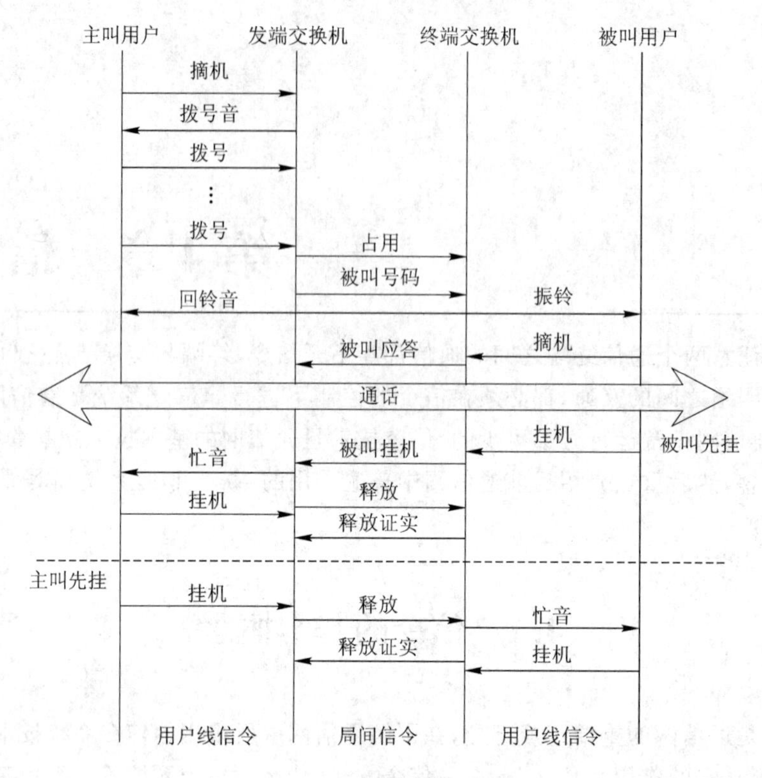

图 4.1 电话呼叫的基本信令流程

终端交换机根据被叫号码找寻被叫，向被叫送“振铃”信令，催促被叫摘机应答，向主叫送“回铃音”信令，以告知主叫用户已找到被叫，正在叫出。

被叫用户听到振铃后摘机，被叫用户送出一个“摘机”信令，终端交换机收到被叫“摘机”信令，停振铃，向发端交换机发送“被叫应答”信令；发端交换机收到“被叫应答”信令后，停止向主叫送回铃音，接通话路，主被叫双方进入通话阶段。

在图 4.1 中，若在通话阶段被叫用户先挂机，发出“挂机”信令，要求结束通话。终端交换机收到该信令则向发端交换机发送“被叫挂机”信令，通知发端交换机被叫已经挂机。发端交换机收到该信令则向主叫用户送“忙音”信令，催促主叫挂机，并向终端交换机发送“释放”信令，告知通话结束，要求释放资源。主叫用户听到忙音，则挂机，结束通话。终端交换机收到释放信令后，拆除话路，释放资源，回复“释放证实”信令，表示收到释放信令，释放了资源，通话结束。若是主叫用户先挂机，则发端交换机向终端交换机发送“释放”信令，告知通话结束，要求释放资源。终端交换机收到释放信令后，向被叫发送“忙音”信令，拆除话路，释放资源，回复“释放证实”信令，被叫用户听到忙音，则挂机，通话结束。

从上述这个正常呼叫的信令交互流程的描述过程可知，信令是呼叫接续过程中所采用的一种“通信语言”，用于协调动作、控制呼叫。这种“通信语言”应该是可相互理解、相互约定、以达到协调动作为目的的,因此说信令是通信网中规范化的控制命令,它的作用是控制通信网中各种通信连接的建立和拆除,维护通信网的正常运行。

4.1.2 信令的分类

信令的分类方法有很多,通常可以按照信令所完成的功能来划分信令种类,也可以按照信令所工作的区域和信令传送通路与用户信息传送通路的关系来划分。

1. 监视信令、路由信令和管理信令

按照信令所完成的功能可将信令分为监视信令、路由信令和管理信令。

- 监视信令

监视信令具有监视功能,用来监视通信线路的忙闲状态。如用户线上主、被叫的摘、挂机信令以及中继线上的占用信令都是监视信令,它们分别表示了当前用户线和中继线的占用情况。

- 路由信令

路由信令具有选择接续方向、确定通信路由的功能。如主叫用户所拨的被叫号码就是路由信令,它是此次通信的目的地址,交换机根据它来选择接续方向,确定路由,从而找到被叫。

- 管理信令

管理信令具有操作维护功能,用于通信网的操作、管理和维护,从而保证通信网的正常运行,如 No.7 信令系统中的信令网管理消息、导通检验消息等都是管理信令。

2. 用户信令和局间信令

按照信令所工作的区域可将信令分为用户信令和局间信令。

- 用户信令

用户信令是在用户终端和交换节点之间的用户线上传送的信令,即用户—网络接口(UNI)信令,主要有用户线状态信令、地址信令和各种音信令。

(1) 状态信令

用户线的状态信令是反映用户线忙闲状态的信令,即用户线的监视信令,如用户线上的摘、挂机信令。

(2) 地址信令

用户线的地址信令也就是通信的目的地址,用于选择路由,接续被叫,即用户线的路由信令,如用户所拨的被叫号码。用户线的地址信令有两种方式:一种是直流脉冲(pulse)方式;另一种是双音多频(DTMF)方式。这两种信号方式在第 3 章已做介绍,这里不再赘述。

(3) 音信令

用户线的音信令是业务节点通过用户线向通信终端发送的各种音信号和铃流,以提示或通知终端采取相应的动作,如交换机向用户发送的振铃和拨号音、忙音、回铃音等各种音信令。

在通信网中,用户线信令有模拟信令和数字信令两种形式。模拟用户线上传送的是模拟信令,数字用户线上传送的是数字信令,分别称为模拟用户线信令和数字用户线信令。PSTN

网络的用户线信令是模拟用户线信令，而 ISDN 的 DSS1 信令和 B-ISDN 的 DSS2 信令是数字用户线信令。

用户信令比局间信令少而且简单。

• 局间信令

局间信令是通信网中各交换节点之间传送的信令，即网络接口(NNI)信令。它在局间中继线上传送，主要有与呼叫相关的监视信令、路由信令和与呼叫无关的管理信令，以控制通信网中各种通信接续的建立和释放，并传递与通信网管理和维护相关的信息。

目前通信网的局间信令都是数字信令，主要采用 No. 7 信令系统和中国 1 号信令系统。局间信令——No. 7 信令系统将在下文重点介绍。

局间信令比用户信令多而且复杂。

在图 4.1 中，可以轻易地判别出哪些信令是用户信令，哪些信令是局间信令，并且能够理解它们在不同工作区域中所完成的各种功能。

3. 随路信令和公共信道信令

按照信令传送通路和用户信息传送通路的关系，可将信令分为随路信令(CAS：channel associated signaling)和公共信道信令(CCS：common channel signaling)，公共信道信令也叫做共路信令。

• 随路信令

随路信令是信令和用户信息在同一通路上传送的信令。图 4.2 为随路信令系统示意图。图中交换系统 A 和交换系统 B 之间没有专用的信令通道来传送两点之间的信令，信令是在所对应的用户信息通路上传送的。在通信接续建立时，用户信息通路是空闲的，没有信息要传送，因此可用于传送和接续相关的信令。

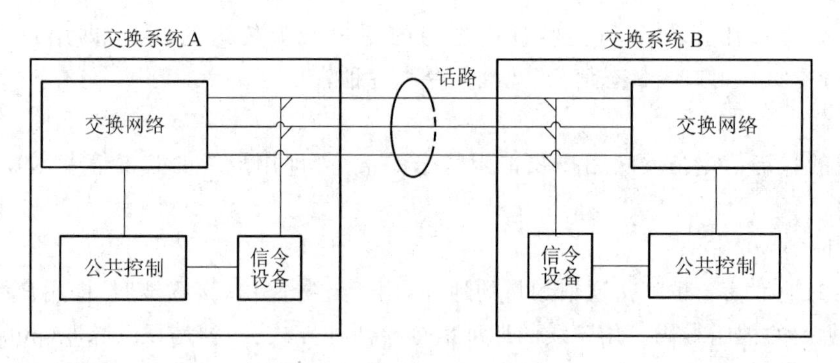

图 4.2　随路信令系统

随路信令的传送通路与用户信息的传送通路具有相关性，这种相关性不仅体现在上面所述的共用通路传送信令和用户信息，还表现在信令通道与用户信息通道之间存在着某种一一对应的关系。

中国 1 号信令是随路信令，它是由线路信令和多频互控信令(MFC，也叫做记发器信令)

构成的。多频互控信令是路由信令，用于传递被叫号码、主叫号码、主叫用户类别等信息，它是在此次通话所占用的话路中传送的。线路信令是监视信令，用于传递中继电路空闲、占用、被叫应答、主被叫摘挂机等状态。它是在局间 PCM 中继系统的 TS_{16} 中传送的，该信令虽然不在话路中传送，但是信令传送通道与话路之间存在着时间位置上的一一对应关系，如图 4.3 所示。

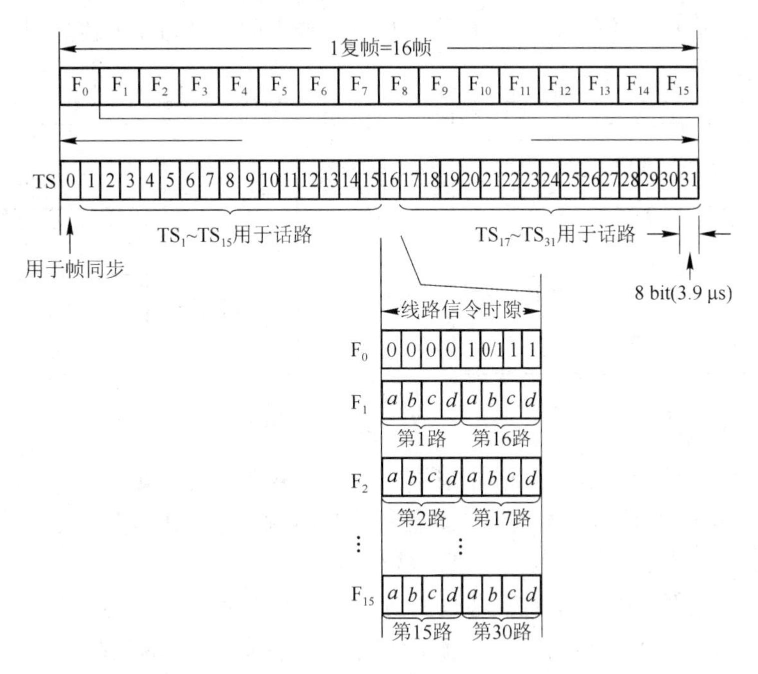

图 4.3　30/32 路 PCM 中的数字型线路信令

在 30/32 路 PCM 的帧结构中，16 个帧构成 1 个复帧，记做 $F_0 \sim F_{15}$，每个帧有 32 个时隙，记作 $TS_0 \sim TS_{31}$，每个时隙为 8 bit 编码。在这 32 个时隙中，TS_0 用于帧同步和帧失步告警，$TS_1 \sim TS_{15}$、$TS_{17} \sim TS_{31}$ 为话路，F_0 的 TS_{16} 用于复帧同步，$F_1 \sim F_{15}$ 的 TS_{16} 用来传送 30 个话路的线路信令。如图 4.3 所示，每路话路的线路信令占用 4 bit，$F_1 \sim F_{15}$ 的 TS_{16} 的高 4 bit 用来传送 $TS_1 \sim TS_{15}$ 话路的线路信令，而低 4 bit 用来传送 $TS_{17} \sim TS_{31}$ 话路的线路信令。由此可见，中国 1 号信令线路信令的传送与话路存在着一一对应关系，线路信令通道与话路之间具有相关性。

因此，随路信令所具有的两个基本特征为：

(1) 共路性。信令和用户信息在同一通信信道上传送。

(2) 相关性。信令通道与用户信息通道在时间位置上具有相关性。

与公共信道信令相比，随路信令的传送速度慢，信令容量小，传递与呼叫无关的信令能力有限，不便于信令功能的扩展，支持通信网中新业务的能力较差。

• 公共信道信令

公共信道信令的信令通路和用户信息通路是分离的，信令是在专用的信令通道上传送的。图 4.4 为公共信道信令系统示意图。图中，交换系统 A 和交换系统 B 之间设有专用的信令通道传送两点之间的信令；而用户信息，如话音是在交换系统 A 和 B 之间的话路上传送的，信令通道与话路分离。在通信连接建立和拆除时，A、B 交换系统通过信令通道传送连接建立和拆除的控制信令，在信息传送阶段，交换系统则在预先选好的空闲话路上传送用户信息。

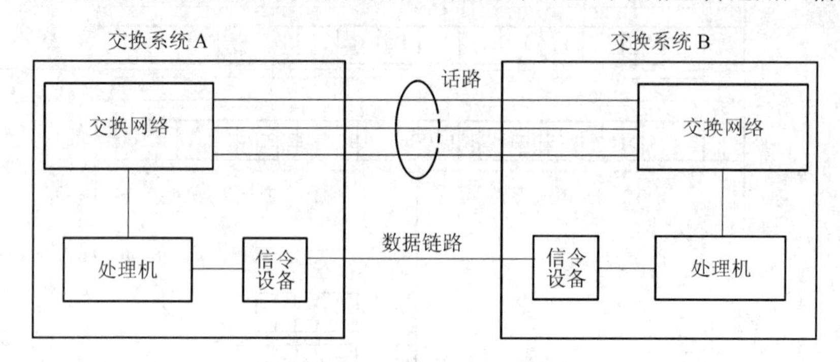

图 4.4 公共信道信令系统

公共信道信令的信令通道与用户信息通道之间不具有时间位置的关联性，彼此相互独立。如一条 PCM 上的 30 路话路的控制信令通道可能根本就不在这条 PCM 上。

因此，公共信道信令所具有的两个基本特征为：

(1) 分离性。信令和用户信息在各自的通信信道上传送。

(2) 独立性。信令通道与用户信息通道之间不具有时间位置的关联性，彼此相互独立。

No.7 信令是公共信道信令。公共信道信令的传送速度快、信令容量大，可传递大量与呼叫无关的信令，便于信令功能的扩展和开放新业务，适应现代通信网的发展。

4.1.3 信令方式

从 4.1.1 节所介绍的信令概念可知，信令是通信网中规范化的控制命令。所谓规范化就是在信令构成、信令交互时要遵守一定的规约和规定，这些规约和规定就是信令方式。它包括信令的结构形式、信令在多段路由上的传送方式以及信令传送过程中的控制方式。通常所说的信令系统就是指为实现某种信令方式所必须具有的全部硬件和软件系统的总和。

1. 结构形式

信令的结构形式是指信令所能传递信息的表现形式，一般分为未编码和编码两种结构形式。

(1) 未编码信令

未编码信令是按照脉冲的个数、脉冲的频率、脉冲的时间结构等表达不同的信息含义，如用户在脉冲方式下所拨的号码是以脉冲个数来表示 0～9 个数字的，而拨号音、忙音、回铃音是由相同频率的脉冲采用不同的时间结构(脉冲断续时间不同)而形成的。

(2) 编码信令

信令的编码方式主要有两种:一种是采用多频制进行编码;另一种是采用二进制数字进行编码。因此编码的信令主要有两类:模拟型多频制信令和数字型二进制信令。

- 模拟型多频制信令

“多频”是指多频编码信号,即由多个频率组成的编码信号。DTMF 信令和 MFC 信令都是采用多频编码方式的信令,表 4.1 所示为 DTMF 信令编码,表 4.2 所示为 MFC 信令编码。

表 4.1　DTMF 信令编码

高　频 / 低　频	1 209 Hz	1 336 Hz	1 477 Hz	1 633 Hz
697 Hz	1	2	3	A
770 Hz	4	5	6	B
852 Hz	7	8	9	C
941 Hz	*	0	#	D

表 4.2　MFC 信令编码

数码	信号	频率/Hz						数码	信号	频率/Hz					
		f_0	f_1	f_2	f_4	f_7	f_{11}			f_0	f_1	f_2	f_4	f_7	f_{11}
		1 380	1 500	1 620	1 740	1 860	1 980			1 380	1 500	1 620	1 740	1 860	1 980
		1 140	1 020	900	780	660	500			1 140	1 020	900	780	660	500
1	f_0+f_1	•	•					9	f_2+f_7			•		•	
2	f_0+f_2	•		•				10	f_4+f_7				•	•	
3	f_1+f_2		•	•				11	f_0+f_{11}	•					•
4	f_0+f_4	•			•			12	f_1+f_{11}		•				•
5	f_1+f_4		•		•			13	f_2+f_{11}			•			•
6	f_2+f_4			•	•			14	f_4+f_{11}				•		•
7	f_0+f_7	•				•		15	f_7+f_{11}					•	•
8	f_1+f_7		•			•									

DTMF 信令有高次群和低次群 2 组频率,分别由 4 个频率构成,可表示 16 种信令,属于用户信令,用于传递通信地址,即被叫号码。

MFC 信令有 6 个频率,分别编号为 0、1、2、4、7、11,频率的两两组合表示一种信令,6 中取 2 可表示 15 种信令,即数字 1～15,该数字为两个相应频率编号之和(10、14、15 除外)。信令分前向信令(主叫局发往被叫局的信令)和后向信令(被叫局发往主叫局的信令)两种,它们的频率分别为:

- 前向信令:1 380 Hz、1 500 Hz、1 620 Hz、1 740 Hz、1 860 Hz、1 980 Hz。
- 后向信令:1 140 Hz、1 020 Hz、900 Hz、780 Hz、660 Hz、500 Hz。

中国 No.1 信令是局间信令，它采用 MFC 信令来传递主被叫号码、计费等信息。

• 数字型二进制信令

采用二进制进行编码的数字型信令主要有：中国 1 号信令的数字型线路信令和 No.7 信令。

中国 1 号的数字型线路信令是采用 4 位二进制编码表示线路状态的信令，该信令基于 30/32 路 PCM 传输系统，通过 TS_{16} 在局间传送，如图 4.3 所示。图中 a、b、c、d 各比特位的编码含义如下。其中，下标 f 表示前向信令，即主叫局发往被叫局的信令；下标 b 表示后向信令，即被叫局发往主叫局的信令。

a_f 表示发话局状态或主叫用户状态的前向信号。$a_f=0$ 为摘机占用状态；$a_f=1$ 为挂机拆线状。

b_f 表示向来话交换局指示故障状态的前向信号。$b_f=0$ 为正常状态；$b_f=1$ 为故障状态。

c_f 表示话务员再振铃的前向信号。$c_f=0$ 为话务员再振铃；$c_f=1$ 为话务员未再振铃或未进行强拆操作。

a_b 表示被叫用户摘挂机状态的后向信号。$a_b=0$ 为被叫摘机状态；$a_b=1$ 为被叫挂机状态。

b_b 表示受话局状态的后向信号。$b_b=0$ 为示闲状态；$b_b=1$ 为占用或拥塞状态。

c_b 表示话务员回振铃的后向信号或呼叫是否到达被叫。$c_b=0$ 为话务员进行回振铃操作或呼叫到达被叫；$c_b=1$ 为话务员未进行回振铃操作或呼叫未到达被叫。

在 No.7 信令系统中，信令传送的最小单元是信令单元（SU），它是由若干个二进制编码的八位位组构成。图 4.18 所示为信令单元的基本格式，具体编码的介绍见后续内容。

2. 传送方式

信令在多段路由上的传送方式有 3 种：端到端方式、逐段转发方式和混合方式。

(1) 端到端方式

端到端方式传送信令的过程如图 4.5 所示。

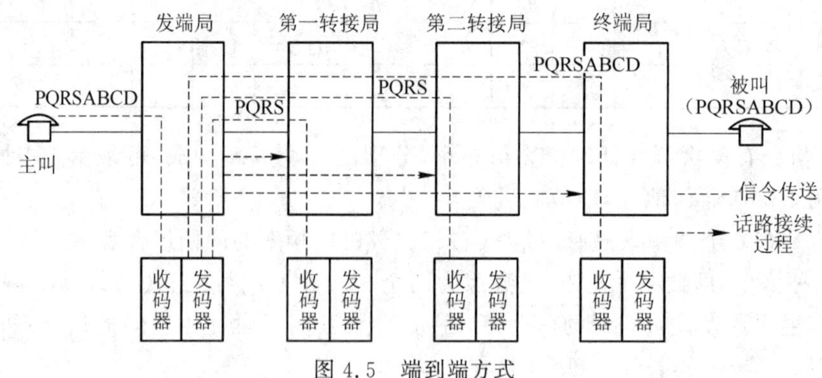

图 4.5 端到端方式

这是一个本地通话的信令传送示例，PQRSABCD 是此次通话的被叫号码，其中 PQRS 是局号。发端局收到用户所拨的被叫号码后，将 PQRS 发给第一转接局进行选路，并将话路接续到该转接局；第一转接局依据 PQRS 选路到第二转接局，将话路接续到该转接局，发端局将 PQRS 再发给第二转接局进行选路；第二转接局依据 PQRS 选路到终端局，将话路接续到终端局，发端局将 PQRSABCD(或 ABCD)发给终端局以建立端到端的话路连接。整个信令传送的过程采用的是端到端的方式。该方式的特点是对线路传输质量要求较高，信令传送速度快，接续时间短，但要求在多段路由上所传送的信令是同一类型的。

(2) 逐段转发方式

逐段转发方式传送信令的过程如图 4.6 所示。

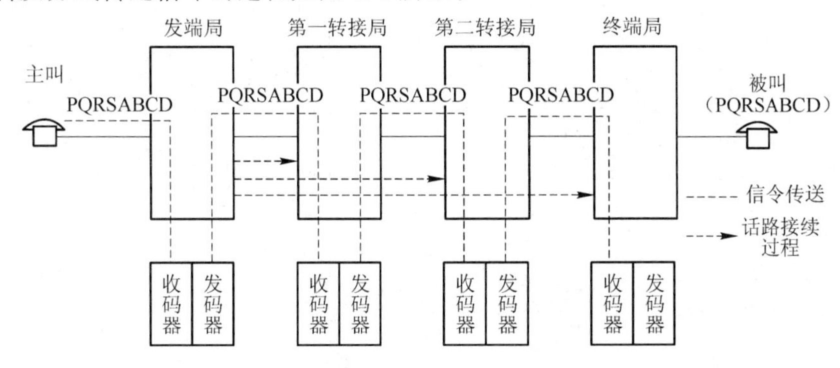

图 4.6　逐段转发方式

发端局收到用户所拨的被叫号码后，将全部被叫号码发给第一转接局进行选路，并将话路接续到该转接局；第一转接局选路到第二转接局，将话路接续到该转接局，并将全部被叫号码发给第二转接局；第二转接局选路到终端局，将话路接续到终端局，并将全部号码发给终端局以建立端到端的话路连接。整个信令传送的过程采用的是逐段转发的方式。该方式的特点是对线路传输质量要求不高，信令传送速度慢，话路接续时间长，在多段路由上传送信令的类型可以不同。

(3) 混合方式

混合方式就是在信令传送时既采用端到端方式又采用逐段转发方式。混合方式的特点是：根据电路的情况灵活地采用不同的控制方式，快速可靠地传送信令。如中国 No.1 信令的 MFC 信令传送方式采用的原则一般是：在优质电路上传送信令采用端到端的方式，在劣质电路上传送信令采用逐段转发的方式。No.7 信令的传送一般采用逐段转发的方式，在某些情况下也采用端到端的方式。

3. 控制方式

控制信令传送的方式有三种：非互控方式、半互控方式和全互控方式。

(1) 非互控方式

在信令发送过程中，信令发送端发送信令不受接收端的控制，不管接收端是否收到，可自由地发送信令，如图 4.7 所示。很明显，采用这种控制方式的信令系统，其信令发送的控制设备简单，信令传送速度快，但信令传送的可靠性不高。No.7 信令采用非互控方式传送信令，以求信令快速地传送，并采取有效的可靠性保证机制，克服可靠性不高的缺点。

（2）半互控方式

在信令发送过程中，信令发送端每发一个信令，都必须等到接收端返回的证实信令或响应信令后，才能接着发下一个信令，也就是说发送端发送信令受到接收端的控制，如图 4.8 所示。采用半互控方式的信令系统，其信令发送的控制设备相对简单，信令传送速度较快，信令传送的可靠性有保证。

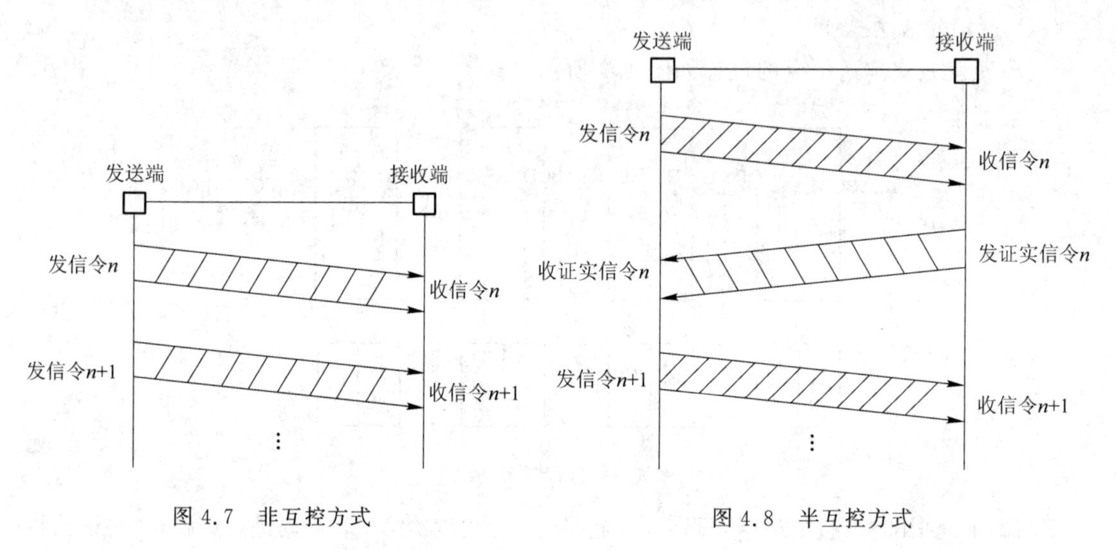

图 4.7　非互控方式

图 4.8　半互控方式

（3）全互控方式

全互控方式是指信令在发送过程中，发送端发送信令受到接收端的控制，接收端发送信令也要受到发送端的控制，如图 4.9 所示。这种方式的信令发送过程按照以下 5 个节拍进行。

① 发端局发前向信令；

② 终端局收到前向信令后发后向信令；

③ 发端局收到后向信令后停发前向信令；

④ 终端局检测到停发前向信令后停发后向信令；

⑤ 发端局检测到停发后向信令后发下一个前向信令。

全互控方式的特点是抗干扰能力强，信令传送可靠性高，但信令收发设备复杂，信令传送速度慢。

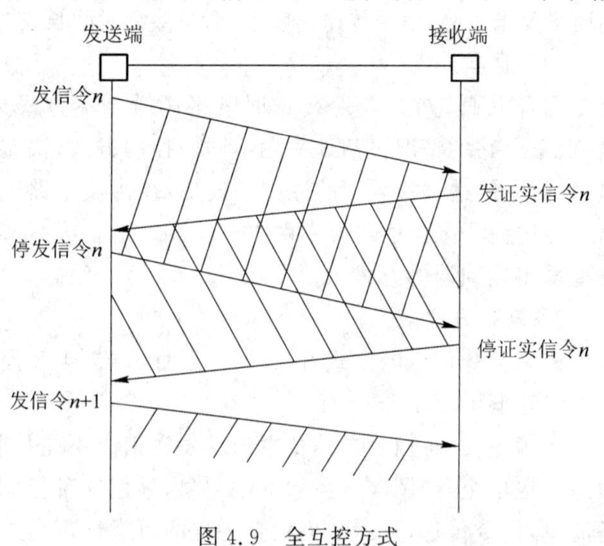

图 4.9　全互控方式

中国 No.1 信令的 MFC 信令采用的是全互控方式。

4.2 No.7 信令系统

4.2.1 概　述

信令是通信网的神经系统，它是通信网中交换节点在建立接续过程中所使用的一种通信语言，通信网采用何种信令方式与通信网中的交换节点所使用的控制技术和通信网的传输技术息息相关。

早期的模拟通信网采用的是模拟交换和模拟传输，交换节点采用步进制和纵横制交换机，其控制方式为布线逻辑控制，即硬件控制。由于交换节点控制速度慢且通信网为模拟传输，所以通信网中的信令传送速度慢、容量有限，只支持基本的话音业务，所采用的信令为随路信令，如中国 No.1 信令。随着交换技术和传输技术的发展，模拟程控交换机和数字传输应用于通信网中，通信网为数模混合通信网，即采用数字传输和模拟交换。模拟程控交换机虽然采用存储程序控制方式，即软件控制，但由于交换的是模拟信号，信令传送速度不能太快，所以随路信令还能适应此时通信网的需要。随着数字程控交换机的出现，通信网采用数字交换和数字传输，通信网为数字通信网，可支持快速的信令传送。此时人们也希望现代通信网能够提供综合的业务，包括话音、图像、数据、视频以及各种新业务，并希望网络具有高可靠性和适应现代化网络管理的需要。随路信令主要存在以下缺点：

(1) 信令传送速度慢，不能适应数字交换和数字传输。

(2) 信令容量有限，信令系统功能受到限制。

(3) 无法传送与呼叫无关的信令信息，如网管信息。

(4) 面向应用条件设计的信令，使得不同网络或同一网络具有不同的信令系统，既不经济也不便于管理。

(5) 信令设备一般按话路配备，成本较高。

因此，随路信令如中国 No.1 信令已无法满足现代通信网的需要，设计一种新的信令系统势在必行。在此背景下，CCITT 提出了 CCS，即设置一条与话路分开的独立的高速数据链路，专门负责传送一群话路的信令。

CCITT 于 20 世纪 60 年代提出了第一个 CCS——No.6 信令方式，它主要应用于模拟网，信令链路的速率为 2.4 kbit/s。1972 年又补充了数字形式，信令链路速率为模拟信道 4 kbit/s、数字信道 56 kbit/s，No.6 信令方式是根据模拟网的特点设计的，还不能满足现代通信网的需求，于是 CCITT 研究了一种新型的采用最佳信令速率为 64 kbit/s 的 CCS——CCITT No.7信令方式。No.7 信令主要具有 4 个优点。

(1) 信令传送速度快。

(2) 信令容量大,具有提供大量信令的能力。

(3) 能完成与呼叫无关的信令传送,支持多种新业务。

(4) 多路通信的信令在公共信令设备上传送,信令设备经济。

由于 No.7 信令方式是一种多功能复杂的信令系统,在 1976～1980 年,CCITT 只提出了有关电话网和电路交换数据网应用 No.7 信令方式的建议,即 1980 年的黄皮书。1980～1984 年,CCITT 在黄皮书的基础上,进行了综合业务数字网和开放智能网业务的研究,1988 年的蓝皮书基本上完成了消息传递部分(MTP)、电话用户部分(TUP)和信令网的监视、测量三部分的研究,并在 ISDN 的用户部分(ISUP)、信号连接控制部分(SCCP)和事务处理能力(TC)方面取得了很大进展,基本可以满足开放 ISDN 基本业务和部分补充业务的需要。随后,在对 No.7 信令方式补充完善 N-ISDN 的 ISUP 以及智能网应用的同时,CCITT 开展了 B-ISDN 中 No.7 信令方式的应用研究,目前仍处于研究和完善之中。

在 CCITT 提出的一系列 No.7 信令方式技术规范的基础上,我国也制订了适合我国国情的 No.7 信令方式技术规范,包括:《中国国内电话网 No.7 信令方式技术规范 GF 001—9001》、《国内电话网 No.7 信令方式技术规范信令连接控制部分(SCCP)GF 010—95》、《国内电话网 No.7 信令方式技术规范事务处理能力(TC)部分 GF 010—95》等。

No.7 信令方式的国内国际技术规范可参见附录 2。

No.7 信令方式是目前通信网上普遍采用的局间信令,在国际国内得到了广泛的应用。其应用不仅包括基本的 PSTN、电路交换的数据网(CSPDN)和 N-ISDN 的应用,还包括智能网(IN)、网络的操作管理与维护、公共陆地移动通信网(GSM)、N-ISDN 部分补充业务的主要应用以及面向 B-ISDN 的应用。

No.7 信令系统具有以下 4 个特点。

(1) No.7 信令采用公共信道方式,局间的 No.7 信令链路是由两端的信令终端设备和它们之间的数据链路组成的。数据链路是速率为 64 kbit/s 的双向数据通道,如图 4.10 所示。

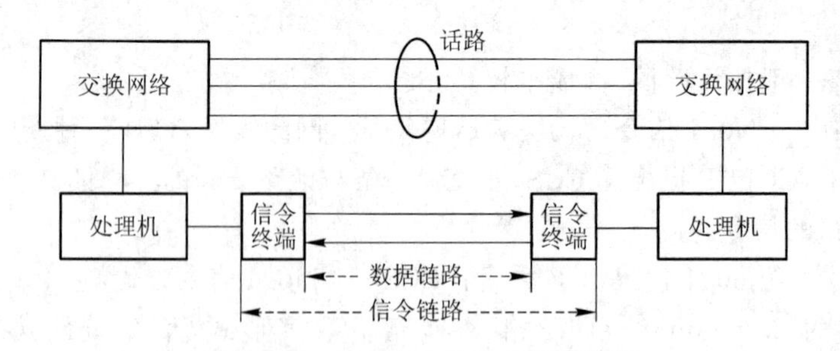

图 4.10　No.7 信令的公共信令链路

(2) No.7 信令传送模式采用的是分组传送模式中的数据报方式,其信息传送的最小单位——SU就是一个分组,并且基于统计时分复用方式。因此在 No.7 信令系统中,为保证信令信息可靠地传送,信令终端应具有对 SU 同步、定位和差错控制功能,同时 SU 中必须包含一个标记，以识别该信令单元传送的信令属于哪一路通信。

(3) 由于话路与信令通道是分开的，所以必须对话路进行单独的导通检验。

(4) 必须设置备用设备，以保证信令系统的可靠性。

4.2.2 No.7 信令系统结构

No.7 信令系统采用模块化的功能结构以及面向 OSI 七层协议的分层模型，可灵活、方便地适应多种应用，不仅满足目前通信网电话业务和非话业务以及各种新业务的需要，而且适应未来应用的发展。

1. 基本功能结构

No.7 信令的基本功能结构由消息传递部分(MTP)和用户部分(UP)组成，如图 4.11 所示。

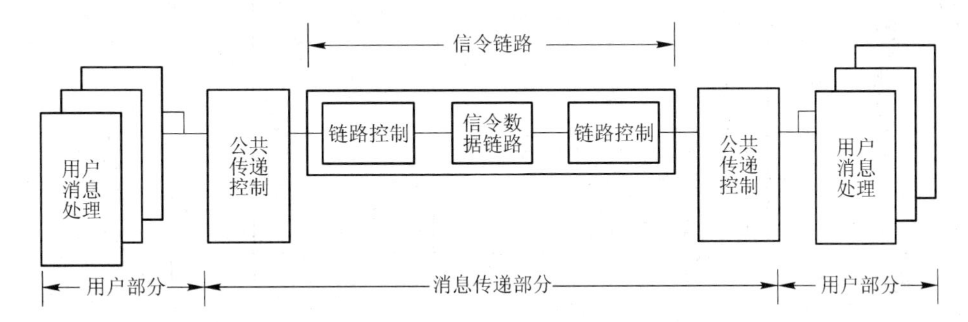

图 4.11 No.7 信令的基本功能结构

(1) 消息传递部分

消息传递部分的主要功能是在信令网中提供可靠的信令消息传递，并在系统和信令网故障的情况下，具有为保证可靠的信息传送而做出响应并采取必要措施的能力。它由信令数据链路功能(MTP1)、信令链路功能(MTP2)、信令网功能(MTP3)三个功能级组成。

① 信令数据链路功能

信令数据链路功能对应 OSI 七层协议的物理层，定义了数据链路即传输媒体的物理、电气和功能特性以及链路接入节点的方法。信令数据链路可以是模拟或数字的，数字传输信道基于 PCM 传输系统，可为信令传输提供一条 64 kbit/s 的双向数据通路，如图 4.12 所示。其

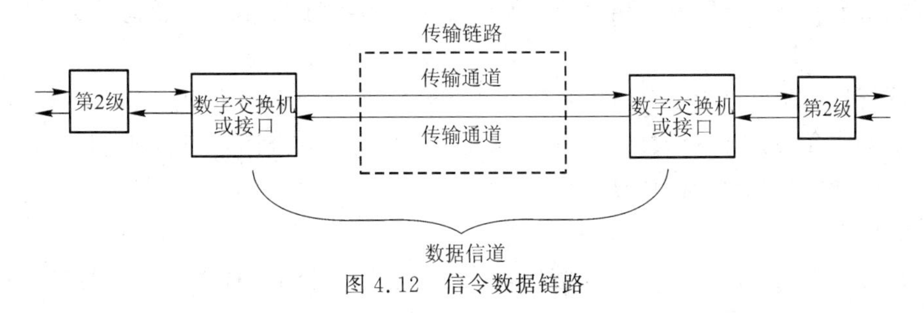

图 4.12 信令数据链路

中接口是指数据终端设备或时隙接入设备。

信令数据链路的基本要求是透明性，在传输链路上不能接入回波抑制器、数字衰减器或A/μ律变换器等设备。

② 信令链路功能

信令链路功能对应OSI七层协议的数据链路层，规定了在一条信令链路上传送信令消息的功能及相应程序，以保证信令点之间消息的可靠传送。其主要功能包括信令单元的定界和定位、差错检验和纠错以及流量控制等。信令链路功能结构如图4.13所示。

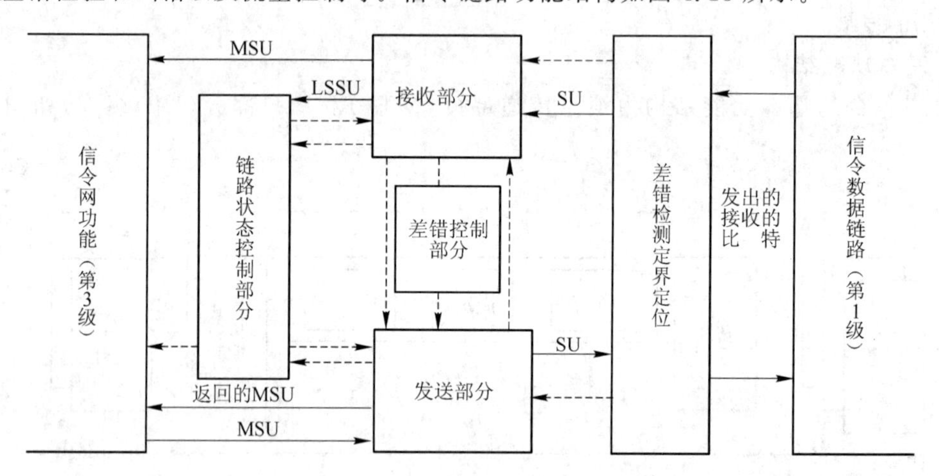

MSU：消息信令单元 SU：信令单元 LSSU：链路状态信令单元

———— 信令消息流 ---------- 控制和指示

图4.13 信令链路功能

③ 信令网功能

信令网功能属于OSI七层协议的网络层，它是在信令网出现故障的情况下，为保证可靠地传递各种信令，规定了在信令点之间传送管理消息的功能和程序。信令网的功能可分为信令消息处理功能和信令网管理功能。信令网功能结构如图4.14所示。

信令消息处理功能是保证将信令发送到相应的信令链路或用户部分，即完成发送消息的选路和接收消息的分配或转发。信令消息处理功能包括消息识别功能、消息分配功能和消息路由功能。

信令网管理功能可控制信令路由和信令网结构，以便在信令网出现故障时，提供信令网网络结构的重新组合，完成保存或恢复正常的消息传递能力。信令网管理功能包括：信令业务量管理、信令链路管理和信令路由管理。

（2）用户部分

用户部分是No.7信令的第4功能级，其主要功能是控制各种基本呼叫的建立和释放。

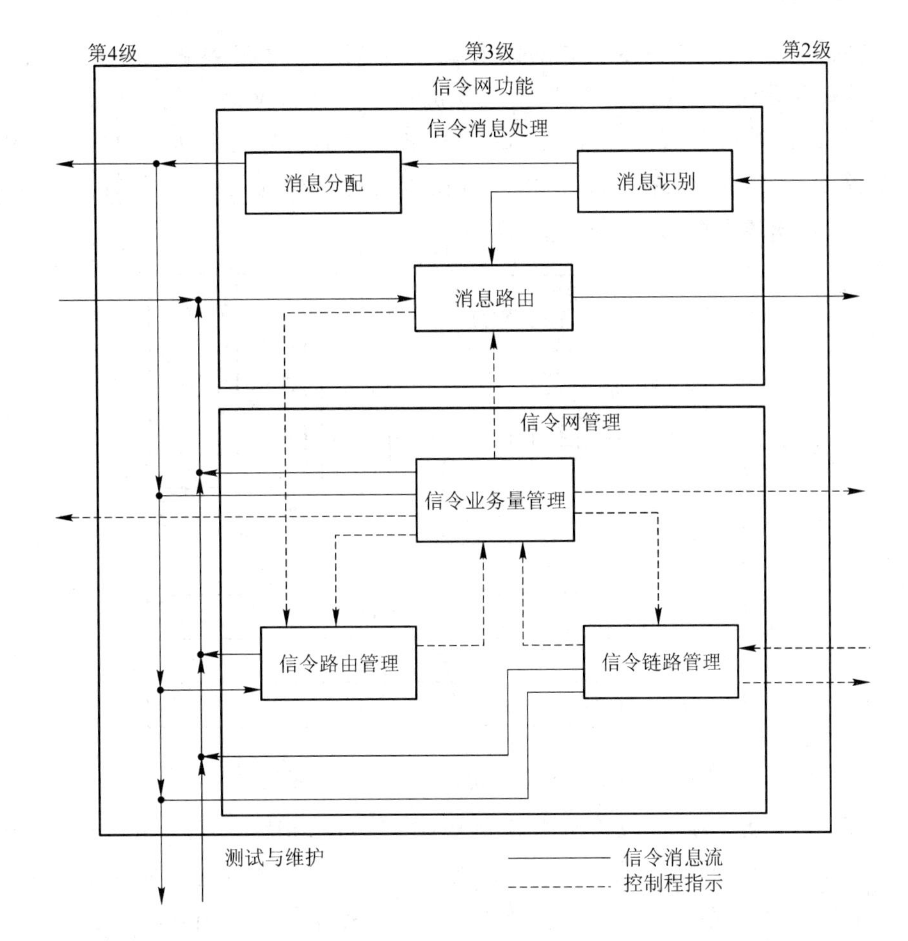

图 4.14　信令网功能

用户部分可以是电话用户部分、数据用户部分(DUP)和 ISDN 用户部分(ISUP)等。

通过以上介绍可知,No.7 信令系统的基本结构采用的是分级结构,它共有 4 级,MTP 的 MTP1、MTP2、MTP3 构成了 No.7 信令系统的 1、2、3 功能级,用户部分是 No.7 信令系统的第 4 功能级,No.7 信令系统的 4 级功能结构如图 4.15 所示。

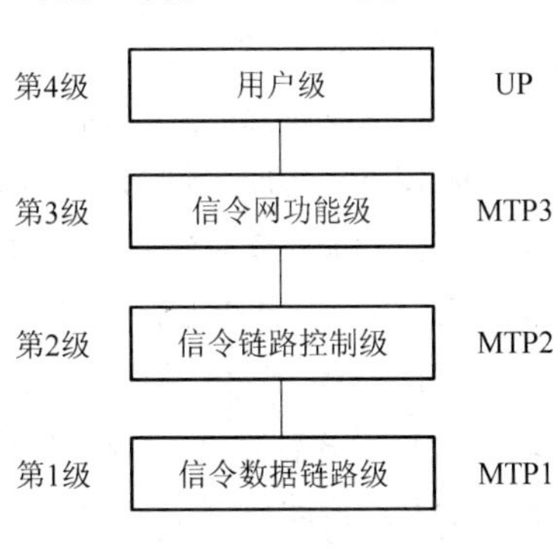

图 4.15　No.7 信令系统的 4 级功能结构

No.7 信令的基本功能结构对应着 PSTN、CSPDN 和 N-ISDN 的基本应用。其模块化分级结构便于设计与应用,可灵活方便地增加新功能和改进已有功能。

2. 面向 OSI 七层协议的信令系统结构

随着通信网技术的发展,各种新业务不断出现,已有 4 级结构的 No.7 信令系统越来越不能满足新技术和新业务的需求，同时通过对 No.7 信令系统的深入研究，发现它与 OSI 参考模型很相似，都采用分级或分层的模块化结构。OSI 参考模型广泛应用于计算机网络通信，而 No.7 信令系统应用于信令网，两者对信息(数据与信令)的传送采用的都是分组传送的数据报方式，因此人们认为两者是一致的，于是在No.7信令系统基本功能结构的基础上，设计了面向 OSI 七层协议的 No.7 信令体系结构，如图 4.16 所示。

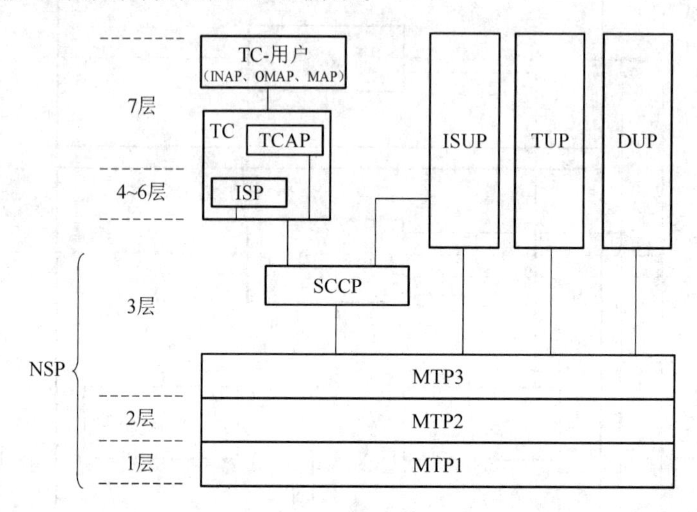

图 4.16　面向 OSI 七层协议的 No.7 信令系统结构

No.7 信令的 MTP3 属于 OSI 参考模型中的网络层，但它只具有部分网络层功能。MTP3 存在以下缺陷：不能跨网直接寻址；不能提供端到端的信令传递；不能传递与电路无关的信令；不支持逻辑连接等。为了使通信网的信令可支持新技术和新业务，使 No.7 信令与 OSI 参考模型一致，在 No.7 信令系统的结构中又增加了信令连接控制部分(SCCP)和事务处理能力部分(TC)。

SCCP 弥补了 MTP3 的不足，加强了消息传递功能，具有传送与电路无关信息的能力，可满足 ISDN 多种补充业务的信令要求，为传送信令网维护运行和管理的数据信息提供可能。SCCP 和 MTP3 构成了网络业务部分(NSP)，提供对应于 OSI 参考模型网络层的功能。

TC 完成 OSI 参考模型 4～7 层的功能，它包括事务处理能力应用部分(TCAP)和中间业务部分(ISP)。TCAP 完成 OSI 参考模型的第 7 层(应用层)的部分功能，ISP 则对应于 OSI 参考模型的第 4～6 层(传送层、会话层、表示层)，ISP 目前处于研究之中。由于 ISP 尚未定义，所以目前 TCAP 直接通过 SCCP 传递信令。TC 用户是指各种应用，目前主要有智能网应用部分(INAP)、移动应用部分(MAP)和运行维护管理应用部分(OMAP)。

这样新增的 SCCP、TC 与原来的 MTP、TUP、DUP、ISUP 构成了一个四级结构和七层协议并存的信令系统结构。其主要应用包括：智能网(IN)、网络的操作管理和维护(OMAP)、GSM 和 N-ISDN 的部分补充业务。

3. ATM 中的 No.7 信令系统结构

ATM 中的 No. 7 信令系统结构如图 4.17所示。B-ISDN 的接续功能比窄带更复杂，对信令提出了更高的要求，因此，在信令的用户部分增加了 B-ISDN 的用户部分（B-ISUP）。B-ISUP有两种支持方式：一种是直接通过 ATM 链路，经过 ATM 层、ATM 信令适配层（SAAL）和增强的 MTP3 层的支持；另一种是通过 No. 7 信令网，经过新增加的 B-SCCP 部分、MTP1、MTP2 和 MTP3 的支持。

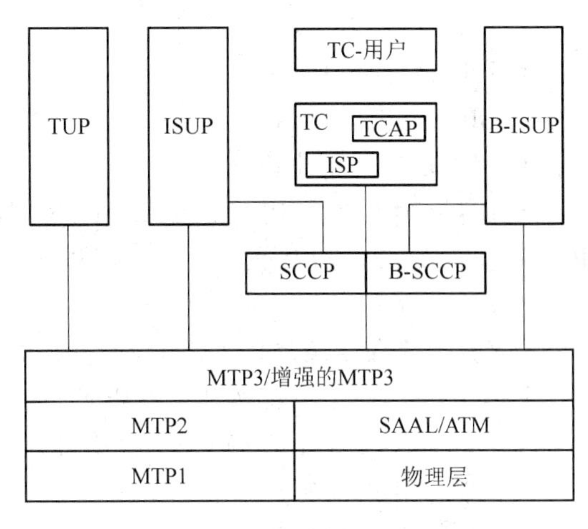

图 4.17　ATM 中的 No. 7 信令系统结构

4.2.3　信令单元格式

No. 7 信令传送各种信令，是通过信令消息的最小单元——SU 传送的。

1. 信令单元的基本结构

No. 7 信令采用可变长的信令单元，它由若干个 8 位位组组成，有 3 种信令单元格式：用来传送第 4 级用户级的信令消息或信令网管理消息的可变长的消息信令单元（MSU）；在链路启用或链路故障时，用来表示链路状态的链路状态单元（LSSU）；用于链路空或链路拥塞时填补位置的插入信令单元（FISU），亦称填充单元，如图 4.18 所示。

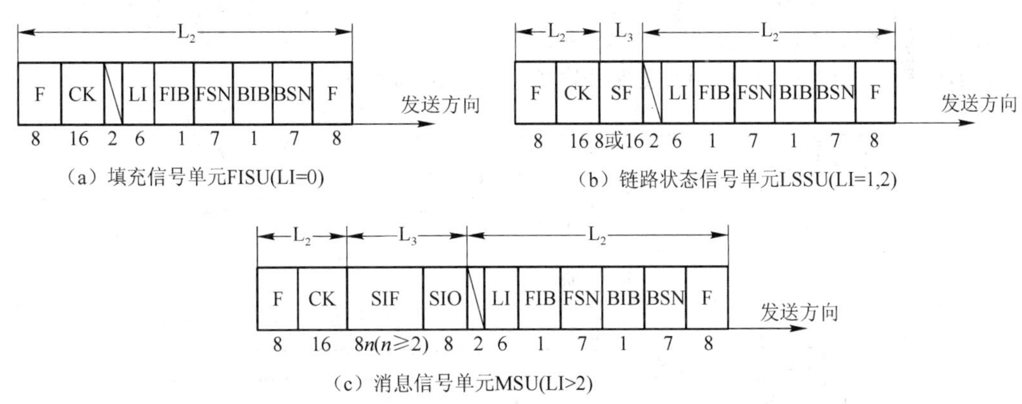

图 4.18　信令单元格式

每个信令单元都包含以下共有的部分：

- F：标志码，为 01111110，标志每个 SU 的开始或结束。

• BSN:后向序号。

• FSN:前向序号。

• BIB:后向指示比特。

• FIB:前向指示比特。

• LI:长度表示语,用于指示 LI 和 CK 间的字节数,通过该字段可区分三种信令单元,其中 MSU 的 L1＞2,LSSU 的 L1＝1,2,FISU 的 L1＝0。

• CK:校验码。

上述这些字段用于消息传递的控制,其中 BSN、FSN、BIB、FIB 用于基本差错校正法,完成信令单元的顺序控制、证实和重发功能。

在图 4.18 中,L_2、L_3 分别表示由第 2、第 3 功能级产生的字段。

2. LSSU 的状态字段

LSSU 中的 SF 用于标志本端链路的工作状态,该字段的具体编码格式及其含义如图 4.19 所示。

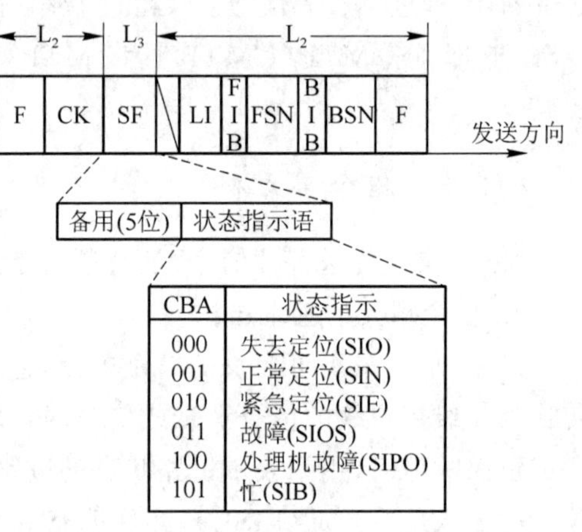

图 4.19 LSSU 中的 SF 字段编码与含义

3. MSU 的业务信息字段

业务信息字段(SIO)包括业务表示语和子业务字段两部分,SIO 的字段格式及其含义说明如图 4.20 所示。

4. MSU 的信令信息字段

信令信息字段(SIF)在不同类型的消息中其构成不尽相同。图 4.21 为 SIF 在信令网管理消息中的格式。

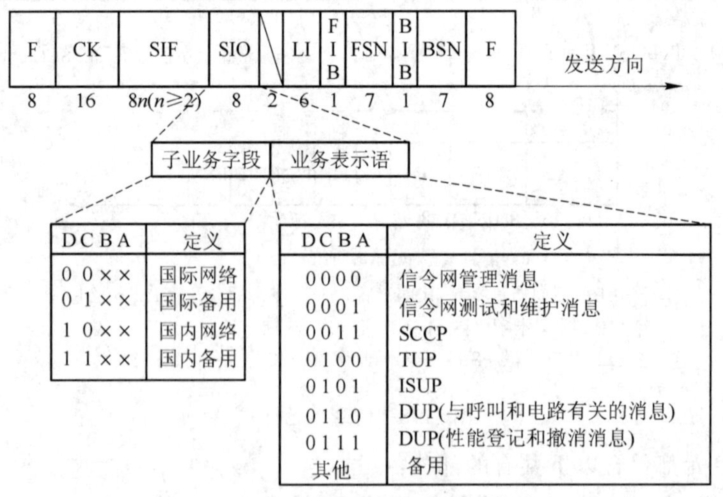

图 4.20 MSU 中的 SIO 字段编码与含义

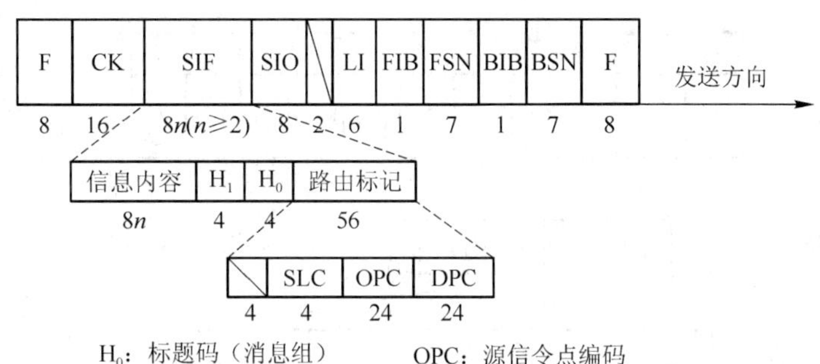

图 4.21　信令网管理消息中的 SIF 格式

图 4.22 为 SIF 在电话用户部分消息中的格式。

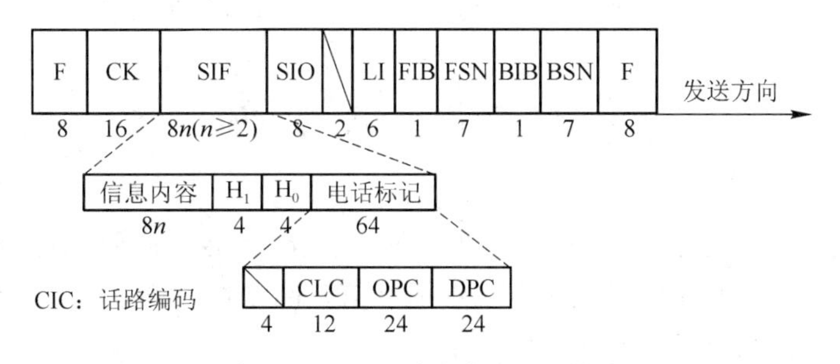

图 4.22　TUP 消息中的 SIF 格式

图 4.23 为 SIF 在 ISDN 用户部分(ISUP)消息中的格式。

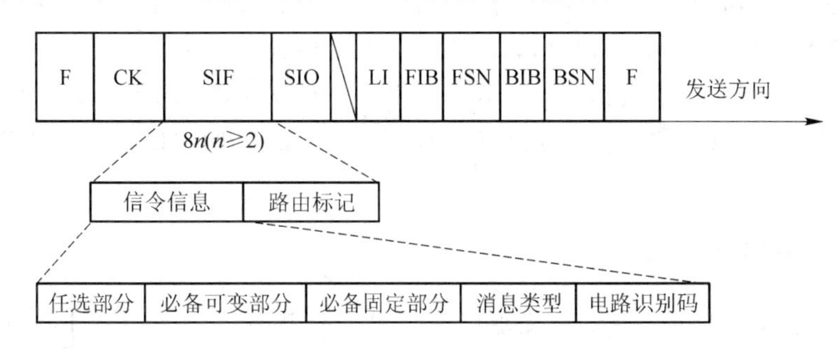

图 4.23　ISUP 消息中的 SIF 格式

图 4.24 为 SIF 在 SCCP 和 TC 消息中的格式。

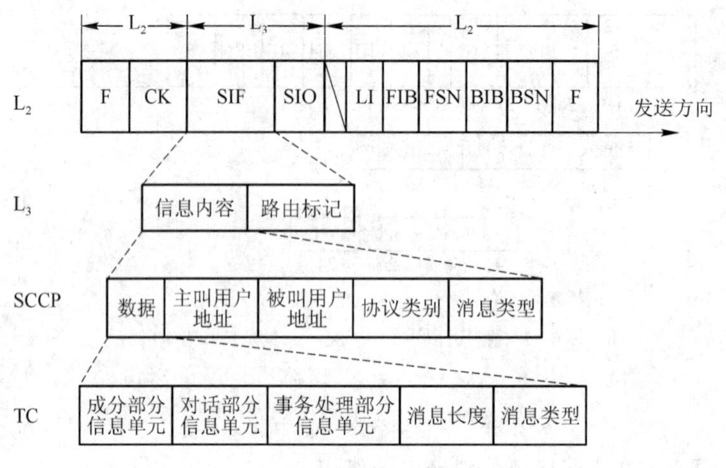

图 4.24 SCCP 和 TC 消息中的 SIF 格式

4.3 No.7 信令网

No.7 信令是公共信道信令，它在信息网的业务节点(各类交换局、操作维护中心、网络数据库等)之间的专用信令信道中传送，因此，在原有信息网之外，还形成了一个独立于它所服务的信息网、起支撑作用的 No.7 信令网。

No.7 信令网传送的信令单元就是一个个数据分组，信令点和信令转接点对信令的处理过程就是存储转发的过程，各路信令信息对信令信道的使用是采用统计时分复用的方式，因此说 No.7 信令网其本质是一个载送信令信息的专用分组交换数据网。

No.7 信令网是一个业务支撑网，它可支持 PSTN、CSPDN、N-ISDN、B-ISDN 和 IN 等各种信令信息的传送，从而实现呼叫的建立和释放、业务的控制、网路的运行和管理以及各种补充业务的开放等功能。

4.3.1 信令网的组成

信令网是由信令点(SP)、信令转接点(STP)和信令链路三部分组成的，如图 4.25 所示。

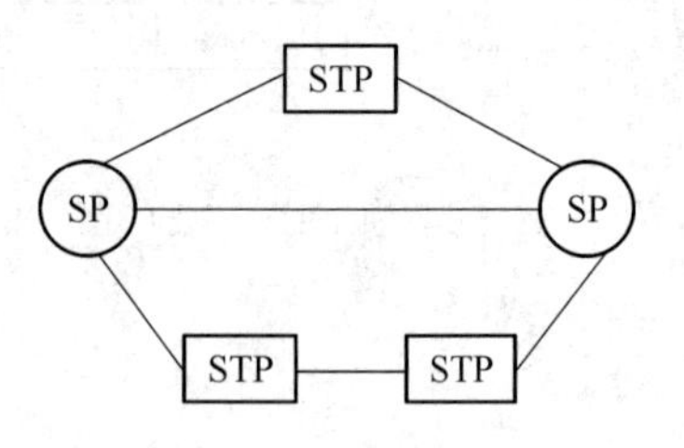

图 4.25 信令网的组成示意图

1. 信令点

SP 是信令消息的起源点和目的点，它是信息网中具有 No.7 信令功能的业务节点，如各类交换局(电话交换局、数据交换局、ISDN 交换局、B-ISDN 交换局)、网管中心、操作维护中心、网络数据库、业务交换点、业务控制点等。

信令点是由 No.7 信令系统中的 MTP 和 UP 两部分组成，若具有业务交换点或业务控制点功能，则由 No.7 信令系统中的 MTP、SCCP 和 TC 部分组成。

2. 信令转接点

STP 是将一条信令链路收到的信令消息转发到另一条信令链路的信令转接中心，它具有信令转接功能。STP 可分为独立的信令转接点和综合的信令转接点。

• 独立的信令转接点

独立的信令转接点是只完成信令转接功能的 STP，即专用的信令转接点。独立的信令转接点一般是一台高度可靠的分组交换机，要求其具有较大的容量，信令处理能力强，可靠性高。独立的信令转接点只具有 No.7 信令系统中的 MTP 功能。

• 综合的信令转接点

综合的信令转接点既完成信令转接的功能，同时又是信令消息的起源点和目的点，即具有信令点功能的信令转接点。对它在容量、处理信令的能力以及可靠性方面的要求较之独立的信令转接点要低。综合的信令转接点具有 No.7 信令系统中的 MTP 和 UP 部分的功能，若它具有业务交换点或业务控制点功能，则具有 No.7 信令系统中的 MTP、SCCP 和 TC 部分的功能。

3. 信令链路

信令链路是 No.7 信令网中连接信令点和信令转接点的数字链路，其速率为 64 kbit/s，由 No.7 信令的第一和第二功能级组成，即具有 No.7 信令系统中的 MTP1 和 MTP2 部分的功能。

4.3.2 信令工作方式

使用公共信道信令传送局间话路群的信令时，根据通话电路和信令链的关系，可以采用下面三种工作方式：直联工作方式、准直联工作方式和完全工作方式。

1. 直联工作方式

如果信令消息是在信令的源点和目的点之间的一段直达信令链路上传送，并且该信令链路是专为连接这两个交换局的电路群服务的，则这种传送方式叫做直联工作方式，如图 4.26 所示。信令点 SP1 和 SP2 之间有直达的信令链路相连，且该信令链路是专为这两个交换局之间的电路群服务的，即为 SP1 和 SP2 信令点的用户部分所存在的信令关系服务的。

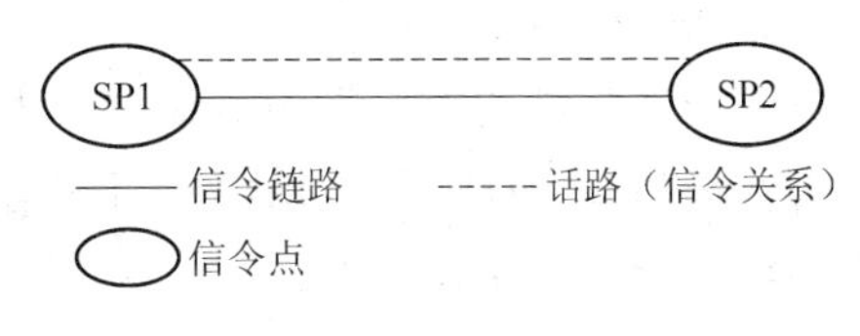

图 4.26 直联工作方式

2. 准直联工作方式

如果信令消息是在信令的源点和目的点之间的两段或两段以上串接的信令链路上传送，即信令传送路径与信令关系是非对应的，并且只允许通过预定的路由和信令转接点，则这种传送方式叫做准直联工作方式，如图 4.27 所示。SP1 和 SP2 信令点之间存在着信令关系，即 SP1 和 SP2 分别为信令的源点和目的点，STP 为信令转接点，SP1 和 SP2 之间的信令路由为

SP1—STP—SP2,在这里信令传送路径与信令关系是非对应的。

3. **非直联工作方式**

与上述准直联工作方式相同,信令消息是在信令的源点和目的点之间的两段或两段以上串接的信令链路上传送,但是在信令的源点和目的点之间的多条信令路由中,信令消息在哪条路由上传送是随机的,与话路无关,是由整个信令网的运行情况动态选择的,这种方式可有效地利用网络资源,但会使信令网的路由选择和管理非常复杂,因此,目前在 No.7 信令网上未建议采用。图 4.28 所示为非直联工作方式。信令传送时,对信令路由 1:SP1—STP1－SP2 和信令路由 2:SP1—STP2－SP2 的选择是随机的事先没有规定。

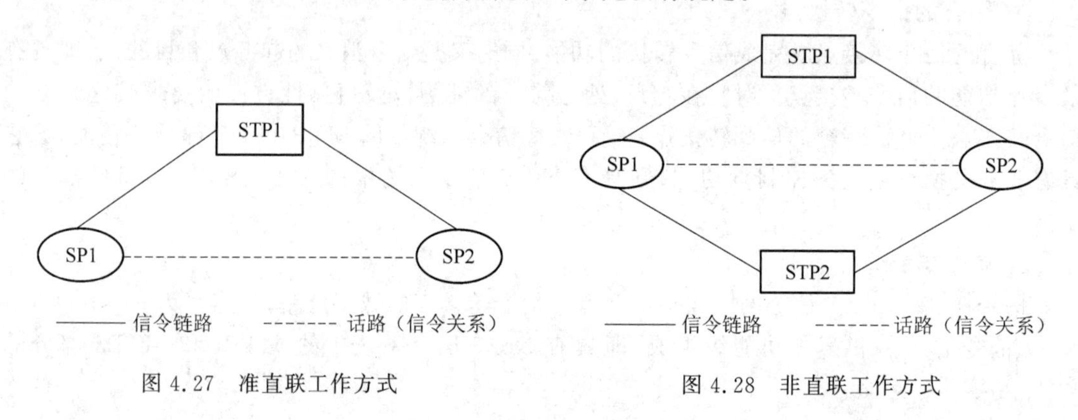

图 4.27 准直联工作方式

图 4.28 非直联工作方式

目前 No.7 信令采用直联工作方式和准直连工作方式。当局间的话路群足够大时,则在局间设置直达信令链路,即采用直联工作方式;当话路群较小时,在局间设置直达信令链路不经济,一般采用准直联的工作方式。

4.3.3 No.7 信令网的结构

1. **信令网的结构**

信令网的结构按照不同等级可分为无级信令网和分级信令网。

无级信令网就是信令网中不引入信令转接点,信令点间采用直联工作方式,这种方式在信令网的容量和经济性上都满足不了国际、国内信令网的要求,故未广泛采用。无级信令网如图 4.29(a)所示。

分级信令网就是含有信令转接点的信令网,它可按等级分为二级信令网、三级信令网等,目前大多数国家采用二级信令网结构,当二级信令网不能满足要求时,应采用三级信令网。采用几级信令网,主要取决于信令网所能容纳的信令点数量以及 STP 的容量。分级信令网如图 4.29(b)所示。

2. **中国 No.7 信令网结构**

我国 No.7 信令网采用三级信令网结构,即由高等级信令转接点(HSTP)、低等级信令转

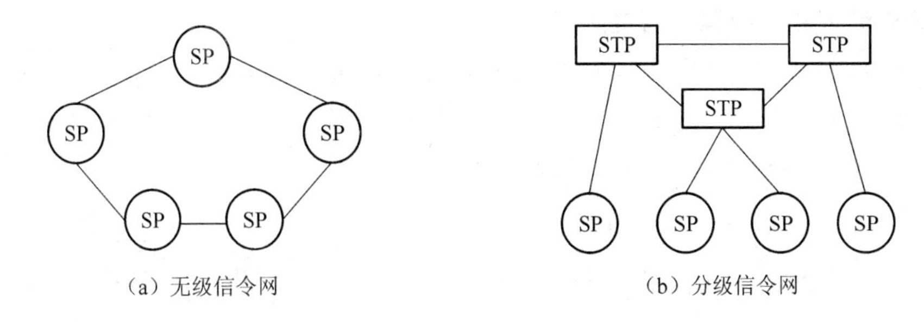

图 4.29 无级信令网和分级信令网

接点(LSTP)和 SP 及其信令链路组成。长途信令网三级,大中城市本地网二级,其中 SP 包括电话交换局、ISDN 交换局、业务交换点(SSP)、业务控制点(SCP)等。中国 No.7 信令网的分级结构如图 4.30 所示。

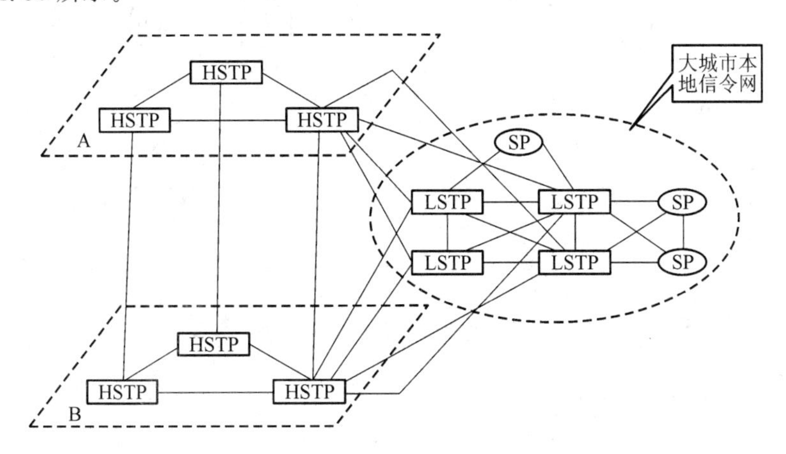

图 4.30 中国 No.7 信令网的分级结构

• HSTP 采用两个平行的 A、B 平面网,A、B 平面内部的各个 HSTP 间分别为网状相连。A、B 平面之间成对的 HSTP 相连。

• 第二级的 LSTP 与 HSTP 和 SP 间的连接方式为分区固定连接方式。每个 LSTP 通过信令链至少要分别连接至 A、B 平面内成对的 HSTP,LSTP 至 A、B 平面两个 HSTP 的信令链路组间采用负荷分担方式工作。

• 每个 SP 至少连至两个 STP(HSTP、LSTP),若连至 HSTP 时,应分别固定连至 A、B 平面内成对的 HSTP,SP 至两个 HSTP 的信令链路组间采用负荷分担方式工作,SP 至两个 LSTP 的信令链路组间也采用负荷分担方式工作。

• 每个信令链路组中至少应包括两条信令链路。

• 近期各信令点间采用直联方式为主,待 No.7 信令网具备监控手段后,逐步增大准直连比例。

3. **我国电话网和信令网的对应关系**

HSTP设在C1、C2交换中心,C1和C2长途局直接与HSTP相连,HSTP汇接C1、C2及所属LSTP的信令。LSTP设在C3交换中心,同一分信令区内的长途局应与本区内的每对LSTP相连,LSTP汇接C3、C4、C5信令点的信令。我国电话网与信令网的对应关系如图4.31所示。

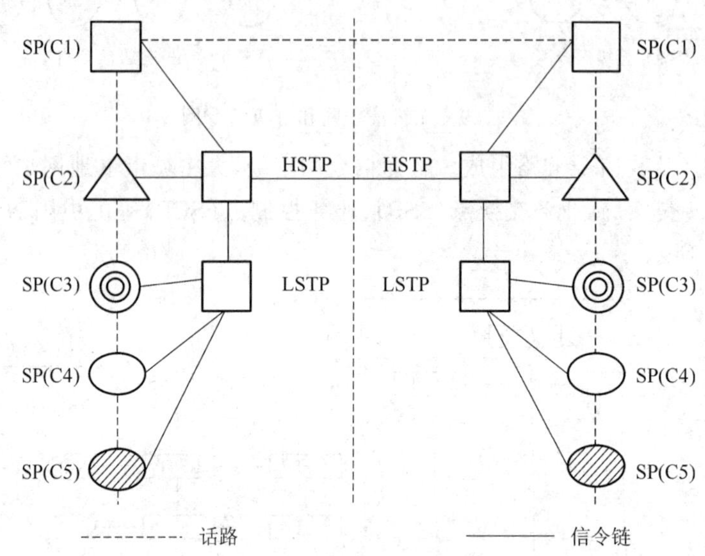

图4.31 我国电话网与信令网的对应关系

4.3.4 信令网的路由选择

在No.7信令网中,信令消息的传送有其独立的路由规划和路由选择原则。本节首先介绍信令网中信令路由的种类及其含义,然后介绍信令路由选择的一般原则。

1. **路由的种类及其含义**

在No.7信令网中,信令路由是指两个信令点间传送信令消息的路径。按照信令路由的特征和使用方法将其分为正常路由和迂回路由两大类。

(1) 正常路由

正常路由是信令链路或信令路由未发生故障时,在正常情况下传送信令业务流的路由,有下列两种情形:

• 正常路由是采用直联工作方式的直达信令路由

当信令网中的一个源信令点和目的信令点之间具有多条信令路由时,如果有直达信令路由,则应该选择该直达路由为正常路由。所谓直达路由就是不经过STP转接的信令路由,如图4.32所示。

• 正常路由是采用准直联工作方式的信令路由

当信令网中的一个源信令点和目的信令点之间具有多条信令路由，并且这些信令路由均为准直联方式的、经过信令转接点转接的信令路由时，应该选择具有最短路径的信令路由为正常路由。所谓最短路径就是经由 STP 转接的次数最少，如图 4.33 所示。在图 4.33(a)中，两个信令点之间有两条信令路由，路径最短的为正常路由，另一条为迂回路由。在图4.33(b)中，两个信令点之间有两条最短路径，且采用负荷分担方式工作，那么这两条信令路由均为正常路由。

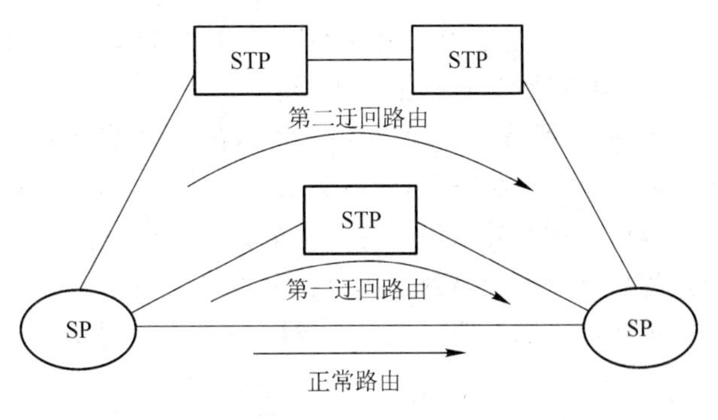

图 4.32　采用直联工作方式的正常路由

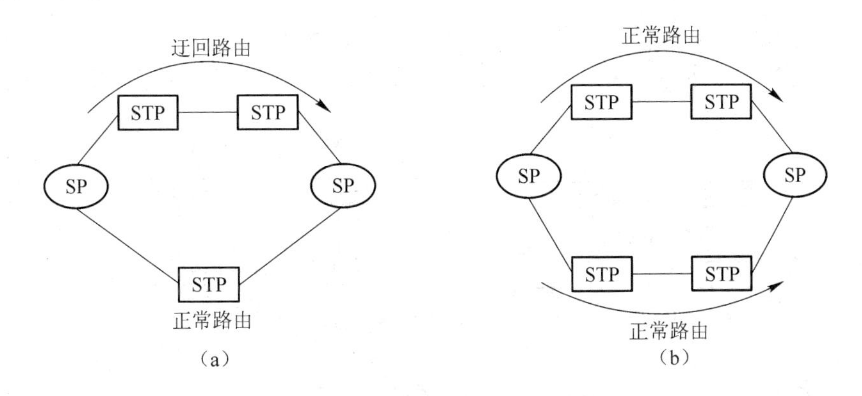

图 4.33　采用准直联工作方式的正常路由

(2) 迂回路由

迂回路由是在信令链路或信令路由发生故障造成正常路由不能传送信令业务流时所选择的路由。迂回路由均为经信令转接点转接的准直联方式的信令路由。迂回路由可以有多个，当有多个迂回路由时，按照信令路由所经过的信令转接点次数的多少，从小到大依次分为第一迂回路由，第二迂回路由等，同一等级的信令路由采用负荷分担的工作方式。关于迂回路由参见图 4.32 和图 4.33。

2. 信令路由选择的一般原则

在 No.7 信令网中，信令路由的选择遵循两个基本原则："最短路径"和"负荷分担"。最短路径就是在确定至各个目的信令点的路由时，选择不经过信令转接点的直达信令路由或经信令转接点次数最少的信令路由；负荷分担就是同一等级的信令路由之间和每一条信令路由的信令链路组之间均匀分担信令业务。在上述定义正常路由和迂回路由时，已遵循这些基本原则。因此，信令路由选择的一般原则为：

- 首先选择正常路由，当正常路由发生故障时，再选择迂回路由；

• 当有多个迂回路由可供选择时,应首先选择第一迂回路由,当第一迂回路由出现故障时,再选第二迂回路由,依此类推;

• 在迂回路由中,若有同一等级的多个信令路由时,这多个信令路由之间应采用负荷分担的方式,均匀地分担信令业务。若其中一条信令路由的一个信令链路出现故障,则将它分担的信令业务倒换到采用负荷分担的其他信令链路上。若其中一条信令路由出现故障,则将它分担的信令业务倒换到采用负荷分担的其他信令路由上。

上述信令路由选择的一般原则如图 4.34 所示。

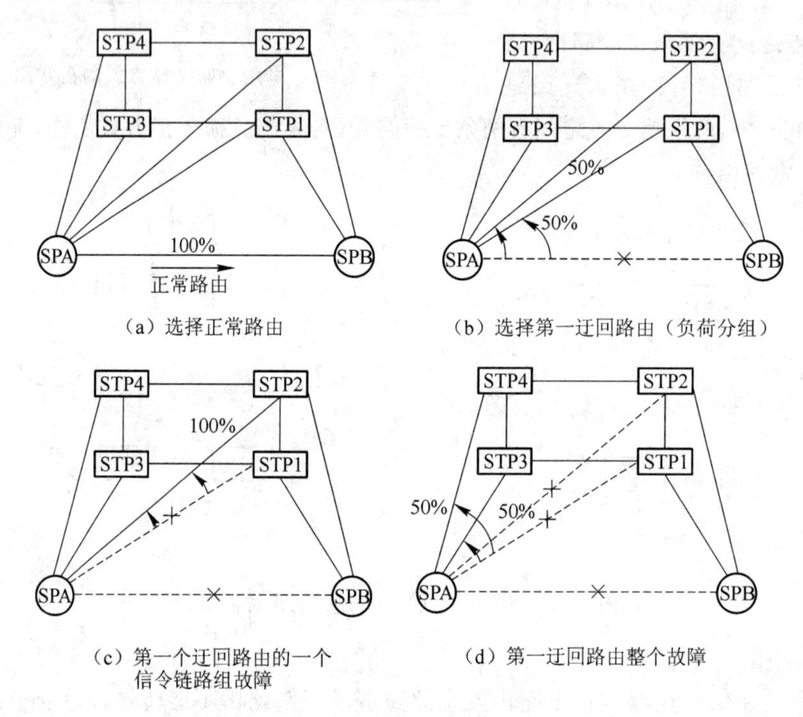

(a) 选择正常路由

(b) 选择第一迂回路由(负荷分组)

(c) 第一个迂回路由的一个信令链路组故障

(d) 第一迂回路由整个故障

图 4.34 信令路由选择的一般原则

4.3.5 信令点编码

在 No.7 信令网中,信令消息的传送是通过识别目的信令点编码(DPC),进而选择信令路由来实现的,因此,必须对 No.7 信令网中的每一个信令点进行编码,惟一地标志它。该信令点编码采用独立的编码计划,不从属于任何一种业务的编号计划。

根据 ITU-T 的相关建议的规定,国际 No.7 信令网与国内 No.7 信令网是彼此相互独立的,因此,它们的信令点编码也是相互独立的。ITU-T 给出了国际 No.7 信令网中信令点的编码计划,而国内 No.7 信令网的信令点的编码计划由各个国家的主管部门确定。

1. 国际信令网的信令点编码

国际信令网中的信令点编码采用 14 位,为三级编码结构,其编码格式如图 4.35 所示。

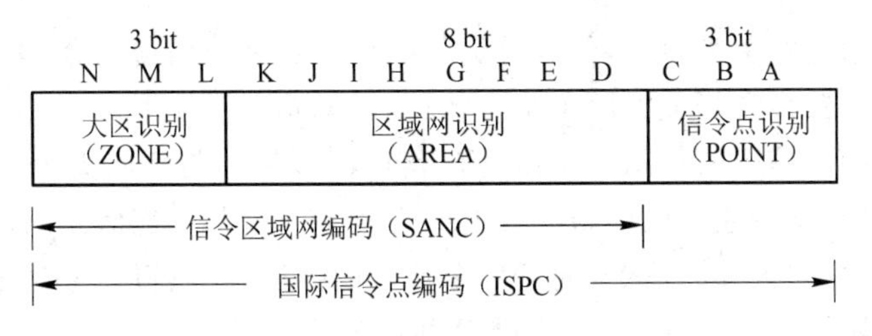

图 4.35　国际信令网的信令点编码

在图 4.35 中,NML 3 bit 为大区识别,用于识别全球的编号大区或洲;K～D 8 bit 为区域网识别,用于识别全球编号大区内的地理区域或区域网,即国家或地区;CBA 3 bit 为信令点识别,用于识别地理区域或区域网中的信令点。在这里,大区识别和区域网识别合称为信令区域网编码(SANC)。我国大区编码为 4,区域网编码为 120,因此,我国在国际网中分配有 8 个信令点,其编码为 4-120-×××。

2. 我国国内信令网的信令点编码

在确定国内信令点的编码计划时,应考虑:信令点的编码容量是否充足,能否满足未来信令网的发展需求;采用分级的编码方式,以便方便地增加新的信令点或信令转接点;采用全国统一的编码方案,以满足信令点识别的简单性和组网的灵活性。

基于以上原则,国内信令点编码采用 24 bit 全国统一编号计划,编码格式如图 4.36 所示。

8 bit	8 bit	8 bit
主信令区编码	分信令区编码	信令点编码

图 4.36　国内信令网的信令点编码

由图 4.36 可知,国内信令点编码由主信令区、分信令区、信令点三部分组成。主信令区编码原则上以省、自治区、直辖市为单位编排;分信令区编码原则上以每省、自治区的地区、地级市或直辖市的汇接区和郊县为单位编排;国内信令网的每个信令点都分配一个信令点编码。

由于国际信令网和国内信令网的信令点编码格式不同,彼此相互独立,所以,对于支持 No.7 信令的国际出口局,应有 2 个信令点编码:一个是国际信令网 14 bit 的信令点编码;另一个是国内信令网 24 bit 的信令点编码,该国际出口局负责完成两种编码格式的转换。

小　　结

信令是通信网中规范化的控制命令,所谓规范化就是在信令构成、信令交互时要遵守一定的规约和规定。信令的作用是控制通信网中各种通信连接的建立和拆除,并维护通信网的正常运行。信令系统是通信网的重要组成部分,是保证通信网正常运行必不可少的,信令技术是通信网的基本技术。

信令有多种分类方法。按照信令所完成的功能来划分,信令可分为监视信令、路由信令和管理信令;按照信令所工作的区域来划分,信令可分为用户信令和局间信令;按照信令传送通路与用户信息传送通路的关系，可将信令分为随路信令和公共信道信令。

随路信令具有共路性和相关性两个基本特征，相对应的公共信道信令具有分离性和独立性两个基本特征。随路信令的传送速度慢，信令容量小，传递与呼叫无关的信令能力有限，不利于信令功能的扩展，支持通信网中新业务的能力较差。公共信道信令的传送速度快、信令容量大、可传递大量与呼叫无关的信令，便于信令功能的扩展，开放新业务，可适应现代通信网的发展。中国 No.1 是随路信令，No.7 信令是公共信道信令。

信令在其构成和交互时要遵守一定的规约和规定，这些规约和规定就是信令方式。它包括信令的结构形式，信令在多段路由上的传送方式以及信令传送过程中的控制方式。信令的结构形式是指信令所能传递信息的表现形式，它一般可分为未编码和编码两种结构形式。信令在多段路由上的传送方式有端到端方式、逐段转发方式和混合方式。控制信令传送的方式有非互控方式、半互控方式和全互控方式。

No.7 信令系统的基本结构采用的是分级结构，共有 4 级，消息传递部分（MTP）的 MTP1、MTP2、MTP3 构成了 No.7 信令系统的一、二、三功能级，用户部分（UP）是 No.7 信令系统的第四功能级。它支持基本的公用电话交换网、电路交换的数据网和窄带 ISDN 网的应用。为支持智能网、网络的操作管理和维护、公共陆地移动通信网和窄带 ISDN 网的部分补充业务的应用，No.7 信令采用面向 OSI 参考模型的信令系统结构，新增的 SCCP、TC 与原来的 MTP、TUP、DUP、ISUP 一起构成了一个四级结构和七层协议并存的信令系统结构。No.7 信令系统在 B-ISDN 中的应用还在进一步研究和完善中。

信令传送的最小单元是信令单元。No.7 信令采用可变长的信令单元，它由若干个 8 位位组组成，它有三种信令单元格式：用来传送第四级用户级的信令消息或信令网管理消息的可变长的消息信令单元；在链路启用或链路故障时，用来表示链路状态的链路状态单元；用于链路空或链路拥塞时来填补位置的插入信令单元。

信令网的结构按照不同等级可分为无级信令网和分级信令网。我国 No.7 信令网采用三级信令网结构，即由高等级信令转接点、低等级信令转接点和信令点及其信令链路组成。长途信令网三级，大中城市本地网二级。HSTP 设在 C1、C2 交换中心，汇接 C1、C2 及所属 LSTP 的信令；LSTP 设在 C3 交换中心，汇接 C3、C4、C5 信令点的信令。

信令路由的选择遵循两个基本原则："最短路径"和"负荷分担"。

No.7 信令网中的信令点有两种编码方式，国际 No.7 信令网采用 14 bit 编码方式，国内 No.7 信令网采用 24 bit 编码方式。

习　题

1. 什么是信令？

2. 什么是信令方式，它包含哪三方面的内容？

3. 试比较端到端和逐段转发两种信令传送模式的不同，并分析它们应用的环境有什么不同。

4. 画图说明全互控方式的过程。

5. 什么是随路信令，它的基本特征是什么？

6. 什么是公共信道信令，它的基本特征是什么？

7. No.7 信令的技术特点是什么？

8. 画出面向 OSI 七层协议的 No.7 信令协议栈，并说明各部分完成的功能。

9. No.7 信令的基本信令单元有哪几种，如何区分？它们各由哪一层协议处理和产生？

10. 信令网是由什么构成的？

11. 信令网的三种工作方式是什么？

12. 中国 No.7 信令网的结构是怎样的，与电话网的对应关系如何？

13. 信令网中路由选择的原则是什么？

14. 信令点编码方式有哪两种，应用场合是怎样的？

15. 为什么说 No.7 信令网是一个分组数据传送网？

参考文献

1 王立言.公共信道信号(修订本).北京：人民邮电出版社，1993

2 杨晋儒，吴立贞.No.7 信令系统技术手册.北京：人民邮电出版社，2001

3 纪红.7 号信令系统(修订本).北京：人民邮电出版社，1999

4 中华人民共和国邮电部.中国国内电话网 No.7 信号方式技术规范(GF 001—9001).北京：人民邮电出版社，1990

5 中华人民共和国邮电部.国内 No.7 信令方式技术规范信令连接控制部分(SCCP)(GF 010—95).北京：人民邮电出版社，1995

6 中华人民共和国邮电部.国内 No.7 信令方式技术规范事务处理能力部分(TC)(GF 011—95).北京：人民邮电出版社，1995

7 中华人民共和国邮电部.国内 No.7 信令技术规范综合业务数字网用户部分(ISUP)(YDN 035—97).北京：人民邮电出版社，1997

8 中华人民共和国邮电部.国内 No.7 信令网信令转接点(STP)设备技术规范(GF 013—95).北京：人民邮电出版社，1995

9 ITU-T Q.700～Q.705、Q.721～Q.724、Q.761～Q.764

第 5 章　分组交换与分组交换网

分组交换技术是适应计算机通信的需求而发展起来的一种先进的通信技术，是重要的数据通信手段之一，具有信息传输质量高、网络可靠性高、线路利用率高、利于不同类型终端间的相互通信等优点，可以提供高质量的灵活的数据通信业务。本章介绍了分组交换技术的产生和发展，重点阐述了分组交换的基本原理，详细介绍了分组交换技术的核心——X.25 协议以及分组交换机的基本结构和性能指标，并在此基础上介绍了分组交换网络的构成、我国公用分组交换网(CHINAPAC)的网络结构和工作原理，最后介绍了可提供中高速数据通信，具有高吞吐量、低时延、适合突发性数据业务，主要应用于局域网互联的帧中继技术。

5.1　分组交换技术的产生与发展

分组交换又称为包交换，它是在报文交换技术的基础上发展起来的一种交换技术，主要应用于数据通信领域。

分组交换最初是由美国兰德(RAND)公司的保罗·巴伦(Paul Baran)和他的同事在 20 世纪 60 年代初提出的，并在 1964 年作为一种保证军用电话安全通信的可靠模式而公开发表。他们提出的分组交换的基本思想是：把一个完整的信息段分成许多个长度较短的数据块，分别给每一个数据块加上路由和控制信息，这样完整的信息段就变成了一个个独立的分组。分组中包含的路由和控制信息的作用是为了保证每一个分组能够在网络中正确地传送，并且在接收端能够把这些分组重新组装成原信息。根据路由信息，这些分组可以在不同的网络路径上单独传送；到达终点后，根据控制信息，这些分组又被还原成完整的数据报文。当时的研究人员设计这种信息传送方式来传送话音信息。由于话音信息通过多个分组传送，敌方很难截获到所有的分组，即使截获到部分的分组，也无法还原成原来的信息，因而可以有效地防止通话被窃听。所以，人们说分组交换的概念起源于电话通信。

1965 年英国国家物理实验室(NPL)的 D. Davies 构想了存储转发分组交换系统的原理，并于 1967 年公开发表了 NPL 关于分组交换的建议。随后 D. Davies 在 NPL 实现了具有单一分组交换节点的局域网。

分组交换技术已经被广泛应用于计算机通信网络中。快速分组交换技术(fast packet

switching)、帧中继(frame relay)、异步传输模式(ATM)等通信技术都是在分组交换技术的基础上产生与发展起来的。

分组交换网是以分组交换为基本信息交换方式的通信网。美国国防部高级研究计划署(ARPA)首先使用分组交换技术实现计算机之间的通信,并于 1969 年组建了世界上第一个分组交换网——ARPANET。作为因特网的前身,ARPANET 的成功不仅证实了分组交换技术在组网上的可行性,同时也为利用分组交换技术实现公用网带来了光明的前景。在 ARPANET之后,许多国家也开始研究和组建分组交换网络。世界上第一个开放的商用分组交换网 TELENET 由美国的 TELENET 公司负责建立,并于 1975 年开放业务。随后出现的公用分组交换网有加拿大的 DATAPAC(1977 年开放业务)、法国的 TRANSPAC(1978 年开放业务)等。我国公用分组交换网(CHINAPAC)于 1989 年正式投入使用。

分组交换网的应用是多种多样的,主要有以下 3 种。

1. 利用分组网实现数据业务的处理。如金融系统的通存通兑、电子汇兑、资金清算、自动取款机业务等。证券公司的行情发布、公安部门的户籍、身份证管理等,都可以在分组网上开展。在提高工作效率的同时,还带来了极大的经济效益。

2. 利用分组网组建系统内部专网。随着计算机技术的快速发展,计算机在机关、企事业单位得到了普遍的应用。将各部门的计算机联成网络,使数据能准确、高速、可靠地在网内传输,并达到资源共享,已成为各个部门迫切的通信需求。由于分组交换网组网灵活、可靠性高、易于实施,适合不同机型、不同速率的客户通信,所以可以利用分组交换网来组建系统内部的各种专网。

3. 通过分组网接入数据通信的增值业务网,如电子信箱业务、国际计算机互联网业务等。

由于分组交换只能提供中低速的数据传输业务,随着通信技术的快速发展和用户对高带宽业务需求的增长,分组交换已经受到了宽带网络技术的巨大冲击。尽管如此,分组交换技术和分组交换网至今仍在数据通信领域起着重要的作用。有数据表明,至 20 世纪末,欧洲超过 60%的数据通信网是利用分组交换技术组建的。在我国,由于通信基础设施比较薄弱,今后较长一段时间内分组交换技术在数据通信领域仍将起重要作用。交换设备的更新换代,更快的分组交换处理器的出现,使得分组交换技术能够在较高速率下发挥其传统优势,带来新的业务增长点。

5.2 分组交换的基本原理

5.2.1 分组传送方式

第 1 章介绍了同步时分复用和异步时分复用的工作原理及其特点,从资源分配的角度来看,这两种方式也被称为预分配复用和统计时分复用(STDM)。在分组交换中,分组传送方式采用的是统计时分复用方式，具有动态分配带宽和用标记区别数据所属用户的特点，因而分组传送方式在实现了多用户对线路资源共享的同时，提高了线路资源的利用率，并可很好地支持突发性业务。

图 5.1 所示的是采用统计时分复用的分组传送方式。多个分组共享线路资源，每路通信分别用不同的用户标志来区别，如图中 1、2、3，根据分组传送的需要，每路通信的分组或疏或密地出现在线路上，即占有不同的带宽。

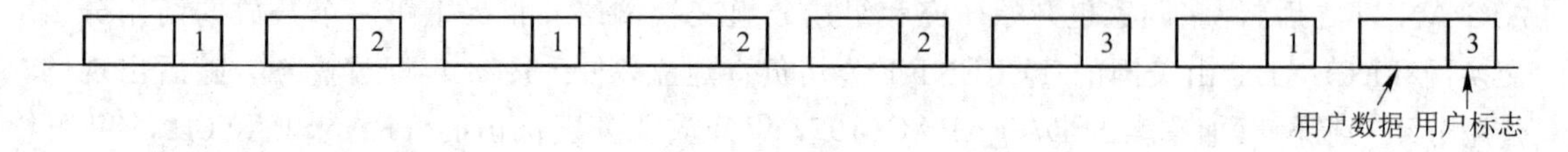

图 5.1　分组传送方式

5.2.2　分组的形成

分组(packet)是由用户数据和分组头组成的。分组的用户数据部分的长度是有限制的。如果来自数据终端的用户数据报文的长度超过了分组的用户数据部分的最大长度，则需要将该报文拆分成若干个数据段，并在每个数据段前加上分组头，形成分组，如图 5.2 所示。

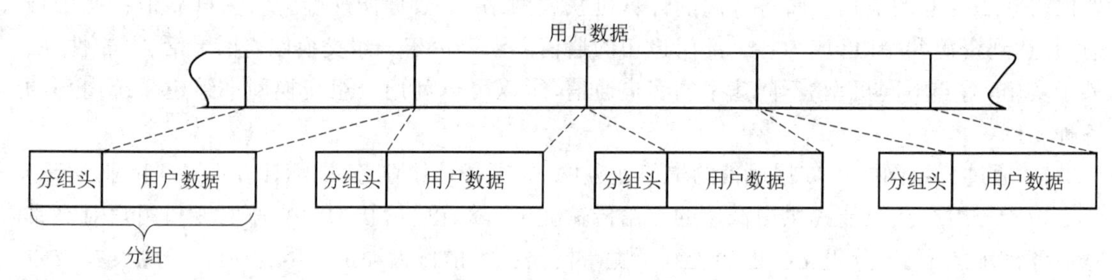

图 5.2　分组的形成

分组头中主要包含逻辑信道号、分组的序号及其他的控制信息。前面已经介绍过分组传送方式采用的是统计复用方式，因而在同一个物理信道上可以同时传送属于多个不同通信的分组，在这里这些用户终端好像是分别占用了不同的子信道进行数据的传送，即同一个通信的分组构成了一个子信道，当然这些子信道是逻辑的，称之为逻辑子信道。使用逻辑信道号(LCN:logic channel number)来标志每一个逻辑子信道，进而区别出分组是属于哪个通信的。分组的序号主要是用来标志该分组在原来的数据报文中的位置，以便于接收端能够将接收到的分组还原为原来完整的报文。

分组有两大类:数据分组和控制分组。数据分组是用来承载用户数据的分组，控制分组是保证和控制数据分组在网络中正确传输和交换的分组。因此，为了区分不同类型的分组，分组头中还应包含分组的类型。

分组头中各种信息及其作用将在下文详细介绍。

5.2.3 分组交换方式

分组交换，即分组从源端经分组交换网中各交换节点的交换到达目的端的过程，它有两种方式：虚电路(virtual circuit)和数据报(datagram)。

1. 虚电路方式

虚电路方式是指通信终端在开始通信，即相互发送和接收数据之前，必须通过网络在通信的源和目的终端之间建立连接，然后才能进入信息传输阶段，发送和接收分组，且该通信的所有分组沿着已建立好的连接按序被传送到目的终端。当通信结束时，需要拆除该连接。这里，虚电路方式所建立的连接是逻辑连接，而不是物理连接(物理通路)。同一条物理通路上可能同时被多个虚电路所使用。

分组交换网提供的虚电路交换方式又分为两种：一种是交换虚电路(SVC：switch virtual circuit)，又称为虚呼叫(virtual call)；另一种是永久虚电路(PVC：permanent virtual circuit)。

交换虚电路方式是指虚电路只在通信过程中存在，在数据传送之前要建立逻辑连接，也叫做虚连接或虚电路，在数据传送结束后需要拆除虚连接。永久虚电路方式是指在两个用户之间存在一条永久的虚连接(按用户预约，由网络运营管理者事先建好)，不论用户之间是否在通信，这条虚连接都是存在的。用户之间若要通信则直接进入数据传输阶段，如同专线，不用经历虚电路的建立和拆除阶段。在实际应用中，虚电路一般是指交换虚电路方式。

在虚电路的信息传输阶段，所有数据分组都沿着已建立好的连接，经相同的路径到达目的地。中间所经过的每一个交换节点都有一张路由表，该路由表是在连接建立阶段生成的，它包括入端口号、入 LCN、出端口号、出 LCN。数据分组就是按照此路由表进行节点交换，最终传送到目的终端的。图 5.3 是在虚电路方式中数据分组依据路由表经交换节点交换的原理图。数据终端设备(DTE：data terminal equipment)DTE1 与 DTE3 之间、DTE2 与 DTE4 之间要进行数据通信，分别用呼叫 1 和 2 表示。对于交换虚电路，在虚连接建立阶段时生成了交换节点 A 和 B 的路由表，而对于永久虚电路是在申请该业务时，由网络运营管理者设置生成的。DTE1 的数据分组从节点 A 的 3 号端口的 10 号逻辑信道进入交换节点 A，经查寻路由表从 2 号端口的 62 号逻辑信道上输出，分组传送到节点 B 的 3 号端口；逻辑信道号不变，仍为 62，在节点 B 查路由表，从 1 号端口的 22 号逻辑信道上输出，被传送到通信的目的终端 DTE3。同理，DTE2 到 DTE4 的数据分组的传输和交换也依据相应的路由表。

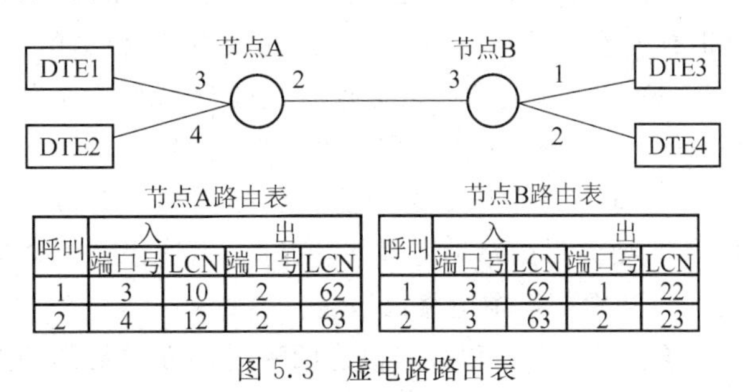

节点A路由表

呼叫	入		出	
	端口号	LCN	端口号	LCN
1	3	10	2	62
2	4	12	2	63

节点B路由表

呼叫	入		出	
	端口号	LCN	端口号	LCN
1	3	62	1	22
2	3	63	2	23

图 5.3 虚电路路由表

虚电路方式具有以下特点：

(1) 面向连接的工作方式。虚电路方式的通信具有严格的三个过程,即连接建立(呼叫建立)、数据传输和连接拆除(呼叫清除)。因此说它是面向连接的,当然这个连接是一个逻辑的连接,即虚连接。面向连接的工作方式对于长报文(大数据量)传输效率较高。

(2) 分组按序传送。分组在传送过程中不会出现失序现象,分组发送的顺序与接收的顺序一致。因而虚电路方式适于传送连续的数据流。

(3) 分组头简单。由于在传送信息之前已建立好连接,所以数据分组的分组头较简单,不需要包含目的终端的地址,只需要包含能够识别虚连接的标志即可完成寻址功能。信息传输的效率较高。

(4) 对故障敏感。在虚电路方式中,一旦出现故障或虚连接中断,则通信中断,这有可能丢失数据,所以这种方式对故障比较敏感。

2. 数据报方式

数据报方式在信息传输之前无需建立连接,其分组头中含有目的终端地址信息,对每个数据分组就像对一份报文一样独立地进行选路和传送,属于同一份报文的不同分组有可能会沿着不同的路径到达终点,因而会出现分组失序现象。在这种方式中,一个被独立处理的分组就被称为数据报,而这种分组交换方式就叫做数据报方式。

在 1984 年以后的 ITU-T X.25 建议中已经取消了数据报方式,但在有些分组交换网中还在使用数据报的交换方式。

数据报方式具有以下特点:

(1) 无连接的工作方式。数据报方式在信息传输之前无需建立连接,这种无连接工作方式对于短报文(小数据量)的传输效率较高。

(2) 存在分组失序现象。由于每个数据分组都是独立选路,所以属于同一个通信的不同分组有可能会沿着不同的路径到达终点,先传送的分组后到,后发送的分组先到。

(3) 分组头复杂。数据报方式的分组头比虚电路方式的分组头复杂,它包含目的终端地址,每个分组交换节点需要依此进行选路。

(4) 对网络故障的适应能力较强。由于对每个数据分组是独立选路,所以当网络出现故障时,只要到目的终端还存在一条路由,通信就不会中断。

3. 数据报与虚电路比较

通过对虚电路和数据报这两种交换方式及其特点的介绍,可以很容易地分析出它们的优缺点。

数据报省掉了呼叫的建立和拆除过程,如果只传送少量的分组,那么采用数据报方式的传输效率会比较高。而虚电路一次通信需要经过呼叫建立、数据传输和呼叫清除三个阶段,但是其分组头简单,因此传送大量数据分组时,采用虚电路方式的传输效率会比较高。

对于数据报方式,由于每个分组是各自独立在网络中传输的,所以分组不一定按照发送时的顺序到达网络终点,因此在网络终点必须对分组重新排序。而对于虚电路的方式,分组按已建立的路径顺序通过网络,在网络终点不需要对分组重新排序。

数据报方式的每个数据分组都要独立寻找路径，所以单个数据分组传输的时延较大；而对于虚电路方式，一旦虚电路建立好，单个数据分组的传输时延则会小得多。

数据报方式对网络的适应能力较强。当网络的某一部分发生拥塞时，节点可以为收到的分组选择一条绕过拥塞部分的路由。如果使用虚电路，分组是沿着固定的路径传送的，网络处理拥塞时就会比较困难。假设一个节点出现了故障，如果使用虚电路，则经过该节点的所有虚电路都会断开，要继续通信必须重新建立虚电路。而使用数据报的方式，仅是丢失部分分组，其后的分组可以绕过该节点，通过其他路径进行传送。

4. 电路交换与分组交换的比较

电路交换与分组交换的原理不同，因而具有不同的特点。两种交换方式的比较如表5.1所示。

表5.1　电路交换与分组交换的比较

	电　路　交　换	分　组　交　换
接续时间	较长	数据报没有接续时间，虚电路较长
传输延迟时间	平均短，偏差小，标准时延只有ms级	平均长，偏差大，标准时延低于200 ms
传输可靠性	一般，误码率小于10^{-7}	较高，误码率小于10^{-15}
传输效率	高，呼叫建立后没有额外开销比特	较低，每个分组中都有额外开销比特
传输带宽	固定分配带宽	动态分配带宽
电路的利用率	低	高
过负荷控制	拒绝继续呼叫(基于呼叫损失制)	减少每个用户的有效带宽，时延增加(基于呼叫延迟制)
交换机的费用	一般比较便宜	费用较高
应　　用	实时话音业务	数据通信业务

5.2.4　路由选择

在分组交换网中，各交换节点之间都设置多条路由，以保证网络通信的可靠性并适应业务量的变化。因此，在通过网络建立通信的源和目的终端之间的呼叫连接时，就必须在各交换节点选择一段路由，从而构成一条源节点到目的节点之间的通信路径，这个选择路由的过程就叫做路由选择。合理的路由选择应保证所选路由的正确性、快捷性、经济性和高效性，并有利于整个网络的负载平衡以及通信资源的综合利用。因此路由选择是分组交换的重要技术之一。

下面介绍4种常见的路由选择策略。

1. 固定路由选择

所谓固定路由选择是指在网络拓扑结构不变的情况下，网络中每一对源节点和目的节点之间的路由都是固定的。当网络的拓扑结构发生变化时，路由才可能发生改变。

那么,固定路由选择是如何实现的呢?分组交换网根据一定的准则计算出每一对源节点和目的节点之间的路由,并把它们保存在路由表中。路由的计算可以由网络控制中心(NCC)完成,然后装入各个节点中,也可由节点自身完成。每个节点对应一张路由表。路由表有两列,一列是目的节点;另一列是对应的下一节点。这样就可以根据路由表选择下一个节点。以图 5.4 为例,各个节点按照最短路径算法计算出来的路由表如表 5.2 所示。

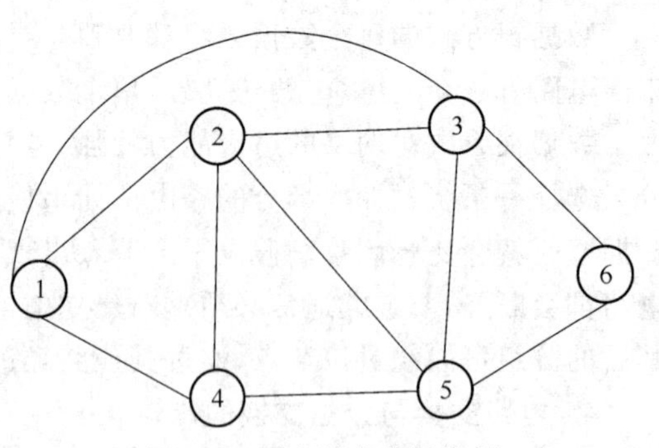

图 5.4 固定路由选择举例

表 5.2 各节点的路由表

节点 1 的路由表		节点 2 的路由表		节点 3 的路由表	
目的地	下一节点	目的地	下一节点	目的地	下一节点
2	2	1	1	1	1
3	3	3	3	2	2
4	4	4	4	4	2
5	4	5	5	5	5
6	3	6	5	6	6
节点 4 的路由表		**节点 5 的路由表**		**节点 6 的路由表**	
目的地	下一节点	目的地	下一节点	目的地	下一节点
1	1	1	4	1	3
2	2	2	2	2	3
3	2	3	3	3	3
5	5	4	4	4	5
6	5	6	6	5	5

使用固定的路由选择,无论是数据报还是虚电路,从指定源节点到指定目的节点的所有分组都沿着相同的路径传送。

固定路由选择策略的优点是处理简单,在可靠的负荷稳定的网络中可以很好地运行。它的缺点是缺乏灵活性,无法对网络拥塞和故障做出反应。一般在小规模的专用分组交换网上采用固定路由选择策略。

2. 洪泛式路由选择

洪泛式(flooding)路由选择的原理是,每个节点接收到一个分组后检查是否收到过该分组,如果收到就将它丢弃,如果未收到,则把该分组发往除了分组来源的那个节点以外的所有相邻的节点。这样,同一个分组的副本将经过所有的路径到达目的节点。目的节点接收最先到达的副本，后到的副本将被丢弃。图5.5是洪泛式路由选择示例，分组从交换节点1传送到交换节点6的情况。

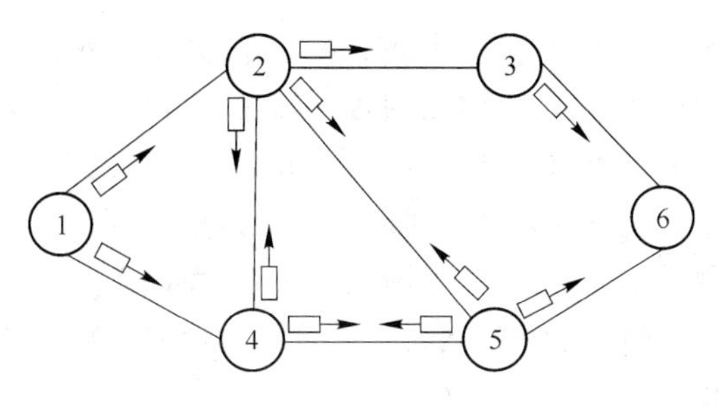

图5.5 洪泛式路由选择示例

洪泛式的优点是具有很高的可靠性。由于要经过源节点和目的节点之间的所有路径，所以即使网络出现严重故障，只要在源节点和目的节点之间至少存在一条路径，分组都会被送达目的节点。另外，所有与源节点直接或间接相连的节点都会被访问到，所以，洪泛式可以被应用于广播。洪泛式的缺点就是产生的通信量负荷过高，额外开销过大，导致分组排队时延加大。

3. **随机路由选择**

采用随机路由选择策略时，当节点收到一个分组，只选择一条输出路由，这条路由是在除了分组来源的那条路由之外的其他路由当中随机选择的。输出路由被选中的概率可能是相等的，也可能是不等的。

随机路由选择方法的优点是比较简单，稳健性也较好。采用这种方法产生的路由不是最小费用路由，也不是最短路由，因此随机路由选择产生的通信量负荷一般要高于最佳的通信量负荷，而低于洪泛法产生的通信量负荷。

改进的随机路由选择方法是给每条输出路由分配一个概率，根据概率选择路由。这个概率可以是基于数据速率的，也可以是基于费用。

4. **自适应路由选择**

所谓自适应路由选择就是路由选择根据网络状况的变化而动态改变。路由选择的这种动态改变所依据的条件主要是网络出现的拥塞和故障。当网络中的一部分发生了拥塞，分组传送就要尽量绕过拥塞区域；当网络中的一部分出现了故障，分组传送就要避开发生了故障的节点或中继线。

实现自适应路由选择必须在节点之间交换网络状态信息。交换的信息越频繁，路由选择依据的条件越及时。但是，这些信息本身也会增加网络的负荷，导致网络性能下降。因此需要寻找一个最佳点，使网络状态信息能得到及时交互，同时又不增加过多的额外负荷。

虽然使用自适应路由选择策略会给网络带来额外的通信量负荷，并使得路由选择算法复杂，但是由于这种方法能够提高网络的性能，路由选择灵活，所以是目前使用最普遍的路由选择策略，并被大规模公用分组交换网普遍采用。

5.2.5 流量控制

1. **流量控制的必要性**

在分组交换网中，网络节点采用存储-转发的机制对分组进行处理，如果分组到达的速率大于节点处理分组的速率,就可能造成网络节点中存储区被填满,导致后来的分组无法被处理。另外,由于线路的传输容量是有限的,如果网络中数据流分布不均匀,可能会导致某些线路上流量超过其负载能力,分组无法被及时传送。这些情况都会造成网络的拥塞和网络吞吐量迅速下降以及网络时延的迅速增加,严重影响网络的性能。当拥塞情况严重时,分组数据在网络中无法传送,不断地被丢弃,而源点无法发送新的数据,目的点也收不到分组,造成死锁。

图 5.6 是拥塞对吞吐量和时延的影响。图中比较了进行控制和不进行控制情况下吞吐量和时延的变化情况。

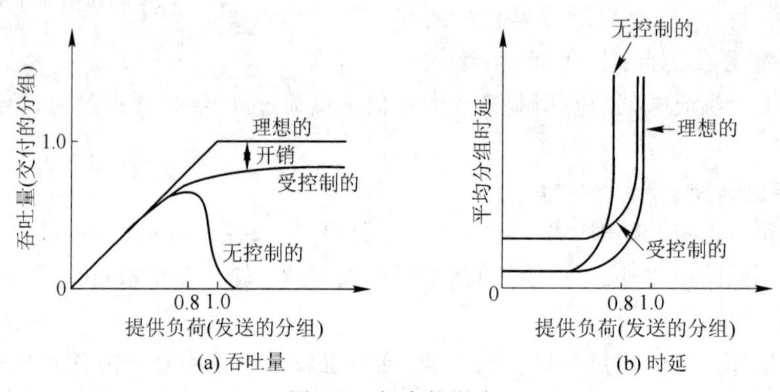

图 5.6 拥塞的影响

由于流量控制可以使网络的数据发送和处理速度平滑均匀,是解决网络拥塞的一个有效手段,所以为了防止网络阻塞和死锁的发生,提高网络的吞吐量,必须进行流量控制。流量控制是分组交换的重要技术之一。

2. 流量控制机制

一般来说,流量控制可以分成以下几个级别来进行:

(1) 相邻节点之间点到点的流量控制;

(2) 用户终端和网络节点之间点到点的流量控制;

(3) 网络的源节点和终点节点之间端到端的流量控制;

(4) 源用户终端和终点终端之间端到端的流量控制。

这四个级别的流量控制位于网络的不同位置区域,如图 5.7 所示。

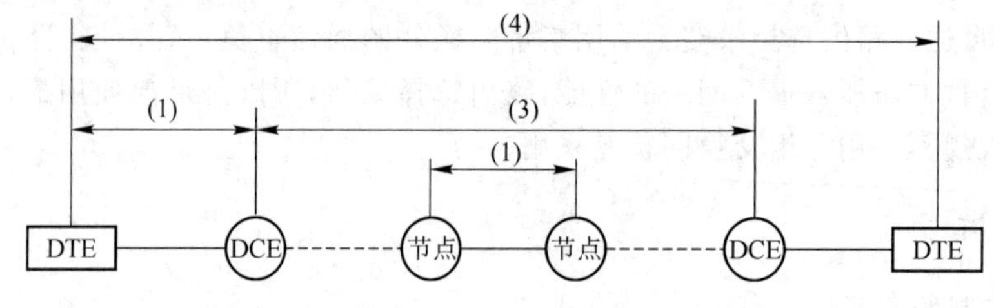

图 5.7 分级的流量控制机制

3. 流量控制方法

实际应用中流量控制的方法主要有以下三种。

(1) 证实法

发送方发送一个分组之后不再继续发送新的分组，接收方收到一个分组之后会向发送方发送一个证实，发送方收到这个证实之后再发送新的分组。这样接收方可以通过暂缓发送证实来控制发送方的发送速度，从而达到控制流量的目的。发送方可以连续发送一组分组并等待接收方的证实，这就是常说的滑动窗口证实机制。滑动窗口证实机制既提高了分组的传输效率，又实现了流量的控制。这种方式可用于点到点的流量控制和端到端的流量控制。X.25的数据链路层和分组层均采用这种流量控制方法。

(2) 预约法

发送端在向接收端发送分组之前，先向接收端预约缓冲存储区，然后发送端再根据接收端所允许发送分组的数量发送分组，从而有效地避免接收端发生死锁。以数据报方式工作的分组交换网通常采用这种流量控制方式，以避免目的节点在有多个分组到达时，因进行分组重新排序而使该节点的存储器被占满，既无法接收新的分组，也无法发送未完成排序的分组。网络的源节点和终点节点之间的端到端的流量控制，以及源用户终端和目的终端之间的端到端的流量控制可采用此方法。

(3) 许可证法

许可证法就是在网络内设置一定数量的“许可证”，许可证的状态分为空载和满载，不携带分组时为空载，携带分组时为满载。每个许可证可以携带一个分组。满载的许可证在到达终点节点时卸下分组变成空载。分组需要在节点等待得到空载的许可证后才能被发送，因而通过在网内设置一定数量的许可证，可达到流量控制的目的。由于存在分组等待许可证的时延，所以这种方法会产生一定的额外时延，尤其是当网络负载较大时，这种额外时延也较大。

5.3 分组交换协议——X.25协议

5.3.1 分组交换协议

分组交换协议是在分组交换过程中数据终端设备(DTE)与分组交换网以及分组交换网内各交换节点之间关于信息传输过程、信息格式和内容等的约定。分组交换协议可分为接口协议和网内协议，接口协议是指DTE和与它相连的网络设备之间的通信协议，即UNI协议；网内协议是指网络内部各交换机之间的通信协议，即NNI协议。国际标准化组织(ISO)和国际电信联盟(ITU)制定了一系列分组交换协议，如：X.25、X.75、X.3、X.28、X.29、X.121等，其中最著名的就是X.25接口协议。

X.25 接口协议于 1976 年首次提出，它是在加拿大 DATAPAC 公用分组网相关标准的基础上制定的，在 1980 年、1984 年、1988 年和 1993 年又进行了多次修改，是目前使用最广泛的分组交换协议。X.25 协议是数据终端设备和数据电路终接设备（DCE：data circuit terminating equipment）之间的接口协议，该协议的制定实现了接口协议的标准化，使得各种 DTE 能够自由连接到各种分组交换网上。作为用户设备和网络之间的接口协议，X.25 协议主要定义了数据传输通路的建立、保持和释放过程所需遵循的标准，数据传输过程中进行差错控制和流量控制的机制以及提供的基本业务和可选业务等。X.25 协议最初为 DTE 接入分组交换网提供了虚电路和数据报两种接入方式，1984 年之后，X.25 协议取消了数据报方式。

X.25 协议采用分层的体系结构，自下而上分为三层：物理层、数据链路层和分组层，分别对应于 OSI 参考模型的下三层。各层在功能上相互独立，每一层接受下一层提供的服务，同时也为上一层提供服务，相邻层之间通过原语进行通信。在接口的对等层之间通过对等层之间的通信协议进行信息交换的协商、控制和信息的传输，如图 5.8 所示。

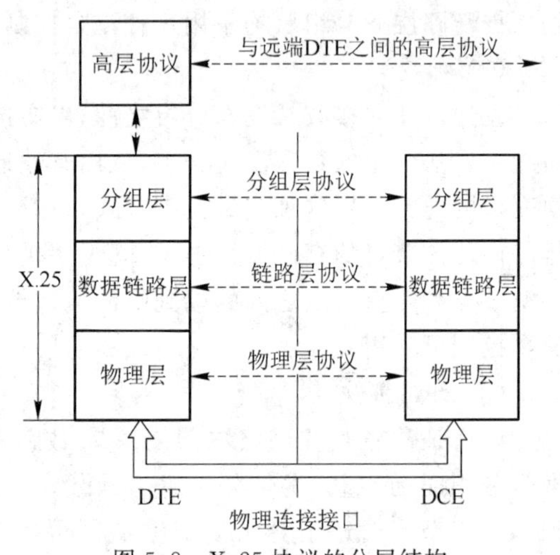

图 5.8　X.25 协议的分层结构

X.25 协议是标准化的接口协议，任何要接入到分组交换网的终端设备必须在接口处满足协议的规定。要接入到分组交换网的终端设备不外乎两种：一种是具有 X.25 协议处理能力，可直接接入到分组交换网的终端，称为分组型终端（PT：packet terminal）；另一种是不具有 X.25 协议处理能力必须经过协议转换才能接入到分组交换网的终端，称为非分组型终端（NPT：non-packet terminal）。其中完成协议转换的设备称作分组装拆设备（PAD：packet assembler/disassembler），利用 PAD 可实现 PT 和 NPT 之间、相同用户协议的 NPT 之间以及不同用户协议的 NPT 之间经分组交换网的通信。常见的 NPT 多为字符型终端，ITU-T（原 CCITT）专门为这一类终端的 PAD 制定了一组建议，称为 3X 建议，包括描述 PAD 功能及其控制参数的 X.3 建议；描述 PAD 到本地字符型终端的 X.28 建议；描述 PAD 至远端 PT 或远端 PAD 的 X.29 建议。

X.75 协议是 ITU-T 制定的分组交换网网间国际互联时的协议。ITU-T 没有制定分组交换网的网内协议标准，而是由各个厂家自行定义，目前各厂家都是在 X.25 或 X.75 协议的基础上做适当增改而形成自己的网内协议的。通常在同一个网络中应采用同一种网内协议。

分组交换网的用户协议、接口协议和网内协议的位置和相互关系如图 5.9 所示。

本章将重点介绍 X.25 接口协议。

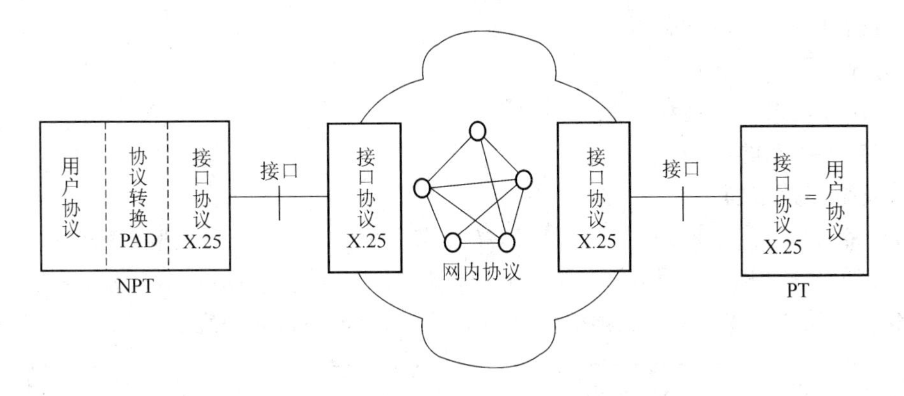

图 5.9　分组交换网的协议及其相互关系

5.3.2　X.25 物理层

X.25 的物理层协议规定了 DTE 和 DCE 之间接口的电气特性、功能特性和机械特性以及协议的交互流程。与分组交换网的端口相连的设备称作 DTE，它可以是同步终端或异步终端，也可以是通用终端或专用终端，还可以是智能终端。DCE 是 DTE-DTE 远程通信传输线路的终接设备，主要完成信号变换、适配和编码等功能。对于模拟传输线路，它一般为调制解调器（modem）；对于数字传输线路，则为多路复用器或数字信道接口设备。

物理层完成的主要功能有：

(1) DTE 和 DCE 之间的数据传输；

(2) 在设备之间提供控制信号；

(3) 为同步数据流和规定比特速率提供时钟信号；

(4) 提供电气地；

(5) 提供机械的连接器（如针、插头和插座）。

X.25 物理层协议可以采用的接口标准有 X.21 建议、X.21 bis 建议及 V 系列建议。

5.3.3　X.25 数据链路层——LAPB

X.25 数据链路层协议是在物理层提供的双向的信息传输通道上，控制信息有效、可靠地传送的协议。X.25 的数据链路层协议采用的是 HDLC（高级数据链路控制规程）的一个子集——平衡型链路访问规程（LAPB：link access procedure balanced）协议。HDLC 提供两种链路配置：一种是平衡配置；另一种是非平衡配置。非平衡配置可提供点到点链路和点到多点链路。平衡配置只提供点到点链路。由于 X.25 数据链路层采用的是 LAPB 协议，所以 X.25 数据链路层只提供点到点的链路方式。

X.25 数据链路层完成的主要功能如下：

(1) DTE 和 DCE 之间的数据传输；

(2) 发送和接收端信息的同步；

(3) 传输过程中的检错和纠错；

(4) 有效的流量控制；

(5) 协议性错误的识别和告警；

(6) 链路层状态的通知。

1. 帧类型与帧结构

数据链路层传送信息的最小单位是帧，按照帧所完成的功能可以把帧分成三类：信息帧(I帧)、监控帧(S帧)和无编号帧(U帧)。LAPB帧的基本结构如图5.10所示，所有帧均包含标志F、地址字段A、控制字段C、帧检验序列FCS，部分帧还包含信息字段I。

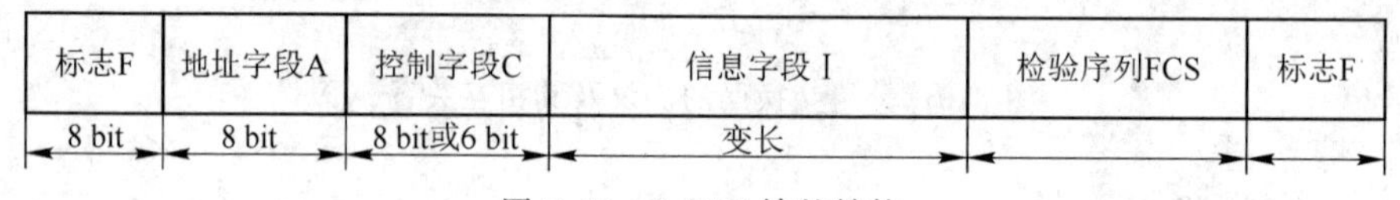

图5.10 LAPB帧的结构

各字段的作用与功能如下所述：

(1) 标志F

标志的长度为8 bit，其值为二进制01111110，是帧的界定符。所有的帧必须以F开头，并以F结束。

(2) 地址字段A

该字段的长度为8 bit。在DTE和DCE之间交换的帧有命令帧和响应帧两种。命令帧用来发送信息或产生某种操作，响应帧是对命令帧的响应。地址字段的作用就是用来区分两个传输方向上的命令帧和响应帧，因而需要两个地址A和B。DCE发送的命令帧、DTE发送的响应帧的地址字段使用A地址；DTE发送的命令帧、DCE发送的响应帧的地址字段使用B地址。此外，在DTE和DCE之间还存在着单链路和多链路，所谓多链路就是在DTE和DCE接口之间存在着多条双向的链路，即多条单链路，这些链路组成接口上的一条逻辑的双向链路。为了区分多链路，定义了C和D地址，其应用情况分别对应于单链路的A和B地址，帧地址字段的编码见表5.3。

表5.3 帧地址字段的编码

地　址	比特编码 87654321	16进制值	应　　用
A	00000011	03	单链路
B	00000001	01	
C	00001111	0F	多链路
D	00000111	07	

(3) 控制字段C

LAPB定义了两种工作方式：模8方式和模128方式。模8方式就是指发送序号或接收序号在0～7之间循环编号，即7的下一个序号是0。模128方式则是在0～127之间循环编号。如果工作在模8方式，以上三种类型帧的控制字段长度均为8 bit；如果以模128方式工作，信息帧和监控帧的控制字段长度为16 bit，无编号帧控制字段长度为8 bit。

前文提到 LAPB 定义了三种类型的帧，控制字段就是用来区分帧的类型并携带控制信息的。LAPB 帧的分类如表 5.4 所示。

表 5.4 LAPB 帧的分类

	命 令	响 应	帧的名称	控制字段比特编码							
				8	7	6	5	4	3	2	1
信息帧	I		信息帧	$N(R)$			P	$N(S)$			0
监控帧	RR	RR	接收准备好	$N(R)$			P/F	0	0	0	1
	RNR	RNR	接收未准备好	$N(R)$			P/F	0	1	0	1
	REJ	REJ	拒绝	$N(R)$			P/F	1	0	0	1
无编号帧		DM	已断开方式	0	0	0	F	1	1	1	1
	SABM		置异步平衡方式	0	0	1	P	1	1	1	1
	DISC		断开	0	1	0	P	0	0	1	1
		UA	无编号确认	0	1	1	F	0	0	1	1
		FRMR	帧拒绝	1	0	0	F	0	1	1	1
	SABME		置扩充的异步平衡方式	0	1	1	P	1	1	1	1

① 信息帧(I 帧)

信息帧用于传输分组层的分组数据，只在数据传输过程中使用。信息帧的识别标志是 C 字段第 1 比特为“0”，C 字段还包含发送序号 $N(S)$ 和接收序号 $N(R)$，用于帧接收的肯定证实，$N(S)$ 为本帧的序号，$N(R)$ 为期望接收的下一帧的序号。在模 8 基本方式中，序号范围为 0～7；在模 128 扩充方式中，序号范围为 0～127。C 字段中的第 5 比特位称作探询(poll)/最终(final)位，即 P/F 位。对于命令帧，该位为 P 位；对于响应帧，该位为 F 位。P/F=0，该位不起作用；命令帧 P=1，表示要探询对端的状态，响应帧 F=1，则是对刚收到的 P=1 的命令帧的响应。I 帧是命令帧，所以其 C 字段第 5 比特位总为探询位(P)。

② 监控帧(S 帧)

监控帧用于保护信息帧的正确传输，它没有 I 字段，只在数据传输过程中使用。监控帧的识别标志是 C 字段的第 1 比特位和第 2 比特位分别为“1”和“0”，第 3、4 比特位用于区分不同类型的监控帧。监控帧有三种：RR 帧(接收准备好)、RNR 帧(接收未准备好)和 REJ 帧(拒绝帧)。监控帧的控制字段包含接收序号 $N(R)$。监控帧既可以是命令帧也可以是响应帧，所以其 C 字段第 5 比特位为 P 或 F 位。

(a) RR 帧：已经正确接收到编号为 $N(R)-1$ 及以前的 I 帧，并准备好接收第 $N(R)$ 个信息帧；

(b) RNR 帧：已经正确接收到编号为 $N(R)-1$ 及以前的 I 帧，但此时处于忙状态暂时不能接收新的 I 帧；

(c) REJ 帧：已经正确接收到编号为 $N(R)-1$ 及以前的 I 帧，请求对方重新发送编号从

$N(R)$开始的I帧。

③ 无编号帧(U帧)

无编号帧在链路的建立、断开和复位等控制过程中使用。无编号帧的识别标志是C字段的第1比特位和第2比特位均为“1”。第5比特位是P/F位，第3、4、6、7、8比特位用于区分不同类型的无编号帧。无编号帧包括：SABM(置异步平衡方式)、DISC(断开)、DM(已断开方式)、UA(无编号确认)、FRMR(帧拒绝)、SABME(置扩展的异步平衡方式)。无编号帧除FRMR之外，都没有I字段。

• SABM：命令帧，用于请求建立链路，接收方可以用UA帧表示同意建立链路，用DM帧表示拒绝建立链路。

• DISC：命令帧，用于通知对方断开链路连接；接收方用UA表示同意断开连接。

• DM：响应帧，表示本方已处于链路断开的状态，该帧还可以作为对SABM命令的否定回答。

• UA：响应帧，对无编号命令帧的肯定回答。

• FRMR：响应帧，通知对方出现了用重发无法恢复的差错状态。FRMR包含信息字段，提供拒绝的原因。

• SABME：命令帧，与SABM作用一致，但是通信双方按模128方式工作。

(4) 信息字段I

只有信息帧和无编号帧中的FRMR帧会包含信息字段。信息帧中的信息字段为来自分组层的分组数据。FRMR帧的信息字段为拒绝的原因。

(5) 帧检验序列FCS

帧检验序列为16 bit，用来检查帧通过链路传输可能产生的错误。FCS在发送方按照特定的算法对发送信息进行计算而产生，并附于帧尾；在接收端通过检查FCS来判别在传输过程中是否发生了错误。

2. 数据链路层工作原理

数据链路层完成的主要功能就是建立数据链路，利用物理层提供的服务为分组层提供有效可靠的分组信息的传输。X.25数据链路层所完成的工作主要可以分为三个阶段，即数据链路层所处的三种状态：链路建立、信息传输和链路断开。为了保证数据链路层的正常工作，X.25定义了一些系统参数和变量，常用的有以下六个。

(1) $N(S)$：发送序号，只包含在信息帧中，用来表示该信息帧的编号。

(2) $N(R)$：接收序号，包含在信息帧和监控帧中，用来通知对端本端希望接收的下一个信息帧的编号。

(3) $V(S)$：发送变量，存在于通信实体(DTE或DCE)中，用来保存下一个发送的信息帧的编号。

(4) $V(R)$：接收变量，存存于通信实体(DTE或DCE)中，用来保存希望接收的下一个信息帧的编号。

（5）K：允许未证实的最大帧数，也就是通常所说的最大窗口数。

（6）T：时钟，又叫做定时器。在 HDLC 中，发送端在发送命令帧时要启动定时器。如果定时器超时后还没有收到对端的响应，发送端将根据发送命令帧的类型采取相应的措施。

下面分别介绍数据链路层各个阶段的操作规程及工作原理。

（1）链路建立

DTE 和 DCE 都可以首先发起链路的建立过程，但通常都由 DTE 先发起建链请求。DCE 可以通过主动发送一个 DM 帧要求 DTE 启动链路的建立过程。

DTE 通过发送 SABM（模 8 工作方式）或 SABME（模 128 工作方式）来启动链路的建立过程。DCE 在接收到正确的 SABM 或 SABME 之后判断能否进入信息传输阶段，如果能进入则发送 UA 帧响应，同时把 $V(R)$和 $V(S)$置"0"，DCE 进入数据传输阶段。DTE 收到 UA 帧，把 $V(R)$和 $V(S)$置"0"，DTE 进入数据传输阶段，此时就可以进行数据的传输，如图 5.11 所示。如果 DCE 不能进入信息传输阶段，则发送 DM 帧，表示链路不能建立。

（2）信息传输

信息传输阶段的任务是保证 DCE 和 DTE 之间信息的正确传输。为此，X.25 采用了帧的顺序编号及证实机制、超时重发机制等控制手段来达到这一目的。在数据传输阶段，只有信息帧（I 帧）和监控帧（S 帧）在 DTE 和 DCE 之间交互。

LAPB 的证实机制使用的是滑动窗口证实机制。滑动窗口的大小由参数 K 决定，表示 DTE 或者 DCE 可以发送的未证实顺序编号的 I 帧的个数。I 帧和 S 帧的控制字段都包含接收序号 $N(R)$，表示已经正确接收到 $N(R)-1$ 及之前的所有 I 帧，因此可以用 I 帧和 S 帧对收到的 I 帧进行确认。

为了提高传输效率，可以在连续收到多个 I 帧后，对序号正确的多个 I 帧进行一次确认，确认帧的 $N(R)$等于正确接收的最后一个帧的 $N(S)+1$。确认帧的选择要根据接收方当前的状态决定。如果接收方可以接收新的 I 帧，而且有 I 帧发送，则一般用 I 帧作捎带确认，如果没有 I 帧发送，就用 RR 帧确认；如果接收方处于"忙"状态，即不能接收新的 I 帧，就通过发送 RNR 帧进行确认，直到接收方可以接收新的 I 帧，通过发送 RR 帧通知对方可以发送新的 I 帧。

采用这种证实机制除了提高信息的传输效率，保证信息的正确传输之外，接收方还可以通过发送 RNR 帧来要求发送方暂停发送 I 帧，达到了流量控制的目的。

信息传输过程中，可能由于线路原因造成 I 帧或者确认帧的丢失，这样发送方会一直得不到响应帧，也就无法发送新的 I 帧，导致通信的中断。为此，LAPB 采用了超时重发机制来解决这一问题。发送方在发送了一个 I 帧之后，启动定时器，在定时器超时之后还没有收到确认帧，就重新发送该 I 帧。

图 5.11 中的信息传输阶段说明了帧的证实过程和超时重发机制，假设图中的滑动窗口大小为 3。

(3) 链路断开

DTE 通过向 DCE 发送 DISC 命令帧要求断开链路，如果 DCE 原来处于信息传输阶段，DCE 通过发送 UA 完成链路的断开；如果 DCE 原来处于断开阶段，则利用 DM 完成链路的断开过程，如图 5.11 所示。

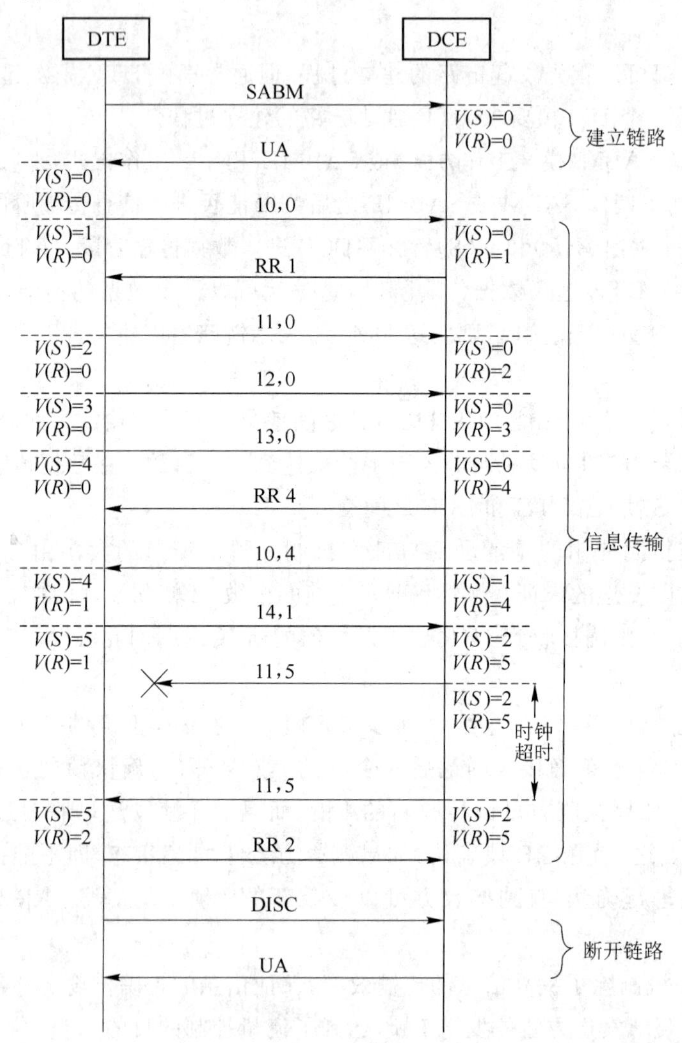

图 5.11　数据链路层的工作原理

(4) 意外情况及恢复

在帧传输的过程中，可能会出现各种意外情况，比如说在传输的过程中帧的结构被破坏或者帧被丢失。这些情况的出现会使通信无法继续正常进行，所以 X.25 的链路层规定了一系列差错恢复程序，根据差错的类型启动相应的恢复程序。

可能出现的意外情况有很多种，下面介绍在实际应用中比较常见的两种情况。

① 发送序号 $N(S)$错误

当收到的I帧的 $N(S)$不等于当前的 $V(R)$值时，就是检查到了 $N(S)$序号错误。出现这种情况，有两种恢复策略供选择：一是直接将该帧丢弃，不做任何响应，直到接收到I帧的 $N(S)$等于 $V(R)$为止，这将导致发送方的发送定时器超时而启动重发过程；二是接收方主动发送REJ帧主动要求对方启动重发过程。REJ帧的 $N(R)$等于当前的 $V(R)$，要求对方重新开始发送序号等于 $N(R)$的I帧及随后I帧。发送序号 $N(S)$错误的恢复过程如图5.12所示。

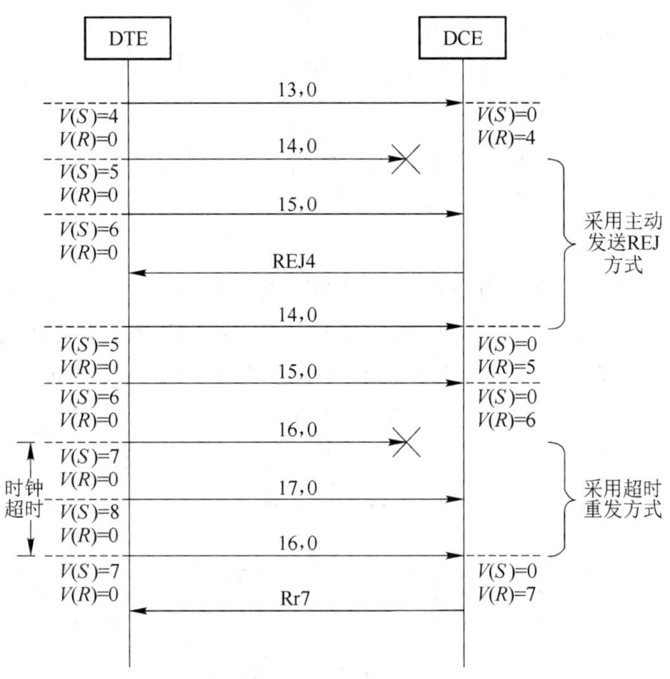

图5.12　发送序号 $N(S)$错误的恢复过程

② 收到无效的帧

无效的帧包括：控制字段未定义的命令帧或响应帧、信息字段超过最大长度的I帧、带信息字段的或者长度不正确的S帧和U帧、$N(R)$不正确的帧。

接收到无效帧的恢复过程是通过发送FRMR帧来实现的。如果DCE接收到无效帧，就向DTE发送FRMR帧，然后DTE发送SABM帧将链路复位，DCE用UA帧响应，如图5.13所示。

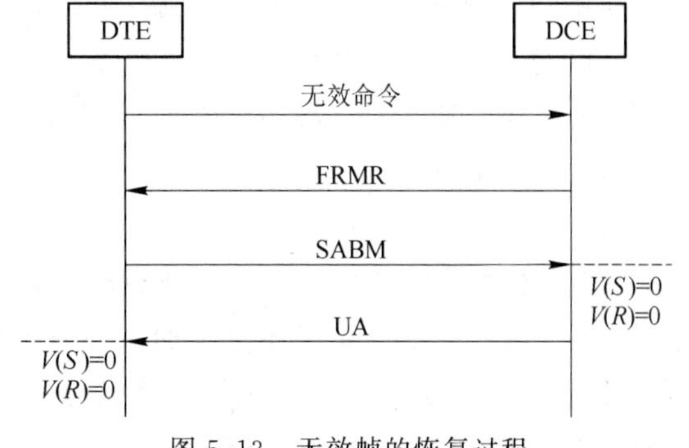

图5.13　无效帧的恢复过程

前面介绍过，在DTE和DCE之间不仅

存在单链路而且还有多链路，多链路可看作是在接口上由多条单链路组成的一条逻辑的双向链路。这样就存在着多个单链路层和单个分组层的接口问题，为此，X.25 协议在多个单链路层和单个分组层中间加入了多链路层(MLP)来解决这一问题。多链路层的基本操作和单链路层相似，但层间通信的方法有差异，这里不再赘述。

5.3.4 X.25 分组层

X.25 分组层是利用数据链路层提供的可靠传送服务，在 DTE 与 DCE 接口之间控制虚呼叫分组数据通信的协议。其主要功能有：

(1) 支持交换虚电路(SVC)和永久虚电路(PVC)；

(2) 建立和清除交换虚电路连接；

(3) 为交换虚电路和永久虚电路连接提供有效可靠的分组传输；

(4) 监测和恢复分组层的差错。

1. 分组的类型与结构

分组层传送信息的最小单位为分组。分组的种类有多种，但主要分为两大类：一类是数据分组，即真正承载用户信息的分组；另一类是控制分组，用于虚呼叫连接的建立、清除和恢复。数据链路层通过 I 帧承载分组信息，不管何种类型的分组均放在 I 帧的信息字段中，每一个 I 帧包含一个分组。分组与 I 帧的关系如图 5.14 所示。

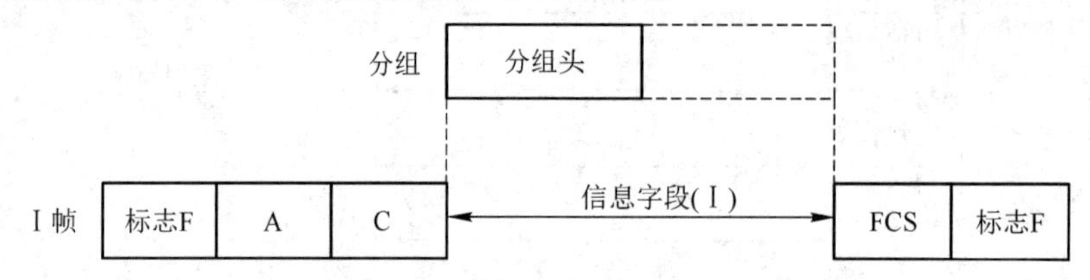

图 5.14 分组与 I 帧的关系

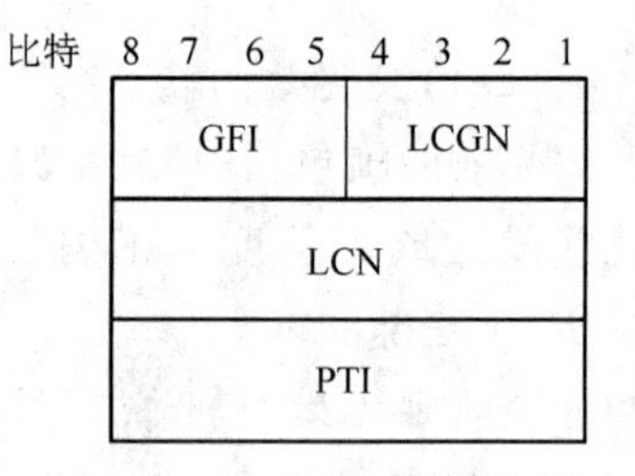

图 5.15 分组头格式

分组是由分组头和分组数据组成。分组头的格式如图 5.15 所示。分组头含有 3 个字段，共 3 个字节。这 3 个字段分别为：通用格式识别符(GFI：generic format identifier)、逻辑信道群号和逻辑信道号(LCGN + LCN：logic channel group number+ logic channel numbet)、分组类型识别符(PTI：packet type identifier)。

(1) GFI

GFI 由分组头的第一个字节的 5～8 位组成，共 4 bit，其格式如图 5.16 所示。它定义了分组的一些通用功能，Q bit 用来区分分组是用户数据($Q=0$)还是控制信息($Q=1$)，D bit 用来标识数据分组是 DTE 到 DCE 的本地确认($D=0$)还是 DTE 到 DTE 的端到端确认($D=1$)，SS bit 用来表示分组的顺序编号是模 8 方式($SS=01$)还是模

128 方式（SS=10）。

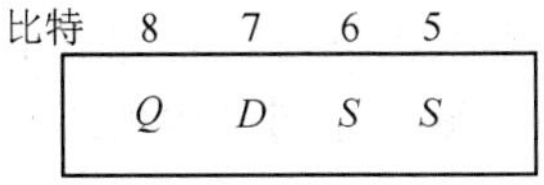

比特	8	7	6	5
	Q	D	S	S

图 5.16　GFI 格式

（2）LCGN+LCN

X.25 采用统计时分复用的方式共享 DTE-DCE 之间的接口带宽，因此可以把该接口划分成多个逻辑信道。LCGN+LCN 就是用来区分这些逻辑信道的，共 12 bit，可以提供 4 095 个逻辑信道号（1～4 095，“0”被保留用作特殊用途）。

（3）PTI

分组类型识别符为 8 bit，用于识别不同的分组。分组可以划分成两大类：数据分组和控制分组（流量控制分组和其他控制分组），如表 5.5 所示。

表 5.5　分组的分类

<table>
<tr><th colspan="3" rowspan="2">分 组 类 型</th><th rowspan="2">从 DCE 到 DTE</th><th rowspan="2">从 DTE 到 DCE</th><th colspan="8">PTI</th></tr>
<tr><th>8</th><th>7</th><th>6</th><th>5</th><th>4</th><th>3</th><th>2</th><th>1</th></tr>
<tr><td colspan="3">数 据 分 组</td><td>DCE 数据</td><td>DTE 数据</td><td>x</td><td>x</td><td>x</td><td>x</td><td>x</td><td>x</td><td>x</td><td>0</td></tr>
<tr><td rowspan="19">控制分组</td><td colspan="2" rowspan="3">流量控制分组</td><td>DCE RR</td><td>DTE RR</td><td>x</td><td>x</td><td>x</td><td>0</td><td>0</td><td>0</td><td>0</td><td>1</td></tr>
<tr><td>DCE RNR</td><td>DTE RNR</td><td>x</td><td>x</td><td>x</td><td>0</td><td>0</td><td>1</td><td>0</td><td>1</td></tr>
<tr><td></td><td>DTE REJ</td><td>x</td><td>x</td><td>x</td><td>0</td><td>1</td><td>0</td><td>0</td><td>1</td></tr>
<tr><td rowspan="16">其他控制分组</td><td rowspan="2">呼叫建立分组</td><td>入呼叫</td><td>呼叫请求</td><td>0</td><td>0</td><td>0</td><td>0</td><td>1</td><td>0</td><td>1</td><td>1</td></tr>
<tr><td>呼叫连接</td><td>呼叫接收</td><td>0</td><td>0</td><td>0</td><td>0</td><td>1</td><td>1</td><td>1</td><td>1</td></tr>
<tr><td rowspan="4">传输控制分组</td><td>DCE 中断</td><td>DTE 中断</td><td>0</td><td>0</td><td>1</td><td>0</td><td>0</td><td>0</td><td>1</td><td>1</td></tr>
<tr><td>DCE 中断证实</td><td>DTE 中断证实</td><td>0</td><td>0</td><td>1</td><td>0</td><td>0</td><td>1</td><td>1</td><td>1</td></tr>
<tr><td></td><td>登记请求</td><td>1</td><td>1</td><td>1</td><td>1</td><td>0</td><td>0</td><td>1</td><td>1</td></tr>
<tr><td>登记证实</td><td></td><td>1</td><td>1</td><td>1</td><td>1</td><td>0</td><td>1</td><td>1</td><td>1</td></tr>
<tr><td rowspan="2">呼叫清除分组</td><td>清除指示</td><td>清除请求</td><td>0</td><td>0</td><td>0</td><td>1</td><td>0</td><td>0</td><td>1</td><td>1</td></tr>
<tr><td>DCE 清除证实</td><td>DTE 清除证实</td><td>0</td><td>0</td><td>0</td><td>1</td><td>0</td><td>1</td><td>1</td><td>1</td></tr>
<tr><td rowspan="5">恢 复 分 组</td><td>复位指示</td><td>复位请求</td><td>0</td><td>0</td><td>0</td><td>1</td><td>1</td><td>0</td><td>1</td><td>1</td></tr>
<tr><td>DCE 复位证实</td><td>DTE 复位证实</td><td>0</td><td>0</td><td>0</td><td>1</td><td>1</td><td>1</td><td>1</td><td>1</td></tr>
<tr><td>重启指示</td><td>重启请求</td><td>1</td><td>1</td><td>1</td><td>1</td><td>1</td><td>0</td><td>1</td><td>1</td></tr>
<tr><td>DCE 重启证实</td><td>DTE 重启证实</td><td>1</td><td>1</td><td>1</td><td>1</td><td>1</td><td>1</td><td>1</td><td>1</td></tr>
<tr><td>诊断</td><td></td><td>1</td><td>1</td><td>1</td><td>1</td><td>0</td><td>0</td><td>0</td><td>1</td></tr>
</table>

8	7	6	5	4	3	2	1
$P(R)$			M	$P(S)$			0

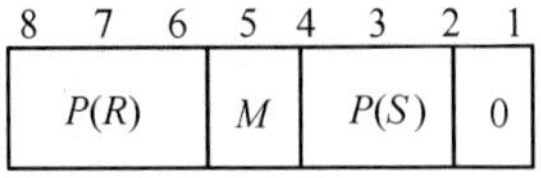

图 5.17　数据分组的 PTI

数据分组用于传送用户数据。数据分组的 PTI 应包含发送分组序号 $P(S)$ 和接收分组序号 $P(R)$，以便于分组层的流量控制和重发纠错，其 PTI 的结构如图 5.17 所示，其中 M bit 为后续数据比特，用于用户报文分段，$M=1$ 表示该数据分组之后还有属于同一报文的分组，$M=0$表示该数据分组是报文的最后一个分组。

流量控制分组的作用类似于数据链路层的监控帧，包含接收分组序号 $P(R)$(GFI 的 6～8 位)。

其他控制分组用于呼叫的建立、清除，差错恢复等。

2. 分组层工作原理

分组传送方式采用的是统计时分复用，它将一条逻辑链路按照动态时分复用的方法划分成多个逻辑信道，允许多个通信同时使用一条逻辑链路，实现了资源共享。用逻辑信道号 LCN 标志每一个逻辑信道，LCN 只在 DTE 与 DCE 接口或中继线上的点到点之间有效，即在 DTE 与 DCE 接口或中继线上的每段线路上，逻辑信道号是独立分配的。虚电路是端到端之间建立的虚连接，是由多个逻辑信道串接而成的。X. 25 分组层协议就是关于 DTE 与 DCE 接口之间虚呼叫分组数据通信的协议。分组层所要完成的功能就是在 DTE 与 DCE 接口之间建立虚电路连接，传输分组信息以及在通信结束时清除虚电路连接，这里所说的建立和清除虚电路连接是指交换虚电路，对于永久虚电路则仅有数据传输阶段。为了保证分组层的正常工作，X. 25 定义了主要系统参数和变量。

- $P(S)$：发送分组号
- $P(R)$：接收分组号
- 发送窗口：可以发送的未确认的最大分组数
- 发送计时器：与数据链路层的 T 功能一致

下面分别介绍分组层各个阶段的操作规程及工作原理。

(1) 呼叫建立

一次成功的呼叫建立过程如图 5.18 所示。主叫 DTE 通过发送“呼叫请求”分组请求建立虚电路。本地 DCE 把分组转换成网络协议规定的格式后发送到远端 DCE，然后由远端 DCE 将其转换成“入呼叫”分组发给被叫 DTE。如果被叫 DTE 同意建立该虚电路，则发送“呼叫接收”分组，由远端 DCE 转换成网络协议规定的分组格式向本地 DCE 发送，再由本地 DCE 转换成“呼叫连接”分组送到主叫 DTE，表示虚电路已经建立，进入数据传输阶段。这时就可以在主被叫 DTE 之间进行数据交互。

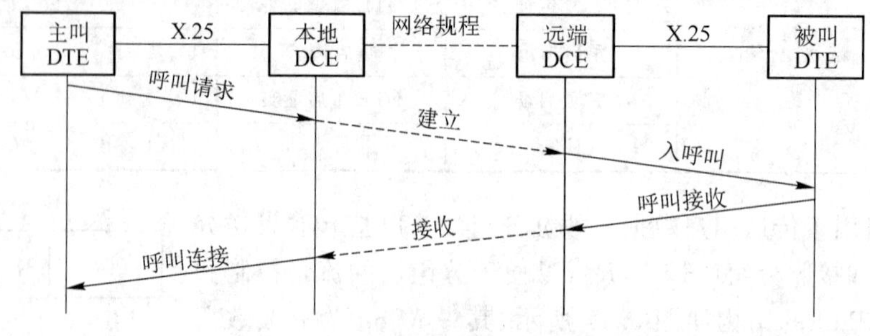

图 5.18 呼叫建立过程

这里要强调的是，DTE-DCE 接口上同。一虚电路双向交互分组所使用的 LCN 是相同的。为避免 DTE 和 DCE 在分配 LCN 时发生冲突，X.25 分组层协议规定 DTE 从大到小分配 LCN，DCE 从小到大分配 LCN。如果发生冲突，则 DTE 分配优先。

如果被叫 DTE 不同意接收该呼叫则发送“清除请求”分组，经过远端 DCE 和本地 DCE 的转换后向主叫 DTE 发送“清除指示”分组，主叫 DTE 发送“清除证实”给本地 DCE，再传送给被叫 DTE，如图 5.19 所示。

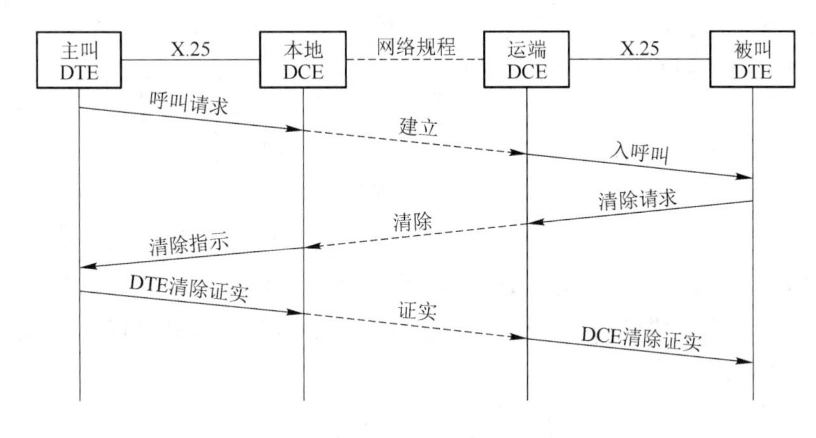

图 5.19　呼叫拒绝

（2）数据传输

X.25 分组层的数据传输和链路层的信息传输非常相似。数据分组相当于链路层的信息帧，流量控制分组相当于监控帧，$P(S)$相当于 $N(S)$，而 $P(R)$相当于 $N(R)$。分组层也采用了分组的顺序编号、确认机制和超时重发等控制机制。确认机制也是采用了滑动窗口机制。同样，采用滑动窗口机制也实现了流量控制的目的。

需要注意的是，链路层和分组层之间还有以下不同之处。

① 数据链路层帧的编号及确认是在一条链路上进行的，分组层分组的编号及确认是在一条虚电路上进行的。一条链路上可以同时存在多条虚电路，也就是说在一个链路层可以同时提供多个分组层窗口的服务。帧的编号与分组的编号之间没有关系。

② 链路层帧的确认是在 DTE 和 DCE 之间进行的，按照流量控制的类型分属于点到点的流量控制。而分组层分组的确认既可以在 DTE 和 DCE 之间进行，也可以在主叫 DTE 和被叫 DTE 之间进行，即具有点到点和端到端的流量控制。分组层确认方式的选择可由分组头中的通用格式标识符 D bit 的不同取值来实现。

（3）呼叫清除

呼叫清除过程可以由任何一端的 DTE 发起，也可以由网络发起。呼叫清除过程将释放所有与该呼叫有关的网络资源，被该虚电路占用的逻辑信道将恢复到“准备好”状态。

图 5.20 表示了由主叫 DTE 发起的呼叫清除过程。主叫 DTE 发送“清除请求”，该分组通

过网络到达远端 DCE,远端 DCE 向被叫 DTE 发送“清除指示”,被叫 DTE 用“清除证实”回应,该分组被送达主叫 DTE。

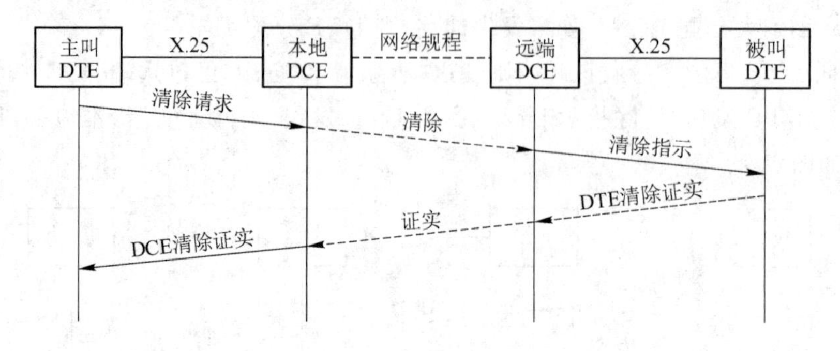

图 5.20 呼叫清除过程

(4) 分组层恢复过程

恢复过程用于处理在呼叫建立和数据传输阶段所发生的异常情况。恢复过程包括:复位(reset)、重启(restart)、诊断(diagnostic)以及清除(clear)过程。清除过程前面已经介绍,这里主要介绍前三种恢复过程。

① 复位过程

复位过程一般是在虚电路上出现了严重差错的情况下使用的,该过程使虚呼叫或者永久虚电路复原为初始状态,此时 $P(S)$ 和 $P(R)$ 均为 0。

图 5.21(a)所示的是由 DTE 发起的复位过程。本地 DTE 发送“复位请求”分组到达本地 DCE,该复位请求通过网络发送到远端 DCE,由远端 DCE 发送“复位指示”分组给远端 DTE,远端 DTE 通过发送“复位证实”分组表示接受复位请求,“复位证实”通过网络传到本地 DCE,本地 DCE 向本地 DTE 发送“复位证实”。图 5.21(b)表示了由 DCE 发起的复位过程。

② 重启过程

当 DTE 和网络出现故障的情况下,通过重启过程将 DTE 与 DCE 接口上的所有交换虚电路清除,并复位该接口上的所有永久虚电路。

重启过程如图 5.22 所示。本地 DTE 通过向本地 DCE 发送“重启请求”分组开始重启过程。网络向所有虚呼叫的远端 DTE 发送“清除指示”分组,向所有永久虚电路的远端 DTE 发送“复位指示”。本地 DCE 在收到所有的“清除证实”和“复位证实”之后向本地 DTE 发送“重启证实”分组。

③ 诊断

当 DCE 接收到错误的分组,例如分组长度小于三个字节、不正确的通用格式识别符(GFI)等,DCE 将它们丢弃,并向 DTE 发送“诊断”分组,该分组含有诊断码,用于指示差错信息。DTE 不对“诊断”进行证实,而 DCE 仍保持发送“诊断”分组之前的原状态。

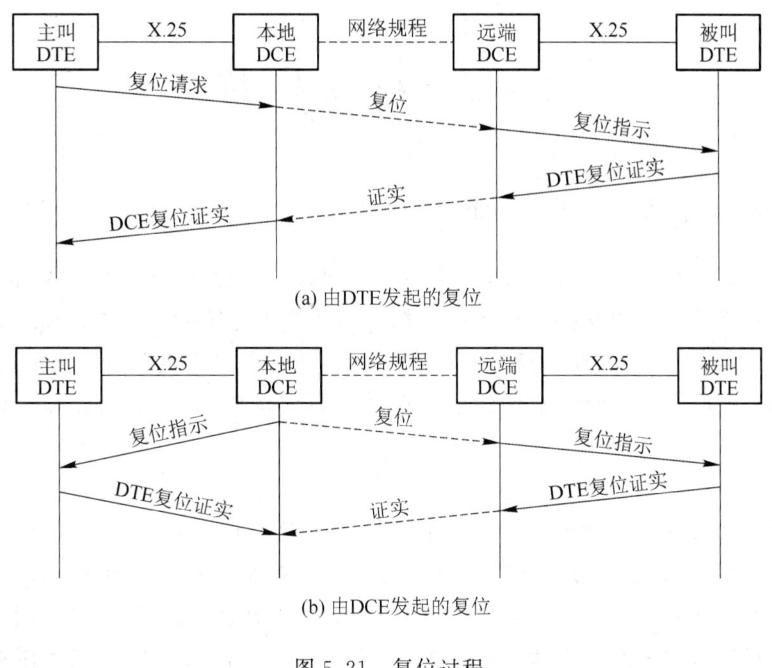

图 5.21 复位过程

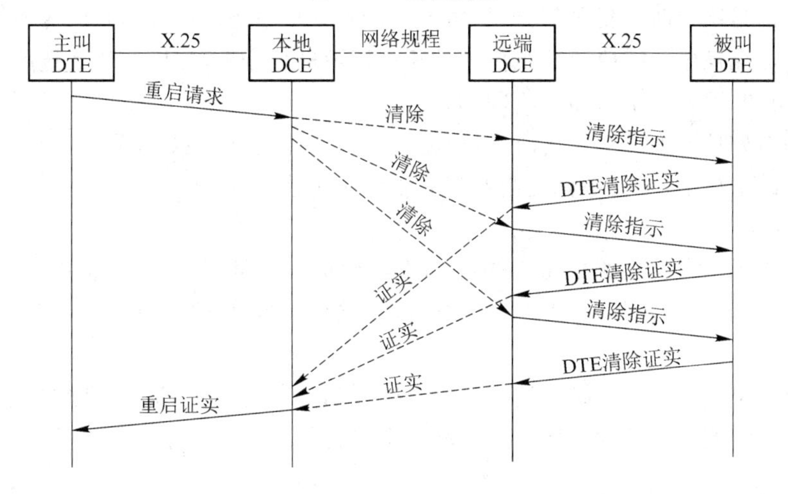

图 5.22 重启过程

X.25 向用户提供的业务功能分为两大类：基本业务功能和可选业务功能。基本业务功能包括交换虚电路(SVC)和永久虚电路(PVC)两种。可选业务功能是根据用户的要求提供的功能。X.25 提供的用户可选业务功能很多，主要包括非标准窗口大小协商、非标准分组长度协商、反向计费、网络用户识别(NUI)、呼叫重定向等。

5.4 分组交换机

5.4.1 分组交换机的基本结构

分组交换网的交换设备多种多样,结构各不相同,但一般都包含三个基本部分:交换单元、接口单元和控制单元。分组交换机的体系结构与第1章中介绍的一般电信交换系统的体系结构是一致的,与不同类型的交换系统相比,如电路交换机,它们的体系结构基本相同,都是由交换单元、接口单元和控制单元组成的,但各个单元的具体构成、完成的功能和工作原理是有差异的。

(1) 交换单元

分组交换机的交换单元所完成的功能也就是交换单元的基本功能,即将信息从某个输入端口送到某个输出端口,但是分组交换的特性决定了分组交换机的交换单元的处理过程与电路交换机的交换单元相比存在着明显的差异。首先,由于分组交换数据的突发性,在交换单元的输入端口和输出端口可能存在着消息队列,所以交换单元需要对信息进行缓冲存储;其次,分组交换采用的是统计时分复用的方式,由于统计时分复用是通过标志来区分所属用户的,所以分组交换机的交换单元需要对分组头中的相应标识进行分析,并以此作为选路的依据,这与电路交换机根据时隙来决定选路是不同的。

一般来说对处理速度要求不高时,可以使用计算机来完成交换单元的功能。只有在交换单元容量太大的情况下,才会考虑使用专门的硬件交换单元。

(2) 接口单元

接口单元包括用户侧线路的接口单元和中继侧线路的接口单元。其完成的主要功能包括:用户侧接入的监视和控制、分组的组合与分解、差错控制、传输控制等。

(3) 控制单元

控制单元用于完成整个系统的控制工作,其功能包括:呼叫处理、流量控制、路由选择、系统配置与管理等。控制单元的功能一般由软件来完成。

5.4.2 分组交换机的性能指标

分组交换机的主要性能指标有:

(1) 吞吐量。以交换机每秒能交换的分组数来表示(在给出该指标时,一般应标注所交换的分组长度)。根据吞吐量的大小,分组交换机可分为:低速分组交换机(小于50个分组/s)、中速分组交换机(50~500个分组/s)和高速分组交换机(大于500个分组/s)。

(2) 平均分组处理时延。其是指从输入端口至输出端口传送一个数据分组所需要的平均处理时间。

(3) 虚呼叫处理能力。其是指单位时间内能够处理的虚呼叫次数。

此外分组交换机的端口数、路由数、链路速率、提供用户可选补充业务的能力、提供非标准接口的能力以及可靠性等也是经常要考虑的性能指标。

5.4.3 DPN-100 分组交换机

DPN-100 是由加拿大北方电讯公司生产的分组交换机,我国的公用分组交换网(CHINA-PAC)的交换节点使用的就是这一型号的交换机。

DPN-100 分组交换机采用模块化结构,其基本模块有:接入模块(AM:access module)和资源模块(RM:resource module)。AM 提供不同规程的用户接入和数据交换服务,RM 提供交换控制和路由选择功能。一个交换机的 RM 与另一个交换机的 RM 之间的连线称为中继线(trunk),其速率可达 2.048 Mbit/s;RM 与 AM 之间以及 AM 与 AM 之间的连线称为链路(link),其速率可达 256 kbit/s;AM 与用户之间的连线称为用户线(line),其速率可达 64 kbit/s。图 5.23 是 DPN-100 分组交换机的模块化结构,其基本结构如图 5.23(a)所示。对于大容量的 DPN-100 分组交换机,除了 RM 和 AM 两个基本模块之外,还配置有中继线模块(TM:trunk module)、网络链接模块(NLM:networks link module)和高速数据总线模块 DMS,以提高吞吐量,如图 5.23(b)所示。

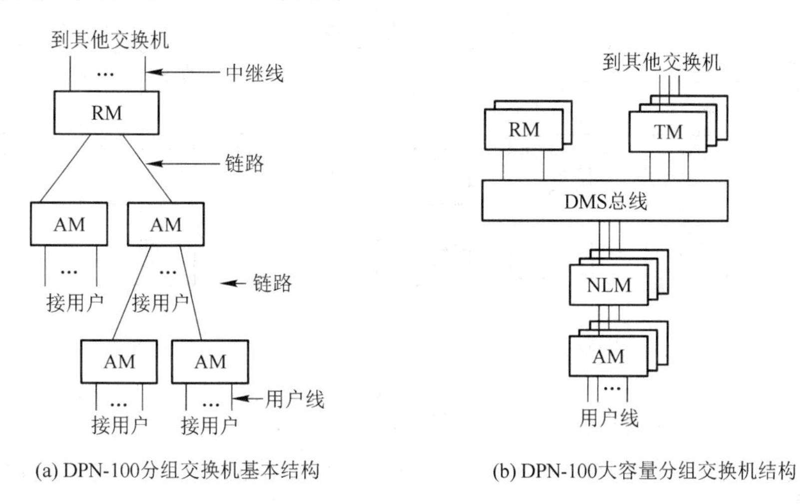

(a) DPN-100分组交换机基本结构　　(b) DPN-100大容量分组交换机结构

图 5.23　DPN-100 分组交换机模块化结构

AM 和 RM 的硬件结构相似,分别如图 5.24 和图 5.25 所示。AM 和 RM 包括相同的公共部件:公共存储器(CM)、双总线、处理器单元(PE)、外设接口(PI)。

CM 用来完成各处理器单元间的通信,还负责管理各 PE 要求使用总线而引起的竞争。每个模块必须包含两个 CM,其中之一用于热备份。

PE 提供模块的处理功能,通过加载不同的软件实现不同的功能,主要包括管理处理器单元(OPE)、服务处理器单元(SPE)、用户接入处理器单元和中继电路处理器单元等。管理处理器单元负责将软件和数据装入模块,提供相应的路由信息和网络管理系统接口。服务处理器单元用于提供网络服务,主要包括源呼叫路由、目的呼叫路由、呼叫重定向、网络用户识别等功能。用户接入处理器单元提供用户设备访问交换机的功能,根据加载的软件可以支持不同的接口规程,如 X.25 规程或其他的接入规程。中继电路处理器单元处理交换机内各模块之间或交换机之间的连接。

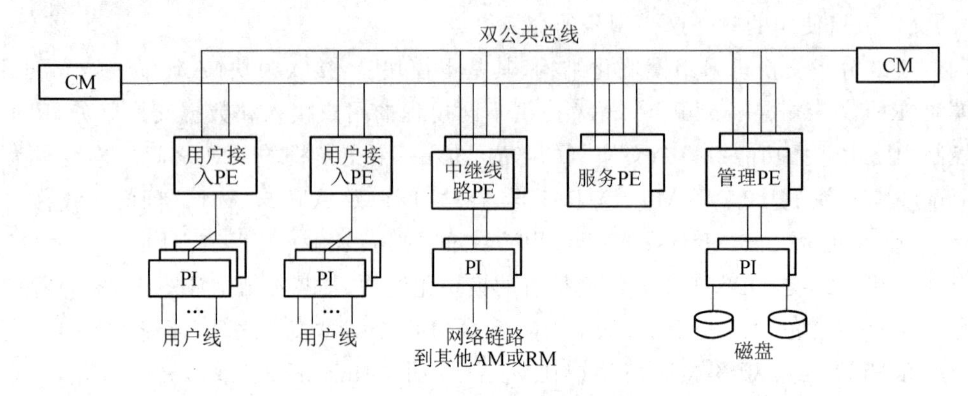

图 5.24　AM 模块逻辑结构

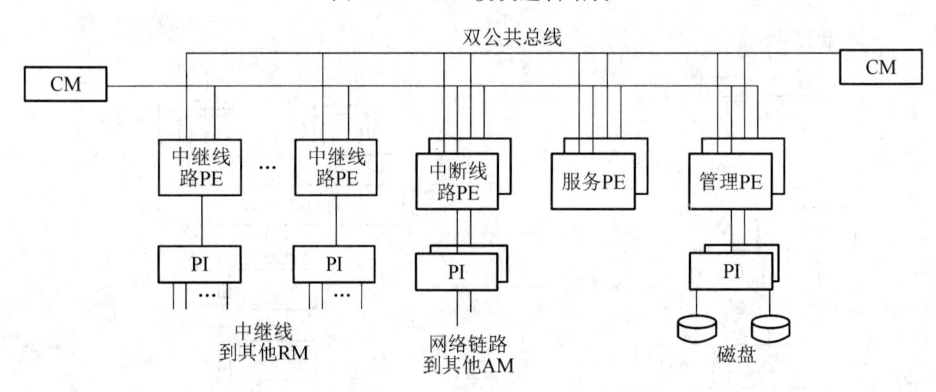

图 5.25　RM 模块逻辑结构

PI 提供接入模块的物理端口,所有出入 AM 和 RM 的数据都必须经过 PI,但 PI 不进行任何信息处理,而是直接把信息送给 PE 进行处理。

根据上面对各个部件功能的介绍,不难发现,它们与分组交换机的基本结构是一致的,CM 完成的是交换单元的功能,OPE 和 SPE 完成的是控制单元的功能,而用户接入处理单元或中继电路处理器单元和 PI 则扮演的是接口单元的角色。

5.5 分组交换网

5.5.1 分组交换网的构成

分组交换网主要由分组交换机、用户终端设备(DTE)、分组装拆设备(PAD)、远程集中器(RCU:remote collecting unit)、网络管理中心(NMC:network management center)和传输线路设备等构成,如图5.26所示。

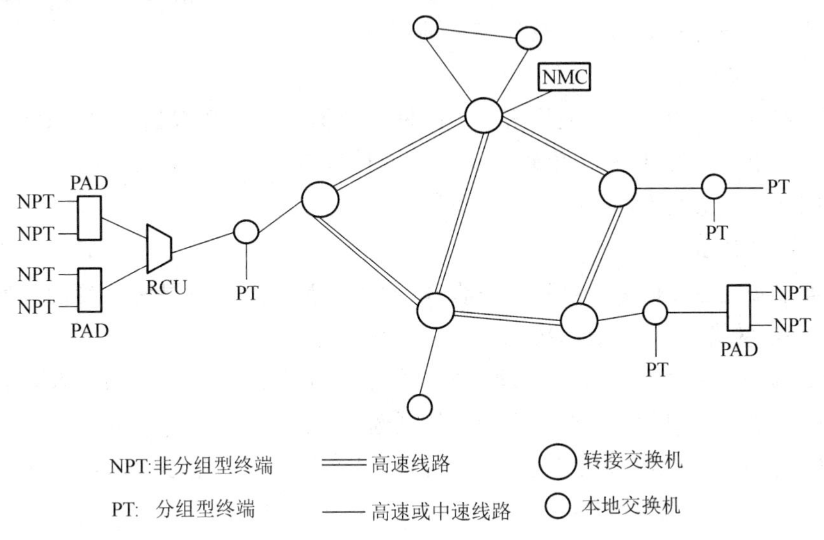

图5.26 分组交换网的基本构成

(1) 分组交换机

分组交换机是构成分组交换网的核心设备,根据分组交换机在网络中所处的位置,可将其分为汇接交换机和本地交换机。汇接交换机负责交换机之间的交互,其所有的端口都是中继端口,用于和其他交换机互连,主要提供路由选择和流量控制功能。本地交换机主要负责与用户终端的交互,其大部分端口都是用户终端接口,并具有中继端口与其他交换机互连,以及具有本地交换能力和简单的路由选择能力。无论何种交换机均具有以下主要功能:

- 支持网络的基本业务(虚电路、永久虚电路)和其他可选业务;
- 完成路由选择和流量控制;
- 完成X.25、X.75等多种协议的处理;
- 完成相应的运行维护管理、故障报告及诊断、计费及网络统计等功能。

(2) 用户终端设备

用户终端包括分组终端(PT)和非分组终端(NPT)。分组终端发送和接收的均是标准的分组,可以按照 X.25 协议直接与分组交换网进行交互。非分组终端是不能直接和 X.25 网交互的设备,它要通过分组装拆设备进行协议处理、数据格式转换、速率适配等操作才能接入到分组交换网。

(3) 分组装拆设备

PAD 完成非分组终端 NPT 接入分组网的协议转换,主要包括规程转换功能和数据集中功能。规程转换功能是指进行 NPT 的接口与 X.25 协议的相互转换工作。数据集中功能是指 PAD 可以将多个终端的数据流组成分组后,在 PAD 至交换机之间的中高速线路上复用,有效利用了传输线路,同时扩充了 NPT 接入的端口数。

(4) 远程集中器

远程集中器可以将距离分组交换机较远的低速数据终端的数据集中起来,通过一条较高速的电路送往分组交换机,以提高电路利用率。远程集中器包含了部分 PAD 的功能,可支持非分组型终端接入分组交换网。

(5) 网络管理中心

网络管理中心的主要任务是进行网络管理、网络监督和运行记录等。目的是使网络达到较高的性能,保证网络安全、有效和协调的运行。其主要功能如下:

- 网络的配置管理和用户注册管理。主要包括节点交换机的容量、线路速率和设备参数以及用户终端类型、基本业务、工作速率和其他可选业务。
- 全网信息的收集。收集的信息包括交换机、PAD 等基本业务情况以及线路和设备的故障、通信拥塞和分组大量丢失等。
- 路由选择管理。根据各交换机的统计信息变化和路由选择策略修改路由表。
- 对交换机等主要网络设备进行远程参数修改和软件更新。
- 网络监测、网络状态显示和故障告警。
- 网络安全管理。
- 计费管理。

(6) 传输线路

传输线路是进行数据传输的物理媒介,包括交换机间的中继传输线路和用户线路。

5.5.2 分组交换网的工作原理

分组交换网采用的是分组交换方式,其实质是存储转发。交换机连接的终端有两种:分组型终端和非分组型终端,分组型终端可以直接发送分组,非分组型终端送出的是报文,需要经过分组装拆设备对报文进行分组的装拆、速率的匹配、协议转换等,才能送交交换机处理。交换机将分组进行存储,然后根据包含在分组头中的控制信息及分组交换网的路由选择策略转发分组，来自不同通信的分组在网内以统计时分复用的方式被传送。分组被传送到目的交换机，如果目的终端是 NPT，则由 PAD 把分组恢复成原始报文；如果目的终端是 PT，则只需把分组按照顺序传送到该终端即可。分组交换很容易实现在不同速度和不同规程的终端间通信，而这在电路交换方式中是很困难的。分组交换网可提供虚电路和数据报交换方式，前面已做详述。图 5.27 所示为分组交换网的基本工作原理。

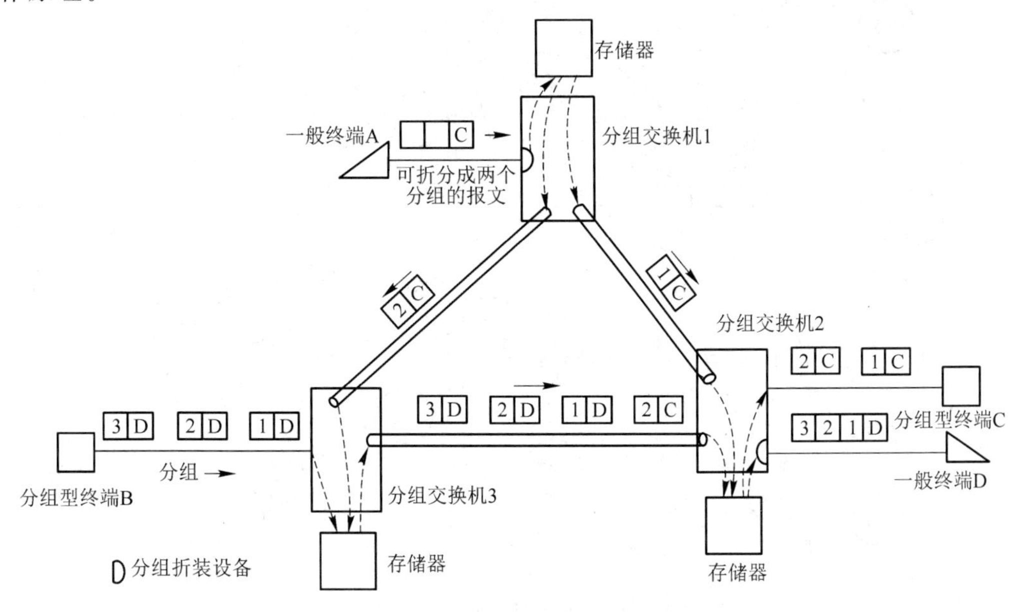

图 5.27　分组交换网的工作过程

5.5.3　中国公用分组交换网

我国组建的第一个公用分组交换网（CNPAC）是 1988 年从法国 SESA 公司引进的实验网，该实验网于 1989 年 11 月正式投入使用。由于该网络的覆盖面不大，端口数较少，无法满足日益增长的数据通信的需要，因此，当时的邮电部决定扩建我国的公用分组交换网。扩建后的公用分组数据交换网，采用加拿大北方电讯公司的设备，于 1993 年建成投入使用，该网络采用分级的网络结构，由骨干网和地区网两级构成。

骨干网使用加拿大北方电信公司的 DPN-100 分组交换机。由全国 31 个省市中心城市的交换中心组成。骨干网以北京为国际出入口局，上海为辅助国际出入口局，广州为港澳出入口局。以北京、上海、沈阳、武汉、成都、西安、广州及南京 8 个城市为汇接中心。汇接中心采用全网状结构，其他交换中心之间采用不完全网状结构。网内每个交换中心都有 2 个或 2 个以上不同汇接方向的中继电路，从而保证网路的可靠性。CHINAPAC 骨干网结构如图 5.28 所示。图中，各交换机之间采用内部规程，NMC 至网络采用 X.25 规程。

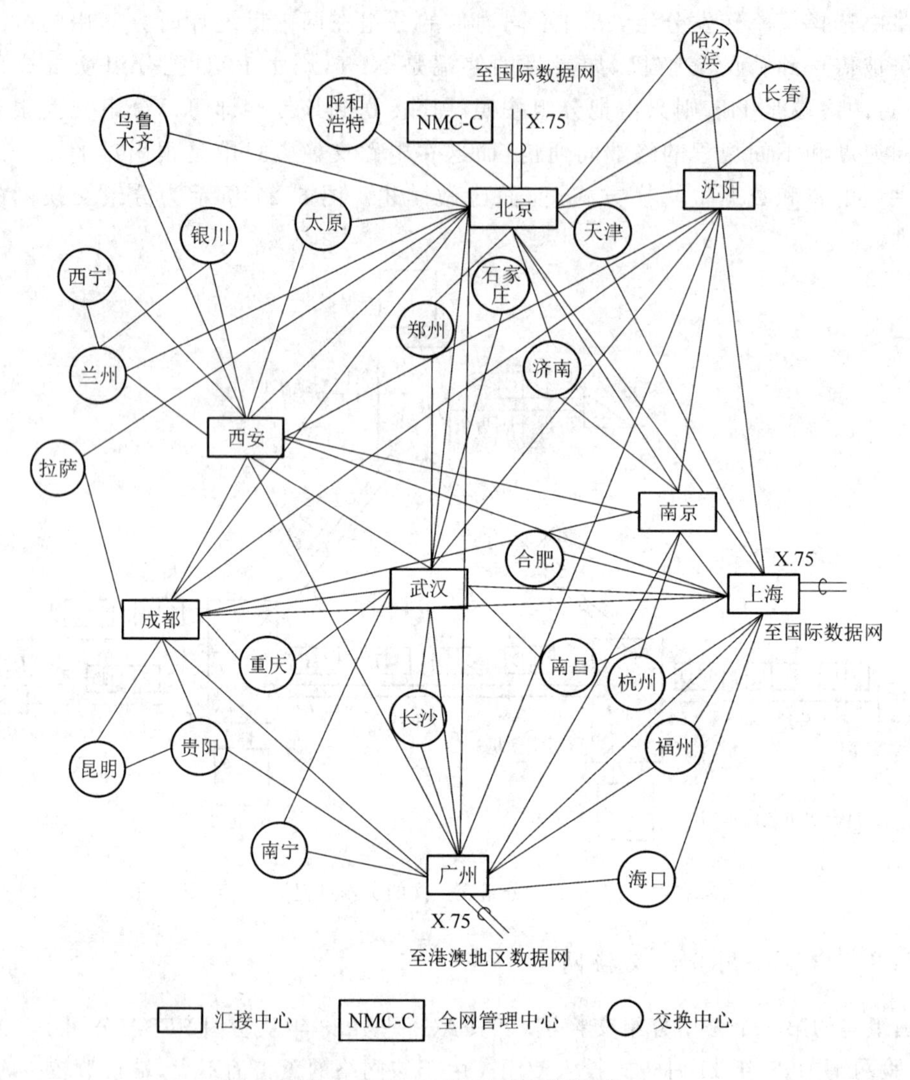

图 5.28 CHINAPAC 骨干网结构

地区网由各省、市地区内交换中心组成。各省、市骨干网交换中心与本省、市地区内各交换中心之间采用不完全网状连接,地区内每个交换中心可具有 2 个或 2 个以上不同方向的中继线。各地的本地分组交换网也已延伸到了地、市、县,并且与中国公众计算机互联网(CHINANET)、中国公用数字数据网(CHINADDN)、帧中继网(CHINAFRN)等网络互连,以达到资源共享、优势互补。

CHINAPAC 向用户提供的主要业务功能有基本业务功能、用户任选业务功能、新业务功能及增值业务功能等。其中:

- 基本业务功能包括交换虚电路和永久虚电路。

• 用户任选业务功能主要包括速率、分组长度、流量控制等参数的协商和选用、呼叫封阻、闭合用户群、反向计费及反向计费认可、计费信息显示、网络用户识别、呼叫转移、用户连选组、直接呼叫等。

• 新业务功能有广播传送和虚拟专用网等。

• 增值业务功能包括电子邮箱(E-mail)、电子数据互换(EDI)、可视图文(videotex)、传真存储转发(FAX S&F)等。

5.5.4 网络编号——X.121

ITU-T 制定了国际统一的分组交换网络的编号方案——X.121,以实现国际与国内公用分组交换网的互连通信,CHINAPAC 也采用 X.121 的编号方案。

国际统一的分组交换网络编号最大由 14 位十进制数构成,如图 5.29 所示。其中最前面的一位 P 为国际呼叫前缀,其值由各个国家决定,我国采用"0"。紧接着 4 位称为数据网络识别码(DNIC:data network identification code),DNIC 由 3 位数据国家代码(DCC:data country code)和 1 位网络代码组成。DCC 的第 1 位 Z 为区域号,世界划分为 6 个区域,编号为 2~7($Z=0$ 和 $Z=1$ 备用,$Z=8$ 和 $Z=9$ 分别用于同用户电报网和电话网的互连)。DCC 的第 2、3 位原则上用于区分区域内的国家。例如中国的 DCC 是"460"。有 10 个以上网络的国家可以分配 2 个以上的 DCC。DCC 之后的一位用于区分位于同一个国家内的多个网络。CHINAPAC 的 DNIC 为"4603"。

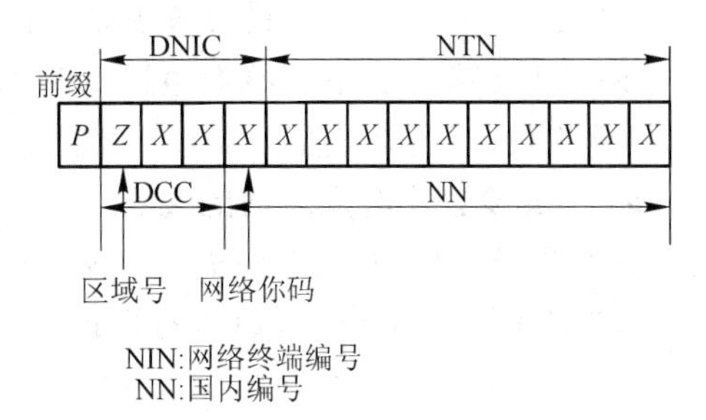

图 5.29 国际统一的分组交换网络编号

DNIC 之后为网络内部用户终端编号 NTN,其长度最大为 10 位,由网络管理部门自己决定,我国的公用分组交换网使用的是 8 位编号,后两位用于用户子地址编码。DNIC 的最后一位加上 NTN 称为国内编号 NN。

公用分组交换网的呼叫号码如下:

• 网内呼叫:NTN
• 国内网间呼叫:NN 或 P+DNIC+NTN
• 国际呼叫:P+DNIC+NTN
• 分组网呼叫电话网:P+9+电话号码
• 分组网呼叫用户电报网:P+8+用户电报编号

5.5.5 网间互连

1. 分组交换网之间的互连

分组交换网之间的互连是通过 X.75 协议来实现的。X.75 协议定义了分组交换网之间的接口标准。如图 5.30 所示，X.75 位于分组网的信号端接设备(STE：signaling terminal equipment)之间。

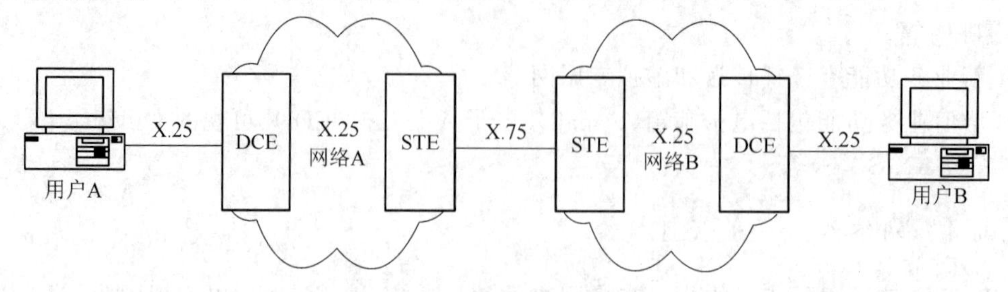

图 5.30　分组交换网之间的互连

实现分组交换网之间的互连要求各网都要使用 X.121 规定的网络编号方案。

STE 的主要功能是完成虚电路的建立和接续，包括呼叫信号的转接、路由选择、地址变换、链路规程、双边流量控制参数和吞吐量级别协商、逻辑信道号的变换、故障处理等。

2. 分组交换网与局域网的互连

局域网的通信距离较近，而分组网是广域网(WAN)，因此通过局域网与分组网之间的互连，可以完成局域网之间远距离的互通。

图 5.31 表示了局域网之间通过分组交换网互连的网络体系结构。图中所示的 IP 指的是网间互连协议，是一种通用的无连接协议。LLC 和 MAC 为局域网数据链路层的两个子层：逻辑链路控制子层(LLC)和媒体访问控制子层(MAC)。工作站 A 和工作站 B 使用相同的传输协议(TP)，工作站 A 将要发送的数据加上 TP 报头封装成数据报，然后加上含有工作站 B 的 IP 地址的 IP 头，再加上 LAN1 的局域网协议头，送到网关 1。该网关接收到 LAN1 的信息之后，去掉 LAN1 协议头，将 IP 数据报按 X.25 协议封装成分组，经 X.25 网络传送到网关 2，该网关将 X.25 分组恢复成 IP 数据报，按 LAN2 的局域网协议加上 LAN2 的协议信息，经 LAN2 送到工作站 B。

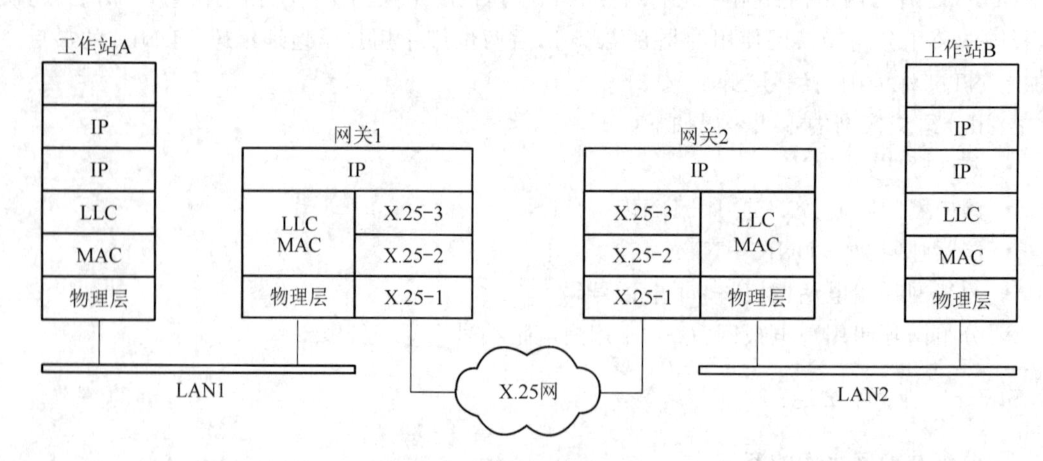

图 5.31　局域网通过分组网的互连

3. 分组交换网与电话网的互连

分组网的覆盖范围远没有电话网覆盖范围大,应用也不及电话网普及,在许多情况下,考虑到经济和方便,多数终端是经过电话网接入到分组网的。

电话网和分组网的编号方案、网内控制信令都不一样,因此电话网和分组网进行互连需要进行地址和信令转换,验证 DTE 身份号码、完成计费等功能。图 5.32 表示了 NPT 经电话网(PSTN)接入公用数据分组网(PSPDN)的网络结构及呼叫的建立过程。

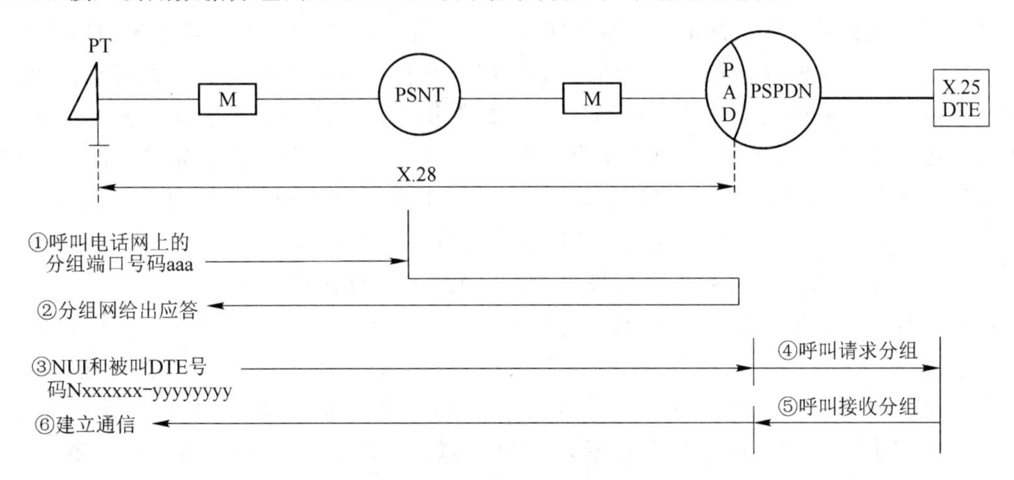

图 5.32　NPT 经电话网接入分组网示意图及呼叫建立过程

当电话网上的数据用户呼叫分组网的用户时,需要进行两次呼叫。

(1) 对连接在电话网上分组网的端口进行呼叫。该端口具有相应的电话号码,即电话网的 NPT 先要经过调制解调器(modem),通过电话网拨号呼叫网络装拆设备(PAD)。如果接通了,分组网会给 NPT 接通指示;如果未接通,NPT 会收到电话网送来的忙音。进行连接时 NPT 与 PAD 按照 X.28 建议的命令方式进行通信。

(2) 对被叫用户的呼叫。在完成上述第一阶段呼叫之后,即得到接通指示后,NPT 输入自己的 NUI(用于分组网识别电话网的用户终端的标志)和被叫 DTE 号码,经分组网验证和被叫 DTE 接收后,即完成 NPT 到被叫终端的呼叫建立。

图 5.33 表示了 PT 经电话网接入分组网的连接示意图。PT 经电话网接入分组网的过程与 NPT 经电话网接入分组网的过程类似,但应按照 X.32 建议标准进行操作。

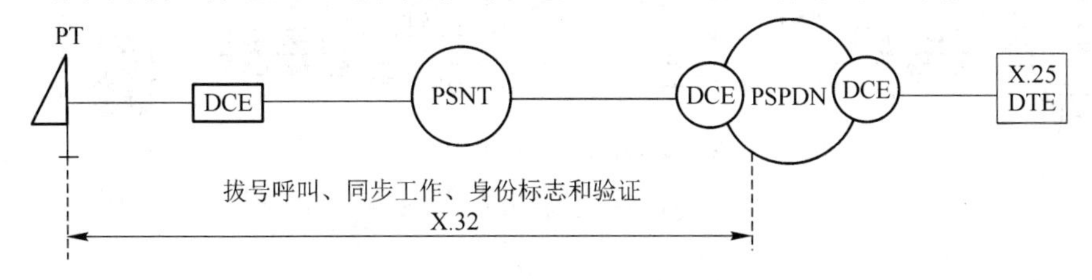

图 5.33　PT 经电话网接入分组网示意图

5.6 帧　中　继

5.6.1　帧中继技术的发展与应用

随着计算机技术和通信技术的不断发展和相互结合，快速数据通信的需求不断增长，网络的传输性能有了很大的改善和提高，此时人们迫切需要有一种新的通信技术，能够提供比传统分组交换技术更好的通信服务，以满足不断增长的数据通信的应用需求和网络传输性能的不断提高。在此背景下，20 世纪 80 年代初帧中继技术诞生了。帧中继技术为用户提供了快速的数据传输和优良的性能，它很容易在原有的 X.25 接口上进行软件升级来实现，不需要对 X.25 设备进行硬件上的改造，而且帧中继灵活的计费方式非常适合突发性的数据通信，并且可以动态分配带宽，所以帧中继技术在极短的时间里得到了快速的发展。

帧中继具有高速率、低时延、动态分配带宽的特点，其应用领域十分广泛，主要应用于文件传输、数据库检索、电子邮件、医疗和金融等领域。帧中继最典型的一种应用，也是应用最多的是用于局域网互连。局域网上常常会产生大量的突发数据，争用网络的带宽资源。帧中继技术采用动态带宽分配技术，当用户的信息传输量较小时，其空闲带宽可让给其他用户来传输突发数据。此外，在网络业务量很大甚至发生了拥塞的时候，帧中继可通过承诺的信息速率（CIR：committed information rate），按照用户信息的优先级和公平性原则，控制用户终端传送的信息量，丢弃超过 CIR 的帧，保证未超过 CIR 的帧可靠传输。这些特性使得帧中继技术特别适用于局域网的互连。图 5.34 为采用帧中继技术进行局域网互连的图示。

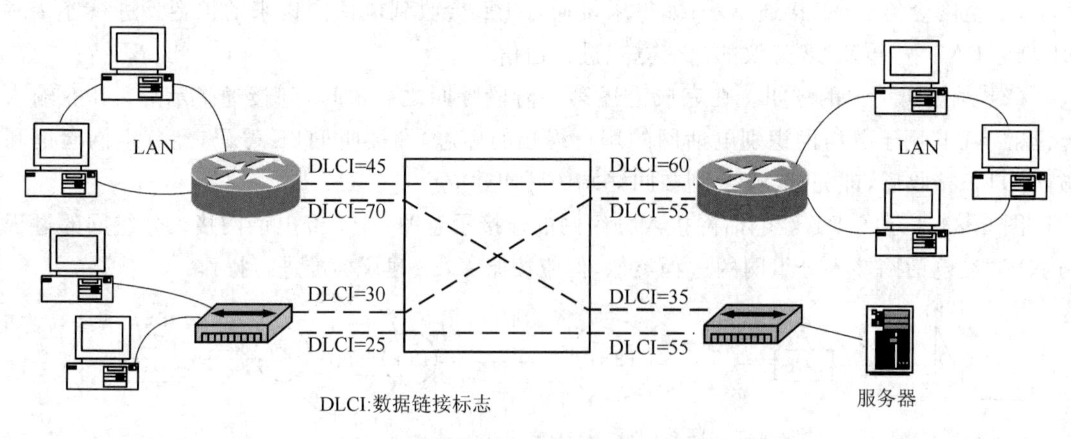

图 5.34　使用帧中继技术实现局域网互连

5.6.2 帧中继技术的特点

帧中继是在数据链路层上使用简化的方式传送和交换数据单元的一种技术。帧中继技术最早是作为ISDN的一种新的分组业务提出的，它简化了协议，只完成OSI的物理层和数据链路层的核心功能，交换节点不再进行纠错、重发等工作，而是交由用户终端来完成，这样就简化了交换节点的协议处理，提高了数据通信的速率。这种简化是基于以下两个前提的：

(1) 数字与光纤传输线路逐步取代了模拟线路，通信传输的质量得到了极大的提高；

(2) 用户终端的智能化程度大大提高。

帧中继技术的特点主要有5点。

(1) 帧中继协议处理大为简化。分组交换基于X.25的三层协议，而帧中继的数据传输只涉及物理层和数据链路层二层协议，且二层协议只具有核心的功能：帧透明传输、差错检测和统计复用，不再完成纠错、重发等操作，大大简化了交换节点的协议处理过程，降低了通信时延，提高了网络对信息处理的效率。图5.35表明了两种交换方式在协议构成和处理上的差异。

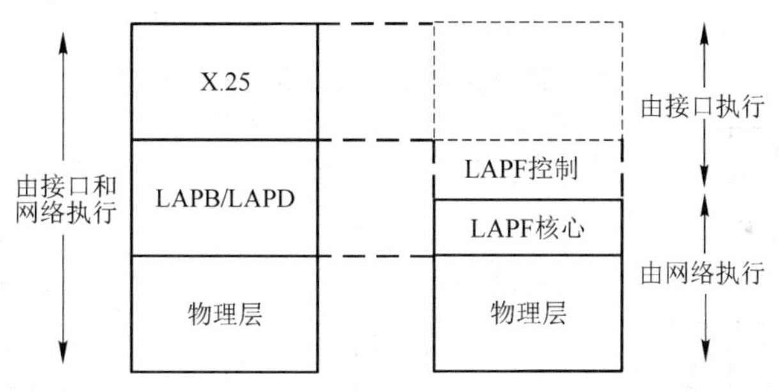

图5.35 X.25和帧中继协议栈比较

(2) 帧中继的控制信令和用户数据是在彼此分离的逻辑通道上传输的。在分组交换中，X.25的分组层信令主要完成虚呼叫的建立和释放，其信令分组和数据分组是在同一个逻辑信道上被传送的，该信令为随路信令；而帧中继的控制信令是在单独的一条数据链路上(DLCI=0)被传送的，称之为共路信令，如图5.36所示。

(3) 帧中继采用面向连接的交换技术，可以提供交换虚电路业务和永久虚电路业务。目前帧中继网的应用主要是永久虚电路方式。

(4) 帧中继数据流的复用和交换在二层进行。分组交换的最小单位是分组，分组的寻址和选路在X.25的三层完成；帧中继最小传送单位为帧，帧的寻址和选路在二层完成，如图5.37所示。

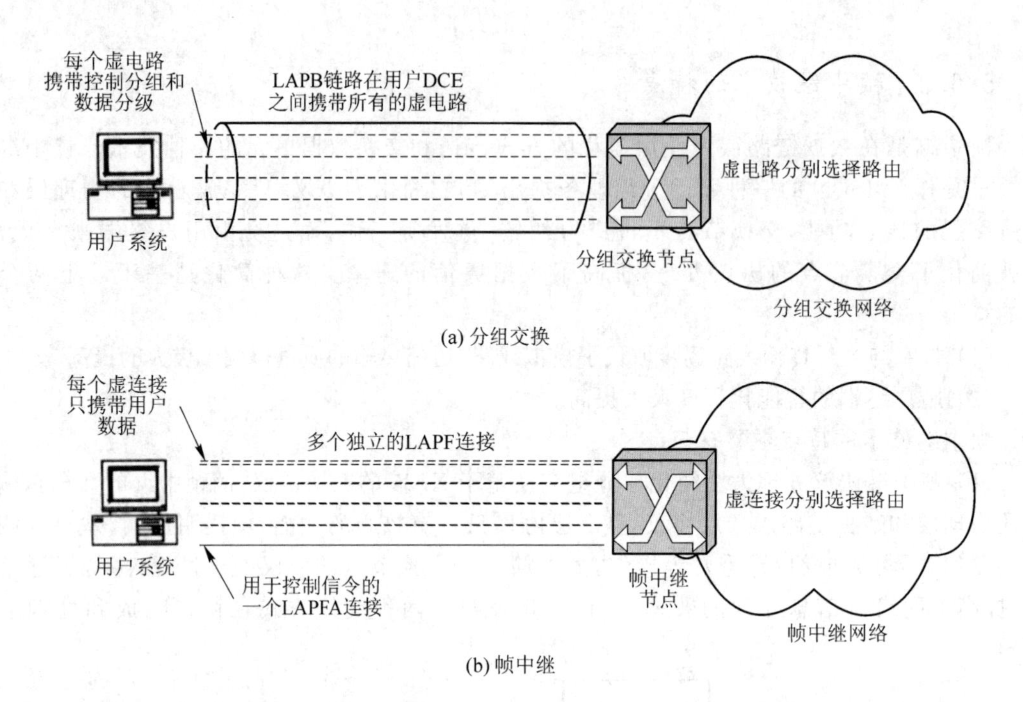

图 5.36　分组交换与帧中继的信令和数据传送

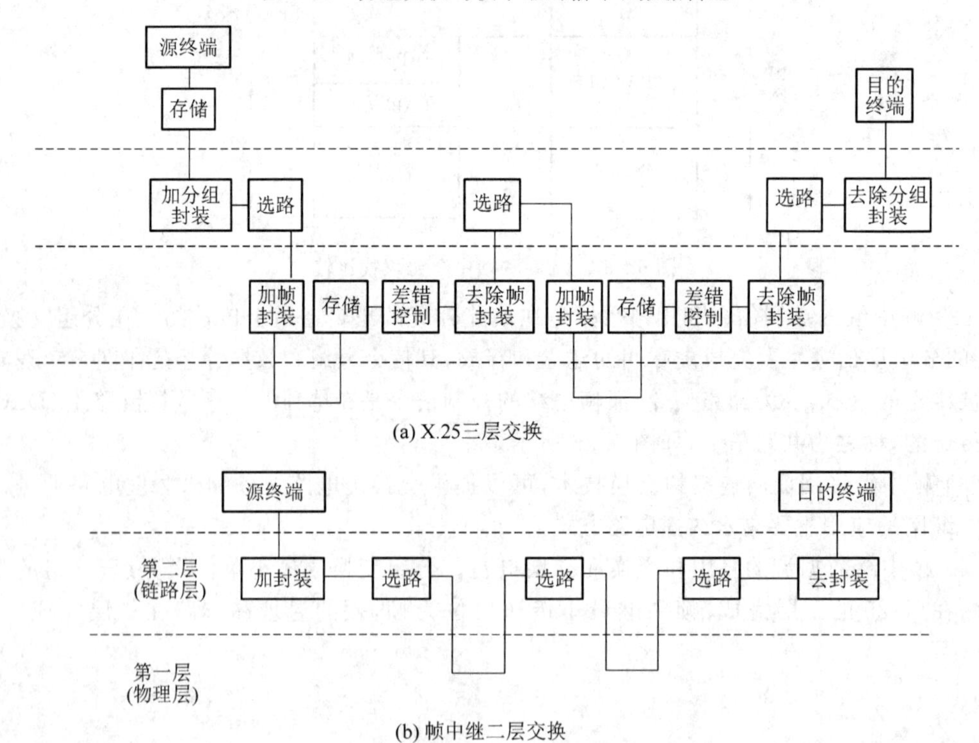

图 5.37　交换功能与所处层次的不同

(5) 帧中继提供拥塞控制和带宽管理机制。当用户终端发送的数据量超过了其预先约定的带宽时，网络会向该终端发送拥塞通知，提醒其减少发送数据量；此外，用户终端在通信前要预先约定带宽，即承诺的信息速率(CIR)，这种带宽管理有效避免了拥塞状况的恶化，提高了服务质量。帧中继采用统计复用方式，可动态分配带宽，允许突发数据占有未预定的带宽，以提高整个网络资源的利用率。

帧中继技术基于优质的传输线路和高智能、高处理速度的用户终端设备，具有高效性、经济性、可靠性和灵活性等特点，适合高速数据传输业务。

5.6.3 帧中继协议

1. 帧中继协议结构

从 1988 年 ITU-T 推出帧中继的第一个协议标准开始，ITU-T 制定了多项帧中继协议标准。与分组交换协议类似，ITU-T 只对帧中继的 UNI 协议进行了标准化，而对交换结点之间的 NNI 协议没有标准化，一般网内 NNI 协议都是采用标准化的 UNI 协议的某种变型。图 5.38 所示为帧中继的协议结构。

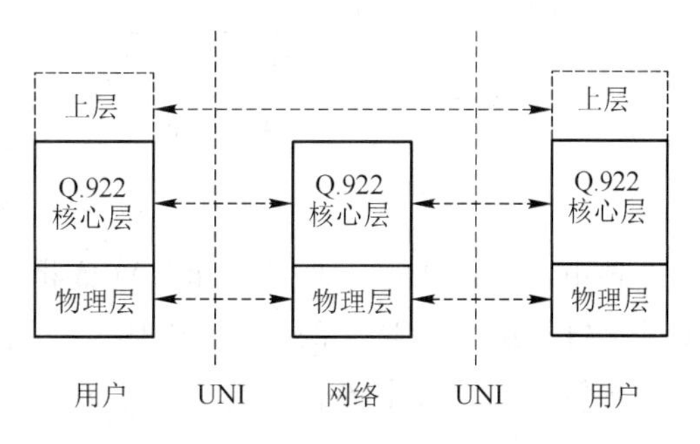

图 5.38 帧中继的协议结构

帧中继的物理层可以采用 ISDN 的标准物理接口，即符合 I.430/I.431 建议的物理接口 2B+D 或 30B+D，也可以采用常规的物理接口，如 G.703 接口、V.35 接口、X.21 接口。数据链路层采用 ITU-T 的 Q.922 协议，在传递用户信息时，只使用 Q.922 协议的核心层功能，核心层可看作是简化了的 Q.922 协议，只完成数据链路层的核心功能，具体如下：

- 帧的定界、定位和透明传送
- 进行帧的复用和分路
- 检测帧长是否正确
- 检测帧传输差错(出错丢弃不纠错)
- 拥塞控制功能
- 帧优先级控制功能

由帧中继的协议结构可知，帧中继协议的主要组成部分是数据链路层协议，它是 LAPF(link access procedures to frame mode bearer services)的子集，称为数据链路核心协议(DL-CORE)。LAPF 是帧方式承载业务的数据链路层协议和规程，包含在 ITU-T 的 Q.922 建议中。LAPF 的作用是在用户平面上的数据链路业务的用户之间，通过 ISDN 用户—网络接口的 B、D 或 H 信道，为帧方式承载业务传递数据链路层的业务数据单元(SDU：service data unit)。

LAPF 协议和规程是以 ITU-T 的 Q.921/LAPD 建议为基础的，并且是 LAPD 建议的延伸。LAPF 分为两个子集，其中一个子集对应于数据链路层核心子层，用来支持帧中继承载业务，被称为数据链路核心协议；其余部分称为数据链路控制协议(DL-CONTROL)。LAPF 与 LAPD 类似，提供了两种信息传输方式：非确认信息传输方式和确认信息传输方式。

帧中继提供 SVC 和 PVC 两种业务，对于 PVC 可以通过预订来建立；而对于 SVC 业务，则需通过 Q. 933 中规定的规程来建立帧方式承载的虚连接，Q. 933 协议是三层协议，其二层协议为 LAPF。

2. 帧结构

图 5.39 是帧中继的帧结构。它由标志字段 F、地址字段 A、信息字段 I 和帧校验序列字段 FCS 组成。

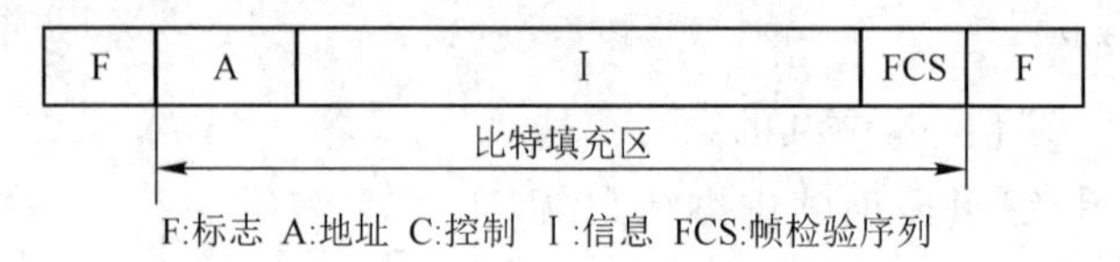

图 5.39　帧中继的帧结构

帧中继的帧结构与 LAPB 和 LAPD 相比，有所不同，它没有控制字段。这是因为帧中继的数据链路层采用简化的协议，省略了一些功能，将原有 HDLC 基本帧结构中的地址字段(A)、控制字段(C)字段合并为一个字段，仍称为地址字段(A)。

F 字段、FCS 字段的作用和构成与 LAPB 和 LAPD 的相应字段相同。

信息字段(I)包含的是用户信息，在帧中继中，网络应能支持协商的信息字段的最大字节数至少为 1 600，以支持局域网互连等应用。

地址字段(A)主要用来区分同一个通路上多个数据链路连接，以便实现帧的复用/分路。地址字段的长度一般为 2 个字节，必要时最多可以扩展到 4 个字节。通常地址字段包括地址字段扩展比特(EA)、命令/响应指示(C/R)、帧可丢失指示比特(DE)、前向显式拥塞比特(FECN)、后向显式拥塞比特(BECN)、数据链路连接标志符(DLCI)和 DLCI 扩展/控制指示比特(D/C)7 个组成部分，如图 5.40 所示。

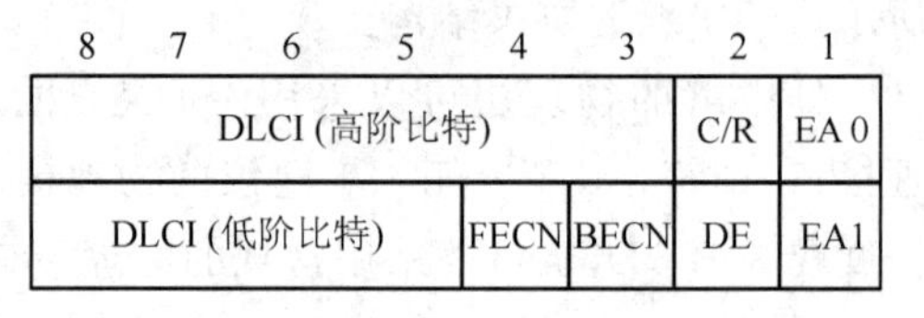

(a) 2个字节的地址字段

DLCI (高阶比特)		C/R	EA 0
DLCI	FECN BECN	DE	EA 0
DLCI(低阶比特)或DL-CORE控制		D/C	EA1

(b) 3个字节的地址字段

DLCI (高阶比特)		C/R	EA 0
DLCI	FECN BECN	DE	EA 0
DLCI			EA 0
DLCI(低阶比特)或DL-CORE控制		D/C	EA1

(c) 4个字节的地址字段

图 5.40　地址字段格式

地址字段扩展比特：地址字段中每个字节的第一位都是 EA 比特。当 EA 为 0 时，表示下一个字节仍是地址字段；当 EA 为 1 时，表示本字节是地址字段的最后一个字节。

命令/响应比特(C/R)：在帧中继中不使用。

可丢失指示比特(DE)：当 DE 置“1”时，表示如果网络发生拥塞时可以丢弃该帧，用于带宽管理。

前向显式拥塞比特(FECN)：该比特由发生拥塞的网络来设置，它说明网络在该帧传送的方向上发生了拥塞，通知用户启动拥塞避免程序。

后向显式拥塞比特(BECN)：该比特由发生拥塞的网络来设置，它说明网络在该帧传送的相反方向上发生了拥塞，通知用户启动拥塞避免程序。

DLCI 扩展/DL-CORE 控制指示比特(D/C)：地址字段为 3 个或 4 个字节时，最后一个字节的第二个比特为 D/C 比特。当 D/C 比特置“1”时，表示最后一个字节包含 DL-CORE 控制信息；当 D/C 比特置“0”时，表示最后一个字节包含 DLCI 信息。

数据链路连接标志符(DLCI)：用来标志用户—网络接口或网络接口上承载通路的虚连接，其功能与 X.25 中逻辑信道群号和逻辑信道号一样，允许多个帧中继连接在一个信道上复用。DLCI 的长度由地址字段扩展比特(EA)决定。它的默认长度为 10 bit，也可扩展为 16 或 23 bit。连接标志符只具有本地意义。

3. 帧方式呼叫控制

在用户—网络接口上，帧方式的基本呼叫控制协议对帧方式连接的建立、保持和拆除进行了规定，用于向用户提供 SVC 业务。ITU-T 的 Q.933 建议是帧方式的基本呼叫控制协议，它规定了呼叫控制过程应具有的各种状态、消息类型、消息构成及编码和呼叫控制程序，并以附件的形式规定了提供 PVC 的附加程序。图 5.41 是 SVC 业务在用户—网络接口的协议结构。

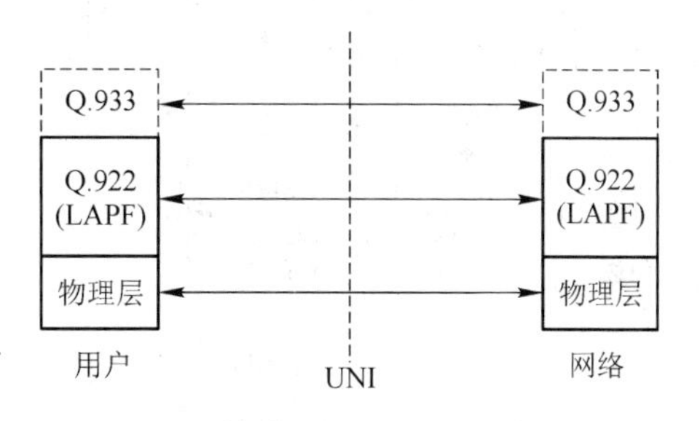

图 5.41　SVC 信令协议结构

Q.933 协议用于呼叫建立的消息有三个：SETUP(呼叫建立)、CALL PROCEEDING(呼叫进展)、CONNECT(连接)；用于呼叫释放的消息有三个：DISCONNECT(呼叫拆除)、RELEASE(释放)、RELEASE COMPLETE(释放完成)。

当向用户提供帧中继 SVC 业务时，可以采用两种方式：

- 方式 A：用户以电路交换方式接入远端帧处理器
- 方式 B：用户以帧方式接入帧处理器

当用户采用方式 A 时，在帧方式连接建立之前，主叫用户和帧处理器之间必须建立连接。如图 5.42 所示，当用户以电路交换方式接入帧中继网时，首先使用 ISDN 的呼叫控制协议 Q.931，在帧中继终端和帧中继节点机之间建立电路连接。然后采用 Q.933 协议，使用DLCI＝0

的逻辑链路来建立帧方式连接。这时在DLCI逻辑链路上所使用的链路层协议是Q.922协议。

当数据传送完毕后，首先使用Q.933协议拆除帧中继连接，再使用Q.931协议拆除电路连接。如图5.43所示。主叫侧和被叫侧的终端都可以拆除帧方式的连接。在正常的拆除过程中，需要三个消息来完成呼叫拆除的功能，即DISCONNECT、RELEASE和RELEASE COMPLETE。

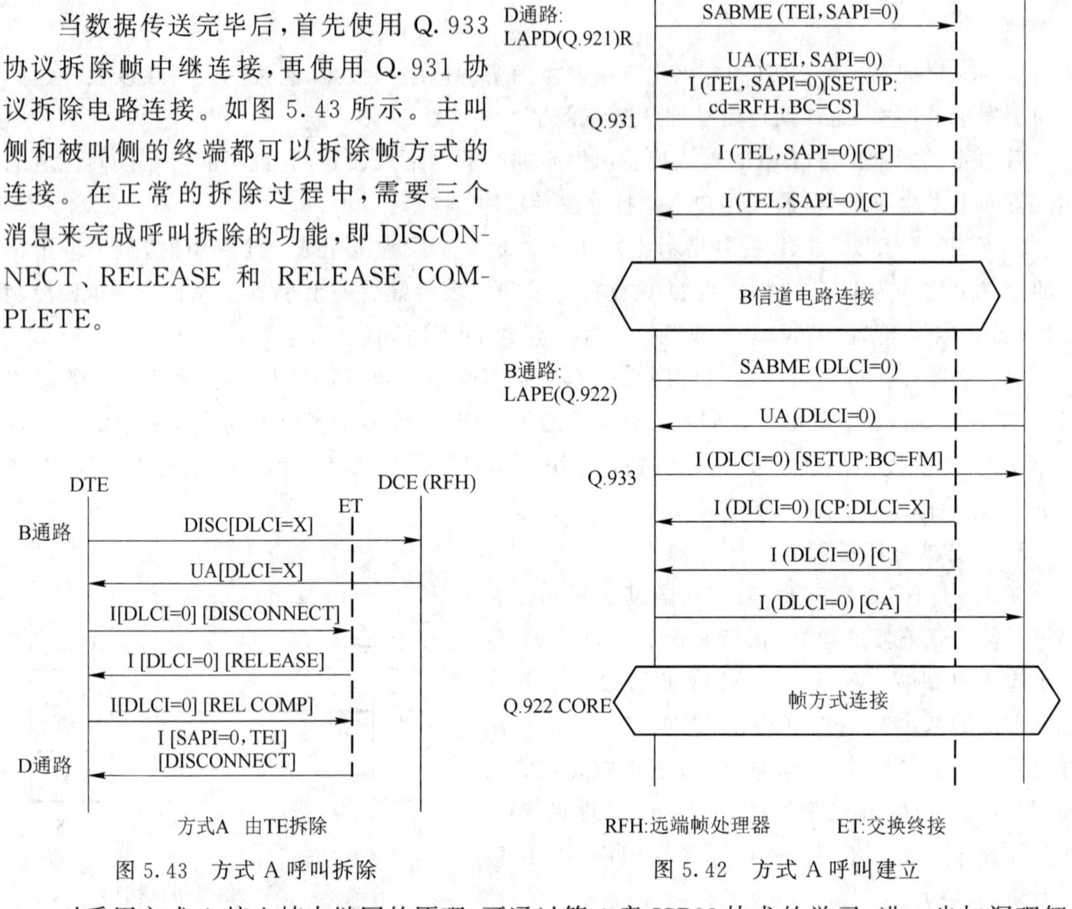

图5.43 方式A呼叫拆除

图5.42 方式A呼叫建立

对采用方式A接入帧中继网的原理，可通过第6章ISDN技术的学习，进一步加深理解。采用方式B接入帧中继网的原理，这里不做介绍。

5.6.4 帧中继交换机

1. 帧中继交换机基本功能特性

帧中继交换机应具有以下基本功能特性：

(1) 接入功能。至少具有用户接入接口、中继接口和网管接口。

(2) 通信处理功能。具有信令处理功能，完成用户—网络接口之间和网络—网络接口之间的信令处理和传输功能；具有用户选用业务处理功能，提供通信时的附加性能；具有自动节点机间路由和寻址功能，支持PVC和SVC连接。

(3) 管理功能。具有业务分级管理功能、带宽管理功能、拥塞管理功能、系统配置管理以及 PVC 状态管理等功能。

(4) 互通/互连功能。具有与其他网络互通/互连功能。

目前网上所使用的帧中继交换机的设计一般采用三种方法。

(1) 以 X.25 分组交换机为基础,硬件不变,增加帧中继软件处理功能。

(2) 设计全新的帧中继交换机。

(3) 采用支持帧中继接口的 ATM 交换机。

2. 非帧中继终端接入

帧中继具有标准化的 UNI 协议,任何要接入到帧中继网的终端设备必须在接口处满足协议的规定。要接入到帧中继网的终端设备不外乎两种:一种是具有标准 UNI 协议处理能力、可直接接入到网络的终端,称为帧中继终端;另一种是不具有标准 UNI 协议处理能力、必须经过协议转换才能接入到帧中继网的终端,称为非帧中继终端。其中完成协议转换的设备被称作帧中继装拆设备(FRAD:frame relay assembler/disassembler)。

FRAD 通常具有以下基本功能:

(1) 具有协议转换功能。将各种非标准帧中继协议终端,经协议转换,接入到帧中继网中。

(2) 具有数据集中功能。可将多个终端的数据流形成帧后,在 FRAD 至交换机之间的中高速线路上复用,可有效利用传输线路,同时扩充了非帧中继终端接入的端口数。

(3) 具有拥塞管理和控制功能。

(4) 具有维护和测试功能。

FRAD 可以是独立的设备,也可以包含在帧中继交换机内。与分组交换网中的 PAD 不同的是,FRAD 没有标准协议可遵循。

3. 帧中继的寻址功能

帧中继交换机是按照 DLCI 进行寻址选路的。帧中继的每个虚连接都是由 DLCI 标志的,这些 DLCI 值由帧中继业务提供商分配。帧中继网中的每个节点机都有一个虚连接表,反映输入 DLCI 和输出 DLCI 的对应关系。当帧进入网络时,节点机通过 DLCI 值识别帧的去向。帧中继的 DLCI 只具有本地意义,也就是说在局域网内它是惟一的,但是在帧中继广域网内可以重用。如图 5.44 所示,帧中继广域网中两个不同的终端设备 B 和 C 被分配了同一个 DLCI 值。

帧中继的虚连接是由多段 DLCI 逻辑链路连接而成的:用户 A 到用户 B 的帧中继逻辑连接是 19—23—32—50;用户 A 到用户 C 的帧中继逻辑连接是 45—72—50。寻址过程是:用户数据信息被封装到帧中,然后进入节点机。节点机首先识别帧头中的 DLCI 值,从虚连接表中找出对应的下一段的 DLCI 值并修改帧头,然后将该帧传输到下一节点机中。

4. 帧中继交换机

中国公用帧中继宽带业务骨干网(CHINAFRN)是我国第一个向公众提供宽带数据通信业务的网络。中国公用帧中继宽带业务骨干网安全可靠,技术先进,功能完善,业务齐全,接入

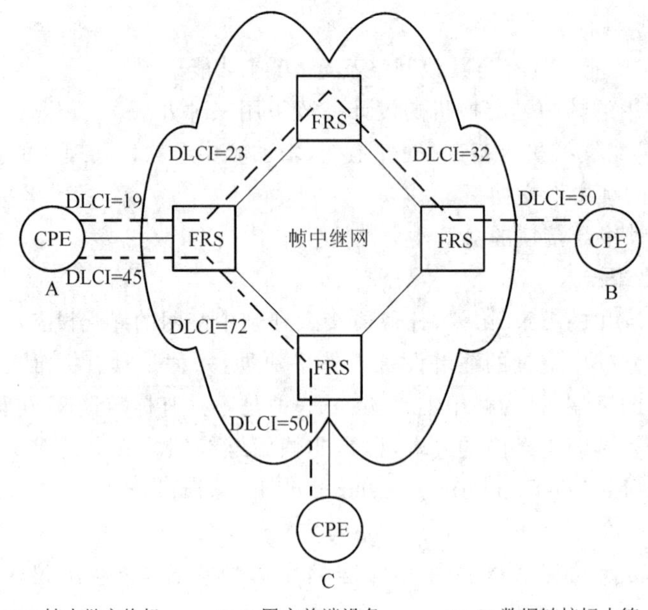

图 5.44　帧中继的寻址

灵活。它采用 ATM 作为网络核心技术，主要提供帧中继和信元中继等业务。

中国公用帧中继宽带业务骨干网主要包括两种设备：B-STDX9000 和 CBX500。其中 B-STDX9000 是可提供帧中继、SMDS 及 ATM 业务的多业务交换机；CBX500 是 ATM 交换机，主要提供 ATM 业务的接入以及全网的中继连接。B-STDX9000 通过 ATM 中继线路与本地的 CBX500 相连。

朗讯 B-STDX9000 是采用信元技术的宽带多业务帧中继交换机，它是一个 16 插槽的大容量模块化多业务平台，交换容量为 1.2 Gbit/s，非常适合服务于 ATM、帧中继、IP 相融合的新一代多业务网络。B-STDX9000 硬件结构主要由控制处理器(CP：control processor)模块、输入输出处理 (IOP：I/O processor)模块以及系统附件组成，如图 5.45 所示。

B-STDX9000 硬件平台各组成部分的功能如下：

(1) CP。通过 1.2 Gbit/s 信元总线与 IOP 模块相连，提供后台管理和静态网络功能。

(2) IOP。用来管理节点中继线的最底层或用户界面，输入输出适配器模块(IOA：IO adapter)被用来实现不同类型 IOP 与网络的连接，IOP 与 IOA 的连接如图 5.46 所示。

(3) 系统附件。冗余配置的电源和风扇。

B-STDX9000 采用可靠的分布式多处理器结构设计，每个 CP/IOP 模块具有一个或两个 i960 RISC 处理器，交换处理、路由选择、SVC 处理、统计计费均分布于每个 IOP。

B-STDX9000 使用输出输入缓冲区结构，IOP 以 56 字节为单位接收帧中继数据，每段数据加上 8 字节的头，组成一个 64 字节固定长度的总线传输单元(BTU)。然后，BTU 按照配置

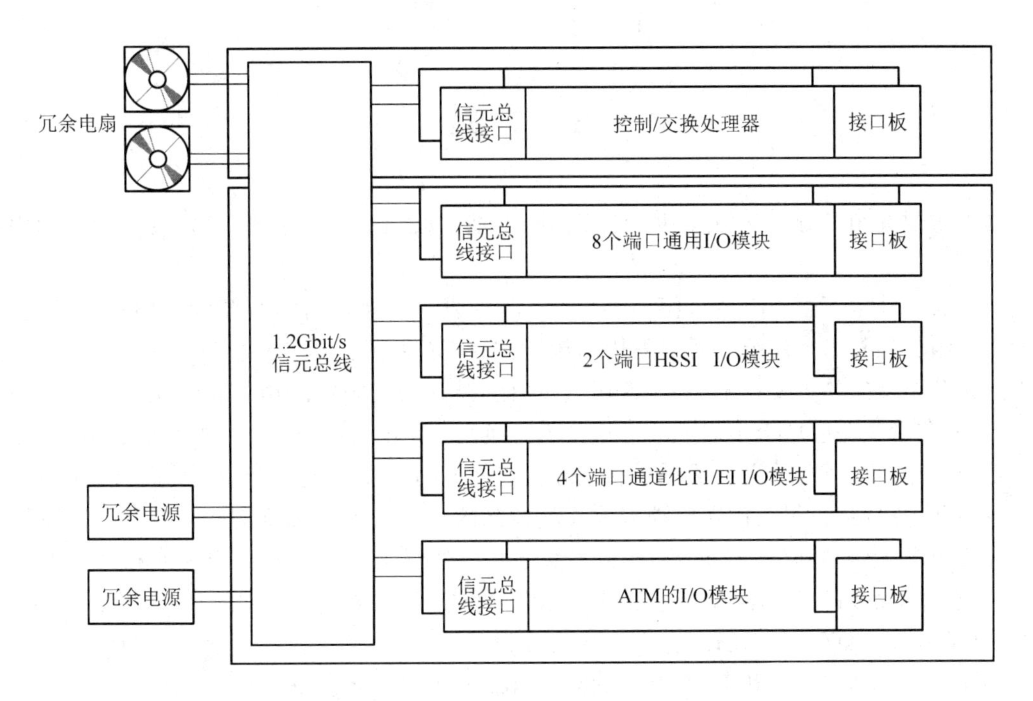

图 5.45 B-STDX9000 硬件结构

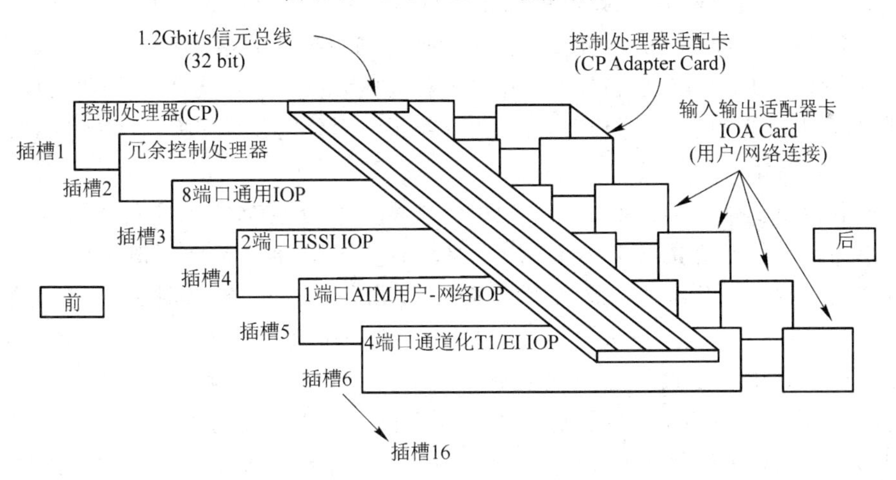

图 5.46 B-STDX9000 硬件结构

表中虚连接的标号和插槽的编号，通过总线交换到目的地。

B-STDX9000 可提供 9.6 kbit/s～8 Mbit/s 的帧中继接口和高速 ATM 接口，包括 V.35、X.21、E1 和 ATM E3 等。

B-STDX9000 可提供帧中继的 PVC 和 SVC 业务，支持点到点连接和点到多点连接。

小　结

本章主要介绍了分组交换及其分组交换网的基本概念和工作原理，并简要介绍了帧中继交换原理。

分组交换技术产生于上个世纪60年代，并迅速发展起来，成为数据和计算机通信的重要手段。分组交换技术采用统计时分复用的传送方式，提供数据报和虚电路两种交换方式。路由选择是分组交换的重要技术之一，常用的路由选择方法有固定路由选择方法和自适应路由选择方法，前者主要应用于小规模的专用分组交换网的路由选择，后者主要被大规模的公用分组交换网的路由选择所采用。流量控制是分组交换的另一重要技术之一，由于分组数据通信的突发性和随机性，分组交换网必须采取流量控制的手段来保证网络的正常工作。其流量控制的方法很多，也可采取多种机制，但实质都是基于呼叫延迟制。分组交换的相关协议包括ITU制定的X系列建议，本章着重介绍了用户与分组交换网络接口间所使用的X.25协议。X.25协议作用于DTE和DCE之间，其结构分为三层——物理层、数据链路层和网络层。这三层共同作用，完成DTE和DCE之间的高效可靠的数据传输。分组交换机是组成分组交换网的核心设备，一般由交换单元、接口单元和控制单元三个部分构成。本章以DPN-100为例说明了分组交换机的基本结构，并介绍了分组交换机的主要性能指标和基本工作原理。本章介绍了分组交换网的基本构成，包括网络中的各种组成设备及其功能，以及分组交换网的基本工作原理、与其他网络的互通/互连等，并重点介绍了我国公用分组交换网(CHINAPAC)的组网结构和业务性能等。

本章最后介绍了帧中继交换原理。帧中继技术是在分组交换技术充分发展，数字与光纤传输线路逐步替代已有的模拟线路，用户终端日益智能化的条件下诞生的。自20世纪80年代初产生以来，由于其可有效利用网络资源，具有高吞吐量、低时延、适合突发性数据业务的特性，所以发展迅速，普遍应用在局域网互连等中高速数据通信中。帧中继是在数据链路层上使用简化的方式传送和交换数据单元的一种技术。帧中继协议的主体是数据链路层，在用户数据传输时，只涉及物理层和数据链路层的核心功能。帧中继可提供SVC和PVC业务，目前帧中继网上普遍采用PVC方式。帧中继交换机应提供用户接口、中继接口和管理接口等接入功能，具有协议处理、路由选择等通信处理功能，可完成拥塞控制、带宽管理等管理功能，并可与其他网络实现互连互通。本章最后介绍了在中国公用帧中继宽带业务骨干网(CHINAFRN)中采用的B-STDX9000帧中继交换机的硬件结构和主要性能。

习　题

1. 分组交换与报文交换有何异同？

2. 分组是如何形成的？

3. 分组是如何被传输的？

4. 分组交换有哪两种方式？试比较这两种方式的优缺点。

5. 比较电路交换和分组交换的不同点。

6. 路由选择策略主要有哪几种？试说出它们各自的工作原理和优缺点。

7. 简述分组交换的过程。

8. X.25 协议栈的构成是怎样的？各层所完成的主要功能是什么？

9. X.25 数据链路层(LAPB)与 No.7 信令的 MTP2 所完成的功能有何不同？

10. 假设 DTE 端有两个信息帧需要发送给 DCE，DCE 没有信息帧发向 DTE，采用模 8 的工作方式，发送窗口大小为 1，由 DTE 发起建链和拆链请求，第一个信息帧在第一次传送过程中丢失。

(1) 试根据上述情况画出 DTE 和 DCE 之间数据链路层的通信流程图，并标明两端发送变量和接收变量的变化。

(2) 当发送窗口为 2 时，流程图有什么变化？

11. 试说出虚电路和逻辑信道的联系与区别。

12. 流量控制的目的是什么？常见的流量控制的方法有哪几种？X.25 的数据链路层和分组层分别采用了哪种流量控制方法，有何不同？

13. 分组交换网的构成方式是怎样的？相关通信协议是什么？

14. PAD 的功能是什么？

15. 试从交换功能、协议处理、交换机结构和应用等方面比较分组交换机和基于电路交换的程控交换机的不同点。

16. 简述帧中继和 X.25 的异同。

17. 帧中继采用面向连接的工作方式，其数据传输阶段与连接建立和拆除阶段的协议结构是否相同，试画图说明。

18. 帧中继交换机一般应具有哪些功能？

参考文献

1　杜治龙. 分组交换工程. 北京：人民邮电出版社，1993

2 ITU-T Recommendation X. 25—1998, Interface Between Data Terminal Equipment (DTE) and Data Circuit-terminating Equipment(DCE) for Terminals Operating in the Packet Mode on Public Data Networks. Blue Book Vol. Ⅷ. 2

3 Darren L. Spohn. Data Network Design. McGraw-Hill, 1993

4 William Stalling. Data and Computer Communications. NJ: Prentice Hall, 2000

5 汪润生,周师熊. 数据通信工程. 北京,人民邮电出版社,1990

6 高星忠,陈锦章,张有材. 分组交换. 北京:人民邮电出版社,1993

7 中国邮电电信总局. DPN-100 分组交换机维护手册. 北京:人民邮电出版社,1997

8 (日)山内正弥. 分组交换技术及其应用. 程天德,译. 北京:人民邮电出版社,1988

9 赵慧玲. 帧中继技术及其应用. 北京:人民邮电出版社,1997

10 ITU-T Recommendation Q. 922—1992, ISDN Data Link Layer Specification for Frame Mode Bearer Services

11 陈锡生,糜正琨. 现代电信交换. 北京:北京邮电大学出版社,1999

12 Willian Stallings. ISDN and Broadband ISDN with Frame Relay and ATM (Fouth Edition). NJ: Prentice Hall, Inc. , 1999

13 B-STDX9000 等相关产品资料

第6章 ISDN交换与综合业务数字网

在ISDN(integrated service digital network,综合业务数字网)技术出现之前,通信网是按单一业务分别组建的,即每一种网络只提供一种业务。随着业务多样化的出现,人们希望用一个单一的网络来实现综合的业务,因而ISDN技术应运而生,并且在20世纪90年代初期得到了飞速发展。ISDN交换技术是ISDN网络的核心技术。本章首先介绍了ISDN技术的发展背景和基本概念;然后重点阐述了ISDN交换原理及相关技术,并在此基础上介绍了ISDN网络的网络结构和工作原理;最后介绍了在ISDN网络上具有广泛应用前景的AODI技术。

6.1 ISDN技术的发展

6.1.1 ISDN技术的产生和发展

信息的数字化和通信业务的多样化是当代信息社会的发展需求和重要特征。数字传输技术和数字交换技术的发展使电信网向综合数字网(IDN:integrated digital network)演变,而且随着对数据通信、图像通信等需求的日益增加,出现了以数字为基础的综合业务网,将话音、数据及图像等所有的信息数字化,并以一定的速率进行传输,实现了各种通信业务的综合。

在传统的通信网中,各种通信业务都由各自专门的通信网来提供,电话网、电报网、电路交换数据网和分组交换数据网等通信网络并存。用户每申请一种业务,就要接入到专门的通信网中,这不仅给用户带来了不便,而且造成运营维护成本的增加。从理论上考虑,不论各种终端设备是模拟设备还是数字设备,不论其传输信号的速率和格式有何不同,只要它们所处理的信息能够相互兼容,完全可以使用一个网络来相互通信。因此,应运而生了。

ISDN的概念最早于20世纪70年代提出,当时数字技术不断应用到电信网中,终端到终端的全数字网络蓝图展现出巨大的业务发展潜能,所以当时的CCITT开始了一系列的关于单一综合网络的研究。第一套ISDN建议由CCITT于1984年公布,这套建议定义了ISDN的一些基本概念。1988年,CCITT又公布了关于ISDN的一套更为详尽的建议,可以支持ISDN的初步标准化的实现。

CCITT 建议 ISDN 的发展应以现有的电话综合数字网为基础，使现有网络能够提供端到端的数字连接，再逐渐与其他网络进行互通，逐步向标准的 ISDN 扩展。

为什么需要在电话综合数字网的基础上发展 ISDN？主要有两个方面的原因：首先，电话网是一个比较成熟的网络，在世界各国都比较普及，利用现有的电话网来发展 ISDN，而不是从零开始，既有利于电信运营商降低建网成本，也可以减少用户的入网费用，为 ISDN 的大规模快速发展奠定了一定的基础；其次，电话综合数字网采用了数字交换和数字传输技术，符合 ISDN 的数字技术要求，可以比较方便地将电话网扩充为一个完全的数字网络，进而提供综合业务。

从电话综合数字网向 ISDN 过渡过程中最重要的一点就是实现用户线路的数字化。电话综合数字网的一个缺陷就是用户线路采用模拟传输。当数字终端的数据、数字话音等数字信号在模拟的用户线路上传输时，信号首先需要转换成模拟信号，才能经模拟线路传输至交换机，然后在交换机侧再转换成数字信号，才能进行交换和中继传输。同样，由交换机向数字终端传送信息也要经过数/模及模/数转换。显然，这样的过程导致了通信效率的降低。另外，模拟的用户线路限制了通信的带宽。由于电话综合数字网主要是为电话业务设计的，话音在模拟线路上的传输带宽一般是 4 kHz，即使采用了先进的调制技术，数字信号的传输速率最高不过是 56 kbit/s，所以电话综合数字网一般只能传输低速的数字信号，不能适应高速数字通信的要求，也无法支持更加丰富的通信业务。因此，ISDN 要从现有电话综合数字网发展起来，首先必须实现用户线路的数字化。

从电话综合数字网向 ISDN 的过渡不是几年内就能实现的，CCITT 关于 ISDN 的建议中也提到从现有的电话网向复杂的 ISDN 过渡可能需要 10 年甚至更长的时间。

ISDN 被提出之后，在北美、欧洲、日本等地区得到了很大的发展。下面简要介绍 ISDN 在这些国家的建设情况。

• 美国

美国 AT&T 公司从 1987 年 7 月开始提供试验性质的 ISDN 业务，并于 1988 年 4 月开始正式向公众提供 ISDN 通信业务。虽然在 20 世纪 90 年代初期由于需求量较低，美国的 ISDN 发展出现了一些停滞，但是到了 90 年代中期，随着 Internet 的迅速发展和多媒体等非话音通信业务的急剧增长，公众对 ISDN 的需求也开始大幅增加，ISDN 又重新开始快速发展起来。

• 法国

法国是进行 ISDN 建设比较早的国家之一。法国国营电信企业 DGT 公司在 20 世纪 70 年代初就开始在电话网内引入数字设备，并于 1987 年 12 月在世界上首次提供了符合国际标准的 ISDN 业务。法国的 ISDN 试验网——Renan 启动于 1983 年，是世界上最早的 ISDN 试验网。到了 1990 年年底，整个法国范围内都可以使用 ISDN 业务。

• 日本

日本的 NTT 公司在 1984～1987 年开始进行 ISDN 试验网 INS(information network system)的运行。NTT 于 1990 年将 INS 的范围扩充至 200 个城市。1988 年 4 月，NTT 开始

提供标准的基本速率接入业务,并于1989年夏天提供一次群速率接入业务。在1995年之前,NTT在日本全国范围内实现了ISDN的覆盖。

在ISDN的建设过程中最重要的一点就是实现ISDN的标准化。由于ISDN要实现在一个通信网内提供多种话音和非话音业务,其标准化的范围非常广泛,涉及到网络的接口、功能、业务等多种方面的因素。并且由于各国电信网的建设和管理体制有很大的差异,所以ISDN的标准化过程是一个非常复杂而且困难的过程。为了给ISDN的迅速发展和标准化提供有利的条件,CCITT制定了I系列的标准建议,并且在I系列建议中列出了一些可选的内容,供各个国家按各自的情况具体实施。

I系列建议包含了ISDN国际标准的主体部分,主要由6个部分组成:I.100系列建议主要介绍ISDN的一般概念,包括ISDN建议的结构、术语和方法等;I.200系列建议主要介绍ISDN所能提供的业务能力,包括承载业务和用户终端业务;I.300系列建议主要介绍ISDN的网络结构和功能,包括参考模型、寻址和路由、连接类型以及性能等;I.400系列建议主要介绍ISDN的用户—网络接口,包括协议、速率适配等;I.500系列建议主要是关于网间互通接口的描述;I.600系列建议是关于ISDN的维护原则。虽然I系列建议没有完全包含ISDN标准化的所有方面,但已经比较详尽地描述出了初步的标准化ISDN的实现。

6.1.2 ISDN技术的优点

ISDN给用户带来的好处是低廉的开销和灵活的应用。话音和各种数据业务在单一网络上的提供,使用户不用分别开通不同网络提供的业务。ISDN能以较低的价位来提供业务,比用不同网络分别提供不同业务的方式更经济。而且,ISDN向用户提供的功能都是以标准建议为基础的。接口的标准化使用户可以更方便地选择终端设备和多种业务。由于ISDN全面采用数字通信技术,通信网中噪声的混入和误码极少,故障和异常很容易查找,所以可以提供高质量、高稳定性的通信业务。

对业务提供商和设备制造商来说,微电子技术的发展和计算机控制技术的进步,使数字信号的处理更容易,也更经济。数字设备可靠性高,维护、运行、控制自动化,运行成本更低廉。而且,标准化使得各个厂家的数字传输和数字交换设备能够兼容,设备开发更加具有普遍性,有更广阔的发展市场。另外,ISDN关于功能块的接口和层的规定明确,可以很容易地建立高性能、高速率的通信信道,并且可以在通信网的相关设备或业务上增加通信和信息处理模块,来开通新的通信功能,创造更多的商务机会。

6.1.3 ISDN的应用

由于用户对新业务的需求在很大程度上促进了ISDN的发展,所以ISDN所能提供的应用除了最基本的话音业务之外,还包括一系列综合了话音和数据业务的新型应用。

最重要的一类ISDN应用是关于语音方面的应用,这类应用以传统的话音业务为基础,在其上增加了许多新的业务特征。最基本的ISDN的语音应用就是电话服务,不过ISDN的电

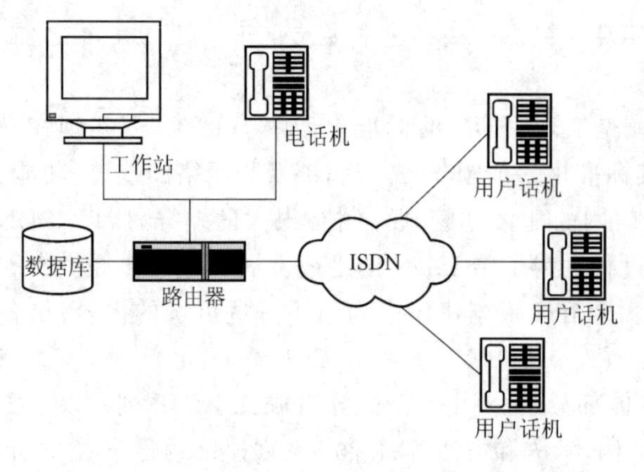

图 6.1　ISDN 的话音应用——电话销售

话服务传输的是标准的 64 kbit/s 数字话音，ISDN 语音应用还支持传输压缩速率的数字话音以及高保真话音。ISDN 语音应用能够支持多种传统的和新的呼叫控制程序，例如呼叫身份验证、呼叫等待、呼叫转移等，还可以提供安全的话音传输业务、个人语音邮件业务、话音存储和转移业务等。下面是一个典型的 ISDN 语音应用的例子——电话销售。图 6.1 是电话销售的示意图。顾客的电话呼叫通过 ISDN 传送到销售公司，而电话号码被送到顾客数据库中用来查找顾客的相关信息。根据顾客以往的交易信息，这名顾客的电话被转接给以前为他服务过的销售人员。在销售人员接听电话的同时，顾客的信息被传送到销售人员的计算机上，供销售人员使用。这类应用也可以用在医院的远程医疗访问方案中，只不过用户是患者，而销售人员换成了医生。

第二类 ISDN 应用就是数据传输服务，包括自动数据库访问业务、电子货币传输、信息收集等数据业务。ISDN 可以与分组网互连，提供分组数据的传输，也可以作为一种经济高效的 Internet 接入手段，使用户方便地访问互联网。

第三类 ISDN 应用是与文本以及图形消息通信有关的一类应用，包括电报、可视图文、电子信件、传真和视频会议等。

ISDN 可以应用在数据设备互连中，它支持 PC 之间的互连通信，也可以用来作为局域网的一种互连手段，提供局域网的远程访问。ISDN 还可以提供文档存储和检索，数据库管理等多种应用。

可以看到，ISDN 的应用多种多样，并将随着通信网技术的发展而不断更新，以满足用户的需求。

6.2　ISDN 的基本概念

6.2.1　ISDN 的定义和基本特征

ISDN 是以综合数字电话网为基础发展演变而成的通信网，能够提供端到端的数字连接，用来支持包括话音和非话音在内的多种业务，用户能够通过有限的一组标准化的多用途用户—网络接口接入网内。

从这个定义可以看出，ISDN 具有三个基本特征。

(1) 端到端的数字连接

在 ISDN 中，所有语音、数据和图像等信号都以数字形式进行传输和交换。这些信号都要在终端设备中转换成数字信号，然后通过数字信道将信号送到 ISDN 交换机，再由 ISDN 交换机将这些数字信号交换、传输到目的端的终端设备。在整个过程中，所有的信号都以数字形式进行传输和交换，如图 6.2 所示。

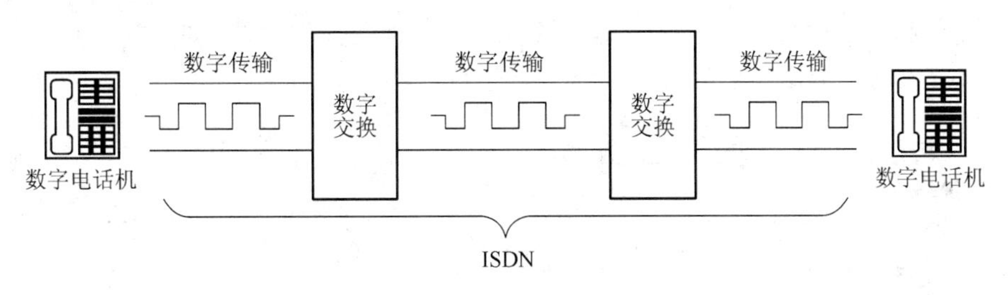

图 6.2　端到端的数字连接

(2) 综合的业务

ISDN 提供广泛的业务，包括目前所有的话音和数据业务，并提供更多新的应用。这些业务大部分可以用 64 kbit/s 或更低的速率传输。其中主要有：

• 传真

传真(facsimile)是一种传输和再现图形、手写文件或打印文件的业务。这种业务已经出现多年，但一直没有标准，而且受到模拟电话网的限制。ISDN 中制订了数字传真的标准，并以 64 kbit/s 的速率在 5 s 内传送一页数据。

• 智能用户电报

智能用户电报(teletex)用来实现用户之间的信件交换。专门的终端可以用来编辑、存储、发送、接收和打印信件。当传输速率为 9.6 kbit/s 时，传送一页数据的时间为 2 s。

• 可视图文

可视图文(vidotex)是一种交互式的信息检索业务，速率为 9.6 kbit/s 时，传送一页数据的时间为 1 s。用户使用加上控制键盘的家用电视，或者计算机，就可以与 ISDN 中的一些服务中心进行通信，得到各种需要的信息。

• 遥测

遥测这种业务的目的是将用户家中的电表、水表和煤气表等设备上的数字，通过 ISDN 传送到管理部门，这样就可以使各项服务使用量的登记变得简单。这种服务传送的信息量较少。

ISDN 向用户提供的业务涉及的范围很广，已经超过了传统通信网的业务范围。它不仅在传统的通信业务上增加了新的服务功能，而且提供了更高的服务质量，这种信息处理业务也被称为“增值业务”(value added service)。

(3) 标准的多用途入网接口

ISDN 具有标准的入网接口，用户可以根据自己的需要在用户接口上连接各种通信设备，使不同的业务和终端都可以通过同一个接口接入 ISDN。在接口容量允许的情况下，用户可以随意的组合不同业务类型的终端，连接到同一个 ISDN 接口上，也可以随意改换终端类型。在 ISDN 用户—网络接口上所有的语音、数据和图像等信号都是以数字复用的形式出现的，而且每一个接口可以同时连接多个终端。这样同一个接口上就存在多个复用的信道，而且每个信道都可以独立地传送信息，向用户提供业务。例如，用户在打电话的同时接收或发送传真，或者同时进行数据检索和图文浏览等。

对于用户来说，ISDN 是一个通过单一接口提供各种业务的网络，如图 6.3 所示。用户通过本地接口接入到某个比特率的“数字管道”，然后接入 ISDN。

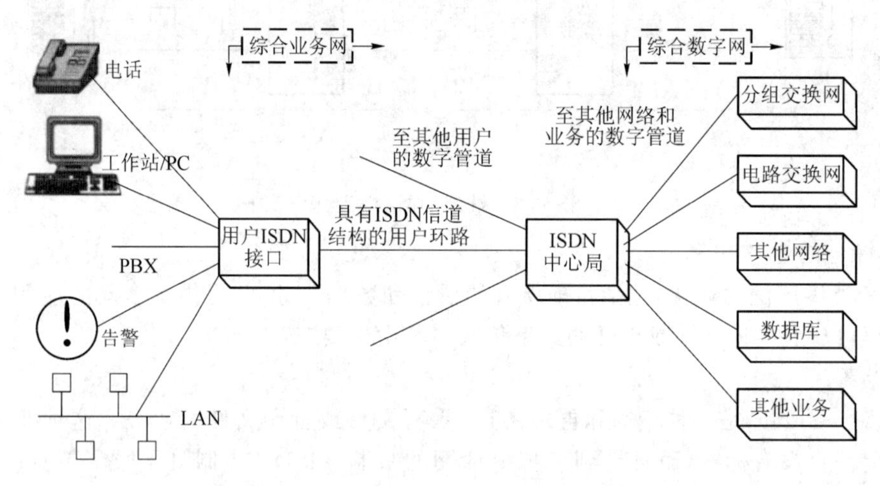

图 6.3　ISDN 用户接口和连接特性

通向用户的不同管道在任何时候其容量都是固定不变的，而管道上的信号类型和业务流量是可以变化的，但是它们的容量不能超过管道的最大容量。也就是说，用户可以将不同类型和不同速率的信号动态地混合起来接入网络。因此 ISDN 就需要更加复杂的控制信号，来进行时分复用数据的分离和对用户需求业务的提供。这些控制信号也被复用在同一个数字管道上进行传输。

用户可以根据需要在不同时候使用管道的一部分容量，然后根据容量付费，而不是按照连接时间付费。这样就提高了线路的利用率，不但可以满足用户需求，而且降低了用户的开销。

6.2.2　ISDN 的业务

ISDN 的业务就是 ISDN 能够向用户提供的通信能力。ITU-T 将 ISDN 业务划分为三类：承载业务（bearer service）、用户终端业务（teleservice）和附加业务（supplementary service）。承载业务与 OSI 模型的 1～3 层的特性有关，可以为用户—网络接口之间提供基本传输功能。用户终端业务与 OSI 模型的 1～7 层的特性有关，它将上层功能与承载业务相结合，提供面向用户的应用业务。补充业务可以提供更多的高级业务，为用户提供方便。

承载业务和用户终端业务的应用如图 6.4 所示。

1. 承载业务

承载业务是ISDN提供的基本信息传输业务。它提供用户之间的信息传输(包括语音、数据、图像等信息)而不改变信息的内容。在承载业务中,网络向用户提供的只是一种低层的信息传递能力。这种通信网的通信能力与终端类型无关,因此各种不同类型的终端可以使用相同的承载业务。

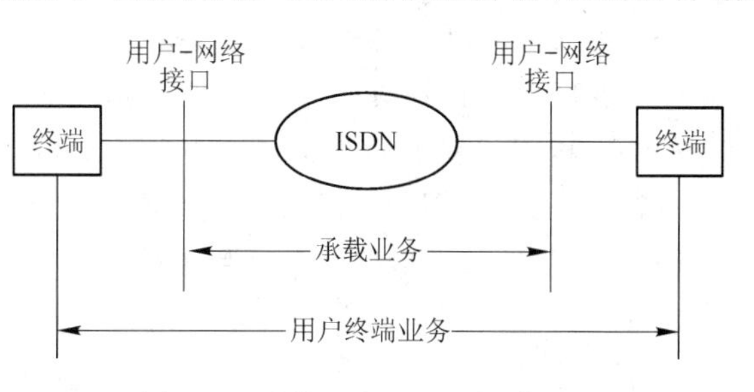

图 6.4 承载业务和用户终端业务

ITU-T建议了11种承载业务,其中8种属于电路方式,3种属于分组方式,如表6.1所示。

表6.1 电路方式和分组方式的承载业务种类

	业 务	具 体 内 容
电路方式承载业务	I.231.1	64 kbit/s、8 kHz结构,用于不受限制的数字信息传送
	I.231.2	64 kbit/s、8 kHz结构,用于语音信息传送
	I.231.3	64 kbit/s、8 kHz结构,用于3.1 kHz音频信息传送
	I.231.4	64 kbit/s、8 kHz结构,交替用于语音/不受限制的数字信息传送
	I.231.5	2×64 kbit/s、8 kHz结构,用于不受限制的数字信息传送
	I.231.6	384 kbit/s、8 kHz结构,用于不受限制的数字信息传送
	I.231.7	1 536 kbit/s、8 kHz结构,用于不受限制的数字信息传送
	I.231.8	1 920 kbit/s、8 kHz结构,用于不受限制的数字信息传送
分组方式承载业务	I.232.1	虚呼叫和永久虚电路
	I.232.2	D信道上的无连接型
	I.232.3	用户—用户信令

表6.1中I.231.6、I.231.7、I.231.8主要是针对一次群速率接口的,例如多个B信道复用而成的H_0、H_{11}和H_{12}信道;I.231.4和I.231.5主要是针对基本速率接口的(其中用户—网络接口的概念将在下面介绍)。

在表6.1所列的11种承载业务中,ITU-T规定电路方式的前三种和分组方式的第一种为基本业务,需要在国际范围的ISDN网络中实现。

电路方式的“64 kbit/s、8 kHz结构,不受限制的数字信息业务”,又称为透明的B信道电路交换业务。这类业务对应于目前64 kbit/s速率的电路交换数据网的功能。与非透明的B信道电路交换相比,这类业务可以提供很高的数据通信速率,用来进行ISDN内部通信或接入专用网。但是这种业务中的B信道在一次通信期间是被独占的,并且按照距离和时间计费,这对于间歇性的数据通信是不利的。当多个低速信道复用一个64 kbit/s的B信道时,复用只支持端到端的情况。

电路方式的“64 kbit/s、8 kHz结构,语音和音频信息业务”,被称为非透明的B信道电路交换业务。目前电话网提供的功能对应于这类业务。利用这类业务，ISDN 用户可以与世界范围内的其他任何用户进行通信。而且这类业务可以支持附加业务。

分组方式的虚呼叫和永久虚电路对应于目前分组交换数据网的功能。利用 B 信道的虚电路业务在网络入口处具有固定的 64 kbit/s 速率、存在阻塞等特点，与透明 B 信道电路交换业务的特点相同。利用 D 信道的虚电路业务虽然不能像 B 信道一样提供高速率，但是它的使用收费较低，而且在用户—网络接口上不存在阻塞，多个终端可以在同一条总线上共享 D 信道。因此，D 信道的虚电路业务适用于低速或间歇性的数据通信业务（如可视图文、智能用户电报和遥测）。

2. 用户终端业务

ISDN 的用户终端业务是指各种面向用户的应用业务。用户终端业务是在人与终端的接口上提供的，而不是在用户—网络接口上提供，因此用户终端业务既包含了网络的功能，又包含了终端设备的功能。

用户终端业务在承载业务所提供的 1～3 层功能上，还提供了 4～7 层的业务，以满足用户不同的需求。ITU-T 在 I.240 建议中定义了 6 种 ISDN 应该支持的用户终端业务：电话、智能用户电报、4 类传真、混合方式、可视图文和用户电报。其中，智能用户电报和可视图文已经在上文介绍；4 类传真提供端到端的传真通信，它使用标准的图形编码、分辨率和通信协议，信息传送可以采用电路和分组两种方式；混合方式提供端到端的报文和传真混合方式的通信，它传送的文件包含文字和图形的混合信息；用户电报提供交换式的报文通信，信息在 B 信道上以电路交换的方式进行传输。

3. 补充业务

用户在使用承载业务和用户终端业务这两种基本业务时，还可能要求 ISDN 提供额外的功能。这种由网络提供的额外功能就称为补充业务。它总是和承载业务或用户终端业务一起被提供，不能单独存在。ITU-T 在 I.250～I.270 建议中定义和描述了补充业务，使补充业务也能够标准化，并且使它的实现不依赖于某种特定的承载业务或用户终端业务。因此，对于用户来说，每一项补充业务都有一种统一的使用方法，与承载业务和用户终端业务无关。例如，呼叫保持的使用方法对于电话业务和可视图文业务来说都是一样的。

ITU-T 在 I.251～I.257 中定义了一些补充业务，具体内容参见相应建议。这里对一些常见业务功能作简单的介绍。

（1）直接接入

直接接入（DDI）即是用户可以不经过话务员的干预，直接呼叫综合业务小交换机（ISPBX）或其他专用系统。

（2）多用户号码

多用户号码（MSN）业务为一个用户—网络接口分配多个 ISDN 号码，即一对用户线有多个用户号码。由于 ISDN 网络的一条用户线最多可接 8 个终端，用户线具有多个用户号码，所以 ISDN 网络可将呼叫直接连接到该接口的每个终端上，使得计费和使用方便灵活。

(3) 子地址

子地址(SUB)用来标志 ISDN 用户—网络接口上连接的多个用户终端设备。这样,在呼叫时,就不需要多个公网号码使呼叫直接连接到用户终端,通过公网号码识别到用户—网络接口,而多个用户终端的识别是由子地址来完成的。

(4) 主叫号码显示

主叫号码显示(CLIP)业务为被叫用户提供主叫用户的 ISDN 号码,还可以提供用户终端的子地址信息。这个工作在呼叫建立阶段完成,当被叫用户终端已经振铃但还未做出应答时,主叫用户的号码可以在被叫终端显示。

(5) 被叫号码限制

被叫号码限制(COLR)业务使被叫用户的号码不在主叫用户终端显示。

(6) 呼叫转移

呼叫转移(CT)业务将一个已经建立起来(处于通话状态)的呼叫转移给第三方用户。该业务的应用可以是主叫用户也可以是被叫用户。

(7) 呼叫转送

呼叫转送(CF)业务使被叫用户在来话建立(进入通话状态)之前,将呼入的呼叫转接到一个预先指定的号码上去。根据转接条件可分为遇忙呼叫转送(CFB)、无应答呼叫转送(CFNR)和无条件呼叫转送(CFU)。

(8) 呼叫等待

呼叫等待(CW)业务可通知用户有一个新的来话呼叫到来,而找不到可用的接口信息信道。这时用户可以自己决定是接受、拒绝或者不理睬这个正在等待的呼叫。

(9) 呼叫保持

呼叫保持(HOLD)业务允许用户中断已经建立的呼叫或连接,并允许用户在以后需要时重新建立该连接。在中断期间,B 信道可以根据用户的需求保留或拆除。

(10) 三方通信

三方通信(3PTY)业务允许一个用户在通信期间保持这个呼叫而另外建立一个对第三方的呼叫,并根据需要可以参与两个呼叫中的任何一个呼叫,或者将两个呼叫连接起来,形成三方之间的相互通信。

(11) 用户—用户信令

用户—用户信令(UUS)业务可以使 ISDN 用户终端之间利用信令通道进行通信。通常,UUS 用于传送或接收少量的信息。用户—用户信令只在收发用户之间透明地传输,网络对这些信息不做任何处理。

6.2.3 ISDN 的用户—网络接口

1. ISDN 用户—网络接口的参考模型

用户—网络接口是用户终端与通信网之间的接口。用户—网络接口的参考配置是 ITU-T

为对上述接口进行标准化而制定的一种抽象化的接口方案。它给出了需要标准化的参考点和与之相关的各种功能群体。

功能群(functional group)——用户接入 ISDN 所需的一组功能,这些功能可以由一个或多个设备来完成。在实际应用中,根据用户的需求不同,用户—网络接口的配置可以是不同的,多个功能群可能由一种设备来实现。

参考点(reference point)——用来分割功能群概念上的点。在不同的实现方案中,一个参考点可能是用户接入设备单元间的物理接口。当多个功能群组合在一个设备中实现时,参考点仅具有抽象意义,在现实中并不是与物理接口一一对应的。

功能群和参考点都是抽象的概念。由于用户—网络接口配置的多样性,所以不能简单地将功能群和参考点映射为物理设备和接口。

根据功能群和参考点的概念,ITU-T I.411 建议提出了 ISDN 用户—网络接口参考配置,如图 6.5 所示。

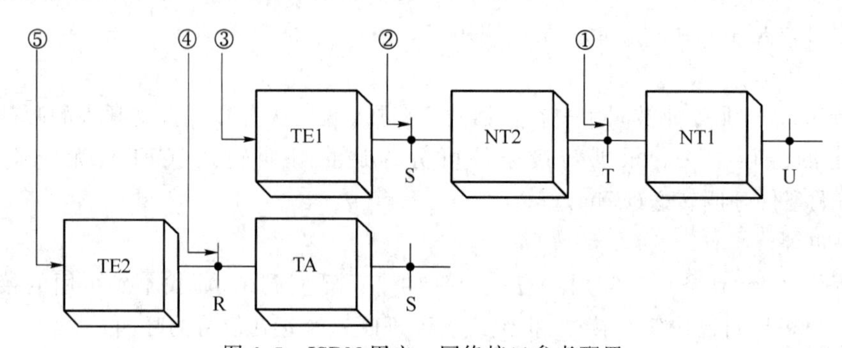

图 6.5　ISDN 用户—网络接口参考配置

根据用户接入 ISDN 的不同功能,功能群可以划分为以下几种:

(1) 网络终端 1(NT1:network termination 1)是 ISDN 用户传输线路终端设备,等效于 OSI 参考模型的物理层。NT1 可以由 ISDN 网络提供商控制,是网络的边界,使用户设备不受用户线上传输方式的影响。

(2) 网络终端 2(NT2)位于用户侧,含有 OSI 1～3 层的功能,可完成交换和集中的功能。如它可以是数字 PBX 和以太网,还可以是用户专用的具有通信功能的自动控制设备和通信控制器。

(3) 1 类终端设备(TE1:terminal equipment type 1)是 ISDN 标准终端设备。它符合 ISDN接口标准,例如 ISDN 数字电话机。

(4) 2 类终端设备(TE2)是非 ISDN 标准终端,是不符合 ISDN 接口标准的设备。例如普通的模拟电话机。TE2 需要经过终端适配器 TA,进行速率的适配和协议的转换,才可以接入 ISDN 的标准接口。

(5) 终端适配器(TA:terminal adaptor)完成包括速率适配和协议转换的功能,将非 ISDN 标准终端适配为 ISDN 标准终端。TA 具有 OSI 物理层功能和高层功能。

功能群由参考点分割而形成。图中 R、S、T 和 U 为参考点。NT1 与 NT2 之间的 T 参考点是用户与网络的分界点，它右侧的设备归网络提供商所有，左侧的设备归用户所有；S 参考点对应于单个 ISDN 终端接口，它将用户终端设备与和网络相关的通信功能分开；R 参考点在 TE2 和 TA 之间，它提供非 ISDN 标准终端的入网接口；U 参考点用来描述用户线上的双向数据信号。

图 6.5 所示的参考配置可以进一步分清承载业务与用户终端业务，进而更好地理解功能群和参考点的概念和作用。图中的①和②点（即 T 和 S 参考点）是承载业务的接入点。在这两个点上，基本的业务概念是相同的。例如，一个电路方式 64 kbit/s、8 kHz 不受限结构的承载业务可以在①和②中的任何一个上实现。用户侧通信设备的配置决定了要接入的接口。

非 ISDN 标准终端设备可以通过④点接入，然后经过终端适配器的转换后接到 ISDN 承载业务接入点。

③和⑤点用来提供用户终端业务的接入。使用 ISDN 标准终端的用户从③点接入；而使用非 ISDN 标准终端的用户从⑤点接入。

2. ISDN 用户—网络接口的接入配置

图 6.5 是用户—网络接口参考配置，是抽象化的配置，实际上用户—网络接口配置可以是多样的。该图中的五个功能群可以分别看作五种设备，三个参考点则可以看作真实的网络接口。当然，并不是全部的功能群和参考点都必须存在，某些或全部功能群的组合可以在一个设备中实现。在用户处可能同时存在 S 和 T 参考点；也可能只存在 S 和 T 参考点之中的一个；还有可能 S 和 T 参考点重合在一起。ITU-T 建议了各种可能的物理配置，如图 6.6 所示。

第一种配置中，S 和 T 参考点同时存在，一个或多个设备对应一个功能群，每个参考点对应一个物理接口。其实这种配置与参考配置是一样的。

第二种配置中，只有 S 参考点而没有 T 参考点。在这种配置中 NT2 和 NT1 相结合，共同完成网络功能。产生这种情况的原因是：ISDN 业务提供商不仅提供 NT1 的功能，还提供计算机、局域网和数字 PBX 设备，因此 NT1 的功能可以综合到这些设备中去；或者，当 NT1 功能由设备制造商而不是业务提供商提供时，就可以将 NT1 功能综合到制造商的设备中。这样 NT2 和 NT1 结合在一起，T 参考点即消失。

第三种配置中，只有 T 参考点而没有 S 参考点。在这种配置中，终端设备与 NT2 相结合。在图 6.6(e)中，显示了 NT2 和 TE 合并的情况，例如一个支持多用户的计算机系统通过 T 参考点接入 ISDN，使每个终端都能进行通信；在图 6.6(f)中，显示了 NT2 和 TA 合并的情况，例如支持非 ISDN 标准接口的 ISDN 用户交换机，它通过 T 参考点接入到 ISDN 网络。

第四种配置中，S 和 T 参考点重合在一起。这时不存在 NT2，终端设备直接与 NT1 相连。这种配置方式表明了 ISDN 接口的一个重要特征：一个 ISDN 用户设备可以直接接到网

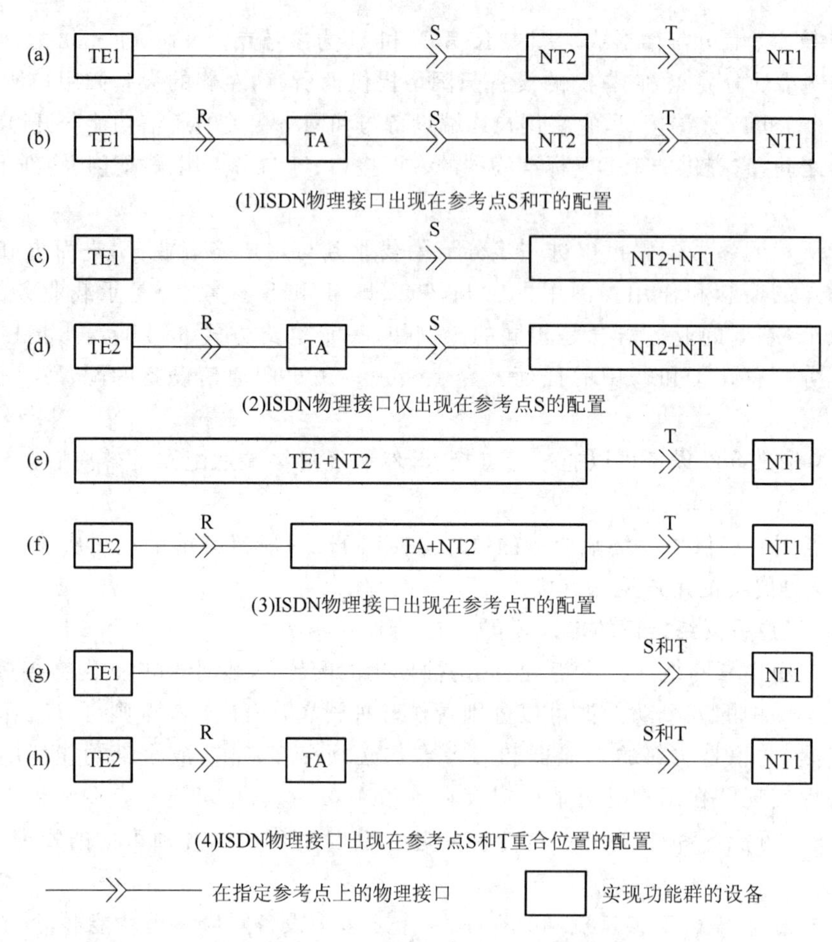

图 6.6　ISDN 用户—网络接口的物理配置

络终端 NT1,不需要改变任何接口。

这四种配置方式表明,一个给定的 ISDN 功能可以用不同的技术来实现,而不同的 ISDN 功能可以由一个或多个设备来实现。例如 NT2 和 NT1 功能群。

除了这四种配置方式以外,I.411 建议对多个终端接入的情况也提出了配置方案。在这种情况下,同一个参考点上可以出现多个物理接口,如图 6.7 所示。

图 6.7(a)和(b)中的配置都省略了 NT2 的功能,使 S 和 T 参考点重合,多个终端通过一个多分叉线路或多端口 NT1 连接到 ISDN。

图 6.7(c)和(d)描述了多个终端接入 NT2 的配置。

图 6.7(e)和(f)是 NT2 和 NT1 之间有多重连接的配置。其中图(e)表示存在多个 NT1 设备的情况;图(f)表示 NT1 提供多个第一层连接的多路复用情况。

3. 信道类型

交换机和 ISDN 用户之间的数字通道用于承载多个通信信道。I.412 建议定义了几种不

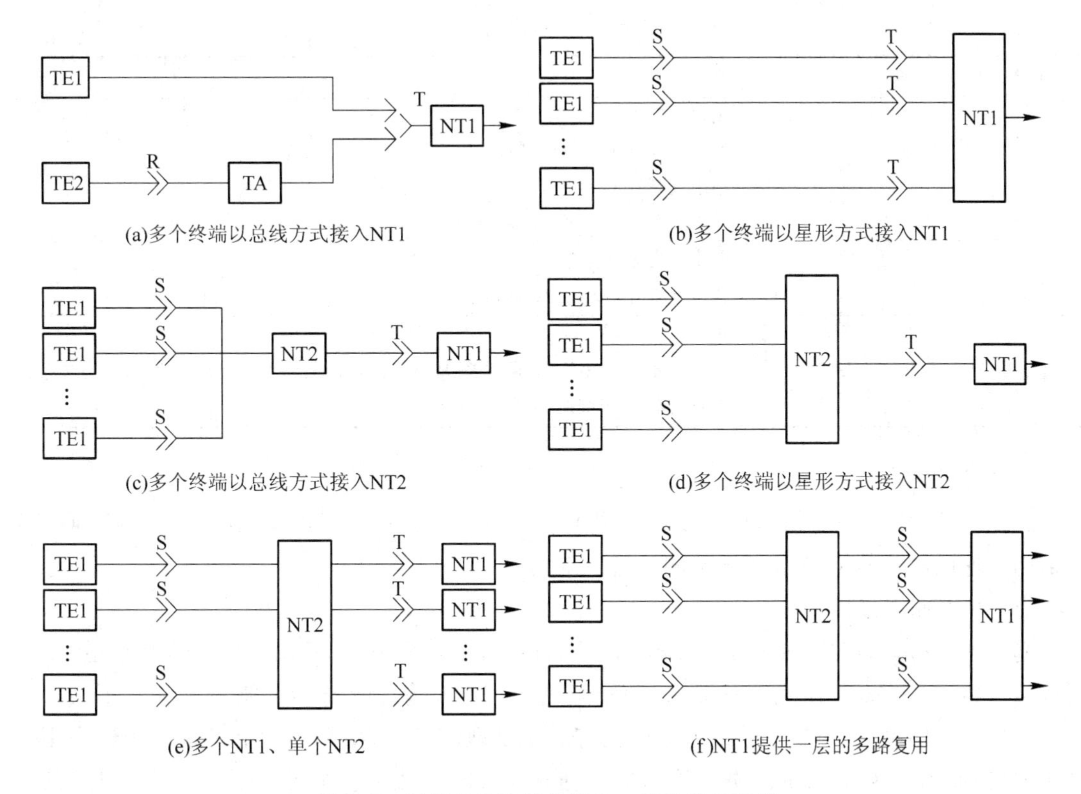

图 6.7　采用多重连接的用户—网络接口配置

同速率的信道,任何接入 ISDN 的传输结构都由以下 3 种信道构成。

(1) B 信道:64 kbit/s,供用户信息传输使用。

(2) D 信道:16 kbit/s 或 64 kbit/s,供信令和分组数据传输使用。

(3) H 信道:384、1 536 或 1 920 kbit/s,供用户信息传输使用。

B 信道是一个用户信道,用来传输话音、数据等用户信息,传输速率是 64 kbit/s。一个 B 信道可以包含多个混合的低速率业务,但是这些业务必须传送到同一个端点上。也就是说,B 信道是电路交换的基本单位。如果一个 B 信道包括多个子信道时,所有的子信道都必须在相同用户之间的电路上进行信息传输。B 信道上可以建立电路交换连接、分组交换连接和半固定连接。

D 信道有两个用途:可以传输公共信道信令,用来控制 B 信道呼叫的建立和拆除等;当没有信令交互的时候可以用来传输分组数据或低速遥测数据等。

H 信道用来传输高速的用户数据。用户可以将 H 信道作为高速干线或根据各自的时分方案将其划分使用。

ITU-T 规定的标准通路类型见表 6.2。

表 6.2 信道类型

通路类型		通路速率/kbit/s	用　　途
B		64	用户信息传送信道 按照 G.711 或 G.722 建议编码为 64 kbit/s 的语音 小于或等于 64 kbit/s 的数据 电路交换/分组交换/半永久连接
D		16	电路交换信令信道
		64	传送遥测信息或分组数据信息
H	H_0	384	用户信息传送信道
	H_{11}	1 536	高速传真、会议电视、高速数据、高质量音响、由低速数据复用成的信息流
	H_{12}	1 920	电路交换/分组交换/半永久连接

4. 接口结构

I.412 建议为用户—网络接口规定了两种接口结构：基本速率接口结构和一次群速率接口结构。这两种结构对应了两种不同的接入能力。

(1) 基本速率接口

基本速率接口(BRI:basic rate interface)的结构包括：两条 64 kbit/s 双工的 B 信道，用于用户信息传输；一条 16 kbit/s 双工的 D 信道，用于信令传输。图 6.8(a)形象地表示了接口的逻辑结构。该图的 S/T 参考点给人的感觉有三条物理信道并存，而实际上是这些信道采用了时分复用，如图 6.8(b)所示。基本接口的总速率是 144 kbit/s，再加上帧定位、同步以及其他控制比特，S 参考点上的速率可以达到 192 kbit/s。

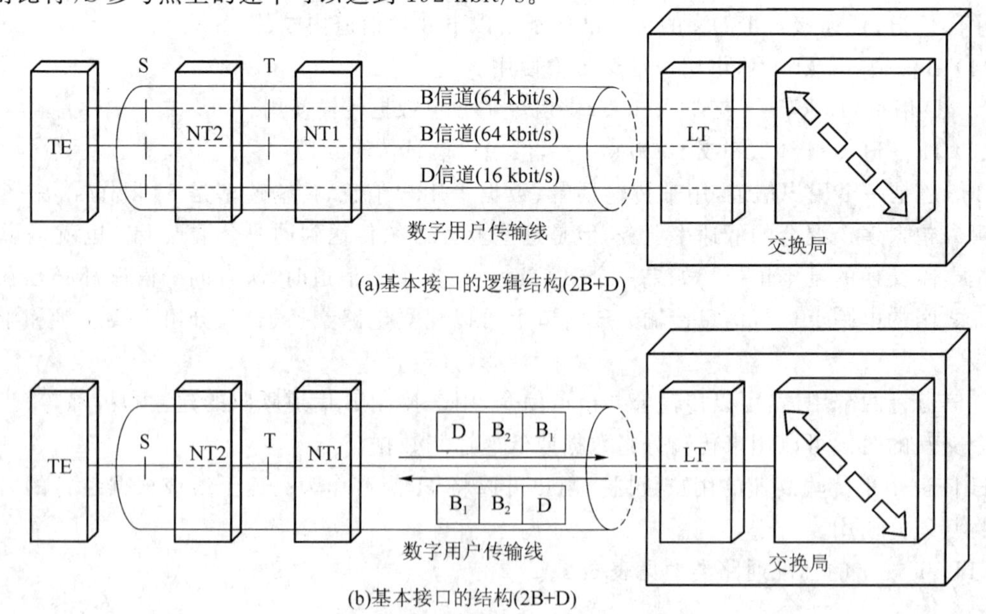

图 6.8 基本速率接口的结构(2B+D)

基本速率接口的目的是满足大部分单个用户的需要，包括住宅用户和小型办公室用户。基本速率接口使用户可以通过一个单一的物理接口，进行话音和多种形式的数据通信。例如，分组数据通信、告警信号的传送、传真和智能用户电报等。这些业务可以通过一个多功能终端或者多个独立的终端来完成。目前电话网中大部分用户线能够支持基本速率接口。

有时基本速率接口上可以采用B+D或D的结构，而不只是2B+D，这样可以满足那些传输量较小的用户的需求，以节省开销。但是为了简化网络的操作，S参考点上的速率仍然保持在192 kbit/s。

（2）一次群速率接口

一次群速率接口（PRI：primary rate interface）是为了满足那些有大量通信需求的用户而设计的。例如，一个具有大量通信需求的办公室用户，使用数字PBX或LAN接入ISDN。由于各国不同的数据传输系统的存在，无法用一个统一的数据传输速率来定义这个接口。在美国、加拿大和日本以1 544 kbit/s作为一次群接口的速率，对应于T1传输体制；而在欧洲、中国和其他地方则采用2 048 kbit/s的速率，对应于E1传输体制。当采用1 544 kbit/s的速率时，接口的信道结构是23B+D；采用2 048 kbit/s的速率时，一次群速率接口的信道结构是30B+D，它有32个64 kbit/s的信道，其中的一个信道用来满足帧定位和帧同步等需要；还有一个信道是D信道，速率为64 kbit/s，用来传输信令；其余的30个信道为B信道，用来传输话音和数据。

一次群速率接口还可以支持H信道。这时接口上可以包含D信道，也可以不包含。当包含D信道时，D信道用于控制信令；如果不包含D信道，则D信道由属于同一用户的另一个一次群接口来提供。表6.3列出了所有的ISDN用户—网络接口结构。

表6.3 ISDN用户—网络接口结构

接口类型	接口结构		接口速率 kbit/s	D信道速率 kbit/s
	结构名称	信道结构		
基本接口结构	基本接口	2B+D	192	16
一次群速率接口	B信道	23B+D	1 544	64
		30B+D	2 048	
	H_0 信道	$4H_0$	1 544	
		$3H_0+D$	1 544	
		$5H_0+D$	2 048	
	H_1 信道	H_{11}	1 544	
		$H_{12}+D$	2 048	
	B/H_0 混合信道	$n\mathrm{B}+mH_0+D$	1 544	
			2 048	

6.3 ISDN 交换技术

6.3.1 ISDN 交换系统结构和特点

1. ISDN 交换系统的结构

ISDN 交换系统是在程控数字电话交换系统的基础上演变而成的，所以在总体上它的结构和程控数字电话交换系统的结构很相似。但是为了适应 ISDN 端到端的数字连接的特点，并提供多种 ISDN 基本业务和补充业务，ISDN 交换系统的结构要比普通的程控数字电话交换系统复杂得多。图 6.9 是一般的 ISDN 交换系统的结构框图。

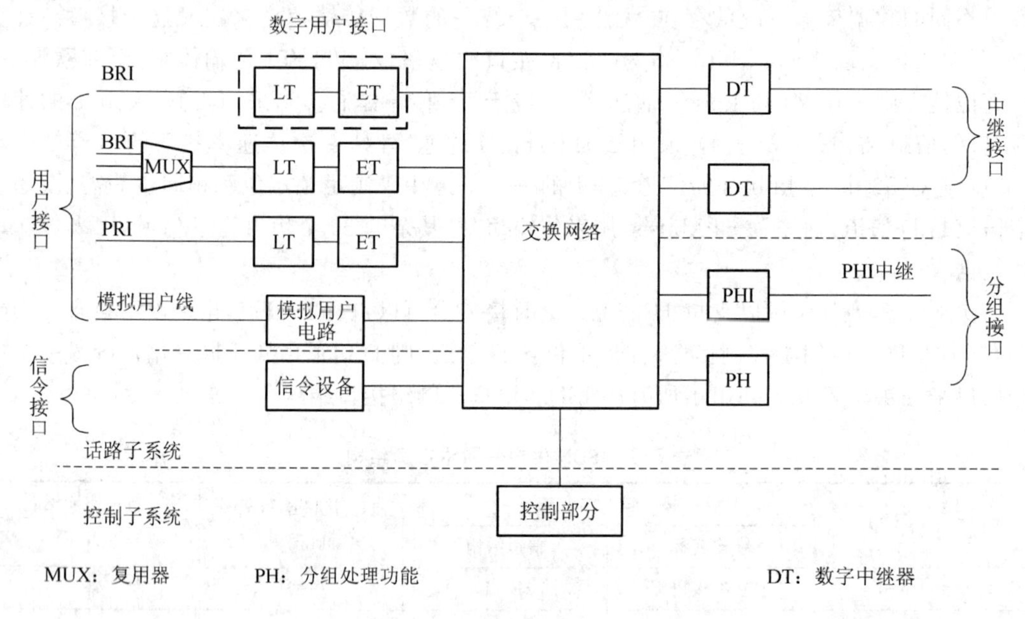

图 6.9　ISDN 交换系统结构框图

如图 6.9 所示，ISDN 交换系统是由话路子系统和控制子系统组成的，下面将逐一介绍这两个部分。

(1) 话路子系统

话路子系统主要包括接口部分和交换网络。

• 接口部分

接口部分包括用户接口、中继接口和信令设备。

用户接口是用户线与交换机之间的接口，主要包括模拟用户接口和数字用户接口两部分。由于目前多数 ISDN 交换机是由程控数字电话交换机改造而成，并且 ISDN 还不能完全取代电话网，考虑到满足 PSTN 用户的接入要求，所以 ISDN 交换系统的用户接口还保留着模拟用户接口部分。ISDN 交换系统中增加了数字用户接口部分，数字信号可以直接在用户线路上传输，进入交换机进行处理。它可以提供 ISDN 基本速率(BRI)2B+D 的用户接口，也可以提供一次群速率(PRI)30B+D(或 23B+D)的用户接口。前者是二线接口，与 PSTN 交换系统使用的用户线相同；后者是四线接口，采用的是 PCM 传输线。数字用户接口可以分为线路终端(LT)和交换机终端(ET)两个功能模块。其中 LT 负责数字用户线路的传输，包括线路编码、定时、同步、供电和用户线的数字信息传输等功能。ET 负责数字用户线路的接入控制，包括将 B 信道的用户信息复用到 PCM 线路上以接入交换网络，以及对 D 信道的控制信令进行处理等功能。

中继接口包括与其他 ISDN 交换机中继线的接口、与 PSTN 交换机中继线的接口、与分组交换机中继线的接口(PHI)等。PHI 提供交换系统至 PHI 中继的连接。PHI 中继连接到交换系统外部的提供分组处理功能的设备上，由后者提供至公用分组网的分组交换功能。ISDN 交换系统的中继接口与程控数字电话交换机的中继接口完成的功能基本一致。

信令设备包括公共信道信令的收发设备和为支持 PSTN 交换机功能而设置的 DTMF 收号器和 MFC 收发器。如果 ISDN 交换机不支持 PSTN 交换机的功能，则没有 DTMF 收号器和 MFC 收发器。

- 交换网络

交换网络又称交换矩阵，是提供电路连接和传递用户信息的设备。ISDN 的交换网络和一般的 PSTN 交换机的交换网络采用的技术基本一致，具体内容详见第 2 章相关部分。普通的 PSTN 交换机只能提供单一速率的电路交换连接，而 ISDN 交换系统可以提供多种不同速率的电路连接。除了基本的 64 kbit/s 的电路交换连接，还能够提供 2×64 kbit/s 的连接、H_0 信道的 6×64 kbit/s 连接、H_{11} 信道的 24×64 kbit/s 连接和 H_{12} 信道的 30×64 kbit/s 连接，并且在通信过程中能够根据用户的要求随时改变电路连接的类型。

(2) 控制子系统

控制子系统是由处理机系统构成的，处理机系统和相应的控制程序共同负责完成 ISDN 交换系统呼叫连接的建立和释放以及操作维护管理等工作。与 PSTN 交换机一样，ISDN 交换系统的控制部分一般也采用分散控制的结构，具体可以是全分散控制或分级的分散控制方式。

控制子系统中的应用程序主要包括呼叫处理程序和操作维护管理程序。

呼叫处理程序负责呼叫过程的控制，包括电路交换呼叫处理、信令处理和分组交换呼叫处理。其中信令处理主要完成对 D 信道的 DSS1 信令和中继线上的 No.7 信令的处理。由于 PSTN 交换机一般都具备 No.7 信令处理能力，所以 ISDN 交换系统中的信令处理主要在其基础上增加了 ISDN 用户部分功能(ISUP)来传送 ISDN 的局间信令，控制 ISDN 呼叫的建立、保持和释放；还增加了信令连接控制部分(SCCP)来负责建立两个 ISDN 交换机之间的虚电路，以利于传送数据、维护管理等信息。分组处理 PH 并不是每个 ISDN 交换系统都具有的部分。

ISDN 交换系统提供 PH 模块主要是为了处理分组信息，提供分组交换连接，并与公用分组网进行互通。PH 模块能对 X.25 分组数据进行处理，并可与公用分组网互通，这是一般的 PSTN 交换机所不具备的能力。如果 ISDN 交换系统中没有配备 PH 模块，则 ISDN 交换机可以通过电路交换方式与公用分组网进行互通。PH 模块与 PHI 都可提供分组交换功能，它们并不是交换系统必备的功能部件。在交换系统中，以上两种方式并不会同时存在，通常只存在一种提供分组交换功能的方式。

操作维护管理程序主要负责完成故障诊断、测试、计费、统计以及数据维护等操作。ISDN 交换系统的管理比 PSTN 交换机的维护管理更加复杂，例如 ISDN 交换系统要能够对电路交换业务和分组交换业务进行计费，对多种不同业务的业务量进行统计。而 PSTN 交换机只提供电路交换业务，所以不论是计费还是业务量统计都要简单得多。

2. ISDN 交换系统的特点

与 PSTN 交换机相比，ISDN 交换系统具备以下一些特点：

- ISDN 交换系统提供了数字用户接口，实现了用户线的数字化；
- ISDN 交换系统能够处理复杂的数字用户信令和 No.7 信令，实现了公共信道信令的端到端连接；
- ISDN 交换系统可以提供分组处理功能，处理分组数据，并实现与公用分组网互通；
- ISDN 交换系统能够提供多种不同类型的连接，包括多种速率的电路连接和分组连接；
- ISDN 交换系统扩展了呼叫控制功能，能够满足多种综合业务的需求；
- ISDN 交换系统能够提供复杂的维护管理功能。

6.3.2 数字用户接口

1. 数字用户线技术

用户线又叫做用户环路，是用户终端连接到本地交换机的线路设备。PSTN 用户线使用的还是模拟的用户线技术，通过一对双绞线来双向传输模拟信号。模拟用户线数字化的最简单的方法是将用户线路的二线连接改为四线连接，在分开的两对线上同时传输两个方向的数字信号，这需要在当前的用户线路上为每对用户线增加一对双绞线。但由于用户线数量巨大，对用户线改造的投资十分惊人，这种方法并不可行。出于成本的考虑，对于 ISDN 的基本速率接入，用户线使用的还是当前 PSTN 的用户线。但是，为了能在一对双绞线上进行双向的数字信号传输，就必须使用一些数字技术使模拟用户线数字化，这种技术又称为数字用户线技术。下面介绍三种比较常见的数字用户线技术。

- 频分法

频分法(FDM)是利用不同的频带来区分双向传输的数字信号的方法。它的基本原理很简单，就是使发送和接收的数字信号具有不同的频谱密度，这样它们在一对线上同时进行传输就不会相互产生干扰，接收端的设备只需使用滤波器就可以将两个方向上传输的信号分开。

频分法的实现如图 6.10 所示。

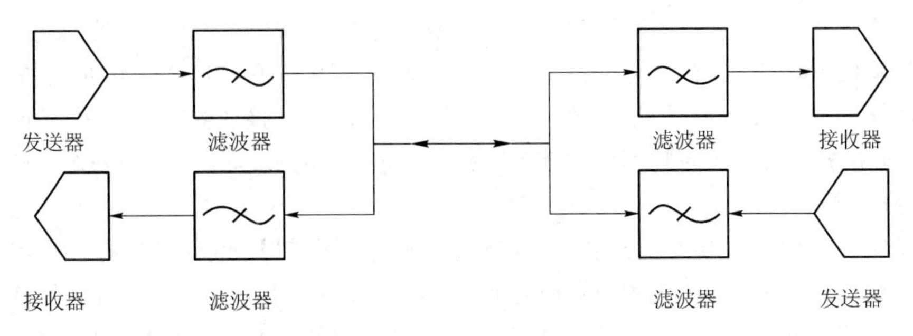

图 6.10　数字用户线技术——频分法

频分法的具体实现有两种方法:一种方法是在两个方向上使用相同的线路编码,但要将一个方向上的信号的频率调制到与另外一个方向上的信号频率不重合的频段;另一种方法就是对两个方向上传输的信号采用不同的编码方式进行编码,尽量使两个方向上信号的频谱不重合。

频分法的优点是实现比较简单,受到近端串音的干扰较小。这种方法的缺点是由于发送和接收的信号不能在同一频带内,占用的频带较宽,是传输信号频宽的两倍,所以信号传输的距离不能太长;另外,模拟滤波器很难集成化。因此,这种方法目前基本不再使用。

• 时间压缩法

时间压缩法(TCM)是利用不同的时隙来区分双向传输的数字信号的方法。它的基本原理是交替地改变线路信号的传输方向,使两个方向的信号就像打乒乓球那样轮流在线路上传送,所以这种方法又被形象地称为乒乓传输方式。频分法是收发使用不同的频率,按照频带区分信号,而时间压缩法则是收发使用不同时间,按照时隙来区分信号。时间压缩法的实现如图 6.11 所示。

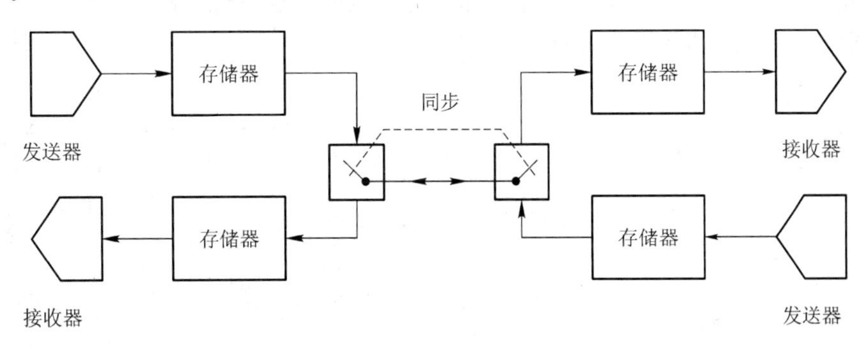

图 6.11　数字用户线技术——时间压缩法

时间压缩法的具体实现比频分法要复杂。在发送的时候,发送端将要发送的数据分割成等长的数据块,每个数据块不能立即发送出去,而是先存放在存储器中,等发送时机到来时,发送端才将存储的数据块以比原始数据更高的速率发送到线路上。考虑到线路方向切换的时间和线路的传播时延等因素，为了使接收端能正确地接收数据，发送端实际的发送速率应高于两倍的原始发送速率。从另一个角度考虑，对于同样大小的数据块，发送速率的提高意味着数据在线路上传输时间的减少，这种方法使数据的传输时间降为按原始速率传输时间的一半以下，这就是时间压缩的含义。在接收端，当高速的数据流到来时，接收端先将数据存放在存储器中，并将其速率恢复成最初的数据传输速率，然后进行正常的处理。系统中两个传输方向的切换可以利用电子开关控制。

时间压缩法的优点主要有两点：一是实现比较简单，不需要复杂的技术；二是容易避免近端串音的干扰，又能够用大规模集成电路器件来实现。但这种方法有一个明显的缺点就是它使用的线路码流传输速率较高，至少要高于系统传输速率的两倍，而在实际的用户线路中，随着传输速率的上升，信号的损耗也会急剧上升，所以限制了线路的传输距离。这种方法主要应用在日本，因为日本的国土狭窄，用户线的长度比较短，所以可以采用这种方法。

• 回波抵消法

回波抵消法(EC)比前两种方法都要复杂。它的基本原理是在一对用户线上双向传输信号，利用混合电路来分开发送和接收的信号，并使用回波消除器来抵消本端发送信号对接收到的远端信号产生的干扰。如图 6.12 所示，两个方向的信号使用相同的频带，同时在线路上传送，线路两端各有一个混合电路提供 2/4 线转换，将两个方向的信号分开。在理想情况下，混合电路就像一个平衡电桥，它只允许信号从一条边上通过而不允许信号对穿过电桥，这样就起到了防止发送信号对接收信号干扰的作用。但是在实际中，由于混合电路的阻抗不平衡，很难做到将发送端与接收端完全隔离，这样会有一部分发送信号漏到本侧的接收端而形成近端回波，也叫做近端串音；而且由于线路阻抗不匹配，会有一部分发送信号反射回本侧的接收端形成远端回波，即远端串音。这两种回波合在一起，会对本侧信号的接收产生严重的干扰。另外由于来自远端的信号经过线路传输后会有很大程度的损耗，有用的信号很可能被接收端的回波信号所“淹没”，所以如果不采取一定的措施消除回波的干扰，通信将变得十分困难。回波抵消法利用回波消除器来消除干扰信号。

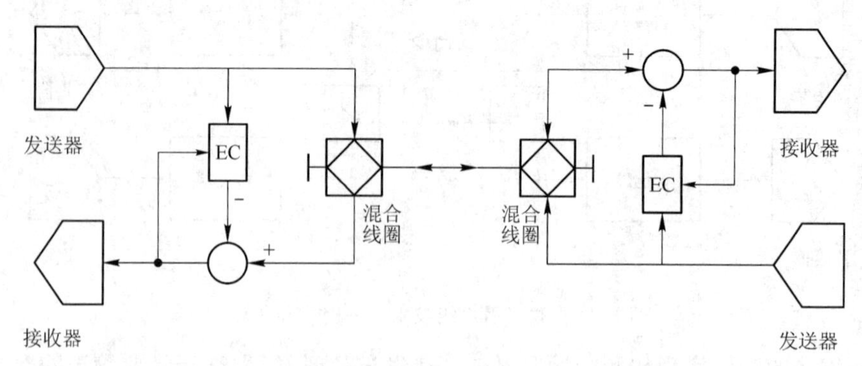

图 6.12　数字用户线技术——回波抵消法

回波消除器的工作原理是生成一个与回波幅度大小相同的合成信号，这个信号又称为回波估值。在接收侧将回波估值与接收到的信号相减,即用估算的回波来抵消实际的回波,使接收端留下有用的信号。回波估值越接近回波信号,则经过处理后的信号越接近原来的接收信号。但是由于线路的特性比较复杂,再加上环境的影响使回波随时变化,很难得到精确的回波估值。目前采用的回波消除器依据数字信号处理技术,使用一种自适应的数字滤波器,该滤波器的输入端是发送的数字信号,为了改善回波抵消的效果,滤波器可以根据抵消回波之后的接收信号与发送信号之间的相关分析,自动调整回波估值,以便进一步降低回波的干扰。

回波抵消法的主要优点是线路信号的频带较窄,可以在很长的距离上传输信号。例如,如果使用 0.6 mm 线径,利用回波抵消法的线路传输距离可以达到 8 km。这种方法主要在欧洲大部分国家和美国使用,我国也使用这种用户线技术。但回波抵消法也有缺点,就是其原理和实现都比较复杂。不过随着大规模集成电路技术的不断发展,集成电路芯片价格的不断下降,这种方法已经成为了主流的数字用户线技术。

2. U 接口标准

U 接口是数字传输系统与 NT1 之间的接口。图 6.13 表明了 U 接口在 ISDN 中的位置。在美国等北美国家,U 接口被认为是网络终点的标志,是用户与网络的分界点;而在一些欧洲国家,U 接口则被认为是网络的一部分。U 接口虽然没有统一的国际标准,但是 ANSI 和 ETSI两大标准体系关于 U 接口建议的主体部分基本上是一致的。目前采用 2B1Q 编码方式的 U 接口标准已经成为了事实上的标准,其标准主要包括以下几个方面:

- 线路码型

数字信号是利用电平来进行编译码的。2B1Q 码使用四电平码,每个电平代表一个四进制数,即连续的两个二进制比特被编为一个四进制电平符号。

表 6.4 是 2B1Q 码的编码规则表。发送端将原始数据根据编码规则表转为线路信号,在接收端则进行相反的操作,重新生成原始数据。

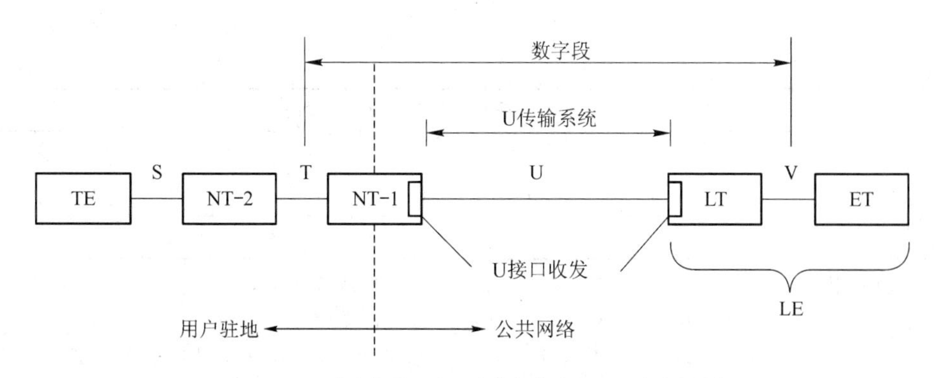

LT:线路终端 ET:交换机终端 LE:本地交换机

图 6.13 U 接口和 U 传输系统

表 6.4　2B1Q 码编码规则表

二进制值	电平码元值	电压值/V	二进制值	电平码元值	电压值/V
10	+3	+2.5	01	−1	−5/6
11	+1	+5/6	00	−3	−2.5

使用 2B1Q 方案进行线路编码的一个优点就是可以降低线路信号的传输速率。对于 ISDN基本接入，U 接口的传输速率是 160 kbit/s，包括 2 个 64 kbit/s 的 B 信道、1 个 16 kbit/s 的 D 信道以及 16 kbit/s 的 M 信道用于传送维护和开销位，采用 2B1Q 编码可以使速率降为 80 K 波特率。传输速率的降低会降低近端串音干扰，增加传输距离，所以这种编码方式在许多国家包括我国得到了广泛的应用。

• 帧结构

采用 2B1Q 码的 U 接口标准的帧结构采用如图 6.14 所示的复帧结构。每一个复帧由 8 个基本帧组成，每个基本帧由 120 个 2B1Q 四电平码元组成，即 240 个数据比特。每一基本帧的前 18 bit 是帧/复帧定位标志字，根据该帧在复帧中的位置分别标志着基本帧或复帧的开始，接下来的 216 bit 是 12 组 2B+D 信道数据，最后 6 bit 是操作维护信息字段，组成 M 信道信息。复帧中每个比特的作用如表 6.5 所示。

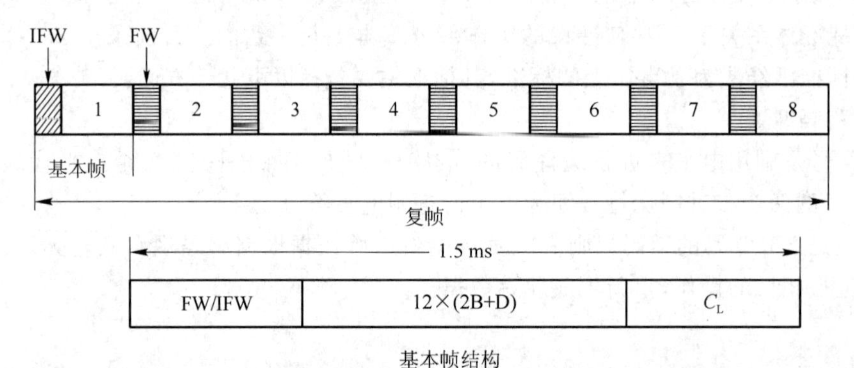

基本帧结构

2B+D：用户数据 B1、B2 信道和 D 信道　　IFW：复帧定位标志字

FW：基本帧定位标志字　　C_L：M 信道比特，M_1～M_6 共 6 bit

	基本帧内 2B+D 比特段的 2B1Q 编码								
数　据	B1				B2				D
比特对	$b_{11}b_{12}$	$b_{13}b_{14}$	$b_{15}b_{16}$	$b_{17}b_{18}$	$b_{21}b_{22}$	$b_{23}b_{24}$	$b_{25}b_{26}$	$b_{27}b_{28}$	d_1d_2
相应的四电平码元	q_1	q_2	q_3	q_4	q_5	q_6	q_7	q_8	q_9

b_{11}：在接收侧收到的 B1 信道 8 bit 组字节的第 1 比特　　b_{28}：在接收侧收到的 B2 信道 8 bit 组字节的第 8 比特

b_{18}：在接收侧收到的 B1 信道 8 bit 组字节的第 8 比特　　d_1d_2：连续 D 信道比特(d_1 是收到的第 1 个比特)

b_{21}：在接收侧收到的 B2 信道 8 bit 组字节的第 1 比特　　q_i 相对于给定的 18 bit 2B+D 数据字段开始的第 i 个四电平码元

图 6.14　2B1Q 编码 U 接口标准帧结构图

表 6.5　复帧结构

基本帧	成　帧	2B+D	C_L(开销)比特 M_1～M_6					
帧中四电平码元位置	1～9	10～117	118 s	118 m	119 s	119 m	120 s	120 m
帧中比特位置	1～18	19～234	235	236	237	238	239	240
基本帧标号	帧定位标志字	数　据	M_1	M_2	M_3	M_4	M_5	M_6
	LT～NT1							
1	IFW	2B+D	EOC_{a1}	EOC_{a2}	EOC_{a3}	ACT	1	1
2	FW	2B+D	EOC_{dm}	EOC_{i1}	EOC_{i2}	DEA	1	FEBE
3	FW	2B+D	EOC_{i3}	EOC_{i4}	EOC_{i5}	1	CRC_1	CRC_2
4	FW	2B+D	EOC_{i6}	EOC_{i7}	EOC_{i8}	1	CRC_3	CRC_4
5	FW	2B+D	EOC_{a1}	EOC_{a2}	EOC_{a3}	1	CRC_5	CRC_6
6	FW	2B+D	EOC_{dm}	EOC_{i1}	EOC_{i2}	1	CRC_7	CRC_8
7	FW	2B+D	EOC_{i3}	EOC_{i4}	EOC_{i5}	UOA	CRC_9	CRC_{10}
8	FW	2B+D	EOC_{i6}	EOC_{i7}	EOC_{i8}	AIB	CRC_{11}	CRC_{12}
	NT1～LT							
1	IFW	2B+D	EOC_{a1}	EOC_{a2}	EOC_{a3}	ACT	1	1
2	FW	2B+D	EOC_{dm}	EOC_{i1}	EOC_{i2}	PS1	1	FEBE
3	FW	2B+D	EOC_{i3}	EOC_{i4}	EOC_{i5}	PS2	CRC_1	CRC_2
4	FW	2B+D	EOC_{i6}	EOC_{i7}	EOC_{i8}	NTM	CRC_3	CRC_4
5	FW	2B+D	EOC_{a1}	EOC_{a2}	EOC_{a3}	CSO	CRC_5	CRC_6
6	FW	2B+D	EOC_{dm}	EOC_{i1}	EOC_{i2}	1	CRC_7	CRC_8
7	FW	2B+D	EOC_{i3}	EOC_{i4}	EOC_{i5}	SAI	CRC_9	CRC_{10}
8	FW	2B+D	EOC_{i6}	EOC_{i7}	EOC_{i8}	1	CRC_{11}	CRC_{12}

注：ACT：激活指示比特，激活期间置“1”

AIB：告警指示比特，“0”表示中断

CRC_n：循环冗余校验比特，校验范围包括 2B+D 和 M_1～M_4

$n=1$(最高有效位比特)，…，$n=12$(最低有效位比特)

CSO：仅冷启动指示比特，“1”表示仅冷启动

DEA：去激活指示比特，“0”表示通知解除激活

EOC：内嵌操作信道

EOC_a：地址字比特

EOC_{dm}：数据/消息指示比特

EOC_i：信息(数据/消息)比特

FEBE：远端块差错指示比特，“0”表示远端收到的复帧中有差错

NTM：NT1 测试模式指示比特，“0”表示 NT1 进入测试模式

PS1、PS2：电源状态指示比特

SAI：S 接口激活指示比特，“1”表示 S 接口激活

UOA：仅 U 接口激活指示比特，“0”表示仅激活 U 接口，不激活 S/T 接口

构成四电平码元比特对比特的位置

s：构成四电平码元比特对的第 1 位

m：构成四电平码元比特对的第 2 位

这里需要说明的是 EOC 的作用，EOC 由 M 信道的前 3 bit 组成，主要用来传输 EOC 消息，供网络侧激活 NT1 的环回测试模式。一条 EOC 消息包含 3 bit 长的地址信息段、1 bit 的消息/数据指示位以及 8 bit 长的信息域，信息域中承载的是网络向 NT1 发送的命令以及 NT1 对网络命令的确认信息。每个复帧中有 24 bit 长的 EOC 字段，可以容纳 2 条 EOC 消息，EOC

消息总是先由网络侧向 NT1 发送的。EOC 按照重复命令/响应模式工作:为了使 NT1 完成相应的动作,网络会连续发送同样的命令直到收到 NT1 响应的 3 个连续的相同 EOC 消息。NT1 要在连续收到 3 个相同的包含正确地址信息的 EOC 消息后才能执行 EOC 消息要求的动作。正常情况下,NT1 会利用下一个要发出的帧中的 EOC 消息来响应网络侧,如果 NT1 不能完成消息所要求的动作,则从第 3 个发回网络侧的响应消息开始向网络侧连续发送"不能完成"(unable to comply)消息。

• 供电

在 PSTN 中电话机都是统一由网络供电的,这样在市电停电时通信也不会受到影响。而 ISDN 中,用户设备主要是由本地供电的,为了使通信在停电时不会受到破坏,网络侧需要在紧急的情况下向用户设备供电。

在 ANSI 标准中,NT1 是由本地供电的,正常情况下由市电进行本地供电,紧急情况下由用户本地的蓄电池供电。而在 ETSI 标准中,在 NT1 的 S/T 侧,正常情况下由市电或蓄电池进行本地供电,紧急情况下由网络供电,网络侧通过幻线方式利用用户线路向 U 接口传送直流供电电流。图 6.15 是 U 接口的供电方式图。

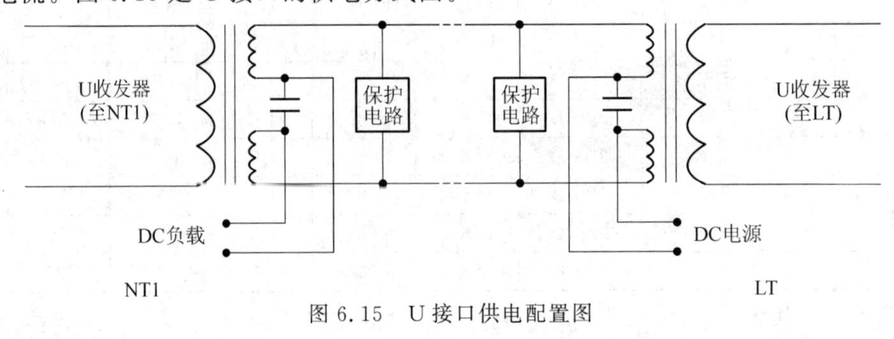

图 6.15　U 接口供电配置图

• 激活与去激活

为了使 NT1 在不进行通信的时候功耗能够降到最低,U 接口标准规定了激活和去激活过程。

激活过程的最终目的是唤醒处于低功耗状态的 NT1 设备,实现 NT1 与网络侧之间取得通信的同步。在激活过程中 NT1 与网络侧之间要交互一系列的声音和同步信号,均衡器和回波消除器在此过程中也需要得到训练以适应当前的电缆特性。另外,为了使用户电路上的终端设备也能与网络侧通信同步,在激活过程中,还需要设置 M 信道中 M_4 比特的不同状态位使 U 接口的激活与 S/T 接口的激活过程相互配合。U 接口的激活过程可以由网络侧发起,也可以由用户侧发起。

U 接口的激活过程有两种方式:冷启动激活和热启动激活。冷启动激活是指设备重新加电或者在呼叫过程中电缆特性发生显著变化等情况下的激活过程。冷启动激活的过程包含一段训练过程,此训练过程会持续几秒的时间,主要是使均衡器和回波消除器能够完全适应线路的电缆特性，以便更好地去除回波的干扰。冷启动激活持续的时间较长，激活时间上限为15 s。热启动激活过程是呼叫触发的激活过程，主要发生在U接口去激活后，线路上又发生新的呼叫的情况。在成功的冷启动激活过程之后，由于两次呼叫之间电缆特性的变化一般并不显著，均衡器和回波消除器的系数可以使用上次呼叫结束后的终值，所以训练过程持续的时间较短，激活时间一般不超过300 ms。在ANSI标准中，由于NT1是由本地供电，不存在省电的问题，则U接口一般均处于激活状态，也就是只支持冷启动激活；而在ETSI标准中，则支持两种激活方式。

去激活过程与激活过程是相对的。当用户电路上不存在任何呼叫的时候，并且U接口标准支持热启动激活，则网络可以进行去激活动作，将NT1的功率降到最低。去激活过程只能由网络发起，网络通过设置向NT1发送的M信道中M_4的相应位来指明数据传输过程的停止，要求NT1进入去激活状态。如果双方不再传输信号或者检测到失步，那么网络侧就可以进行去激活的动作。

图6.16所示为由用户侧发起激活的整个过程，由以下7个阶段组成。

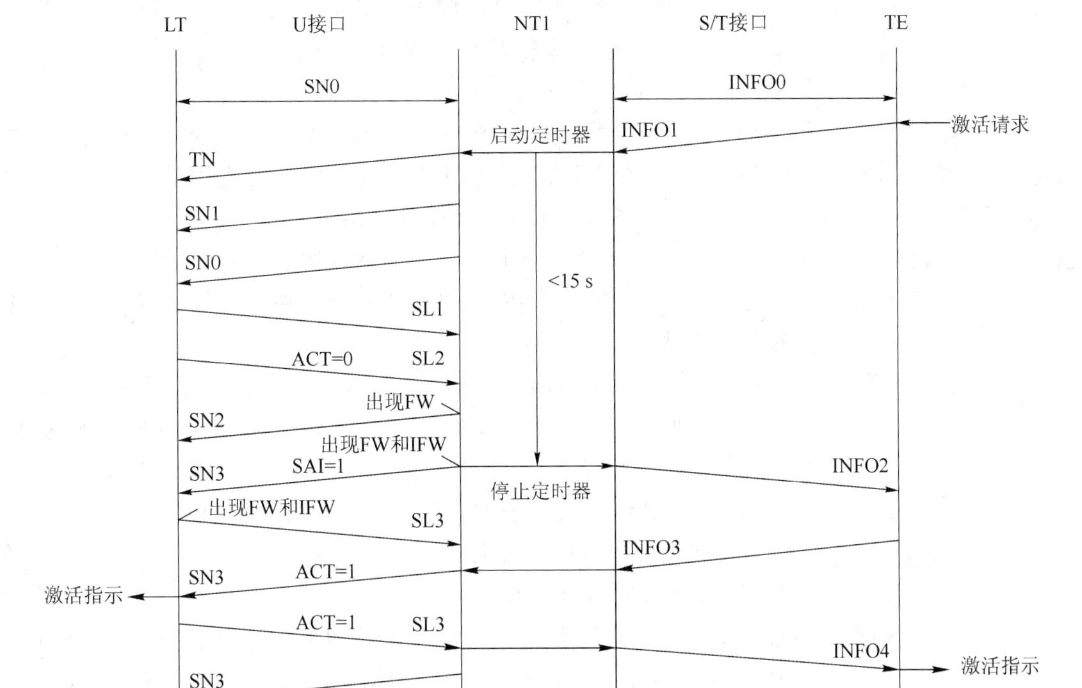

图6.16　U接口激活过程——用户侧发起

① 初始阶段。此时双方处于去激活状态，U接口上LT和NT1互发SN0信号，S/T接口上NT1和用户终端TE互发INFO0信号，表示线路上没有其他信号传送。

② 激活启动阶段。当TE产生一个呼叫请求后，例如用户话机摘机，这时TE向NT1发

送 INFO1,要求 NT1 开始激活。在 NT1 向 TE 响应 INFO2 信号之前,它必须先激活 U 接口获得与网络的同步,以下③～⑤阶段属于同步过程。最初,NT1 向 LT 持续发送 9 ms 的 10 kHz 的唤醒音 TN,通知 LT 的 U 接口收发器由低功耗状态进入全功率状态。然后,NT1 向 LT 发送 SN1 信号,并启动训练回波消除器和均衡器的定时器。SN1 信号由基本帧组成,不包含复帧同步字,其 B、D 和 M 信道比特的值均为 1。

③ 训练阶段。NT1 停止发送 SN1 信号,然后继续向 LT 发送 SN0 信号,表明 NT1 准备接收来自 LT 的 SL1 信号。LT 收到 SL0 信号后,开始向 NT1 发送 SL1 信号。双方通过相互传送 SL1 和 SN1 信号来调整回波消除器和均衡器的系数,同时进行帧同步。训练时间的长短与激活的类型有关。有些 ISDN 规定 U 接口不支持热启动激活,NT1 可以通过设置 SN3 帧中的 CSO(cold-start-only)值来向网络声明这一点。

④ 启动复帧同步阶段。LT 向 NT1 发送 SL2 信号,该帧带复帧同步字,B、D 信道比特的值均为 0。M 信道的 ACT 比特值为 0,表示 U 接口尚未激活。这时 NT1 开始进行与 LT 的基本帧同步过程。

⑤ 训练结束阶段。NT1 完成基本帧的同步后,向 LT 发送 SN2 信号。SN2 的内容与 SN1 一致,用于向 LT 指示 NT1 已经完成基本帧同步过程,但此时还没有完成复帧的同步过程。当 NT1 完成复帧的同步过程后,向 LT 发送 SN3 信号。SN3 信号的内容与 SN2 的基本一致,只是增加了 M 信道相应比特的值,其中 SAI 值为 1,表示 NT1 开始进行 S/T 接口的激活过程。LT 收到 SN3 信号后向 NT1 发送 SL3 信号,表明此时双方已经完成了复帧的同步过程。由于此时 S/T 接口尚未激活,所以 SN3 和 SL3 信号中的 2B+D 信道的数据均为 1,还不包含有效的数据信息。此阶段结束后回波消除器和均衡器的系数调整就完成了。

⑥ S/T 接口激活阶段。NT1 向 TE 发送 INFO2,表明 TE 已经取得与 NT1 的同步。TE 回应 INFO3 信号,表示 TE 已经完成 S/T 接口的激活。

⑦ 激活完成阶段。NT1 收到 INFO3 后,向 LT 发送 SN3 信号,并将 ACT 值置为 1,向网络指示 S/T 接口已经激活。LT 则响应 SL3 信号,其中 M 信道的 ACT 比特值也置为 1。NT1 收到 SL3 信号后向 TE 发送 INFO4,表明 U 接口和 S/T 接口的激活过程已经全部完成。这期间 SN3 和 SL3 信号帧中的 2B+D 信道开始透明传输用户数据或信令信息。激活之后 SN3 和 SL3 信号连续交互,一直持续到用户电路去激活。

图 6.17 所示为由网络侧发起激活的整个过程。

由网络发起的激活过程与上述由用户发起的激活过程很相似,惟一不同的是激活启动过程是由 LT 发起的,即 LT 先向 NT1 发送 3 ms 的 10 kHz 的唤醒音 TL 信号。另外,M 信道中的 SAI 比特要等到 NT1 收到 TE 的 INFO3 信号后才会被置为 1。由网络侧发起激活的过程在这里不进行详细叙述。

在网络测试和维护 U 接口传输系统的情况下,可能只要求激活 U 接口而不激活 S/T 接口,也就是不进行 U 接口和 S/T 接口同时激活的过程。这种情况称为受限激活,可以通过设置 UOA(仅激活 U 接口)的值来通知 NT1。

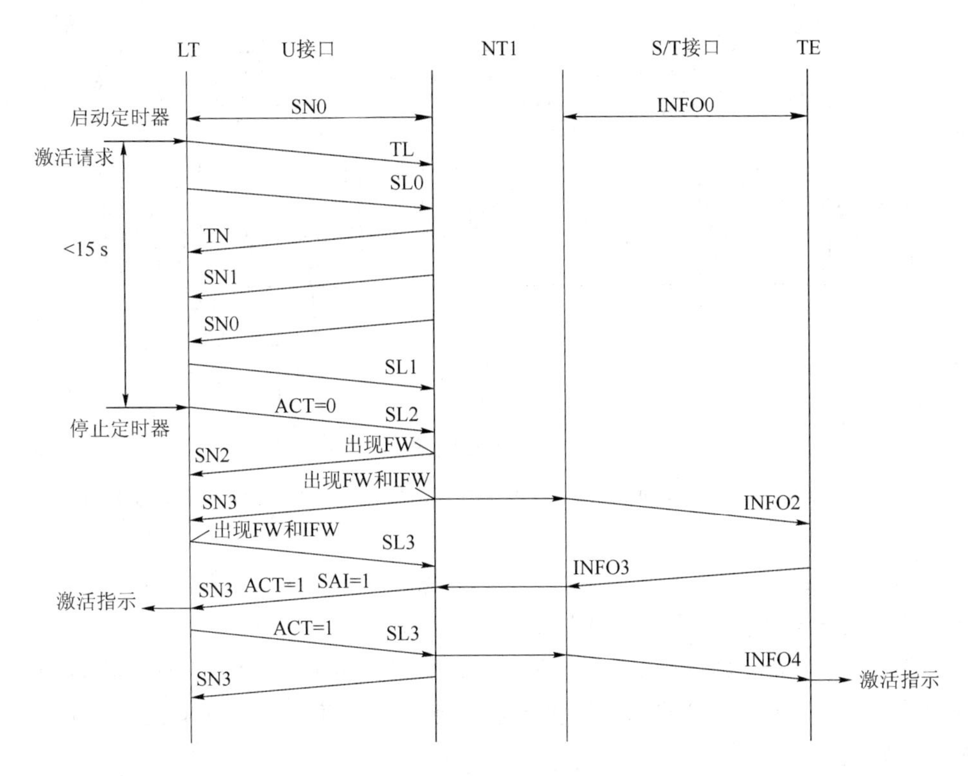

图 6.17 U 接口激活过程——网络侧发起

3. **数字用户电路**

• 结构

数字用户电路是 ISDN 交换系统中一类比较重要的外围接口电路。数字用户电路连接着用户线和交换机，负责用户线上信号的收发处理。ISDN 交换机的数字用户电路并没有一个统一的标准模型，而是与具体的交换机和 U 接口标准相关，但其主要结构和实现的功能大致相同，图 6.18 所示为使用 2B1Q 编码的 U 接口标准的数字用户电路结构图。

• 功能

数字用户电路主要由线路终端 LT 和交换机终端 ET 两个功能模块组成，分别实现线路信号的收发和处理功能以及 B、D 信道信息的交换和提取功能。与模拟用户电路的 BORSCHT 功能相对应，数字用户电路的主要功能也可以用下列字母来简要表示。

B(battery feed)：线路供电。主要完成对 NT1 的远端供电功能。

H(hybrid balance)：混合平衡电路。主要完成用户线的 2/4 线转换的功能。

E(echo cancel)：回波抵消。利用回波消除器和均衡器来消除接收信号中的回波信号，提高信号的传输质量。主要用于采用回波抵消法的数字用户电路中。

C(line encoder and decoder)：线路编解码器。对信号进行 2B1Q 等编码方案的编解码。编解码的方案与具体的 U 接口标准有关。

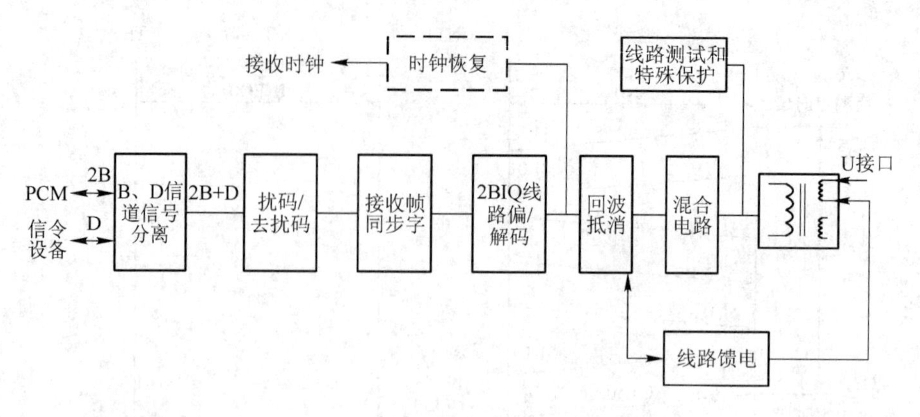

图 6.18　数字用户电路结构图

F(frame synchronization):帧同步。主要是实现从信号提取或插入帧(或复帧)同步字的功能。

S(scrambler and descrambler):扰码和去扰码器。对信号进行扰码/去扰码,扰码可以去除信号中的一些直流分量,更利于信号在线路上的传输。

D(division of B and D channel signals):B、D 信道信号分离。将 U 帧中的 B、D 信号分开,B 信道信号送往 PCM 线上进入交换网络进行交换,D 信道信号送往交换机内部的信令控制部分进行处理。

T(test and protect):测试和保护。实现对数字线路进行单独测试和特殊保护等功能。

6.3.3　ISDN 协议

1. ISDN 协议的特点

在 ISDN 技术成熟之前,电话和数据通信等通信方式被广泛应用。与这些通信方式的协议相比,ISDN 的协议具有以下这些新的特点。

- 每次呼叫选择业务和传送媒体

由于电话网、分组网、电报网等网络一般都是提供单一业务的网络,其网络协议不需要考虑本次通信提供的业务和所需传送媒体的类型,完成的主要任务就是控制两个终端之间顺利的进行通信。但 ISDN 的协议就不同了。因为 ISDN 能够在用户—网络接口上提供综合的业务,可能每次通信使用的业务都不相同。例如,在一条用户线上可以使用电话和传真等多个不同种类的通信。所以在每次呼叫建立的时候,ISDN 的协议控制部分根据本次呼叫的类型,不仅要选择使用哪种业务,还要选择进行电路交换还是分组交换等交换功能、选择通信信息在哪个信道上传输、选择信息传输的速率等多种传送媒体的特性。例如在 ISDN 中建立一个普通的电话呼叫时,协议控制部分就要为其选择话音业务、在 B1 或 B2 信道上传输、传输速率为 64 kbit/s等传输媒体特征,而在电话网中是没有这些协议要求的。

• 提供多终端的配置

如图 6.19 所示,在用户—网络接口上会以总线的形式同时接有多个 ISDN 的终端。在每次呼叫到来时,ISDN 协议要能够保证不同的终端设备之间不发生相互干扰,造成通信的混乱,而使呼叫能够顺利地到达目的设备。目前 ISDN 的协议中规定用户终端总线上最多可以接入 8 个不同的终端设备。

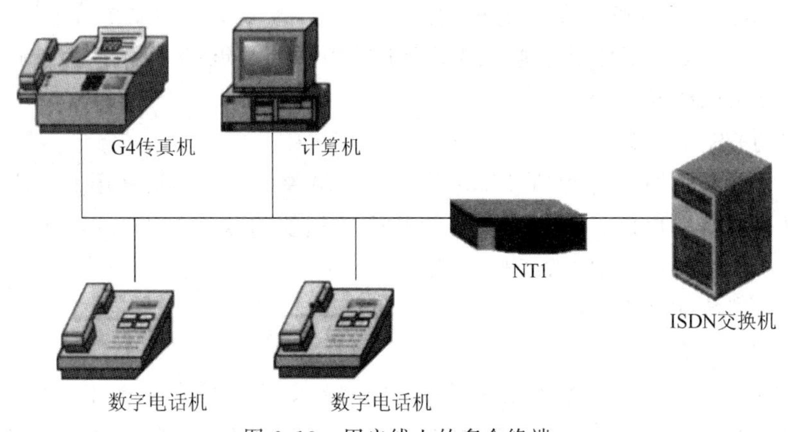

图 6.19　用户线上的多个终端

• 确保终端的可移动性

在电话网和数据网等通信网络中,通信终端的位置在一次通信过程中是不能够随便改变的。但 ISDN 协议中实现了用户终端的可移动性。例如,在通信过程中用户可能需要将终端设备从一个房间转移到另一个房间,这时只需要将终端设备插入到另一个房间内的 ISDN 标准化插座上,在此期间通信可以不被中断而继续保持。

• 需要确认通信的兼容性

由于 ISDN 协议规定了呼叫建立时对业务和传送媒体的选择,所以在选择业务和传送媒体时,要确认对方用户—网络接口上有能够兼容的设备可以相互通信,这就要求 ISDN 协议包含用户终端之间传送终端兼容性信息的规定。

以上是 ISDN 协议与现有的一些通信协议相比较所具有的新特点。正是由于这些特点,才保证了 ISDN 能够提供更为强大、更为丰富的业务能力。下面将介绍 ISDN 协议中的用户—网络接口协议 DSS1 和网间接口协议 ISUP。

CCITT(I.320 建议)在 OSI 模型的基础上专门为 ISDN 协议设计了一个立体的结构模型,如图 6.20 所示。

ISDN 模型由三个平面构成,分别对应着三种不同类型的消息。

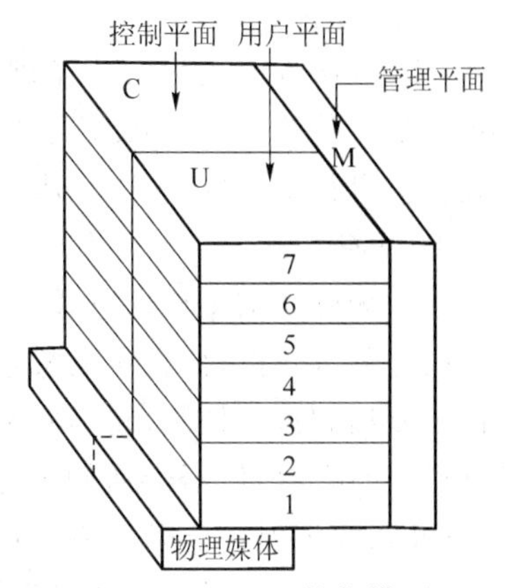

图 6.20　ISDN 协议模型

• 控制平面(C):控制所有的呼叫和网络性能,它是关于控制信令的协议,分为七层。

• 用户平面(U):在用户信息传输的信道上执行数据交换的全部规则,它是关于用户信息的协议,也分为七层。

• 管理平面(M):是关于终端或ISDN节点内部操作功能的规则,不分层。

C平面和U平面可以通过原语与M平面进行通信,由M平面的管理实体来协调C平面和U平面的操作。C平面和U平面之间不直接通信。

这个ISDN立体结构模型很好地描述了ISDN中多种功能同时存在的情况,解决了不同协议间进行相互关联的问题。

2. UNI口的DSS1协议

DSS1——1号数字用户信令,是ISDN用户—网络接口上D信道采用的协议,主要包括数据链路层协议和网络层协议。下面主要介绍数据链路层协议LAPD(link access protocol D channel)和用于基本呼叫控制的Q.931协议。

(1) UNI口的数据链路层协议——LAPD协议

• 基本特征

在ISDN用户—网络接口处,数据链路层的协议采用D信道上的LAPD协议,包含在Q.920/Q.921标准中。LAPD的目的是通过ISDN用户—网络接口,利用D信道为第三层实体之间的信息传递提供服务。

LAPD包括下列功能:

① 提供一个或多个D信道上的数据链路连接,利用帧中的数据链路连接标识符(DLCI)来鉴别不同的数据链路之间的连接;

② 帧的分界、同步以及透明传输;

③ 顺序控制,以保持经过数据链路连接的帧的次序;

④ 检测并恢复数据链路连接上的传输、格式以及操作差错;

⑤ 将不可恢复的差错通知管理实体;

⑥ 流量控制。

LAPD协议以LAPB为基础,将用户信息、协议控制信息和参数都放在帧中传输。有两种进行信息传输的方式:无确认信息传送方式(unacknowledged information-transfer service)和确认信息传送方式(acknowledged information-transfer service)。这两种方式可以共存于一个D信道中。

——无确认信息传送方式

在这种方式下,信息在无编号信息帧(UI)中传送,传送之后不需要确认。这种方式不提供任何差错和流量控制,它不能保证发送的数据正确地到达接收端。接收端发现传输错误时可以将该帧丢弃,但不会通知发送端。这种方式可应用于点到点和广播方式的信息传送,即UI帧可以发送到一个指定端点或与一个指定服务接入点标志符(SAPI)相关的多个端点处。无确认信息传送方式是一种快速的数据传输方式,对功能管理很有用,例如用来传输管理实体之间的告警信息和需要向多个终端广播的信息。

——确认信息传送方式

在这种方式下，信息在需要确认的帧(I 帧、S 帧或 U 帧)中传送，包括三个阶段：连接建立、数据传输和连接拆除。在连接建立阶段，一个用户向另一个用户发出连接请求，如果另一个用户准备加入这个逻辑连接，则对请求做出响应。当对方收到这个肯定的应答以后，逻辑连接就建立起来了。在数据传输阶段，所有发送的帧都能按发送顺序得到对方送回的确认，这样 LAPD 就保证了所有帧正确顺序的传输。在连接拆除阶段，已连接的任何一方都可以提出终止连接请求，当对方确认以后就可以拆除本次连接。确认信息传送方式通过重发没有确认的帧实现差错恢复。当数据链路层无法恢复差错时，就将此差错报告给管理实体。

• 帧结构

所有数据链路层端对端(peer to peer)的交换都是以帧的形式进行的。帧的格式如图 6.21所示。

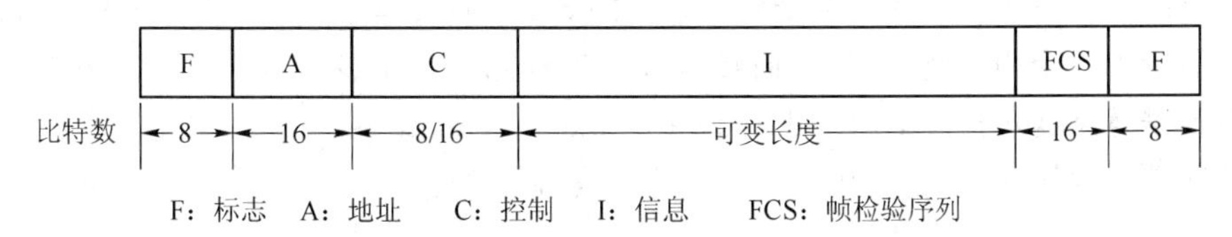

图 6.21　帧的格式

① 标志字段

标志字段(flag)是一个特殊的 8 bit 序列 01111110，它的作用是标志一个帧的开始和结尾。一个标志字段可以同时作为一帧的结尾和下一帧的开始。在用户—网络接口的两侧，接收器连续不断地搜索标志序列，以达到帧同步的目的。当接收器接收到一个帧的时候，继续搜索标志序列，直到再次收到标志序列时，则确定帧结束。因此，在此过程中除了 F 字段外，其他的字段内都不允许出现这样的序列。为了避免这样的问题，采用叫做“比特填充”的方法，处理除 F 字段外具有标志序列的数据。做法是：发送端除了 F 字段外，每发送 5 个连续的“1”比特之后就插入一个“0”比特；而接收端对两个 F 字段之间的数据做相反的处理。

② 地址字段

地址字段用来标志 D 信道上的多个数据链路，长度为 16 bit，包括了 SAPI、TEI、C/R 和 EA 这四个组成部分。地址字段格式见图 6.22。

8	7	6	5	4	3	2	1
SAPI						C/R	EA 0
TEI							EA 1

C/R：命令/响应　SAPI：业务接入点标志

EA：地址扩展　TEI：终端端点标志

图 6.22　地址字段格式

SAPI 是业务接入点标志(service access point identifier)，在此点处数据链路层实体为第三层或管理实体提供数据链路服务。SAPI 可以规定 64 个服务接入点，其分配见表 6.6。

TEI 是终端端点标志(terminal endpoint identifier)，用来标志不同的用户终端。点到点数据链路连接的 TEI 仅对应于一个终端设备，但是一个终端可以包含一个或多个用于点到点数据传送的 TEI。用于广播链路连接的 TEI，对应于用户侧包含同一个 SAPI 的所有数据链路层实体。TEI 字段允许规定 128 个 TEI 值，其分配方法见表 6.7。

表 6.6　SAPI 值的分配

SAPI 值	相应的第三层或管理实体
0	呼叫控制实体
1～15	保留
16	符合 X.25 第三层规程的分组方式的通信实体
17～31	保留
63	第二层的管理实体
其他	不可用

表 6.7　TEI 值分配

TEI 值	设　备　类　型
0～63	非自动分配 TEI 设备
64～126	自动分配 TEI 用户设备
127	广播链路连接中终端设备群的标志

非自动分配的 TEI 值由设备负责分配，自动分配的 TEI 值由网络负责分配。

在一个终端设备中可能存在多个对应于不同 SAPI 的实体，但是 TEI 和 SAPI 加起来，就可以惟一地标志一个用户侧的实体，而且也惟一地标志了一个逻辑连接。TEI 和 SAPI 的组合又称为数据链路连接标志 DLCI(data link connection identifier)。图 6.23 表示一个 D 信道上的 6 条独立的逻辑连接，它们在用户侧的两个终端上终止。

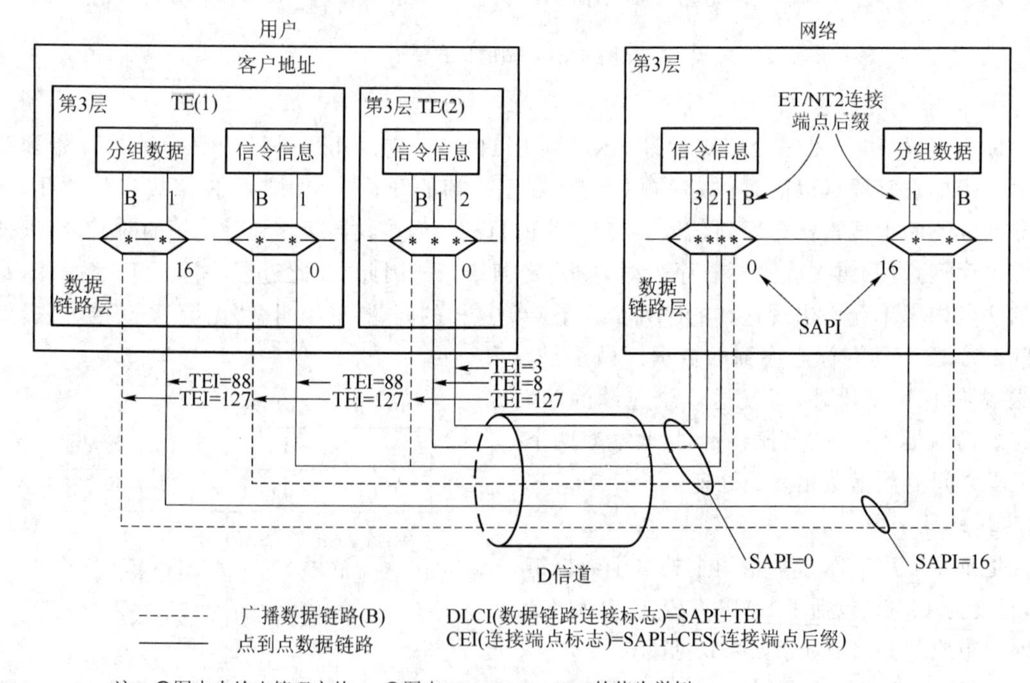

图 6.23　D 信道上的多重数据链路连接

C/R 比特是地址字段的第 2 个比特。所有的 LAPD 消息类型可分为命令和响应两类，C/R比特就是用来指示帧中所包含的消息类型的。

EA 是地址扩展比特，地址字段中每个字节的第一位都是 EA 比特。EA=0，表示下一个字节仍是地址字段；EA=1，表示本字节为地址字段的最后一个字节。

③ 控制字段

控制字段由一个 8 bit 组或一个 16 bit 组构成，长度取决于帧的类型。LAPD 定义了 3 种类型的帧，如图 6.24 所示，其中，$N(S)$为发送序号；$N(R)$为接收序号，S 为监视功能比特，M 为控制功能比特，P/F 为探询/终止比特。

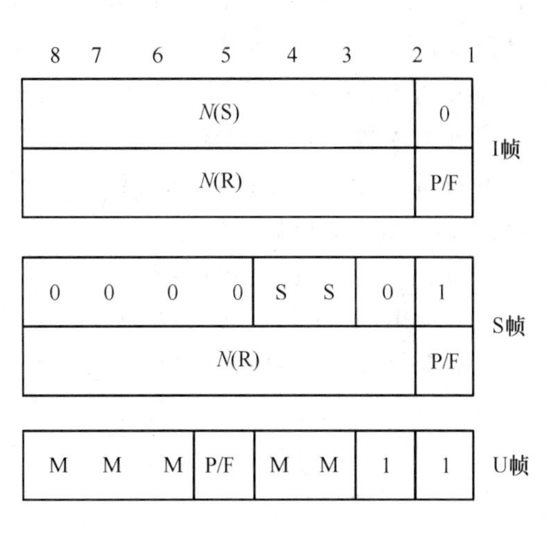

图 6.24 控制字段格式

信息帧(I 帧)用来传送用户数据，但在传送用户数据的同时，可以捎带传送流量控制和差错控制信息，以保证用户数据的正确传送。

监视帧(S 帧)用来传送控制信息，用于执行数据链路监视控制功能。

无编号帧(U 帧)用于提供附加数据链路控制功能，以及用于无确认信息传送方式的无编号信息传输。

④ 信息字段

信息字段只出现在 I 帧和 U 帧中，S 帧中不包含信息字段。信息字段可以是任意的比特序列，但是它的长度必须是 8 bit 的整数倍。Q.921 标准中规定信息字段的最大长度是 260 个字节。

⑤ 帧检验序列字段

帧检验序列字段是错误检测码，根据帧中除标志字段之外的其他比特计算得到。

• 帧交换过程

LAPD 的帧交换过程就是用户终端和网络之间，在 D 信道上的 I 帧、S 帧和 U 帧传输和交换信息的过程。

采用确认信息传输方式时，LAPD 的帧交换分为 3 个阶段：连接建立、数据传送和连接拆除。具体操作与 LAPB 相同，详见第 5 章。

采用无确认信息传输方式时，LAPD 提供不带差错和流量控制的用户数据的传送和交换。无编号帧(UI)用来传输用户数据。

• 管理功能

LAPD 除了实现帧交换外，还具有 TEI 管理和参数协商的功能。

① TEI 管理

在基本接口上，为了保证终端设备的可移动性，ISDN 不用预先为用户—网络接口上连接的终端分配 TEI 值，而是在需要的时候分配。当一个终端接入用户—网络接口，并请求建立逻辑链路时，LAPD 先保存这个建链请求，然后要进行 TEI 自动分配的过程。在 TEI 自动分配过程中，用户侧向网络侧管理实体发送 UI 帧请求分配 TEI。网络侧管理实体收到这个请求后，查询 TEI 表并将一个未使用的 FEI 值分配给这个终端，分配的 TEI 值由 UI 帧送回到用户侧。如果网络侧管理实体没有可用的 TEI 值，或者用户的请求无法满足，网络侧也可以通过 UI 帧拒绝这次 TEI 的分配请求。如图 6.25 所示。

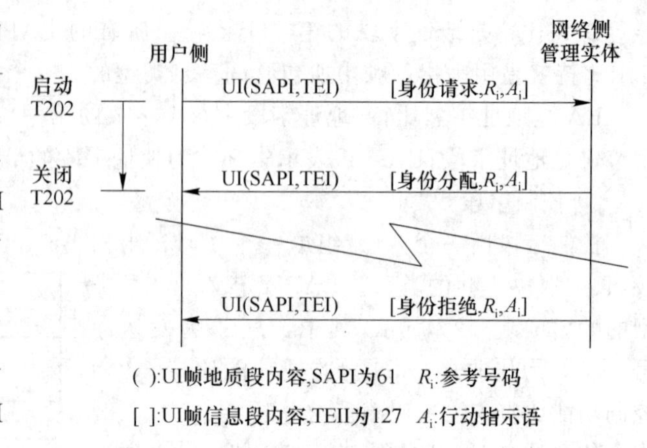

图 6.25　TEI 分配过程

图 6.24 中的计时器 T202 用来监视网络的响应。所有 UI 帧中的 SAPI 都为 63，TEI 都为 127。TEI 管理的详细内容请参考 Q.921 协议。

② 参数管理

表 6.8 列出了 LAPD 的系统参数。这些参数的值是可以协商并修改的，双方通过交换帧(XID)来进行协商和修改。

表 6.8　LAPD 系统参数

参　　数	缺省值	定　　义
T200	1 s	命令帧等待响应的最大时间
T201	＝T200	两次 TEI 身份检查消息的最小时间间隔
T202	2 s	两次 TEI 身份请求消息的最小时间间隔
T203	10 s	链路上没有帧交换的最大时间
N200	3	一帧的最大重发次数
N201	260 byte	信息字段的最大长度
N202	3	TEI 身份请求消息的最大重发次数
k	3	未得到确认的最大 I 帧数目

• LAPD 与 LAPB

LAPD 是以 LAPB 为基础进行设计和规范的，但是 LAPD 在功能上比 LAPB 有所扩充。如表 6.9 所示。

表 6.9 LAPD 和 LAPB 的比较

	X.25 链路级(LAPB)	D 信道链路层协议(LAPD)
地址段	固定(通常模式和扩充模式不同)	由 SAPI 和 TEI 构成,可变
数据链路	仅有点对点的链路	有点对点和一点对多点(广播)链路
确认传送方式	有平衡方式(模 8 的普通方式和模 128 的扩充方式)并规定了多链路规程	有平衡方式(仅有模 128 的扩充方式),在一个 D 信道上可以建立多个逻辑链路
无确认传送方式	无	由 UI 帧来实现(主要用在广播方式)
层间业务规定	不明确	依据 OSI 分层模型,规定了各种原语

LAPB 和 LAPD 主要的不同点包括:LAPB 在一个物理电路上只能建立一条数据链路,而 LAPD 却可以在 D 信道上建立多条数据链路;LAPB 每个帧的地址字段是固定的,而 LAPD 却可以根据不同的地址字段识别不同的数据链路;LAPB 只支持点对点的连接,而 LAPD 既支持点对点的连接,又支持向总线上多个终端传送广播信息的一点对多点的连接。

对于信号传送方式,LAPD 除了可以像 LAPB 那样提供有确认的方式,还可以提供不用逐个编号确认的无确认方式。基于物理线路的传送延迟等原因,LAPB 选择了模 8 的普通方式和模 128 的扩充方式,而 LAPD 则只采用统一的模 128 的方式。另外,LAPB 以提高可靠性和分散负荷为目的来提高信号传送能力,因此规定了集中多个物理电路来传送数据的多链路规程(MLP),而 LAPD 不支持这个规程。

(2) UNI 口的呼叫控制层协议——Q.931 协议

DSS1 的第三层协议为呼叫控制层协议,它采用基于消息的信令控制过程,主要负责 B 信道连接的建立和释放,实现对基本业务和附加业务的管理和控制。目前我国主要采用的呼叫控制层协议是由 ITU-T 制定的 Q.931 协议标准。

Q.931 协议实现的主要功能包括:

① 处理第三层的消息,并与交换机的呼叫控制及资源管理实体共同作用,完成呼叫的建立、维护和释放等动作。

② 使用原语与相邻层进行通信。

③ 进行必要的资源管理,包括用户侧与呼叫相关的所有资源,例如呼叫所选择的信道、号码等。

④ 实现用户要求的基本业务和补充业务的性能。ISDN 不仅能够提供诸如话音、数据、传真等基本通信业务,还能够提供更丰富的附加业务,所以,Q.931 协议必须能够管理实现这些业务的参数,确保业务性能。

前面提到 Q.931 协议是一个基于消息的信令控制协议,呼叫控制层的信令信息利用消息传送。消息是一些长度不定的数据块,下面先介绍 Q.931 协议的消息结构。

图 6.26 所示为 Q.931 消息的一般结构图。消息分为两个部分:公共部分和信息单元部分。公共部分又由图中所示的三段组成,在所有的消息中它们的格式都是一致的。

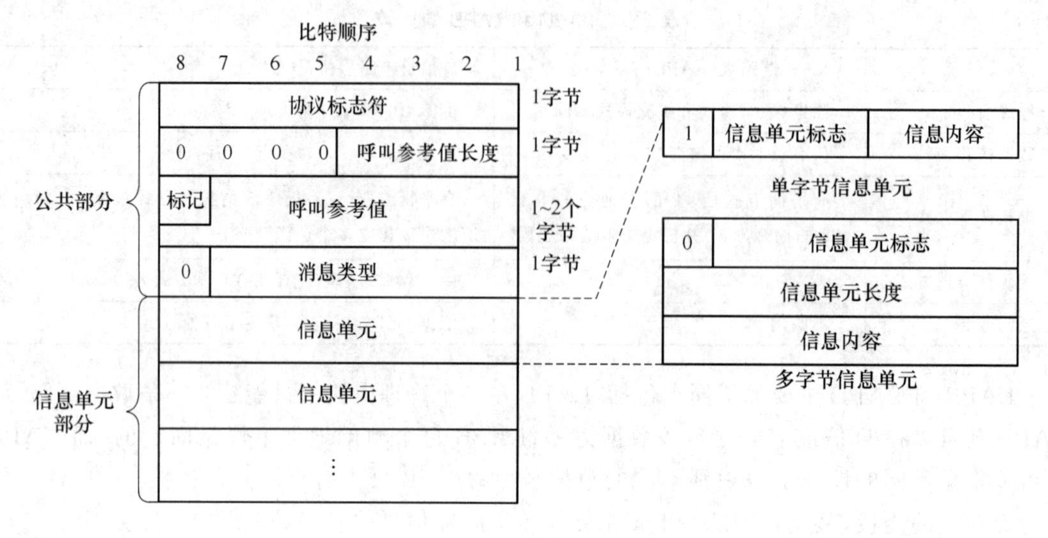

图 6.26　消息的一般结构

① 协议标志符(protocol discriminator)

协议标志符可惟一标志一种三层协议,其作用是将呼叫控制协议的消息和用户—网络接口上的其他三层协议消息区分开。目前已经定义的其他第三层消息只有 X.25 分组协议消息。

② 呼叫参考(call reference)

呼叫参考的作用是区分不同的呼叫控制消息。在同一个二层链路上可以传送多个控制不同呼叫的三层消息,所以需要区分出每个消息属于哪个呼叫。呼叫参考分为两部分:第一部分是呼叫参考值长度,用来标志呼叫参考值的长度是一个字节还是两个字节;第二部分是呼叫参考值。图 6.26 中所示标记位的作用是区分呼叫是由用户发起的呼叫(呼出)还是网络发起的呼叫(呼入)。这是因为呼叫参考值只在本地的用户—网络接口上有效,在用户—网络接口上可能同时存在着具有相同呼叫参考值的两个不同传递方向的呼叫控制消息。由用户侧发起的呼叫即呼出,其消息的标记位均为“0”;由网络侧发起的呼叫即呼入,其消息的标记位均为“1”。这样,就可以通过标记位区分出呼叫的传递方向。

③ 消息类型

消息类型用来标志此消息的功能。Q.931 协议规定了一系列的消息用于呼叫的建立、拆除以及呼叫期间的维护等控制过程。表 6.10 列出了 Q.931 协议中规定的一部分消息及其功能。

在消息的公共部分后面是信息单元部分。信息单元携带了呼叫必需的参数。根据信息单元的长度划分,信息单元包括单字节信息单元和多字节信息单元,如图 6.26 所示。多字节信息单元的长度是可变的,由其长度字段来记录。信息单元标志标识了信息单元要实现的功能,其内容是具体的参数配置。信息单元有必选信息单元和可选信息单元之分。这与具体的消息类型有关，需要根据消息类型确定某一信息单元在该消息中是必须出现的还是可选的。消息中可能不包含信息单元，也可能包含一个或多个信息单元。接收端只需根据信息单元的标志和长度来解析各个信息单元的内容，直至消息的结束。

表 6.10 呼叫控制层消息及其功能

种类	名称		功能
	英文	中文	
呼叫建立消息	SETUP	建立	呼叫建立的请求
	SETUP Acknowledge	建立确认	对呼叫建立请求的确认
	CALL PROCEEDING	呼叫进程	表示呼叫建立过程已经开始
	ALERTING	提醒	表示正在向被叫用户振铃
	CONNECT	连接	被叫应答
	CONNECT Acknowledge	连接证实	对应答消息的确认
	PROGRESS	进展	表示网间互通或出现信道内信令
呼叫过程消息	RESUME	恢复	请求恢复先前暂停的呼叫
	RESUME Acknowledge	恢复证实	表示网络已经恢复暂停的呼叫
	RESUME REJECT	恢复拒绝	表示网络无法恢复暂停的呼叫
	SUSPEND	暂停	请求网络暂停呼叫
	SUSPEND Acknowledge	暂停证实	表示网络已经将呼叫暂停
	SUSPEND REJECT	暂停拒绝	表示网络拒绝呼叫暂停的请求
呼叫释放消息	DISCONNECT	拆线	拆除连接请求
	RELEASE	释放	表示已拆除信道，并准备释放信道和呼叫参考
	RELEASE COMPLETE	释放完成	表示已经释放信道和呼叫参考
	RESTART	重新启动	请求重新启动
	RESTART Acknowledge	重新启动证实	表示重新启动已完成
其他消息	INFORMATION	信息	提供附加的呼叫控制及其他信息
	NOTIFY	通知	提供与呼叫相关的信息
	STATUS	状态	报告用户或网络的状态
	STATUS ENQUIRY	状态询问	询问对方的状态

由于信息单元的种类繁多，在此不一一介绍，主要介绍几个与呼叫控制过程密切相关的信息单元，包括：承载能力信息单元、通路识别信息单元、被叫用户号码信息单元、进展表示语信息单元等。

——承载能力信息单元主要的作用是提供呼叫所要求的承载业务参数。承载能力信息单元在呼叫建立请求消息中是必选。承载能力信息单元内容字段中包含与呼叫的业务和传送媒体选择相关的参数。例如请求建立的呼叫是话音业务还是数据业务，是利用电路交换方式还是分组方式传递,信息传送的速率是多少等,这些参数的规定都包括在承载能力信息单元中。

——通路识别信息单元的作用就是标志呼叫建立的信道。用户和网络侧可以利用通路识别信息单元来协商呼叫建立在哪个信道上。通路识别信息单元主要出现在呼叫建立消息之中,用于在呼叫建立期间选择信道。

——被叫用户号码信息单元的作用就是传送呼叫目的端的号码信息。在 PSTN 中,被叫用户号码是简单的双音频组合信号,而 ISDN 中被叫用户号码是靠数字信息传送的。被叫用户号码信息单元和被叫用户子地址信息单元结合起来,可以提供诸如直接拨入、多用户号码、子地址寻址等附加业务。

——进展表示语信息单元的作用是说明在呼叫期间发生的事件,主要是向终端指示出现了互通事件或者信道内正在传送信号音等。互通事件是指呼叫已经不完全在 ISDN 网络之中,即与其他的电信网产生了互通。PSTN 能够向终端用户传送拨号音、回铃音、忙音等信号,ISDN 也有这些功能。在通过 B 信道传送信号音的同时,网络侧利用进展表示语单元通知终端用户接收信号音。终端用户设备可以选择连接 B 信道来接收信号音,也可以选择自己来产生信号音。

了解了消息的结构和信息单元的作用后,下面通过一个例子来说明 Q.931 协议是如何对呼叫进行控制和管理的。

图 6.27 是在 ISDN 中建立一个电话呼叫的 Q.931 消息交换过程。这是一个简单的正常呼叫控制协议流程。可以看到,对应每个话机的动作,都有一条或几条消息在 D 信道上传送,这些信令消息控制着通话的建立和释放。

整个呼叫建立过程可以分为以下几个阶段。

① 呼叫请求阶段。首先,主叫用户摘机,主叫用户终端向网络发出 SETUP 消息,请求建立 B 信道的连接。SETUP 消息中一般包含承载能力、通路识别等信息单元,主叫方网络侧对收到的 SETUP 消息中的信息单元进行包括承载能力、B 信道选择等参数的兼容性检查后,如果认为能够提供本次呼叫,则为本次呼叫分配信道等资源,然后向主叫用户终端发送 SETUP ACK 消息,同时向用户侧送拨号音。

② 呼叫信息传送阶段。用户收到 SETUP ACK 消息,表示网络侧希望接收主叫用户终端进一步的呼叫控制信息。主叫用户听到拨号音后开始拨号,号码信息被封装在 INFO 消息中传向网络侧,网络侧对收到的号码信息进行判断,如果合法并且收齐号码之后,则开始向目的网络侧发送呼叫建立请求。

③ 呼叫处理阶段。网络侧收齐呼叫所需的全部消息后,可以选择向主叫用户终端发送 CALL PROCEEDING 消息,表示呼叫处理正在进行。在呼叫的目的端,被叫用户终端收到呼入的 SETUP 消息后,也要进行信道资源、号码信息、承载能力等参数的兼容性检查。如果被叫用户终端能够满足呼叫建立要求的条件,可以选择向被叫方网络侧应答 CALL PROCEEDING 消息。

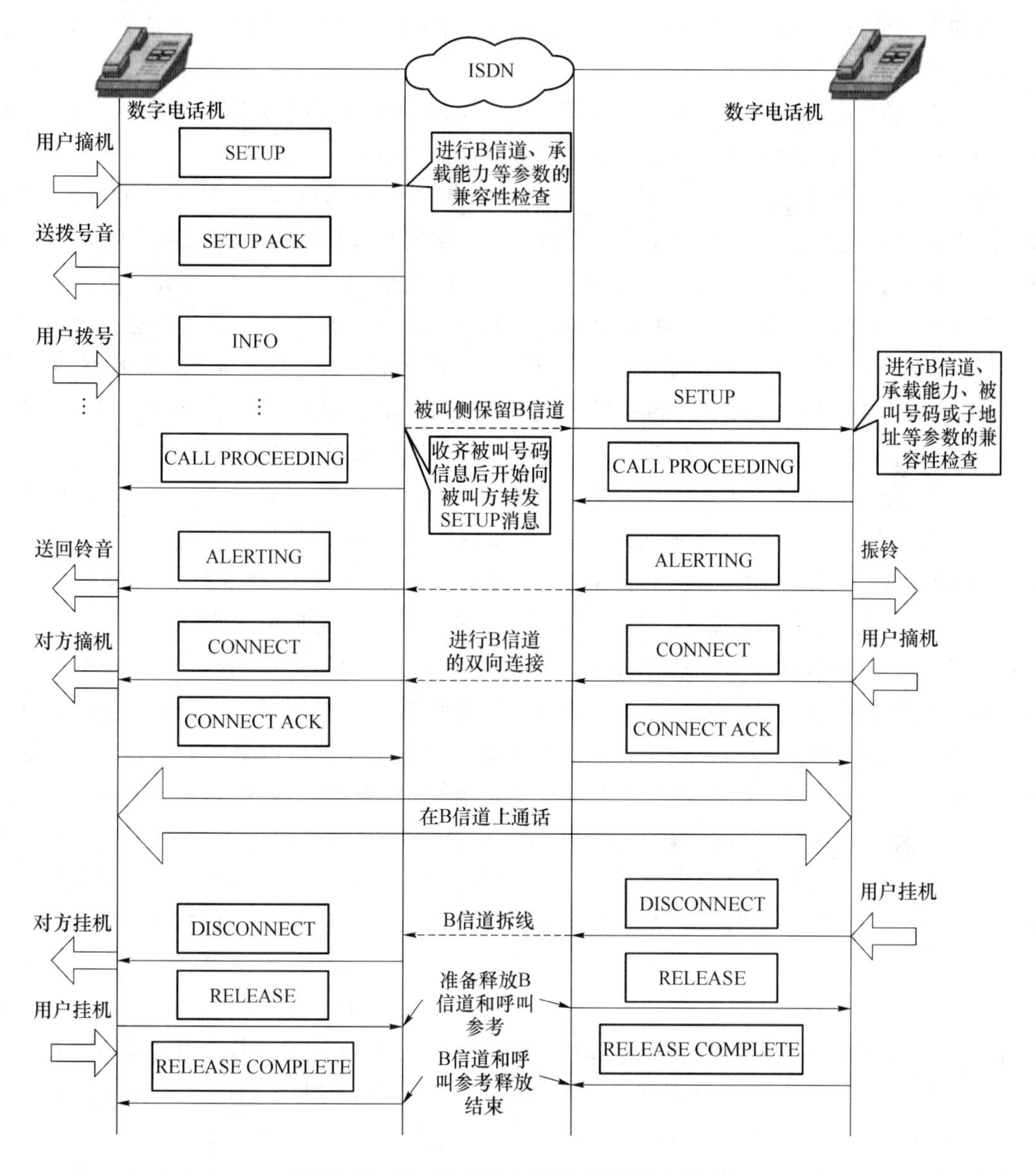

图 6.27　Q.931 协议电路交换呼叫控制过程

④ 呼叫提醒阶段。当被叫终端设备开始振铃时，被叫用户终端向网络发送ALERTING消息，表示被叫终端正在振铃。被叫方的网络侧要向主叫方网络侧指示被叫方的振铃状态。主叫方网络侧也要向主叫方发送 ALERTING 消息，并送回铃音给主叫用户终端。

⑤ 呼叫连接阶段。当被叫用户摘机后，被叫用户终端向网络发送 CONNECT 消息，表示被叫用户终端开始应答。被叫方的网络侧要向主叫方网络侧指示被叫已经应答此呼叫，主叫

方网络侧向主叫方发送 CONNECT 消息，并停止送回铃音。至此 B 信道上的话音呼叫建立，双方可以进行通话。

该例在呼叫的释放过程中，假设被叫用户先挂机。Q. 931 协议采用了一种对等的呼叫释放程序，整个呼叫的释放过程采用了下面的分段释放的方法：

① 被叫侧释放过程。首先，由被叫用户终端向网络侧发送 DISCONNECT 消息，并拆除用户侧 B 信道的连接。被叫方网络侧收到 DISCONNECT 消息后也要拆除网络侧 B 信道的连接，向被叫用户终端应答 RELEASE 消息，表示网络侧已经拆除 B 信道，还要向主叫方的网络侧发送呼叫拆除的请求。此时被叫侧的 B 信道虽然被拆除，但资源还未被释放。被叫用户终端收到网络侧的 RELEASE 消息后，释放 B 信道和呼叫参考等资源，向网络侧应答 RELEASE COMPLETE 消息。网络侧收到此消息后，释放 B 信道和呼叫参考等资源，至此被叫一侧的呼叫释放过程才全部完成，B 信道可以重新被新的呼叫使用。

② 主叫侧释放过程。主叫方网络侧向主叫用户终端发送 DISCONNECT 消息，通知主叫用户对方已挂机，并拆除 B 信道的连接。主叫用户终端拆除 B 信道连接，向网络侧应答 RELEASE 消息。在收到主叫用户终端的 RELEASE 消息后，网络侧要释放 B 信道和呼叫参考，并向主叫用户终端应答 RELEASE COMPLETE 消息，主叫用户终端收到 RELEASE COMPLETE 消息后，释放 B 信道和呼叫参考，至此主叫一侧的呼叫连接也完全释放了。

以上是对呼叫协议交互流程的简要说明。这里首先需要补充的是，本例中被叫方只有一个终端设备接入网络，如果同时有多个设备接入同一个用户—网络接口，Q. 931 协议该如何保证通信时多个设备之间不会相互干扰呢？事实上，当呼入的 SETUP 到来时，如果总线上有多台终端设备，这些设备会根据 SETUP 消息携带的信息单元参数进行各项兼容性的检查。可能同时会有不止一个设备通过兼容性检查，它们都可以向网络侧应答，但网络侧只能选择其中最先一个做出应答的设备作为被叫终端建立连接，同时要释放其他的终端设备。

其次，要补充的就是关于暂停和恢复消息的使用。这两种消息主要用于呼叫建立后需要临时中断、恢复通信的控制过程，Q. 931 协议利用这类消息来保证终端具有可移动性。在通信进行过程中，如果用户需要将终端移动到其他 ISDN 插座上，或者想把呼叫转移到其他设备上，用户终端需要先向网络请求暂停呼叫，由网络为此呼叫分配一个暂时的呼叫身份标志，并记录此呼叫上的相关控制信息。等到用户需要恢复通信的时候，终端设备向网络请求恢复呼叫，并传送之前已分配的呼叫身份标志，这样通信就可以恢复。

Q. 931 协议除了能够提供基本的呼叫控制功能外，还能提供丰富的附加业务控制功能，包括一些补充业务和用户—用户信令传送等业务，这种公共信道信令的方式丰富了呼叫控制的手段，也利于通信业务的扩展。

3. NNI 口的 ISUP 协议

ISUP 协议是 No. 7 信令系统中 ISDN 用户部分协议，它提供 ISDN 网络中局间中继的信令功能。No.7 信令是一种公共信道信令，它与 DSS1 第三层呼叫控制协议共同作用，对ISDN中各种呼叫的建立和释放进行控制，并实现对附加业务的管理。

ISUP 是以 No.7 信令系统中电话业务专用的电话用户部分 TUP 为基础扩展而成的，主要在 TUP 基础上增加了对非话音承载业务的控制和 ISDN 业务特有的协议控制能力，可以支持基本承载业务和附加承载业务。ISUP 比 TUP 的功能要复杂得多。对于普通的电话承载业务，TUP 主要负责建立和拆除交换机之间话音呼叫的电路连接。而对于 ISUP，由于 ISDN 的承载业务包括多种信息传递能力，如话音、不受限的数字信息、3.1 kHz 音频、7 kHz 音频、话音/不受限数字信息交替等，这些不同的信息传递对于传输电路的要求是不同的，ISUP 必须能够根据不同的承载业务要求在交换机之间选择相应的电路类型。例如，对于不受限的数字信息承载业务，电路中为话音应用而准备的数/模转换器和回声抑制器等设备都要被去掉，以保证数据的透明传输。

ISUP 协议的信令也通过消息的形式传递，ISUP 消息的传送要依靠 No.7 信令系统中消息传递部分(MTP)和信令连接控制部分(SCCP)实现。

ISUP 消息结构如图 6.28 所示，它的结构与 Q.931 协议的消息结构相似。ISUP 消息的公共部分主要由路由标记、电路识别码和消息类型码三部分组成。路由标记的作用是提供消息传输的选路信息。电路识别码的作用是标志出呼叫所使用的通信信道，建立 ISUP 消息和用户呼叫信息之间的对应关系。消息类型码的作用是标志不同的 ISUP 消息。

在公共部分后面的是以参数的组合来表示信息内容的专用部分，包括必选定长部分、必选可变长部分和可选部分。必选定长部分和必选可变长部分相当于Q.931消息中的必选信息单元部分，也是相对于具体的消息类型来说的，由对应的消息类型所规定的所有必须包含的参数部分组成。必选定长部分是由一系列长度固定的参数单元组成。必选可变长部分是由长度不固定的参数单元组成，在其起始部分是一系列的指针，指向对应的参数单元。参数单元包括参数的长度和参数的内容。在必选部分之后是可选部分，对应 Q.931 消息中的可选信息单元，这一部分是由必选可变长部分中的可选部分开始的指针来确定其起始位置的。可选部分的结束由可选参数部分结束标志来标识。

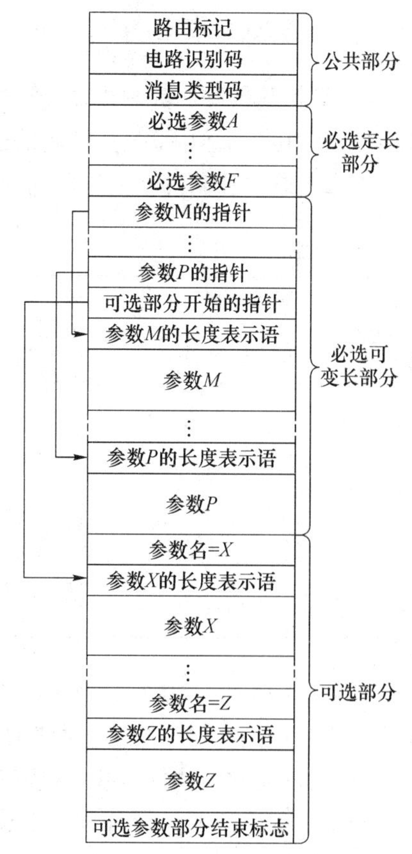

图 6.28 ISUP 消息结构图

ISUP 的消息类型可以归纳为六大类。

① 呼叫建立消息。包括呼叫建立请求、附加的呼叫建立消息、呼叫建立进展消息、被叫用户的应答消息以及必要时进行线路导通测试的结果消息等相关消息。

② 通信中的消息。包括呼叫时暂停消息、恢复消息、呼叫切换消息以及通信中向话务员呼叫使用的消息等。

③ 呼叫释放消息。主要是用于释放呼叫的消息。

④ 线路监测消息。包括为维护和测试而临时中断使用线路、出现故障时对线路进行重新初始化以及进行导通试验等操作所使用的消息。

⑤ 线路群监测消息。包括对线路群(最多 256 条线)进行维护和测试等操作使用的消息。

⑥ 补充业务和其他消息。包括为提供附加业务而使用的消息等。

由于 ISUP 的消息类型比较多,在此不一一列举,仅通过下面的电路交换呼叫处理的例子介绍几种重要的 ISUP 消息,并将 ISUP 的协议处理过程与 Q.931 协议处理过程联系起来,给出完整的端到端的电路交换处理流程。

6.3.4 电路交换呼叫处理

ISUP 协议的呼叫控制程序是以统一电话业务与非话音业务为原则而设计的,与 DSS1 的呼叫控制层协议类似,也包括呼叫的建立、保持和释放等过程。

在基本呼叫控制过程中使用到的 ISUP 消息的功能如表 6.11 所示。

表 6.11 部分 ISUP 消息及其功能

消息名称	功 能	DSS1 中主要对应的消息
IAM(initial address)	呼叫建立请求	SETUP
ACM(address complete)	通知地址信息接收完毕	ALERTING,PROGRESS
ANM(answer)	被叫应答	CONNECT
REL(release)	呼叫释放请求	DISCONNECT (RELEASE COMPLETE)
RLC(release complete)	通知呼叫释放完成	—

图 6.29 和图 6.30 所示为包括 UNI 接口协议 DSS1 的第三层信令和 NNI 接口的 ISUP 信令在内的电路交换呼叫的基本呼叫控制过程。

图 6.29 是呼叫建立的基本控制过程。关于用户—网络接口上呼叫控制层协议的交互过程详见 6.3.3 介绍的 Q.931 协议,ISUP 协议的控制过程由以下阶段组成:

① 呼叫请求阶段。一个 ISDN 的呼叫可能要经过多个交换机的转接。当发送端交换机

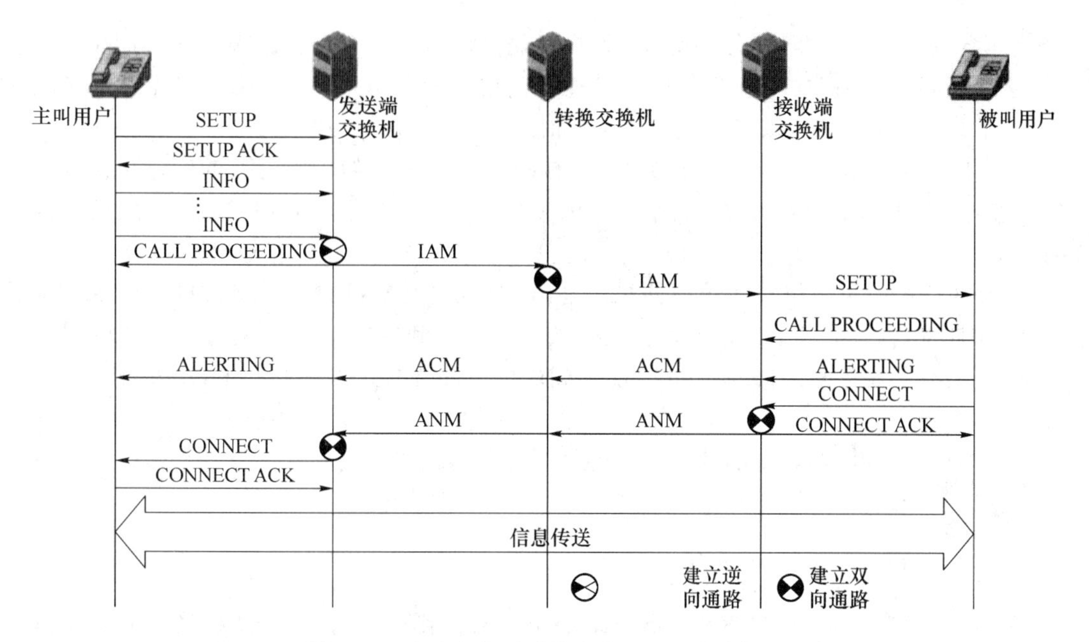

图 6.29 电路交换呼叫处理过程——呼叫建立

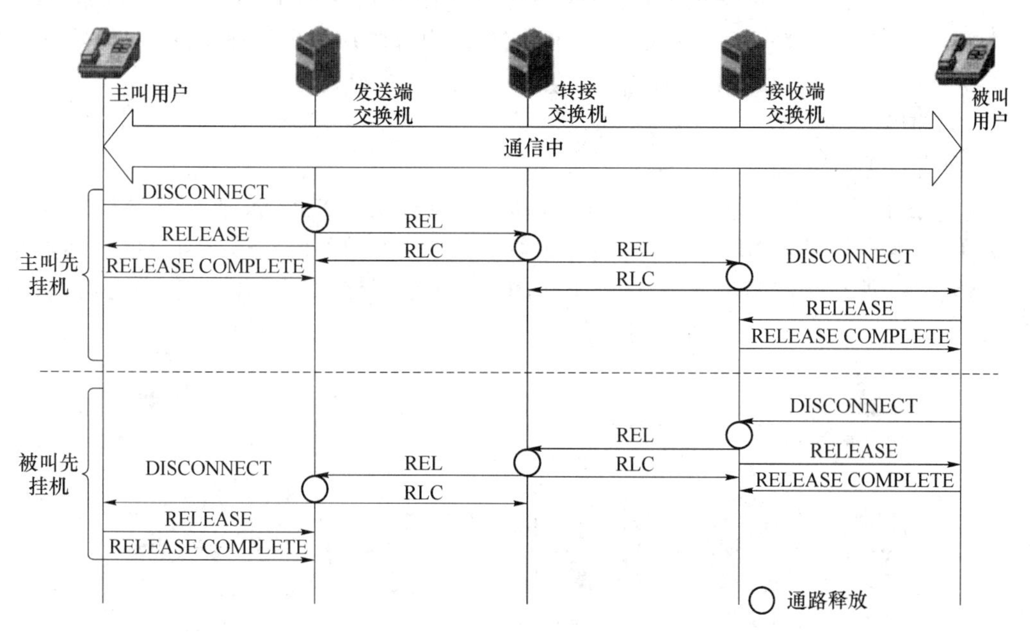

图 6.30 电路交换呼叫处理过程——呼叫释放

接收到呼叫建立所必需的全部信息后，要为此呼叫选择一条空闲的局间电路，并把这些信息填入 IAM 消息中，向转接交换机转发。转接交换机接收到 IAM 消息后，分析被叫号码和其他的选路信息，以确定呼叫的路由。如果转接交换机能够提供呼叫所要求的电路，就为此呼叫分配一条空闲的局间电路，并继续向接收端交换机发送 IAM 消息。接收端交换机收到 IAM 消息后，也要分析承载能力、被叫号码等信息，检查被叫用户的忙闲状况。如果用户能够接受此呼叫，则接收端交换机向被叫用户发送 SETUP 消息。

② 呼叫提醒阶段。在接收端交换机收到被叫用户开始振铃的通知后，向转接交换机发送 ACM 消息。当发送端交换机收到转接交换机转发来的 ACM 消息后，向主叫用户发送等待应答指示。

③ 呼叫连接阶段。在被叫用户摘机应答时，接收端交换机向转接交换机发送 ANM 消息，指示被叫应答，同时连通双向通路。发送端交换机收到 ANM 消息后，停止向主叫用户发送等待应答指示，也连通双向通路。至此，端到端的电路连接已经建立起来，双方可以开始进行通信。

图 6.30 所示为呼叫释放的基本控制过程。交换机之间通过发送 REL 和 RLC 消息释放局间电路。用户—网络接口处的呼叫释放可参看 Q.931 的呼叫释放过程。

6.3.5 分组交换呼叫处理

ISDN 交换系统的一个主要特点就是增加了分组交换的能力。ISDN 提供的分组通信方式主要有两种：一种是以电路交换的方式将分组终端接入公用分组交换网（PSPDN），这种方式又被称为 CASE A 模式；另一种是在 ISDN 交换机内部增加分组处理器（PH）模块，分组终端通过分组交换方式接到 PH，这种方式又被称为 CASE B 模式。

1. CASE A 模式

• 网络互通结构

CASE A 模式的网络互通结构如图 6.31 所示。这种模式在 ISDN 和 PSPDN 之间设置一个接入单元（AU）以实现网络的互通。通信时先建立 ISDN 分组终端用户与 AU 之间 B 信道上的电路连接，然后由 AU 负责建立经 PSPDN 至分组网终端用户的虚电路连接，从而在 ISDN的分组终端与 PSPDN 网络的分组终端之间建立起虚呼叫。这里 AU 相当于 ISDN 分组

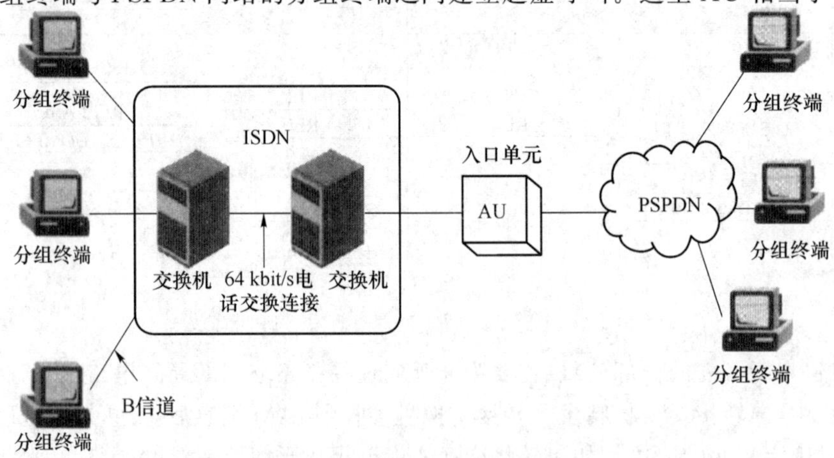

图 6.31 CASE A 模式连接模型

终端设备接入分组网的接口设备，起到了速率适配和协议转换的作用。

• 协议流程

CASE A 模式建立虚电路连接的信令交换过程分为两个阶段，如图 6.32 所示。

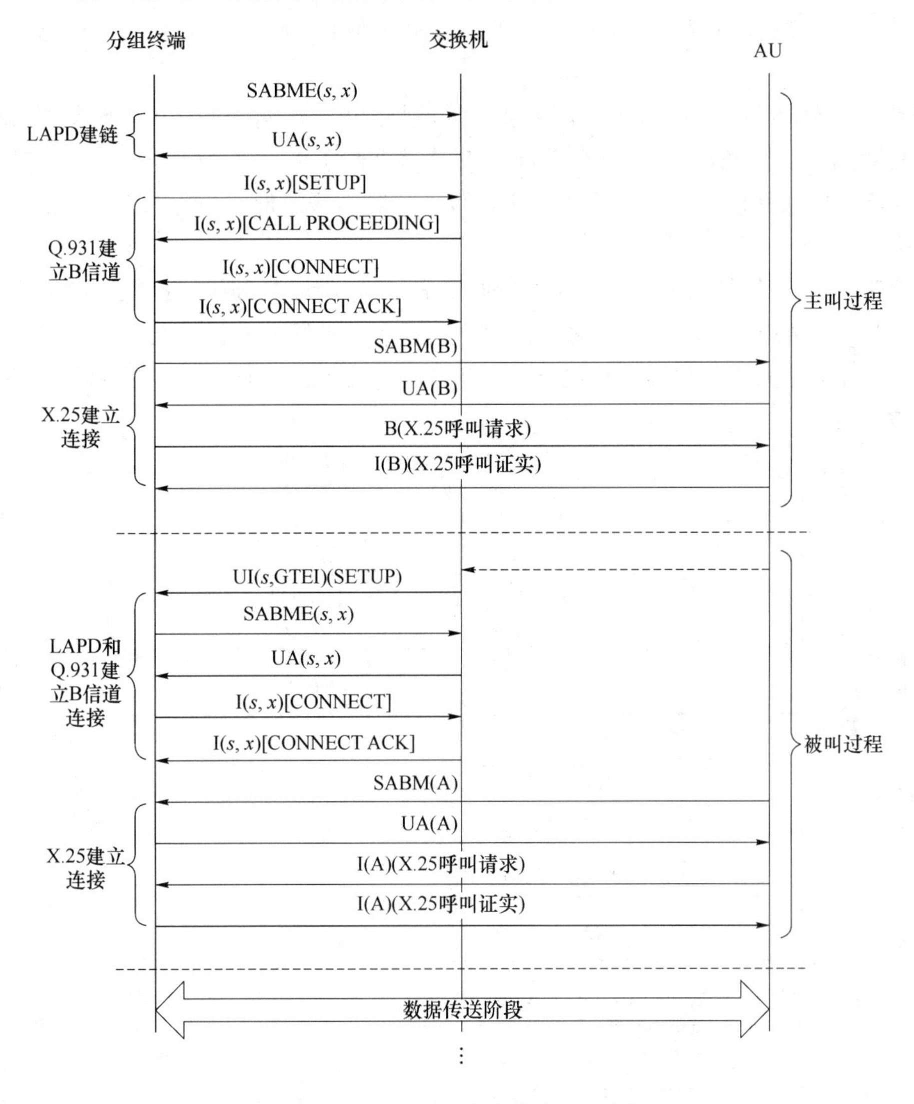

图 6.32 CASE A 模式呼叫建立过程

第一阶段是 ISDN 分组终端设备和 AU 之间建立 B 信道电路连接的过程。协议交互在 D 信道上实现。首先是数据链路层的 LAPD 建链过程。二层地址由(s,x)这样的形式组成，s 代表 SAPI 值，x 代表 TEI 值。这里的 s 值为 0，表示建立信令连接。在成功建立好数据链路后，开始进行 ISDN 分组终端设备和 AU 之间的 Q. 931 协议交互，由终端设备向 AU 发送SETUP 请求，在 B 信道上建立两者之间的电路连接。

第二阶段是在建好的B信道上建立分组连接虚电路的过程。首先是LAPB建链过程，建立ISDN分组终端设备和AU之间的二层链路。这里(B)代表二层地址，表示呼叫由终端发起。当终端作为被叫，呼叫从AU发起时，二层地址以(A)来区别。然后是分组层建立X.25连接的过程。X.25呼叫请求分组中包含了被叫用户在PSPDN中的地址，虚电路由PSPDN提供。

如果是由PSPDN中的终端设备发起呼叫，则先由AU向ISDN中的分组终端设备发SETUP消息，建立与ISDN分组终端设备的B信道电路连接。与上面的ISDN分组终端作为主叫建立呼叫的过程稍有不同的是，SETUP消息是以广播的形式发送，GTEI表示用于广播的TEI值。

当呼叫结束的时候，其流程也由两个阶段组成：第一阶段是分组连接虚电路的释放过程；第二阶段是ISDN用户终端与AU之间拆除电路连接的过程。其协议交互流程如图6.33所示。由于B信道上可以建立多个虚电路，所以必须等B信道上的所有虚电路都拆除之后，B信道才能被释放。

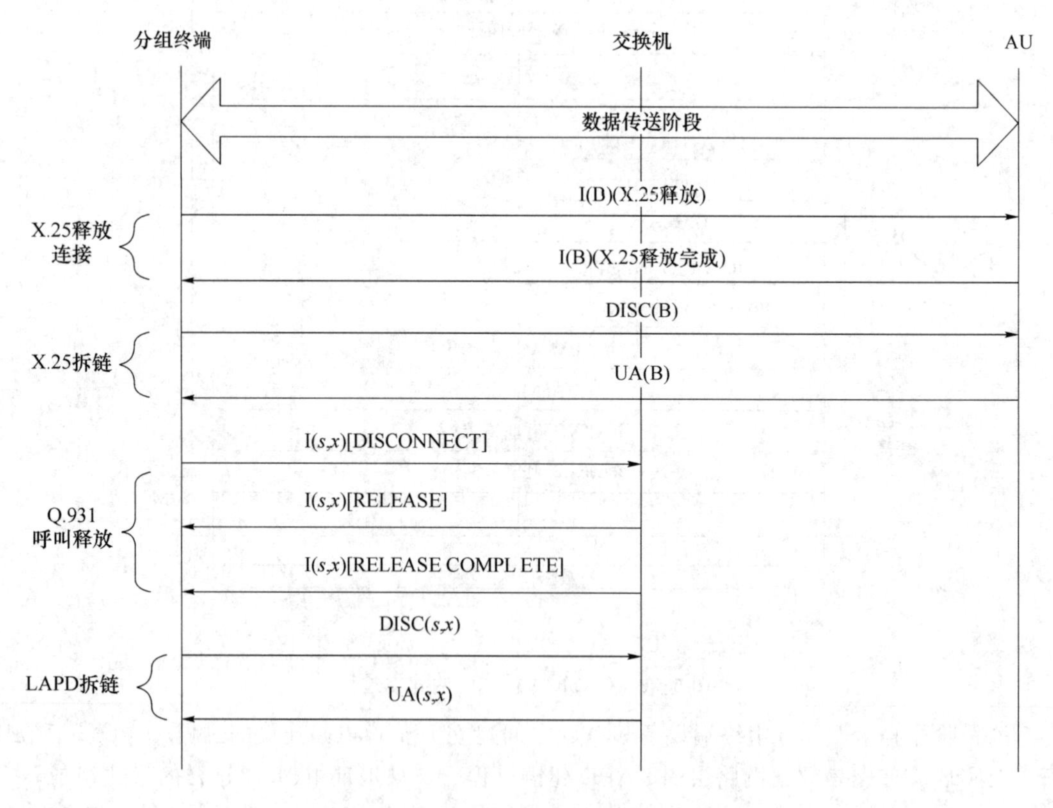

图6.33　CASE A模式呼叫拆除过程

需要说明的一点是，在 CASE A 模式中，由于 ISDN 并不具备分组交换的能力，分组交换服务是由 PSPDN 提供的，所以两个同在 ISDN 中的分组终端设备的交互不能完全由 ISDN 提供，还要经过 PSPDN 才能完成。

2. CASE B 模式

• 网络结构

CASE B 模式的网络互通结构如图 6.34 所示。这种模式在 ISDN 内部设置分组处理器(PH)模块，由 PH 来进行分组交换的处理，这种模式又叫做 ISDN 虚电路业务。ISDN 虚电路业务可以在 B 信道上实现，也可以在 D 信道上实现。分组终端先要与 PH 进行通信，以分组方式连接到 PH。然后，由 PH 负责建立至被叫侧 B 信道或 D 信道上的分组连接的虚电路。分组终端之间可能要经过多个 PH 的转接才能建立起端到端的虚电路连接。

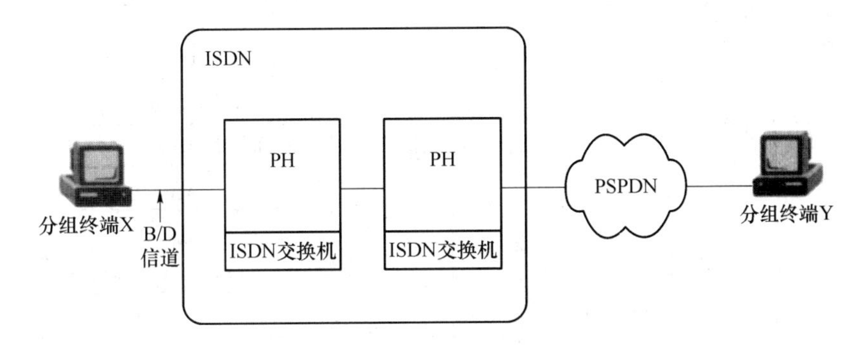

图 6.34 CASE B 模式连接模型

• 协议流程

CASE B 模式的协议流程与通过哪种信道接入有关，分为 B 信道接入和 D 信道接入两种方式。

通过 B 信道建立虚电路的协议流程如图 6.35 所示。其协议流程与 CASE A 模式相同，只是由 PH 代替 AU。这里 PH 是作为交换机的一个功能单元，而不是 ISDN 外的一个独立的设备。

通过 D 信道建立虚电路的协议流程如图 6.36 所示。这种方式适合数据量比较小的分组连接。首先要建立主叫终端设备 X 与 PH 之间的数据链路连接，这里二层的地址为(p,x)，其中 p 的值为 16，代表建立分组连接。数据链路建立好之后，分组建立请求直接通过 I 帧送往 PH。

被叫侧的信令过程相对来说比较复杂。因为被叫用户总线上可能存在多点配置，被叫侧的 PH 无法直接与被叫终端建立数据链路。这里需要借助交换机的呼叫控制实体来确定哪个终端可以作为被叫。交换机向被叫侧发送广播的 SETUP 消息，并指明选择 D 信道。假设用户终端设备 Y 符合该呼叫请求并响应呼叫，则 Y 与交换机之间要建立数据链路，并应答 SETUP ACK 消息，表示同意建立 D 信道上的虚电路。交换机的呼叫控制实体得到终端设备

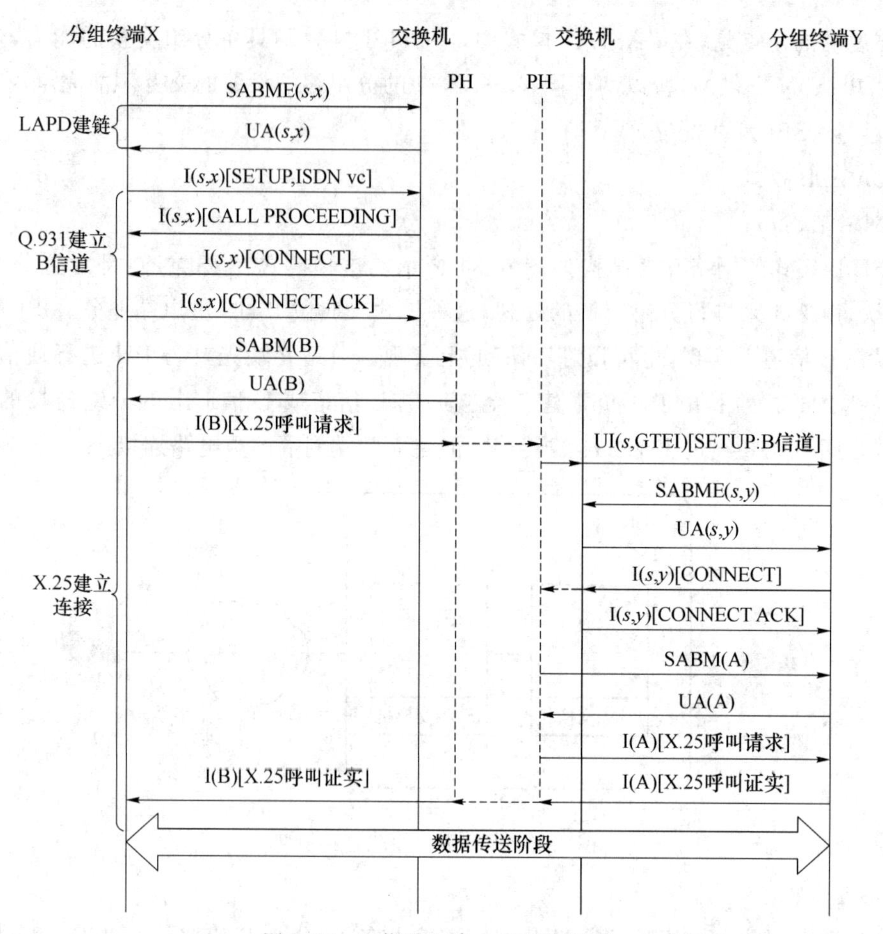

图 6.35　B 信道上建立虚电路过程

Y 的 TEI 值后，将此 TEI 值通知 PH。至此，呼叫控制实体任务完成。然后，呼叫控制实体把为了获取被叫 TEI 值而建立的呼叫控制连接和数据链路都释放掉。在释放连接的同时，PH 利用呼叫控制实体获得的 TEI 值向 Y 请求建立数据链路。数据链路建好之后，PH 与被叫终端 Y 用 X.25 分组在第三层上进行交互，建立 X.25 的虚电路，此过程与 B 信道的虚电路建立过程相同。

CASE A 和 CASE B 两种模式各有优缺点。CASE A 模式中交换机实现十分简单，但是连接过程比较烦琐，每次呼叫的建立要经过两种连接的建立过程，并且只能在 B 信道上传输分组数据；而 CASE B 模式对于用户使用比较简单，并且在 B、D 信道上都可以传输数据，充分利用了带宽资源，缺点是交换机要实现 PH 功能，使交换机的处理变得复杂。为此，ETSI 提出了一种折中的方法：就是将 PH 放在交换机之外，交换机与 PH 之间通过 64 kbit/s 的接口通路连接，因此通过 B 信道接入的虚电路直接映射到接口通路上，而通过 D 信道接

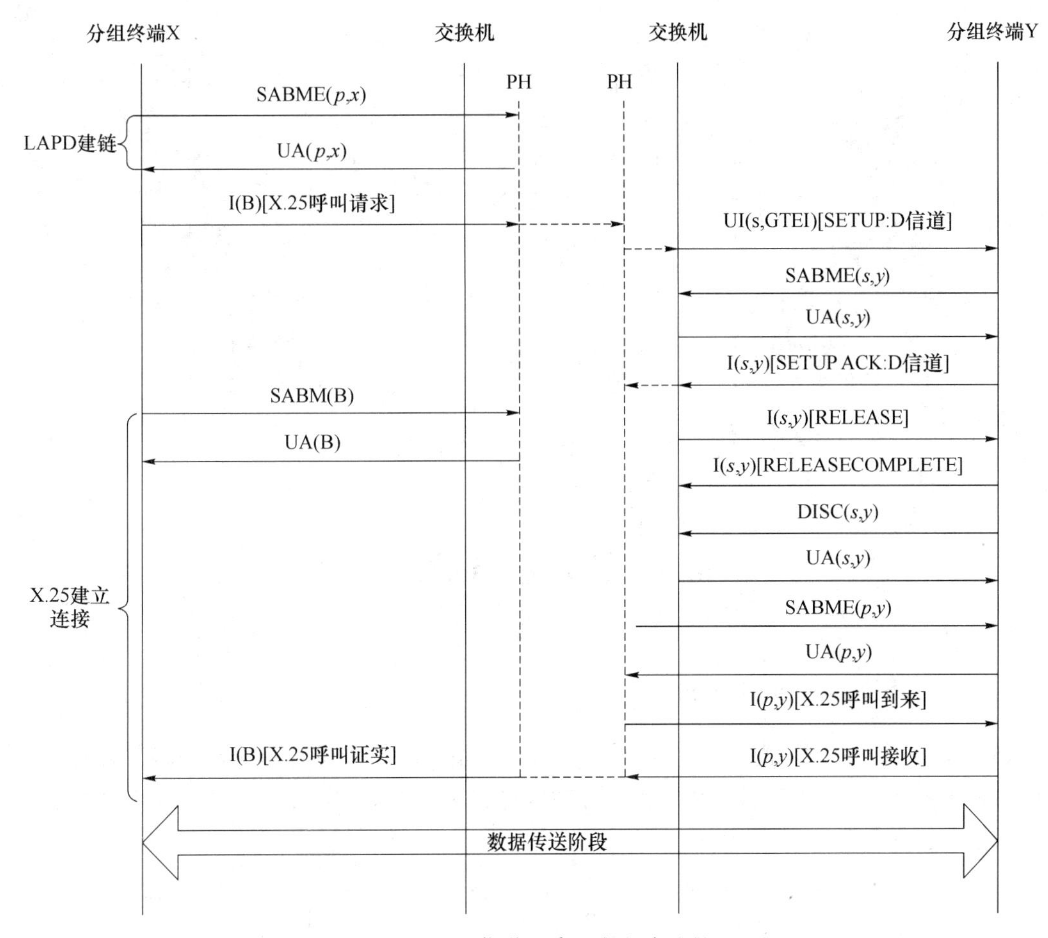

图 6.36　D 信道上建立虚电路过程

入的虚电路需要将多个虚电路复用后映射到接口通路上。PH 与交换机之间的接口通路被称作 PHI,所以这种连接方式被称为 PHI 模式。目前大部分交换机上都配置了 PHI,少数配置 PH。

PHI 模式的网络连接结构如图 6.37 所示。ISDN 与 PH 之间的接口为 PHI,PH 与分组交换网之间的接口为 X.25 或 X.75 接口,这里的 PH 一般都位于分组交换网内。对于 B 信道上的虚电路连接,PHI 可以提供半永久连接虚电路和交换虚电路两种虚电路连接方式。而对于 D 信道上的虚电路连接,PHI 可以提供半永久连接虚电路、交换虚电路和永久虚电路连接三种虚电路连接方式。

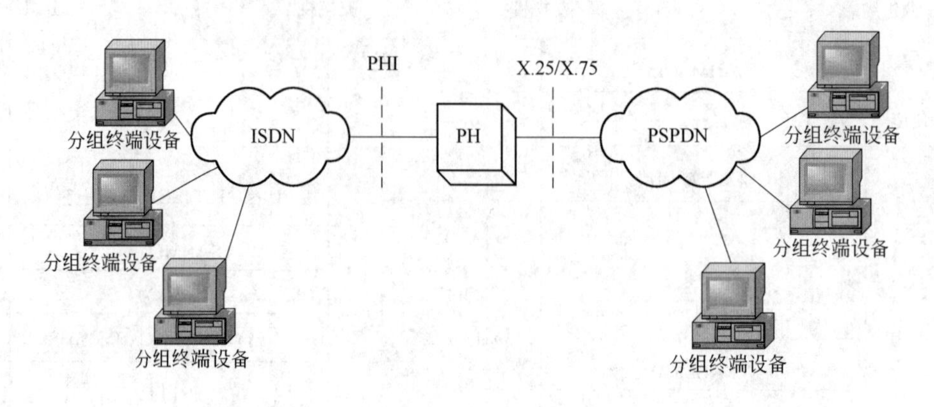

图 6.37 PHI 模式连接模型

6.4 综合业务数字网

6.4.1 ISDN 的网络结构

ISDN 的网络结构模型如图 6.38 所示。ITU-T 在 I.300 系列建议中对 ISDN 的网络结构和能力做了系统地描述,对 ISDN 的各部分功能进行了分配,并定义了 ISDN 与其他网络之间的关系。

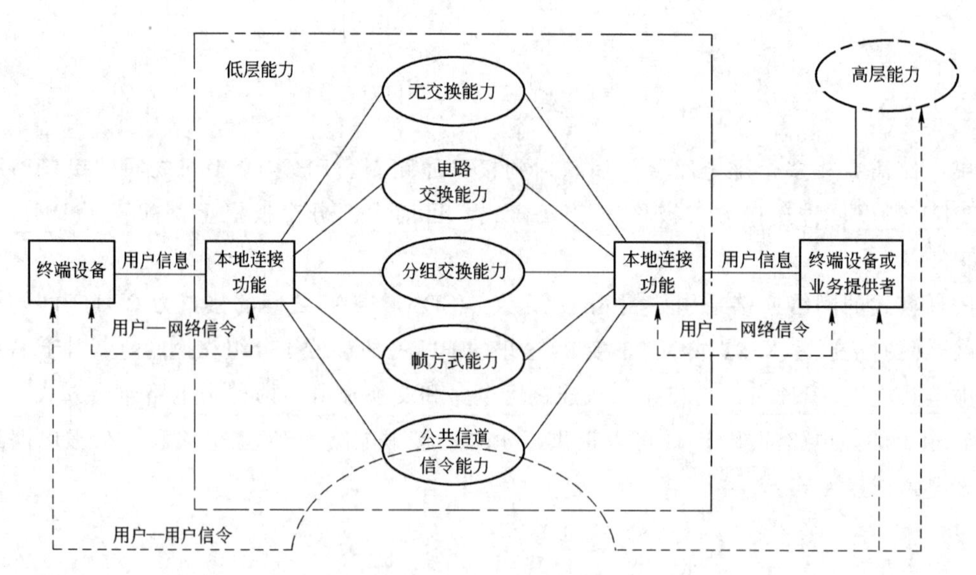

图 6.38 ISDN 的结构模型

ISDN具有多种能力，包括无交换能力、电路交换能力、分组交换能力、帧方式能力和公共信道信令能力。一般情况下，ISDN只提供低层（1～3层）能力。当一些增值业务需要高层（4～7层）能力支持时，可以由ISDN内部实现，或者由单独的服务中心实现。

ISDN具有三种不同的信令：用户—网络信令、网络内部信令和用户—用户信令。这三种不同的信令使用范围不同：用户—网络信令是用户终端和网络之间的控制信令；网络内部信令是交换机之间的控制信令；用户—用户信令是用户终端设备之间的控制信令，它透明地穿过网络，在用户之间进行传输。

6.4.2 ISDN的网络能力

由图6.38可以看出，ISDN具有低层和高层两种能力。图中所列的能力都属于ISDN的低层能力，其中任何一个上面都可以加上ISDN高层能力。这些能力可以由ISDN内的设备提供，也可以由与ISDN有接口的其他网络来实现；它们支持了ISDN所提供的业务，而且可以通过与其他网络的接口向该网络提供业务。

1. 低层能力

ISDN中心局将用户线连接到数字网络，向用户提供低层的传输功能。这些能力包括：

- 电路交换能力。与其他数字交换网一样，ISDN提供64 kbit/s和大于64 kbit/s的传输速率。
- 无交换能力。提供专线业务，支持64 kbit/s和大于64 kbit/s的传输速率。
- 分组交换能力。这个功能与其他数字网提供的分组交换业务相似。
- 帧方式能力。支持帧中继业务。
- 公共信道信令能力。用来控制呼叫，并对网络进行维护管理。

2. 高层能力

ISDN的高层能力既可以全部在ISDN内部实现，也可以由外部的专用网或者特殊的业务服务器提供。对于用户，这两种情况下提供的用户终端业务是相同的。一般来说，通信中的高层能力是由终端设备提供的，但是ISDN中的某些节点也可以提供高层能力。这些节点可能是通过用户—网络接口或网间接口连接到ISDN的一些服务中心。例如，在提供信息检索的业务中，需要一些与ISDN相连的服务器或数据库提供高层能力，以满足业务需求。

6.4.3 ISDN的寻址和编码

对于电话网中的用户来说，每个用户都必须具有一个独一无二的号码，这样才能根据该号码来确定用户的位置。而且这个号码应该既有利于网络的实施和扩展，又便于用户的记忆和使用。ISDN也同样需要这样一个编号方案，既能满足一般要求，又能与现有电话网的交换设备相兼容，并且能与现有公用网的编号制度互通。

ITU-T建议了ISDN的编号计划，该计划具有以下几个特点：

- ISDN的编号计划是在电话网的编号计划上发展起来的，并以其为基础，将E.164建议所规定的电话网的国家号码作为ISDN的国家号码。由于ISDN的号码需求超过了电话网，而 E.164 建议的电话网的编号计划最大号码为 12 位，所以这个规定对于 ISDN 的需求是不够的。因此，ISDN 编码方案是 E.164 建议的扩展。

- ISDN 的编号和它提供的业务类型以及连接性能特性无关。
- ISDN 的编号采用十进制序列(不使用字母)。
- ISDN 间的互通只需要使用 ISDN 号码。

1. ISDN 的地址结构

ISDN 地址与 ISDN 号码是不同的。ISDN 号码是与 ISDN 及其编号方案有关的号码，它包含的信息可以使网络确定呼叫路由。ISDN 号码对应于用户接入 ISDN 的 T 参考点。ISDN 地址由 ISDN 号码和附加的寻址信息所组成。这个寻址信息并不是用来确定呼叫路由的，而是用来使用户将呼叫分配到合适的终端。ISDN 地址对应于终端接入 ISDN 的 S 参考点。如图 6.39 所示，多个终端连接到 NT2，NT2 作为一个整体具有一个 ISDN 号码，而每个终端设备都具有各自不同的 ISDN 地址。也可以这样解释 ISDN 号码和地址：一个 ISDN 号码对应于一个 D 信道，这个 D 信道为多个用户终端提供公共信道信令，而每个用户终端都具有一个 ISDN 地址。

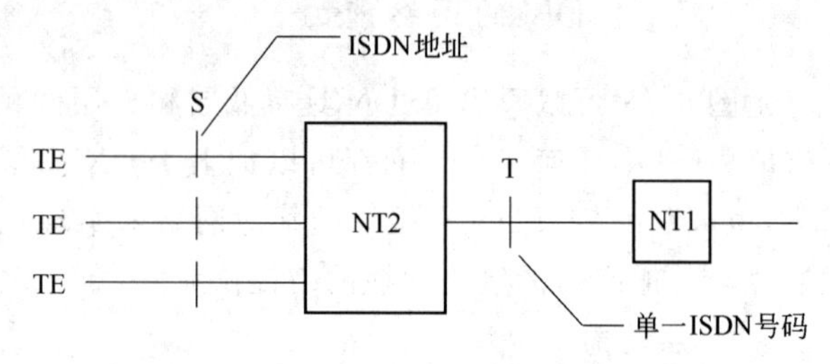

图 6.39　ISDN 号码与地址的关系

图 6.40 表明了 ISDN 的地址结构。

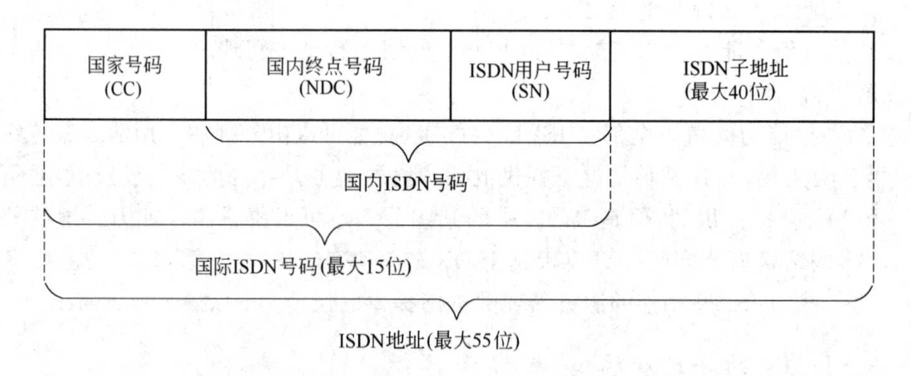

图 6.40　ISDN 的地址结构

- 国家号码(CC：country code)：目的用户所在国家的号码。由 1～3 位十进制数字组成，在 E.164 建议中给出了定义，与现有电话号码编号方案中的国家号码完全一致。
- 国内终点号码(NDC：national destination code)：识别国内用户位置的号码。如果一个国家有多个 ISDN 或多个公用电话网，它可以用来识别用户所在的网络。它也可以是国内的地区号码，用来识别用户所在的地区，或者是两种情况的结合。该号码长度可变。在中国，地区号码由 1～4 位组成，北京是 1，上海是 21 等。

• ISDN 用户号码(SN：subsciber number)：用来在一个网络或地区内识别用户的号码。该号码长度可变。

• ISDN 子地址(subaddress)：用来提供附加的寻址信息的号码。它可以用来标志业务类型和终端类别。该子地址的长度可变，最大长度是 40 位。

国内终点号码加上 ISDN 用户号码就组成了国内 ISDN 号码，对应于国内的一个 ISDN 用户。这个国内 ISDN 号码加上国家号码就组成了国际 ISDN 号码。目前国际 ISDN 号码的最大长度是 15 位。ISDN 子地址加上国际 ISDN 号码就形成了 ISDN 的地址，其最大长度是 55 位。

2. ISDN 的寻址

在呼叫建立的时候，主叫用户将被叫用户的地址送到 ISDN 交换机。ISDN 交换机通过 ISDN 号码来选择路由，以建立主叫用户到被叫用户的通信连接，然后根据被叫用户的子地址选择合适的终端设备来接受本次呼叫。

图 6.41 表明了 ISDN 寻址的方法。其中图 6.41(a)是最简单的：每个 T 参考点分配一个 ISDN 号码，每个 S 参考点分配一个 ISDN 地址，这种方法称为子地址寻址。例如，图中的 NT2 如果是一个数字 PBX，可以支持多部电话，它的国内 ISDN 号码是 010-8668-8888。这个数字 PBX 接有多部电话，每部电话的分机号均为 2 位。当远端用户呼叫分机号为 12 的分机时，该用户需要拨 13 位号码，即 010-8668-8888-12。ISDN 根据前 11 位号码来选择路由，其余 2 位用来使 PBX 将呼叫连接到分机号为 12 的分机上，并建立主叫到被叫的通信连接。

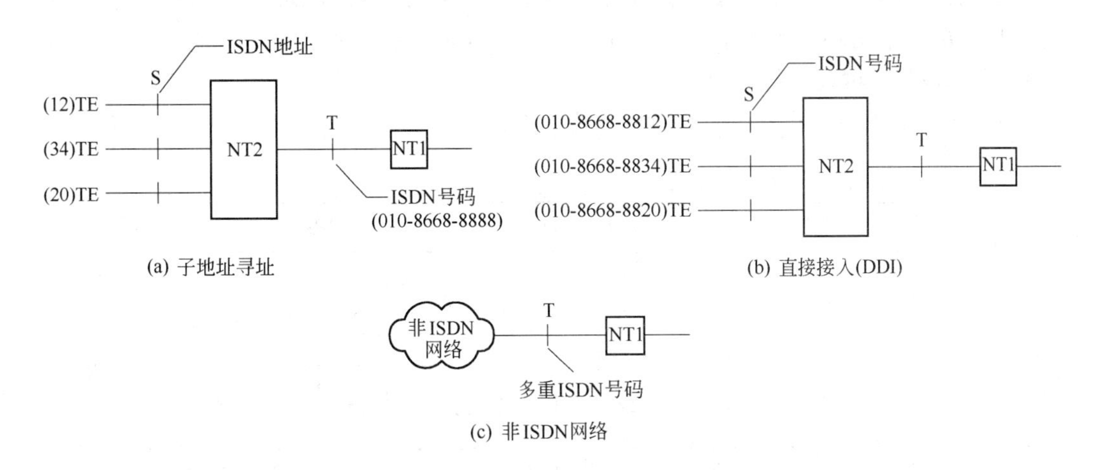

图 6.41　ISDN 寻址

但实际上，一个 ISDN 号码并不一定对应于一个 T 参考点，可能根据不同的需求有不同的情况。图 6.41(b)表明了另一种寻址的方法。在这种情况下，每个终端都有各自的 ISDN 号码，这样网络就可以根据这个号码直接将呼叫送到对应的终端上。这种寻址方法称为直接拨入(DDI)。在这种情况下，本地终端的编号方案要与网络的编号方案相结合。图中每个终端都被分配了一个 ISDN 号码，这样就可以直接拨入 PBX 的分机。例如，34 分机的 ISDN 号码是 010-8668-8834，这时前 9 位用来识别 PBX，而 010-8668-88××这一部分号码只能分配给该

PBX 的 100 个分机使用。对于用户来说,DDI 方式比用子地址方式寻址方便,用户需要记忆的号码较短。在 DDI 方式下,网络仍然需要根据 ISDN 号码选择路由,不过 ISDN 号码的最后几位会被送到被叫用户的终端,而该号码的位数由被叫用户的设备和编号方案的容量决定。在使用 DDI 方式时,用户终端的号码会占据全网的号码容量。所以必须有限制地使用 DDI 方式,以保证有足够 ISDN 号码提供给更多的用户。

利用子地址寻址的方式有效地利用了 ISDN 号码资源,只是用户使用的号码较长,需要另拨子地址;而 DDI 寻址方式恰好相反,这种方式方便了用户,但耗费了 ISDN 号码资源。有时可以将这两种方式结合起来,对一些用户的中间设备可以采用 DDI 方式,而对于连接到这个中间设备上的终端设备采用子地址寻址方式。

第三种寻址方式是给一个参考点分配多个 ISDN 号码。例如,在一个 T 参考点上连接了一个非 ISDN 网络(专用分组交换网),如图 6.41(c)所示。尽管该网络只有一个物理接口连接到 ISDN 上,网络中的所有终端都通过这个 T 参考点接入到 ISDN。但是可以给该网络中的一些设备分配 ISDN 号码,由 ISDN 来寻址。这样就相当于将多个 ISDN 号码分配给了同一个 T 参考点。当 ISDN 识别到了该 T 参考点后,将 ISDN 号码的最后几位送到这个非 ISDN 网络,由其来选择对应的终端。

3. ISDN 与其他网编号的互通

ISDN 是与现有各种公用网(电话网、分组数据网和用户电报网等)共存的,由于这些网络都有各自的地址结构和寻址方式,它们相互之间是不兼容的。所以就需要制订互通策略使 ISDN与公用网之间可以进行互通。

图 6.42 是主要国际性公用网的地址结构标准。

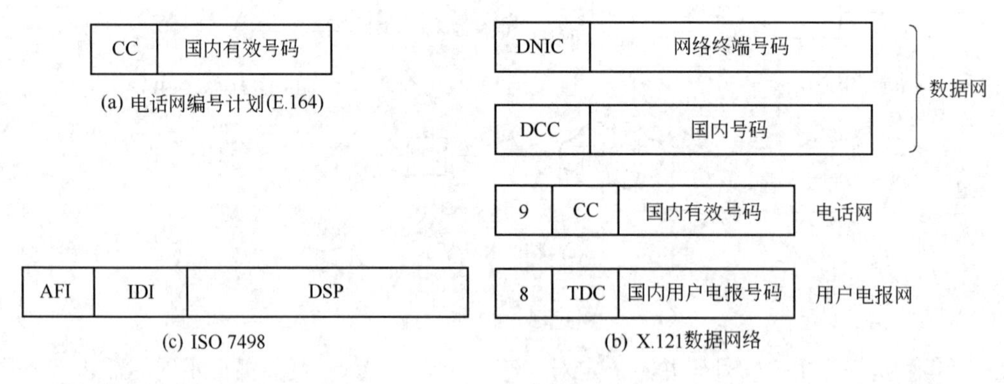

CC:国家号码(country code)　DNIC:数据网表示码(data network identification code)
DCC:数据国家号码(data country code)　ND:网络数字(network digit)(DNIC=DCC+ND)
TDC:用户电报目的号码(telex destination code)　AFI:授权和格式标志符(authority and Format identifer)
IDI:初始域标志符(initial domain identifer)　DSP:域特定部分(domain specific part)

图 6.42　国际网络编号

国际公用电话交换网的编号方案由 E.164 建议规定。号码最大长度是 12 位，其中国家号码(CC)和 ISDN 号码中的国家号码相同；国内有效号码相当于国内 ISDN 号码，但是比后者的长度少 3 位。总体上来看，E.164 建议和 ISDN 编号标准基本兼容。

公用数据网的编号方案由 X.121 规定。如图 6.42(b)所示，不同的网络具有不同的地址结构。当公用数据网中的终端呼叫公用电话网中的数据终端时，需要在目的号码前加上前缀 9；而当其呼叫的目的终端是用户电报网中的数据终端时，则需要在目的号码前加上前缀 8。这时使用的国家号码和国内数据号码与 ISDN 号码中的国家号码和国内电话号码均不同。用户电报网的编号方案与 E.164 无关。

ISO 在 OSI 模型的基础上开发了一个国际编号方案，如图 6.42(c)所示。ISO 地址中的授权和格式标志符(AFI)为全球网络地址域中的一个。这个地址域包括六个子域：四个 ITU-T 管理的域，每个对应一个公用网(电话网、ISDN、分组网和用户电报网)；一个 ISO 地理域，对应各个国家；一个 ISO 国家组织域，对应不同的组织。AFI 地址域的类型确定了初始域标志符(IDI)部分的格式和域特定部分(DSP)的结构。通常，国际 ISDN 号码与 IDI 相同，ISDN 子地址与 DSP 也相同。

当 ISDN 用户与其他公用网上的用户建立呼叫时，可以采用两种寻址方法，如图 6.43 所示。

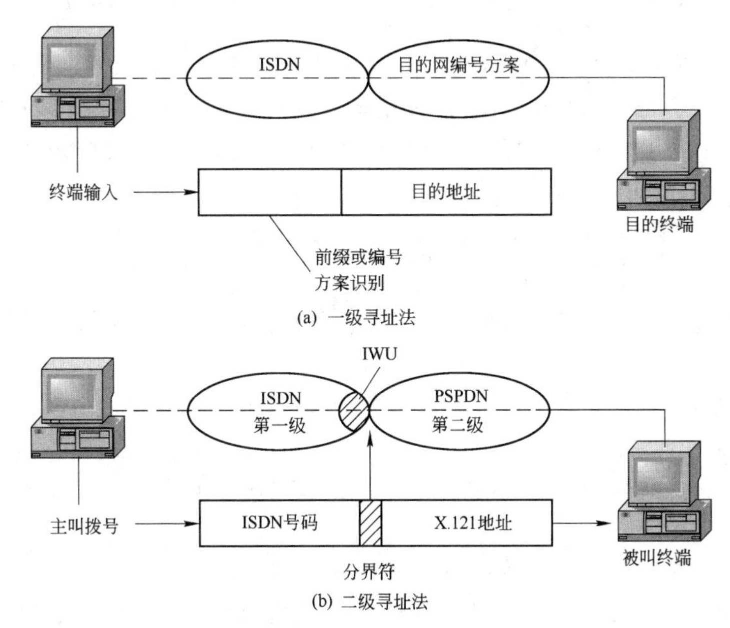

(a) 一级寻址法

(b) 二级寻址法

图 6.43 编号互通策略

• 一级寻址法

此方法是指主叫用户在呼叫建立过程中指定被叫方的地址，该地址包含了足够的信息，不仅可以使 ISDN 网络能够将呼叫连接到被叫方的用户—网络接口处，而且可以使呼叫连接到被叫用户终端。

ITU-T 为一级寻址法推荐了两种地址结构：第一种结构以前缀开头，用来标识被叫网络。此地址结构中的其他部分是被叫用户在被叫网络中的地址。这个前缀可以用来说明被叫网络的类型和位置，也可以作为被叫网络编号方案的识别标记。另一种结构与 ISDN 地址结构一致，它将国内终点号码(NDC)中的某些号码留给网络互通使用，通过这些号码可以用来识别其他网络中的用户。由于 NDC 可利用的号码有限，所以这种结构不如前一种通用。

• 二级寻址法

此方法的寻址分两步：第一步，主叫用户通过 ISDN 接入到一个互通单元(interworkingunit)。这个互通单元是 ISDN 与被叫网络的连接点。主叫用户使用一个 ISDN 号码建立到互通单元的连接，当连接建立起来后，互通单元向主叫送回响应。第二步，将被叫用户的地址通过 ISDN 和互通单元送到被叫网络，并由被叫网络完成寻址，如图 6.43(b)所示。这样就实现了 ISDN 与非 ISDN 的互通。

二级寻址法的主要缺点是：整个呼叫过程需要两个步骤来完成，并分别使用了两个号码，所以主叫用户需要了解两种编号方案，还要拨附加号码，而且这两步之间需要分界标准或暂停(如二次拨号音)。由于二级寻址的缺点，ITU-T 倾向于采用一级寻址法，但也允许二级寻址法存在。

6.4.4 ISDN 和其他网络的互通

由于目前多种网络的存在，如果要使 ISDN 的用户能和其他各种不同的网络进行相互通信，那么就必须解决网络互通(interworking)的问题。这个问题不仅存在于 ISDN 和非 ISDN 之间，而且由于国内不同的ISDN之间业务或业务属性的不同，这个问题也存在于不同的 ISDN 之间。因此，ITU-T 发布了其他网络与 ISDN 的互通规则。

为了成功地进行通信，就需要在不同网络的连接处增加互通功能，以提供共同的业务和机制，这些互通功能主要有：

• 实现编号方案的互通，使 ISDN 用户能够识别非 ISDN 用户，来建立两者之间的连接和实现业务的互通。

• 在两个网络的连接处实现物理层特性的匹配，例如物理接口的适配、信息调制方式和传输方式的转换、网间信号同步等。

• 实现通信协议和数据传输结构的转换，如帧结构的转换、信令方式的转换等，保证业务和连接的兼容性。

• 收集正确计费所需的数据，协调操作和维护过程，隔离故障。

总之，互通需要实现一系列的功能。这些互通功能可以由 ISDN 实现，也可以由其他与 ISDN 连接的网络实现。为了实现互通功能的标准化，ITU-T 在 I.324 建议中定义了与互通有关的附加参考点和这些参考点上的标准接口。如图 6.44 所示。

与 ISDN 兼容的用户设备通过 S 或 T 参考点接入 ISDN，其他网络和设备则通过附加参考点与 ISDN 相连。

K 参考点：ISDN 和现有电话网或其他非 ISDN 网络互通的接口。

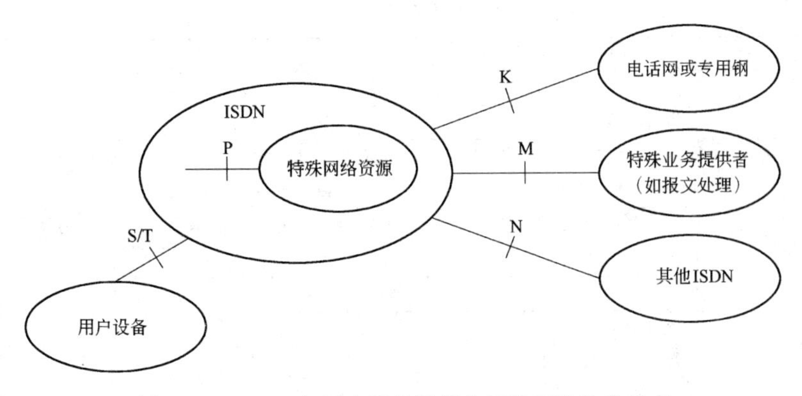

图 6.44　ISDN 与用户设备及其他网络互连的参考点

M 参考点：ISDN 和特殊网络（智能用户电报网或信息处理系统 MHS）的接口。

N 参考点：两个 ISDN 之间的接口。

P 参考点：ISDN 和 ISDN 内部一些特殊资源的接口。这些资源作为独立的部分存在于 ISDN 内部。

ITU-T 确认了几种网络类型，它们也可以支持一些 ISDN 支持的电信业务，因此 ISDN 就需要与这些网络进行互通。这些网络类型为：公用电话交换网（PSTN）、电路交换公用数据网（CSPDN）、分组交换公用数据网（PSPDN）和另一种 ISDN。

1. ISDN 与 PSTN 的互通

ITU-T 在 I.530 建议中对 ISDN 与 PSTN 的互通进行了定义，给出了 ISDN 和 PSTN 之间进行互通的两种结构，如图 6.45 所示。

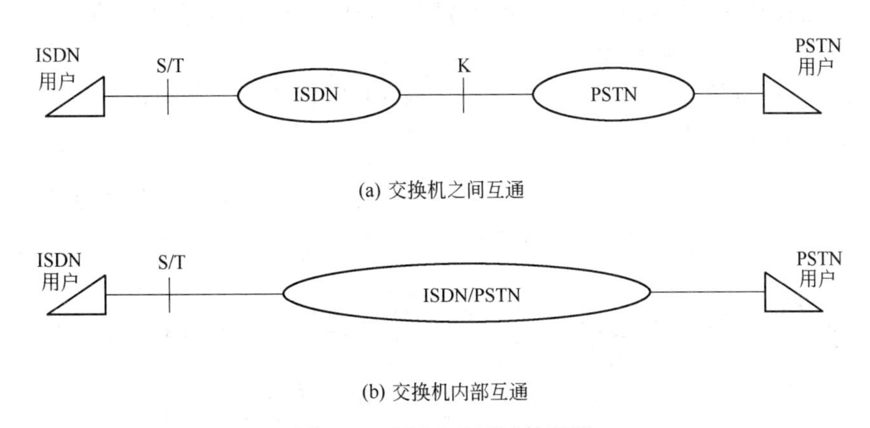

图 6.45　ISDN-PSTN 的互通

第一种结构，如图 6.45(a)所示，该图与图 6.44 一致，K 参考点将 ISDN 和 PSTN 分开；第二种结构中不存在 K 参考点，因为这时 ISDN 和 PSTN 之间没有明显的分界。

表 6.12 列出了 ISDN 和 PSTN 的主要特征，指出了克服这些差异所需功能。

表 6.12　ISDN 和 PSTN 的主要特征

	ISDN	PSTN	互通功能
用户接口	数字	模拟	a
用户—网络信令	公共信道信令(I.441/I.451)	随路信令为主(如 DTMF)	b,e
支持的用户终端设备	数字 TE(如 ISDN NT、TE1 或 TE2＋TA)	模拟 TE(如拨号脉冲电话、PBX、带调制解调器的 DTE)	c
交换机间的信令	No.7 的 ISDN 用户部分(ISUP)	随路信令或公共信道信令(如 No.7 的用户部分 TUP)	d,e
传输设备	数字	模拟/数字	a
信息传送方式	电路/分组	电路	f
信息传送能力	话音、不受限的数字信息、3.1 kHz音频、图像等	3.1 kHz 音频(话音/话音频带内的数据)	f

注：a：传输设备的模/数和数/模转换；
　　b：交换机内部呼叫时用户接口的 PSTN 信令和 I.451 信息之间的变换；
　　c：支持 ISDN 终端和带调制解调器的 PSTN 数字终端设备的通信；
　　d：PSTN 信令系统和 No.7 中的 ISUP 之间的变换；
　　e：ISDN 用户接口信令(I.441、I.451)与 PSTN 交换机之间随路信令(如 R1、R2)之间的变换；
　　f：待研究。

因为 PSTN 与 ISDN 的编号方案相同，所以 ISDN 与 PSTN 之间的互通是比较简单的，不需要转换。但是在互通时，需要进行 ISDN 和 PSTN 控制信令的变换，而且用户信息需要进行模/数和数/模转换。

2. ISDN 与 PSPDN 的互通

ITU-T 在 I.550(X.325)建议中对 ISDN 与 PSPDN 的互通进行了定义。PSPDN 的功能是用分组交换方式提供数据传输业务，因此当 ISDN 提供分组交换业务时，这两种网络在功能上是兼容的。但是当 ISDN 提供电路交换业务时，ISDN 和 PSPDN 之间的功能是不同的。因此两个网络的互通要区分为两种情况：

(1) ISDN 提供分组交换业务(PS)时的互通如图 6.46 所示。互通由呼叫控制的转换实现，详细过程由 X.75 协议规定。

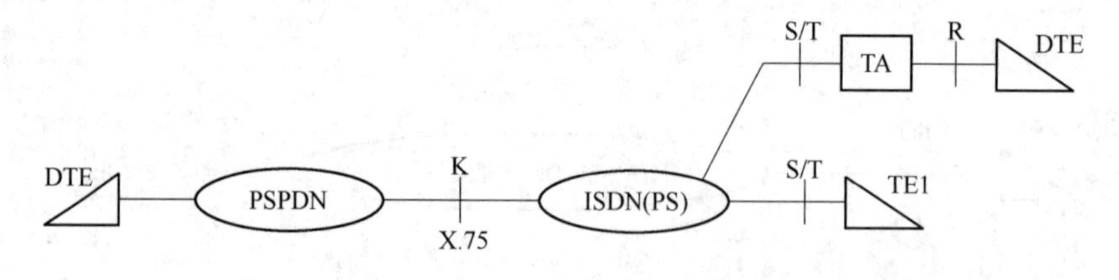

图 6.46　ISDN(PS)和 PSPDN 互通

(2) ISDN 提供电路交换业务(CS)时的互通。这种情况下的互通有两种方式：一种是呼叫控制转换方式；另一种是端口接入方式。

① 呼叫控制转换方式

呼叫控制转换方式利用呼叫过程中控制信令的转换来实现两个不同网络的互通。这种方式的结构如图 6.47 所示。

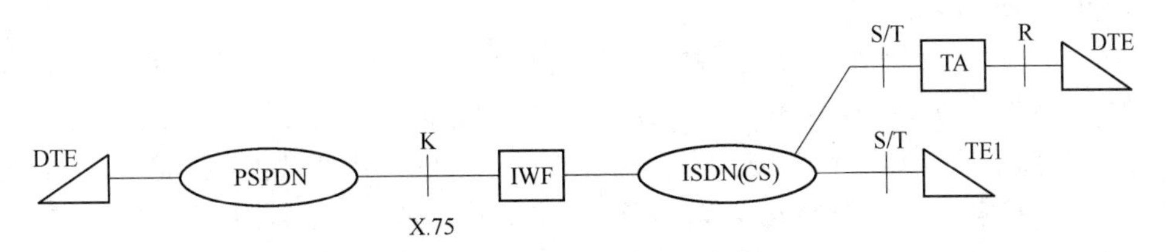

图 6.47　ISDN(CS)和 PSPDN 互通(呼叫控制转换方式)

在 PSPDN 与 ISDN(CS)之间需要一个互通功能 IWF,来实现呼叫过程中控制信令的转换,这种转换包括:

(a) 将 ISDN 的呼叫控制信令(如 ISDN 用户—网络信令 I.420 或网间信令 No.7)转换为 PSPDN 的呼叫控制信令(如 X.75)。

(b) 将 PSPDN 的数据传输协议(如 X.75)转换成 ISDN 中的电路交换控制协议。

以呼叫控制转换方式通信时,主叫用户通过一次选择(拨号)就可以接到被叫终端。因此,这种方式又叫做一次选择方式。

② 端口接入方式

端口接入方式是在 ISDN 中建立一条透明的电路,将 ISDN 的分组终端接到 PSPDN 入口的互通方式。由图 6.48 可以看出,在 ISDN 和 PSPDN 之间也需要一个互通功能 IWF,这个 IWF 是所有 ISDN 终端接入 PSPDN 的入口。其中,IWF 与 PSPDN 之间的通信协议是 X.75 或网络内部协议;IWF 与 ISDN 之间的控制信令协议是 ISDN 用户—网络信令 I.420 或网间信令 No.7,也可以是 X.25 或网络内部协议。ISDN 的分组终端通过电路方式连接到 IWF,在这条电路上执行 PSPDN 的 X.25 协议。这样,X.25 分组数据就透明地穿过 ISDN。

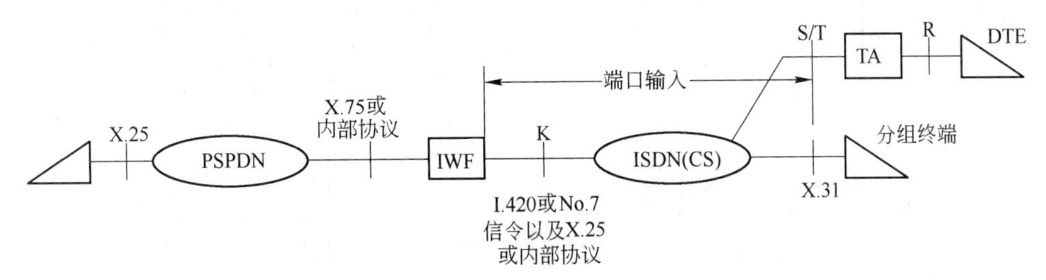

图 6.48　ISDN(CS)和 PSPDN 互通(端口接入方式)

当 PSPDN 发起呼叫时,IWF 会收到一个 X.75 呼叫请求。IWF 按照被叫号码建立一条到被叫终端的数据链路,然后将该呼叫请求转换成 X.25 呼叫请求并送到被叫终端。

当 ISDN 发起呼叫时,ISDN 以 IWF 的地址作为被叫号码,使用用户—网络信令请求来建立一条数据链路。然后,将 X.25 呼叫请求送到 IWF。IWF 再将 X.25 呼叫请求转换为 X.75 的呼叫请求并送到 PSPDN,由其控制虚呼叫的建立。

在通信的时候,ISDN 必须拨叫 PSPDN 入口(IWF)的号码,待电路接通以后,再拨被叫终端的号码,完成 ISDN 和 PSPDN 的互通。因此,端口接入方式又称为二次选择方式。

3. ISDN 之间的互通

当两个 ISDN 提供相同的承载业务和用户终端业务时,它们之间可以直接进行通信。但是,当两个 ISDN 所提供的业务属性不同时,就需要进行互通操作。互通分为两个阶段:在控制阶段,两个 ISDN 为形成一致的业务要进行协商,在达成一致以后就可以建立连接了,这个连接由两个 ISDN 的连接来完成;当连接建立以后就进入了数据传输阶段,进行用户到用户的通信。

两种类型的 ISDN 互通时,在网间需要增加互通功能 IWF。图 6.49 表示了两个 ISDN 呼

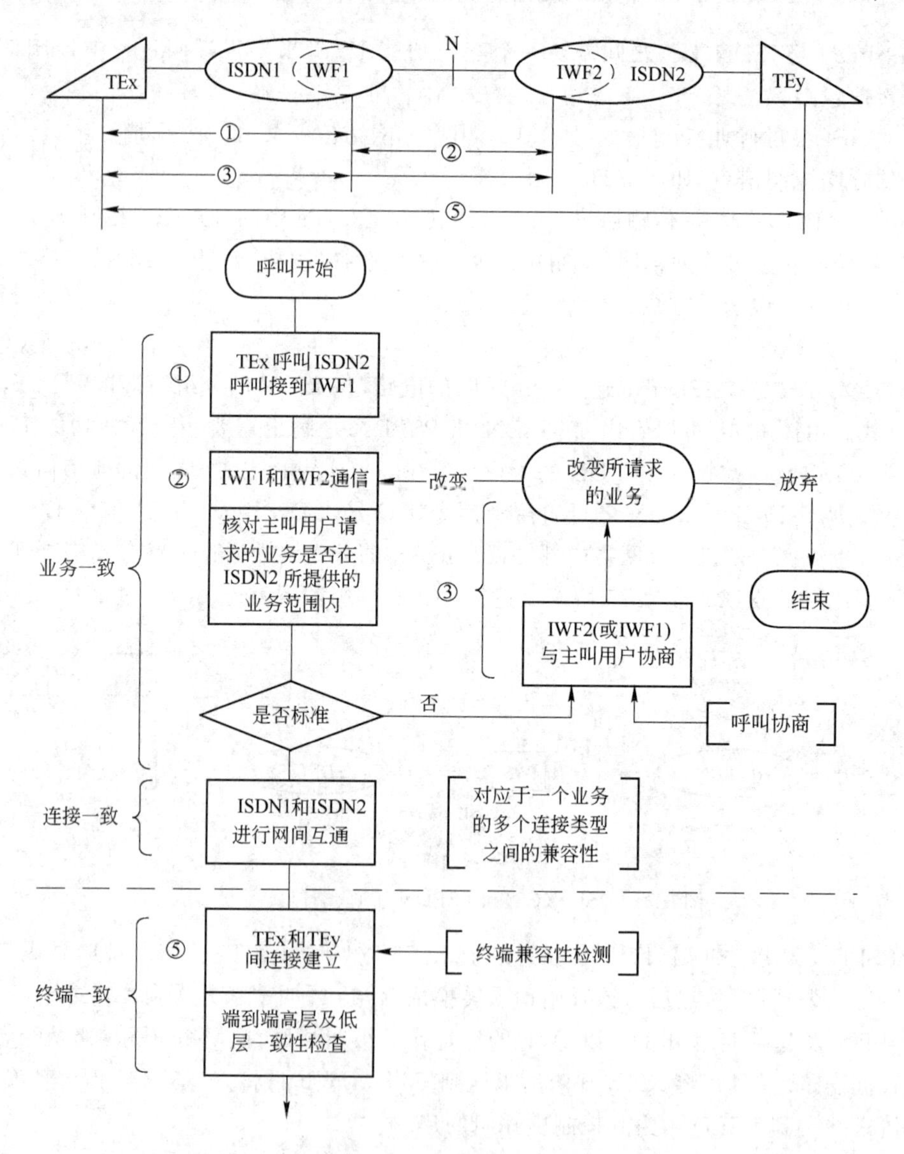

图 6.49 ISDN—ISDN 互通的呼叫协商过程

叫建立时的协商过程。

① TEx 呼叫 ISDN2,呼叫被连接到 IWF1 上;

② IWF1 和 IWF2 通信,核对主叫用户所请求使用的业务是否在 ISDN2 所能提供的业务范围内;

③ 如果 ISDN2 不能提供 TEx 所需要的业务,则由 IWF2(或 IWF1)和主叫用户进行协商,决定是改变还是放弃此业务请求;

④ 如果主叫用户改变了业务请求,则重复进行②和③两步,直到满足了业务的一致性或者用户放弃了呼叫;

⑤ 当 TEx 和 TEy 之间的连接建立起来以后,需要进行端到端的低层和高层的一致性检查,来确定这两个终端是否能支持完全相同的承载业务和用户终端业务。网络不参加此过程,只是提供用户之间信令信息的传输。

6.5 AO/DI 技术

ISDN 在经过 20 世纪 90 年代中期的快速发展后,进展的步伐开始逐渐缓慢下来,尤其是在 ADSL。等用户接入技术的逐渐兴起后,ISDN 的发展给人一种步履艰辛的感觉。主要的原因是 ISDN 有一个明显的缺陷,就是提供的基本接入速率太低,只有 144 kbit/s。虽然这种速率可以满足普通的电话和低速数据业务的需求,但在多媒体业务快速发展的今天,这个速率显然无法满足用户的需要。所以,ISDN 要想获得一定的发展,就必须提供更具吸引力的新业务。

AO/DI 技术就是在此背景下产生的。AO——永远在线功能(always on),这种功能利用了 ISDN 在 D 信道上可以传送分组数据的能力,在 ISDN 用户与 Internet 或者公司专网之间保持一种经济的永久连接,并在其上提供较低速率的分组数据传输;DI——动态带宽功能(dynamic ISDN),当 D 信道无法满足带宽需求时,用户终端和网络侧相关设备协商后,实现按需分配带宽,在 B 信道上建立 64 kbit/s 或者 128 kbit/s 的电路交换,来支持大流量数据的传输。

要实现 AO/DI 业务,需要对 ISDN 的网络结构做一些改进:交换机需要提供 PH 模块;用户终端处需要配置 AO/DI 接入适配器或提供 AO/DI 功能的终端设备;网络需要引入 AOS(always on server),即 AO 服务器。具体的网络结构如图 6.50 所示。

ISDN 端局交换机向用户提供在 D 信道上建立永久虚电路的功能,用于承载分组业务。在端局与汇接局之间的中继线上的某个 B 信道上,多个用户在 D 信道上建立的虚电路要进行复用,最后连接到 AOS。在这条从用户终端到 AOS 的永久虚电路上提供了 X.25虚呼叫业务,由 AOS 将用户的分组数据传送到 X.25 分组网。这就是 AO 功能的实现原理。

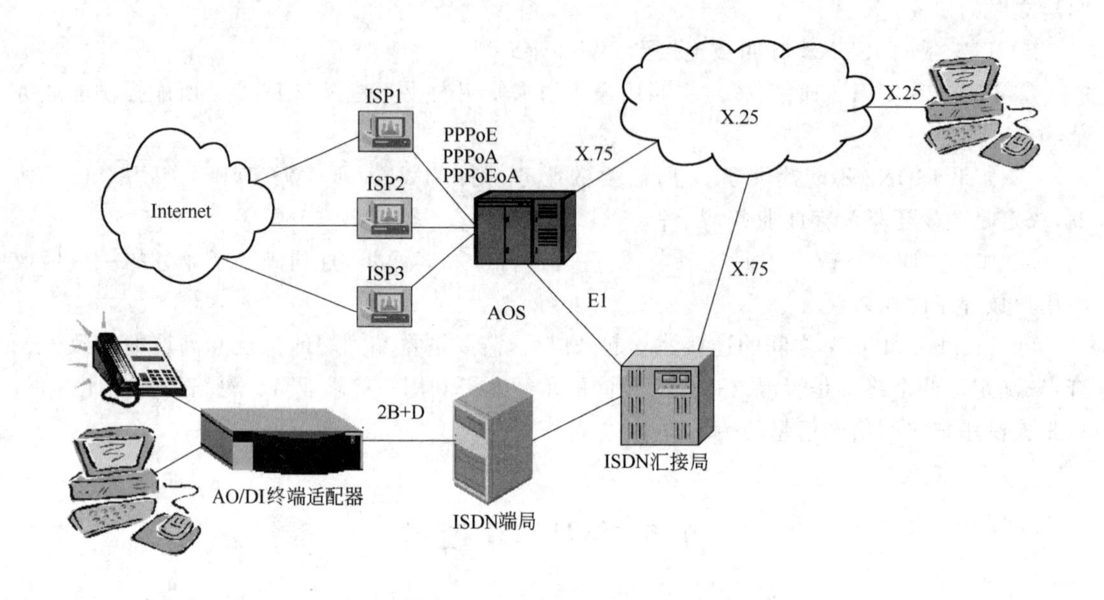

图 6.50　AO/DI 网络结构图

此外,ISDN 端局交换机仍向 AO/DI 用户终端提供普通的 B 信道上的数据传输服务。按照数据流量的需要,AO/DI 用户终端与 AOS 之间可以通过信令建立一个或者两个 64 kbit/s的电路连接,由 AOS 负责将用户终端的数据传送到 Internet。AOS 提供了 BACP (bandwidth allocation control protocol)协议栈,可以支持动态带宽协商,所以能够实现 DI 的功能。

AO/DI 技术的应用非常广泛,可以为一些特殊的应用提供方便的接入方式和组网方案。比如 POS 机系统、彩票机系统、银行刷卡等低速数据专线业务以及为 ISDN 用户提供动态带宽的上网业务。目前,ISDN 网络的 AO/DI 业务在北京已经开始商用,其最终用户包括福利彩票用户、邮政局邮政网点用户、小灵通手机经销商用户、银行用户等。下面用两个应用实例来对 AO/DI 的实现进行具体的说明。

(1) 信用卡业务

目前商场的 POS 机多采用模拟电话拨号上网方式或者租用专线方式。前一种方式的缺点是每次交易前需要先进行拨号连接。一般拨号的时间远大于完成交易的数据传输时间,并且容易遇到掉线、占线等情况,交易时间长。而后一种方式虽然克服了以上缺点,但是费用昂贵,加重了商家的负担。如果采用 AO 技术实现信用卡业务,可以为用户提供一条 POS 机到认证中心的虚拟专线,如图 6.51 所示,既可以大大缩短每次交易所需的时间,也可以为商家节省专线租用费。

(2) Internet 接入业务

相对于普通 ISDN 拨号上网,AO/DI 技术提供的 Internet 接入业务具有很多优点:对于用

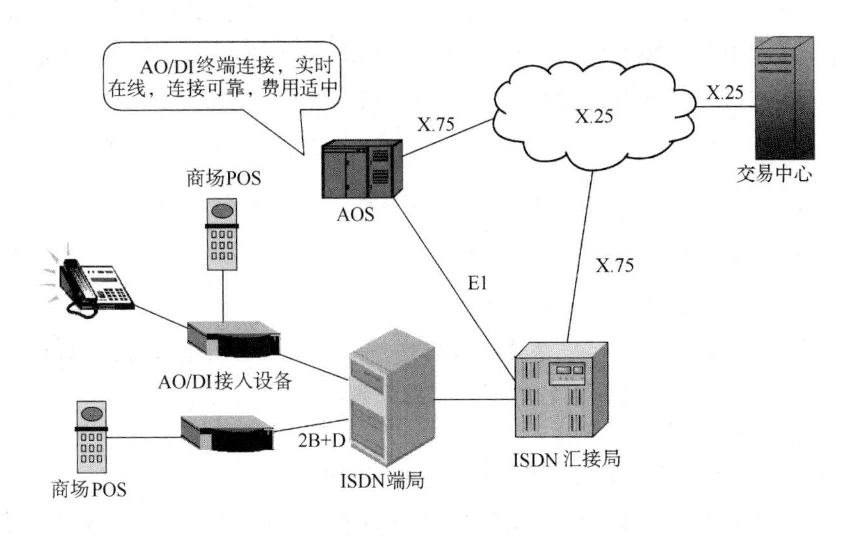

图 6.51　信用卡业务应用

户来说,在不需要大数据量下载时会自动断开 B 信道的连接,这样可以节约用户的上网费用;对于 ISP 来说,释放闲置不用的 B 信道,可以缓解上网需求不断增加与有限的 ISP 端口之间的矛盾;对于电信运营商来说,AO/DI 技术的应用不仅满足了用户和 ISP 永久在线服务的要求,同时也节约了宝贵而有限的 PSTN 网络资源。

AO/DI 技术的最大特点就是通过对 ISDN 进行较少的改动,就可以使 ISDN 提供专线上网(即永久连接 Internet 或企业专网)和动态带宽分配功能。AO/DI 技术的提出拓展了 ISDN 业务在新领域的应用,延长了 ISDN 的生命周期,使 ISDN 的发展出现了新的生机。

小　结

ISDN 技术是 20 世纪 80 年代开始发展的一项电信交换技术。它提供了具有统一标准的用户—网络接口,实现了端到端的数字连接,通过单一的网络为用户提供话音、数据、文本、图像等综合业务。ITU-T 制定了以 I 系列建议为代表的一系列标准,实现了 ISDN 的标准化。ISDN 的交换技术是 ISDN 技术中非常重要的一部分,它是在数字电话交换技术的基础上发展而来的。ISDN 的交换系统的技术特征主要包括三个方面:数字用户接口技术,包括用户线技术、接口标准以及支持基本速率接口的数字用户电路技术;公共信道信令技术,包括处理 UNI 接口的 DSS1 信令和 NNI 接口的 No.7 信令;分组通信处理功能,提供电路交换和分组交换两种方式接入分组网。ITU-T 建议 ISDN 以电话 IDN 为基础进行发展,用这个综合的网络来代替现有多种网络。为了提供综合的业务,ISDN 能够与现有的各种电信网进行互通。ISDN 技术的一个缺陷是提供的带宽较窄,所以 ISDN 的发展并没有预期的那样快速。为了拓展ISDN

网络的应用，在ISDN网络上引入了AO/DI技术。AO/DI技术能够通过对ISDN网络进行不多的改动，使ISDN提供专线上网（即永久连接Internet或企业专网）的功能和动态带宽分配的功能。AO/DI技术的提出拓展了ISDN业务在新领域内的应用。

习　题

1. 简述ISDN的三个基本特征。

2. ISDN提供的两个UNI接口是什么接口，速率是多少，信道构成方式如何？

3. 试说明ISDN用户—网络接口可能存在的物理配置。

4. 简述B信道和D信道的用途。

5. ISDN交换系统由哪几部分构成，各部分分别完成什么功能？

6. 比较ISDN交换系统与PSTN交换系统，论述它们之间有哪些相同点和不同点。

7. 比较FDM、TCM和EC这三种数字用户环路技术，总结这三种技术的不同点。

（提示：可以从工作原理、传输距离、传输带宽、电路复杂度、电路集成难易程度、应用情况等方面比较。）

8. 假设有一组数据0110110001100001要从数字用户线上发送，画出其2B1Q编码方式的线路码型。

9. 试说明ISDN的U接口为何有激活和去激活的功能，并说明由网络侧先发起激活的U接口激活全过程。

10. 比较数字用户电路和模拟用户电路，总结其相同点和不同点。

11. 试说明ISDN协议与传统通信协议比较有哪些特点，并至少给出一个例子说明这些特点。

12. DSS1的各部分协议在ISDN交换过程中所完成的功能是什么？

13. 试说明ISDN交换系统实现分组通信的方法和信令过程。比较CASE A和CASE B的B信道接入这两种方式在实现上有何不同。

14. 结合第5章的相关内容，总结LAPB、LAPD和LAPF的异同。

15. 简述ISDN地址和ISDN号码的不同含义以及它们在ISDN寻址中的作用。

参考文献

1　中华人民共和国邮电部. ISDN用户—网络接口规范第2部分：数据链路层技术规范. 北京：人民邮电出版社，1997

2　中华人民共和国邮电部. ISDN用户—网络接口规范第3部分：第三层基本呼叫控制技术

规范.北京:人民邮电出版社,1997

3 中华人民共和国邮电部.接入网技术要求—接入网远端设备:ISDN 基本速率接入接口(U接口)技术要求.北京:人民邮电出版社,2001

4 Peter Bocker. ISDN:the Integrated Services Digital Network:Concepts,Methods Systems. Berlin:Springer-Verlag,1987

5 Pramode K. Verma,Englewood Cliffs. ISDN Systems:Architecture,Technology,and Applications. NJ:Prentice Hall,1990

6 Nick Burd. The ISDN Subscriber Loop. London:Chapman&Hall,1997

7 Willian Stallings. ISDN and Broadband ISDN with Frame Relay and ATM(Fouth Edition). NJ:Prentice Hall,Inc.,1999

8 程时端.综合业务数字网.北京:人民邮电出版社,1993

9 赵慧玲.综合业务数字刚技术及其应用.北京:人民邮电出版社,1995

10 陈锡生、糜正琨.现代电信变换.北京:北京邮电大学出版社,1999

第7章　ATM交换与宽带综合业务数字网

异步传送模式(ATM:asynchronous transfer mode)是宽带综合业务数字网(B-ISDN:broadband integrated service digital network)用于传输、复用和交换的技术,是B-ISDN网络的核心技术。本章将重点介绍ATM的基本原理和ATM交换技术,并简要介绍B-ISDN网络的网络结构、用户—网络接口的参考配置、业务特性等主要相关技术。

7.1　ATM与B-ISDN的产生和发展

综合业务数字网(相对于B-ISDN通常被称为N-ISDN,即窄带ISDN)在20世纪80年代中期就已经进入了实用阶段。随着ITU-T一系列相关ISDN技术标准的颁布,其技术已相当成熟。但是N-ISDN是在数字电话网的基础上演变而来的,它虽然可提供一系列中低速率的综合业务,并支持电路交换和分组交换模式,但其提供的主要业务还是基于64 kbit/s的电路交换业务,其传输速率和交换模式限制了具有更高速率和可变速率业务的提供,其核心技术——ISDN交换技术,已不能适应未来通信网发展的需要。为了克服窄带ISDN的局限性,人们开始寻求一种比窄带ISDN更为先进的网络。这种网络能够提供具有更高传输速率的传输信道;能够适应全部现有以及未来可能出现的各种业务;从只有几bit/s速率的遥测业务到100～150 Mbit/s速率的高清晰度电视HDTV业务,都可以用同样的传送模式在网络中传输、复用与交换。ITU-T(原CCITT)将这种网络命名为宽带综合业务数字网,简称为B-ISDN。

从第1章相关内容的学习已经了解到,传送模式(transfer mode,也常译为转移模式)是ITU-T用来描述一个通信网所使用的一个关键词语,它覆盖了传输、复用与交换有关方面的技术。传送模式与通信网的特性密切相关,在描述一个通信网络时,总会关心这个通信网采用了什么传送模式,即它传输、复用与交换所采用的技术是怎样的。如PSTN网络采用的是电路传送模式,它的技术特点是固定分配带宽、面向物理连接、同步时分复用,适应实时话音业务，具有较好的时间透明性；PSPDN 网络采用的是分组传送模式，它的技术特点是动态分配带宽、面向无连接或逻辑连接、统计时分复用，适应可靠性要求较高、有突发特性的数据通信业务，具有较好的语义透明性。对于 B-ISDN 网络来说，人们期望它成为一种“全能”的电信网络，对于任何业务，不管是实时业务或非实时业务、速率恒定或速率可变业务、高速宽带或低速窄带业务、传输可靠性要求不同的业务都能支持。这就对 B-ISDN 的信息传送模式在语义透明性和时间透明性两个方面同时提出了较高的要求，传统的电路传送模式和分组传送模式都不能满足需求，B-ISDN 必须寻找一种更有效的、更先进的传送模式。

实际上，在 20 世纪 80 年代初期，人们就已经开始进行新的传送模式的实验，建立了多种命名不同的模型。1983 年，美国贝尔实验室的 J. Turner 等人提出了快速分组交换（FPS：fast packet switching）原理，研制了原型机。FPS 源自分组交换，减少了链路层协议的复杂性，有可能以硬件来实现协议的处理，从而大大提高了传输与交换的速率。同年，法国的 J. P. Coudreuse 提出了异步时分复用（ATD：asynchronous time division）的概念，并在法国电信研究中心（CNET）研制了演示模型。由于 ATD 与 FPS 发展背景不同，存在一些差异。在 ATD 与 FPS 技术研究的基础上，80 年代中期，ITU-T 第 18 研究组也开始了对这种新的传送模式的研究，将其信息传送的最小单元命名为信元（cell），并确定采用固定长度的信元，在 1988 年将这种新的传送模式命名为 ATM。

ATM 具有很多特征，其中最显著的一个特征就是能够适用于任何业务。无论该业务的特性如何（速率高低，突发性大小，质量与实时性），ATM 都按照同样的模式处理，做到了业务的完全综合。采用 ATM 这种与业务无关的传送模式组建网络，诸如业务依赖性、通信可靠性差、资源利用率低、不适应突发业务等困扰现有通信网络的问题都随之解决，而这些问题都是 B-ISDN 必须解决的问题。基于 ATM 的这些优点，ITU-T 第 18 研究组于 1988 年在命名 ATM 这种新型传送模式的同时，也将其确定为 B-ISDN 的传送模式。至此，ATM 技术成为 B-ISDN传输、复用与交换的关键技术，使得 B-ISDN 成为一种不同于已有任何网络的一种全新网络。

随后，ITU-T 第 18 研究组制定了一系列有关 ATM 的建议与标准。与此同时从 20 世纪 80～90 年代，不少计算机与通信领域的厂商致力于 ATM 技术的研究与开发，各国分别建立了自己的公用 ATM 宽带试验网。例如 1994 年 8 月投入运营的美国北卡罗来纳信息高速公路，用于远程教学、远程医疗、商务、司法和行政管理等领域，是美国第 1 个州范围内的公用 ATM 宽带网。同年，由法国、德国、英国、意大利和西班牙等国家发起的泛欧 ATM 宽带试验网开始运行，后来扩大到欧洲 10 多个国家。在亚洲、日本也建设了 ATM 宽带试验网，在东京、大阪、京都等地设置了 ATM 主交换机，开始对高清晰度电视和多媒体业务的试验。我国在京、沪等地区也建设了 ATM 宽带试验网。到 20 世纪末期，ATM 技术，特别是 ATM 交换技术已经相当成熟。

20 世纪 90 年代，Internet 发展异常迅速，在短短几年中，已经渗透到了政治、经济、文化等各个角落，改变了人们生活、工作的方式。IP 网络的特点是简单、经济，与之相比，ATM 网络存在着技术复杂与运营成本高的致命缺点。ATM 技术与 IP 技术的融合不可避免。IP 交换(泛指一类)就是 ATM 技术和 IP 技术融合的产物。多协议标记交换(MPLS：multi-protocol label switching)是 IP 交换的一种，是下一代网络(NGN：next generation network)的核心技术，是下一代骨干网所采用的交换技术。ATM 作为一种优秀的传送模式，在现有通信网络向 NGN 的演变过程中，仍然会扮演着不同的角色，发挥着重要的作用。

7.2 ATM 基本原理

ATM 技术是实现 B-ISDN 的核心技术，它是以分组传送模式为基础并融合了电路传送模式的优点发展而来，兼具分组传送模式和电路传送模式的优点。ATM 主要有以下四个特点：采用了固定长度的信元并简化了信头功能；采用了异步时分复用方式；采用了面向连接的工作方式；采用了标准化的 ATM 协议。在本节中，将分别从 ATM 所具有的特点出发，详细介绍 ATM 的基本原理。

7.2.1 ATM 信元及其结构

1. ATM 信元结构

在 ATM 中，各种信息的传输、复用与交换都以信元为基本单位。ATM 信元实际上就是固定长度的分组，为了与分组交换方式中的“分组”相区别，才将 ATM 传送信息的最小单元叫做信元。ATM 信元有固定的长度与固定的结构，如图 7.1 所示。ATM 信元的长度固定为 53 个 byte，其中前 5 个 byte 是信头(header)，其余 48 个 byte 是信息段，也称为净荷(payload)。注意，信元的发送顺序是从信头的第 1 个字节开始，然后按递增顺序发送，在 1 个字节中从第 8 位开始，然后按递减顺序发送。每个字节最先发送的位称为最高比特位(MSB：most significant bit)，最后发送的位称为最低比特位(LSB：least significant bit)。

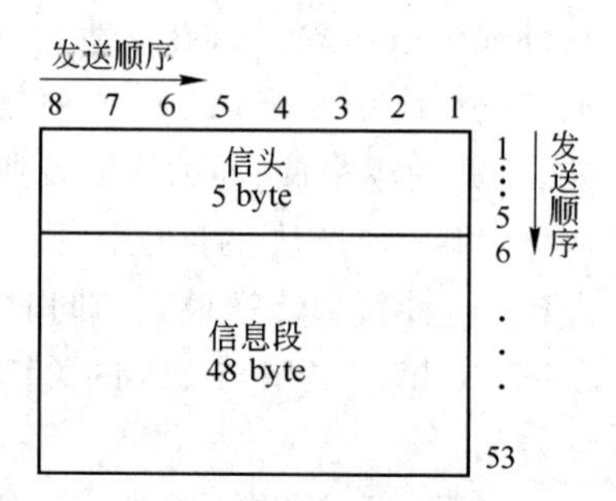

图 7.1 ATM 信元结构

ATM 信头中包含了各种控制信息，主要是表示信元去向的地址信息，还有一些操作维护管理的信息，如信元优先级标志以及纠错码等。有关 ATM 信元的信头结构见下文介绍。ATM 信元的信息段用于承载用户信息，这些信息透明地穿过网络，也可用于承载管理信息。

2. ATM 信元的信头结构

在 B-ISDN 网络中，无论用户线上还是中继线上，信息的传送都是以 ATM 信元为单位进行的。但是对于用户—网络接口(UNI：user network interface)和网络节点接口(NNI：network node interface)来说，信头的结构有所不同。

图 7.2 给出了 UNI 和 NNI 的信头结构，其中各个字段的含义和用途描述如下：

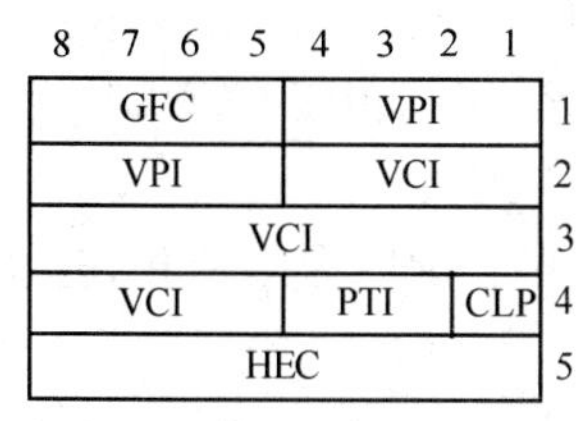

(a) UNI的ATM信头结构

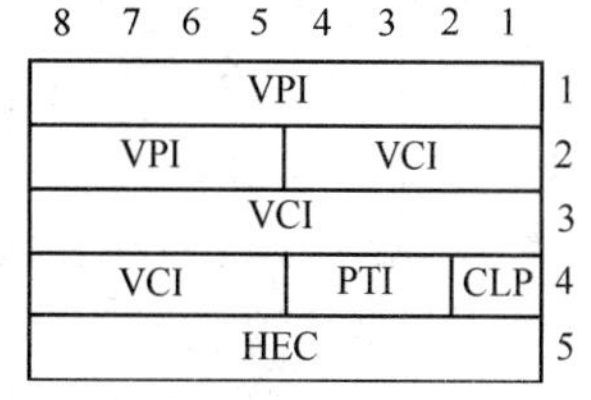

(b) NNI的ATM信头结构

图 7.2 ATM 信头结构

• GFC(generic flow control):通用流量控制,是一个 4 bit 的字段,用来在 UNI 接口上提供用户到网络方向上的流量控制。

• VPI(virtual path identifier):虚通道标志,VPI 字段在 UNI 接口上为 8 bit,在 NNI 接口上为 12 bit。

• VCI(virtual channel identifier):虚信道标志,是一个长度为 16 bit 的字段。

• PT(payload type):净荷类型,表示 48 byte 的信息段所承载的信息类型,3 bit 的字段,可以指示 8 种 ATM 信元净荷类型,表 7.1 所示为 PTI 编码标志和净荷类型。

表 7.1 PTI 标志值及净荷类型说明

PTI 编码(432)	类 型 说 明	PTI 编码(432)	类 型 说 明
000	用户数据单元,没有遭遇拥塞,AUU=0	100	段 OAM 流 F5 信元
001	用户数据单元,没有遭遇拥塞,AUU=1	101	端到端 OAM 流 F5 信元
010	用户数据单元,遭遇过拥塞,AUU=0	110	资源管理信元
011	用户数据单元,遭遇过拥塞,AUU=1	111	保留未来使用

注意:PTI 编码中最高位(第 4 比特位)用来区分是用户数据信元还是其他信元,该比特为 0 表示是用户数据信元,为 1 表示是其他信元。如果是用户数据信元:PTI 编码的中间比特位(第 3 比特位)表示该信元是否遭遇过拥塞,为 1 表示该信元遭遇过拥塞,为 0 表示该信元未遭遇过拥塞;PTI 编码的低位(第 2 比特位)用来区分 AUU 的值是 0 还是 1,AUU 表示 ATM 用户至用户指示(ATM-user-to-ATM-user indication),有关 AUU 在后面 ATM 适配层(AAL5)中将会介绍其用法。PTI 高位编码为 1 的信元,包括 OAM F5 信元和资源管理信元,在本书中不介绍其具体用法。

CLP(cell loss priority):信元丢弃优先权,只有 1 bit,CLP=0 表示信元具有高优先级,CLP=1 表示信元具有低优先级,当网络发生拥塞时,首先丢弃 CLP=1 的信元。

HEC(header error control):信头差错控制,共 8 bit,代表一个多项式,用来检验信头在传输中是否出错。

3. 特殊信元

实际上,除了传送用户信息的信元以及 PTI 标识的 OAM F5 信元和资源管理信元外,

ITU-T 还定义了一些特殊信元,这些信元用 ITU-T 预分配的信头值表示。凡是信元的信头值与预分配的信头值相等,那么这个信元就是特殊信元,完成相应的特殊功能。

在物理层上的预分配信头值如表 7.2 所示。含有表中信头值的信元都是物理层使用的信元,这类信元不送往 ATM 层,只是在物理层处理。由于在物理层使用,这些信元头不具有 PTI、CLP 以及 GFC 字段的含义。

表 7.2 供物理层使用的预分配信头值

信元类型	第1字节	第2字节	第3字节	第4字节
空闲信元	00000000	00000000	00000000	00000001
物理层 OAM 信元	00000000	00000000	00000000	00001001
留给物理层使用的信元	PPPP0000	00000000	00000000	0000PPP1

P:可供物理层使用的比特。

空闲信元(idle cell)是由物理层产生的不包含用户信息的单元,是物理层为了将信元流的速率适配到所用传输媒体的载荷能力而插入的信元。

物理层 OAM 信元(physical layer OAM cell)包含了和物理层有关的操作维护信息。

在 ATM 层上预分配信元头值如表 7.3 及表 7.4 所示。

表 7.3 UNI 信头的预分配值

信元类型	VPI	VCI	PTI	CLP
未分配信元	00000000	00000000 00000000	—	0
元信令信元	00000000	00000000 00000001	OAO	B
一般广播信元	00000000	00000000 00000010	OAA	B

A:可供 ATM 层使用的比特; B:被发端实体置 0 的比特,但网络可修改; —:可为任意值

表 7.4 NNI 信头的预分配值

信元类型	VPI	VCI	PTI	CLP
未分配信元	0000 00000000	00000000 00000000	—	0

—:可为任意值

未分配信元(unassigned cell)是由 ATM 层产生的不包含用户信息的信元。当发送侧没有信息要发送时,ATM 层就向传输线上插入未分配信元,使收发两侧能异步工作。未分配信元与物理层空闲信元分别在各自的层上保证了发送器和接收器能完全异步工作,所不同的是未分配信元在 ATM 层与物理层都能看到,未分配信元在物理层上按照一般的 ATM 层信元对待,而空闲信元只能在物理层看到。

元信令信元(meta-signalling cell)是指用来传送元信令的信元。ITU-T Q.2120 建议中定义了元信令协议,其主要任务是建立、管理和释放用户—网络接口处的信令连接,它是对各种信令虚信道进行管理和控制的协议。

通用广播信元(general broadcast signalling cell)是指用来传送广播信令信息的信元，该信令信息是发给用户—网络接口上所有终端的。

7.2.2 异步时分技术

数字电话网络中的电路传送模式采用的是同步时分(STD:synchronous time division)技术作为其传输、复用与交换的基础，ATM 则采用了异步时分(ATD)技术。第 1 章已经提到，时分意味着复用，即一条物理链路可以由多个逻辑子信道所共享，各个逻辑子信道占用不同的时间位置，那么一个很重要的问题是要判别每个时间位置中的信息是属于哪个逻辑子信道。STD 是按照时间位置本身来区分信息是属于哪个逻辑子信道的，也就是说每个逻辑子信道占用物理链路上固定的时间位置，每个逻辑子信道上的原始信号按照一定的时间间隔周期性出现。

ATD 复用的各个时间位置相当于各个信元所占的位置，即一个信元占有一个时间位置。但是属于同一个逻辑子信道的信元并不是出现在固定的时间位置上，它可以或疏或密地出现在物理链路上，判别一个时间位置上的 ATM 信元属于哪个逻辑子信道要依靠该信元头所携带的标记来区分。为了便于比较，图 7.3 简明地表示了 STD 与 ATD 的概念，图 7.3(a)为 STD 方式，A、B、C 表示了不同的逻辑信道，占用了各自固定的时隙位置；图 7.3(b)为 ATD 方式，X、Y、Z 为信道标志，表明了该信元所属的逻辑信道。

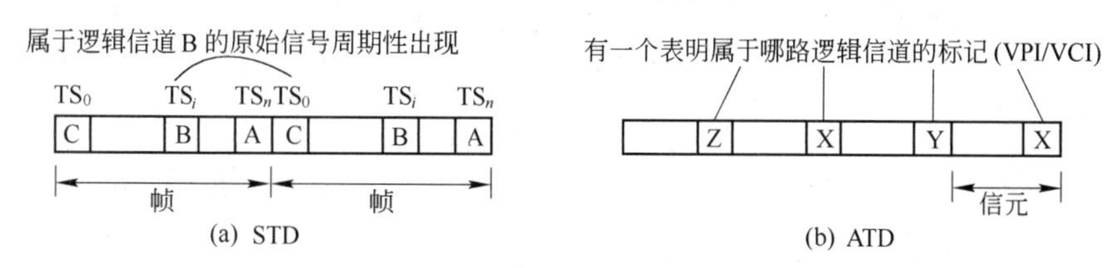

图 7.3 STD 与 ATD 概念

很明显，采用 ATD 方式的各个逻辑子信道的带宽是不固定的，是根据需求占用不同的带宽，这是一种很灵活的分配方式。此外，ATD 的一个很明显的特点是要按照信元头中所含的用于选路的标记来区分该信元属于哪一路逻辑信道。在 ATM 中，采用信元头中的 VPI 和 VCI 作为这个选路的标记。

7.2.3 面向连接的通信方式

ATM 采用面向连接的通信方式，即在传送信息之前要建立源到目的之间的连接，在 ATM 中这种连接是逻辑的连接，也叫做虚连接。

下面通过对虚通道与虚信道、虚通道连接与虚信道连接等概念的了解，来理解 ATM 面向连接的特性。

1. 传输通道上的虚通道与虚信道

在 ATM 网络中，传输通道存在于两个 ATM 交换机或 ATM 交换机与 ATM 终端设备之间。在 ATM 中,使用虚通道与虚信道的概念,可以把一条 ATM 传输通道(也常被称为通信线路)分割成若干个逻辑子信道。

例如,在 ATM 的一条传输通道上,正在同时进行着 5 个通信,其中包括向北京方向的 3 个通信与向广州方向的 2 个通信,这 5 个通信分别占用了该传输通道上不同的逻辑子信道。向北京方向的 3 个通信有 2 个是数据通信,一个是电话通信。向广州方向的 2 个通信一个是视频通信,一个是电话通信。于是可以用 VPI=1 表示向北京方向的通信,VPI=2 表示向广州方向的通信,同时向北京方向的 3 个通信分别用 VCI=4、5、6 来标志,向广州方向的 2 个通信分别用 VCI=5、6 来区分。这样在这条传输通道上就共有 5 种不同的信道标记 VPI/VCI 标志 5 个逻辑子信道,进而表示 5 个通信,如图 7.4 所示。这样,可以认为,在这条传输通道中所有 VPI=1 的信元属于同一个子信道,所有 VPI=2 的信元属于另一个子信道,把这 2 个子信道叫做虚通道(VP:virtual path),并认为 ATM 信元头中的 VPI 就是区别不同虚通道的标志。同样每条虚通道又可以进一步划分为子信道,称之为虚信道(VC:virtual channel),并且 ATM 信元头中的 VCI 就是区别不同虚信道的标志。

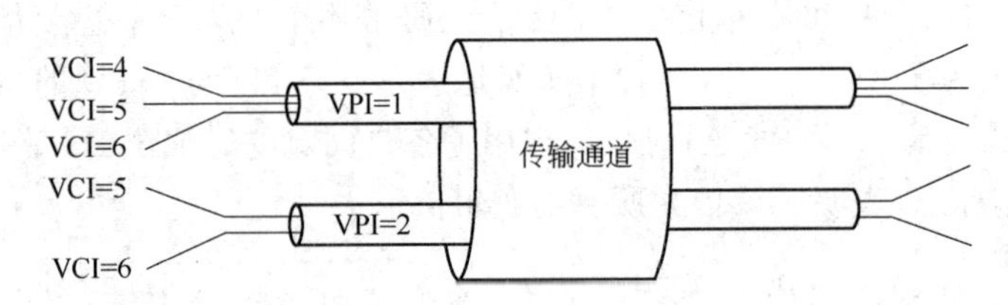

图 7.4 传输通道被划分为 2 个虚通道与 5 个虚信道

对 ATM 的逻辑信道采用两级管理模式(VP、VC),是为了满足 ATM 的不同应用需求。

通过 VPI/VCI 可惟一地标志一个逻辑子信道,即一个通信信道。很明显,在每段传输通道上 VPI 的值是惟一的,以区别不同的虚通道;在虚通道上,VCI 的值是惟一的,以区别不同的虚信道,不同虚通道上的 VCI 的值可相同。VPI 和 VCI 只在其相应的每段传输通道上有意义,不具有端到端的含义,这就意味着,不同传输通道上的 VPI 和 VCI 的值可以相同。

每一时刻正在进行的通信有可能是不同的,因而传输通道上的 VPI 和 VCI 的值,在不同的时刻其含义是不同的。例如:在早晨某一时刻,某传输通道上 VPI=2、VCI=5 的逻辑子信道用于传送的是向北京方向的一个电话通信;到了中午,这个通话已经结束,这时,又有用户开始与天津一个用户进行数据通信,这个通信在这个传输通道上仍可能用 VPI=2、VCI=5 来表示。

在一个通信过程中,传输通道上的 VPI/VCI 始终表示这个通信,当这个通信结束后,它使用的这个 VPI/VCI 就又可以改为其他通信所用。

2. 虚通道连接与虚信道连接

源 ATM 端点到目的 ATM 端点之间存在着多段传输通道,每段传输通道可划分为虚通道，而虚通道又可以划分为虚信道，这样就在每段传输通道上形成了一个个逻辑子信道。如果源 ATM 端点到目的 ATM 端点之间的某个通信，在每段传输通道上选定了一个逻辑子信道，那么将每一段逻辑子信道串接起来，就形成了源 ATM 端点到目的 ATM 端点之间的一个通信连接，信息就是通过这个连接从源端传送到目的端的，显然这个连接是一个虚连接。如果选定的逻辑子信道是在虚通道这个层次上，即用 VPI 来标志，则这样的连接就叫做虚通道连接（VPC：virtual path connection），如果是在虚信道这个层次上，即用 VCI 来标志，则这样的连接就叫做虚信道连接（VCC：virtual channel connection）。在 VPC 中，可将串接起来的每段逻辑子信道称作 VP 链路，同样将串接起来形成 VCC 的每段逻辑子信道叫做 VC 链路。正如前面所介绍的那样，用 VPI 来标志每段传输通道上的 VP 链路，用 VCI 来标志每段传输通道上的 VC 链路。

如图 7.5 所示，每段 VC 链路都有各自的 VCI，VCI_x、VCI_y 和 VCI_z 所表示的三段 VC 链路构成了一个 VCC，VCC 上任何一个特定的 VCI 都没有端到端的意义。VPI_i、VPI_j 和 VPI_k 所表示的三段 VP 链路构成了一个 VPC。

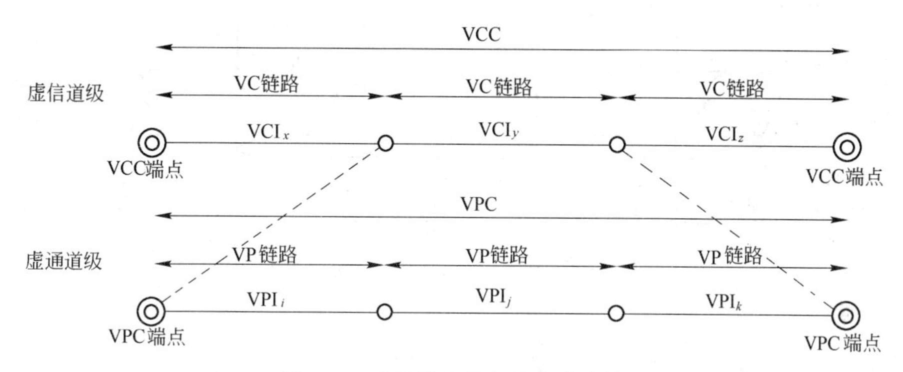

图 7.5　虚通道连接与虚信道连接

VCC 端点（VCC endpoint）是 VCC 的起点和终点，是 ATM 层及其上层交换信元净荷的地方，也就是信息产生的源点和被传送的目的点。VPC 端点（VPC endpoint）是 VPC 的起点和终点，是 VCI 产生、变换或终止的地方。VCC 与 VPC 的关系如图 7.5 所示。

3. VP 交换与 VC 交换

在一条传输通道上既然存在虚通道（VP）与虚信道（VC），那么相应连接多条传输通道的 ATM 交换机必须能够完成 VP 交换或 VC 交换，也可以兼具 VP 交换与 VC 交换。VP 可以单独进行交换。VP 交换是指仅变换 VPI 值而不改变 VCI 值的交换，即只进行虚通道的交换，虚通道里面的虚信道并不进行交换。VP 交换的概念如图 7.6 所示。

VC 交换是指 VPI 值与 VCI 值都要进行改变的交换。因为虚信道是按照虚通道来划分的，当 VC 交换时，其所属的 VP 也要进行交换，即 VP 和 VC 都要进行交换。VC 交换的概念如图 7.7 所示。

ATM 交换机可以是只完成 VP 交换，也可以是只完成 VC 交换，还可以是既完成 VP 交

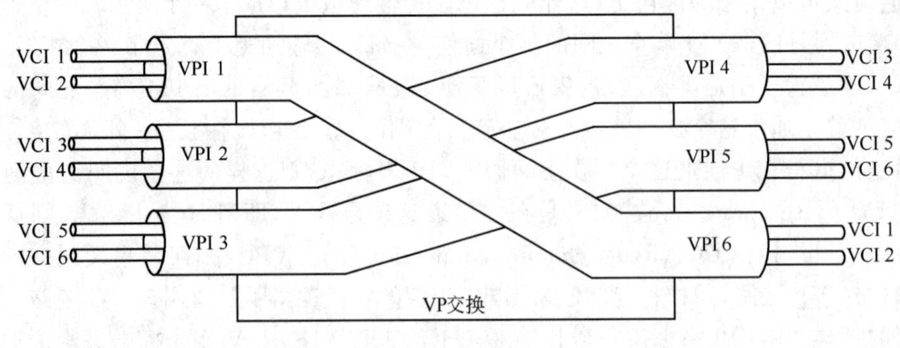

图 7.6 VP 交换

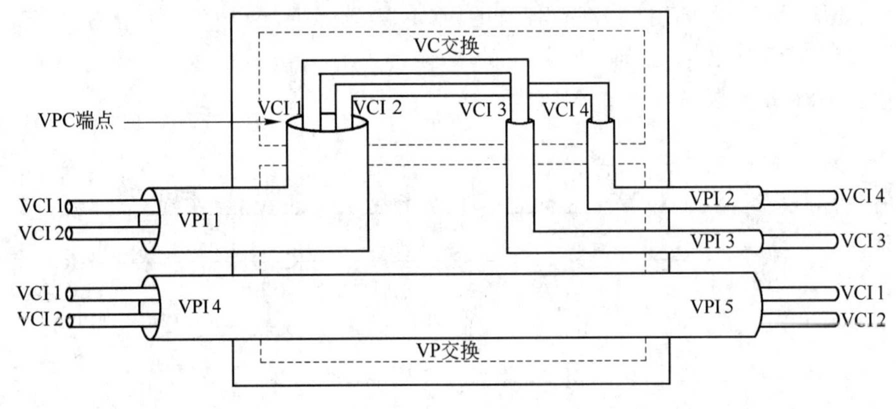

图 7.7 VC 交换

换又完成 VC 交换的交换机,但其一定具有 SVC 功能。只具有 PVC 功能的,称之为 ATM 交叉连接设备。SVC 和 PVC 的概念将在下文介绍。

4. ATM 连接的建立

有了 VCC 与 VPC 的概念后,就容易理解 ATM 连接的建立过程。在源 ATM 端点与目的 ATM 端点进行通信前的连接建立过程,实际上就是在这两个端点间的各段传输通道上,找寻空闲 VC 链路和 VP 链路,分配 VCI 与 VPI,建立相应 VCC 与 VPC 的过程,如图 7.8 所示。

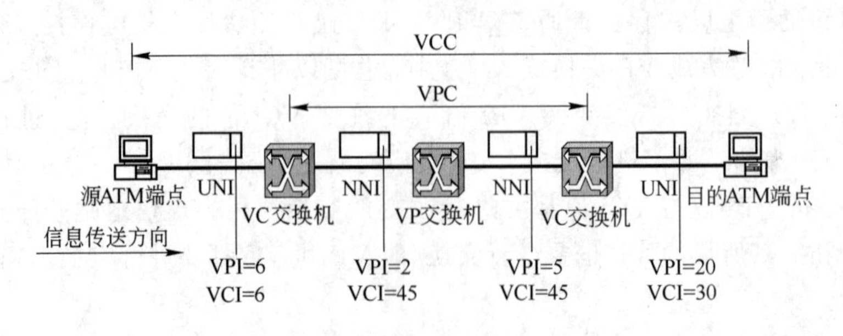

图 7.8 VCC 与 VPC 的连接过程

注意,图中只表示了从源到目的方向上建立的 VCC 与 VPC,其实在每一个方向上都要建立相应的 VCC 与 VPC 的连接。

不管是 VPC 还是 VCC,它们都是虚连接(VC:virtual connection)。在通信开始时,源 ATM 端点到目的 ATM 端点之间的各个 ATM 交换机要为这个通信在每个传输通道的每一个方向上,选择一个空闲的 VP 链路或 VC 链路,即分配一个目前没有使用的 VPI 或 VPI/VCI,从而建立起源 ATM 端点到目的 ATM 端点之间的虚连接,通信结束时则拆除这个虚连接。这就是 ATM 面向连接的工作方式。

VC 的建立有两种方式:永久虚连接和交换虚连接。

永久虚连接(PVC:permanent virtual connection)是通过预定或预分配的方法建立的连接,这种建立方法不需要信令,它是由管理实体控制建立的永久或半永久连接,在传送信息前不需要建立虚连接,因而在传送信息结束时也不存在虚连接的拆除。

交换虚连接(SVC:switched virtual connection)是由信令控制建立的连接,在传送信息前需要建立连接,在传送信息结束时需要拆除这个连接。

可以建立永久虚通道连接和永久虚信道连接,也可以建立交换虚通道连接和交换虚信道连接。

7.2.4 ATM 协议参考模型

ATM 协议参考模型如图 7.9 所示。与窄带 ISDN 类似,它是一个立体的分层模型。该模型由三个平面组成,分别表示用户信息、控制和管理三方面的功能。用户面(user plane)负责用户信息的传送,采用分层结构。控制面(control plane)提供与呼叫和连接有关的控制功能,主要涉及信令功能,也具有分层结构。管理面(management plane)提供面管理(plane management)与层管理(layer managent)两种管理功能,其中面管理实现了与整个系统有关的管理功能,并实现所有面之间的协调,不分层;而层管理实现网络资源与协议参数的管理,并处理操作维护(OAM)信息,层管理采用分层结构。

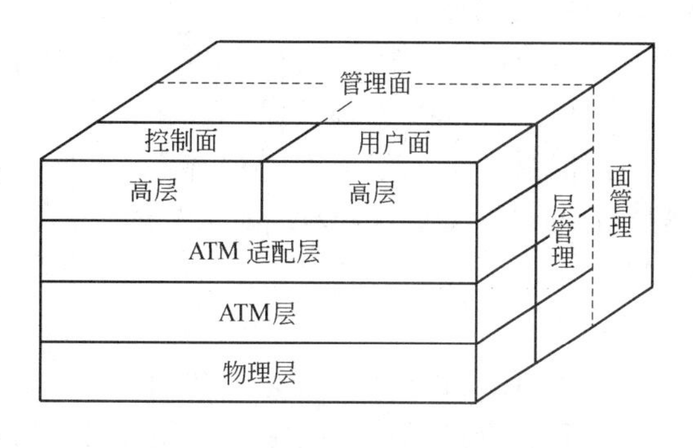

图 7.9 ATM 协议参考模型

ATM 协议参考模型包括了 4 层功能,从下到上为:物理层(PHY)、ATM 层、ATM 适配层(AAL:ATM adaptation layer)与高层。物理层主要用来完成传输信息的功能;ATM 层主要完成交换、选路和复用的功能;ATM 适配层负责将高层业务信息或信令信息适配成 ATM 流;高层是指根据不同的业务特点所完成的高层功能或信令的高层处理。物理层与 ATM 层又可进一步划分为子层,各层及其子层的功能如表 7.5 所示。

1. 物理层

(1) 物理层的划分及其功能

物理层可进一步划分为 2 个子层:物理媒体子层(PM:physical medium sublayer)与传输会聚子层(TC:transmission convergence sublayer),其中物理媒体子层只支持与媒体有关的功能;传输会聚子层将 ATM 信元流转换成能在物理媒体上传输的比特流。

物理媒体子层的功能是在物理媒体上正确地发送与接收数据比特。它负责线路编码、光电转换和比特定时等功能。它的功能与传输媒体密切相关,并向它的上一子层(传输会聚子层)提供正确的比特流。

表 7.5　B-ISDN 协议模型的各层功能

<table>
<tr><td>高　层　功　能</td><td colspan="2">高　　层</td></tr>
<tr><td>会　　聚</td><td>CS</td><td rowspan="2">AAL</td></tr>
<tr><td>分 段 与 重 组</td><td>SAR</td></tr>
<tr><td>一般流量控制
信头的产生/提取
信元 VPI/VCI 的翻译
信元复用与分路</td><td colspan="2">ATM</td></tr>
<tr><td>信元速率解耦
HEC 信头序列的产生/检验
信　元　定　界
传输帧自适应
传输帧产生/恢复</td><td>TC</td><td rowspan="2">物理层</td></tr>
<tr><td>比　特　定　时
物　理　媒　体</td><td>PM</td></tr>
</table>

传输会聚子层主要有以下 5 个功能:

① 传输帧的产生与恢复。即在发送端要将信元流封装成适合传输系统要求的帧结构(例如同步数字序列 SDH 所定义的帧结构)送到 PM 子层,在接收端将 PM 子层送来的比特流恢复成信元流。

② 传输帧的适配。主要完成信元流与传输帧转换时的格式适配功能。

③ 信元定界功能,即按照一定的方法来识别信元的边界。

④ 信头错误检验码 HEC 的产生与校验。即在发送端按 CRC 算法生成 1 字节的信头差错控制域(HEC),而在接收端对信头的 HEC 进行校验并按照一定的信头差错控制方式来处理信元。

⑤ 信元速率的解耦(decoupling),使 ATM 信元速率不受传输媒体的限制,使二者脱离关系。信元速率解耦就是发送端在物理层插入一些空闲信元(idle cell),以将 ATM 信元流的速率适配成传输媒体的速率。这些空闲信元采用特殊的预分配信头值,在接收端很容易被识别出,然后做简单的丢弃处理。

(2) 信头差错控制(header error control)

信元信头中含有控制选路及其他重要信息,必须对信头信息进行差错控制。ATM 使用 8 bit的 HEC 码来检验信头的传输错误。HEC 能够纠正单比特错误与检测多比特错误。

信头差错控制方式如图 7.10 所示。在“纠错方式”(缺省)下,接收端按单比特纠错方式工作,如果检测到单比特错误,这个错误就被纠正,接收器的状态转移到检错方式;如果检测到多比特错误,信元就被丢弃,状态也转移到检错方式。在“检错方式”下,所有检测到的错误的信元都一律被丢弃,并且接收器的工作方式不变,一旦不再发现信头有错,接收器立即转回纠错方式状态。

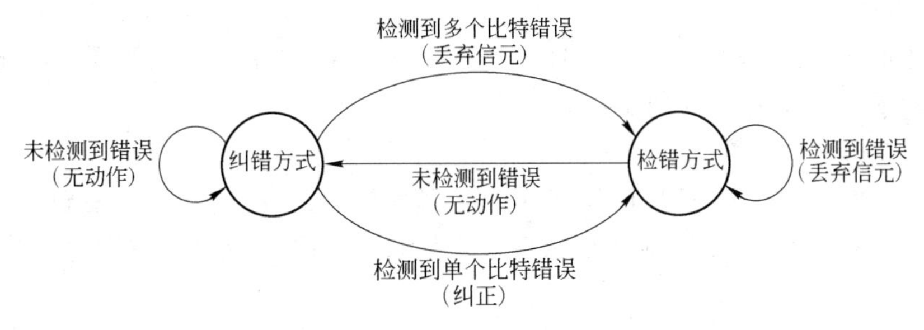

图 7.10　信头差错控制方式

显然，这种差错控制方式只能纠正单比特错误，对于多比特错误的信元则被丢弃。采用光纤来传输 ATM 信元时，若出现误码，一般为单比特错误。

(3) 信元定界与扰码

信元定界(cell delineation)是识别信元边界的过程，图 7.11 为信元定界方法的状态图，这种信元定界的方法是基于正确的 HEC 的搜索。

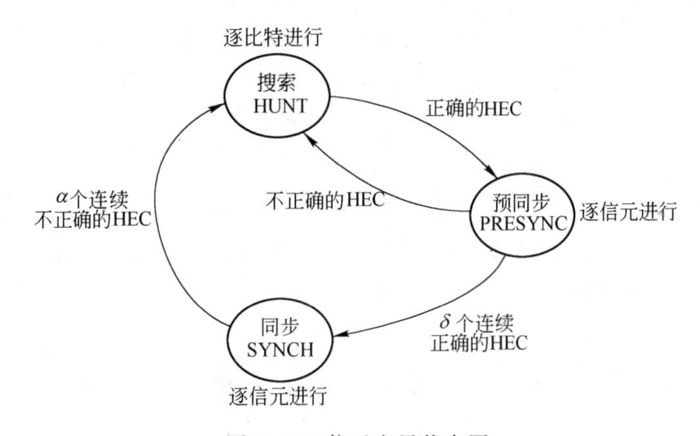

图 7.11　信元定界状态图

接收器开始工作的时候处于搜索状态(HUNT)，这时接收器对收到的信号逐个比特地进行检查，搜寻正确的 HEC。所谓搜索正确的 HEC，就是指接收端对收到的信元前 32 个比特(4 字节)进行 HEC 运算的结果正好与后 8 个比特(信头的 HEC 字段)相等。一旦找到正确 HEC，系统立即转到预同步状态(PRESYNC)。在预同步状态下，接收器对信元逐个核对 HEC，只有收到 δ 个含有正确 HEC 的信元时，才确信真正找到了信元的边界，这时候接收器转入同步状态(SYNCH)；否则接收器仍然回到搜索状态(HUNT)重新搜索。在同步状态下，接收器仍需要逐个信元地进行 HEC 检查，并按上面所介绍的差错控制方式工作。一旦发现 α 个连续地含有不正确 HEC 的信元时，接收器认为丢失了信元的边界，因此重新回到搜索状态(HUNT)。

δ 值决定了接收端抗拒伪定界的能力，α 值决定了抵御伪失界的能力。在实际应用中，

CCITT 建议的 $\alpha=7,\delta=6$。

为了防止信元的信息段中出现“伪 HEC”码，在发送端应对信息进行扰码(scrambling)，在接收端再以相反的操作进行解扰(descrambling)。

2. ATM 层

ATM 信元的信头在 ATM 层产生，信息在发送侧被加上信头，在接收侧信头被去掉，净荷送往 AAL 层。因此 ATM 层功能与信头内容密切相关，ATM 层功能主要体现在以下 4 个方面。

(1) 信元的复用与交换

VPI/VCI 是信头中十分重要的选路标志，ATM 层能将不同连接(用不同的 VPI/VCI 值区分)的信元复用成物理层的单一信元流，并在相反方向上进行解复用。同样，当信元从一条物理链路被交换到另一条物理链路时，要将 VPI/VCI 进行翻译。VPI/VCI 的翻译就是 ATM 选路和交换的过程。

(2) 服务质量保证

ATM 层应提供保证服务质量(QoS:quality of service)的功能。在呼叫建立期间，用户向网络表明所要求的 QoS 类别。在连接保持期间，用户不得改变 QoS，同时网络应保证这个 QoS。ATM 层信元的丢失会影响 QoS，为了减少这种影响，用户或业务提供者可以设置信头中 CLP(cell loss priority)的值来表示该信元对丢失的优先度。

(3) 实现净荷类型有关的功能

信头中有一个净荷类型 PT(payload type)字段，用来说明信元的净荷是用户信息还是其他信息。如果是用户信息，净荷应送到 ATM 层之上的 AAL 层，然后送往用户；如果是其他信息，净荷中包含了与网络管理与维护有关的信息。

(4) 一般流量控制的功能

信头中的一般流量控制(GFC:generic flow control)提供对于 ATM 连接的流量控制，以便减轻瞬间的业务量过载。GFC 只用在用户—网络接口上(UNI)。

3. ATM 适配层

(1) AAL 适配层及其分类

ATM 适配层(AAL)在 ATM 层之上增加适配功能，使 ATM 信元传送能够适应不同的业务(话音、视频、数据等)，并支持将高层的协议数据单元(PDU)映射到 ATM 信元的信息段；反之亦然。

AAL 的功能和规程与业务类型有关，不同的业务需要不同的 AAL 规程。AAL 业务的分类由以下 3 个参数决定：

第 1 个参数是源和终点之间的时间关系。需要或不需要。

第 2 个参数是比特率。恒定或可变。

第 3 个参数是连接方式。面向连接或无连接。

这 3 个参数可以产生 8 种组合，但是根据现有业务，ITU-T 只定义了 4 类 AAL 业务，如

表 7.6 所示。

表 7.6 AAL 业务分类

业 务 类 型	A类	B类	C类	D类
源与终点定时关系	要 求		不 要 求	
比 特 率	固 定	可 变		
连 接 方 式	面 向 连 接			无 连 接

A类业务要求源和终点之间有定时，采用固定比特率，面向连接的业务。典型例子是ATM网络中传输的 64 kbit/s 话音业务。

B类业务也要求源和终点之间有定时关系，也需要面向连接，只不过采用了可变比特率。典型的例子是采用可变比特率的图像和音频业务。

C类业务不要求源和终点之间的定时关系，比特率可变，采用面向连接的业务。典型例子是采用面向连接的数据传送和信令传送业务。

D类业务与C类业务相类似，不需要面向连接。典型例子是无连接的数据传送业务。

为了支持以上定义的各类业务，ITU-T 提出了 4 种 AAL 协议类型：AAL1、AAL2、AAL3/4 与 AAL5。AAL1 规程用于支持 A 类业务，用来支持话音或各种固定比特率业务；AAL2 规程用于支持 B 类业务，适用于对实时性比较敏感的低速业务；AAL3 与 AAL4 原来是分开的，后来合并为一类：AAL3/4，用来支持 C 类与 D 类业务，即包括面向连接与无连接数据业务；AAL5 又称为 SEAL(simple and efficient adaptation layer)可以看成是简化的 AAL3/4，用来支持面向连接的 C 类业务，ATM 网络信令也采用 AAL5。

(2) AAL1

AAL1 支持对时延敏感的恒定比特率业务，比如话音。AAL1 分为 2 个子层：分段与重组(SAR：segmentation and reassembly)子层和会聚子层(CS：convergence sublayer)。

AAL1 的工作原理如图 7.12 所示。

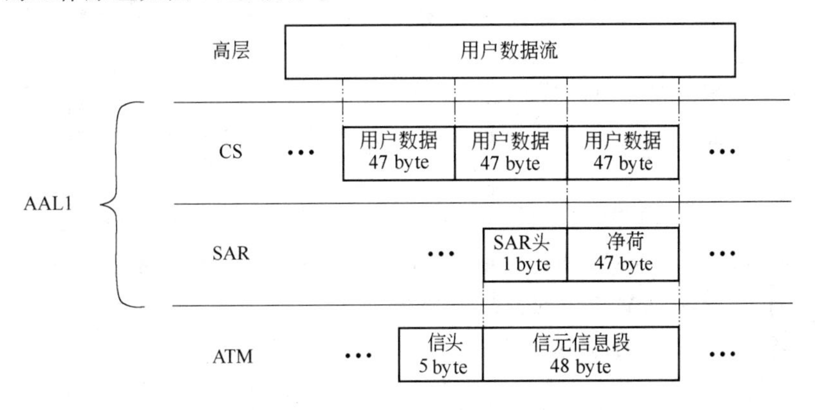

图 7.12 AAL1

CS 主要负责将上层应用发来的数据流划分为 47 字节的分段(没有 CS 头部与尾部)提交给 SAR 子层处理,并且具有检测信元丢失和信元误插入以及定时信息传送等功能。

SAR 子层主要完成把来自 CS 的 PDU(47 字节)加上 SAR 头(1 字节),形成 48 字节的数据段后提交给 ATM 层,并同时完成 SAR 头部功能。SAR 头部功能主要是完成序号功能,接收端可按照 SAR-PDU 序号计数来重新组装提交用户数据流,并可检测出丢失或误插。

(3) AAL2

AAL2 支持可变比特率的实时业务,特别是采用压缩技术的视频传输。例如在新闻广播中,如果采用压缩技术,当新闻主持人出现在屏幕上的时候,屏幕中的画面在一定时间内变化很小,这时候传输的压缩数据量很小。但是当屏幕从新闻主持人转移到一场激烈的篮球比赛中时,屏幕中画面在短时间内就有很大的变化,虽然采用压缩技术,可是需要传输数据量仍然很大。也就是说在这种业务中,信息传输的速率是可变的,AAL2 正是应用在这种可变比特率的实时业务中。

AAL2 可以分为公共部分子层(CPS:common part sublayer)和业务特定会聚子层(SSCS:service specific convergence sublayer)。因为可变比特率业务比较复杂,所以不同的业务使用不同的 SSCS,但不同业务都使用 CPS。SSCS 完成装拆、差错检测和数据的确保传送等功能,SSCS 可以为空;CPS 具有将 CPS-SDU 从一个 CPS 用户通过 ATM 网络传送到另一个用户的能力,支持多个 AAL2 信道的复用和解复用。

AAL2 主要完成以下功能:

① 拆装用户信息;

② 处理信元时延变化;

③ 处理丢失与误插的信元;

④ 在接收端恢复源时钟频率与源数据结构;

⑤ 监视误码。

有关 AAL2 各子层具体工作原理在这里不做详细介绍,具体可参见相关协议。

(4) AAL3/4

最初,AAL3 用来支持面向连接的数据业务,而 AAL4 用来支持面向无连接的数据业务,但是当它们分别单独发展后,这两者之间相同的地方越来越多,最后它们被合并成为现在的 AAL3/4。

AAL3/4 与 AAL1 类似,划分为 SAR 子层和 CS 两个子层。但是 CS 又继续分为 CPCS 和 SSCS。与 AAL2 一样,SSCS 随业务不同而改变(注意:SSCS 在无连接业务时候为空)。因此 CPCS 与 SAR 构成了 AAL3/4 的公共部分。

AAL3/4 各个子层工作原理如图 7.13 所示。

由图 7.13 可见,CPCS 从上层接收数据后,加上 CPCS 头与 CPCS 尾部后,然后形成 CPCS-PDU 提交给 SAR,CPCS 在必要的时候要对用户数据加上 PAD 使用户数据长度调整为

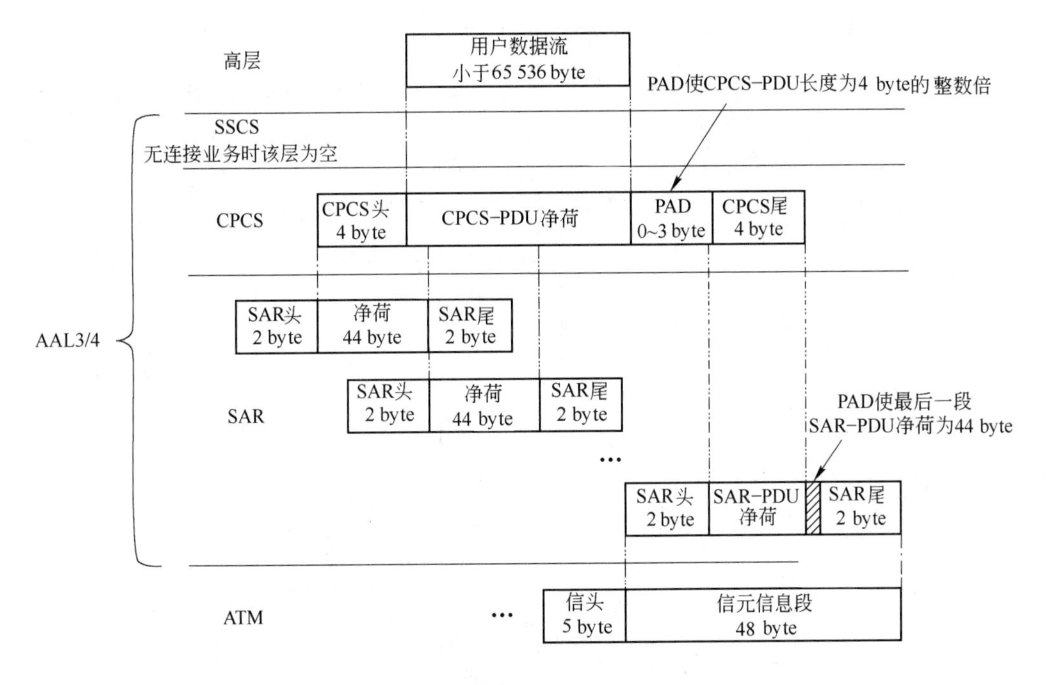

图 7.13　AAL3/4

4 byte的整数倍，并在接收时去掉 PAD。SAR 则对 CPCS 提交下来的 PDU 进行分段并在接收时进行重组，同时在必要的时候也需要加上 PAD 与去掉 PAD。SAR-PDU 的头和尾含有复杂的序号与差错控制。

(5) AAL5

AAL3/4 提供了复杂的序号与差错控制机制，但是并不是每一个应用都需要这些机制，而且 AAL3/4 每个 48 byte SAR-PDU 中开销就用到了 4 byte，使得传输效率变得很低。为此 ATM 论坛规定了一类新的 AAL，定义为 AAL5。它是一种简化的 AAL 规程，用来支持面向连接的可变比特率的数据业务，对信令与数据业务进行适配。

AAL5 同 AAL3/4 一样划分为 SAR(segmentation and reassembly)与 CS，同样 CS 继续划分为 CPCS 与 SSCS。SSCS 通常为空，CPCS 与 SAR 构成了 AAL5 的公共部分。其中 SAR 功能子层功能相对简单，主要是将 CPCS-PDU 划分为 48 byte 的段，成为 SAR-PDU 而传送到 ATM 层。

AAL5 工作原理如图 7.14 所示。

注意，SAR 使用了 ATM 信元信头 PT 字段中的 AUU 比特标志 CPCS-PDU 的最后一段，即当 AUU=0，表示属于同一个 CPCS-PDU 的非最后一个 SAR-PDU；AUU=1 表示是最后一个 SAR-PDU。虽然 PT 字段的使用破坏了 AAL 层与 ATM 层的独立性，违背了 OSI 分层原则，但是使 AAL5 相对变得简单。

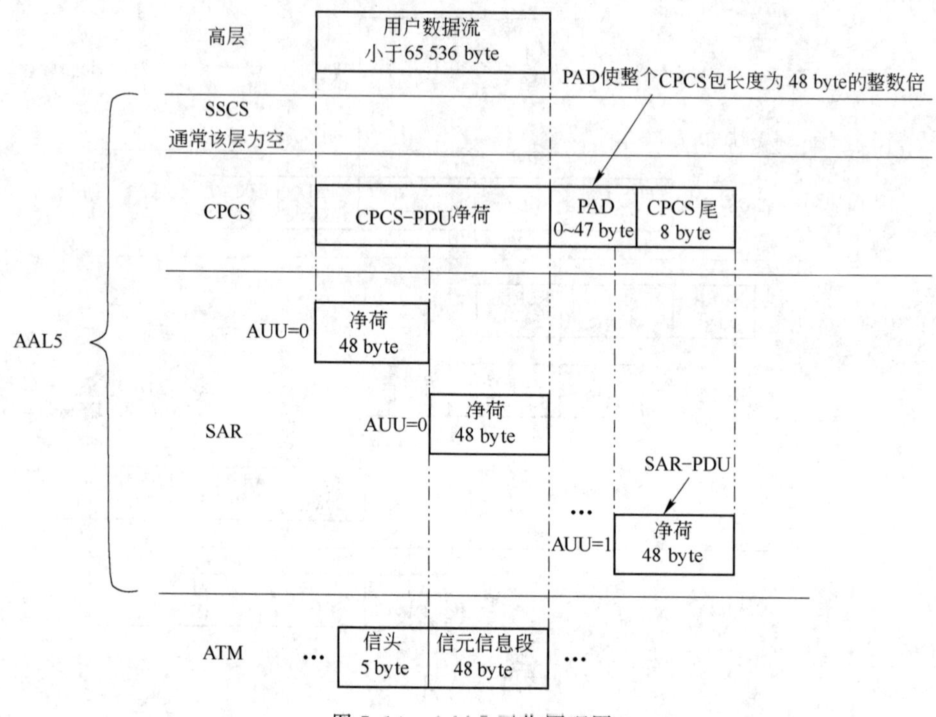

图 7.14 AAL5 工作原理图

7.3 ATM 交换技术

在 7.2 节介绍了 ATM 的基本原理，ATM 采用类似分组的固定长度的信元来传输信息，它采用面向连接和异步时分复用的工作方式，其标准化的协议设计满足了 ATM 技术的特点。在此基础上，本节将要重点介绍 ATM 的交换技术。

7.3.1 ATM 交换的基本原理

ATM 交换指 ATM 信元通过 ATM 交换系统从输入的逻辑信道到输出的逻辑信道的信息传递过程。输出逻辑信道的确定是根据连接建立请求在众多的输出逻辑信道中进行选择来完成的。ATM 逻辑信道是由物理端口（入线或出线）编号和虚通道标志（VPI）与虚信道标志（VCI）共同识别的。

ATM 交换的基本原理如图 7.15 所示。图中的交换节点有 M 条入线（$I_1 \sim I_M$）和 N 条出线（$O_1 \sim O_N$），每条入线和出线上传输的都是 ATM 信元。每个信元的信头值由 VPI/VCI 共同标志，信头值与信元所在的入线（或出线）编号共同表明该信元所在的逻辑信道（例如，图中

入线 I_1 上有 4 个信元，信头值(VPI/VCI)分别为 x、y、z，那么在入线 I_1 上至少有 3 个逻辑信道。在同一入线与出线上，具有相同信头值的信元属于同一个逻辑信道(例如入线 I_1 上有两个信头值为 x 的信元，这两个信元属于同一个逻辑信道)。在不同的入线或出线上可以出现相同的信头值(例如入线 I_1 和入线 I_M 上有信元的信头值都是 x)，但它们不属于同一个逻辑信道。

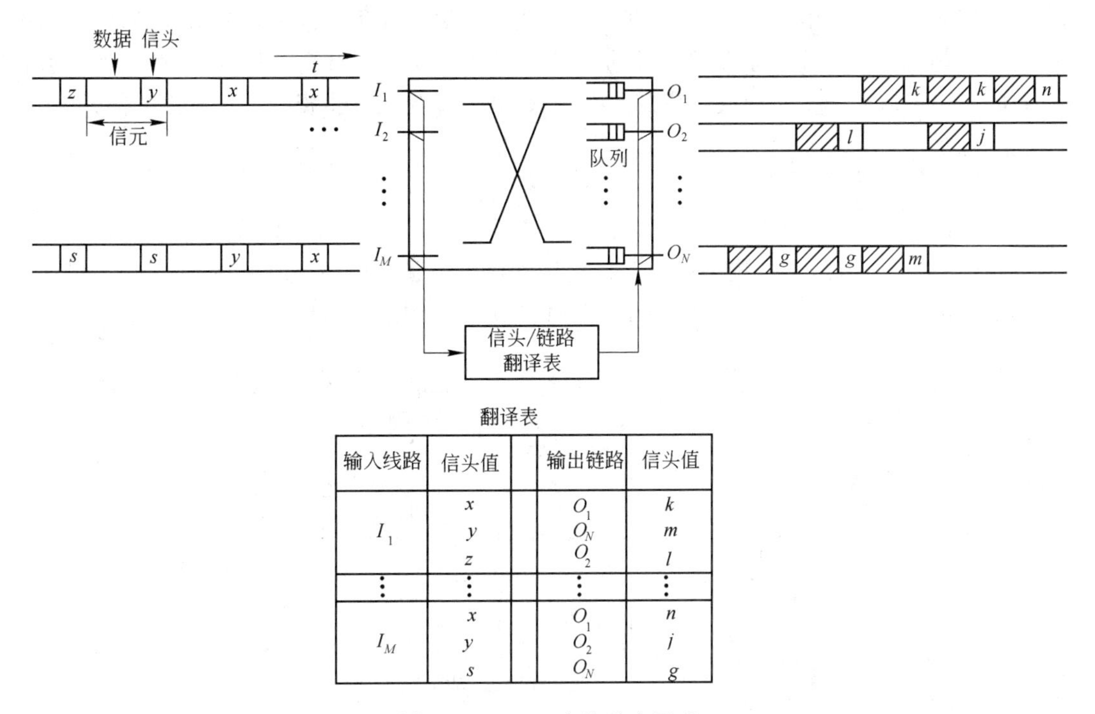

输入线路	信头值		输出链路	信头值
I_1	x y z		O_1 O_N O_2	k m l
⋮	⋮		⋮	⋮
I_M	x y s		O_1 O_2 O_N	n j g

图 7.15　ATM 交换基本原理

ATM 交换就是指从入线上来的输入 ATM 信元，根据翻译表被交换到目的出线上，同时其信头值由输入值被翻译成输出值。例如，凡是在输入链路 I_1 上信头值为 x 的所有信元，根据翻译表都被交换到出线 O_1，并且其信头值被翻译(即"交换")成 k；链路 I_1 上信头值为 y 的信元根据翻译表被交换到出线 O_N，同时信头值由 y 变为 m。同样，链路 I_M 上所有信头值为 x 的信元也被交换到出线 O_1，同时其信头值被翻译为 n。注意，来自不同入线的 2 个信元(入线 I_1 上 x 与入线 I_M 上 x)可能会同时到达 ATM 交换机并竞争同一出线(O_1)，但它们又不能在同一时刻从出线上输出，因此要设置队列(缓冲器)来存储竞争中失败的信元，如图所示，这个队列被设置在出线上。

由此可见，ATM 交换实际上是完成了这样 3 个基本功能：选路、信头翻译与排队。

选路就是选择物理端口的过程，即信元可以从某个入线端口交换到某个出线端口的过程，选路具有空间交换的特征。

信头翻译是指将信元的输入信头值(入 VPI/VCI)变换为输出信头值(出 VPI/VCI)的过

程。VPI/VCI的变换意味着某条入线上的某个逻辑信道中的信息被交换到另一条出线上的另一个逻辑信道。信头翻译体现了ATM交换异步时分复用的特征。信头翻译与选路功能合作共同完成ATM交换。信头翻译与选路功能的实现是根据翻译表进行的，而翻译表是ATM交换系统的控制系统依据通信连接建立的请求而建立的。

排队是指给ATM交换网络(也叫做交换结构)设置一定数量的缓冲器，用来存储在竞争中失败的信元，避免信元的丢失。由于ATM采用异步时分复用方式来传输信元，所以经常会发生同一时刻有多个信元竞争公共资源的情况，例如争抢出线(出线竞争)或交换网络内部链路(内部竞争)。因此ATM交换网络需要有排队功能，以免在发生资源争抢时丢失信元。

7.3.2 ATM交换系统

ATM交换系统与程控数字交换系统相似，主要是由信元传送子系统与控制子系统两部分构成的，其中信元传送子系统又是由交换网络和接口设备组成的，接口设备包括输入侧接口设备和输出侧接口设备。图7.16给出了ATM交换系统的基本结构。

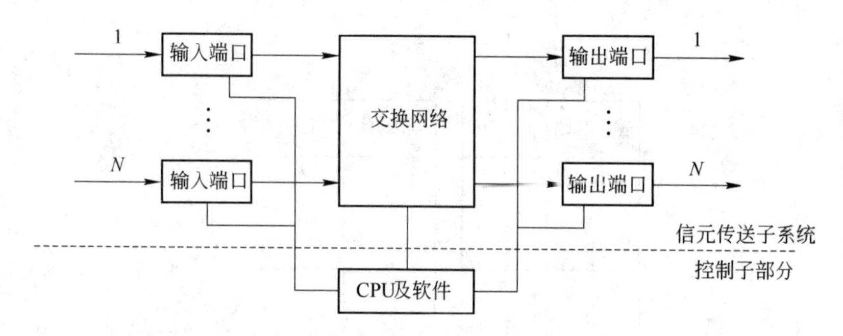

图7.16 ATM交换系统基本结构

下面分别介绍ATM交换系统中的各个组成部分。

(1) 信元传送子系统

信元传送子系统包括了ATM交换网络与接口设备。相对于ATM参考协议来说，信元传送子系统需要完成相应的物理层与ATM层的功能。

ATM交换网络主要完成信元的交换功能。ATM交换网络提供了对N个输入端口与N个输出端口之间的连接，在输入端口与输出端口之间实现了信元的交换。除了选路，ATM交换网络还应该完成信元缓冲、信元广播等功能。ATM交换网络可以采用多种类型的交换网络来构成，具体将在下文介绍。

输入侧接口设备与ATM交换系统的输入线路连接在一起，主要完成物理层功能与ATM层功能。输入侧接口设备的功能结构如图7.17所示。其中物理层功能包括：把输入的光信号转换为电信号(如果采用光纤接口)、传输帧恢复、信元定界、信元HEC校验等功能。ATM层功能主要区分信元类型以做进一步处理：对于信令信元，要送往控制子系统的信令处理程序和连接接纳控制程序进行处理；对于OAM信元则送往控制子系统的OAM程序进行处理；对于一般信息信元则送往交换网络进行交换。同时要完成相应的信流控制。

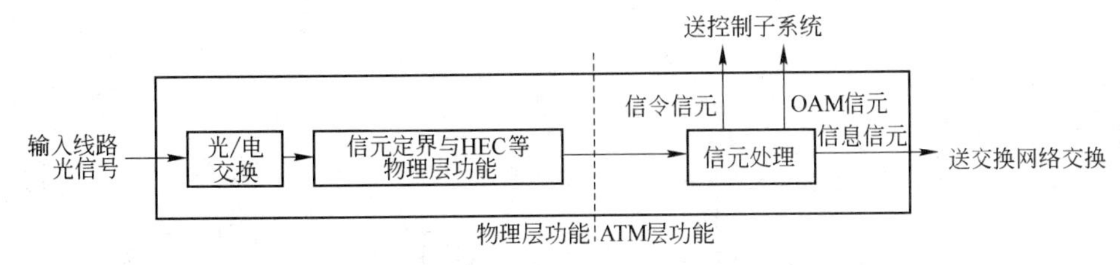

图 7.17　输入侧接口设备功能结构

输出侧接口设备与 ATM 交换系统的输出线路连接在一起,完成物理层与 ATM 层相应的功能。输出侧接口设备的功能结构如图 7.18 所示。输出侧接口设备先将经过 ATM 交换网络交换的信息信元进行弹性存储,插入信令信元和 OAM 信元(让它们与信息信元流混合输出);物理层实现输入侧接口设备的相反功能,并将电信号转换成光信号发送出去(如果采用光纤接口)。

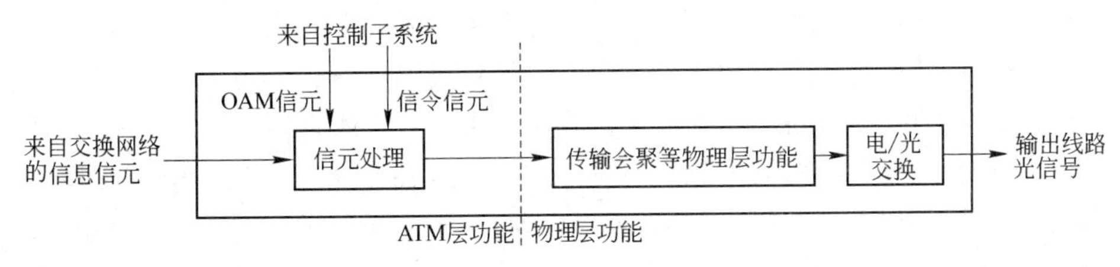

图 7.18　输出侧接口设备功能结构

(2) 控制子系统

控制子系统主要是由处理机系统及各种控制软件组成,其中主要包括呼叫控制软件和操作管理维护(OAM)软件。呼叫控制软件主要完成呼叫连接的建立和拆除,包括寻址、选路、交换网络的控制等功能,含 UNI 和 NNI 接口的信令处理。OAM 软件主要完成对交换系统的操作维护,具体包括配置管理、计费管理、性能统计、故障处理等功能。

7.3.3　ATM 交换网络

1. ATM 交换网络及其分类

ATM 交换网络,也称为交换结构(SF:switching fabric),是 ATM 交换系统中必不可少的重要组成部分。ATM 交换系统是由信元传送子系统和控制子系统构成的,而信元传送子系统主要由交换网络和接口设备组成,其中,ATM 交换网络是实现 ATM 交换的关键技术之一。

ATM 交换网络应能实现任意入线与任意出线之间的信元交换,即任一入线上的任一逻辑信道的信元都能够被交换到任一出线上的任一逻辑信道上去。

如图 7.19 所示,ATM 交换网络主要分为两大类:时分交换(TDS:time division switching)网络与空分交换(SDS:space division switching)网络。时分交换网络分为共享媒体(shared medium)和共享存储器(shared memory)两种。空分交换网络可分为单通路(single path)和多通路(multiple path)两种,其中单通路与多通路可以被进一步划分。

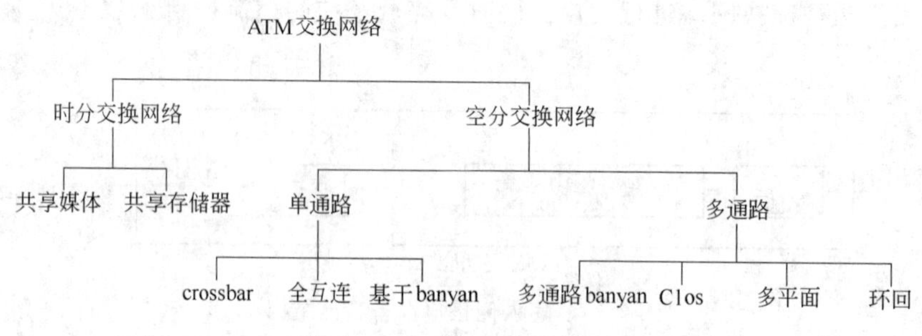

图 7.19　ATM 交换网络的分类

时分交换网络的一个显著的特征是在其内部有一个单独的通信结构，这个通信结构被交换网络所有的输入端口与输出端口共享，从各个输入端口来的信元都通过这个通信结构交换到输出端口。这个内部的通信结构可以是一个总线或环，也可以是一个存储器。如果采用存储器，这个交换网络被称为共享存储器的时分交换网络（shared memory switches）；如果是总线或环，这个交换网络被称为共享媒体的时分交换网络（shared medium switches）。

在空分交换网络中，入线群与出线群之间存在着多条并行的物理通道，这些物理通道可同时工作，所以多个信元能够同时被交换。如果 ATM 交换系统中所使用的空分交换网络的任一条输入端口与任一条输出端口之间存在着多个通路，则这个交换网络是多通路结构的；若存在单个通路，则为单通路结构的。

同样，ATM 交换网络也可以有单级交换网络与多级交换网络、阻塞交换网络与无阻塞交换网络之分。

第 2 章中介绍的 banyan 网络（包括单通路 banyan 与各种多通路 banyan）和 Clos 网络，都可以用做 ATM 交换网络，这里不再介绍，下面将重点讨论 ATM 交换网络的控制机理。

2. ATM 交换网络的控制机理——缓冲策略

ATM 交换结构为了实现信元交换，必须具有选路、信头变换以及排队缓冲三项基本功能。设置排队缓冲的主要原因是为了在多个信元随机竞争的情况下减少信元丢失。ATM 采用异步时分复用方式传递信元，每个时隙的宽度相当于一个信元的位置，交换网络的每条输入端口在一个时隙内只能发送一个信元。当每个输入端口在一个时隙内同时发送一个信元时，这些信元的目的地址按照 VPI/VCI 会随机分布到各个出线上去，就会出现竞争。一般地，信元竞争主要有两种：出线竞争和内部竞争。出线竞争（output port contention）指两个或两个以上信元同时交换到同一个输出端口。内部竞争（internal contention）指两个或两个以上信元同时争用交换网络内部链路（如 banyan 网络中的内部链路）。当采用不同的交换网络时，内部竞争可以消除。而出线竞争不可消除，出线竞争必须设置排队缓冲来解决。

缓冲策略（buffering strategies）或称为排队策略（queuing strategies），是 ATM 交换结构设计中所涉及的重要内容之一。缓冲策略一般包括这样四个方面的内容：缓冲器的设置方式、缓冲器的数量、队列的存取控制以及缓冲器的管理。其中，缓冲器的设置方式是缓冲策略的核心问题，是要重点讨论的问题，通常称之为缓冲方式。

缓冲方式一般分为内部缓冲与外部缓冲两大类。内部缓冲(internal buffering)是指缓冲器设置在交换结构的内部。外部缓冲(external buffering)则是指缓冲器设置在交换结构的外部。通常是没有内部竞争的无阻塞交换网络采用外部缓冲方式，而对于具有内部竞争的有阻塞的交换网络，通常采用内部缓冲方式。

外部缓冲主要有输入缓冲(input buffer)、输出缓冲(output buffer)、输入与输出缓冲(input and output buffer)以及环回缓冲(recirculation buffer)四种方式。

内部缓冲主要有共享缓冲(shared buffer)、交叉点缓冲(crosspoint buffer)以及缓冲型banyan(buffered banyan)等方式。

(1) 外部缓冲

① 输入缓冲

如图 7.20 所示，输入缓冲是在交换网络的每个输入端口(入线)上设置缓冲器，每个缓冲器一般采用先进先出(FIFO：first in first out)的排队规则。当要进行信元交换时，每条输入端口上的缓冲器队列的队首信元，若不为空且有交换到相同出线的要求，即出现出线竞争时，则要进行竞争的仲裁。竞争成功的信元通过交换网络传送到相应的出线，竞争失败的信元暂时留在输入缓冲器中，等待下一轮信元的传送。

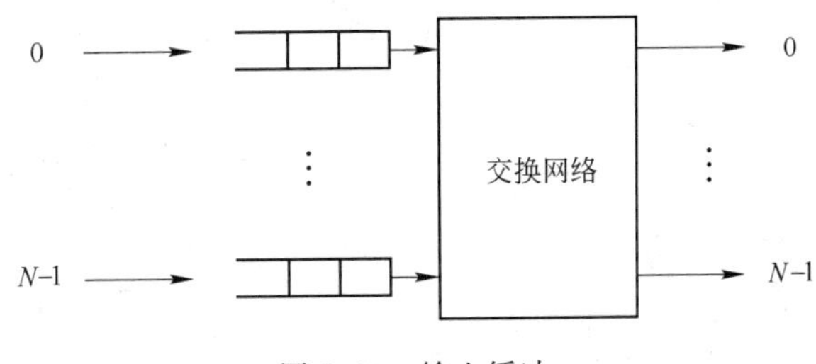

图 7.20　输入缓冲

采用 FIFO 规则的输入缓冲存在排头阻塞现象(HOL blocking：head of line blocking)。所谓 HOL 阻塞，是指发生出线竞争时，各个队列中如果队首信元在竞争中失败，那么排在队首信元之后的信元假设其目的端口是空闲的，但是由于不是队首信元，所以也不能传送而被阻塞。如图 7.21 给出了一个说明 HOL 阻塞的示例。图 7.21 中是一个 4×4 的交换网络，采用

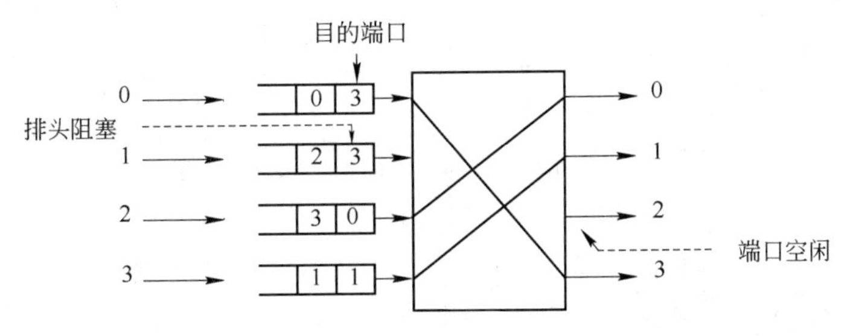

图 7.21　输入缓冲的 HOL 阻塞现象

FIFO 规则的输入缓冲方式，入线 0 与入线 1 缓冲器的排头信元均要传送到出线 3，假设入线 0 竞争获胜，队首信元送到出线 3 上，入线 1 竞争失败，队首信元仍留在缓冲区，等待下一轮机会。入线 2 和入线 3 的排头信元分别送往出线 0 和出线 1，而此时出线 2 在该时隙内空闲，而在入线 1 输入队列中第二个信元虽然要送往出线 2，但由于 FIFO 规则以及队首信元的阻塞，所以也不能传送，这就是 HOL 阻塞。

由于存在 HOL 阻塞，会使出线的传送效率很低。分析表明，在随机的均匀业务流模型下，当入线数目 N 很大时，采用 FIFO 规则的输入缓冲方式的吞吐率为 58.6%。为了提高输入缓冲的吞吐率，可以对输入缓冲器的队列设置和排队规则加以改进。改进的方法有多种，下面介绍一种叫窗口(windowing)的方法。

如图 7.22 所示，窗口方法打破了输入缓冲 FIFO 规则，在每个输入缓冲器设定一个宽度为 W 的窗口，W 意味着在一个时隙内每个输入队列可以有 W 个信元依次参与出线竞争。一个时隙可划分为竞争仲裁时间与信元传送时间，其中竞争仲裁时间可进一步划分为 W 个子区间。在第一个子区间，由所有输入队列的排头信元进行出线竞争，若有占用的出线则在第二个子区间进行第二次出线竞争，以此类推，直到所有的出线均被占用或者窗口已经用尽。可以看出，当窗口宽度为 1 时，实际上就是使用 FIFO 规则的输入缓冲。

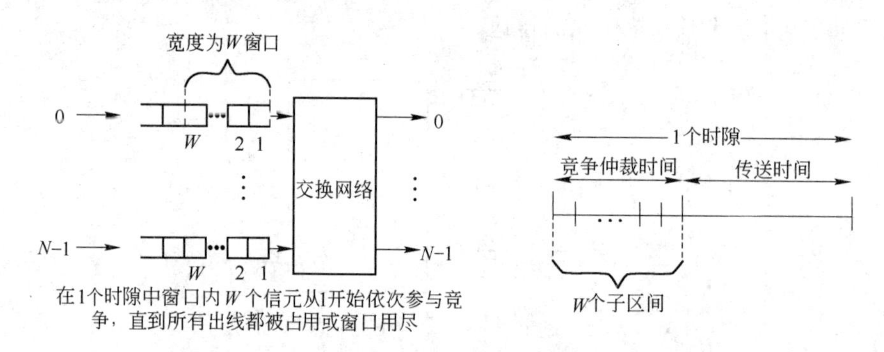

图 7.22 采用窗口方法的输入缓冲及其时隙结构

② 输出缓冲

与输入缓冲相类似，输出缓冲是在每个交换网络的输出端口(出线)上设置缓冲器。如图 7.23 所示，在输入端口当每个时隙到来时，并不进行信元竞争仲裁。所有来自不同输入端口的信元同时送到交换网络进行交换，当出现出线竞争时，由输出端口进行信元的缓冲。

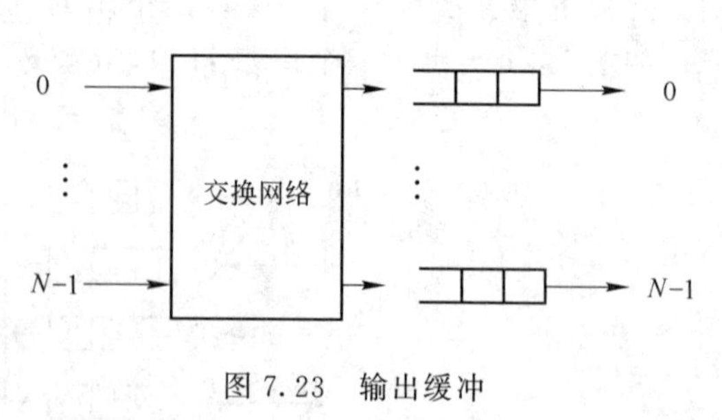

图 7.23 输出缓冲

采用输出缓冲的交换网络，若每个出端能够同时接收所有入端发来的信元，即输入端口数为 N 时，在一个时隙内每一个输出端口可以

接收 N 个信元,可完全消除出线竞争,吞吐率为 1。这里 N 是指输出缓冲能在一个时隙内可以接收交换到该输出端口的最大信元数目,称之为加速因子(speed-up factor)。加速因子的值等于输入端口数是一种极限情况。加速因子的值越大,对处理速度和存储器的存储速率要求就越高,一般情况可以选择加速因子为 K,$1<K<N$,这样每个输出端口最多只能接收 K 个信元。如果有多于 K 个信元去向同一个端口,就要按照一定准则选取其中的 K 个信元,其余的丢弃。在加速因子取值合适的情况下,输出缓冲方式可有效消除出线竞争,提高交换网络的吞吐率。为了达到理想的吞吐量,可以根据输入端流量的分布来设计加速因子 K。值得注意的是,尽管在同一时隙内有多个信元可以进入同一输出端的缓冲器,但是输出端口向外输出的速率仍然保持不变,即每个时隙一个信元。

③ 输入输出缓冲

输入缓冲存在 HOL 阻塞,但对处理速度和存储器的存储速率没有过高要求;输出缓冲不存在 HOL 阻塞,但由于加速因子的引入而对处理速度和存储器的存储速率有较高要求。输入输出缓冲综合了输入缓冲与输出缓冲的优点,如图 7.24 所示。假设其加速因子为 L($1<L<N$,N 为输入端口数目),那么其输出缓冲器在一个信元时隙内最多能接收 L 个信元。如果在某一时隙内有超过 L 个信元要交换到同一个目的端口,那么这些超过的信元将会被存储在输入缓冲器中,而不像输出缓冲方式中那样把它们丢弃。且这种方式的输入缓冲器的容量不会很大。

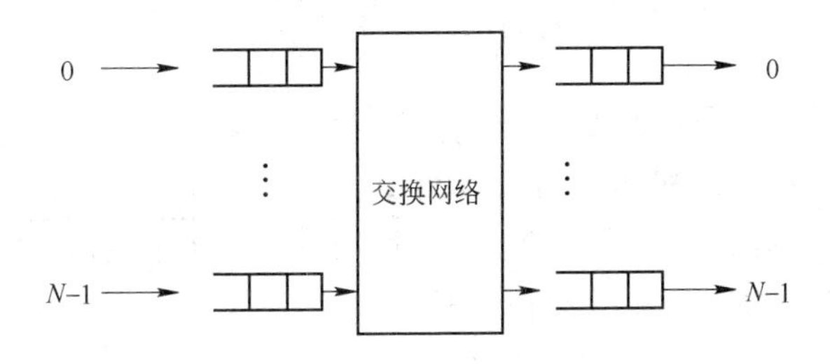

图 7.24　输入输出缓冲

④ 环回缓冲

环回缓冲除了包括输入端口与输出端口外,还包括被称为环回端口的一些特殊端口以及环回缓冲器,如图 7.25 所示。环回缓冲能够解决出线竞争,当出线竞争发生的时候,那些在竞争中失败的信元将会通过环回端口存储在环回缓冲器中,并且通过环回端口在下一时隙与新到来的信元重新进行竞争。

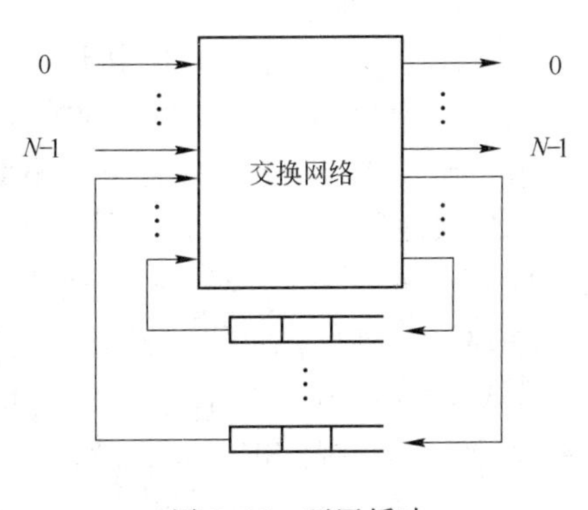

图 7.25　环回缓冲

环回缓冲存在信元失序的问题。当竞争失败的信元通过环回重新竞争的时候有可能打断 ATM 信元的顺序。为了解决这个问题，环回缓冲要求进入交换网络的每一个信元赋上一个优先数值(数值越大，优先级越高)，当竞争失败的信元进入环回时，其优先数值将会加1，这就保证了在环回缓冲中的信元有较高的优先级，在下一轮的竞争中能够成功。

环回缓冲还要解决的一个问题是怎样设计环回端口的数目。研究表明，输入信元在80%负载的泊松到达情况下要保持信元丢失率在10^{-6}以下，环回端口与输入端口的比必须达到2.5。

著名的Sunshine交换网络就是采用了环回缓冲方式。

(2) 内部缓冲

前面介绍了各种外部缓冲，包括输入缓冲、输出缓冲、输入输出缓冲与环回缓冲。内部缓冲与外部缓冲不同，它的缓冲器并不是设置在输入端口(入线)或输出端口(出线)上，而是设置在交换网络内部，这里介绍共享缓冲、交叉点缓冲以及缓冲型banyan三种内部缓冲方式。

图7.26所示为一个共享缓冲，它相当于共享存储器交换网络。

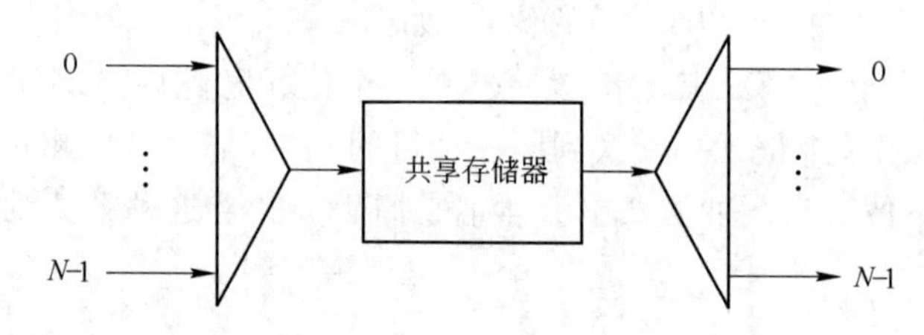

图7.26 共享缓冲

图7.27所示为一个交叉点缓冲方式(crosspoint buffer)，即缓冲器设置在交叉点中，用在基于crossbar交换网络中。交叉点缓冲方式不存在HOL阻塞现象，其缓冲性能类似于输出缓冲方式，但不存在加速因子，即对内部处理速度和存储器存储速率没有加速要求，但这种方式需要较多数量的存储器。

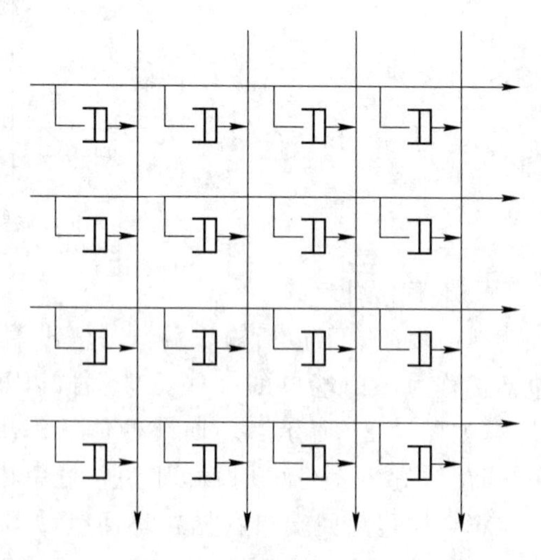

图7.27 交叉点缓冲方式

图7.28表示了一个缓冲型banyan交换网络，它是在交换单元(SE)内部设置缓冲。缓冲型banyan缓冲方式与交叉点缓冲方式不同，缓冲型banyan的缓冲器主要是用来存储在内部竞争中失败的信元，减少信元丢失率。当然缓冲器即使在SE内部，也会有不同的配置方式(输入方式、输出方式、输入输出方式)，图7.28中就是一个由采用输入缓冲方式的SE构成的缓冲型banyan交换网络。

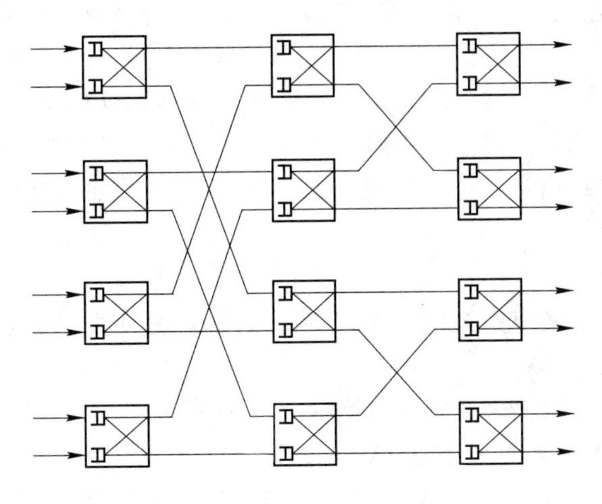

图 7.28 缓冲型 banyan 交换网络(输入缓冲方式)

3. ATM 交换网络控制机理——选路方法

交换网络的选路方法是指有效控制从输入端口进入交换网络的信元正确地传送到所需的输出端口的方法。必须注意,这里所说的选路方法是在信元传送阶段的选路,是在多级 ATM 交换网络内部的选路。一般按照路由信息存放位置的不同,可把选路方法分为自选路由(self routing)和表格控制选路(table-control routing)两种方法。

(1) 自选路由

自选路由是在每个到来的信元进入交换网络之前给它加上选路标签,然后交换网络会自动根据这些选路标签的信息来选择路由。自选路由方法的路由信息(翻译表)一般放在交换网络每个输入端口处。

下面以一个 2 级交换网络为例,说明自选路由的工作原理,如图 7.29 所示。对应这个 2 级交换网络的每个输入端,有一张翻译表,在连接建立时,信元有关的路由信息就会写入翻译表。当某个入端收到一个信元,按照其 VPI/VCI 查找翻译表,得到新 VPI/VCI 值和路由信息,于是该信元 VPI/VCI 原有值 X 变为 Y,并贴上选路标签后送往交换网络。选路标签的组成与交换网络的级数和交换单元(SE)的出线数有关。对于 2 级交换网络,选路标签含有 2 个部分:m、n,依次用于各级 SE 选路。第 1 级 SE 根据选路标签中 m 进行选路,使信元从第 m 条

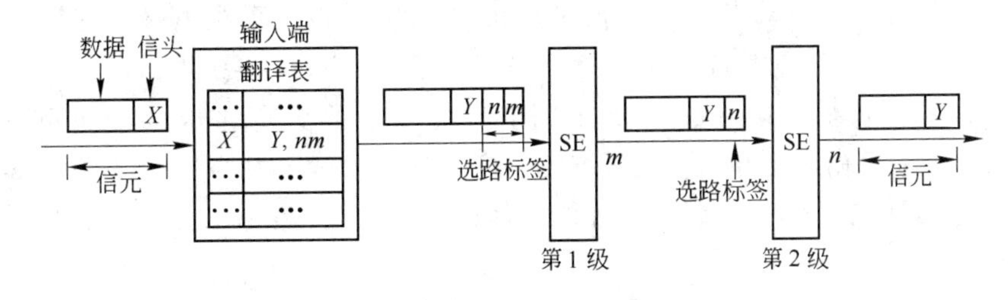

图 7.29 自选路由

出线输出，同时信元在进入下一级时去掉选路标签中的 m，第 2 级 SE 按照选路标签中的 n 选择第 n 条出线，并同时去掉选路标签中的 n。这样当信元离开交换网络时，路由标签被完全去掉，并且新的 VPI/VCI 已经在输入端口翻译后变为 Y，完成信元的交换。

自选路由交换网络的特点是信元 VPI/VCI 的翻译只在交换网络的输入端实现，同时在信元前面加上了额外的选路信息。这些额外的选路信息要求交换网络内部速率增大，但是使交换网络的控制变得简单了。

(2) 表格控制选路

表格控制选路的路由信息一般放在各 SE 内部，各 SE 按照自己的翻译表中的信息来完成选路。

以一个 2 级交换网络为例来说明表格控制选路方法，如图 7.30 所示。在表格控制选路方法中，翻译表分散在各个交换单元中，当 VPI/VCI 值为 X 的信元进入第 1 级 SE 时，用 X 查找该 SE 中的翻译表，得到新的 VPI/VCI 值 Z 和路由信息 m，于是将 X 换为 Z，并选择第 m 条出线输出信元；同样信元到达第 2 级 SE 时，使用 Z 查找这个 SE 中路由翻译表，得到新的 VPI/VCI 值 Y，将 Z 换成 Y，并按照 n 选择第 n 条出线，最终完成信元交换。

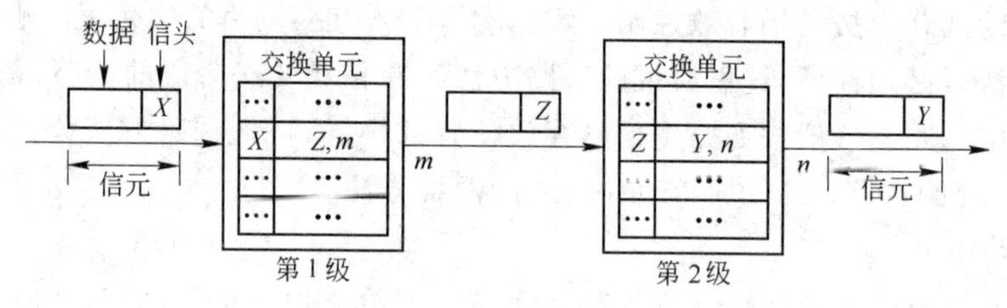

图 7.30　表格控制选路

表格控制选路的优点不像自选路由那样需要给信元贴上选路标签，不会增加信元开销，利用各 SE 中的翻译表还便于实现信元多播。但由于每个交换单元都需要路由表，就需要较多的存储器开销。研究表明，大规模多级交换网络使用自选路由比表格控制选路优越，其控制的复杂性、故障率都要优于表格控制选路。

7.3.4　ATM 交换系统举例

下面介绍一个实际的 ATM 交换系统，并重点介绍其交换网络的构成及工作原理。该 ATM 交换系统是由话路子系统和控制子系统组成，其中话路子系统由输入和输出侧接口以及交换网络组成，该 ATM 交换系统的交换网络采用了 Sunshine 交换结构，如图 7.31 所示。

Sunshine 是一种基于 Batcher-Banyan 网络的、多平面的交换结构，该交换网络采用自选路由的选路方法，采用输出缓冲与环回缓冲相结合的缓冲方式。其中 IPC 为输入端口控制器(input port controller)，OPC 为输出端口控制器(output port controller)。输出缓冲设置在 OPC 中。

从图 7.31 可知，Sunshine 交换结构具有 k 个并行的 banyan 平面，在一个时隙内最多可以

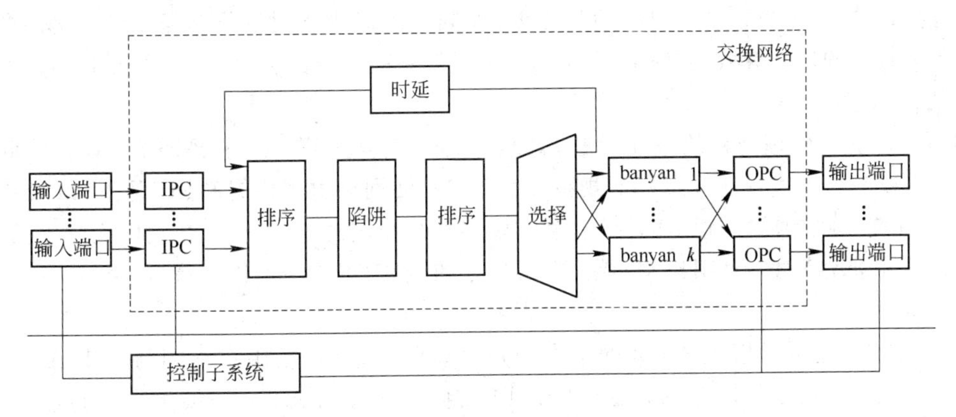

图 7.31　一个 ATM 交换系统实例

允许 k 个信元交换到输出端口。如果在一个时隙内有多于 k 个信元要交换到输出端口，经选择后多出的信元，则会进入环回缓冲，经时延调整，与输入端新输入的信元同步出现。

信元在经过第 1 级 Batcher 网络排序后，在输出端按目的地址的升序排列，然后进入陷阱网络。陷阱网络是用来解决出线竞争的，为此要比较第 1 级 Batcher 网络出线上信元的目的地址。例如将出线 i 与出线 $i \sim j$ 上信元的目的地址进行比较，如果目的地址相同则要将出线 i 的信元标记为环回。Banyan 网络内部无阻塞的条件是使具有不同目的地址的信元按序（按目的地址升序或降序）紧密排列在其入线上。为此信元要再经过第 3 级的 Batcher 网络的排序，一是分离出送往 banyan 网络进行交换的信元和环回的信元，二是使要进入 banyan 网络的信元按序且紧密地排列在其入线上。选择器则按照信元控制头的不同标记将这两组信元分别送往多平面 banyan 网络和环回缓冲通路。

进入交换网络的信元经过 IPC 后，信元入 VPI/VCI 被修改为出 VPI/VCI，并且被加上了控制头。控制头包括选路字段与优先级字段，其中选路字段表明目的出端，用于 banyan 网络的选路；优先级字段用来存储信元交换的优先级，当发生资源竞争时，优先级较高的信元优先被交换。环回次数越多的信元，其优先级越高，以防止经环回后出现的失序。

该 ATM 交换系统的控制子系统，除了完成对交换网络和输入侧及输出侧工作的控制之外，还完成呼叫控制信令的处理以及 OAM 等一系列功能。

7.3.5　ATM 呼叫控制信令

ATM 是面向连接的网络，在端到端的通信前必须建立连接。ATM 网络通常有永久虚连接（PVC）和交换虚连接（SVC）两种连接方式。永久虚连接（PVC）是通过预定或预分配的方法建立的连接。这种建立方法不需要信令，它是由管理实体控制建立的永久或半永久连接，在传送信息前不需要建立虚连接，因而在传送信息结束时也不存在虚连接的拆除，通过该信道用户可以随时发送数据。交换虚连接是当用户需要使用网络资源时，才由网络动态分配，当呼叫结束时，SVC 会被拆除，并可以分配给另一个用户。ATM 网络的优点是能够根据需要动态建立与释放连接，用户可以根据不同应用的需要，在同一时间内同时建立多条 SVC，支持多种服务，并允许较多的用户有效地使用网络资源，因而是一种首选的方法。下面介绍 SVC 的呼叫控制原理。

SVC 的建立、管理与释放过程就是 ATM 信令的交互过程。为了保证 ATM 网络间的互操作性，需要对信令过程建立统一的规范。由于 ATM 网络由用户终端、专用 ATM 交换机和公用 ATM 交换机构成，所以 SVC 的实现涉及终端与交换机、交换机与交换机之间的信令，故 ATM 信令主要分为 UNI(用户—网络接口)信令和 NNI(网络—网络接口)信令。

1. UNI 信令

ATM UNI 信令是指在 ATM 网络中用户终端和网络(包括用户终端与专用 ATM 交换机、用户终端与公用 ATM 交换机、专用 ATM 交换机和公用 ATM 交换机)之间进行连接的建立、释放和维护的协议。UNI 信令协议位于 SAAL 上，通过 SAAL 适配到 ATM 层。

ITU-T 规定了两种 UNI 呼叫连接控制：点到点呼叫连接控制与点到多点呼叫连接控制。

点到点呼叫连接控制涉及到 3 个实体：主叫方(用户终端)、网络侧、被叫方(用户终端)。图 7.32 表示了一个点到点的呼叫连接的建立和释放过程。

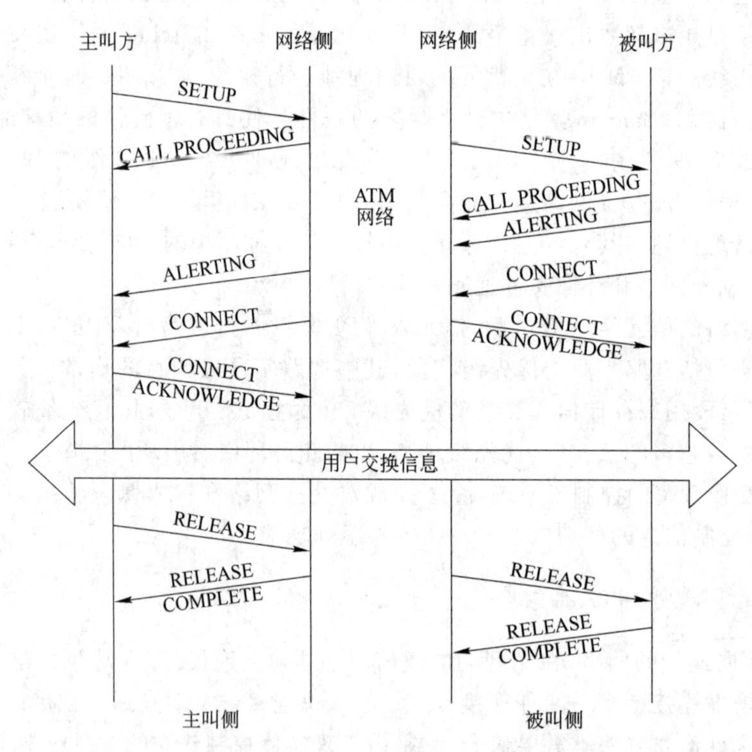

图 7.32 点到点呼叫连接建立和释放

(1) 主叫侧呼出控制规程

主叫用户通过发送 SETUP 消息启动一次呼叫。SETUP 消息中包含一些信息单元，其中

ATM 业务量描述、带宽承载能力、QoS 参数与被叫方全部或部分地址信息是必选的信息单元。

当网络侧接收到 SETUP 消息后检查承载能力信息单元与被叫地址信息，如果承载能力在用户设备预约的限制范围内并且被叫地址信息有效，就向主叫方发送 CALL PROCEEDING 消息，作为对 SETUP 消息的证实。CALL PROCEEDING 中包含连接标志信息单元，其中指明了网络侧分配给主叫的 VPCI/VCI 值，其中 VPCI 指虚通道连接标志，一般用户侧的 VPCI 等于 VPI。

当网络侧收到被叫 ALERTING 消息(表明被叫用户正在被提醒有呼叫到来，如果是电话呼叫，表明被叫正在振铃)网络侧就向主叫用户发送 ALERTING 消息。当网络侧收到被叫接受呼叫的 CONNECT 消息，网络侧会向主叫发送 CONNECT 消息。主叫收到 CONNECT 消息后，回送 CONNECT ACKNOWLEDGE 消息。至此，端到端的连接已经建立，用户间可以开始通信。

(2) 被叫侧呼入控制规程

呼叫建立消息可能通过多个交换机，最后由被叫 UNI 所在的网络侧向被叫用户发送 SETUP 消息。消息中含有 VPCI/VCI 值(注意只在被叫侧有局部意义)和各种信息单元，以下是必备的信息单元：ATM 业务量描述、宽带承载能力、QoS 参数以及 AAL 参数。如果被叫有接受这次呼叫请求的能力，就向网络侧发送对 SETUP 消息的响应，根据情况可能发送 CALL PROCEEDING 消息(表示被叫正在处理这次呼叫，指示网络侧继续等待)、ALERTING 消息(表示被叫终端正在提醒被叫用户有呼入)、CONNECT 消息(表示被叫接受呼叫)。被叫侧可以不发送 CALL PROCEEDING 消息与 ALERTING 消息而直接发送 CONNECT 消息。

当网络侧收到 CONNECT 消息后，向被叫用户回送 CONNECT、ACKNOWLEDGE 消息，这时主叫用户也会收到网络侧发来的 CONNECT 消息，用户间可以开始通信。

(3) 呼叫清除规程

呼叫清除规程在用户侧(主叫方或被叫方)与网络侧是相同的。如果主叫方需要清除呼叫，向网络侧发送 RELEASE 消息。网络侧收到 RELEASE 消息后向主叫发送 RELEASE COMPLETE 消息，同时向被叫发送 RELEASE 消息，表示要清除呼叫，被叫收到 RELEASE 消息后也向主叫方发送 RELEASE COMPLETE 消息。无论谁收到 RELEASE 消息，都表示链路被清除，都要回送 RELEASE COMPLETE 消息。

上述点到点信令由 ITU-T 的 Q.2931 规定，它只支持点到点的呼叫连接，属于 CS1 阶段，提供有限的信令能力。在 Q.2931 的基础上，ITU-T 又制定了 Q.2961、Q.2962、Q.2963、Q.2971等建议以支持 CS2 能力集的信令，包括点到多点呼叫连接控制。同时 ATM 论坛也定义了 UNI 规范 3.0 版本和 UNI4.0 版本，以支持点到多点的呼叫连接控制。有关点到多点的呼叫连接控制，这里不做介绍，参见相关协议。

2. NNI 信令

NNI 信令是基于现有 No.7 信令的 ISDN 用户部分(ISUP)描述和定义的，是 ISDN NNI

信令 ISUP 的扩充与增强。将 ATM 的 NNI 信令称为宽带综合业务数字网用户部分(B-ISUP)。B-ISUP 使用新的业务信息字段(SIO)编码与现有的 ISUP 区分开。ITU-T 建议 Q. 2761～Q. 2764 描述了 NNI 信令。与此同时 ATM 论坛制定了专用 NNI(P-NNI)标准,以便不同厂商的 ATM 交换机互连。有关 NNI 信令在这里不做具体介绍。

3. 信令适配层

图 7.33 所示为 ATM UNI 和 NNI 的信令协议栈。

ATM 使用独立的信令信道(单独的 VC/VP)传送 UNI 信令消息与 NNI 信令消息,使用 SAAL 协议适配。SAAL 一般采用 AAL5,由公共部分(CP)和业务特定部分(SSP)组成。公共部分(CP)包含公共部分汇聚子层(CPCS)和分段与重组(SAR);业务特定部分(SSP)包含业务特定面向连接协议(SSCOP)和业务特定协调功能(SSCF)。

图 7.34 表示了 SAAL 的结构,SSCOP 完成类似传统数据链路层的功能,包括:顺序完整性、差错纠正和重传、由动态窗口实现的流量控制、链路管理等。这个协议由 ITU-T 的 Q. 2110 建议规定。SSCF 的作用是将 SAAL 之上的网络层协议映射到 SSCOP。它有两类,分别用于 UNI 与 NNI。其中 UNI 的 SSCF 将 Q. 2931 协议映射到 SSCOP,由 ITU-T 的 Q. 2130 建议规定;而 NNI 的 SSCF 将 MTP-3b 映射到 SSCOP,由 ITU-T 的 Q. 2140 建议规定。

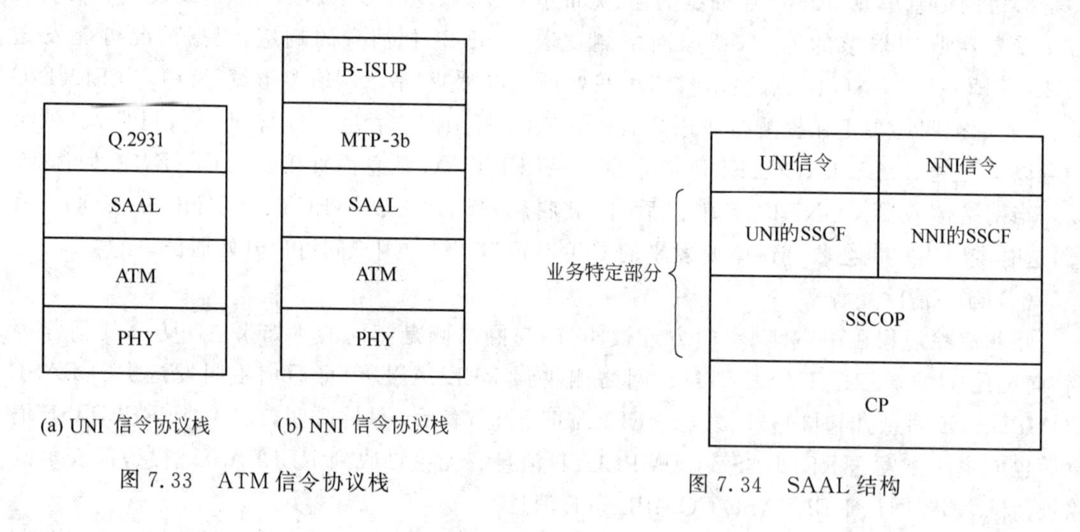

图 7.33 ATM 信令协议栈

图 7.34 SAAL 结构

7.4 宽带综合业务数字网

7.4.1 B-ISDN 网络概述

B-ISDN(宽带综合业务数字网)是宽带通信网络,宽带即意味着高速的信息传输。N-

ISDN用户线路上的信息速率可达 160 kbit/s,但 B-ISDN 用户线路上的信息传输速率则可高达 155.520 Mbit/s(或 622.080 Mbit/s)。如果把 N-ISDN 比作乡村小道,那么 B-ISDN 就是信息化的高速公路。

当然,B-ISDN 区别于 N-ISDN 的,并不只是信息传送速率这一点,两者的技术本质也是不同的。B-ISDN 基于 ATM 技术,N-ISDN 主要基于电路交换技术,因而两种网络存在着较大的差异。在 B-ISDN 中,用户完全可以做到在不同的时刻要求不同的带宽,并且可以在实时性和可靠性方面提出要求,即 B-ISDN 能真正意义上支持各种不同的业务,尽管这些业务要求的传输速率、时延和可靠性要求相差十分悬殊。例如,用户可能在某一时刻要求 140 Mbit/s 的高清晰度电视的通信,而在另一时刻要求 3 个 34 Mbit/s 的普通电视通信,或者要求从中分离出两个 64 kbit/s 的子信道进行普通电话通信。可以这样比喻,在 B-ISDN 这样信息化的高速公路上,并不是限制只能有某一种车辆行驶,而是各种不同或未知型号的车辆都能在上面畅通行驶。在这里不同型号的车辆就如同网络所提供的丰富多彩的业务。

图 7.35 给出了一个可能的基于 ATM 交换的 B-ISDN 网络简化的拓扑结构图。

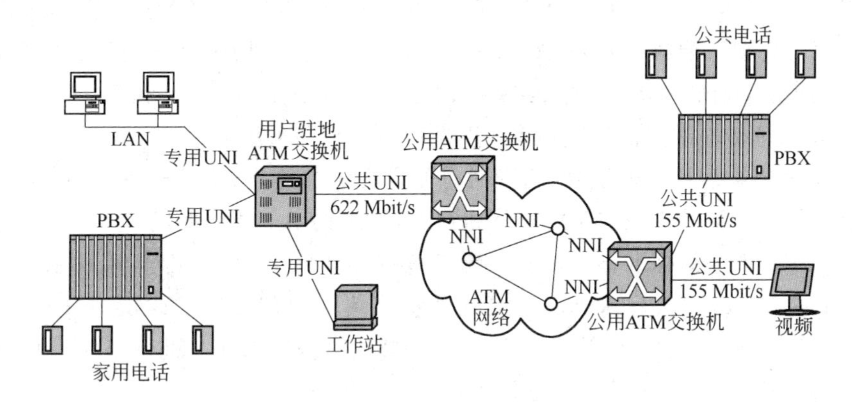

图 7.35　一种 B-ISDN 网络拓扑结构

从图中可以看到 B-ISDN 采用了两种用户网络接口:专用 UNI 和公共 UNI。从理论上说这两种用户网络接口在完成的功能上没有任何区别,都是用户设备与网络之间的接口,是直接面向用户的,完成接口的物理层和 ATM 层协议以及 ATM 信令等功能;只是专用 UNI,不像公共 UNI 那样考虑更多的一致性。专用 UNI 形式更多、更灵活、更能适合用户环境的需要。

NNI 是指网络节点接口,是 B-ISDN 中两个 ATM 交换机之间的接口,它完成网络节点之间互连的物理层和 ATM 层协议,执行 No.7 信令体系的宽带 ISDN 用户部分,进行路由选择和网络管理功能。

在图中,用户驻地 ATM 交换机通过专用 UNI 可以连接到有实时业务要求的语音交换设备 PBX,为用户提供面向连接的话音业务,同时也可以通过专用 UNI 连接到计算机局域网上,为用户提供面向无连接的数据通信业务。同时公用 ATM 交换机也可以通过公共 UNI 接口与 PBX、视频等设备相连,提供多种业务和应用。

7.4.2 B-ISDN 用户—网络接口参考配置

前面介绍了 B-ISDN 中有两种用户—网络接口:公共 UNI 和专用 UNI。B-ISDN 用户—网络接口可以用配置参考模型来描述,如图 7.36 所示。

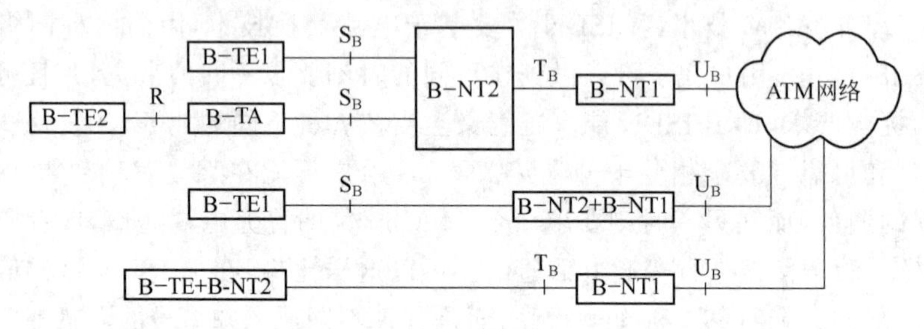

图 7.36 B-ISDN 用户—网络接口参考配置

从图中可以看出 B-ISDN 用户—网络接口参考配置与窄带 ISDN 类似,包括了 5 个功能群与 4 个参考点。5 个功能群是:B-NT1(第一类宽带网络终端)、B-NT2(第二类宽带网络终端)、B-TA(宽带终端适配器)、B-TE1(第一类宽带终端设备,即 B-ISDN 标准终端)、B-TE2(第二类宽带终端设备,即非 B-ISDN 标准终端);4 个参考点是 T_B、S_B、U_B 和 R。

B-NT1 是物理传输线路的终端设备,主要完成物理层的功能。

B-NT2 即完成物理层等低层功能,同时也完成集中、交换、复用/分路、OAM 等高层功能,其对应的物理设备可以是专用 ATM 交换机(用户驻地的 ATM 交换机)。

B-TE1 是 B-ISDN 的标准终端,是 S_B 或 T_B 用户接口处的终端,即经 S_B 或 T_B 参考点接入到 B-ISDN 网络,B-TE1 执行从低层到高层的所有终端协议。B-TE2 是非 B-ISDN 标准终端,不能直接经 S_B 或 T_B 参考点接入到 B-ISDN 网络,必须经 B-TA 进行协议转换和速率适配才能接入到 B-ISDN(S_B 接口)上,即是 *R* 用户接口处的终端。

目前 ITU-T 只对 T_B 与 S_B 处的接口进行标准化。T_B、S_B 接口可以有两种速率:155.520 Mbit/s与 622.080 Mbit/s,它们都是物理接口,但 ITU-T 只对 155.520 Mbit/s 的 T_B、S_B 接口进行标准化。有关 622.080 Mbit/s 的 T_B、S_B 接口还有待进一步研究。

7.4.3 B-ISDN 业务

1. 业务特点

B-ISDN 用一种全新的网络替代现有的各种业务网络,如电话网、数据网等。这种单一的综合业务网可以传输各类信息,支持各种类型的业务,如话音、视频点播、电视广播、动态多媒体电子邮件、可视电话、CD 质量的音乐、局域网互联、高速数据传送以及其他很多至今还未想到的业务。上述各类业务所具有的特征是不同的。

(1) 不同的业务所需的传输速率与带宽是不同的。如 TV 需要 30 Mbit/s,HDTV 需要 130 Mbit/s,而话音只需 64 kbit/s 即可。

(2) 不同的业务在突发性上的表现是不一样的。如话音业务，其传输速率是恒定的，而某些数据传送的速率在1～50 Mbit/s之间变化，有可能要求在很短的时间内传输大量的数据。

(3) 不同的业务对实时性要求不同。如话音在传送过程中对实时性要求比较高，而数据传输则对实时性要求较低。

(4) 不同的业务对传输的可靠性要求不同。如数据传输对可靠性要求比较高，而话音对可靠性要求相对比较低。

B-ISDN 网络要做到能够支持具有不同特征的业务。

2. 业务种类

ATM 论坛根据业务对网络资源的需求定义了5种业务类型：恒定比特率(CBR：constant bit rate)业务、实时可变比特率(rt-VBR：real-time variable bit rate)业务、非实时可变比特率(nrt-VBR：non-real_time variable bit rate)业务、未指定比特率(UBR：unspecified bit rate)业务以及可用比特率(ABR：available bit rate)业务。

(1) CBR

CBR 正如字面上的意思，可以提供固定的信息传输速率。在呼叫建立期间，用户与网络要协商的信流参数有峰值信元速率(PCR：peak cell rate)、peak-to-peak 信元时延变化(CDV：cell delay variation)与最大信元传送时延(maxCTD)。这时网络根据 PCR 就要预先分配出连续可用的静态带宽，在整个呼叫保持期间静态带宽保持不变。在这种情况下，如果有时延，那么不同信元间的时延不能超过 maxCTD，同时不同信元的时延变化不能超过 peak-to-peak CDV。那么在连接建立后，用户可以在任何时候以 PCR 来发送信元(当然也可以用低于 PCR 的速率来发送信元或不发送信元)，网络都确保 QoS。

恒定比特率最重要的参数就是 PCR，PCR 的值根据用户的需求与网络能够提供所请求的带宽来共同协商决定。CBR 业务包括诸如恒定比特率编码的话音、视频和电路仿真等对时延敏感的实时业务。

(2) rt-VBR

rt-VBR 业务本质上是实时的，但是其带宽却是可以变化的。在呼叫建立期间，用户与网络协商以下参数：PCR、可维持信元速率(SCR：sustainable cell rate)、最大突发长度(MBS：maximum bust size)、peak-to-peak CDV maxCTD。然后网络根据这些参数分配带宽。在呼叫保持期间，用户可以在很长的一段时间内以 SCR 来发送信元，而在峰值期间可以以 PCR 发送数据，但是最大的突发长度不能超过 MBS，同时要使信元平均速率恢复到 SCR 后才能再次以 PCR 来发送数据。当然网络在呼叫保持期间也要保证 peak-to-peak CDV 与 maxCTD。

rt-VBR 业务有视频会议、采用可变压缩编码的音频、视频等多媒体业务。这类实时业务不需要固定的信息传送速率，但是对时延和时延变化有严格要求。

(3) nrt-VBR

nrt-VBR 业务是非实时的，此类业务也要求可变的带宽。在呼叫建立期间，用户与网络协商以下参数：峰值信元速率、可维持信元速率(SCR)、最大突发长度(MBS)。由于是非实时的，所以不需要像 rt-VBR 一样要协商 peak-to-peak CDV 与 maxCTD 等 QoS 参数，即没有时延方面的要求。但是在信流控制上与 rt-VBR 几乎一致。

此类业务包括传统的文件传输、各种类型的电子邮件等。

(4) UBR

UBR 用来支持非实时的尽力而为(best-effort)业务，因此 UBR 没有任何 QoS 要求。在呼叫建立期间，用户与网络可以协商的参数最多只有 PCR，当然也可以不用协商 PCR，网络侧可以不使用也不保证 PCR。网络侧要做到的只有尽力而为就可以了。

可以认为 UBR 业务与 nrt-VBR 业务类似，包括文件传输与电子邮件以及 USENET 新闻等。

(5) ABR

ABR 正如其字面上的意思，能够有效利用网络可以利用(剩余)的带宽，与 CBR 相比，可以使 CLR 保持在可接受的水平。ABR 并不支持实时业务，因而没有与时延有关的 QoS 要求。在呼叫建立期间，用户与网络侧需要协商 PCR 与最小信元速率(MCR：minimum cell rate)，从而网络侧能够动态分配带宽给用户，但是所分配的带宽不小于 MCR(MCR 可以置 0)。注意：ABR 业务用户从网络侧获得的带宽是可变的，依赖于网络所经历的拥塞。为此，当采用 ABR 业务时，用户可以从网络侧获得资源管理(RM)信元了解到网络状态，从而改变信元发送速率。当网络负荷较低时，可以以比较高的速率发送信元；当网络负荷较大时，则应该降低发送速率。其中 RM 信元信头中 PTI 编码为 110。

ABR 业务是网络惟一给发送方提供反馈信息的业务类型，ABR 业务一般用在 LAN 互连、LAN 仿真(LANE)等非时实业务中。

应该注意，ATM 论坛定义的 5 种业务类别与 ITU-T 定义的 4 种 AAL 业务类别(A、B、C、D 四类业务)不同，ITU-T 定义的 4 种 AAL 业务类别是针对不同的上层应用，而 ATM 论坛定义的这 5 种业务种类主要是应用在网络中保证网络的服务质量与进行流量控制。表 7.7 给出了 ATM 论坛定义的 5 种业务种类及其信流参数与 QoS 参数的总结。

表 7.7　ATM 论坛规定的业务种类

业务种类	应用	业务量参数	QoS 参数
CBR	恒定比特率编码的话音、视频业务以及电路仿真	PCR	peak-to-peak CDV、maxCTD、CLR①
rt-VBR	可变比特率编码的音频、视频等多媒体应用	PCR、SCR、MBS	peak-to-peak CDV、maxCTD、CLR①
nrt-VBR	文件传输以及各种电子邮件	PCR、SCR、MBS	CLR①
UBR	文件传输、电子邮件以及 USENET 新闻	PCR②	无

续表

业务种类	应用	业务量参数	QoS参数
ABR	浏览网页、LAN互连等非时实应用	PCR③、MCR④	CLR⑤

注：① CLR对PVC或SVC可以明显或隐含的规定；

② PCR在UBR业务中即使协商，网络也可不使用；

③ PCR在ABR业务中表明发送端可能发送的最大速率；

④ MCR在ABR业务中对PVC或SVC可以明显或隐含的规定；

⑤ 是否规定由网络确定。

3. 业务量参数与QoS参数的定义

对于ATM论坛定义的5种业务，每种业务都要求在连接建立时，各自协商各自不同的参数。这些参数分为两组：业务量参数与QoS参数。其中业务量参数（也称为信流参数）用来描述发送端发送的信元的流量特性，包括：PCR、SCR、MBS与MCR四个参数；QoS参数描述了在信元传输时延方面与传输可靠性方面对网络的要求，包括peak-to-peak CDV、maxCTD与CLR（cell loss ratio，信元丢失率）三个参数。

（1）PCR

PCR是指发送方计划发送的信元的最大速率，也就是所发送的两个相邻信元之间的最小间隔时间T的倒数（T表示ATM连接的峰值发送间隔），即$PCR=1/T$。PCR是一个基本的业务量参数，它用在ATM连接中支持恒定比特率业务与可变比特率业务。

（2）SCR

SCR只使用在VBR业务（包括rt-VBR与nrt-VBR）中，是用户（发送端）为其所实施的ATM连接的平均信元速率设置的一个上限值。注意该值是一个统计平均值，表明在相当长一段时间内所发送信元的平均速率，要小于峰值信元速率（PCR）。

（3）MBS

MBS也只使用在VBR业务中，表示发送端目前发送平均速率等于SCR时，发送端能够以PCR发送的最大信元数。

（4）MCR

MCR只使用在ABR业务中，表示用户可以接受的最低信元速率。如果网络不能保证提供这样的带宽，它必须拒绝连接。当请求ABR服务时，实际能够使用的带宽必须位于MCR和PCR之间，可以动态地变化。发送方可以通过网络侧发送过来的RM信元及时了解到网络的负荷情况，从而可以动态地改变发送速率。

（5）maxCTD

信元传输时延（CTD）表示发送端在信元离去的那一瞬间与接收端接收到信元那一瞬间之间所经历的时间。当然对于CTD而言，包括了固定的时延与由于网络侧拥塞所引起的时延。最好情况下当然CTD就等于固定的时延。maxCTD主要使用在实时业务中（包括CBR

与 rt-VBR)，用来表示在网络中传输的信元最大所能忍受的时延。

(6) Peak-to-Peak CDV

信元时延变化是同一连接中两个 CTD 的差值，表示了传输时延变化的范围，当然对于理想的实时业务要求 CDV 为 0，即信元传输有一定时延，但是该时延不会变化。Peak-to-Peak CDV 是指在最好情况下与最坏情况下 CTD 的差别。如图 7.37 所示。

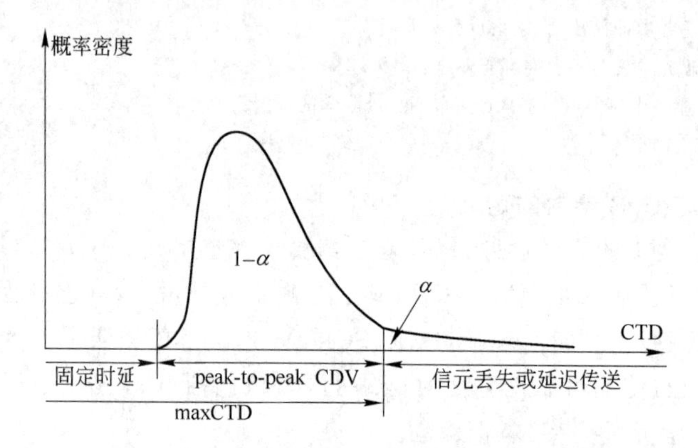

图 7.37　CTD 概率密度模型(对实时业务)

(7) CLR

CLR 是这几个参数中惟一一个与 QoS 可靠性有关的参数。CLR 定义为丢失信元数/发送的信元总数。除去 UBR 业务，其他业务都有要求，但是可以明显或隐含的由业务或网络规定，当连接建立的时候，可以不用协商。

7.4.4　有关 B-ISDN 的标准

许多权威的标准化组织针对 B-ISDN 定义了一系列标准。其中 ITU-T 起了关键作用，它定义的标准全面，并得到世界范围内的公认。ITU-T 关于 B-ISDN 的建议如下：

I.113：ISDN 宽带方面的术语词汇

I.121：宽带 ISDN 概貌

I.150：B-ISDN 的 ATM 功能特性

I.211：B-ISDN 的业务概貌

I.311：B-ISDN 的网络概貌

I.321：B-ISDN 的协议参考模型及其应用

I.327：B-ISDN 的功能体系

I.361：B-ISDN 的 ATM 层规范

I.362：B-ISDN 的 ATM 自适应(AAL)功能描述

I.363：B-ISDN 的 ATM 自适应(AAL)规范

I.363.1：B-ISDN 的 AAL1 规范

I.363.2:B-ISDN的AAL2规范

I.363.3:B-ISDN的AAL3/4规范

I.363.5:B-ISDN的AAL5规范

I.413:B-ISDN的用户—网络接口

I.432:B-ISDN的用户—网络接口的物理层规范

I.610:B-ISDN的接入OAM原则

I.371:B-ISDN的业务量控制与拥塞控制

Q.2100:B-ISDN的信令ATM适配层(SAAL)

Q.2110:B-ISDN SAAL中的业务特定面向连接协议(SSCOP)

Q.2130:B-ISDN在UNI上的业务特定协调功能(SSCF at UNI)

Q.2140:B-ISDN在NNI上的业务特定协调功能(SSCF at NNI)

Q.2761~Q.2763:B-ISUP

Q.2931:B-ISDN用户—网络接口第3层协议(DSS2)

ATM论坛虽然不是官方的标准化组织,但它对ATM技术的发展起了重要的作用。ATM论坛制定的有关ATM规范主要有:

ATM用户—网络接口规范3.1

ATM用户—网络接口规范4.0

PNNI1.0:专用网NNI信令

小　　结

窄带ISDN已不能适应未来通信网发展的需要,为了克服窄带ISDN的局限性,人们开始寻求一种比窄带ISDN更为先进的网络,这种网络能够适应全部现有以及未来可能出现的各种业务在传输速率、实时性、可靠性、突发性等方面的不同要求,ITU-T将这种网络命名为宽带综合业务数字网,简称为B-ISDN。ATM是B-ISDN用于传输、复用和交换的技术,是B-ISDN网络的核心技术。本章重点介绍了ATM的基本原理,包括ATM信元结构、ATM异步时分技术、ATM面向连接的工作方式以及ATM协议参考模型。

在重点介绍ATM基本原理的基础上,本章深入阐述了ATM交换技术,其中包括ATM交换的基本原理与ATM交换系统。ATM交换所要完成的基本功能有三个:选路、信头变换与排队。ATM交换系统一般由信元传送子系统和控制子系统组成,其中信元传送子系统由交换网络(交换结构)和输入侧接口设备及输出侧接口设备构成。ATM的交换网络是ATM交换系统中最重要的组成部分,ATM交换网络一般有时分交换网络和空分交换网络,空分交换网络又可分为单通路的与多通路的。在本章中,重点介绍了ATM交换网络的两种控制机理:缓冲策略与选路方法。控制子系统主要完成ATM的呼叫处理功能,该功能的完成基于一系列的信令和协议，通过对 ATM 呼叫控制信令的介绍，使大家对 ATM 所完成的呼叫处理功能有了深入地理解。

本章最后简要介绍了 B-ISDN 网络，其中包括 B-ISDN 网络拓扑结构，用户—网络接口的参考配置，B-ISDN 的业务特点、种类及相关参数，以及 B-ISDN 的相关标准，以使大家对 B-ISDN 网络有更深入地了解。

习　题

1. ATM UNI 接口的信元与 NNI 接口的信元结构有什么异同？
2. ATM 信元头中各个域的含义是什么，完成什么功能？
3. 理解 ATM 面向连接的工作方式。为什么说这种连接是虚连接？在 B-ISDN 网络中存在几种虚连接方式？
4. B-ISDN 的分层协议是怎样的，各层协议分别完成什么功能？
5. AAL1～AAL5 所支持的应用是什么？
6. ATM 交换结构所要完成的功能有哪些？
7. ATM 交换系统是由哪几部分构成的？各部分分别完成什么功能？
8. ATM 交换中的信头变换与电路交换中的时隙变换有何不同？
9. 构成 ATM 交换网络的类型有哪些？
10. 什么是多通路交换网络？
11. 什么是输入缓冲的 HOL 现象，有什么办法可以消除它？
12. 试从系统构成、工作原理等方面，分析 ATM 交换机与程控交换机的异同。
13. 试从系统构成、工作原理等方面，分析 ATM 交换机与分组交换机的不同。
14. B-ISDN 的 UNI 接口的参考配置是怎样的，各功能实体所完成的功能是什么？
15. B-ISDN 的业务分为哪几类？每类业务具有什么特征？

参考文献

1 Chao H J , Cheuk H Lam, Eiji Oki. Broadband Packet Switching Technologies: A Practical Guide to ATM Switches and IP Routers. New York: Wiley, 2001

2 Pattavina A. Switch Theory: Architecture and Performance in Broadband ATM Networks. New York: J Wiley, 1998

3 Chen T M, Liu S S. ATM switching System. Boston: Artech House, 1995

4 ITU-T Recommendation I. 311—1992, Broadband ISDN General Network Aspects

5 ITU-T Recommendation I. 321—1992, Broadband ISDN Protocol Reference Mode and its Application

6 ITU-T Recommendation I. 361—1992, Broadband ISDN ATM Layer Specification

7 ITU-T Recommendation I . 413—1992, Broadband ISDN User-Network Interface

8 ITU-T Recommendation Q. 2931—1995, Broadband ISDN Application Protocol for Access Signaling

9 The ATM forum Technical Committee. Traffic Management Specification(Version 4. 0(af-tm-0056. 000))

10 Abhijit S. Pandya, Ercan Sen. ATM Technology for Broadband Telecommunications Networks. Boca Raton, Fla:CRC Press, 1999

11 William Stallinas. ISDN and broadband ISDN. New York:Maxwell Macmillan Co, 1992

12 陈锡生. ATM 交换技术. 北京:人民邮电出版社,2000

13 马丁·德·普瑞克. 异步传递方式—宽带 ISDN 技术(第 2 版). 程时端,刘斌译. 北京:人民邮电出版社,1999

第 8 章　IP 交换技术

ATM 具有高带宽、快速交换和提供可靠服务质量保证的特点，Internet 的迅速发展和普及使得 IP 成为计算机网络应用环境的既成标准和开放系统平台。宽带网络的发展方向是把最先进的 ATM 交换技术和最普及的 IP 技术融合起来，因此产生了一系列新的交换技术，如 IP 交换、标签交换、ARIS、IPOA、LANE、MPOA、MPLS 等，这里将 ATM 交换技术与 IP 技术融合产生的这一类交换技术统称为 IP 交换技术。本章将简要介绍与 IP 交换技术相关的一些基本概念和一些主要的 IP 交换技术，并重点介绍应用于下一代网络的 MPLS 技术。

8.1　概　　述

8.1.1　IP 与 ATM

随着信息技术的高速发展，人们已经快速地进入了信息时代，Internet 遍布全球各个角落，已成为全球最大的公众数据网络。以 IP 协议为基础的 Internet 的迅猛发展，使得 IP 成为当前计算机网络应用环境的当然标准和开放式系统平台。IP 技术的优点是易于实现异种网络的互联；对延迟、带宽和 QoS 等要求不高，适于非实时业务的通信；具有统一的寻址体系，便于管理。

ATM 是用于 B-ISDN 传输、复用和交换的技术，它以分组传送模式为基础并融合了电路传送模式高速化的优点发展而成。ATM 技术的优点是：采用异步时分复用方式，实现了动态带宽分配，可适应任意速率的业务；有可信的 QoS 保证语音、数据、图像和多媒体信息的传输；面向连接的工作方式、固定长度的信元和简化的信头，实现了快速交换；具有安全和自愈能力强等特点。

表 8.1 给出了 IP 与 ATM 的特性比较。

表 8.1　IP 与 ATM 的比较

特　性	IP	ATM	特　性	IP	ATM
连接方式	无 连 接	面向连接	组　播	多点到多点	点到多点
信息传送最小单位	可变长度分组	固定长度信元 (53 byte)	服务质量保证	尽力而为	根据不同业务提供 不同服务质量保证
交换方式	数据报方式	ATM 方式	成　本	低	高
路由方向	单　向	双　向	发展推动力	市场驱动	技术驱动

从上述对 ATM 和 IP 技术特点的介绍，不难看到 IP 技术应用广泛，技术简单，可扩展性好，路由灵活，但是传输效率低，无法保证服务质量；ATM 技术先进，可满足多业务的需求，交换快速，传输效率高，但是可扩展性不好，技术复杂。IP 技术和 ATM 技术各有优缺点，如果将两者结合起来，即将 IP 路由的灵活性和 ATM 交换的高速性结合起来，技术互补，将有效解决网络发展过程中困扰人们的诸多问题。为此，业界内的一些大的公司、研究机构纷纷提出了许多 IP 与 ATM 融合的新技术，如 Ipsilon 公司提出的 IP 交换（IP switch），Cisco 公司提出的标签交换（tag switch），IBM 提出的基于 IP 交换的路由聚合技术（ARIS：aggregate routed based IP switching），IETF 推荐的 ATM 上的传统 IP 技术（IPOA：classic IP over ATM）和多协议标记交换（MPLS：multi-protocol label switch），ATM Forum 推荐的局域网仿真（LANE：LAN emulation）和 ATM 上的多协议（MPOA：multi-protocol over ATM）等。这些技术的本质都是通过 IP 进行选路，建立基于 ATM 面向连接的传输通道，将 IP 封装在 ATM 信元中，IP 分组以 ATM 信元形式在信道中传输和交换，从而使 IP 分组的转发速度提高到了交换的速度。

8.1.2 IP 与 ATM 融合模型

根据 IP 与 ATM 融合方式的不同，其实现模型可分为两大类：重叠模型（overlay model）和集成模型（integrated model）。

1. 重叠模型

在重叠模型中，IP（三层）运行在 ATM（二层）之上，IP 选路和 ATM 选路相互独立，系统需要两种选路协议：IP 选路协议和 ATM 选路协议。系统中的 ATM 端点具有两个地址：ATM 地址和 IP 地址，并且具有地址解析功能，支持地址解析协议，以实现 MAC 地址与 ATM 地址或 IP 地址与 ATM 地址的映射。

重叠模型使用标准的 ATM 论坛/ITU-T 的信令标准，与标准的 ATM 网络及业务兼容。利用这种模型构建网络不会对 IP 和 ATM 双方的技术和设备进行任何改动，只需要在网络的边缘进行协议和地址的转换。但是这种网络需要维护两个独立的网络拓扑结构、地址重复、路由功能重复，因而网络扩展性不强、不便于管理、IP 分组的传输效率较低。

IETF 推荐的 IPOA、ATM Forum 推荐的 LANE 和 MPOA 等都属于重叠模型。

下面以 IPOA 为例简单说明重叠模型技术。

IPOA 也称为 CIPOA 或 CIP，IETF 在 RFC1577 中给出了 IPOA 技术的定义和说明。IPOA 网络结构如图 8.1 所示。

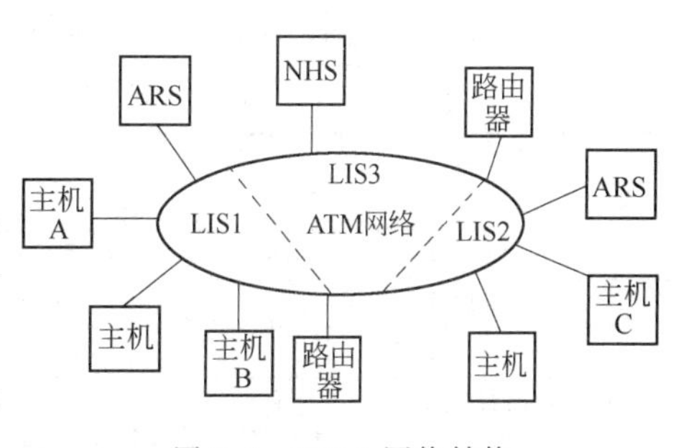

图 8.1 IPOA 网络结构

在图 8.1 中，连接到 ATM 网络的 IP 设备有主机和路由器，其中共享同一公共地址前缀的 IP 主机和路由器构成了一个逻辑 IP 子网（LIS：logical IP subnet）。从运行于 ATM 网络之上的 IP 设备来看，ATM 网络是形成 LIS 的共享媒体，在 ATM 网络之上可承载多个

LIS。ATM 网络使用自己的地址和选路协议，独立于其上的 IP 网络完成通信连接的建立与释放以及信息的传送。连接在 ATM 网络上的主机和路由器有两个地址：IP 地址和 ATM 地址。为了实现两种地址之间的映射，在每个 LIS 中设置了地址解析服务器（ARS：address resolution server），主机和路由器通过地址解析协议（ARP：address resolution protocol）与 ARS 交互，以获取相应的 ATM 地址。

如果主机 A 要与主机 B 通信，由于 A 和 B 在同一个 LIS 中，所以它可向本 LIS 中的 ARS 查询主机 B 的 ATM 地址。收到 ARP 的回复后，即可通过 ATM 网络建立主机 A 到主机 B 的 ATM 连接，主机 A 与主机 B 通过这个 ATM 的 SVC 来实现直接通信。

如果主机 A 要与主机 C 通信，由于 A 和 C 不在同一个 LIS 中，所以主机 A 先要向最近的下一跳地址解析服务器（NHS：next hop address resolution server）查询主机 C 的 ATM 地址。这一查询请求沿着通常的逐跳转发的 IP 通路向主机 C 发送，如果沿着这一通路上的 NHS 获得主机 C 的 IP 地址解析信息，就向发出请求的 NHS 回送主机 C 的 ATM 地址或离主机 C 最近的 ATM 设备的 ATM 地址。一旦获得这个地址，主机 A 就建立一条直达目的目标的 SVC，从而实现主机 A 和主机 C 直接通过 SVC 来传送 IP 分组。

2. 集成模型

在集成模型中，ATM 层被看作是 IP 层的对等层，集成模型将 IP 层的路由功能与 ATM 层的交换功能结合起来，因此该模型也被称作对等模型。

集成模型只使用 IP 地址和 IP 选路协议，不使用 ATM 地址与选路协议，即具有一套地址和一种选路协议，因此也不需要地址解析功能。集成模型需要另外的控制协议将三层的选路映射到二层的直通交换上。集成模型通常也采用 ATM 交换结构，但它不使用 ATM 信令，而是采用比 ATM 信令简单的信令协议来完成连接的建立。

传统的 IP 分组转发采用无连接方式逐条转发，选路基于软件查表，采用地址前缀最长匹配算法，速度慢；集成模型将三层的选路映射为二层的交换连接，变无连接方式为面向连接方式，使用短的标记替代长的 IP 地址，基于标记进行数据分组的转发，速度快。

集成模型只需一套地址和一种选路协议，不需要地址解析协议，将逐跳转发的信息传送方式变为直通连接的信息传送方式，因而传送 IP 分组的效率高，但它与标准的 ATM 融合较为困难。

Ipsilon 公司的 IP 交换、Cisco 公司的标记交换、IBM 的 ARIS 和 IETF 的 MPLS 都属于集成模型。

表 8.2 给出了重叠模型与集成模型技术特点的比较。

表 8.2 重叠模型与集成模型比较

特　性	重叠模型	集成模型
地　址	二套（IP 和 ATM 地址）	一套（IP 地址）
选路协议	IP 和 ATM 选路协议	IP 选路协议
地址解析功能	需　要	不需要
ATM 信令	需　要	不需要
IP 映射至直通连接专用协议	不需要	需　要
实例	IPOA、LANE、MPOA	IP 交换、标记交换、ARIS、MPLS

8.2 IP 交 换

8.2.1 IP 交换机结构

1996 年美国 Ipsilon 公司提出了一种专门用于在 ATM 网上传送 IP 分组的技术，称之为 IP 交换。IP 交换基于 IP 交换机，可被看作是 IP 路由器和 ATM 交换机组合而成，其中的“ATM 交换机”去除了所有的 ATM 信令和路由协议，并受“IP 路由器”的控制。IP 交换可提供两种信息传送方式：一种是 ATM 交换式传输；另一种是基于 hop-by-hop 方式的传统 IP 传输。采用何种方式取决于数据流的类型，对于连续的、业务量大的数据流采用 ATM 交换式传输，对于持续时间短的、业务量小的数据流采用传统 IP 传输技术，IP 交换是基于数据流驱动的。

IP 交换机的结构如图 8.2 所示，它是由 IP 交换控制器和 ATM 交换器两部分构成的。

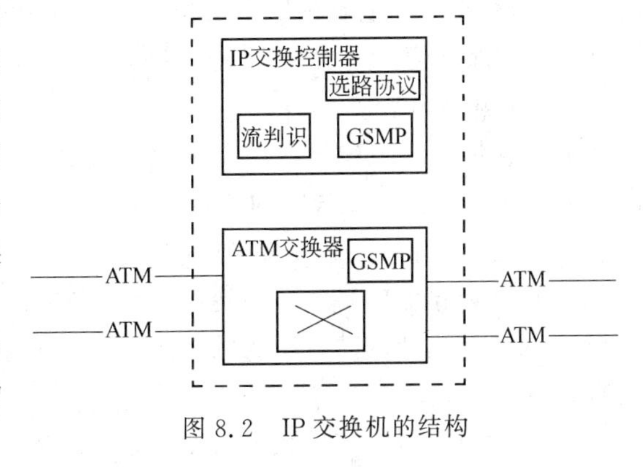

图 8.2 IP 交换机的结构

1. IP 交换控制器

IP 交换控制器实际上就是运行了标准的 IP 选路软件和控制软件的高性能处理机，其中控制软件主要包括流的判识软件、Ipsilon 流管理协议（IFMP：Ipsilon flow management protocol）和通用交换机管理协议（GSMP：general switch management protocol）。

（1）流的判识软件

流的判识软件用于判定数据流，以确定是采用 ATM 交换式传输方式，还是采用传统的 IP 传输方式。

（2）IFMP

在 IP 交换机之间通信所使用的协议是 IFMP，用于 IP 交换机之间分发数据流标记，即传递分配标记（VCI）信息和将标记与特定 IP 流相关联的信息，IETF 在 RFC1953 定义了 IFMP。

（3）GSMP

在 IP 交换控制器和 ATM 交换器之间所使用的控制协议是 GSMP，是一个主/从协议，此协议用于 IP 交换器对 ATM 交换器的控制，以实现连接管理、端口管理、统计管理、配置管理和事件管理等，IETF 在 RFC1987 定义了 GSMP。

2. ATM 交换器

ATM 交换器实际上就是去掉了 ATM 高层信令（AAL 以上）、寻址、选路等软件，并具有

GSMP处理功能的ATM交换机。它们的硬件结构相同,只存在软件上的差异。

8.2.2 IP交换的工作原理

1. 几个重要的概念

在IP交换中有3个重要概念。

(1) 流

流是IP交换中的基本概念,IP交换是基于数据流驱动的。在IP交换中将流分为两类:一种是端口到端口的流;另一种是主机到主机的流。前者是具有相同源IP地址、源端口号、目的IP地址和目的端口号的一个IP数据分组序列,称为IP交换中的第一种类型的流,识别出这一类型的流,实际上就识别出了相同的一对主机之间的不同的应用;后者具有相同源IP地址、目的IP地址的一个IP数据分组序列,称为IP交换中的第二种类型的流。

(2) 输入输出端口

IP交换网的输入输出端口是指数据流进入和离开IP交换网络的点,即边缘IP交换机,边缘IP交换机主要完成以下的功能:

- 为进入和离开IP交换网的数据流提供默认缺省的分组转发。
- 根据数据流的特性申请建立、参与维护和释放第二层交换路径。
- 入口能判断到达分组头的有关标记,对到来的数据流进行拆解,并将相应的流放到对应的交换通道上。
- 出口将二层送来的数据重新组合成原来的IP分组数据流,并在第三层上转发。

(3) 直通连接

直通连接是在二层上建立的传输通道,它旁路了中间结点的三层功能。在该通道上经过的每个中间结点不再有如同三层上的存储转发,它是由数据流驱动请求建立的,可提供一定的QoS,当直通连接因故障中断时,分组仍能在第三层进行转发而不被丢失。

2. IP交换的工作原理

IP交换的工作过程可分为四个阶段。

(1) 对默认信道上传来的数据分组进行存储转发

在系统开始运行时,IP数据分组被封装在信元中,通过默认通道传送到IP交换机。当封装了IP分组数据的信元到达IP交换控制器后,被重新组合成IP数据分组,在第三层按照传统的IP选路方式,进行存储转发,然后再被拆成信元在默认通道上进行传送,如图8.3(a)所示。

(2) 向上游节点发送改向消息

在对从默认信道传来的分组进行存储转发时,IP交换控制器中的流判识软件要对数据流进行判别,以确定是否建立ATM直通连接。对于连续、业务量大的数据流,则建立ATM直通连接,进行ATM交换式传输;对于持续时间短的、业务量小的数据流,则仍采用传统的IP存储转发方式。当需要建立ATM直通连接时,则从该数据流输入的端口上分配一个空闲的VCI,并向上游节点发送IFMP的改向消息,通知上游节点将属于该流的IP数据分组在指定端口的 VC 上传送到 IP 交换机。上游 IP 交换机收到 IFMP 的改向消息后,开始把指定流的信元在相应 VC 上进行传送,如图 8.3(b)所示。

(3) 收到下游节点的改向消息

在同一个 IP 交换网内,各个交换节点对流的判识方法是一致的,因此 IP 交换机也会收到下游节点要求建立 ATM 直通连接的 IFMP 改向消息,改向消息含有数据流标识和下游节点分配的 VCI。随后,IP 交换机将属于该数据流的信元在此 VC 上传送到下游节点,如图8.3(c)所示。

(4) 在 ATM 直通连接上传送分组

IP 交换机检测到流在输入端口指定的 VCI 上传送过来,并收到下游节点分配的 VCI 后,IP 交换控制器通过 GSMP 消息指示 ATM 控制器,建立相应输入和输出端口的入出 VCI 的连接,这样就建立起 ATM 直通连接,属于该数据流的信元就会在 ATM 连接上以 ATM 交换机的速度在 IP 交换机中转发,如图 8.3(d)所示。

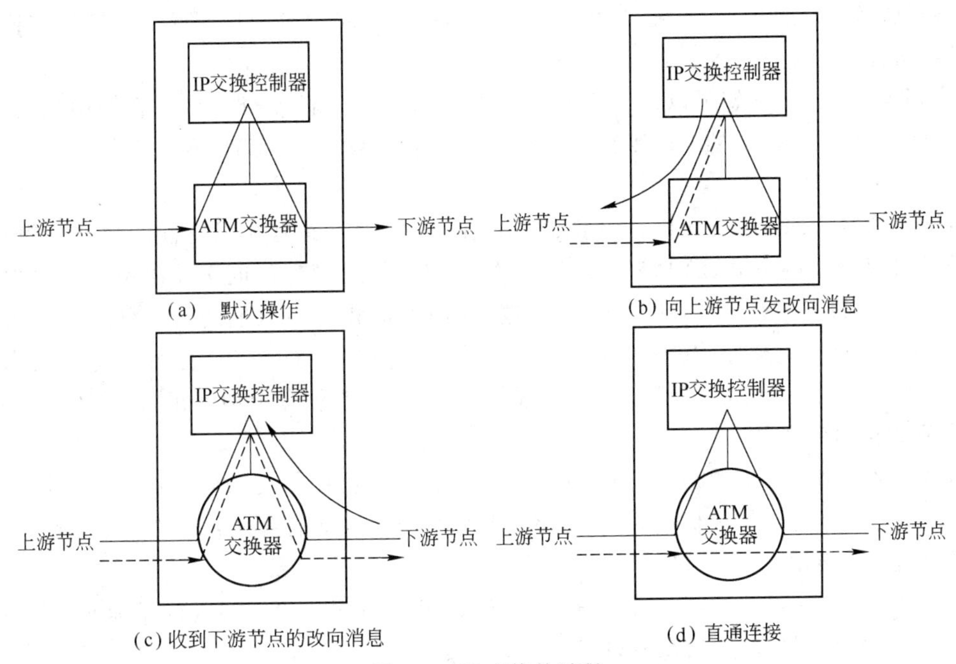

图 8.3 IP 交换的过程

8.3 标签交换

8.3.1 标签交换及基本概念

标签交换(tag switching)是由 Cisco 公司于 1996 年提出的,它是一种利用附加在 IP 数据分组上的标签(tag)进行快速转发的IP交换技术。由于标签短小,所以根据标签建立的转发表也就很小,这样就可以快速简便地查找转发表,从而大大提高了数据分组的传输速度和转发效率。

与IP交换不同的是,标签交换不是基于数据流驱动的,而是基于拓扑驱动的,即在数据流传送之前预先建立二层的直通连接,并将选路拓扑映射到直通连接上。标签交换所基于的二层技术不局限于ATM,还可以为帧中继、802.3等。

标签交换中引入了很多新的概念,下面简要介绍这些概念。

1. 标签

标签是数据分组上附加的一个字段,在标签交换中,对三层分组头进行分析后,将其映射到一个固定长度的、无结构的值中,这个值就叫做标签。在传统的数据分组存储转发过程中,路由器基于复杂的分组头信息进行分析和选路,并且一个数据分组在它所经过的所有的路由器上都要进行独立的分组头分析和选路,使转发速度减慢。在标签交换中,路由器只根据简单的标签来决定数据分组的下一跳,与数据分组头相比,标签信息简单,因此采用标签交换大大提高了数据分组的转发速度。

在ATM网络中,标签可以是ATM信元的VPI、VCI或者VPI+VCI;在帧中继网络中,标签可以是协议数据单元的DLCI值;在IP网络中,标签就是一个新的附加字段。

2. 转发等价类

转发等价类(FEC:forwarding equivalence class)是一组具有相同特性的数据分组,这一组数据分组以相似的方式在网络中转发,FEC可被看作是具有相同选路决策的一类数据分组。划分FEC的方法有多种,比如可将具有相同源地址和目的地址的数据分组划分为一个FEC,也可将具有相同地址前缀的数据分组划分为一个FEC,还可将具有相同QoS要求的一组数据分组划分为一个FEC等等。给属于同一个FEC的数据分组加上相同的标签。

3. 标签边缘路由器

标签边缘路由器(TER:tag edge routers)位于标签交换网络的边缘。它负责给进入到标签交换网络的数据分组加上标签,并负责将离开标签交换网络的数据分组的标签去除,对数据分组进行第三层转发。

TER也可执行一些增值业务,例如安全服务、计费、QoS分类等。TER使用标准的路由协议(OSPF,BGP等)来创建转发信息库(FIB:forwarding information base)。TER根据FIB的内容,使用标签分发协议(TDP:tag distribution protocol)向其他TER或标签交换路由器分发标签。

4. 标签交换路由器

标签交换路由器(TSR:tag switch routers)位于标签交换网络的内部,负责根据标签来转发数据分组。TSR接收来自TER的TDP消息,并根据这些消息所携带的信息建立自己的标签信息库(TIB:tag information base)。在标签交换网络中,只依据标签进行数据分组的转发。

TSR主要由转发组件和控制组件组成。

(1) 转发组件

转发组件负责基于标签进行数据分组的转发,可被看作进行标签交换的标签交换器。当标签交换器从输入端口上接收到一个带有标签的数据分组时，便以该输入标签作为索引查询TIB，找到匹配项，获得输出端口及输出标签信息，用输出标签替换数据分组的输入标签，并将数据分组发送到相应的输出端口上，即完成基于标签的数据分组转发。

（2）控制组件

控制组件负责产生标签，即将三层的选路拓扑映射到二层的直通连接上，并负责维护标签的一致性。它可以使用单独的TDP协议或者利用现有的控制协议（例如RSVP）携带相关信息，实现标签分配和标签维护。

5. TIB

TIB存储着有关数据分组按照标签转发的相关信息，这些信息包括输入端口号、输出端口号、输入标签、输出标签、目的网段地址等。TIB中的这些信息由TDP协议负责控制更新。

6. TDP

给一个转发等价类分配一个标签，被称之为标签绑定（tag bindings），标签绑定的信息也被称作标签关联信息或标签映射信息。标签交换设备（包括TSR和TER）使用TDP向其相邻节点通知标签关联信息和更新标签信息库。

TDP的基本功能是在相邻TSR之间支持标签关联信息的分发、标签转发路径的请求和释放。TDP不能代替传统的路由协议，而是与标准的网络层路由协议（OSPF，BGP等）相结合，协同工作来实现上述基本功能的。

TDP运行在相邻TSR之间建立的TCP连接上。TCP保证了标签关联信息按照正确的顺序可靠地传送到目的地。

8.3.2 标签交换的工作原理

1. 标签交换的工作过程

标签交换网络主要由TSR和TER设备组成，在标签交换网络上运行的协议有传统的路由协议和TDP。标签交换的过程可分为以下4个步骤。

（1）当一个要转发的数据分组进入标签交换网络时，TER和TSR使用标准的路由协议（OSPF，BGP等）来确定数据分组的转发路由，并将这些转发路由信息存入FIB。TSR根据FIB的内容产生标签，并将标签关联信息（地址前缀、标签）通过TDP协议分发。相邻TSR接收到TDP信息后会建立标签信息库TIB。

（2）当一个TER接收到一个要转发的数据分组时，TER会分析网络层数据分组头，实现可应用的第三层增值服务，从FIB中为这个数据分组选择一个可用路由，给数据分组加上一个标签后，将其转发到下一个TSR。

（3）在标签交换网中，TSR接收到加有标签的数据分组，不用再次分析数据分组头，而是只使用标签基于TIB对数据分组进行快速的交换。

（4）加有标签的数据分组到达网络边缘的TER时，TER会去掉标签，然后把数据分组交给上层应用,从而完成数据分组在标签交换网络中的传送。

2. 标签分配

标签的分配可以使用独立的标签分发协议,也可以利用其他协议例如 RSVP 携带的方法来实现。无论采用哪一种方法来发布标签相关信息,都存在一个标签分配的顺序问题。在一个标签交换网络中,按照数据分组的转发方向,把 TSR 分为上游 TSR 和下游 TSR。如果标签分配先满足下游 TSR,然后再给上游 TSR 分配标签,则称为下游分配方法;如果标签分配先满足上游 TSR,然后再给下游 TSR 分配标签,则称为上游分配方法;此外,还有一种下游按需分配方法。

(1) 下游分配

下游 TSR 先给自己的 TIB 表中某一表项分配一个输入标签,然后把标签关联信息发送给上游 TSR,上游 TSR 接收到这个标签关联信息后,按照路由(地址前缀)去查找 TIB 表项,找到相应表项后,把标签关联信息中的标签字段填入输出标签字段。然后给这一表项分配一个输入标签,填入输入标签字段。之后再向自己的上游 TSR 发送输入标签关联信息,以此类推,直到整个通路的标签交换设备建立起 TIB。图 8.4 所示为标签下游分配方法。

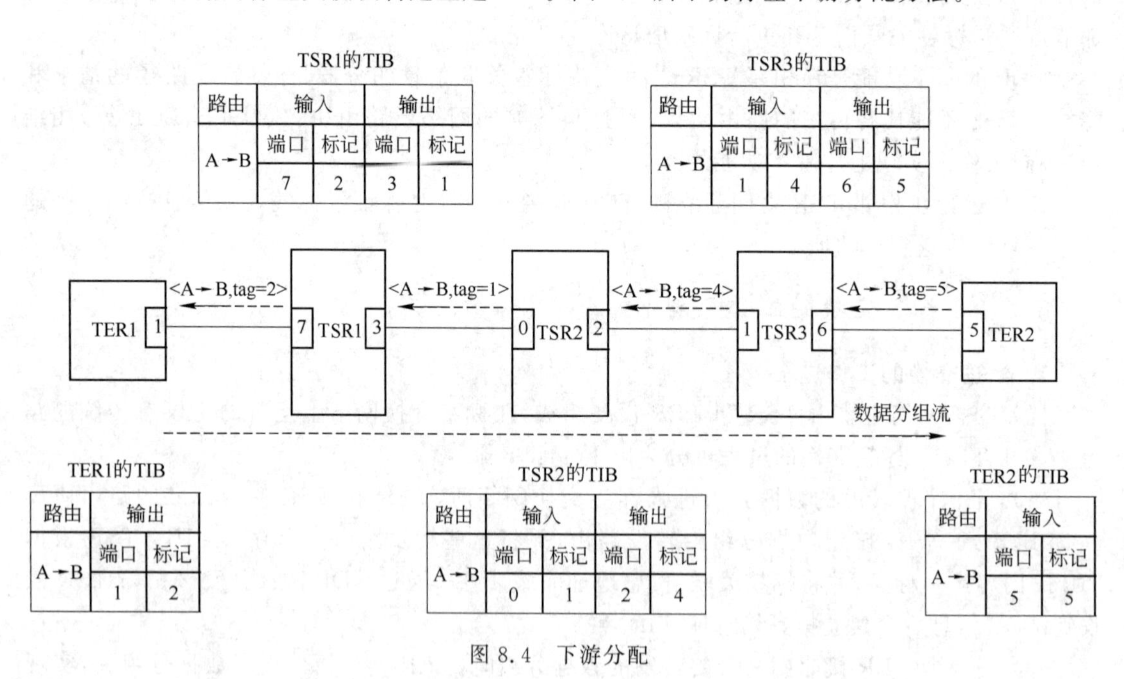

图 8.4 下游分配

(2) 上游分配

上游 TSR 先给自己的 TIB 表中某一表项分配一个输出标签,然后把标签关联信息发送给下游 TSR。下游 TSR 接到这个标签关联信息后,按照路由(地址前缀)去查找 TIB 表项,找到相应表项后,把标签关联信息中的标签字段填入输入标签字段,然后给这一表项分配一个输出标签,填入输出标签字段,之后再向自己的下游 TSR 发送输出标签关联信息。以此类推,直到整个通路的标签交换设备建立起 TIB。图 8.5 所示为标签上游分配方法。

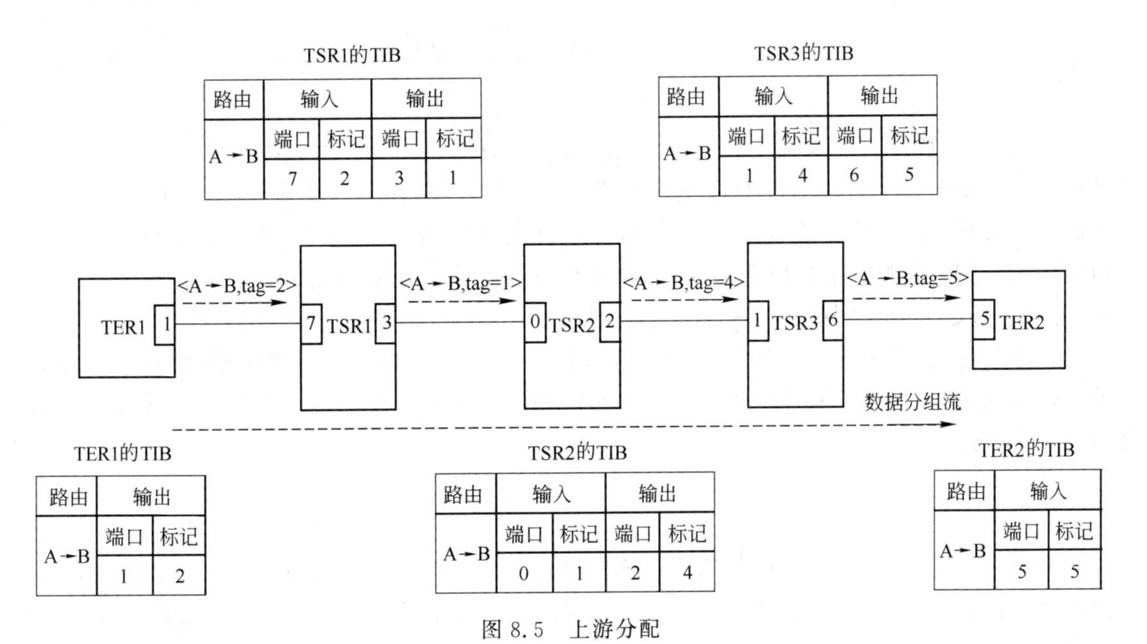

图 8.5　上游分配

（3）下游按需分配

下游按需分配与下游分配过程相似，所不同的是只在上游 TSR 提出标签分配请求时，下游 TSR 才分配标签。图 8.6 所示为标签下游按需分配方法。

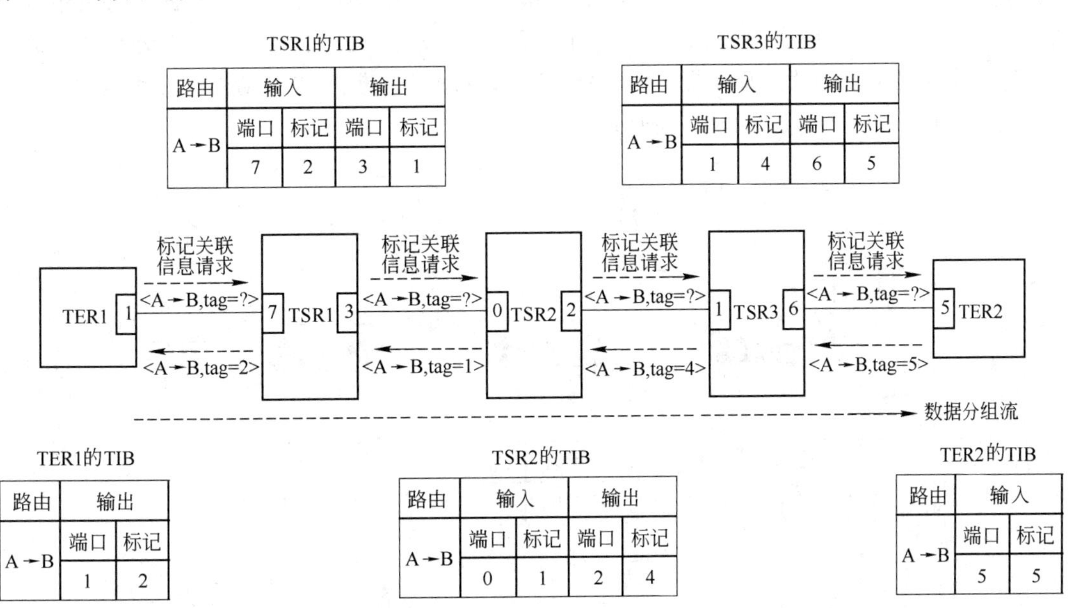

图 8.6　下游按需分配

8.4 多协议标记交换

网络通信发展的一个必然趋势是从单纯的电话、数据业务向视频、多媒体等宽带综合业务发展。传统 IP 网络由于存在着传输效率低、无法保证 QoS、不支持流量工程(TE: traffic engineering)等问题,无法适应未来通信的发展。在这种情况下,多协议标记交换 MPLS 技术应运而生,它以其诸多优势和强大的网络功能,被业界认为是最具竞争力的通信网络技术之一,并将担负起下一代网络(NGN)骨干传输的重任。

本节将围绕 MPLS 基本概念、MPLS 网络的体系结构、MPLS 基本交换原理、MPLS 交换节点体系结构以及 MPLS 相关协议和技术等来介绍 MPLS 技术原理,从不同角度展现 MPLS 的魅力所在。

8.4.1 MPLS

MPLS 是利用标记(label)进行数据转发的。当分组进入网络时,要为其分配固定长度的短的标记,并将标记与分组封装在一起,在整个转发过程中,交换节点仅根据标记进行转发。

目前的骨干网传输大多采用传统的 IP 交换技术。传统 IP 交换网由 IP 路由器构成。IP 路由器运行路由信息协议(RIP)、开放最短路径优先协议(OSPF)以及边界网关协议(BGP)等路由协议来建立路由表。当转发数据时,IP 路由器要检查接收到的每一个数据分组头中的目的 IP 地址,根据此地址索引路由表,决定下一跳并转发出去。因此,传统 IP 交换采用的是 hop-by-hop 的逐跳式转发,而且是路由选择和数据转发同时进行,是无连接的工作方式,类似于分组交换的数据报方式,如图 8.7 所示。

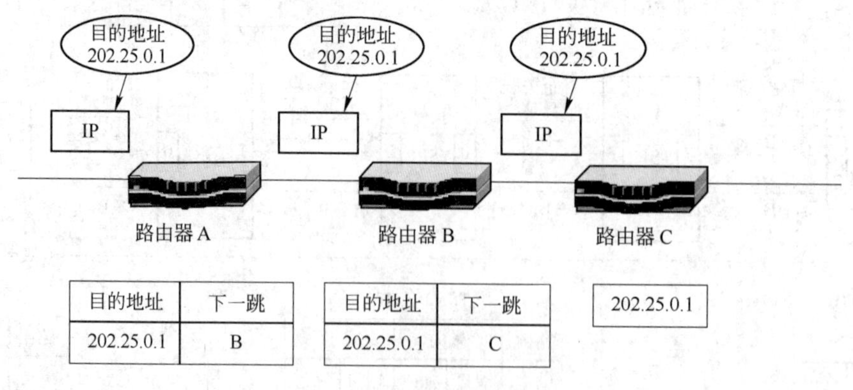

图 8.7 传统 IP 交换技术

与传统 IP 交换技术不同的是,MPLS 技术将路由选择和数据转发分开进行。在数据转发之前先进行路由选择，通过标记来标识所选路由，每个交换节点要记录路由所分配的标记信息，从而建立通信的源到目的之间的逻辑信道的连接。在信息传送阶段，数据分组依赖标记在交换节点中转发，沿选好的路由通过网络。MPLS 是面向连接的技术，在信息传送之前，需要建立虚连接，如图 8.8 所示。

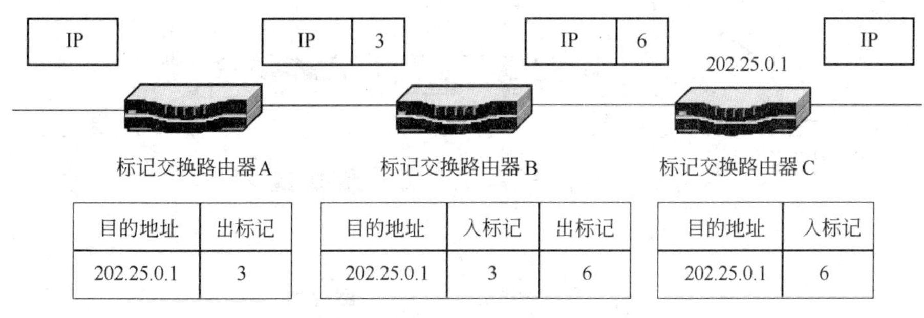

目的地址	出标记
202.25.0.1	3

目的地址	入标记	出标记
202.25.0.1	3	6

目的地址	入标记
202.25.0.1	6

图 8.8　MPLS 技术

因此可以说，MPLS 技术与传统 IP 交换技术的最本质的区别在于传统 IP 交换采用无连接的工作方式，而 MPLS 采用面向连接的工作方式。

MPLS 技术的另一特点在于它的“多协议”特性，对上兼容 IPv4、IPv6 等多种主流网络层协议，将各种传输技术统一在一个平台之上；对下支持 ATM、PPP、SDH、DWDM 等多种链路层协议，从而使得多种网络的互连互通成为可能。

8.4.2　MPLS 网络体系结构及基本概念

MPLS 网络是指由运行 MPLS 协议的交换节点构成的区域。这些交换节点就是 MPLS 标记交换路由器，按照它们在 MPLS 网络中所处位置的不同，可划分为 MPLS 标记边缘路由器（LER：label edge router）和 MPLS 标记核心路由器（LSR：label switching router）。顾名思义，LER 位于 MPLS 网络边缘与其他网络或用户相连；LSR 位于 MPLS 网络内部。两类路由器的功能因其在网络中位置的不同而略有差异。图 8.9 是 MPLS 网络的体系结构。

图中所示的标记交换路径（LSP：label switching path）是 MPLS 网络为具有一些共同特性的分组通过网络而选定的一条通路，由入口的 LER、一系列 LSR 和出口的 LER 以及它们之间由标记所标识的逻辑信道组成。

标记分发协议（LDP：label distribution protocol）是 MPLS 的控制协议，用于 LSR 之间交换信息，完成 LSP 的建立、维护和拆除等功能。

图中数据分组附加的部分就是标记。它是一个短的、具有固定长度、具有本地意义的标志，用来标识和区分转发等价类（FEC）。具有本地意义是指标记仅在相邻 LSR 之间有意义。

MPLS 中的 FEC 与标签交换的 FEC 相似，是指在 MPLS 网络中经过相同的 LSP，完成相

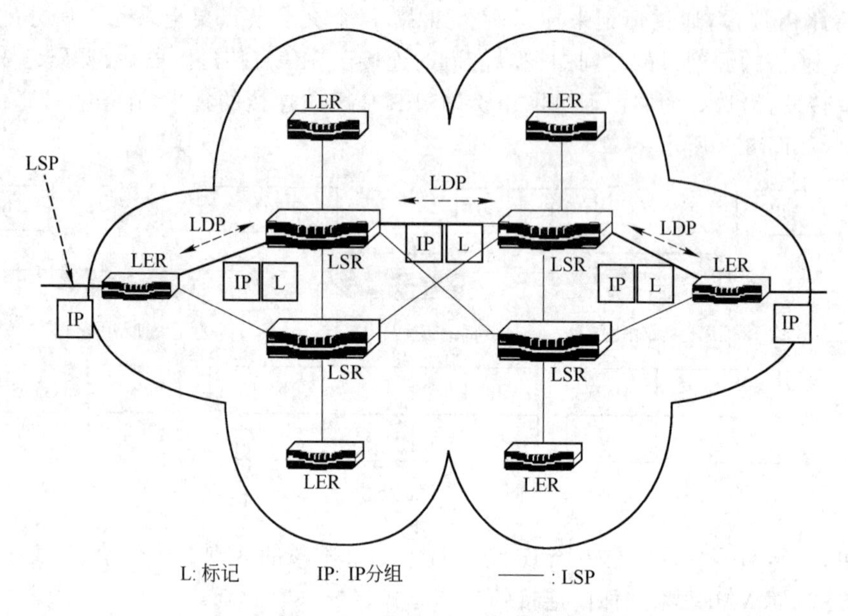

图 8.9　MPLS 网络体系结构

同的转发处理的一些数据分组，这些数据分组具有某些相同的特性。FEC 的划分通常依据网络层的目的地址前缀或是主机地址。

标记映射就是将标记分配给 FEC，也叫标记绑定。一个 FEC 可以对应多个标记，但一个标记只能对应一个 FEC。

8.4.3　MPLS 基本交换原理

MPLS 交换采用面向连接的工作方式，面向连接的工作方式就是信息传送要经过以下三个阶段：建立连接、数据传输和拆除连接。对于 MPLS 来说，建立连接就是形成标记交换路径 LSP 的过程；数据传输就是数据分组沿 LSP 进行转发的过程；而拆除连接则是通信结束或发生故障异常时释放 LSP 的过程。

1. 建立连接

(1) 驱动连接建立的方式

MPLS 技术支持三种驱动虚连接建立的方式：拓扑驱动、请求驱动和数据驱动。简单地说，拓扑驱动是指由路由表信息更新消息(例如发现了新的网络层目的地址)触发建立虚连接；请求驱动是指由 RSVP(资源预留协议)消息触发建立虚连接；数据驱动是指由数据流的到来触发建立虚连接。目前，在 MPLS 网络中，拓扑驱动应用的较为广泛。这里需要说明的是，对于请求驱动，RSVP 与路由协议结合运用，要在节点间传送 QoS，以建立一条满足传输质量要求的路径。

(2) 标记分配

MPLS 存在着两种 LSP 建立控制方式：独立控制方式和有序控制方式。两者的区别在于，在独立控制方式中，每个 LSR 可以独立地为 FEC 分配标记并将映射关系向相邻 LSR 分发；而在有序控制方式中，一个 LSR 为某 FEC 分配标记当且仅当该 LSR 是 MPLS 网络的出口 LER，或者该 LSR 收到某 FEC 目的地址前缀的下一跳 LSR 发来的对应此 FEC 的标记映射。

标记分发有上游分配和下游分配两种方式，下游分配又有下游自主分配方式和下游按需分配方式。上游分配和下游分配的区别显而易见，就是指某 FEC 在两个相邻 LSR 之间传输时采用的标记是由上游 LSR 分配（上游分配方式）还是由下游 LSR 分配（下游分配方式）。

对于下游分配方式，存在着自主分配和按需分配，如果下游 LSR 是在接收到上游 LSR 对于某 FEC 的标记请求时才分配标记并将映射关系分发给上游 LSR，那么下游 LSR 采用的就是按需分配方式；如果下游 LSR 不等上游 LSR 的请求，而在获知某 FEC 时就予以分配标记，并将映射关系分发给上游 LSR，那么下游 LSR 采用的就是自主分配方式。

(3) 连接建立过程

MPLS 网络中的各 LSR 要在路由协议的控制下，分别建立路由表。MPLS 技术中常用的路由协议为 OSPF 和 BGP。

在 LDP 的控制下，在路由表的作用下，LSR 进行标记分配，LSR 之间进行标记分发，分发的内容是 FEC 与标记的映射关系，从而通过标记的交换建立起针对某一 FEC 的 LSP。

分发的内容被保存在标记信息库（LIB：lib information base）中，LIB 类似于路由表，记录与某一 FEC 相关的信息，例如输入端口、输入标记、FEC 标识（例如目的网络地址前缀、主机地址等）、输出端口、输出标记等内容。LSP 的建立实质上就是在 LSP 的各个 LSR 的 LIB 中，记录某一 FEC 在交换节点的入出端口和入出标记的对应关系。

下面通过有序的下游按需标记分发方式来进一步说明 LSP 建立的过程。其他几种方式与此相似，只是控制方式存在如上所述的差异而已，图 8.10 所示为 LSP 的建立过程。

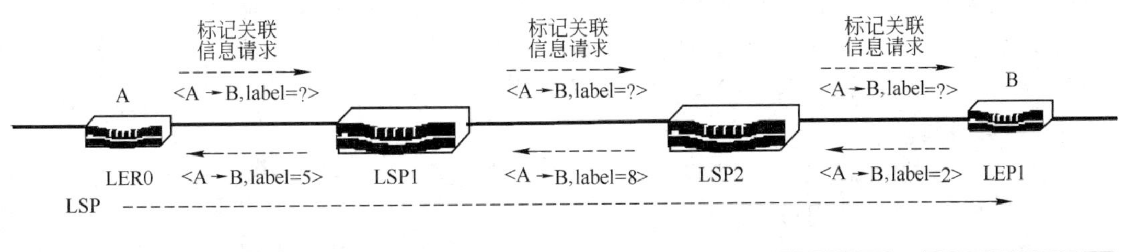

路由	输出	
	端口	标记
A→B	1	5

路由	输入		输出	
	端口	标记	端口	标记
A→B	7	5	3	8

路由	输入		输出	
	端口	标记	端口	标记
A→B	1	8	6	2

路由	输入	
	端口	标记
A→B	5	2

图 8.10　LSP 的建立过程

假定所建立的 LSP 对应的转发等价类为 FECx。

入口 LER0 查找路由表，获得 FECx 的目的地址前缀的下一跳是 LSR1，因此向 LSR1 发出标记请求。

LSR1 接到 LER0 的请求，在本地记录请求信息，然后查找路由表，获得 FECx 目的地址前缀的下一跳是 LSR2，因此向 LSR2 发送标记请求。

同理 LSR2 接到 LSR1 的请求，记录请求信息，然后查找路由表，获得 FECx 目的地址前缀的下一跳是 LER1，因此向 LER1 发送标记请求。

LER1 是 MPLS 网络的边缘路由器，路由表中 FECx 的目的地址前缀的下一跳路由器不在 MPLS 网络中，故此 LER1 为 FECx 选定一个标记 2 作为输入标记填入 LIB 中，相应表项的输出标记设为空值，并将相应的入出端口、路由信息（如目的地址前缀）填入该表项。最后将分配的标记 2 与 FECx 的映射发送给上游的 LSR2。

LSR2 收到 LER1 发送的映射关系，为 FECx 选定一个标记 8，将 8 作为输入标记，2 作为输出标记，连同入出端口、路由信息（如目的地址前缀）等信息一同填入 LIB 中。并将标记 8 与 FECx 的映射发送给上游的 LSR1。

同理，LSR1 在收到 LSR2 发送的映射关系后，为 FECx 选定一个标记 5，将 5 作为输入标记，8 作为输出标记，连同入出端口、路由信息（如目的地址前缀）等信息一同填入 LIB 中。并将 5 与 FECx 的映射发送给上游的 LER0。

LER0 在收到下游 LSR1 发送的映射关系后，将 5 作为输出标记，与路由信息（如目的地址前缀）、出端口一起填入 LIB 中。因为 LER0 是入口路由器，也就是标记请求发起的起点路由器，所以不必也不需要分配输入标记，输入标记为空。

至此，FECx 通过 MPLS 网络的 LSP：LER0→LSR1→LSR2→LER1 建立完成。

（4）MPLS 路由方式

实际上，目前的 MPLS 协议支持两种路由方式，一种就是如上介绍的也是目前 IP 网络中广泛应用的逐跳式路由 LSP，这种方法的特点是，每个节点均可独立地为某 FEC 选择下一跳；还有一种就是显式路由方式，在这种方式中，每个节点路由器不能独立地决定某 FEC 的下一跳，而要由网络的入口路由器或出口路由器依照某些策略和规定来确定路由。显示路由能够很好地支持 QoS 和流量工程，MPLS 的一大优势就在于它对显示路由的支持。

2. 数据传输

MPLS 网络的数据传输采用基于标记的转发机制，其工作过程如图 8.11 所示。

（1）入口 LER 的处理过程

当数据流到达入口 LER 时，入口 LER 需完成三项工作：将数据分组映射到 LSP 上；将数据分组封装成标记分组；将标记分组从相应端口转发出去。

入口 LER 检查数据分组中的网络层目的地址，将分组映射为某个 LSP，也就是映射为某个 FEC。在这里有必要详细介绍一下 FEC 的属性以及分组与 LSP 的映射原则。

FEC 可包含多个属性，目前只有两个属性：地址前缀（长度可从 0 到完整的地址长度）和主机地址（即为完整的主机地址），今后可能将不断有新的属性被定义。FEC 属性的作用在于规范和指定分组与 LSP 的映射。

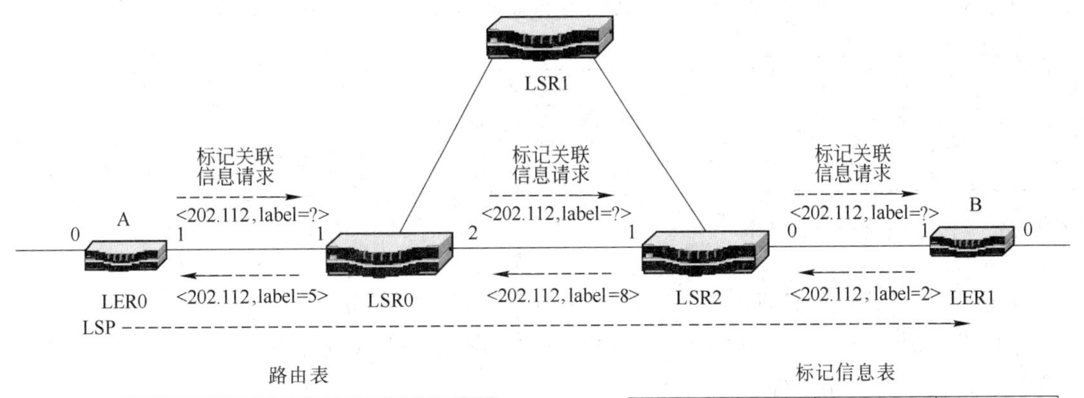

路由表

	目的地址前缀	下一跳	输入端口	输出端口
LER0	202.112	LSR0	0	1
LSR0	202.112	LSR2	1	2
LSR2	202.112	LER1	1	0
LER1	202.112	-	1	-

标记信息表

	目的地址前缀	下一跳	输入		输出	
			端口	标记	端口	标记
LER0	202.112	LSR0	0	-	1	5
LSR0	202.112	LSR2	1	5	2	8
LSR2	202.112	LER1	1	8	0	2
LER1	202.112	-	1	2	0	-

图 8.11 LSP 上的数据转发

分组与 LSP 的映射过程依次遵循如下几条规则，直到找到映射关系。

- 如果只有一条 LSP 对应的 FEC 所含的主机地址与分组的目的地址相同，则分组映射到这条 LSP。
- 如果同时有多条 LSP 对应的 FEC 所含的主机地址与分组的目的地址相同，则从其中选择一条，具体方法暂不作介绍。
- 如果分组只与一条 LSP 匹配(即分组的目的地址起始部分与 LSP 对应的 FEC 的地址前缀属性相同)，则分组映射到这条 LSP。
- 如果分组同时与多条 LSP 匹配，则分组映射到前缀匹配最长的 LSP。如果匹配长度一样，则从中选择一条与分组映射，选择的原则可自行规定。
- 如果已知分组必从一特定的出口 LER 离开网络，且有一条 LSP 对应的 FEC 地址前缀与该 LER 的地址相匹配，则分组映射到这条 LSP。

简而言之，分组与 LSP 的映射原则就是主机地址匹配优先，最长地址前缀匹配优先。

入口 LER 的封装操作就是在网络层分组和数据链路层头之间加入“SHIM”垫片，如图 8.12所示。“SHIM”实际上是一个标记栈，其中可以包含多个标记，标记栈这项技术使得网络层次化运作成为可能，在 MPLS VPN 和流量工程中有很好的应用。这样的封装使得 MPLS 协议独立于网络层协议和数据链路层协议，这也就解释了上面提到的 MPLS 支持“多协议”的特性。

每个标记是一个 4 字节的标识符，具体内容如图 8.13 所示。

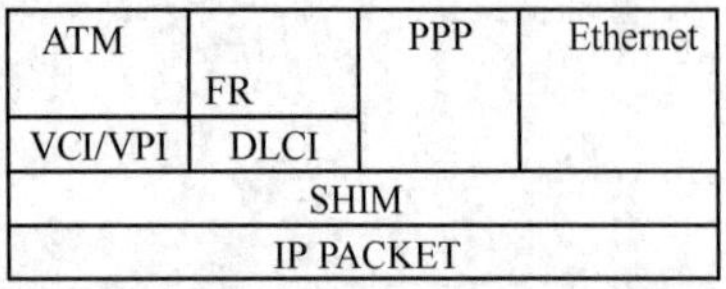

ATM	FR	PPP	Ethernet
VCI/VPI	DLCI		
SHIM			
IP PACKET			

图 8.12　入口 LER 的封装操作

LABEL (20 bit)	EXP(3 bit)	S (1 bit)	TTL (8 bit)

LABEL (20 bit)：标记的编码值。
EXP(3 bit)：保留位。
S (1 bit)：栈底指示位，1表示当前标记为栈底标记，0表示当前标记不是栈底。
TTL (8 bit)：生存时间标识，与IP分组头中的TTL域含义相同。

图 8.13　标记的构成

标记值可以从该分组所映射的 FEC 对应的 LIB 表项中获得。

入口 LER 从该分组映射的 FEC 在 LIB 中的表项中可获得该分组的输出端口，将封装好的分组从该端口转发出去即可。

（2）LSR 的处理过程

LSR 从“SHIM”中获得标记值，用此标记值索引 LIB 表，找到对应表项的输出端口和输出标记，用输出标记替换输入标记，从输出端口转发出去。

对于采用标记栈的情况，只对栈顶标记进行操作。

显而易见，在核心 LSR，对分组转发不必检查分析网络层分组中的目的地址，不需要进行网络层的路由选择，仅需通过标记即可实现数据分组的转发。这一点极大地简化了分组转发的操作，提高了分组转发的速度，从而实现了高速交换，突破了传统路由器交换过程复杂、耗时过长的瓶颈，改善了网络性能。

（3）出口 LER 的处理过程

出口路由器为数据分组在 MPLS 网络中经历的最后一个结点，所以出口路由器要进行相应的弹出标记等操作。

当数据分组到达出口路由器 LER 时，出口路由器同样从“SHIM”获得入口标记值，索引 LIB 表，找到相应表项，发现该表项出口标记为空，于是将整个垫片“SHIM”从标记分组中取出，这就是弹出标记操作。

同时，出口路由器 LER 检查网络层分组的目的地址，用这个网络层地址查找路由表，找到下一跳。然后，从相应端口将这个分组转发出去。

3. 拆除连接

因为 MPLS 网络中的虚连接，也就是 LSP 路径是由标记所标识的逻辑信道串接而成的，所以连接的拆除也就是标记的取消。标记取消的方式主要有两种，一种是采用计时器的方式，即分配标记的时候为标记确定一个生存时间，并将生存时间与标记一同分发给相邻的 LSR，相邻的 LSR 设定定时器对标记计时。如果在生存时间内收到此标记的更新消息，则标记依然有效并更新定时器；否则，标记将被取消。在数据驱动方式中，常采用这种方式，因为很难确定数据流何时结束。

另一种就是不设置定时器，这种方式下 LSP 要被明确地拆除，网络中拓扑结构发生变化（例如某目的地址不存在或者某 LSR 的下一跳发生变化等等）或者网络某些链路出现故障等原因,可能促使 LSR 通过 LDP 消息取消标记,拆除 LSP。

8.4.4 MPLS 交换节点的体系结构及工作原理

8.4.3 节介绍了 MPLS 交换的基本原理,本节将从 MPLS 交换节点的体系结构出发,通过对标记交换路由器的内部控制机理的了解,来进一步掌握 MPLS 交换的基本原理。

1. MPLS 交换节点的体系结构

MPLS 交换节点,即 LSR 的体系结构如图 8.14 所示。它是由两个独立的单元——控制单元和转发单元构成的。

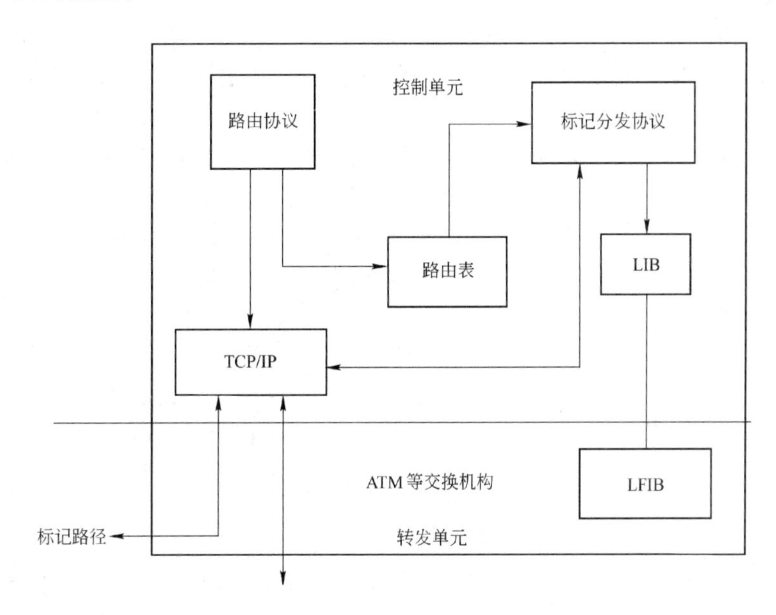

图 8.14　LSR 的体系结构

控制单元运行 IP 路由协议(OSPF 和 BGP)与其他路由器交换路由信息,从而建立 IP 路由表,从这个意义上来看,每个 LSR 也是一个传统 IP 路由器。作为 LSR,其控制单元除了运行 IP 路由协议,还要运行 MPLS 的 LDP。LDP 协议基于 IP 路由表与其他 LSR 交换标记与 FEC 的映射关系,建立标记信息库 LIB。如同 IP 路由协议创建和维护 IP 路由表一样,LDP 协议也负责创建和维护 LIB。LSR 运行路由协议和 LDP,在相邻 LSR 之间传递和交换消息都要在 TCP 连接上来完成。

这里可以看到,控制单元可以运行多种网络层路由协议,形成相应的路由表,在此路由表的基础上,LDP 协议生成 LIB,在数据传送阶段,分组是根据标记来完成转发的,这样就屏蔽了不同网络层路由协议的差异,这就是 MPLS 技术可支持多种网络层协议的原因。

转发单元的功能是完成分组的转发。标记分组转发要借助标记转发信息库(LFIB:label forwarding information base),LFIB 根据标记信息库 LIB 生成,内容是 LIB 的子集,包含当前用于转发的内容。到达 LSR 的标记分组只需依据标记查找 LFIB 表,用出口标记替换入口标记,从相应端口转发出去。此外 LSR 也需要进行 IP 分组转发,这时分组要依据网络层目的地址查找路由表,转发到下一跳。实际上,MPLS 路由器要实现四种分组的转发:入 IP 分组到出标记分组(入口 LER);入标记分组到出标记分组的转发(核心 LSR);入标记分组到出 IP 分组(出口 LER);入 IP 分组到出 IP 分组的转发(传统路由器的功能)。

这种控制单元和转发单元的划分可以很好地将无连接的第三层路由和面向连接的第二层转发的优点结合起来。

2. LER 与 LSR

LER 和 LSR 作用与操作过程的不同在前述内容中曾多次提到,下面从构成标记交换路由器的控制单元和转发单元所完成的功能不同,来比较两者之间的差异,见表 8.3。

表 8.3　LSR 与 LER 的比较

	控　制　单　元	转　发　单　元
LSR	(1) 运行网络层路由协议,创建和维护路由表 (2) 运行 LDP 协议进行标记分配和分发,创建和维护标记信息表 LIB	(1) 标记分组的转发,包括标记交换(出口标记代替入口标记)与标记分组的封装 (2) 网络层分组的转发
LER	同 LSR	入口 LER: (1) 数据分组到 LSP 的映射 (2) 给数据分组加标记封装成标记分组 (3) 作为标记分组转发到下一个 LSR 出口 LER: (1) 将标记从分组中删除 (2) 作为网络层分组转发到下一跳 (3) 入口 LER 和出口 LER 均可实现网络层分组的转发

8.4.5　LDP 协议

LDP 标记分发协议是 MPLS 网络中交换节点之间交互的协议,用于创建、维护和删除标记交换路径 LSP。

应用 LDP 协议进行通信的各个 LSR 最初发送的发现相邻路由器的消息运行于 UDP 协议之上,而其他的消息交互则完全基于 TCP 协议,所以从 OSI 七层模型的角度来看,LDP 协议在传输层协议之上。

1. LDP 相关概念

(1) LDP 对等体

通过 LDP 消息交互,进行标记与 FEC 映射关系分发的相邻的两个 LSR,叫做 LDP 的对等体。两个对等体之间借助 LDP 就标记分发的方式、标记的含义以及彼此的状态进行通信。对等体之间的通信是双向的。

(2) LDP 消息

LDP 协议是 LDP 对等体之间交互的消息。LDP 协议中定义了 4 类消息。

发现消息(discovery)。LSR 周期地发送组播 HELLO 消息给同一子网上的其他 LSR,声明和维护自己的存在,发现与自己相连接的 LSR。

会话消息(session)。用于控制 LDP 会话。LDP 会话就是实现标记分发的消息交互。LSR 通过发现消息发现了与自己连接的 LSR,并欲与之建立 LDP 会话,就通过 TCP 连接和会话消息来建立会话,之后要通过会话消息来维护和终止会话。

宣告消息(advertisement)。用于实现标记分发。通过宣告消息,LSR 可以创建、修改和清除标记与 FEC 的映射。

通知消息(notification)。用于提供咨询信息和将 LDP 操作过程中出现的错误和产生的故障通知给 LDP 对等体。通知消息有两类,其一是错误通知,用于通知严重错误,收到此消息的 LSR 要关闭与之的 TCP 连接,终止会话,并丢弃通过这条会话得到的标记映射内容;另一类是建议性通知,仅传递某 LSR 的相关信息或状态信息。

4 类消息中只有发现消息的传输采用 UDP 协议,其他三类均基于 TCP 协议,从而保证了消息传输的正确、可靠和有序。LDP 会话与 TCP 连接一一对应,不同的 LDP 会话需采用不同的 TCP 连接。

(3) 标记空间

标记空间是指可以分配的标记范围。主要有按端口标记空间和按平台标记空间两种。按端口标记空间就是由端口来确定标记,标记在每个端口上是惟一的,用于 LDP 对等体通过端口直接相连的情况,此时标记只能用于端口间的数据传输;按平台标记空间就是标记在每个平台上是惟一的,每个平台可理解为每个 LSR 上,平台上的每个端口共享空间内的标记。

(4) LDP 标识

LDP 标识是长度为 6 byte 的标识符,表明某 LSR 的标记空间。格式为<IP 地址>:<标记空间编号>,前 4 byte 表示 IP 地址,后两个字节表示标记空间。如果采用按平台标记空间,后两个字节为 0。显然,采用按端口标记空间,不同端口的标记空间使用的标识符必不相同。

2. LDP 的操作过程

(1) 发现阶段

LDP 发现是用于 LSR 发现网络中可能存在的 LDP 对等体的机制。需要强调的是,对等体不一定是直接相连的 LSR,没有直接连接的 LSR 也可能成为对等体。针对这两种情况有两种不同的机制:基本发现机制和扩展发现机制。

基本发现机制就是 LSR 从某端口基于 UDP 周期地发送 HELLO 消息(称为链路 HELLO 消息)给子网内连接的所有 LSR,消息中携带 LDP 标识及相关信息。这样接收的 LSR 在得知发送方为 LDP 对等体的同时还可获知对等体采用的标记空间。同样接收方也向发送方周期发送 HELLO 消息作为响应。

扩展发现机制就是 LSR 从某端口基于 UDP 给某个 IP 地址周期地发送 HELLO 消息(称

为目标 HELLO 消息)，该消息中携带 LDP 标识及相关信息。与基本机制不同的是，接收方可以选择响应还是忽略 HELLO 消息。如果选择响应，也要周期地向发送方发 HELLO 消息作为响应。

虽然这一阶段的目的是发现潜在的对等体，从而与之建立会话，但这一过程却不仅仅发生在会话建立之前，HELLO 消息周期地在 UDP 连接上发送，以维护 HELLO 邻接体(发现阶段发现的潜在的 LDP 对等体)。

(2) LDP 会话的建立和维护

在发现阶段通过 HELLO 消息发现彼此为可能的 LDP 对等体的两个 LSR 要建立 LDP 会话。假设这两个路由器为 LSR1 和 LSR2，它们在 HELLO 消息中声明的标记空间为 LSR1:a 和 LSR2:b。

首先要建立传输连接。为与 LSR2 建立 LDP 会话，LSR1 可以打开一个与 LSR2 的 TCP 连接。LSR1 和 LSR2 要确定彼此的地址信息，从而确定自己在对话中所处的位置是主动还是被动。LSR2 可以通过 HELLO 消息中带有的传输地址信息或者 HELLO 消息的源地址获知 LSR1 的地址(A1)，同理，LSR1 也可获知 LSR2 的地址(A2)。如果 A1＞A2，则 LSR1 为主动，相反 LSR2 为主动。由主动一方建立与对方的 LDP 端口之间的 TCP 连接。

连接建立之后，要进行会话的初始化。由主动方发送初始化消息来发起会话参数的协商，协商的参数有 LDP 协议版本、标记分发方式、会话保持的时间值、标记控制下的 ATM 用于表示标记的 VPI/VCI 范围和标记控制下 FR 的 DLCL 范围等。当两个 LSR 之间有多个链路时，被动方可能收到了多个标识不同标记空间的 LDP 标识符，所以被动方不清楚当前连接采用的是哪一个，直到它收到主动方的第一个 LDP 协议数据单元 PDU，从初始化消息的 PDU 的头可得到 LDP 标识符，即可获知该连接采用的具体标记空间。

下面详细介绍初始化过程的具体操作。

若 LSR1 作为主动方建立连接后，进入初始化状态，发送初始化消息，进入打开发送状态。此时，如果它收到了初始化消息，要检验消息中的会话参数是否可接受，若可以接受则回应 KeepAlive 消息，会话成功进入打开接收状态；若不能接受，则发送会话拒绝消息或错误通知消息，并终止本次会话，关闭 TCP 连接，回到连接打开以前状态。若它收到 KeepAlive 消息，可知对方接受了参数，会话成功进入打开接收状态。若收到对方拒绝会话建立请求的错误通知时，关闭与之的 TCP 连接，回到连接打开前的状态。

如果 LSR1 是被动的一方，连接建立后，进入初始化状态，等待主动方的初始化消息。如果它收到初始化消息时，从已经收到的 LDP 标识符中寻找与 LDP PDU 中 LDP 标识符相匹配的标识。如果存在这样的标识，便可确认标识中的标记空间为本地标记空间。之后，要检验消息中的参数是否可以接受。如果可以接受，回送一个包含自己希望使用的参数的初始化消息，并回送 KeepAlive 消息表明接受主动方提出的参数，进入打开接收状态。在打开接收状态下，如果收到 KeepAlive 消息，说明会话成功，进入操作状态。相反如果收到错误通知，说明会话参数不能被 LSR2 接受，关闭 TCP 连接，回到连接前状态。如果找不到与 LDP PDU 相匹配的标识，发送会话拒绝消息或错误通知消息，关闭 TCP 连接，回到连接前的状态。

这里需要指出，如果两个 LSR 的参数配置不兼容，可能会出现一种无休止的消息交互状态，实际应用中，为避免这种现象采用了一些策略，这里不做详细介绍。

初始化成功完成会话建立之后，两个 LSR 成为此 LDP 会话的对等体。为了保持会话以进行通信，还要对会话进行维护。每个 LSR 针对每个 LDP 会话要设置一个定时器，定时长度在初始化参数协商时确定。LDP 规定，在定时器超时之前，收到对等体的 LDP PDU 将触发对定时器重新启动。如果直至超时，仍未收到 PDU，则认为传输连接或对等体出现故障，关闭 TCP 连接，结束会话。所以 LDP 会话建立过程中，如 LSR 想维持与对等体的会话，就应在超时之前给对等体发送 PDU，如没有特定信息发送，可发送 KeepAlive 信息。如果 LSR 要终止与对等体的会话，则发送终止消息，通知对等体。所以会话的维护存在于通信的整个过程。

（3）标记分发

建立会话的目的就是为了建立一个让 LSR 相互通信进行标记分发的通道。标记分发有独立和有序两种控制方式，标记保持有保守和自由两种模式，在初始化过程中应该对选用哪种方式进行协商。上面已经介绍了标记分发的控制方式，这里不再赘述。

标记保持方式，是指 LSR 如何处理从相邻 LSR 接收的标记与 FEC 的映射关系。

采用保守的标记保持模式，是只保存对于转发分组有效的部分，也就是映射关系发送方是针对 FEC 的下一跳的情况。这种保持方式节省内存空间，但适应网络拓扑变化能力较差，下一跳发生改变时，要重新申请标记。

自由的标记保持模式，则保存它收到的所有标记与 FEC 的映射关系，无论对于当前转发分组是否有效。这样虽然需占据较大的内存空间，但当网络拓扑发生变化时，可立刻获知新的下一跳分配的标记，从而可以立刻适应拓扑变化。

3. LDP 协议规范

下面介绍 LDP 协议的具体内容。

（1）LDP PDU

LDP 消息是通过 LDP PDU 在 TCP 连接上发送的，一个 LDP PDU 可携带一个或多个消息，多个消息是相互独立的，不存在相关性。每个 PDU 有一个 LDP PDU 消息头，后面跟随一个或多个消息。PDU 头的编码格式如图 8.15 所示。

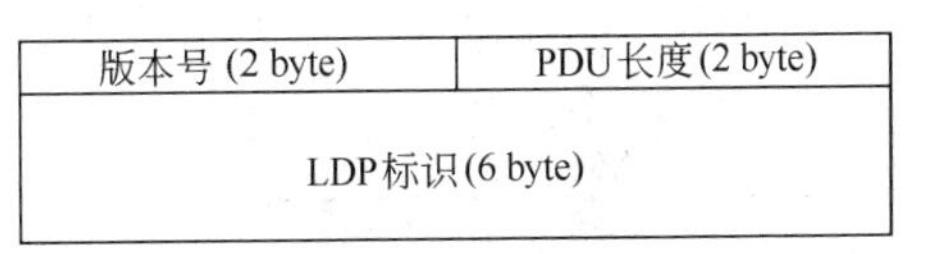

图 8.15　PDU 头的编码格式

版本号：2 byte 无符号整型数，表示 LDP 协议版本号，当前 LDP 协议版本号为 1。

PDU 长度：2 byte 整型数，以字节为单位表示不包括版本号和 PDU 长度字段的 PDU 长度。在会话初始化的时候可以对允许的最大 PDU 长度进行协商，在协商完成之前，默认的最大长度为 4 096 byte。

LDP 标识符：6 byte。前 4 byte 表示发送方 LSR 的 IP 地址，通常是路由器的 ID。后 2 byte表示 LSR 采用的标记空间。采用按平台标记空间时，这 2 byte 全为 0。

(2) TLV 编码体系

LDP 协议使用类型-长度-值(TLV:type-length-value)编码体系表示 LDP 消息大部分信息。

TLV 编码格式如图 8.16 所示。

U 比特 (1 bit)	F 比特 (1 bit)
类型 (14 bit)	
长度 (2 byte)	
值域(可变长)	

图 8.16 TLV 编码格式

U 比特和 F 比特用于表示 LSR 不能识别类型时所采取的动作。

U 比特:未知 TLV 比特字段。当 LSR 收到 U 比特为 0 的未知 TLV 时,LSR 必须向消息发送方返回一个通知消息,并且 TLV 所属的消息必须被忽略。当 LSR 收到 U 比特为 1 的未知 TLV 时,LSR 将丢弃未知 TLV,而消息的其他部分按正常情况处理。

F 比特:转发未知的 TLV 比特字段。只有当 U 比特为 1 且包含未知 TLV 的消息需要被继续转发时,才使用 F 比特。如果 F 比特为 0,消息中未知 TLV 将不被转发;如果 F 比特为 1,消息中的未知比特将与消息一同继续转发。

类型:表示值域字段类型,即表明了如何解释值域字段的内容。

长度:以字节为单位表示值域字段长度。

值域:其内容为 LDP PDU 要传送的信息,由一系列八位位组构成,是长度可变的字段。由于对于 TLV 的第一个字节没有定位要求,所以值域字段还可以包含 TLV,也就是说 TLV 可以嵌套。

在 LDP 协议中,LDP 消息编码以及在不同消息中使用的 FEC、标记、地址列表、跳数、路径矢量、状态等参数编码均采用 TLV 编码方式。下面具体介绍 LDP 消息的 TLV 编码,其他参数的 TLV 编码在这里不做详细介绍,有兴趣的读者可参阅相关参考资料。

(3) LDP 消息的 TLV 编码

所有的 LDP 消息都采用相同的格式,如图 8.17 所示。

U (1 bit)	消息类型 (15 bit)
消息长度 (2 byte)	
消息标识符 (4 byte)	
必选参数(可变长)	
可选参数(可变长)	

图 8.17 LDP 消息格式

U 比特:未知消息比特。如果收到一条未知消息,U 比特为 0,LSR 将向发送方回送一个通知消息;如果 U 比特为 1,LSR 将丢弃此未知消息。

消息类型:表示消息的类型。LDP 共有 11 种消息,下面将会简要介绍每种消息的功能及处理方式。

消息长度:以字节为单位表示包括消息标识符,必选参数和可选参数在内的消息长度。

消息标识符:用来标识消息的字段。用于发送方识别与这个消息对应的通知消息。收到此消息的接收方返回通知消息时,应把此消息标识符包含在通知消息中。

必选参数:可变长度的消息参数集。有些消息可不含有必选参数,如果含有必选参数,则参数必须按照消息规范规定的参数顺序出现。

可选参数:可变长度的消息参数集。有些消息可不含有可选参数,如果含有可选参数,参数可以以任何顺序出现。

(4) LDP 消息的功能和处理过程

① HELLO 消息。用于发现阶段,发现潜在的对等体。

当 LSR 收到 HELLO 消息后,要维护相应的邻接体,同时启动与这个邻接体相对应的 HELLO 消息保持定时器。每当 LSR 接收到与这个邻接体相应的 HELLO 消息时,都要重置 HELLO 消息保持定时器。如果与这个邻接体对应的定时器超时,LSR 将丢弃这个 HELLO 邻接体。LDP 协议建议发送 HELLO 消息的时间间隔为保持时间的三分之一。LSR 每收到一个 HELLO 消息都要进行如下的处理:

首先,LSR 判断 HELLO 消息是否可以接受。如果无法接受,则忽略这个消息。如果可以接受,再判断是否已建立了与这个 HELLO 消息源对应的邻接体。如果建立,则重置相应的定时器;如果没有建立,则创建一个邻接体,启动定时器。

然后处理 HELLO 消息中携带的可选参数 TLV。

最后,如果 LSR 还未与 HELLO 消息 PDU 头中的 LDP 标识符建立会话,则建立 LDP 会话。

② 初始化消息。用于会话建立阶段,初始化会话。

初始化消息中带有协议版本号、会话保持时间、标记分发方式、最大 PDU 长度等参数,用于对等体之间协商会话参数。

③ 会话保持消息(KeepAlive)。用于维护对等体间的会话。

会话保持消息用于 LSR 没有其他消息向对等体发送的情况下,为保持会话而发送的消息。接收到会话保持消息的 LSR 要重置相应定时器。

④ 地址消息。用于 LSR 告知对等体自己的端口地址。

在会话建立之后,发送标记映射或标记请求消息之前,LSR 应该通过地址消息通告自己的端口地址。

⑤ 地址撤消消息。用于撤消先前通告的地址。

当 LSR 关闭了一个先前通告过的端口时,LSR 应该通过地址撤消消息通知对等体撤消这个地址。

⑥ 标记映射消息。用于将 FEC 与标记的映射关系通知对等体。

标记映射消息中含有参数 FEC TLV 和标记 TLV,LSR 通过该消息将 FEC 与标记的映射关系分发给对等体。如果要将一个 FEC 的标记映射分发给多个对等体的时候,多个映射关系是否使用一个标记由 LSR 本身决定。LSR 必须要保持标记的一致性。

⑦ 标记请求消息。用于向对等体请求 FEC 与标记的映射关系。

标记请求消息中含有参数 FEC TLV,该消息用于上游 LSR 满足以下条件之一的时候向下游请求 FEC 和标记的映射关系:上游 LSR 通过转发表发现了新的 FEC,新 FEC 的下一跳是该 LSR 的对等体,并且 LSR 没有从对等体得到相应的标记映射;某 FEC 的下一跳发生变化,而还没有从新的下一跳得到映射关系;LSR 收到了上游对某 FEC 的标记请求,FEC 的下一跳是 LSR 的对等体，并且 LSR 没有从对等体获得 FEC 的标记映射关系。

而收到标记请求消息的 LSR 如果不能满足要求回送标记映射，就要回送通知消息并说明原因（如请求消息中 FEC 属性的路由不存在，下游标记资源不可得，检测到标记请求消息经过了环路等）。

⑧ 标记请求放弃消息。用于取消前面发出的但尚未得到答复的标记请求消息。

标记请求放弃消息用于上游 LSR 满足下列条件之一的时候，向下游 LSR 提出放弃已经发出但未得到回应的请求消息：对于某一 FEC，该 LSR 的下一跳发生了变化，不再是原来的下游路由器；该 LSR 收到了上游的标记请求放弃消息，本身不支持标记合并，也不是入口 LSR；该 LSR 收到了某上游 LSR 的标记请求放弃消息，本身支持标记合并，不是入口 LSR，同时，此上游 LSR 是惟一向 LSR 发送对 FEC 的标记请求的上游 LSR。

如果 LSR 发出标记请求放弃消息之后又收到了原来发出的标记请求消息的应答（FEC 与标记的映射），该映射关系有效。LSR 可以开始使用这个 FEC 标记映射，也可以发送标记释放消息释放这一标记映射。

对于上游 LSR，在收到标记请求放弃消息的时候，如果还没有回应（发送标记映射或通知消息）相应的请求消息，则发送“标记请求放弃”通知消息作为响应。通知消息中应包含标记请求消息的标识符。

如果上游 LSR 收到标记请求放弃消息的时候，已经回应（发送标记映射或通知消息）了相应的标记请求消息，则直接忽略这次请求。

⑨ 标记收回消息。用于通知对等体释放已经通告的标记映射。

当 LSR 先前发送的标记映射消息中的 FEC 不能识别或者 LSR 单方面决定不再对某 FEC 进行标记交换的时候，LSR 要发出标记收回消息，通知对等体撤消此标记映射。

标记收回消息中如含有可选参数标记 TLV，则收回参数指示的标记。如没有标记 TLV 参数，则与通用参数 FEC TLV 对应的标记均要收回。

⑩ 标记释放消息。用于通知对等体本身不再需要先前申请的某一标记映射。

当出现以下情况之一的时候，LSR 不再需要先前从对等体那里申请到的标记，就发送标记释放消息通知对等体：发出标记映射的 LSR 不再是某 FEC 的下一跳，而该 LSR 为保守标记保持模式；该 LSR 从下游 LSR 收到了 FEC 的标记映射，但发送映射的不是该 LSR 对于 FEC 的下一跳，并且该 LSR 为保守标记保持模式；该 LSR 收到了标记回收消息。

注意前两种情况下，如果该 LSR 设置为自由标记保持模式，就不会发出标记释放消息。

同标记收回消息一样，如带有可选参数标记 TLV，则释放指定标记，否则与 FEC TLV 对应的标记全部释放。

⑪ 通知消息。用于将特定事件的发生通知对等体。

LSR 通过向对等体发送含有状态 TLV 和其他可选 TLV 的通知消息，通知对等体某些错误或建议性信息。如果是严重错误，LSR 发送通知消息以后，要关闭 TCP 连接，丢弃与这个会话相关的状态信息和通过这个会话得到的标记映射，结束会话。收到表示严重错误的通知消息的 LSR，也要关闭 TCP 连接，丢弃状态信息和标记映射，结束会话。

通知消息可表示以下几类事件：错误 PDU 或错误消息；未知或错误 TLV；会话保持定时器超时；单边会话关闭等。

这些消息的详细编码请参见 RFC3036《LDP 规范》。

8.4.6 MPLS 相关技术简介

信息化社会的网络应用对网络的服务质量和传输性能提出了较高的要求。人们希望网络不仅能够支持数据、话音、视频等多种业务，而且也能满足各种业务在可靠性、实时性、传输速率等方面的不同要求。传统 IP 网络没有 QoS 保证，也无法支持流量工程，因而在这方面存在着很大的缺陷。而 MPLS 技术是将第三层路由技术和第二层交换技术的优势相融合的技术，这一特点使得它可以很好地提供 QoS 和支持流量工程，从而支持各种综合业务的应用。

1. MPLS 服务质量

QoS 是一个综合指标，用于衡量使用一个服务的满意程度。比如，要在 Internet 上实现实时通话、视频会议、远程教学、远程医疗、电子商务等应用。这些不同的应用只有在传输时延、时延抖动、安全性、数据分组丢失率等方面达到一定的标准，这些服务才可为用户所接受，才可能使用户满意，否则这些业务将无法推广。所以，一项业务能够应用的关键是该项业务是否能够实现相应的服务质量，达到用户的满意程度。

要实现 QoS，即传输时延、时延抖动、数据分组丢失率等参数均能达到一定的指标，这就需要保证数据在传输过程中可始终拥有一定的资源，而资源的分配必定在传输之前进行。所以，在数据传输之前，要由发送数据的一方向网络提出数据传输要求的 QoS，即传输时延、时延抖动、数据分组丢失率等参数要达到的指标。网络中各设备之间，设备中各层之间要就 QoS 要求进行协商，并传递至网络的资源管理实体，由它来决定能否满足这一要求，如能满足，将进行资源分配，并为数据传输建立一条能够满足 QoS 要求的传输通道。由此可见，有 QoS 要求的数据传输一定是面向连接的，才可以在建立连接的过程中协商参数，分配资源。也正是因为这个原因，传统的 IP 网络的无连接特性成为实现 QoS 所无法克服的缺陷。同时，MPLS 交换与传统 IP 交换的最大区别——面向连接的特性，使得 MPLS 在支持 QoS 方面具有优势。

实现 QoS，需要端到端之间所有设备以及网络中的各个层的协同合作。IETF 在通过 MPLS 网络实现基于 IP 协议的 QoS 方面提出了两种模型：综合服务模型（IntServ）和差分服务模型（DiffServ）。

（1）综合服务模型

综合服务模型通过信令协议——资源预留协议（RSVP）在路径上各节点间协商 QoS 要求，并进行资源分配，从而建立传输通道。

RSVP 不是路由协议，它位于 OSI 参考模型的传输层。路由器利用 RSVP 在路径上的各节点间传送 QoS 请求，并在每个节点分配资源，从而建立一条满足 QoS 要求的传输通道。RSVP 要与路由协议结合应用，数据在网络中要经过的路径由路由协议决定，而传输质量则由

RSVP 来控制,因此,RSVP 实质上是一种网络控制协议。

在 MPLS 网络中,QoS 参数协商和资源分配是在 LSP 的建立过程中进行的。这时,FEC 的划分可依据 QoS 请求,也就是上面提到的请求驱动方式。从入口 LER 到出口 LER,仍然要依次发出标记请求消息给下游,只是标记请求消息中要包含 QoS 参数。从出口 LER 到入口 LER,也同样要依次发送标记与 FEC 的映射消息给上游,但映射消息要与资源预留消息绑定在一起传送。当入口 LER 收到资源预留消息和绑定在一起的标记映射消息的时候,满足服务质量请求的路径就建立了。在传输数据分组的时候,入口 LER 根据分组的 QoS 要求将其划分到相应 FEC 并分配标记,之后在网络中只依据标记进行转发即可。

综合服务模型能够提供端到端很好的服务质量保障,路径上的所有路由器都运行 RSVP 协议,使得路径上的每一点都在 RSVP 协议的控制之下。利用 RSVP 的软状态特性,可以支持网络状态的动态改变与组播业务中组员的动态加入与退出。同时,利用 RSVP PATH 和 RESV 的刷新,可以判断网络中相邻节点的产生与退出。采用 RSVP 的资源预留,可以很好地实现网络资源的有效分配。

但是,综合服务模型也存在着一定的缺陷。使用 RSVP 进行资源预留时,当网络规模扩大、业务流量增多的时候,需要储存和更新的状态也将增多,这样无疑极大地加重了路由器的负担,所以网络的扩展将受到很大的制约。综合服务模型要求路径上的所有路由器都运行 RSVP 协议,对路由器的要求过高。此外,综合服务模型还需要包括用户认证、优先权管理、计费等一套复杂的上层协议。

因此,综合服务模型只适用于网络规模较小、业务质量要求较高的边缘网络,例如,企业网和校园网等。

(2) 差分服务模型

综合服务模型的核心问题在于路径上所有路由器都要运行 RSVP 协议,QoS 要求要在所有节点间传送。为了克服这些问题,差分服务模型打破了端到端的服务质量保证模式。在用户网络上仍采用 RSVP 协议,而在骨干网上则不再采用 RSVP,这样就降低了路由器和网络的负担。在网络边界按 QoS 要求对数据流进行分类,用 IP 分组中的 DS 字段标记这一业务所需的服务类别,内部的节点根据此字段采取预先设定的服务策略。对于不同的服务类别,内部节点将实现不同的转发特性。

不难看出,差分服务模型与 MPLS 技术有很多相似的地方:MPLS 依据标记转发,差分服务模型依据 DS 域表明的服务类别进行相应的转发,MPLS 和差分服务模型都将分类和运算的工作放在边缘节点进行,两者都是将业务流分类和数据转发分开进行处理。这些相似的地方使得 MPLS 技术可以很好地支持差分服务模型,MPLS 支持差分服务模型的具体实现原理,这里不做详细介绍了,感兴趣的读者可参考相关书籍。

差分服务模型摆脱了 RSVP 的控制,因而消除了大量 QoS 要求信息在网络中的传递,路由器也不必再保存每个业务流的"软状态",克服了综合服务模型中存在的一些问题,也降低了实现的复杂性。但是这些改进的前提是,差分服务模型首先去除了端到端的服务质量保证,这就使得差分服务模型无法提供综合服务模型所提供的绝对的服务质量保证。

2. MPLS 流量工程

通过 QoS 的实现，可以保证一些业务在网络中占有所需的资源，从而使业务的服务质量能够达到一定的指标而为用户所接受。但是，这只解决了针对某些业务自身所面临的问题，我们必须要考虑整个网络的运行状况和资源利用率，这就需要引入流量工程。

网络有可能存在着负载失衡的问题，即一方面某些链路上负载过重引起局部的拥塞，而另一方面一些不在最短路径上的链路利用率又极低，导致网络资源利用率大大降低。我们不仅希望具体业务能够达到一定的服务质量，更希望网络在各种情况下都能处于稳定的状态，并且资源能够得到比较充分的利用。这就需要有一个能够控制全网的机制，控制网络资源的利用和分配，均衡链路和路由器之间的负载，从而提高网络的性能。流量工程就是这样一种能够实现全网控制的将业务流映射到物理链路上的技术。

传统路由控制技术很容易使网络出现负载失衡和资源利用不充分。采用重叠模型的 IP 交换技术，如 IPOA 等，在第二层是通过一个虚电路构成的全连接的虚拟拓扑结构来实现交换的，可以为平衡负载和控制网络资源提供一些服务，但是重叠模型的全连接特性在对网络进行扩展的时候，必然会遇到很大的阻碍。采用集成模型的 MPLS 技术不再是全连接的结构，在可扩展性方面不再受到约束，因此 MPLS 技术成为实现流量工程的最具希望和潜力的技术。

在 MPLS 流量工程中将采用"基于约束的选路方式"，也就是要根据业务所需要的资源和网络中可用的资源进行选路。这里的约束不仅要考虑业务所要求的带宽资源，还要考虑业务流的优先权等。MPLS 技术的流量管理功能被集成到第三层，便于优化 IP 选路方式对流量控制的限制；MPLS 技术可以通过适应新的约束有效地从链路或节点的故障中恢复；MPLS 技术不再需要手工配置设备，流量工程功能可以根据网络的状态自动进行处理。基于上述这些主要的优点，MPLS 流量工程采用 CR-LDP 和扩展的 RSVP 控制协议创建并维护通过网络的隧道。运行 IGP 协议，在网络内交换链路状态，以确定网络中的可用资源。网络入口 LER 将根据资源请求和可用资源计算选取的隧道通路。

ATM 交换器实际上就是去掉了 ATM 高层信令（AAL 以上）、寻址、选路等软件，并具有 GSMP 处理功能的 ATM 交换机。它们的硬件结构相同，只存在软件上的差异。

小　　结

IP 技术应用广泛，技术简单，可扩展性好，路由灵活，但是传输效率低，无法保证服务质量；ATM 技术先进，可满足多业务的需求，交换快速，传输效率高，但是可扩展性不好，技术复杂。将 IP 路由的灵活性和 ATM 交换的高速性结合起来，产生了一系列新的交换技术，称之为 IP 交换技术，如 IP 交换、标签交换、ARIS、IPOA、LANE、MPOA、MPLS 等。

实现 IP 与 ATM 融合的模型主要有重叠模型和集成模型两大类。

在重叠模型中,IP 运行在 ATM 之上,IP 选路和 ATM 选路相互独立,系统需要 IP 和 ATM 两种选路协议,使用 IP 和 ATM 两套地址,并要求地址解析功能。重叠模型使用标准的 ATM 论坛/ITU-T 的信令标准,与标准的 ATM 网络及业务兼容。但需要维护两个独立的网络拓扑结构,地址重复,路由功能重复,因此网络扩展性不强,不便于管理,IP 分组的传输效率较低。IETF 推荐的 IPOA、ATM Forum 推荐的 LANE 和 MPOA 等都属于重叠模型。

集成模型只需要一套地址和一种选路协议,不需要地址解析协议,将逐跳转发的信息传送方式变为直通连接的信息传送方式,因而传送 IP 分组的效率高,但它与标准的 ATM 融合较为困难。Ipsilon 公司的 IP 交换、Cisco 公司的标记交换、IBM 的 ARIS 和 IETF 的 MPLS 都属于集成模型。

IP 交换机是由 IP 交换控制器和 ATM 交换器两部分构成的。IP 交换控制器实际上就是运行了标准的 IP 路由软件和控制软件的高性能处理机,其中控制软件主要包括流的判识软件、IFMP 和 GSMP。ATM 交换器实际上就是去掉了 ATM 高层信令(AAL 以上)、寻址、选路等软件,并具有 GSMP 处理功能的 ATM 交换机。IP 交换是基于数据流驱动的交换技术。

标签交换是一种利用附加在 IP 数据分组上的标签对 IP 分组进行快速转发的 IP 交换技术。基于简单而短的标签进行分组转发,大大提高了数据分组的传输速度和转发效率。标签交换是基于拓扑驱动的交换技术,即在数据流传送之前预先建立二层的直通连接,并将选路拓扑映射到直通连接上。标签交换所基于的二层技术可以是 ATM、帧中继和 802.3 等。完成标签交换的核心设备 TSR 主要由转发组件和控制组件组成。转发组件负责基于标签进行数据分组的转发,控制组件负责产生标签,即将三层的选路拓扑映射到二层的直通连接上,并负责维护标签的一致性。它可以使用单独的 TDP 协议或者利用现有的控制协议携带相关信息,来实现标签分配和标签维护。TIB 存储着有关数据分组按照标签转发的相关信息,TIB 中的信息由 TDP 协议负责控制更新。TDP 的基本功能是在相邻 TSR 之间支持标签关联信息的分发、标签转发路径的请求和释放。TDP 不能代替传统的路由协议,而是与标准的网络层路由协议相结合,协同工作来实现上述基本功能。TDP 运行在相邻 TSR 之间建立的 TCP 连接上。标签分配主要有下游分配、上游分配、下游按需分配。

MPLS 是利用标记进行数据转发的。当分组进入网络时,要为其分配固定长度的短的标记,并将标记与分组封装在一起,在整个转发过程中,交换节点仅根据标记进行转发。与传统 IP 交换技术不同的是,MPLS 采用面向连接的工作方式,它将路由选择和数据转发分开进行。MPLS 交换节点是由控制单元和转发单元构成的。控制单元运行 IP 路由协议和 LDP,LDP 基于 IP 路由表与其他 LSR 交换标记和 FEC 的映射关系,创建和维护标记信息库 LIB。相邻 LSR 之间传递和交换消息都要在 TCP 连接上完成。转发单元的功能是完成分组的转发。MPLS 技术的另一特点在于它的“多协议”特性,对上兼容 IPv4、IPv6 等多种主流网络层协议,将各种传输技术统一在一个平台之上;对下支持 ATM、PPP、SDH、DWDM 等多种链路层协议,从而使得多种网络的互连互通成为可能。MPLS 技术支持 QoS 和流量工程的实现。

习　　题

1. IP 与 ATM 技术为什么要进行融合？
2. IP 与 ATM 技术融合的模式主要有哪两种，不同模式的特点是什么？
3. IP 交换技术主要有哪些，它们分别属于哪种融合模式？
3. IP 交换机的基本结构组成如何？IFMP 和 GSMP 的作用是什么？
4. 标签交换设备主要由哪两个组件构成，各完成什么功能？
5. 标签分配的方法有哪些，有何不同？
6. 标签交换的工作原理如何？
7. 传统的 IP 交换与 MPLS 有何不同？
8. MPLS 网络的体系结构如何？都由哪些设备构成？
9. TSR 的体系结构是怎样的？LIB 与 LFIB 有何不同？
10. LDP 的功能是什么？

参 考 文 献

1　中华人民共和国邮电部. 多协议标记交换（MPLS）总体技术要求（YD/T 1162.1—2001）. 北京：人民邮电出版社，2001

2　Metz C Y. IP 交换技术协议与体系结构. 吴靖，龚向阳，等译. 北京：机械工业出版社，1999

3　石晶林，丁炜，等. MPLS 宽带网络互连技术. 北京：人民邮电出版社，2001

4　陈锡生. ATM 交换技术. 北京：人民邮电出版社，2000

5　吴江，赵慧玲，等. 下一代的 IP 骨干网络技术——多协议标记交换. 北京：人民邮电出版社，2001

第9章　软交换与下一代网络

9.1　概　　述

NGN(next generation network)即下一代网络，是电信发展史上的一个里程碑，它标志着新一代电信网络时代的到来。从发展的角度来看，NGN 实现了传统的以电路交换为主的 PSTN 网络向以分组交换为主的 IP 电信网络的转变。它不仅继承了原有 PSTN 网络的所有业务，还能够把大量的数据传输卸载到 IP 网络中以减轻 PSTN 网络的负荷；又由于网络融合的新特性，增加了许多新型业务。从这个意义上讲，NGN 使得在 IP 网络上发展语音、视频、数据等多媒体综合业务成为可能。

NGN 是业务驱动的网络，业界公认的主要特征有：

(1) 业务和终端趋于 IP 化；

(2) 高速宽带，能综合实时业务、非实时业务、宽带业务、窄带业务以及多媒体业务；

(3) 业务网采用业务与呼叫控制分离、呼叫与承载分离的体系结构；

(4) 安全可信的网络；

(5) 能够保证电信级的服务质量；

(6) 有良好的生态模型和商业价值链。

9.2　软交换的基本概念

9.2.1　定义

我国信息产业部电信传输研究所对软交换的定义是："软交换是网络演进以及下一代分组网络的核心设备之一，它独立于传送网络，主要完成呼叫控制、资源分配、协议处理、路由、认证、计费等主要功能，同时可以向用户提供现有电路交换机所能提供的所有业务，并向第三方提供可编程能力。"

从广义上看，软交换泛指一种体系结构，包括了4个功能层面：媒体/接入层、传输层、控制层和业务/应用层，如图9.1所示。它主要由软交换设备、信令网关、媒体网关、应用服务器、IAD(integrated access device)等组成。

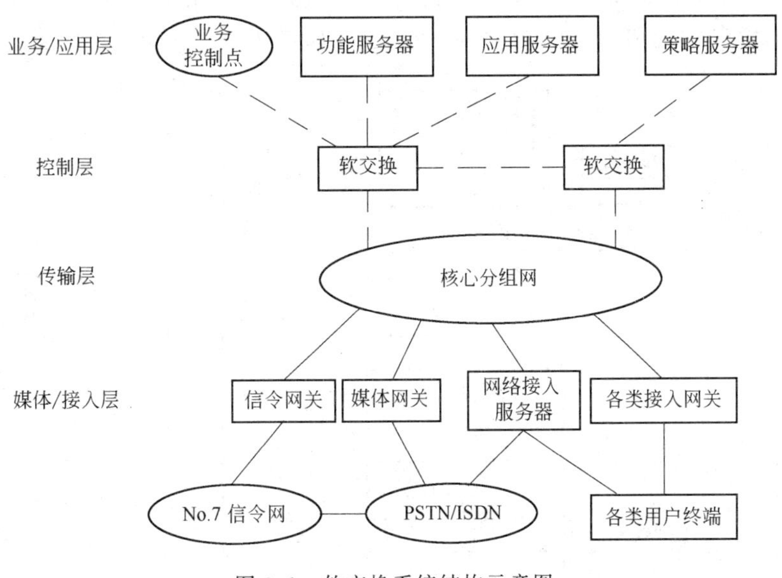

图9.1　软交换系统结构示意图

从狭义上看，软交换指软交换设备，定位在控制层。软交换是下一代网络的控制功能实体，为下一代网络具有实时性要求的业务提供呼叫控制和连接控制功能，是下一代网络呼叫与控制的核心。

9.2.2　软交换的特点和功能

1. 特点

(1) 软交换系统的最大优势是将应用层和控制层与核心网络完全分开，有利于快速方便地引进新业务；

(2) 软交换将传统交换机的功能模块分离成为独立的网络部件，各个部件可以按相应的功能划分，各自独立发展；

(3) 软交换系统中部件间的协议接口基于相应的标准，部件化使得电信网络逐步走向开放，运营商可以根据业务需要自由组合各部分的功能产品来组建网络，而且部件间协议接口的标准化方便了各种异构网互通的实现；

(4) 软交换系统可以为模拟用户、数字用户、移动用户、IP网络用户、ISDN用户等多种网络用户提供业务；

(5) 软交换可以利用标准的全开放应用平台为客户定制各种新业务和综合业务，最大限度地满足用户需求。

2. 功能

软交换的主要设计思想是业务/控制与传送/接入分离，各实体之间通过标准的协议进行连接和通信。目前软交换主要完成以下功能：媒体网关接入功能、呼叫控制功能、业务提供功能、互连互通功能(H.323 和 SIP、INAP)、支持开放的业务/应用接口功能、认证与授权功能、计费功能、资源控制功能和 QoS 管理功能、协议和接口功能等。它的主要功能如图 9.2 所示。

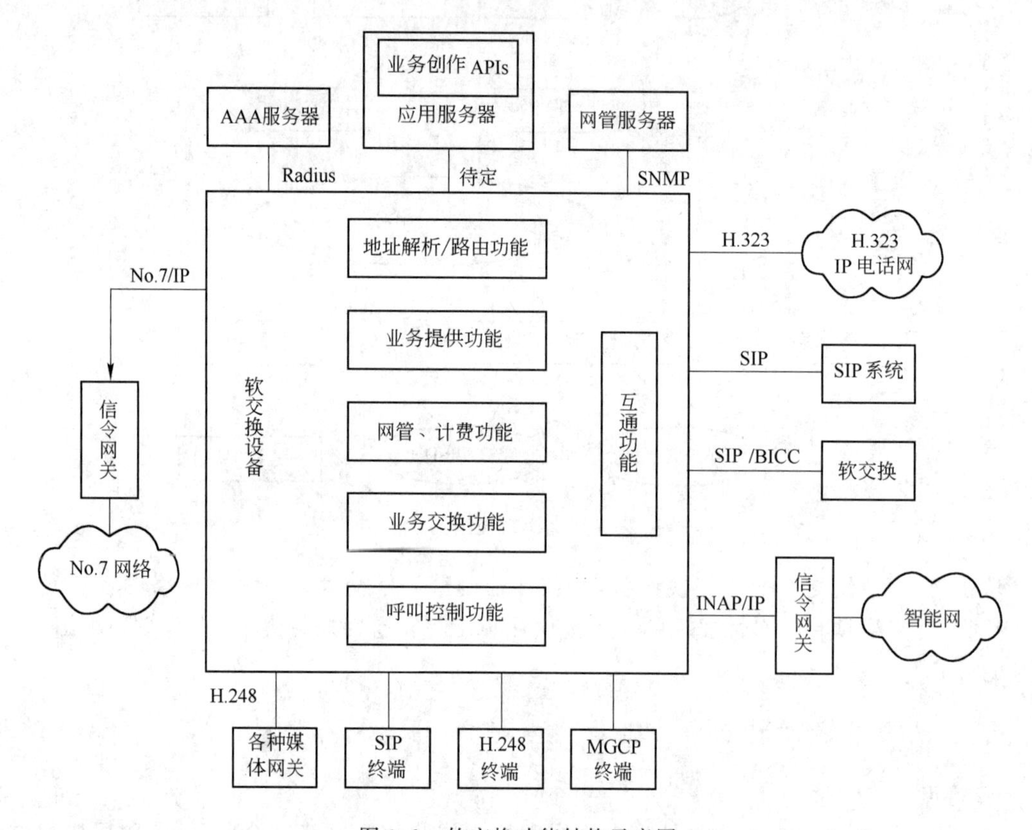

图 9.2　软交换功能结构示意图

(1) 媒体网关接入功能

该功能可以认为是一种适配功能，它可以连接各种媒体网关，如 PSTN/IP 中继媒体网关、ATM 媒体网关、用户媒体网关、无线媒体网关、数据媒体网关等，完成 H.248 协议功能。同时还可以直接与 H.323 终端和 SIP 客户端终端进行连接，提供相应业务。

(2) 呼叫控制和处理功能

呼叫控制功能是软交换的重要功能之一，它完成基本呼叫的建立、维持和释放，提供控制功能，包括呼叫处理、连接控制、智能呼叫触发检测和资源控制等，是整个网络的中枢。

(3) 协议功能

软交换作为一个开放的实体，与外部的接口必须采用开放的协议。

① 媒体网关与软交换间的接口。用于软交换对媒体网关的承载控制、资源控制及管理。此接口可使用媒体网关控制协议(MGCP:media gateway control protocol)或 H.248/Megaco 协议。

② 信令网关与软交换间的接口。用于传递软交换和信令网关间的信令信息。此接口可使用信令传输(Sigtran:signaling transport)协议实现基于 IP 的 No.7 信令传送。

③ 软交换间的接口。实现不同软交换间的交互。此接口可以使用 SIP-T 或 BICC 协议。

④ 软交换与应用/业务层之间的接口。提供访问各种数据库、第三方应用平台、各种功能服务器等的接口,实现对各种增值业务、管理业务和第三方应用的支持。如:

- 软交换与应用服务器间的接口。此接口可使用 SIP 协议或 API(如 PARLAY API),提供对第三方应用和各种增值业务的支持功能。
- 软交换与策略服务器间的接口。实现对网络设备的工作进行动态干预,并可使用 COPS 协议。
- 软交换与网管中心间的接口。实现网络管理,可使用 SNMP 协议。
- 软交换与智能网的 SCP 之间的接口。实现对现有智能网业务的支持,可使用 INAP 协议。

(4) 业务提供功能

由于软交换在电信网络从电路交换网向分组网演进的过程中起着十分重要的作用,所以软交换应能够提供 PSTN/ISDN 交换机提供的全部业务,包括基本业务和补充业务;同时还可以与现有智能网配合提供现有智能网所提供的业务;也可以支持第三方业务平台,提供多种增值业务和智能业务。

(5) 互通功能

软交换互通功能可以通过信令网关实现分组网与现有 No.7 信令网的互通;可以通过信令网关与智能网互通;可以通过软交换的互通模块,采用 H.323 协议与 IP 电话网互通,采用 SIP 协议与 SIP 网络互通。

9.2.3 软交换支持的协议

1. H.323

为了使可视电话系统和设备在无服务质量保证的分组网上进行多媒体通信,ITU-T 建议了 H.323 协议集,包括点到点通信和多点会议。H.323 建议对呼叫控制、多媒体管理、带宽管理以及 LAN 和其他网络的接口都进行了详细的规范和说明。H.323 是一个框架性协议,它由一系列协议组成。H.323 协议栈如图 9.3 所示。

H.323 协议集规定了在主要包括 IP 网络在内的基于分组交换的网络上提供多媒体通信的部件、协议和规程。H.323 一共定义了四种部件:终端(terminal)、网关(gateway)、关守(gatekeeper)和多点控制单元(MCU)。利用它们,H.323 可以支持音频、视频和数据的点到点或点到多点的通信。H.323 协议集包括用于建立呼叫的 H.225.0、用于媒体控制的

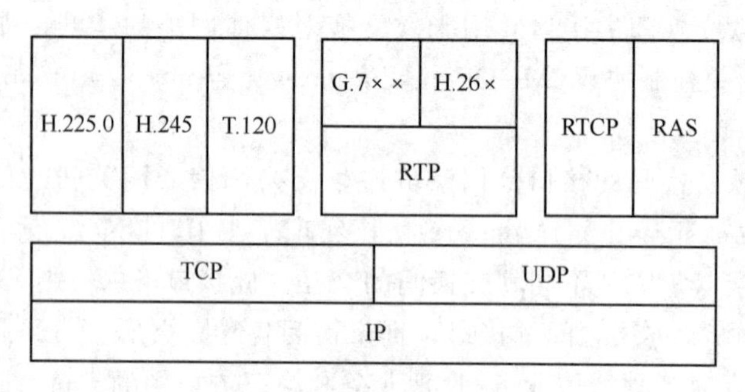

图 9.3　H.323 协议栈

H.245、用于大型会议的 H.332 以及用于补充业务的 H.450.X 等协议。H.323 协议中包含三条信令控制信道：RAS 信令信道、呼叫信令信道和 H.245 控制信道。三条信道的协调工作使得 H.323 的呼叫得以进行。

(1) 终端。在基于 IP 的网络上是一个客户端点。它需要支持下面三项功能：支持信令和媒体控制，即支持 H.245(有关通道使用和通道能力的复杂协议)和 H.225.0(一个类似 Q.931 的呼叫信令收发和建立协议)以及 RAS(定义在 H.225.0，用于终端与关守通信协议)；支持实时通信，即支持 RTP/RTCP(一个对声频和视频信息包顺序处理的协议)；支持编码，即传前进行压缩，收后进行解压缩。

(2) 网关。提供分组交换网和电路交换网之间的一个连接。

(3) 关守。完成地址翻译、接入控制、带宽控制、域管理四个功能。关守还支持呼叫控制信令、呼叫鉴权、带宽管理和呼叫管理四个可选的功能。当一个 H.323 系统中有关守时，所有类型的终端用户在建立一次呼叫之前都需要到关守登录并获得它的许可。

(4) 多点控制单元。支持三个以上的终端用户进行会话。典型的 MCU 包括一个多点控制器(MC)和若干个(也可以没有)多点处理器(MP)。MC 提供控制功能，如终端之间的协商，决定处理话音或视频共有的能力。MP 完成会话中的媒体流的处理，如话音的混合、话音/视频交换。

2. MGCP

H.323 网络向下一代 IP 电话网络演进时，H.323 网关的媒体和信令处理功能将会分离：媒体网关(MG)只负责媒体的处理，信令处理功能将会转移到媒体网关控制器(MGC)中。MGC 和 MG 之间的通信采用 MGCP 或 H.248/Megaco 协议，其中 MGCP 和 Megaco 为 IETF 的标准，H.248 为 ITU-T 的标准。

ISO 已经明确指出 MGCP 最终将被 H.248/Megaco 协议所代替，但在一定时间内 MGCP 还会继续存在。MGCP 主要应用在 MGCP 终端和软交换之间、MGCP 媒体网关和软交换之间，如图 9.4 所示。

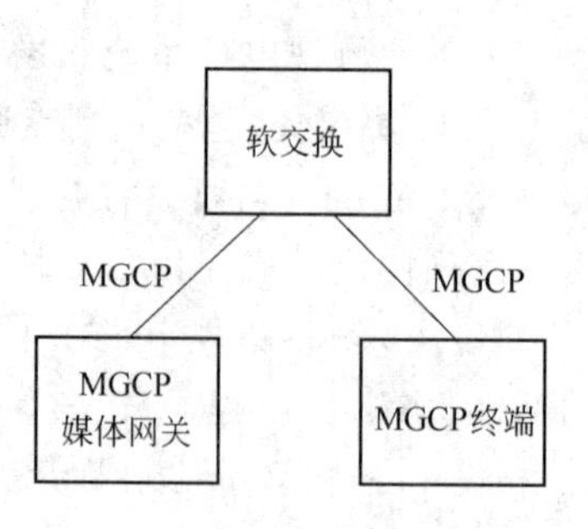

图 9.4　MGCP 协议应用范围

MGCP 协议模型中有两个重要的概念实体：端点(endpoint)和连接(connection)。其中端点是数据的发送端或接收端，既可以是物理的也可以是虚拟的；连接则由软交换控制网关或终端在呼叫所涉及的端点间进行建立，可以是点到点、点到多点连接。一个端点上可以建立多个连接，不同呼叫的连接可以终结到一个端点。MGCP 中定义了九个命令对端点和连接进行处理，它们是：EndpointConfiguration(EPCF)、NotificationRequest(RQNT)、Notify(NTFY)、CreateConnection (CRCX)、ModifyConnection (MDCX)、DeleteConnection (DLCX)、AuditEndpoint(AUEP)、AuditConnection(AUCX)、RestartInProgress(RSIP)。

3. H. 248/Megaco

H. 248/Megaco 为 IETF 与 ITU 共同制定的，用于代替 MGCP 协议。该协议在 IETF 中称之为 Megaco，在 ITU 中称之为 H. 248。

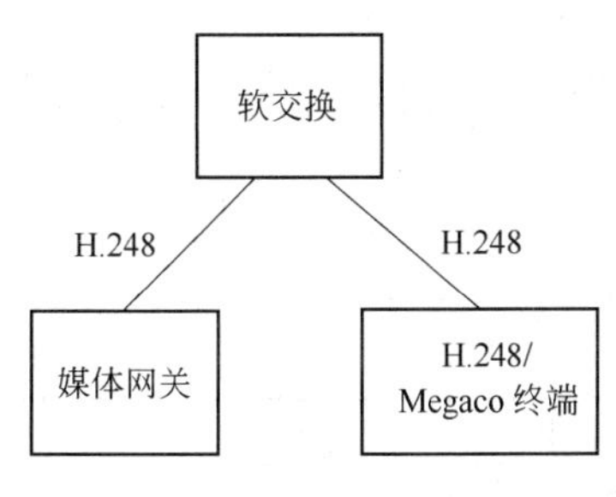

图 9.5　H. 248 协议应用范围

H. 248 协议是 MGCP 协议的发展。因此，H. 248 协议与 MGCP 协议有类似的体系结构，应用在媒体网关和软交换之间、软交换与 H. 248/Megaco 终端之间，是软交换支持的重要协议，如图 9. 5 所示。

H. 248 在 MG 中引入了新的联接模型来描述逻辑实体，这些逻辑实体由 MGC 控制。H. 248 引入的联接模型中包含终结点(termination)和关联(context)两个抽象概念。其中终结点发送和/或接收一个或者多个数据流。在一个多媒体会议中，一个终结点可以支持多种媒体，并且发送或者接收多个媒体流。在终结点中，封装了媒体流参数、modem 和承载能力参数；而关联表明了在一些终结点之间的连接关系。H. 248 通过 Add、Modify、Subtract、Move、AuditValue、AuditCapability、Notify 和 ServiceChange 八个命令完成对终结点和关联之间的操作，从而完成呼叫的建立和释放。

4. SIP

会话发起协议(SIP：session initiation protocol)是 IETF 提出的在 IP 网络上进行多媒体通信的应用层控制协议。详细内容参见 RFC 2543。SIP 系统的基础协议是 SIP 协议和用于 SIP 消息体的会话描述协议(SDP：session description protocol)。基于文本的 SDP 媒体描述可以作为消息体嵌入在 SIP 数据包中，在呼叫建立的同时完成媒体信道的建立。SIP 主要用于 SIP 终端和软交换之间、软交换和软交换之间以及软交换与各种应用服务器之间，如图 9. 6 所示。

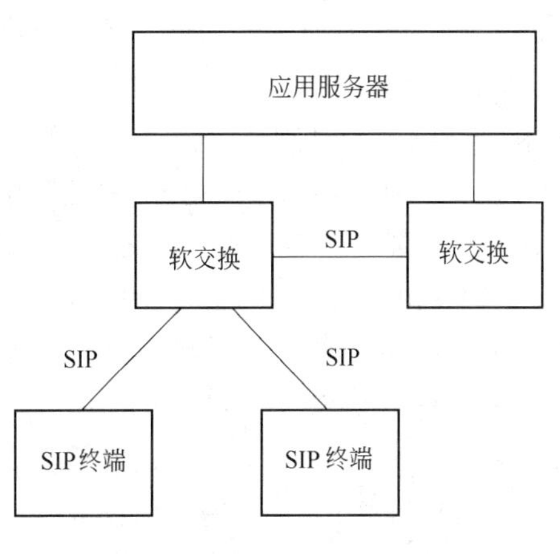

图 9. 6　SIP 协议应用范围

SIP 网络采用客户机/服务器的工作方式，如图 9. 7 所示。SIP 网络包括用户代理(user agent)和网络服务器(network server)。

用户代理分为用户代理客户机(UAC)和用户代理服务器(UAS),其中UAC负责发起SIP呼叫请求;UAS负责对收到的SIP呼叫请求做出应答,这里的应答内容包括对该请求的接受、拒绝或重定向。

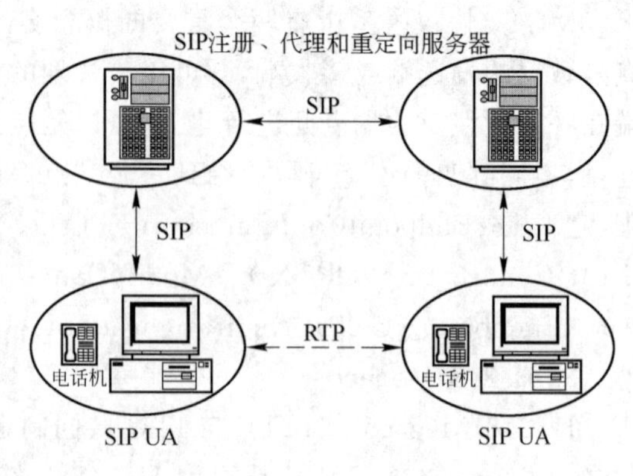

图9.7 SIP系统结构

网络服务器主要为用户代理提供注册、认证、鉴权和路由等服务,可分为三种:代理服务器(proxy server)、重定向服务器(redirect server)和注册服务器(register)。有时也会用到定位服务器(location server),它用来帮助SIP重定向和代理服务器获得被叫方的可能位置信息。但定位服务器并不属于SIP服务器范畴。

SIP的主要功能见表9.1。

表9.1 SIP的主要功能

功　能	描　述
用户定位(user location)	确定用于通信的终端系统
用户能力(user capabilities)	确定使用的媒体和媒体参数
用户可用性(user availability)	确定被叫方是否愿意加入通信
呼叫建立(call setup)	振铃,建立主、被叫间的呼叫参数
呼叫处理(call handling)	前转或终结呼叫

SIP采用文本编码格式,有两种类型的SIP消息:

- 请求(request):从客户机发到服务器
- 响应(response):从服务器发到客户机

SIP请求和响应具有相同的消息格式。SIP请求消息包含三个元素:请求行、消息头、消息体;SIP响应消息则包含:状态行、消息头、消息体。

请求行和消息头根据业务、地址和协议特征定义了呼叫的本质,而消息体独立于SIP协议并且可包含任何内容。SIP定义了请求行的7种方法:

- INVITE——邀请用户加入呼叫。
- BYE——终止两个用户之间的呼叫。
- OPTIONS——请求关于服务器能力的信息。
- ACK——确认客户机已经接收到对INVITE的最终响应。
- REGISTER——提供地址解析的映射,让服务器知道其他用户的位置。
- INFO——用于会话中信令。

下面简要介绍 SIP 呼叫的建立流程，如图 9.8 所示。

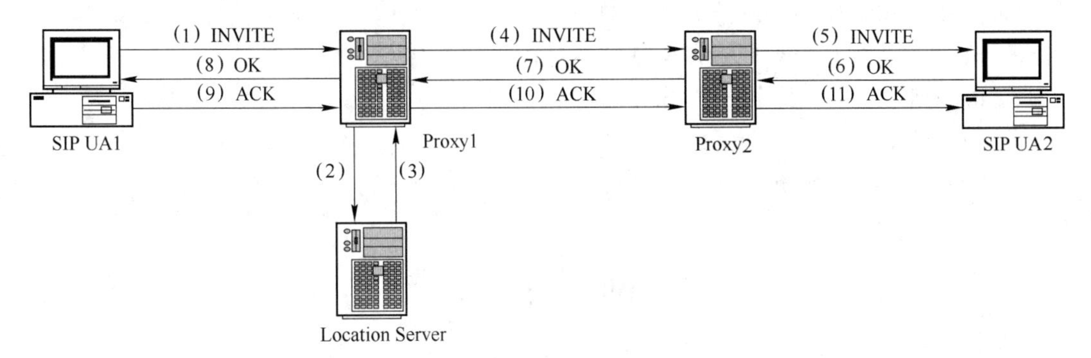

图 9.8 呼叫建立流程

(1) 主叫用户代理 SIP UA1 向 Proxy1 发送 INVITE 请求。

(2) Proxy1 根据 INVITE 请求判断被叫用户是否属于其管辖范围。如果不属于 Proxy1 管辖范围，则连接到 Location Server。

(3) Location Server 根据被叫地址判断被叫用户属于的服务器 Proxy2，并返回此服务器地址。

(4) Proxy1 修改 INVITE 请求，并将其转发到 Proxy2。

(5) Proxy2 收到 INVITE 请求后，首先判断该被叫用户是否属于其管辖范围。如果属于 Proxy2 管辖范围，则将 INVITE 请求直接发给 SIP UA2。

(6) 被叫用户接受呼叫，向 Proxy2 发 OK 响应。

(7) Proxy2 将 OK 响应转发给 Proxy1。

(8) Proxy1 再将 OK 响应发给 SIP UA1。

(9) SIP UA1 向 Proxy1 发 ACK 证实消息。

(10) Proxy1 将 ACK 转发给 Proxy2。

(11) Proxy2 将 ACK 转发给 SIP UA2。

这样，SIP 呼叫就建立成功了。

SIP 呼叫释放流程如图 9.9 所示。

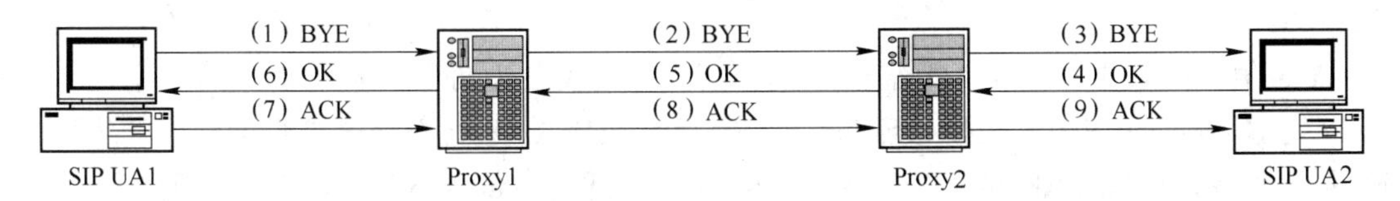

图 9.9 呼叫释放流程

(1) 主叫挂机，主叫用户代理 SIP UA1 向 Proxy1 发 BYE 请求。

(2) Proxy1 向 Proxy2 转发 BYE 请求；

(3) Proxy2 接受 BYE 请求，向 SIP UA2 发 BYE 请求；

(4) SIP UA2 向 Proxy2 发 OK 响应；

(5) Proxy2 将 OK 响应转发给 Proxy1；

(6) Proxy1 将 OK 响应发给 SIP UA1；

(7) SIP UA1 向 Proxy1 发 ACK 证实消息；

(8) Proxy1 将 ACK 转发给 Proxy2；

(9) Proxy2 将 ACK 转发给 SIP UA2。

这样，SIP 呼叫就释放成功了。

9.3 网关技术

下一代网络要提供综合的业务，现在的 PSTN 等电路交换网络、分组交换网络、移动网络等电信网都将作为边缘网络接入核心 IP 网络，所以软交换要能与这些电信网进行互通。网关技术是解决异构网络互通的一种手段。不同的网络通过网关接入到核心 IP 网，由网关完成媒体信息和信令信息的转换。

软交换中的网关按处理的信息类型不同分为两类：媒体网关和信令网关。

媒体网关是将一种网络上传输的信息的媒体格式转换为适合在另一种网络上传输的媒体格式的设备。比如，媒体网关可以将 PSTN 上的音频流转换为适合在 IP 网上传输的分组信息流。通过媒体网关，各种网络都可以接入到核心 IP 网上。

按照媒体网关设备在网络中的位置不同，又可以将媒体网关分为以下三种：

(1) 中继网关。主要负责 PSTN/ISDN 中 C4 或 C5 交换局的汇接接入，将其媒体流接入到 ATM 或 IP 网络中，以实现 VoATM 或 VoIP 的功能。

(2) 综合接入网关。主要负责各种用户或接入网的综合接入，包括 PSTN/ISDN 用户接入、ADSL 用户接入、以太网接入、V5 接入等接入方式。

(3) 住户网关。主要负责住宅小区或企业用户的接入，实现用户话音和数据的综合接入，还包括未来要提供的视频业务。

信令网关是对 No.7 信令网与核心 IP 网络之间交互的信令信息进行中继、翻译和终接处理的设备。

根据信令网关处理的信令内容不同，可以将信令网关分为两种类型：

(1) No.7 信令网关。主要处理 No.7 信令消息和核心 IP 网内信令消息的交互。可以完成 No.7 信令网络层和 IP 网的信令传送的互通，从而透明地传送 No.7 信令高层消息。

(2) 用户信令网关。用户信令网关负责完成 ISDN 接入 IP 网的用户信令的互通。

9.3.1 媒体网关

媒体网关在下一代网中位于接入平面。媒体网关由软交换控制，处理各种用户和网络的接入需求。

媒体网关要实现以下的几种功能：

(1) 接入功能。提供各种网络和用户接入核心 IP 网络的功能，媒体网关以宽带接入手段接入核心网络。媒体网关还要与各种接入的网络进行互操作。例如，对于 PSTN 网络，媒体网关能够检测用户摘挂机、拨号等动作，并以一定的协议格式向软交换报告。

(2) 媒体流映射功能。媒体流的映射包括媒体格式的转换、数据压缩的算法、资源预约与分配以及对特殊资源的处理等。媒体网关要负责将各种不同网络的信息流映射成适合在核心 IP 网内传输的媒体流。以传统的话音业务为例，媒体网关能够将模拟话音信号转换为一定长度的数字化话音分组，以分组形式在 IP 网络上进行交换和传输。媒体网关还要负责实现对一些业务的特殊处理，例如话音业务在传输话音信息的同时，还要求进行回声抑制、静音压缩等操作。

(3) 受控操作功能。媒体网关本身不会对呼叫进行控制操作，需要软交换来控制，所以媒体网关要能够接收并处理软交换的各种控制原语。在软交换的控制下，媒体网关能够向接入的终端发送各种信号音和提示音，能够检测各种特殊的信号，能够对自身资源进行申请、预约、占用、释放等操作。

(4) 管理和统计功能。媒体网关能够收集与设备、端口以及呼叫相关的统计信息，包括系统资源占用情况、呼叫连接建立情况、带宽资源使用情况等，并向网管系统报告统计信息。

9.3.2 信令网关

信令网关的功能就是完成信令消息的转换。信令网关主要使用信令传输协议(SIGTRAN)来实现信令的交互。SIGTRAN 协议栈由下至上分为三层：IP 协议层、信令传输层、信令适配层。IP 协议层用来实现标准的 IP 传送协议；信令传输层类似于 TCP/IP 协议栈的传输层，主要用来提供信令传送所需的可靠连接功能；信令适配层用于将不同的信令协议适配成通用的信令传输协议。通过 SIGTRAN，可以完成 No.7 信令和 ISDN 用户信令与 IP 网互通的需要。

9.4 软交换呼叫控制原理

这里所介绍的软交换主要是指在控制平面的软交换设备。软交换通过软件来实现对各种呼叫建立的控制，完成呼叫的交换过程。在传统的 PSTN 中，呼叫控制与业务提供是不可分离的，它们都在交换机内部实现。对于不同的业务，要有相应的交换设备来控制呼叫的建立。而软交换不仅将呼叫控制能力从交换机上分离出来，还使呼叫控制与提供的业务无关。以软交换为核心的下一代网络，利用分组网代替传统交换机中的交换矩阵，开放了业务、控制、接入协议，不仅可以接入多种网络，而且可以方便地构建新的业务。

软交换最重要的功能就是呼叫控制功能。为了实现呼叫控制与具体的网络实现无关，软交换要先进行协议转换的操作，然后将呼叫控制消息转换为抽象的中间消息进行统一处理。上层软件看到一条呼叫建立的消息时，并不关心它是来自 PSTN 网络、H.323 网络还是其他分组网，只需要根据呼叫处理流程进行下一步的处理即可。

下面用两个具体的例子来说明呼叫控制的基本原理。

例 9.1 假设呼叫在两个 PSTN 网之间传送，主叫用户位于 SG1 和 MG1 的管辖范围，被叫用户位于 SG2 和 MG2 的管辖范围，No.7 信令使用 ISUP，MG1 和 MG2 属于同一个软交换控制的范围。网络连接图如图 9.10 所示。

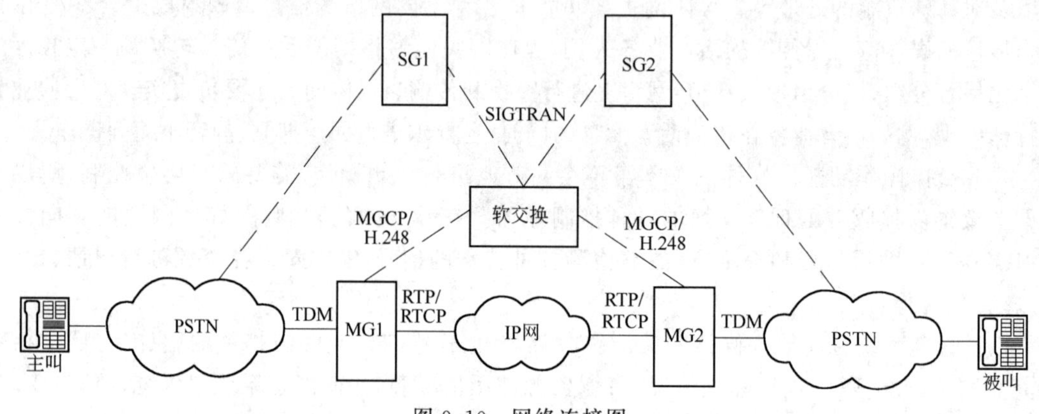

图 9.10 网络连接图

其具体信令交互的流程图如图 9.11 所示。

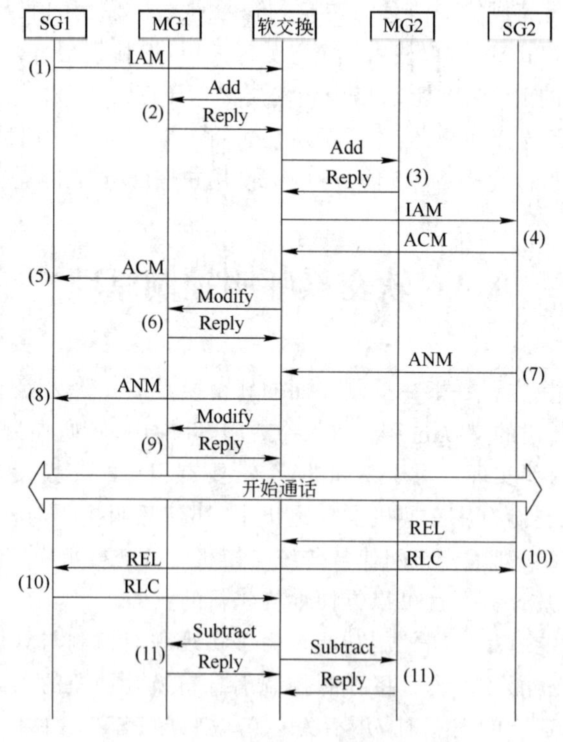

图 9.11 信令交互的流程图

各步骤的含义如下：

(1) 主叫用户摘机，用户拨号后 PSTN 交换局通过信令网关 SG1 向软交换发送呼叫建立请求 IAM 消息。

(2) 软交换通过 Add 命令在 MG1 中创建一个新的 Context，并在 Context 中创建一个关联域，关联域中加入 TDM 终端和 RTP 终端，并为其分配终端标志。由于此时发送媒体格式还不能确定，这取决于 MG2 支持的接收能力，所以设置 RTP 终端媒体流模式为"只收"模式，软交换还要设置抖动缓存以及语音压缩算法。MG1 通过 Reply 命令返回其 RTP 端口号及采用的语音压缩算法。

(3) 软交换通过 Add 命令在 MG2 中也创建一个新的 Context，并在 Context 中创建一个关联域，在关联域中加入被叫侧的 TDM 终端和 RTP 终端，并为其分配终端标记。对于加入的 RTP 终端，由于其发送特性和接收特性都要规定，所以设置 RTP 终端为"收发"模式，并设置抖动缓存和语音压缩算法。MG2 通过 Reply 命令返回其 RTP 端口号及采用的语音压缩算法。

(4) 软交换通过信令网关 SG2 向被叫所在 PSTN 发送 IAM，PSTN 返回 ACM，被叫侧开始振铃。

(5) 软交换通过 SG1 向主叫方 PSTN 发送 ACM 消息。

(6) 软交换向 MG1 发送 Modify 命令，告知被叫侧 RTP 的端口号和发送特性，并通知 MG1 发送回铃音。MG1 回复 Reply 命令，至此，MG2 至 MG1 的后向通路已经建立，前向通路处于保留状态但尚未建立。

(7) 被叫摘机，SG2 向软交换发送 ANM 消息。

(8) 软交换通过 SG1 向主叫方 PSTN 发送 ANM 消息。

(9) 软交换向 MG1 发送 Modify 命令，要求停止回铃音，并将 RTP 终端的媒体流模式改为"收发"模式。MG1 回复 Reply 命令，则 MG1 和 MG2 之间的双向通路完全建立起来，主叫和被叫开始进入通话状态。话音信息被转换为语音分组在 MG1 和 MG2 之间传输。

(10) 假设被叫先挂机，SG2 向软交换发送 REL 消息，软交换向 SG1 发送 REL 消息。

(11) 软交换向 MG1 和 MG2 分别发送 Subtract 命令，要求删除终端。MG1 和 MG2 向返回 Reply 命令，并返回统计信息。

例 9.2 假设呼叫在 SIP 终端和 PSTN 之间传送，代理服务器为主叫用户，即 SIP 终端的代理服务器，SIP 终端是指具有 SIP 用户代理功能的实体，PSTN 属于 MG 的管辖范围，No.7 信令使用 ISUP，其网络连接图如图 9.12 所示。

软交换和 MG 之间的交互这里不再描述，其控制消息的交互流程图如图 9.13 所示。

各步骤的含义如下：

(1) IP 侧 SIP 终端向代理服务器发出呼叫建立请求 INVITE 消息，代理服务器收到 INVITE 消息后，按照 SIP 系统的路由方式将 INVITE 消息路由至软交换。

(2) 代理服务器同时向 SIP 终端响应 Trying 消息，表明已转发 INVITE 消息，但未收到进一步的响应。

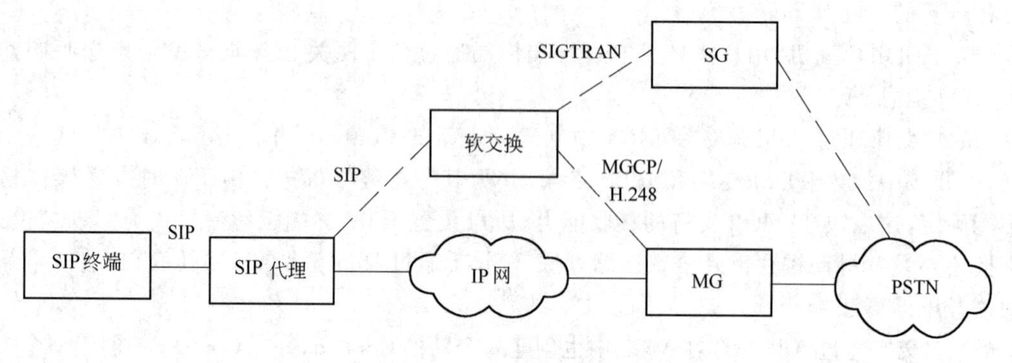

图 9.12　网络连接图

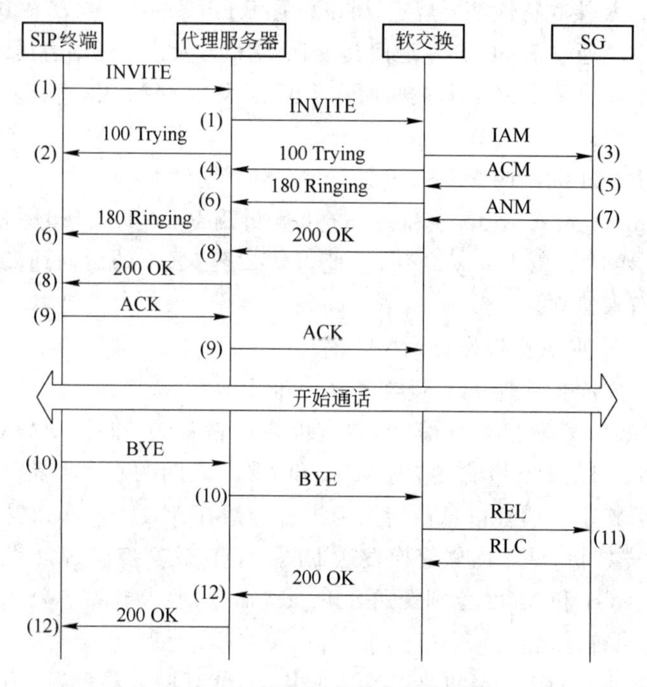

图 9.13　控制消息的交互流程图

(3) 软交换收到INVITE消息后,向PSTN所在的SG发送IAM消息,此消息经SG被送往被叫所在的端局。

(4) 软交换同时向代理服务器回送Trying消息,表明已将INVITE消息转发至目的网络,但呼叫建立还在进行中。

(5) 收端局收到IAM消息后,分析被叫号码,检查被叫的忙闲状况,如果能够接收此次呼叫,则向SG发送ACM消息,并向被叫用户终端振铃。

(6) 软交换收到ACM消息后,将其转换为Ringing消息,并向代理服务器发送,

Ringing 消息包含呼叫建立期间的状态信息。代理服务器进一步向 SIP 终端发送 Ringing 响应消息。

(7) 被叫摘机应答,收端局向 SG 发送 ANM 消息。

(8) 软交换将 ANM 消息转换为 OK 消息后向代理服务器发送,此消息按照 SIP 系统的路由方式发给代理服务器。代理服务器将收到的消息向 SIP 终端转发。

(9) SIP 终端收到 OK 消息后,向代理服务器发送 ACK 消息,表明其已经收到被叫的应答消息,代理服务器将 ACK 消息转发给软交换,至此呼叫通路完全建立,双方开始进行通话。

(10) SIP 终端先挂机,SIP 终端向代理服务器发送 BYE 消息,表明释放呼叫,代理服务器向软交换转发 BYE 消息。

(11) 软交换将收到的 BYE 消息转换成 REL 消息发送给 SG,SG 向收端局指示呼叫释放,并将收到的 RLC 消息发给软交换。

(12) 软交换将 RLC 消息转换为 OK 消息发送给代理服务器,代理服务器将 OK 响应转发给 SIP 终端,至此,呼叫释放完成。

通过以上两个例子,可以将软交换呼叫控制的基本原理概括如下:

(1) 通过信令网关交互必要的控制信息。在与电路交换网互通的情况下,软交换要与信令网关进行信令消息的互通,处理接收到的信令消息,或者将 IP 网的控制消息转换为适合在电路交换网中传送的信令消息格式。

(2) 进行协议的转换工作。连接异构网络的时候,软交换要实现不同协议消息间的转换工作,比如将 SIP 协议中表示呼叫建立的 INVITE 消息转换为 ISUP 中的 IAM 消息等。

(3) 控制媒体网关检测呼叫的建立和释放等操作。软交换需要与连接主叫和被叫的媒体网关进行通信,控制其为呼叫的建立分配必要的资源,并获取与呼叫相关的信息,如 RTP 地址和端口号;软交换还要能够进行必要的寻址操作,控制媒体网关进行发送、停止信号音等操作。

与不同的网络互通,软交换呼叫控制的流程也不尽相同,但其基本的控制原理是相同的,在此不再复述。

9.5 基于软交换的开放业务支撑环境

以软交换为核心的下一代网络是一种多业务融合的网络,除了提供现有电话网中的基本业务和补充业务之外,还可以提供各种智能网业务。最重要的是下一代网络还将支持各种新型的增值业务(包括第三方业务)。因此对于下一代网络而言,开放式业务支撑环境的建立尤为重要。通过业务支撑环境,业务层能够充分利用下层网络提供的丰富的业务功能,快速地向用户提供丰富的、高质量的增值业务。下一代网络的体系结构如图 9.14 所示。

业务支撑环境主要包括应用服务器、业务管理服务器和业务生成环境。它们互相配合,共同快速完成向用户提供灵活多样的基于下一代网络的增值业务。

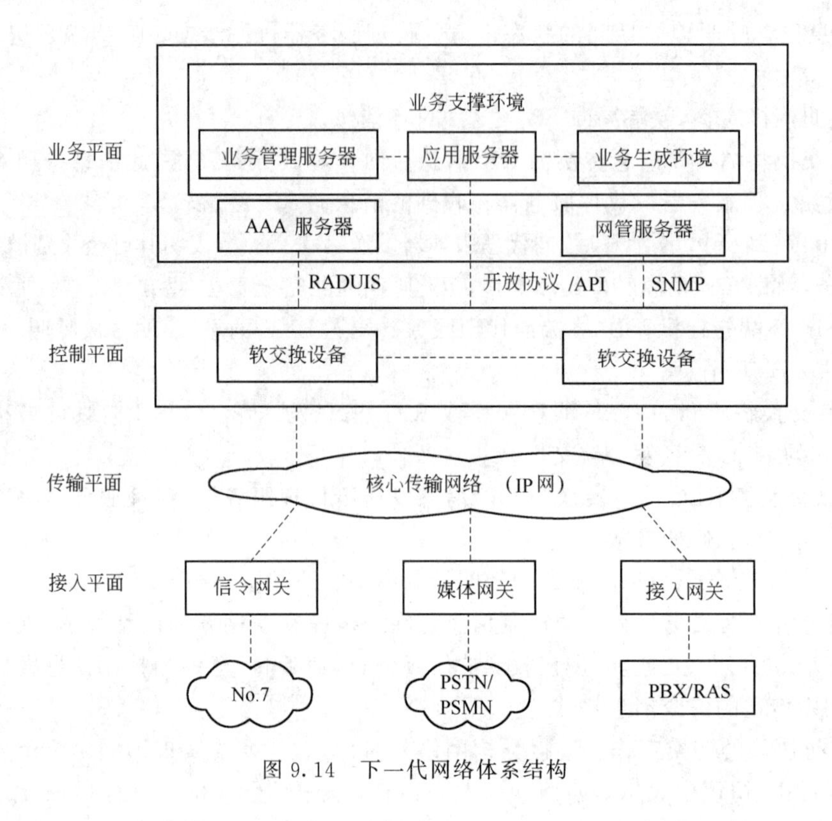

图 9.14 下一代网络体系结构

9.5.1 应用服务器

应用服务器是业务支撑环境的主体。应用服务器通过开放的协议或 API 与软交换交互来间接地利用底层的网络资源，从而实现业务与呼叫控制的分离，方便新业务的引入。

1. 应用服务器的功能

(1) 提供增值业务及其驻留和运行环境。主要包括业务的性能监测、系统资源监测、系统日志和业务日志、负载控制与平衡、故障处理等功能。这些功能相互配合，共同为业务提供电信级的运行支持。

(2) 提供对业务生命周期管理的支持。主要包括对业务加载、业务激活以及业务卸载等的支持。作为下一代网络中的一种电信级的核心设备，在不影响正在运行业务的前提下，实现业务的动态加载和动态版本更新是必须的关键的功能。

(3) 提供对第三方业务驻留、运行和管理的支持。新的业务层出不穷，应用服务器除了需要提供一定的自身业务外，还必须提供对第三方业务的运行管理支持，以保持对业务提供的可扩展性和开放性。

(4) 提供基于 Web、结合代理技术的个性化业务。Internet 成功的一个关键因素是，用户可以通过浏览器方便地使用大量基于 Web 的应用，而代理技术的引入又为用户带来了个性化的业务提供方式。将这两点成功的经验运用到应用服务器的业务提供中，可以为用户提供更具人性化的业务，也完全符合业务提供商的利益。

（5）业务冲突的避免、检测和解决。随着下一代网络中业务种类和数量的激增，业务间发生冲突的可能性也迅速增加，在这一背景下，业务冲突管理功能显得尤为重要。在具体实施上，为了将复杂的业务冲突管理与业务运行的支持分离开来，可以设置专门用来解决业务冲突的应用服务器。

（6）提供不同层次的业务开发接口。为了方便第三方业务的开发，应用服务器可以提供多种编程接口，如 Parlay API、SIP Servlet API、SIP CGI API、CPL、VoiceXML 等。

2. 应用服务器的分类

根据应用服务器和软交换之间接口的不同，可以把应用服务器分为 SIP 应用服务器和 Parlay 应用服务器两类。前者与软交换之间采用 SIP 协议进行交互，而后者则将 Parlay API 作为与软交换之间的接口。

（1）SIP 应用服务器

对基于 SIP 协议的 API 进行业务开发，可以很容易地利用 E-mail 等 Internet 中特有的业务特性，形成新的业务增长点。

IETF 为针对 SIP 应用的开发人员提供了两类业务开发技术：一类是针对可信度较高用户的 SIP CGI 和 SIP Servlets，制定了 SIP CGI 和 SIP Servlet API 规范。这两种技术功能较强，但使用不当会给应用服务器带来不安全的因素。另一类是针对可信度较低普通用户的 CPL（call processing language），它是由 IETF 的 IPTEL 工作组制定的一种基于 XML（extensible markup language）的脚本语言，主要用来描述和控制个人化的 Internet 电话业务（包括呼叫策略路由、呼叫筛选、呼叫日志等业务）。这种技术功能较弱，但能够保证由普通用户编写的 CPL 业务逻辑不会对应用服务器造成破坏。

图 9.15 所示的应用服务器体系结构可以提供对基于 SIP Servlet、SIP CGI、CPL 等多种

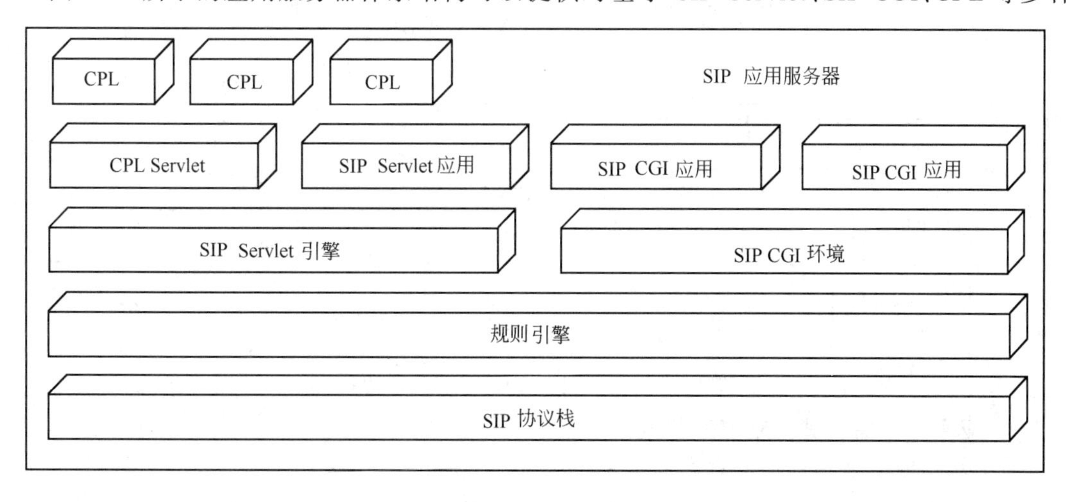

图 9.15　SIP 应用服务器的高层体系结构

接口业务的运行支持。底层是 SIP 协议栈，用来提供协议能力。之上引入了一个规则引擎，主要用来处理业务冲突和事件分发。SIP Servlet 引擎提供基于 SIP Servlet 业务的运行环境，SIP CGI 环境则提供对基于 SIP CGI 业务的支持，而 CPL 是对 CPL 业务脚本的解释程序。

(2) 基于 Parlay 的应用服务器

Parlay 应用服务器可以提供不同抽象层次的业务开发接口，方便不同能力、不同类型的业务开发者开发丰富多样的业务。例如，可以提供基于 CORBA 的 Parlay API 接口、基于 JAIN SPA 标准的 Java API 接口、基于 JavaBeans 的接口、基于 XML、CPL、VoiceXML 的接口等。

图 9.16 所示的 Parlay 应用服务器不仅支持软交换设备通过 CORBA 总线送上的业务请求，还支持通过 Web 浏览器经 HTTP 协议送来的业务请求，而且用户还可以通过浏览器进行业务的定购、客户化管理。Web Server 是应用服务器的一个组成部分。业务逻辑执行环境提供了基于 Parlay 业务逻辑的运行场所。图中的应用服务器还包含业务管理服务器和业务生成环境的功能，前者负责负载控制、负载平衡、故障管理、业务生命周期管理、业务订购管理、业务客户化管理等工作，后者则利用应用服务器提供的多种业务开发接口，提供图形化工具，方便业务的开发。

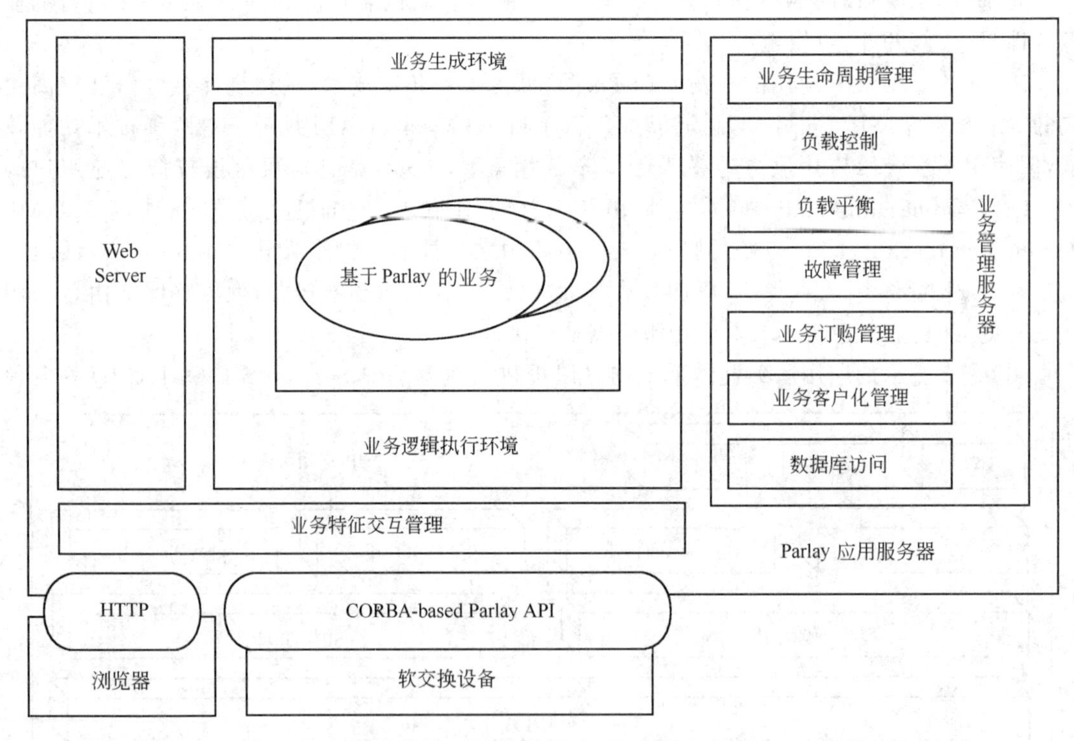

图 9.16　Parlay 应用服务器的体系结构

3. 应用服务器和其他功能实体间的通信

(1) 应用服务器与软交换设备间的通信

应用服务器与软交换之间可以使用 SIP 协议进行通信。SIP 协议具有建立、拆除和管理端点间会话的功能，所以软交换可以建立和取消至服务器的呼叫。同样，应用服务器也能建立和取消至软交换的呼叫，并且还具有转换主叫和被叫方信息、保持和恢复连接的功能。软交换可以通过注册机制得知应用服务器的存在，也可以通过在软交换上配置应用服务器的地址信息，静态得知应用服务器的存在。

基本的 SIP 功能和扩展的呼叫控制功能结合在一起，可使软交换将呼叫转至应用服务器进行增值业务处理，处理完以后，应用服务器通过软交换将呼叫转回，将自己从呼叫中退出。SIP 协议可使应用服务器进入所有的呼叫控制活动并能传送、重定向和代理呼叫。SIP 的通用性和灵活性，使得在软交换网络中可以非常有效和容易地实现增值业务。

图 9.17 是 SIP 实现各种增值业务时的控制流程。软交换和应用服务器间控制流交互的一般流程如下：

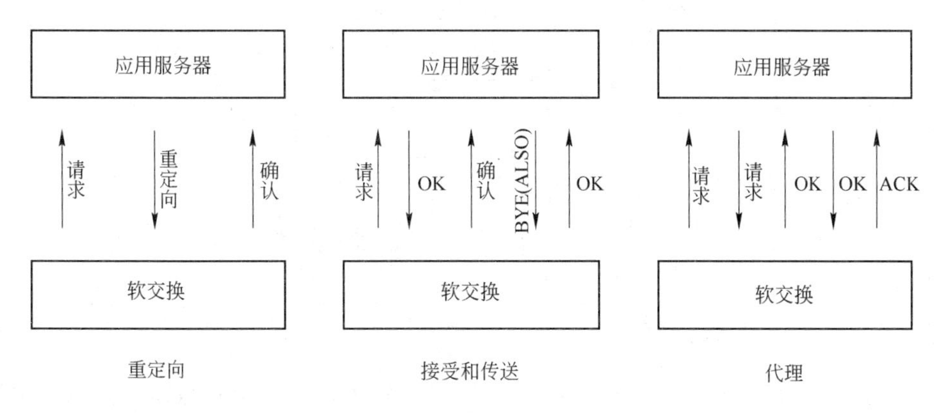

图 9.17　软交换与应用服务器之间的控制流

① 软交换根据触发信息决定是否将呼叫切换至应用服务器进行增值业务处理。触发可基于主叫方地址、被叫方地址或其他的软交换机制。

② 软交换根据触发信息确定应用服务器的地址，并通过发送 SIP 请求信息（包括适当的呼叫信息）将呼叫转至目标应用服务器。

③ 目标应用服务器接收到 SIP 请求之后，调用相应的增值业务逻辑。为了实现这一功能，应用服务器可进行不同的动作：

• 重定向。应用服务器向软交换发送一个新的目的地址，重定向该呼叫（重定向响应中包含新的目的地址）。这种机制可用于面向地址转换和路由业务。

• 接收和传送。分配媒体资源，命令软交换将至媒体资源的路径连接好（用 OK 响应表示）。用户与媒体资源的交互结束以后，应用服务器可将呼叫传至新的目的地，应用退出呼叫（BYE 的头中包含有新的目地址）。这种机制可用于面向媒体的业务，如卡号和传真存储/转发业务。

• 代理。通过软交换将呼叫返回，使得应用服务器可以监视所有的并发呼叫事件。此机制可用于面向事件的业务，如记账卡和计时业务。

(2) 应用服务器之间的通信

应用服务器之间也使用SIP协议进行通信,这使得应用服务器之间也可以交互。这样可以将两个或多个位于不同应用服务器上的业务联系起来,使得业务提供者向用户提供一个完备的、无缝的业务提供解决方案。应用服务器间的交互功能如图9.18所示。随着应用服务器可以实现对其他应用服务器的控制,相应的管理服务器间就需要引入交互的机制,这对日益增多的增值业务入网很重要。软交换可把这一功能分派给应用服务器,由应用服务器自己来管理与其他应用服务器的交互。

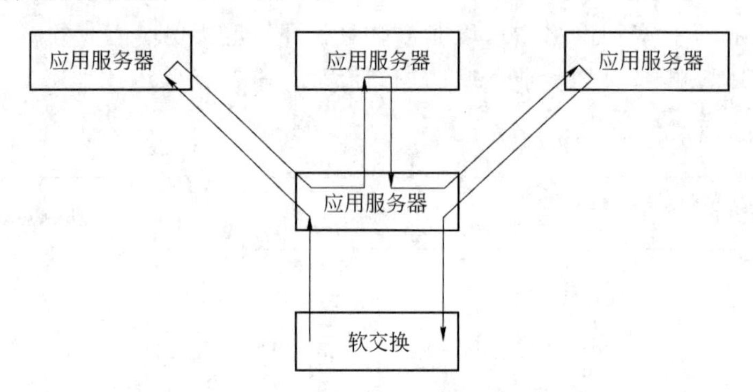

图9.18 应用服务器之间的功能交互

9.5.2 业务管理服务器

业务管理服务器与应用服务器相配合,主要负责业务的生命周期管理、业务的接入和定购、业务数据和用户数据的管理等。业务管理服务器可以与应用服务器配合存在(如图9.16所示),也可以通过制定业务管理服务器和应用服务器之间交互的开放接口标准,作为独立的实体存在。

9.5.3 业务生成环境

业务生成环境以应用服务器提供的各种开放API为基础,具有友好的图形化界面,可提供完备的业务开发环境、仿真测试环境和冲突检测环境。通过将应用框架/构件技术和脚本技术(如CPL、VoiceXML、XTML等)引入到业务生成环境中,可简化业务的开发。

9.6 应用编程接口

下一代网络是一个开放的网络,它允许业务提供商(尤其是第三方业务提供商)通过标准的应用编程接口(API)开发能够接入网络资源的各种业务和应用。使用开放的应用编程接口为业务提供商方便快捷地开发业务提供了可能。开放式应用编程接口的目的和意义在于:将业务开发接口公共化、抽象化，使第三方开发商能够加入通信增值业务的开发者行列，并且屏蔽下层网络的具体协议。第三方开发商不需要太多的专门协议知识。最终达到快速、廉价开发和部署新业务的目的。

新一代可编程业务接口技术的开放性主要体现在两点：一是业务可扩充性。下一代网络中，提供新的网络能力的平台可以随时加入网络，通过统一的可编程的 API，电信业务可以灵活地扩充能力。二是业务的构件化。业务是由模块组成，用户可以自由定义，可以通过组合模块的方式实现新的业务，从而产生针对不同用户的个性化业务。

目前，使用公共、开放的业务接口体系来搭建综合业务支撑平台已经成为电信领域研究的热点之一。在业务接口规范的制定方面，比较有代表性的规范有两个：Parlay 和 JAIN。它们并不是由标准化组织制定的，但是正在获得越来越多的支持。尤其是 Parlay 组织制定的 Parlay 规范，目前已成为业界最具影响力的 API 规范，并已得到大多数标准化研究机构和厂商的认可，很可能成为未来网络开放的标准接口。

9.6.1 Parlay 组织的发展

Parlay 组织成立于 1998 年 3 月，由 BT、Ulticom、Microsoft、Nortel 和 Siemens 5 家公司联合发起，主要研究能够支持外部应用安全地访问网络内部资源的网络接口规范，其目的是根据下一代通信网络发展的需求，提出一系列 API，把底层通信网络的各种协议抽象为一套容易理解的接口。这对于通信网络的开放和与 Internet 互通有很大作用，因此得到了业界的广泛关注，发展很快，目前其成员几乎包括所有业内的知名企业。Parlay 组织的目标是要开放电信网络的能力，最大范围地为市场参与者开发和提供先进的电信业务。为此该组织制定了一套开放的、独立于具体技术的、用于第三方业务开发和部署的 API，称为 Parlay API。Parlay 组织最早于 1998 年 12 月推出了 Parlay API 1.0 规范，目前已推出 Parlay API 4.1 版本。

9.6.2 Parlay API 的体系结构

Parlay API 位于现有网络之上，现有网络的网络单元通过 Parlay 网关与应用服务器进行交互，从而提供第三方业务或综合的业务，Parlay 网关与应用服务器之间的接口为 Parlay API。Parlay 网关与现有网络的网络单元之间的协议采用各网络的现有协议。

Parlay API 技术规范共定义了以下五种接口，如图 9.19 所示。

- 客户应用与 Parlay 框架间的接口(接口 1)
- 客户应用与 Parlay 业务之间的接口(接口 2)
- Parlay 框架与 Parlay 业务之间的接口(接口 3)
- Parlay 框架与企业运营商之间的接口(接口 4)
- Parlay 框架与第三方业务提供商之间的接口(接口 5)
- Parlay 业务能力特征与企业运营商之间的接口(接口 6)

Parlay API 可以看作由两大部分组成：框架(framework)和业务(service)，如图 9.20 所

示。框架主要提供业务接口必须的安全和管理支撑能力，业务提供封装具体网络能力，向应用开发者提供网络能力的抽象视图，而应用则是使用这两种能力的客户端。

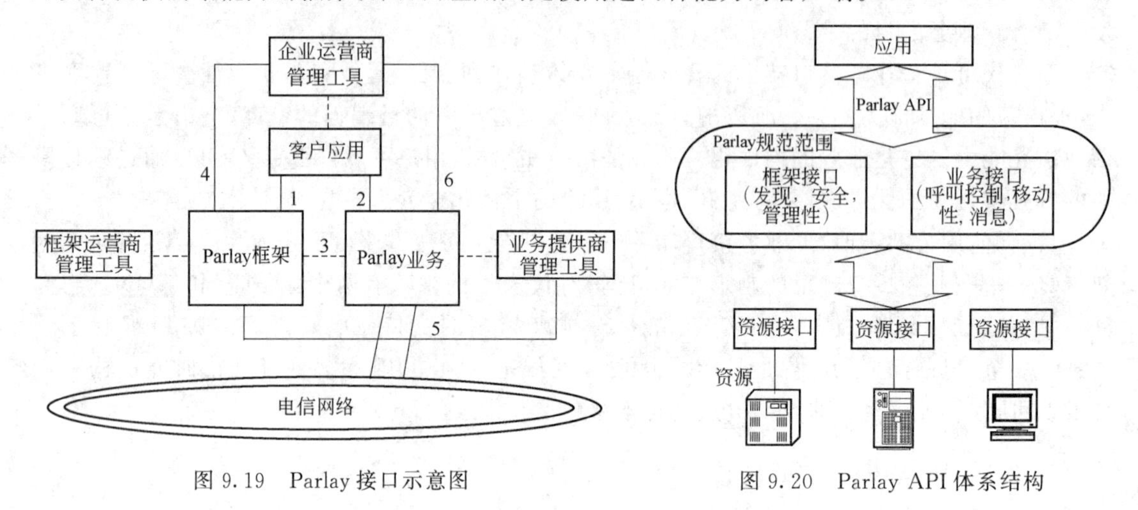

图 9.19　Parlay 接口示意图

图 9.20　Parlay API 体系结构

9.6.3　Parlay API 提供的第三方业务

通过 Parlay 提供的第三方业务主要分为以下几类：

(1) 通信类业务。如点击拨号、VOIP、点击传真、可视电话、会议电话以及与位置相关的紧急呼叫业务、路边助手业务等。

(2) 消息类业务。如统一消息、短消息、语音信箱、E-mail、多媒体消息、聊天等。

(3) 信息类服务。如新闻、体育、旅游、金融、天气、黄页、票务等各种信息的查询、订制、通知以及基于未知的人员跟踪、找朋友等。

(4) 支付类业务。如电子商务、移动银行、网上支付、即时售订票、收费浏览等。

(5) 娱乐类业务。如游戏、博彩、谜语、教育、广告等。

各类业务可以相对独立，也可以有机结合。例如可以在查询信息时根据相应的信息进行支付类业务；各种娱乐可以通过不同的消息方式来表现(短消息、E-mail)，将娱乐与消息业务相结合。

随着通信网技术的飞速发展，多种异构网络间的融合已是大势所趋。如何在这种分布、异构、融合环境下建立新一代面向公众的、开放的通信业务支撑网络，快速有效地提供丰富、高质量和个性化的跨网业务，并且促成独立业务运营商和独立业务提供商的形成，已成为通信网络技术发展中的一个极其关键的问题。

小　结

下一代网络代表着一种网络融合的趋势：以电路交换为基础的传统电信网向以分组交换

为基础的IP网络发展，并在此基础上提供综合了话音、数据、视频及多媒体业务的综合业务平台。软交换是发展下一代网络的关键。本章首先介绍了软交换的基本概念、提供的功能和支持的协议；其次介绍了软交换中的重要技术——网关技术。网关技术包括媒体网关、信令网关和网关控制器技术，是软交换融合电路交换网和分组网的基础。软交换对用户是透明的，主要处理实时业务，将呼叫控制和承载分开。本章通过两个实例，介绍了软交换呼叫控制的原理。另外，软交换与传统电信交换机的一个主要区别就是它提供了一种开放式的体系结构，通过提供一系列的API，使呼叫控制和业务分开，方便第三方的业务开发。本章最后介绍了基于软交换的开放业务支撑环境，其中主要介绍了应用服务器的概念和原理。应用服务器是提供增值业务的开发、执行和管理平台，有利于引入新的业务。

习　题

1. 绘图说明软交换的系统结构。
2. 简述软交换的特点与功能。
3. 为什么要引入网关技术？媒体网关和信令网关的作用是什么？
4. 软交换的呼叫控制和PSTN交换机的呼叫控制有哪些相同点和不同点？试举例说明。
5. 基于软交换的业务支撑平台的作用是什么？主要包括哪几个部分，各个部分的功能分别是什么？
6. 简述SIP实现增值业务时，软交换和应用服务器间控制流交互的过程。
7. 开放式应用编程接口的意义是什么？它的开放性体现在哪些方面？
8. 简述Parlay API基本的体系结构。通过Parlay API提供的第三方业务都有哪些？

参考文献

1　赵慧玲，叶华. 以软交换为核心的下一代网络技术. 北京：人民邮电出版社，2002

2　杨放春. 软交换体系结构及其业务支撑环境. 中国计算机用户，2003-12-8

3　陈建亚，余浩. 软交换与下一代网络. 北京：北京邮电大学出版社，2003

4　万晓榆. 下一代网络技术与应用. 北京：人民邮电出版社，2003

5　RFC2705：Media Gateway Control Protocol（MGCP）Version 1.0

6　RFC2543：SIP：Session Initiation Protocol

7　朱西平，李方军，李宗寿. 软交换技术与H.323协议. 中国数据通信，2004，6(1)

第10章 光 交 换

光交换是指不经过任何光/电转换，在光域内为输入光信号选择不同输出信道的交换方式。本章介绍了光交换与传统电交换的主要区别、光交换的基本器件——光开关，并介绍了光交换的基本原理和现在两种主要的光分组交换技术——透明光分组交换技术和光突发交换技术，最后对未来光交换的发展做了展望。

10.1 概　　述

10.1.1 光交换的产生

由于宽带视频、多媒体等各种高带宽资源业务需求的增加，对通信网的带宽和容量提出了更高的要求，高速高带宽网络已经成为现阶段通信网络发展的趋势。

为了满足人们的这种需求，作为通信网的两大组成部分——传输和交换都需要不断的发展和变革。传统的基于电子技术的网络由于受限于电子器件的工作速率限制，难以完成高速、高带宽的传输和交换处理，并且网络中还会出现带宽"瓶颈"。由于光纤通信技术能够提供高速的、较大带宽的通信手段，所以发展基于光纤的全光网络成为未来通信网的发展趋势。全光网络可以满足人们对宽带视频、多媒体业务的需求，是发展高速宽带业务的一种有效手段。

全光网络是指信息流在网络中进行传输和交换时始终以光的形式存在，而不需要经过光/电、电/光变换，即信息在从源节点到目的节点的传输过程中始终在光域内，并且其在网络节点进行交换时也是在光域内进行的，并不需要进行电信号的转换。全光网络的相关技术主要包括光交换技术、光交叉连接技术、全光中继技术、光分插复用技术等。

光交换技术是实现全光网络的关键技术之一。光交换是指不经过任何光电转换，将输入端光信号直接交换到任意的输出端。光交换主要完成光节点处任意光纤端口之间的光信号交换及选路。全光网络的几大优点例如带宽优势、透明传送、降低接口成本等都是通过光交换技术体现的。人们对光交换的探索始于20世纪70年代，80年代中期发展比较迅速。经过30

余年的研究，在光器件研究技术的推动下，对光交换系统技术的研究有了很大进展。光交换的发展过程可分为两个阶段：第一阶段进行电控光交换，即信号交换是全光的，而光器件的控制仍由电子电路完成，目前世界上的光交换系统大都处于这一水平；第二阶段为全光交换技术，即系统的逻辑、控制及交换均由光子完成，这是光交换未来发展的方向。

10.1.2 光交换的特点

在电信网中，光纤是目前的主要传输介质，越来越被广泛地应用在长途及干线传输中。在网络节点处，如果信息的交换还以传统的电信号形式进行，那么当光信号进入交换机时，就必须将光信号转变成电信号，才能在交换机中交换，而经过交换后的电信号从交换机出来后，需要转变成光信号才能在光的传输网上传输，如图 10.1 所示。这样的转换过程不仅效率低，而且由于涉及到电信号的处理，要受到电子器件速率"瓶颈"的制约。

而光交换在交换的过程中信号始终以光的形式存在，在进出交换机时不需要进行光信号的光/电转换或者电/光转换，如图 10.2 所示。这样就大大提高了系统的性能。

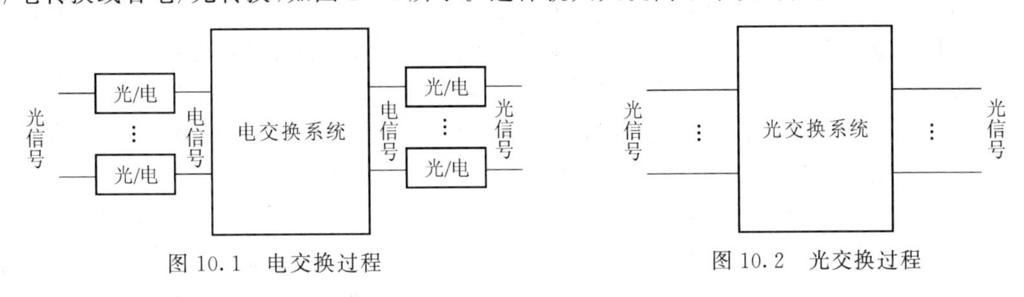

图 10.1 电交换过程　　图 10.2 光交换过程

光交换主要有以下特点：

(1) 由于光交换不涉及到电信号，所以不会受到电子器件处理速度的制约，可与高速的光纤传输速率匹配，实现网络的高速率。

(2) 光交换根据波长对信号进行路由和选路，与通信采用的协议、数据格式和传输速率无关，可以实现透明的数据传输。

(3) 光交换可以保证网络的稳定性，提供灵活的信息路由手段。

10.1.3 光交换的基本器件

电开关是电信号交换系统最基本的单元。每个电开关在控制信号的控制下接通或断开其出线和入线。当电开关的出线和入线接通时，电信号可以从这个电开关通过；当电开关的出线和入线断开时，电信号不能从这个电开关通过。将许多电开关组成一个阵列，在控制信号的控制下，使某些电开关接通，某些电开关断开，这样，电信号就能在这个阵列中进行交换。这就是最基本的交换单元的构成及其工作原理，在第 2 章中对交换单元及其由交换单元构成的交换网络有过深入地介绍。

光交换与电交换的原理一样，也是通过控制开关矩阵的出线和入线的接通和断开来完成信号的交换。与电交换不同的是，在光交换中要控制的是光信号，所以光交换中更多的要考虑结合光的物理特性来进行交换。光开关是完成光交换的最基本的功能器件。将一系列光开关组成一个阵列，构成一个多级互联的网络，在这个阵列中完成光信号的交换。

下面是几种主要的光开关器件。

（1）半导体光放大器

半导体光放大器可以对输入的光信号进行放大，并且可以利用一种被称为偏置电信号的器件来控制光信号的放大倍数。当偏置电信号的值为 0 时，输入的光信号不能从光放大器的输出端输出，相当于电开关的断开；当偏置电信号的值不为 0 时，输入的光信号可以从输出端输出，相当于电开关的接通，其结构如图 10.3 所示。

（2）耦合波导开关

耦合波导开关不像半导体光放大器那样只有一个输入端和一个输出端，而是有两个输入端和两个输出端。每个输入和对应的输出形成一个光通道。两个输入和两个输出组成两个光通道。耦合波导开关利用控制电极来控制光信号的输出状态。当控制电极上不加电时，其中一个光通路上的光信号会完全耦合接到另一个光通道上，形成光信号的交叉连接；当控制电极上加电时，原先耦合到另外的光通路上的光信号会耦合回到原来的光通道上，形成光信号的平行连接。耦合波导开关的结构如图 10.4 所示。

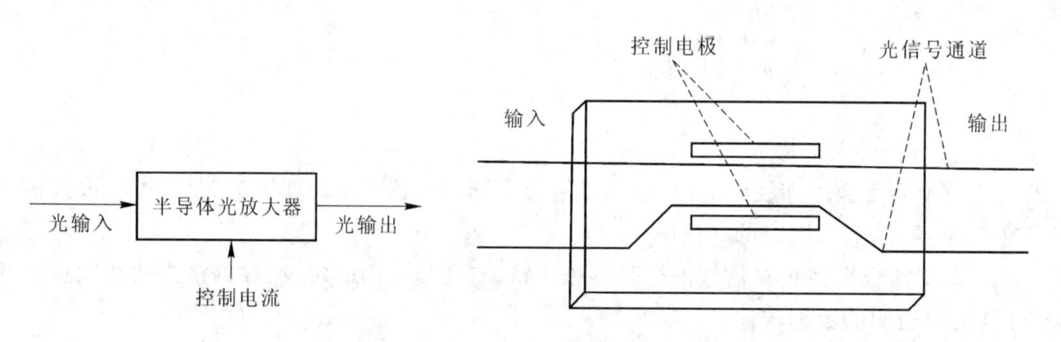

图 10.3　半导体光放大器结构图　　　图 10.4　耦合波导开关结构图

（3）硅衬底平面光波导开关

这种开关包含两个 3 dB 的定向耦合器和两个长度相等的波导臂，利用镀在 Mach-Zehnder干涉仪波导臂上的金属薄膜加热器形成相位延时器，通过控制两臂的相位差来控制光信号的接通和断开。它的原理是利用在硅介质波导内的热-电效应，平时偏压为零时，开关处于交叉连接状态，但是当波导臂被加热后，开关切换到平行的连接状态，如图 10.5 所示。

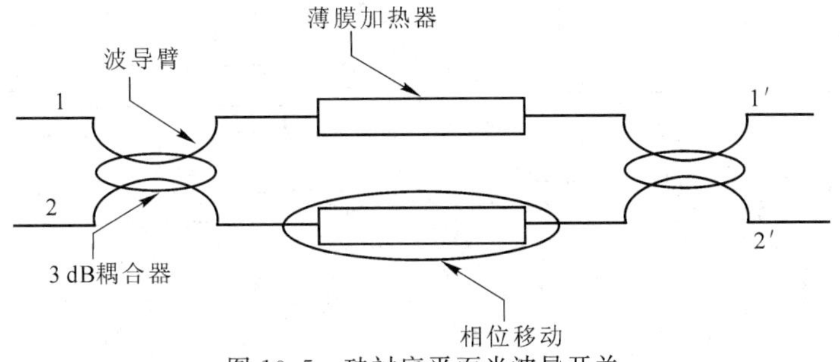

图 10.5　硅衬底平面光波导开关

(4) 波长转换器

波长转换器有多种实现方式，这里介绍一种比较简单的O/E/O(光/电/光)转换方式。当一个波长为 λ_i 的光信号输入时，由一个被称为光电探测器的器件把它转变为一个电信号，然后通过外调制器调制或激光器把这个电信号转换为一个波长为 λ_i 的输出光信号，其系统结构如图 10.6 所示。

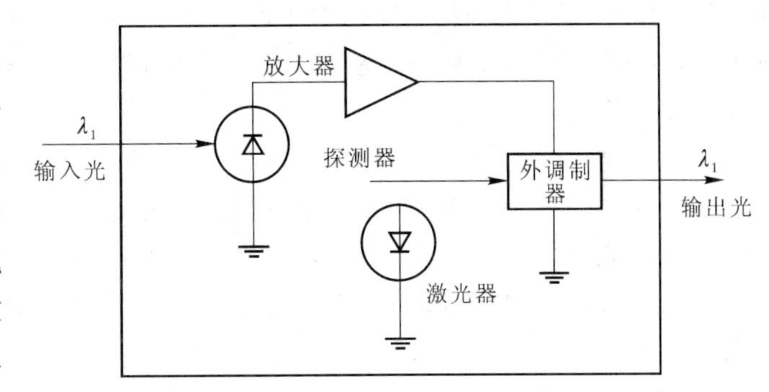

图 10.6　光/电/光波长转换器

10.2　光交换原理

光信号的分割复用方式有空分、时分和波分三种，因而光交换相应地也存在空分、时分和波分三种光交换，它们分别完成空分信道、时分信道和波分信道的交换。如果光信号同时采用多种分割复用方式，则完成这样光信号的交换需要相应的复合光交换，如空分＋波分交换。

10.2.1　空分光交换

空分光交换就是在空间域上对光信号进行交换。空分光交换的基本原理就是利用光开关组成开关矩阵，通过对开关矩阵进行控制，建立任一输入光纤到任一输出光纤之间的物理通路连接。

光开关是空分光交换中最基本功能元件，它最基本的形式是如图 10.7 所示的 2×2 的形式。在光开关的入端和出端都各有两条光纤，当光开关处于平行状态时，从端口 1 输入的光信号就会从端口 3 输出；当光开关处于交叉状态时，从端口 1 输入的光信号就会被交换至端口 4

输出，这样就完成了最基本的空间交换。

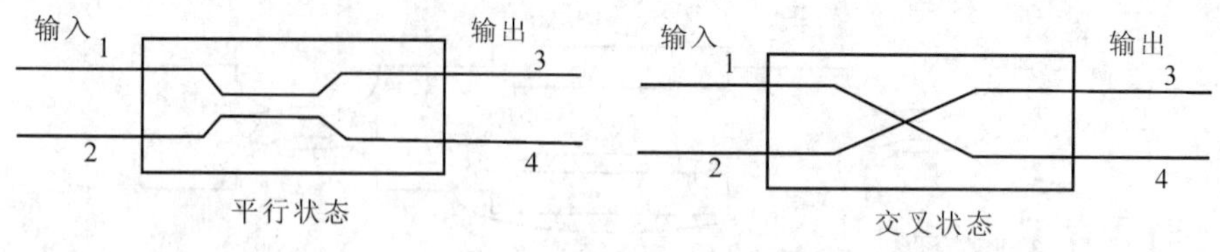

图 10.7 2×2 光开关

按照光信号在光开关通过介质的不同，空间光开关可以分为自由空间型和波导（光纤）型两大类，每一类又可以根据不同的物理效应、不同的材料、不同的工艺来实现。平时常见的光开关有：机械型光开关、热光开关、微电机系统（MEMS）光开关、喷墨气泡光开关、半导体光放大器（SOA）开关等。

2×2 的光开关与其他的光开关（例如 1×2 开关）级联、组合，可以构成比较大型的空分光交换单元。空分光交换单元通过不同方式连接可以构成空分光交换网络。空分光交换网络的构成结构与传统电交换网络类似，可以构成纵横式（crossbar）网络、双纵横式（double-crossbar）网络、Banyan 网络、扩张的 Banyan 网络、Benes 网络、扩张的 Benes 网络等，详见第 2 章。

10.2.2 时分光交换

时分光交换的原理与程控交换系统中的时分交换系统原理相同，即将输入的某一时隙上的光信号交换至另外一个时隙进行输出的交换方式。

时分光交换系统利用一种被称为时隙交换器（time slot interchanger）的部件来完成光信号在时间轴上的重新排列。时隙交换器是由空间光开关（光分路器、光复用器）和一组光纤延时线构成的。光纤延时线是一种光缓存器。将一个时隙时间内的光信号在光纤延时线中传输的长度定义为一个基本单位。那么，光信号需要延迟传输几个时隙，就让它经过几个单位长度的光纤延时线。时分复用光信号经过分路器分离出每个时隙信号，将这些信号分别经过不同的光纤延时线，即经过不同的时间延迟，变换到相应的时隙中，再把所有时隙信号经复用器复用输出，即完成了时分光交换，如图 10.8 所示。

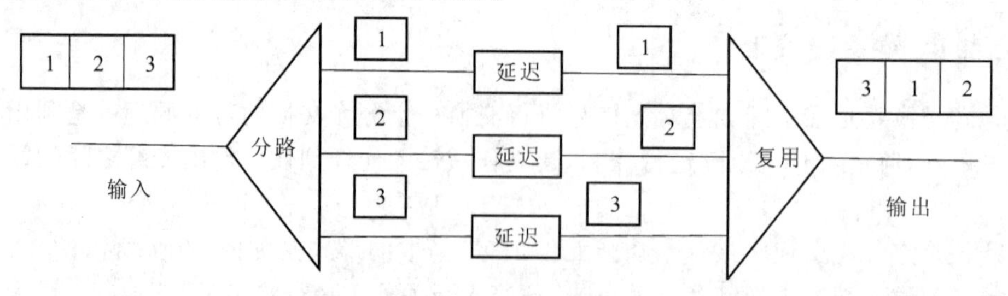

图 10.8 时分光交换过程示意图

按照相同帧中的输入时隙经过时隙交换输出后是否还在同一帧，可以把时隙交换分为保持帧的完整性和不保持帧的完整性两种。保持帧的完整性是指在进行时隙交换时，某一帧的每个时隙可以交换到这一帧中的任何时隙，但是不能越过这一帧的边界到其他帧中，也就是在交换后，原先的输入信号中的任何一帧时隙在输出后都不会改变其所在的帧，依然在原来的帧中；而不保持帧的完整性就不一样，它可以根据每个时隙的交换要求，选择自己需要的时隙输出，不要求与其他的时隙保持在原来的帧中。

时分光交换系统可以与采用光时分复用(OTDM)的光传输系统联合工作。利用时分光交换模块和空分光交换模块可构成大容量的光交换机。

10.2.3 波分/频分光交换

波分交换是根据光信号的波长来进行通路选择的交换方式。其基本原理是对于波分复用信号使用不同的波长来区别各路原始信号，通过改变输入光信号的波长，把某个波长的光信号变换成另一个波长的光信号输出，即实现波长互换，从而实现对各路原始信号的交换。波分光交换模块由波长复用器/去复用器、波长选择空间开关和波长变换器(波长开关)组成，如图10.9所示。

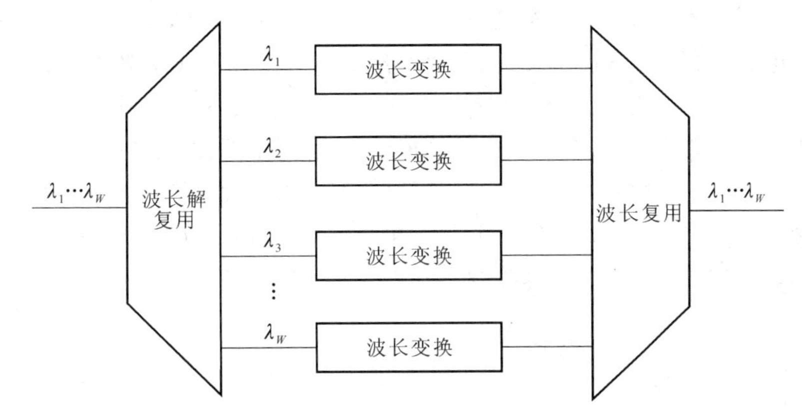

图 10.9 波分光交换过程示意图

波分光交换是利用波长开关实现的。先用波分解复用器件将波分信道空间分割开，然后对每一个波长信道进行波长变换，再把它们复用起来输出，从而实现波分交换。波长变换器是实现波分交换的关键器件，现在较为成熟的有以下几种：O/E/O 波长变换器、基于半导体放大器的交叉增益调制型全光波长变换器、基于半导体放大器的交叉相位调制型的全光波长变换器、四波混频型波长变换器等。

波分光交换系统可以和采用光波分复用技术(WDM：wavelength division multiplexing)的光传输系统匹配。波分光交换系统可以和空分光交换系统、时分光交换系统结合，组成复合型的光交换系统。

10.3 光分组交换技术

光交换按交换方式可分为光路交换方式(OCS:optical circuit switching)和光分组交换方式(OPS:optical packet switching),对应于电交换中的电路交换和分组交换方式。光路交换又分为空分、时分和波分/频分三种光交换类型。光分组交换则有 ATM 光交换、透明光分组交换、光突发交换等。

ATM 光交换是对 ATM 信元进行交换的技术。ATM 光交换遵循电信号领域 ATM 交换的基本原理,采用波分复用、电或光缓冲技术,先对信元波长进行选路,依照信元的波长,将信元选路到输出端口的光缓冲存储器中。

目前,以密集波分复用技术为基础的光传输和光交换技术在光通信中得到了广泛的应用,其网络节点根据光信号的波长进行路由,是一种较粗粒度的信道选择方式。WDM 光网络类似于电路交换网,并不能很好地支持 IP 业务。现在的 WDM 光网络仍然使用 IP over ATM over SDH over WDM 的网络结构来支持 IP 数据传输,这样的多层结构不仅功能冗余,开销巨大,而且在 SDH 层要经过光/电转换,无法充分利用光通信技术的速率优势。随着 Internet 的快速发展,分组数据业务的飞速增长,如何更好地支持分组数据成了光通信研究中的一个重点。人们提出了一些新的光分组交换技术,在 WDM 上直接传送 IP 分组,将 WDM 透明光网络的传送能力和分组传送模式结合起来,达到能够处理较细粒度的信道分割和有效利用带宽的目的,将分组头信息和分组净荷信息分开处理,根据分组头信息进行控制选路。这些光分组交换技术主要有:透明光分组交换技术、光突发交换技术、光标记分组交换技术、光子时隙路由技术等。下面主要介绍透明光分组交换技术和光突发交换技术。

10.3.1 透明光分组交换技术

1. 交换节点结构模型

通用的光分组交换节点的结构模型如图 10.10 所示。主要包括一系列复用器/解复用器、输入接口、输出接口、交换矩阵、光存储器、波长变换器以及交换控制单元等模块。由于光分组交换有同步交换和异步交换两种交换方式,同步交换方式是目前比较常见的交换方式,所以,这里主要介绍使用同步交换方式的光分组交换节点结构模型的各功能模块。

(1) 解复用/复用器

解复用器的功能是将输入光纤上的分组按照不同的波长分开,送往输入接口进行下一步处理。复用器的功能正相反,将输出接口的分组根据波长进行复用。

(2) 输入接口

输入接口的功能主要包括:对输入信号进行整形、定时和再生,以方便进一步的处理;检测输入信号的漂移和抖动;识别出分组头、净荷信息和分组尾;对输入分组进行同步,使分组与交

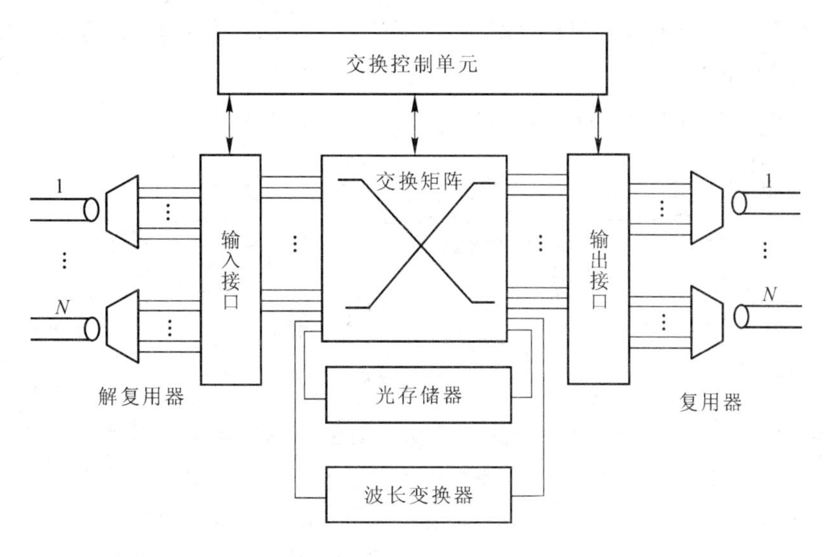

图 10.10　通用的光分组交换节点结构模型

换时隙对准;将分组头提取出来交给交换控制单元处理等。

(3) 交换控制单元

交换控制单元主要完成对分组在交换矩阵中选路的控制功能。交换控制单元处理所有的包头信息,决定分组的输出端口和波长,并完成对交换矩阵的配置工作。目前的交换控制单元还是由电子电路来实现的,通过电存储器中的路由交换表来管理路由交换过程。

(4) 交换矩阵部分

交换矩阵部分包括交换矩阵、光存储器和波长转换器。这一部分的主要功能就是在交换控制单元的控制下,完成信号的选路工作。

交换矩阵完成光信号在空间上的选路工作。交换矩阵要能够完成基于分组级的信号处理。实现高速的信号处理是交换矩阵的一个关键问题。交换矩阵必须在两个相继分组到达的时间间隔内完成重新配置和交换。例如,在一个 10 Gbit/s 系统中,如果分组长度为 125 byte (1 kbit),一个分组要完全离开输入端口到达交换矩阵需要大约 100 ns。两个分组之间的间隔也非常短,所以交换矩阵重新配置和交换的时间必须是纳秒级的。

光存储器的功能是存储光域的信息。光存储器用来解决交换过程中的冲突问题。可以使用光纤延时线来作为光存储器,但是光纤延时线比较昂贵,所以人们对光存储器技术的研究仍在进行中。

波长转换器可以对输入光信号的波长进行变换,是解决交换过程中的冲突问题的另一种手段。现在的波长转换器一般是由 O/E/O 转换器来组成,全光域的波长转换器还没有进入实用阶段。

(5) 输出接口

输出接口完成的功能主要包括对信号进行整形、定时和再生,以弥补经过交换矩阵后可能对信号造成的损伤；对分组的识别和再同步；将新的分组头加到净荷上；均衡输出功率，等等。

2. **光分组交换的帧格式**

光分组交换的帧结构包括分组头和载荷，如图 10.11 所示。

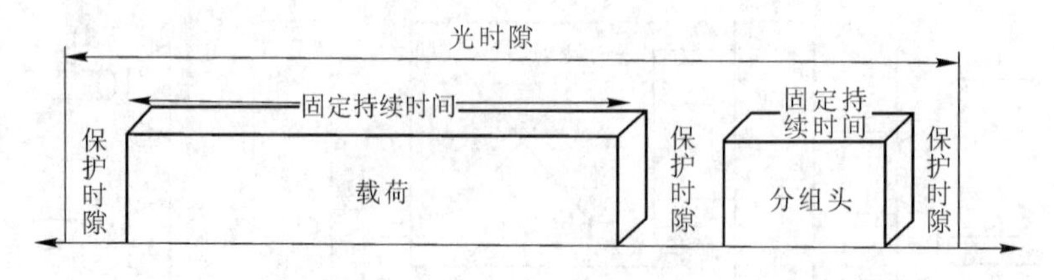

图 10.11　光分组交换的帧格式

分组头包括分组头同步比特和路由标记，载荷则包括载荷同步比特和净荷。在分组头和载荷的中间存在一定的保护时隙。为了补偿光器件的交换时间、净荷在节点处可能存在的抖动以及在网络节点处同步单元的有限冲突，在分组头前和载荷后都要插入保护时隙。为了在交换节点和采用光纤延长线的分组缓存中简化同步的操作，光分组采用具有固定比特率的分组头。而净荷只是具有固定的时隙，但是比特率是可变的。

3. **交换中的竞争问题**

分组竞争是指有两个及两个以上的分组要从交换矩阵的同一个出口输出的情况。解决交换竞争的策略主要包括光分组缓存、波长转换和偏转路由。

光分组缓存通过将发生竞争的多个分组在光存储器中进行延时来解决竞争。光纤延时线是比较常见的光存储器。当多个分组发生竞争后，选择其中的一个分组直接通过交换矩阵，其余的分组被送往光纤延时线，当这些分组从光纤延时线中输出后，再重复以上的过程，直到所有的分组都通过交换矩阵。

波长转换通过转换发生竞争的多个分组的波长来解决竞争。当多个分组要从同一出口以相同的波长输出时，选择一个分组直接通过交换矩阵，另外的分组均要进行波长转换。当同一出口的所有波长都被占用时，需要存储未解决竞争的分组。

偏转路由通过改变分组在交换矩阵中的路由来解决竞争。只有一个分组按照原来选定的路径传输，其他竞争失败的分组被送往其他的端口，并经过更长的路径才能到达最初的目的地。

光分组缓存是在时间域内的方法，WDM 是在波长域内的方法，偏转路由是在空间域内的方法。这三种方法各有利弊：光分组缓存能够提供高的网络吞吐量，但需要较多的硬件，并且控制比较复杂；偏转路由比较容易实现，所需的硬件也较少，但其网络性能较低，网络负荷不能太大；波长转换是一种比较理想的解决冲突的方法，波长转换可以与上述两种方法结合，克服它们的缺陷。波长转换可减少光缓存器的数量或减小分组丢失率，抑制噪声和信号再整型，因此在光分组交换网中，将光缓存、偏转路由与波长转换结合，可以得到实现光分组交换节点的较佳方案。

4. **网络参考模型**

光分组交换的网络参考模型分为三层:高层、OTP层和透明光传输层,如图10.12所示。在光分组交换网络参考模型中,考虑了比特透明性(即只要在某个波长上建立了连接关系,任何格式和速率的数据均可在两个节点间透明地传递)和波分复用等技术因素。

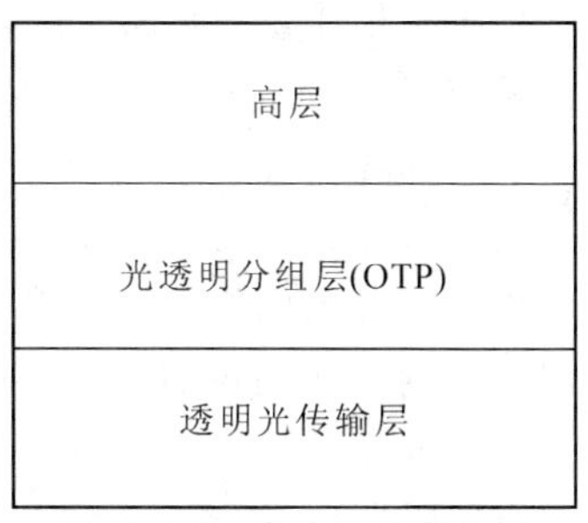

图10.12 光分组交换分层网络参考模型

(1) 高层。也叫做电交换层,是OTP(optical transparent packet)层的客户层,接受OTP层提供的服务。这一层对应于已普遍使用的接入网和核心网的标准,如ATM、PDH(准同步数字系列)和SDH(同步数字系列)及其他常用的标准分组和基于帧的业务。为了简单,整个网络用一层来表示。

(2) 透明光传输层。这一层对应于地域上更广阔的WDM光传输网,利用波长交换和空间交换来进行信号透明的路由,链路的传输容量为数Gbit/s至数百Gbit/s。

(3) OTP层。由于在相对低速的电交换层和采用WDM技术的高速的透明光传输层之间存在速率上的不匹配,所以需要在低速信道和高速信道之间进行速率的适配。因此在这两层中间引入一个中间层——OTP层。OTP层可以实现分组比特率和传输方式的透明性,在WDM光传输网中的高速波长信道和高层的电交换网之间架起一座桥梁,大大改进了光传输网的带宽利用率,增加了网络的灵活性。

OTP层的接入接口划分为四个子层,分别为数据汇聚子层(DCSL)、网络子层(NSL)、链路子层(LSL)和波长汇聚子层(WLSL),如图10.13所示。

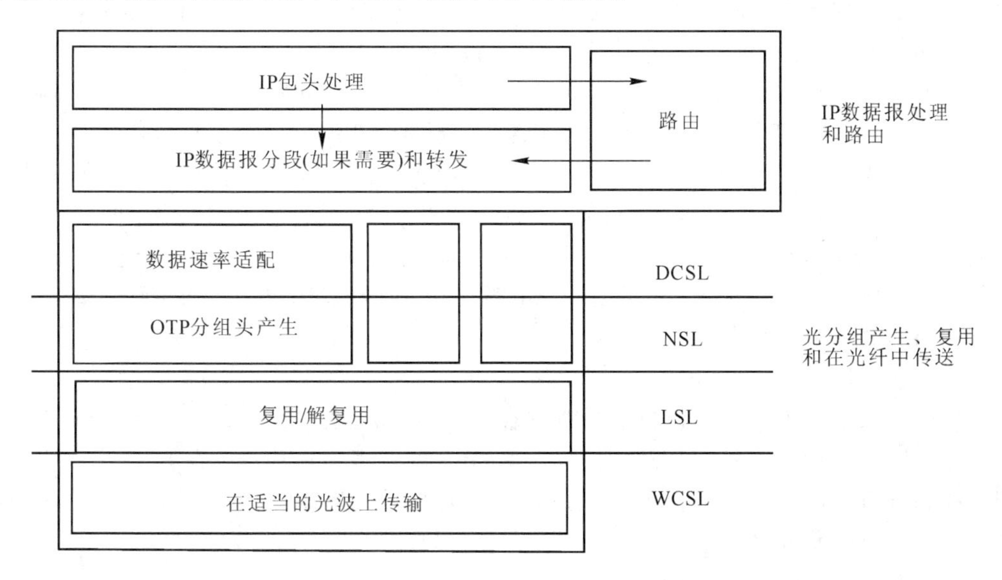

图10.13 光透明分组层的参考结构模型

(1) 数据汇聚子层

数据汇聚子层(DCSL:data convergence sublayer)主要用于数据的速率适配,把 IP 数据包封装成光的分组。

(2) 网络子层

网络子层(NSL:network sublayer)在数据汇聚子层之下,负责产生 OTP 路由地址标志并加在光透明分组的头部。每个数据汇聚子层都有惟一的 OTP 路由地址标志,这样就可以根据最终的子网目的端将 IP 包转发到相应的数据汇聚子层。

(3) 链路子层

链路子层(LSL:link sublayer)把出入不同数据汇聚子层与网络子层的光透明分组复用或解复用,通过简单的先入先出队列,将多个光透明分组视为独立的分组流传送。为保持光能量的恒定,在没有分组传送的时候,链路子层会产生空闲分组,这种分组可以随时被丢弃。

(4) 波长汇聚子层

波长汇聚子层(WCSL:wavelength channal sublayer)的作用是考虑到光纤中可使用的波长资源,为传输提供合适的波长编码。

10.3.2 光突发交换技术

光路交换技术(OBS:optical burst switching)是目前比较成熟的光交换技术,这种交换技术实现比较简单,但由于这种方式类似于电交换的电路交换,在数据传输过程中要建立和拆除通信通道,当通信连接保持时间比较短时,这种方式的信道利用率较低,因此,它并不适合 Internet业务。已有的光分组交换技术是为了适应 IP 业务而提出的,在交换粒度和带宽利用率等方面的性能都比较好,但是实现比较复杂,而且光逻辑处理技术目前还不成熟,可能需要较长的时间才能进入实用阶段。针对目前 OCS 和 OPS 存在的一些问题,一种新的光交换技术——光突发交换技术出现了,并成为光分组交换系统未来发展的方向之一。OBS 兼有 OCS 和 OPS 的优点,同时又避免了它们的不足。在 OBS 中,数据分为控制分组和数据分组。先在控制波长上发送控制分组,主要是起连接建立的作用;连接建立后,在端到端信道上透明传输数据分组。由于在数据传输前已经根据控制分组分配好了带宽资源,数据分组在网络中间节点上可以直接通过,不需要光存储器缓存。另外,在网络的边缘节点上,对同一个波长的突发数据流进行统计复用,节约有限的波长资源。因此对于光电路交换,OBS 可获得更好的带宽利用率。

1. OBS 基本概念

(1) 突发

突发(burst)是由具有相同出口边缘路由器地址和相同服务质量(QoS)要求的分组(包括 IP 分组、以太网帧、帧中继帧等)会聚而成,它是 OBS 的基本交换单位。在 OBS 中,突发数据分组和控制分组的传输在物理信道上是分离的(一般在同一光纤中使用不同波长),每个控制分组对应于一个突发数据分组。

(2) 偏置时间

在 OBS 中,控制分组先于突发数据分组传送,偏置时间是控制分组和它相对应的突发数据分组之间的时间间隔。偏置时间用来弥补交换节点处理控制分组和配置交换矩阵的时间延迟。如果偏置时间足够长,突发数据分组到达交换节点处就不需要进行缓存,可以直接处理。

(3) JET 协议

JET(just-enough-time)协议是一种用于光突发交换的协议,它的基本概念是:源端在发送突发分组数据之前,先在专用波长的信令通道上向目的端发送一个控制分组。控制分组依次在后面相关的每个网络节点上进行处理,为要发送的突发分组数据建立一条光的数据通道。控制分组中携带了突发数据分组相应的控制信息,包括突发数据的长度、偏置时间、波长 ID 和路由信息等,每个节点根据这些信息进行选路控制和带宽分配。在经过了一个适当的空闲时隙后,源端将在选择的波长上传送突发数据分组。

JET 协议有两个重要的特征:一是控制分组包含必需的突发数据的光信道路由信息、突发长度和偏置时间信息;另一个重要特征是延迟预留,它仅仅预留突发数据所经历的链路带宽资源。当控制分组信息处理完成之后,从其对应的突发数据分组到来的时刻开始至突发数据分组在该节点传输结束的时刻之间的带宽才会被预留给该突发数据分组,之后带宽会被分配给另外的突发数据分组。

2. OBS 节点结构模型

OBS 节点结构和前面所讲的透明光分组交换的节点结构很相似,也包括输入接口、输出接口、交换矩阵以及交换控制单元等模块。光存储器和波长变换器是可选的功能模块,可用来减少可能发生的突发丢失。OBS 节点并不需要进行突发的同步和排列等操作,除非交换矩阵采用的是时隙交换的工作方式。

OBS 节点的控制过程如图 10.14 所示。控制分组先于突发数据分组送到交换节点,直接

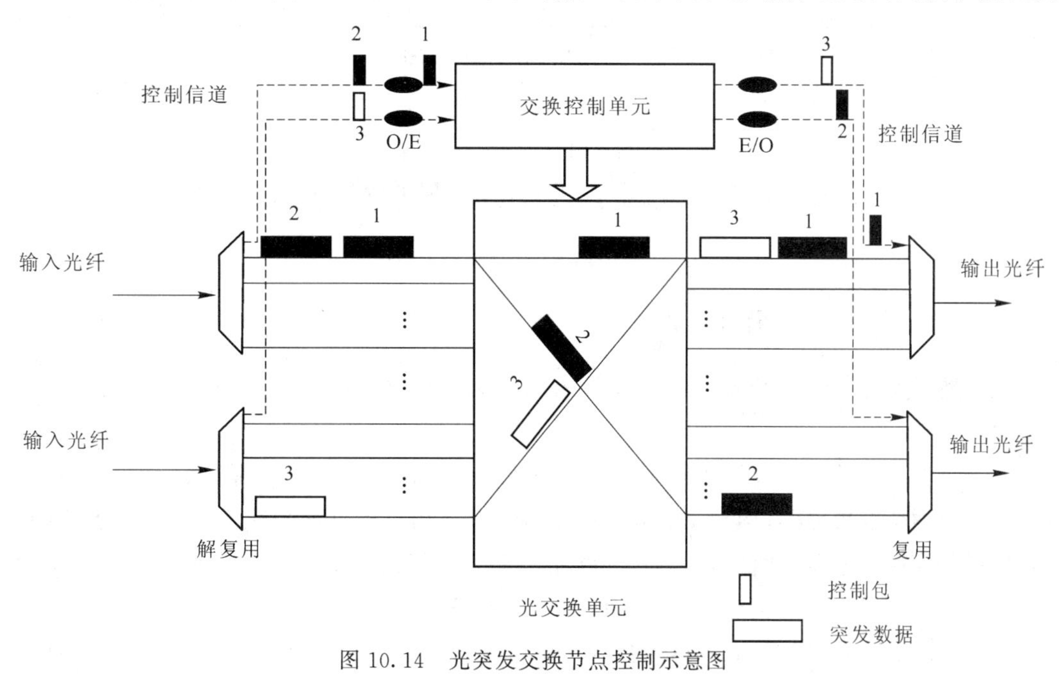

图 10.14 光突发交换节点控制示意图

通过控制信道进入交换控制单元。控制分组要经过光电转换后，以电信号的形式进入交换控制单元处理。交换控制单元根据控制分组携带的关于突发数据分组的相关信息分配要求的带宽资源，配置交换矩阵。经过处理后的控制分组要向相关的下一个交换节点转发。当突发数据分组到来后，经过解复用器后直接进入交换矩阵进行处理，并不需要进行光电转换。选路后的突发数据分组经过复用后继续在 OBS 网络中传输。

需要注意的一点是，OBS 通过在控制波长上发送控制分组来建立一条连接，但是不需要等待连接建立的确认消息，就会发送突发的数据分组。这一点有别于光路交换方式先要主动的建立一条连接，在收到确认消息以后才会发送数据的处理。

3. OBS 控制分组结构

图 10.15 为 OBS 控制分组结构图。标签的作用类似于多协议标签交换（MPLS）中的标签，控制分组与突发数据分组的标签保持一致；波长 ID 指示控制分组对应的突发数据分组所在的波长；突发大小是指突发数据分组持续时间的长度；CRC 是控制分组的校检和；Cos 为服务类别。

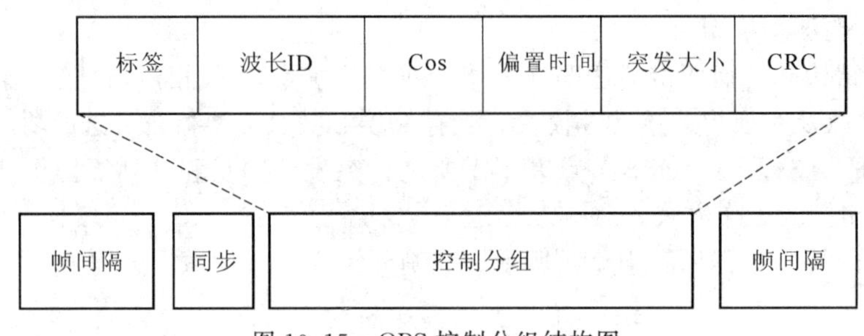

图 10.15　OBS 控制分组结构图

10.4　光交换的发展现状和前景

10.4.1　光交换机的发展现状和前景

光交换机是进行光交换的主要设备，现在普遍使用的光交换机大多数是基于光电和光机械技术的。

基于光电技术的光交换机在输入输出端一般都各有两个利用光电晶体材料制造的波导，波导之间有两个波导通路，构成 Mach-Zehnder 干涉结构。光电交换机通过在波导通路上加上电压来改变两条通路之间的相位差，并利用干涉效应将输入的光信号送到目的输出端。光电交换机的主要优点就是交换速度快，可达到纳秒级的处理速度。其缺点是介入损耗较大，串音严重，需要较高的工作电压，所以未得到广泛应用。目前有一种新型的光电交换机，通过采用新的钡钛材料制造的波导和一种被称为分子束取相附生的技术，能够大大降低交换机的功耗。

基于光机械技术的光交换机是目前比较常见的交换设备，其基本原理是通过移动光纤终端或棱镜来将光线引导或反射到输出光纤，实现光信号的机械交换。光机械交换机成本较低，设计简单，因而得到广泛的应用。其缺点是交换速度较慢，只能达到毫秒级的处理速度。

随着光交换设备技术的不断发展和成熟，目前，一些基于热学、液晶、声学、微机电等技术的光交换机正处于研发阶段。

基于热学技术的光交换机由受热量影响较大的聚合体波导组成，由分布于聚合体堆中的薄膜加热元素来控制光信号的交换。当有电流通过加热器时，波导分支区域内的热量分布被改变，从而改变了折射率，光信号就被从主波导引导到目的分支波导。热光交换机的优点是体积较小，交换速度较快，能实现微秒级的处理速度。缺点是介入损耗较大，串音严重，耗电量较大，并要求良好的散热能力。

液晶光交换机主要由液晶片、极化光束分离器或光束调相器组成。液晶片在交换机中的主要作用是调整入射光的极化角。当液晶片的电极上没有加上电压时，经过液晶片的光线极化角为 90°，当在液晶片的电极上加有电压时，入射光束将维持它的极化状态不变。极化光束分离器或光束调相器负责将光信号引导到目的端口。液晶交换机的交换速度较快，并可以方便地构造多通路交换机。其缺点是损耗较大，串音较严重，驱动电路也比较复杂。

基于声学技术的光交换机，通过在光介质中加入横向声波，从而可以将光线从一根光纤准确地引导到另一根光纤。声光交换机可以实现微秒级的交换速度，并可以方便地构造端口数较少的交换机。其缺点是需要复杂的控制系统通过改变频率来控制交换机，因此声光交换机不适合用来作为矩阵交换机。另外，这种交换机的功耗随波长变化较大，其驱动电路也比较昂贵。

基于微机电（MEM：micro-electro-mechanical）技术的光交换机通过使用特殊微光器件，能在空闲的空间上调节光束的传播路径。这种光交换机体积小，集成度高，可大规模生产。但 MEM 光交换机要想成为主流的光交换设备，还需要提高生产工艺水平。

除了传统的应用外，光交换机还将在未来的多通路、可重配置的光子网络中发挥越来越重要的作用。由于光网络容量持续扩展，而电交换机无法适应超过 GBit 速率的要求，开发高速度、高性能的光交换机就成为光交换机的发展趋势。可以预见，在未来的大容量光的全光网络中，光交换机将起到举足轻重的作用。

10.4.2　光交换网络技术的发展现状和前景

光通信网络正逐步向全光网络发展。世界各国都在研究和开发全光网络产品，力求解决现行通信网中由于电子处理速度而形成的速率“瓶颈”问题。以光交换技术为基础的全光网络将是未来的新型通信网络的发展方向。

目前，以波长为路由方式的光路光交换技术已经比较成熟，在光通信网中得到了广泛的应用。而光分组交换技术目前还主要在实验领域内进行研究。光分组交换技术能以更细的粒度快速分配信道，支持 ATM 和 IP 的光分组交换，是下一代的全光网络技术核心，应用前景广阔。世界上许多国家正在进行关于光分组交换网的研究，如欧洲 RACD 计划的 ATMOS 项目和 ACTS 计划的 KEOPS 项目、美国 DARPA 支持的 POND 项目和 CORD 项目、英国 EPRC 支持的 WASPNET 项目等。将来，基于电路交换的电信网必然要升级到以分组交换为核心的新型通信网。光分组交换网的实用化，取决于一些关键技术的进步，如光标记交换技术、微电子机械系统（MEMS）、光器件技术等。随着光网络技术、系统技术、光器件技术的发展，光分组交换技术也将逐步走向实用化。

小　结

光交换是指不经过任何光/电转换，在光域内为输入光信号选择不同输出信道的交换方式。光交换有三种：空分、时分和波分光交换，它们分别完成空分信道、时分信道和波分信道的交换。如果光信号同时采用多种分割复用方式，则完成这样光信号的交换需要相应的复合光交换。光交换按交换方式可分为光路交换方式（OCS：optical circuit switching）和光分组交换方式（OPS：optical packet switching），对应于电交换中的电路交换和分组交换方式。不同的交换类型需要不同的交换单元和网络结构，具有不同的实现方式。透明光分组交换技术和光突发交换技术是光分组交换方式中的新技术，主要用来支持飞速发展的 Internet 业务，有利于光通信网络更好地支持分组业务。光通信技术历经 30 余年的发展，现在光交换设备技术和光路交换技术已经比较成熟，进入了实用化的阶段。而光分组交换技术正在快速发展中。未来的光通信网将向全光通信网的方向发展，而光分组交换技术将成为全光通信网的核心技术之一。

习　题

1. 为什么要引入光交换，光交换和传统电交换的主要区别有哪些？

2. 列举典型的光开关类型并了解其基本工作原理。

3. 设每条光纤上的光信号基于波长复用（$\lambda_1 \cdots \lambda_W$），试给出实现 N 条输入光纤与 N 条输出光纤上任意路光信号之间可交换的交换网络的拓扑结构。

（提示：这是一个基于波长复用的空分交换网络。）

4. 光交换有哪几种类型，各自有什么特点？

5. 光交换技术按交换方式来划分，可分为哪两大类？

6. 透明光分组交换技术和光突发交换技术有哪些相同点和不同点？

参考文献

1 顾畹仪,等.光传送网.北京:机械工业出版社,2003
2 原荣.光纤通信网络.北京:电子工业出版社,1999
3 雷振明.下一代的电信交换—宽带通信.北京:人民邮电出版社,1995
4 雷震洲.核心网中的光分组交换.电信工程技术与标准化,2003(10)
5 殷洪玺,王勇,徐安士,等.光分组交换网.电信科学,2001(3)
6 唐建军,纪越峰.光突发交换及其关键技术研究.光通信研究,2003(6)
7 Christian Guillemot etc. Transparent Optical Packet Switching:the European ACTS KEOPS Project Approach. Journal of Lightwave Technology,1998,16(12)

附录 1　缩略语英汉对照表

A

A/D	Analog/Digital	模拟/数字
AAL	ATM Adaptation Layer	ATM 适配层
ABR	Available Bit rate	可用比特率
ACK	ACKnowledge signal	证实信号
ACM	Address Complete Message	地址全消息
AMI	Alternate Mark Inversion Code	双极性归零码、交替极性倒置码
ANC	ANswer signal, Charge	应答信号,计费
ANN	ANswer signal, No charge	应答信号,不计费
ANSI	American National Standard Institute	美国国家标准化组织
AO	Always On	永远在线
AOS	Always On Server	AO 服务器
ARIS	Aggregate Route-Based IP Switching	基于 IP 交换的路由聚合技术
ARQ	Automatic Request for repetition	自动重发请求
ARS	Address Resolution Server	地址解析服务器
ARP	Address Resolution Protocol	地址解析协议
AS	Access Switch	接入交换级
ASLC	Analog Subscriber Line Circuit	模拟用户线电路
ASON	Atuo Switched Optical Network	自动交换光网络
ATD	Asynchronous Time Division	异步时分
ATM	Asynchronous Transfer Mode	异步转移模式
ATM-LSR	ATM Label Switched Router	ATM 标记交换路由器
AU	Access Unit	接入单元

B

BACP	Bandwidth Allocation Control Protocol	带宽分配控制协议
BECN	Backward Explicit Congestion Notification	后向拥塞显示
BGP	Border Gateway Protocol	边界网关协议
BHCA	Busy-Hour Call Attempt	忙时试呼
BIB	Backward Indicator Bit	后向指示比特
B-ISDN	Broadband Integrated Service Digital Network	宽带综合业务数字网

bit/s	bits per second	位/秒,比特/秒
B-NT	Broadband Network Terminal	宽带网络终端
BRI	Basic Rate Interface	基本速率接口
BSM	Backward Set-up Message	后向建立消息
BSN	Backward Sequence Number	后向序号
B-TA	Broadband Terminal Adapter	宽带终端适配器
B-TE	Broadband Terminal Equipment	宽带终端设备

C

CAMA	Centralized Automatic Message Accounting	集中自动计费方式
CAS	Channel Associated Signaling	随路信令
CBK	Clear-BacK signal	后向拆线信号,挂机信号
CBR	Constant Bit Rate	恒定比特率
CC	Call Control	呼叫控制
CC	Country Code	国家代码
CCITT	International Telegraph and Telephone Consultative Committee	国际电报电话咨询委员会
CCL	Calling Party Clear Signal	主叫用户挂机信号
CCS	Common Channel Signaling	公共信道信令,共路信令
CDMA	Code Division Multiple Access	码分复用多址
CDV	Cell Delay Variation	信元时延变化
CELL	Cell	信元
CF	Call Forwarding	呼叫转送
CFB	Call Forwarding Busy	遇忙呼叫转送
CFNR	Call Forwarding No Reply	无应答呼叫转送
CFU	Call Forwarding Unconditional	无条件呼叫转送
CH	Call Handler	呼叫处理器(程序)
CH	Channel	信道,通路
CIC	Circuit Identification Code	电路识别码
CIP	Classical IP over ATM	ATM 上的传统 IP 技术
CIR	Committed Information Rate	承诺信息速率
CK	Check bit	检验比特
CL	Connection Less	无连接方式
CLF	Clear-Forward signal	前向拆线信号
CLIP	Calling Line Identification Presentation	主叫号码显示
CLR	Cell Loss Ratio	信元丢失率

CM	Control Memory	控制存储器
CO	Central Office	中央电话局,中心局
CODEC	Coder-DECoder	编码译码器
COLR	Connected Line Identification Presentation Restriction	被叫号码限制
CP	Common Part	公共部分
CP	Call Processor	呼叫处理器
CP	Central Processor	中央处理器
CP	Control Processor	控制处理器
CP	Control Plane	控制面
CPE	Customer Premises Equipment	用户驻地设备
CPN	Customer Premises Network	用户驻地网
CR	Cell Relay	信元中继
CRC	Cyclical Redundancy Correction	循环冗余校验码
CR-LDP	Constraint Based Routing-LDP	约束路由的 LDP 协议
CS	Circuit Switching	电路交换
CSPDN	Circuit Switching Public Digital Network	电路交换的数据网
CSR	Cell Switch Router	信元交换路由器
CT	Call Transfer	呼叫转移
CTD	Cell Transfer Delay	信元传输时延
CTM	Circuit Transfer Mode	电路传送模式
CW	Call Waiting	呼叫等待

D

DC	Direct Current	直流
DCC	Data Country Code	数据国家代码
DCE	Data Circuit Terminating Equipment	数据电路端接设备
DCSL	Data Convergence Sublayer	数据汇聚子层
DDI	Direct Dialling-In	直接拨入
DG	Datagram	数据报
DI	Dynamic ISDN	动态 ISDN
DL	Data Llink	数据链路
DLCI	Data Link Connection Identifier	数据链路连接标识符
DNIC	Data Network Identification Code	数据网络识别码
DPC	Destination Point Code	目的信令点编码
DSE	Digital Switching Element	数字交换单元

DSL	Digital Subscriber Line	数字用户线
DSLIC	Digital Subscriber Loop Interface Circuit	数字用户环路接口电路
DSN	Digital Switching Network	数字交换网络
DSS1	Digital Subscriber Signaling No. 1	1号数字用户信令
DTE	Data Terminal Equipment	数据终端设备
DTMF	Dual Tone Multi-Frequency	双音多频
DUP	Data User Part	数据用户部分

E

E&M	E and M line signaling system	E[线]和 M[线路]信令系统
EFSM	Extended Finite State Machine	扩展的有限状态机
EOC	Embedded Operation Channel	内嵌操作信道
ETSI	European Telecommunication Standards Institute	欧洲电信标准化组织
EWSD	digital electronic switching system	数字电子交换系统

F

F	Flag	标志
FAS	Frame Alignment Signal	帧定位信号
FCS	Frame Check (Checking) Sequence	帧检查序列
FCS	Fast Circuit Switching	快速电路交换
FDM	Frequency Division Multiplexing	频分多路复用
FEC	Forwording Equivalence Class	转发等价类
FECN	Forward Explicit Congestion Notification	前向拥塞显示
FIB	Forward Indicator Bit	前向指示比特
FIB	Forwarding Information Base	转发信息库
FISU	Fill-In Signaling Unit	插入信令单元
FPS	Fast Packet Switching	快速分组交换
FR	Frame Relay	帧中继
FRAD	Frame Relay Assembler/Disassembler	帧中继装拆设备
FRN	Frame Relay Network	帧中继网
FS	Frame Switching	帧交换
FSM	Finite State Machine	有限状态机
FSM	Forward Set-up Message	前向建立消息
FSN	Forward Sequence Number	前向序号

G

GFC	General Flow Control	一般流量控制
GFI	Generic Format Identifier	通用格式识别符

GPRS	General Packet Radio Service	通用分组无线业务
GRQ	General Request Message	一般请求消息
GSM	Global System for Mobile communications	全球移动通信系统
GSM	General Forward Set-up Information Message	一般前向建立信息消息
GSMP	General Switch Management Protocol	通用交换机管理协议

H

HDB3	High Density Bipolar of Order 3	三阶高密度双极性码
HDLC	High-level Data Link Control	高级数据链路控制规程
HEC	Header Error Control	信头差错控制
HLF	High Level Function	高层功能
HSTP	High Signaling Transfer Point	高等级的信令转接点

I

IAM	Initial Address Message	初始地址消息
IDN	Integrated Digital Network	综合数字网
IFMP	Ipsilon Flow Management Protocol	Ipsilon 数据流管理协议
IGP	Interior Gateway Protocol	内部网关协议
IN	Intelligent Network	智能网
INAP	Intelligent Network Application Part	智能网应用部分
IOP	I/O Processor	输入输出处理器
IP	Internet Protocol	互连网协议
IPOA	Classical IP over ATM	ATM 上的传统 IP 技术
ISDN	Integrated Service Digital Network	综合业务数字网
ISP	International Signalling Point	国际信令点
ISPC	International Signalling Point Code	国际信令点编码
ISUP	ISDN User Part	ISDN 用户部分
ITT	International Telephone and Telegraph Corporation	国际电话电报公司
ITU	International Telecommunication Union	国际电信联盟
IWU	Interworking unit	互通单元

L

LAMA	Llocal Automatic Message Accounting	本地自动计费方式
LAN	Location Area Identification	以太网
LANE	LAN Emulation	局域网仿真
LAP	Llink Access Protocol	链路入口协议，链路接入协议
LAPB	Link Access Procedure Balanced	平衡链路接入规程

LAPD	Link Access Protocol-D channel	D信道链路接入规程
LAPF	Link Access Procedures to Frame Mode Bearer Services	帧方式承载业务数据链路层规程
LCGN	Logic Channel Group Number	逻辑信道群号
LCN	Logic Channel Number	逻辑信道号
LDP	Label Distribution Protocol	标记分发协议
LE	Local Exchange	市话交换机,市话交换局
LER	Label Edge Router	标记边缘路由器
LFIB	Label Forwording Information Base	标记转发信息库
LIB	Length Indicator	长度指示码
LIB	Label Information Base	标记信息库
LIS	Logical IP Subnet	逻辑 IP 子网
LSL	Link Sublayer	链路子层
LSP	Label Switched Path	标记交换路径
LSR	Label Switching Router	标记交换路由器(核心路由器)
LSSU	Link State Signaling Uni	链路状态信令单元
LSTP	Low Signaling Transfer Point	低等级的信令转接点
LT	Line Terminal (Termination)	线路终端,用户终端

M

MAC	Medium Access Control	媒体访问控制
MAP	Mobile Application Part	移动应用部分
maxCTD	Maximum Cell Transfer Delay	最大信元传输时延
MB	Mega Byte	兆字节
MBS	Maximum Burst Size	最大突发尺寸
MCR	Minimum Cell Rate	最小信元速率
MFC	Multi-Frequency Compelled Signal	多频互控信号
MIN	Multistage Interconection Network	多级互联网络
MLP	Multi-Link Procotol	多链路规程
MML	Mlan-Machine Language	人机语言
MPLS	Multi-Protocol Label Switching	多协议标记交换
MPOA	Multi-Protocol Over ATM	ATM 上的多协议
MRCS	Multi-Rate Circuit Switching	多速率电路交换
MS	Message Switching	报文交换
MSN	Multiple Subscriber Number	多用户号码
MSU	Message Signal Unit	消息信令单元

MTBF	Mean Time Between Failures	平均故障间隔时间
MTP	Message Transfer Part	消息传递部分
MTTR	Mean Time To Repair	平均故障修复时间
MUX	Multiplexer	多路复用器

N

NCC	Network Control Center	网络控制中心
NDC	National Destination Code	国内终点号码
NGN	Next Generation Network	下一代网络
NHS	Next Hop address resolution Server	下一跳地址解析服务器
N-ISDN	Narrowband Integrated Service Digital Network	窄带综合业务数字网
NM	Network Management	网络管理
NMC	Network Management Center	网络管理中心
NNI	Network Node Interface	网络节点接口
NPT	Non-Packet Terminal	非分组终端
nrt-VBR	Non-Real_Time Variable Bit Rate	非实时可变比特率
NRZ	Non_Return Zero Code	单极性不归零码
NSL	Network Sublayer	网络子层
NSP	Network Service Part	网络业务部分
NT	Network Terminal (Termination)	网络终端
NUI	Network User Identifier	网络用户识别

O

OADM	Optical Add and Drop Multiplexing	光分插复用
OAM	Operations, Administration and Maintenance	操作、管理和维护
OBS	Optical Burst Swtitching	光突发交换
OC	Oriented Connection	面向连接的方式
OMAP	Operations and Maintenance Application Part	操作维护管理应用部分
OPC	Originating Point Code	目的信令点编码
OSI	Open System Interconnection	开放式系统互连
OSPF	Open Shortest Path First	开放最短路径优先
OTP	Optical Transparent Packet	光透明分组
OXC	Optical Cross Connect	光交叉连接

P

P	Packet	分组
PABX	Private Automatic Branch Exchange	用户专用自动小交换机
PAD	Packet Assemble and Disassemble	分组装拆设备

PAMA	Private Automatic Message Accounting	专用自动计费方式
PBX	Private Branch (Telephone) Exchange	专用小交换机,用户小交换机
PCM	Pulse Code Modulation	脉码调制
PCR	Peak Cell Rate	峰值信元速率
PH	Packet Handler	分组处理器
PHI	Packet Handler Interface	分组处理器接口
POS	Point Of Sale	电子收款机系统
POTS	Plain Ordinary Telephone Switching	普通电话交换
PRI	Primary Rate Interface	一次群速率接口
PROM	Programmable Read_only Memory	可编程序的只读存储器
PS	Packet Switching	分组交换
PSPDN	Packet Switched Public Data Network	公用分组交换网
PSTN	Public Switched Telephone Network	公用电话交换网
PT	Packet Terminal	分组终端
PT	Payload Type	净荷类型
PTI	Packet Type Identifier	分组类型识别符
PTI	Payload Type Identifier	净荷类型标识
PTM	Packet Transfer Mode	分组传送模式
PVC	Permanent Virtual Circuit	永久虚电路

Q

QoS	Quality of Service	服务质量

R

RCU	Remote Collecting Unit	远程集中器
REJ	reject	拒绝,否定,抑制,阻碍
RSU	Remote Subscriber Unit	远端用户单元
RSVP	Resource Reservation Protocol	资源预留协议
rt-VBR	Real-Time Variable Bit Rate	实时可变比特率

S

S	Space Switch	空间接线器
SAAL	Signalling ATM Adaptation Layer	信令适配层
SAM	Subsequent-Address Message	后续地址消息
SANC	Signalling Area Network Code	信令区域网编码
SAO	Subsequent-Address Message with One Signal	带有一个信号的后续地址消息
SAPI	Service Access Point Identifier	服务接入点标识符
SCP	Service Control Point	业务控制点

SCCP	Signalling Connection and Control Part	信令连接控制部分
SCR	Sustainable Cell Rate	可维持信元速率
SDL	Specification and Description Language	说明和描述语言
SE	Switch Element	交换单元
SF	Status Field	状态字段
SI	Service Indicator	业务表示语
SIF	Signalling Information Field	信令信息字段
SIO	Service Information Octed	业务信息八位位组
SLC	Signalling Link Code	信令链路编码
SLIC	Subscriber Lline Interface Circuit	用户线接口电路
SLP	Single Link Procedure	单链路规程
SLS	Signaling Link Selection	信令链路选择
SM	Speech Memory	话音存储器
SN	Subscriber Number	用户号码
SN	Service Node	业务节点
SP	Signalling Point	信令点
SP	Speech Path	话路
SPC	Stored-Programme Control	存储程序控制
SSCF	Service Specific Convergence Sublayer	业务特定协调功能
SSCOP	Service Specific Connection Oriented Protocol	业务特定面向连接协议
SSP	Service-Switching Point	业务交换点
STD	Synchronous Time Division	同步时分
STDM	Synchronous Time-Division Multiplexing	统计时分复用
STE	Signalling Terminal Equipment	信号端接设备
STP	Signalling Transfer Point	信令转接点
SU	Signalling Unit	信令单元
SUB	Sub-address	子地址
SVC	Switch Virtual Circuit	交换虚电路

T

T	Time Switch	时分交换器,时分开关
TA	Terminal Adaptor	终端适配器
TC	Transaction Capability	事务能力
TC	Transmission Convergence	传输汇聚
TCAP	Transaction Capability Application Part	事务处理能力应用部分
TCM	Time Compression Multiplexing	时间压缩复用

TCP	Transmission Control Protocol	传输控制协议
TDM	Time Division Multiplex	时分多路复用
TDP	Tag Distribution Protocol	标签分发协议
TE	Terminal Equipment	终端
TE	Traffic Engineering	流量工程
TSR	Tag Edge Routers	标签边缘路由器
TEI	Terminal Endpoint Identifier	终端端点标识符
TEL	Telephone	电话
TIB	Tag Information Base	标签信息库
TLV	Type-Length-Value	类型-长度-值编码体系
TMN	Telecommunication Management Network	电信管理网
TS	Time Slot	时隙
TS	Toll Switch (Switching)	长话交换
TSR	Tag Switch Routers	标签交换路由器
T-S-T	Ttime-Space-Time Switching Network	时分-空分-时分交换网络
TUP	Telephone User Part	电话用户部分

U

UBR	Unspecified Bit Rate	未指定比特率
UNI	User-Network Interface	用户—网络接口
UP	User Part	用户部分
UP	User Plane	用户面
UUS	User-User Signaling	用户—用户信令

V

VC	Virtual Call	虚呼叫
VC	Virtual Channel	虚信道
VC	Virtual Connection	虚连接
VC	Virtual Circuit	虚电路
VCC	Virtual Circuit Connection	虚电路连接
VP	Virtual Path	虚通道,虚路径
VPC	Virtual Path Connection	虚通道连接

W

WCSL	Wavelength Channal Sublayer	波长汇聚子层
WDM	Wavelength Division Multiplexing	光波分复用技术

附录2　No.7信令方式技术规范目录一览表

	中国规范	国际建议
消息传递部分（MTP）	中国国内电话网 No.7 信号方式技术规范 GF 001—9001	Q.700 No.7 信令简述 Q.701 一般特性 Q.702 信号数据链路(MTP 第 1 级) Q.703 信号链路功能(MTP 第 2 级) Q.704 信令网功能(MTP 第 3 级) Q.705 No.7 信令网结构 Q.706 MTP 性能 Q.707 测试与维护 Q.709 No.7 信令网监视与测量
电话用户部分（TUP）	中国国内电话网 No.7 信号方式技术规范 GF 001—9001	Q.721 TUP 功能说明 Q.722 消息和信号一般功能 Q.723 格式和编码 Q.724 信令过程 Q.725 电话应用的信令关系
信令连接控制部分（SCCP）	国内 No.7 信令方式技术规范信令连接控制部分 GF 010—95	Q.711 SCCP 的一般说明 Q.712 协议元素集 Q.713 格式和编码 Q.714 SCCP 程序说明 Q.716 SCCP 特性
事务处理能力部分（TC）	国内 No.7 信令方式技术规范事务处理能力部分 GF 011—95	Q.771 事务处理能力的功能描述 Q.772 信息要素定义 Q.773 格式和编码 Q.774 事务处理能力过程 Q.775 应用事务处理能力的准则
测试和验收方法	中国国内电话网 No.7 信号方式测试规范和验收方法(暂行规定)	Q.780 一般描述 Q.781 MTP 第二级测试 Q.782 MTP 第三级测试 Q.783 电话用户部分测试
SCCP 测试方法	国内 No.7 信令方式技术规范 SCCP 测试方法(待定)	Q.786 SCCP 测试技术规范
ISDN 用户部分（ISUP）	国内 No.7 信令技术规范综合业务数字网用户部分(待定)	Q.761 ISDN 用户部分的功能描述 Q.762 一般特性 Q.763 格式和编码 Q.764 信令过程 Q.766 ISDN 应用的性能指标 Q.731～Q.737 补充业务 Q.698 ISUP 与 TUP 的配合 Q.799 ISUP 与 DSSI 的配合

续表

	中 国 规 范	国 际 建 议
ISUP 测试规范	国内 No.7 信令方式——ISUP 信令测试规范(待定)	Q.784 ISUP 基本呼叫测试规范 Q.785 ISUP 补充业务协议测试规范
运行、维护、管理部分(OMAP)	中国国内电话网 No.7 信令方式运行、维护和管理部分的技术规范(待定)	Q.750 No.7 信令方式管理的概述 Q.751 No.7 信令方式管理的对象 Q.752 No.7 信令方式的监视和测量 Q.753 No.7 信令方式的管理功能 MRVT,SRVT 和 CVT 以及 OMASE 用户的定义 Q.754 运行、维护和管理部分(OMAP) No.7信令方式管理 ASE 定义 Q.755 No.7 信令方式规程测试